U0332227

铀浓缩技术系列丛书

铀浓缩主工艺技术

丛书主编　钟宏亮

丛书副主编　马文革　陈聚才

主　　编　周凤华

副 主 编　杨小松　金晓东　唐　建　仵宗录　莫峻川

中国原子能出版社

图书在版编目（CIP）数据

铀浓缩主工艺技术 / 钟宏亮主编. —北京：中国原子能出版社，2021.12

ISBN 978-7-5221-1776-8

Ⅰ. ①铀…　Ⅱ. ①钟…　Ⅲ. ①铀浓缩物–生产工艺　Ⅳ. ①TL212.3

中国版本图书馆 CIP 数据核字（2021）第 256457 号

内 容 简 介

这是一本有关离心法生产浓缩铀的书。书中在铀浓缩工艺篇中介绍了离心法铀同位素分离基础、主工艺系统构成、工艺设备知识、级联参数监测与控制、级联产品质量控制、工艺系统联锁、工艺事故处理以及液化均质系统等内容；在铀浓缩系统设备安装调试篇中介绍了真空知识及设备、工艺系统管道安装和真空试验、离心机装架的安装、级联和供取料系统设备安装调试、级联和供取料系统专用设备检修等内容；在铀浓缩分析技术篇中介绍了铀浓缩分析的作用、特点、分析方法的选择、实验室管理、实验室产生的三废处置，阐述了铀化学分离技术、六氟化铀取样、六氟化铀标准物质、分析技术、分析数据的处理等方面的内容。

本书可供从事铀浓缩主工艺相关系统设备科研、设计、生产和教学培训的人员参考。

铀浓缩主工艺技术

出版发行　中国原子能出版社（北京市海淀区阜成路 43 号　100048）
责任编辑　刘东鹏
装帧设计　崔　彤
责任校对　冯莲凤
责任印制　赵　明
印　　刷　保定市中画美凯印刷有限公司
经　　销　全国新华书店
开　　本　787 mm×1092 mm　1/16
印　　张　28.5
字　　数　712 千字
版　　次　2021 年 12 月第 1 版　2021 年 12 月第 1 次印刷
书　　号　ISBN 978-7-5221-1776-8　　**定　价**　**110.00 元**

网址：http://www.aep.com.cn　　**E-mail：atomep123@126.com**
发行电话：010-68452845

《铀浓缩技术系列丛书》

编　委　会

《铀浓缩主工艺技术》

编 审 人 员

主　　编：周凤华

副 主 编：杨小松　金晓东　唐　建　仵宗录　莫峻川

编写人员：（按姓氏笔画为序）

马　腾　王　帆　王　峰　王桔涛　左卫江　田巨云　吕　波
刘　青　刘　磊　刘振林　刘瑞廉　闫汉洋　许永军　孙　丹
李　乐　李宝权　李艳美　杨建龙　肖　雄　何建军　邹星明
汪晋兴　张　壮　张　锋　张　蒙　张　愚　陈　伟　范增祖
罗仁东　周　峰　周卫东　周永欢　净小宁　郝先凯　段生鹏
耿　境　黄玉权　黄闽川　曹　峥　程　栋　焦　炎　谢国和
赖雪梅　熊彤炜　潘国栋

审校人员：（按姓氏笔画为序）

马　群　叶有洲　冯　涛　刘士轩　孙　伟　李红彦　陈贵鑫
邵熙平　周旺喜　胡永春

序

铀浓缩产业是一个国家核力量的代表，是核工业发展的基础，是核工业产业链的重要组成部分，是国防建设和核能发展的重要基础，更是有核国家核实力的体现。

自20世纪50年代扩散法铀浓缩开始，我国老一辈铀浓缩专家刻苦钻研、努力攻关，相继突破了扩散级联计算与运行、铀浓缩供取料技术、铀浓缩相关设备及扩散膜的研发与升级等关键技术工艺，不仅满足了当时核力量生产需要，而且取得了大批创新成果，积累了大量丰富的宝贵经验，培养了许多铀浓缩领域的优秀技能技术人才，为我国核工业打下了坚实基础。

离心法铀浓缩技术是铀浓缩技术方法一种。中核陕西铀浓缩有限公司是最早进行离心法铀浓缩工艺技术科研生产实验的企业，也是我国第一座离心法铀浓缩商用工厂。多年来，秉承核工业人的优良传统，励精图治，稳步推进，在离心法铀浓缩生产科研等方面取得了丰硕成果，不断推高安全稳定生产运行水平，并有效降低了生产成本，保证了核燃料生产的国产化，突破了核工业发展瓶颈，也体现了生产科研较高水平。

《铀浓缩技术系列丛书》广泛吸取了众多离心法铀浓缩领域专家、工程师和技能人员的心血成果和意见，参照吸收国内外先进经验及发展趋势，积累整理大量相关资料编写而成。这既是系统总结我国铀浓缩领域工艺技术自主创新成果，也是留给后继人员的一笔宝贵财富。这本书的出版也完成了我于心已久的夙愿。

最后，感谢相关部门的大力支持帮助和出版社的鼎力相助。祝我国铀浓缩领域工艺技术取得更大进步和发展，为我国核工业和核能事业作出更大贡献。

中核陕西铀浓缩有限公司董事长　钟宏亮

2021年12月

前言

Preface

铀浓缩工厂工艺生产运行、产品分析、设备维护检修是铀浓缩工厂生产过程的主要环节。掌握铀浓缩级联工艺生产运行、主产品分析、设备安装、调试、维护检修的相关知识，能够帮助从事铀浓缩生产工作者熟悉铀浓缩生产工艺流程，熟练完成操作、提高准确判断和处理工艺系统设备异常的综合能力。中核陕西铀浓缩有限公司结合铀浓缩生产的主要环节，编写了《铀浓缩技术系列丛书》工艺分册，作为铀浓缩工艺培训教材。

本书主要介绍了国内铀浓缩工厂的工艺生产运行，铀浓缩系统设备安装、调试、设备检修，浓缩分析技术三部分相关知识，内容包括铀同位素分离基础知识、分离理论、级联理论基础知识，级联和供取料、液化均质工艺、工艺系统主要设备、参数监测与控制、工艺系统异常处理方法；真空知识，工艺设备管道安装，离心机装架的安装、调试及启动，工艺系统设备检修相关知识；铀浓缩分析基本知识、分析方法、铀化学分离技术、六氟化铀取样及常用分析方法等。

本书编写过程中得到了中核陕西铀浓缩有限公司各级领导、生产运行、专业管理部门等单位指导和技术支持，凝聚着众人的智慧与匠心，在此对他们表示衷心的感谢！

本丛书分册铀浓缩工艺篇由杨小松、孙丹、汪晋兴、耿境、赖雪梅、李乐、刘磊、吕波、熊彤炜、杨建龙、张蒙、张壮、郝先凯、邹星明、唐建、范增组、肖雄、何建军、闫汉洋、罗仁东、刘振林等同志编写；铀浓缩系统设备安装、调试、检修篇由黄闽川、仵宗录、左卫江、曹峥、张愚、刘青、陈伟、潘国栋等同志编写；分析技术篇由莫俊川、马腾、程栋、刘瑞廉、焦炎等同志编写。周凤华同志对本分册内容进行了审核、修改；陈聚才、李红彦、周旺喜同志对本分册内容提出了审核建议，一并表示感谢！鉴于编者水平有限，文中难免有不当之处，敬请读者在阅读和学习过程中提出宝贵意见，以便再版时加以改正。

周凤华

2021 年 12 月

目 录
Contents

第一篇 铀浓缩工艺

第二篇　铀浓缩系统设备安装、调试、检修

第三篇 铀浓缩分析技术

第一篇　铀浓缩工艺

第1章

铀同位素分离基础

对于铀浓缩生产级联操作工来讲，对铀浓缩基础知识有一定了解，能掌握同位素基本概念、氟铀化合物的物理化学性质、离心分离理论及级联理论是非常必要的，这有助于理解级联的工艺系统、工艺设备及工艺操作。本章将对同位素基本概念、氟铀化合物的物理化学性质、离心分离理论及级联理论进行简要介绍。

1.1 铀元素及其同位素

铀浓缩的对象是UF_6，准确的说是$^{235}UF_6$和含有$^{238}UF_6$的混合介质。铀浓缩是对^{235}U的浓缩，提高其所占比例，本质上是U同位素分离的过程。其中^{235}U和^{238}U互为同位素。了解同位素的基本概念和U的同位素对于理解铀浓缩过程和原理是必要的。

1.1.1 同位素基本概念

在高中化学课本中，我们已经学过了元素、原子、核素、同位素的基本概念。在高中物理课本中，我们已经学过了原子的结构和组成，了解到原子核、质子、中子、放射性、衰变、核反应等基本概念。这里列出一些相关术语的定义和解释，以供读者回顾，有助于理解后面的内容。

元素（Chemical element）：更准确地说应该是化学元素，就是具有相同核电荷数（等于核内质子数）的一类原子的总称。人们发现了元素周期律，绘制了元素周期表。

原子（Atom）：是化学反应不可再分的基本微粒或者最小微粒，但不是构成物质的最小微粒，注意这里是说原子在化学反应中不可分割，但是在物理状态中可以分割，例如原子是由核外电子和原子核组成，原子核又由质子和中子组成。人们刚开始是依据化学反应来命名原子的，而且在未发现同位素之前，一直以为一种元素只有一种原子。

核素（Nuclide）：是具有一定质子数和一定中子数的一种原子，是人们在发现同位素之后才产生的概念（二者关系非常紧密），是对原子概念的再次细分，而且是为了更精确的描述原子量而定义的，例如：氧元素有^{16}O，^{17}O，^{18}O三种不同的核素，他们互为同位素，但都可以称为氧原子。

同位素（Isotope）：具有相同质子数，不同中子数的同一种元素的不同核素互为同位素。同位素具有相同原子序数（等于质子数），在元素周期表上占有同一位置，核外电子数相同，化学行为几乎相同，但是原子核不同，原子量（即相对原子质量）和质量数（等于质子数+中子数）不同，从而其质谱特性（核质比不同）、放射性转变（原子核内部组成不同导致核反应特性不同）、某些物理性质（主要表现在质量上，如扩散速度）有所差异。

在自然界中天然存在的同位素称为天然同位素，人工合成的同位素称为人造同位素，具有放射性的同位素称为放射性同位素，不具有放射性的同位素或者半衰期大于 10^{15} 年的放射性同位素称为稳定同位素。

1.1.2 U 的同位素

铀（Uranium）元素的原子序数为 92，原子量为 238.03，是自然界中能找到的最重元素，主要存在于天然含铀矿物中（主要是沥青铀矿），以及海水中（含量约为 3.34 mg/L）。

U 有三种天然同位素（即 ^{238}U，^{235}U，^{234}U），此外还有 12 种人造同位素（^{226}U～^{240}U）。U 的三种天然同位素的基本性质列在表 1-1。

表 1-1 铀天然同位素的主要性质

同位素	摩尔丰度	半衰期/年	天然衰变类型	衰变产物	核素类型	裂变中子类型
^{238}U	99.275%	4.468×10^{9}	α 衰变	^{230}Th	可裂变核素 2)	快中子
^{235}U	0.72%	7.038×10^{8}	α 衰变	^{231}Th	易裂变核素 1)	慢中子
^{234}U	0.005%	2.455×10^{5}	α 衰变	^{234}Th	/	/

注：1）^{235}U 的热中子反应截面（或概率）远大于 ^{238}U（约 200 倍），^{238}U 对能量 1.1 MeV 以上的快中子才会有较大的反应截面（或概率），即 ^{238}U 与中子的反应存在能量壁垒，而能量壁垒其实来源于核子结合能上的差异。核子结合能上的差异决定了易裂变核素往往是奇数核子数的原子核，例如 ^{235}U 是天然易裂变核素，^{233}U 和 ^{239}Pu 是人工合成的易裂变核素；

2）常见的可裂变核素有 ^{238}U 和 ^{232}Th，它们吸收快中子后形成不稳定核素，经过两次 β 衰变后可以分别转化为 ^{239}Pu 和 ^{233}U，实现了可裂变核素向易裂变核素的转变，即核燃料的增殖。快中子增殖反应堆其实利用的主要就是 ^{238}U，它利用初始 ^{239}Pu 裂变产生的快中子轰击 ^{238}U，^{238}U 吸收快中子后很快转化为 ^{239}Pu，这样就构成一个循环。初始的 ^{239}Pu 裂变释放的能量帮助 ^{238}U 突破了核反应的壁垒，像虹吸效应一样激发出 ^{238}U 蕴含的能量，可提高铀资源的利用率。而根据爱因斯坦的质能方程，这些核能本质上都来源于质量亏损。

1.1.3 核燃料循环概述

铀的提取办法有：（1）铀矿石浸取；（2）离子交换法纯化铀化合物；（3）萃取法精制铀化学浓缩物。

经过铀的提取精制处理，水冶厂出来的产品，一般是粗制或精制的六水合硝酸铀酰（UNH）或重铀酸铵（ADU），有些流程生产的是三碳酸铀酰铵的结晶产品（AUC），还有的流程可以直接获得四氟化铀。精制的产品往往干燥煅烧加工成 UO_2 或 U_3O_8 形式的氧化物，供制作反应堆元件或做进一步化工转化加工的原料。

^{235}U 的分离一般要经过制成氟化物，把 UO_2 变成 UF_4，再变成 UF_6，UF_6 是挥发性的，在 56 ℃、一个大气压下升华，由于 $^{238}UF_6$ 略重于 $^{235}UF_6$，经过气体扩散或离心分离方法，可以使二者分离，$^{235}UF_6$ 可用 H_2 或 CCl_4 还原成 UF_4，再利用钙或镁使它还原即制成富含 ^{235}U 的金属铀。铀化工生产工艺的主要反应式如下：

$$UO_2 + 4HF \longrightarrow UF_4 + 2H_2O$$

$$UF_4 + F_2 \longrightarrow UF_6$$

$$UF_6 + H_2 \longrightarrow UF_4 + 2HF$$

$$UF_6 + 2CCl_4 \longrightarrow UF_4 + 2CCl_3F + Cl_2$$

$$UF_4 + 2Ca \longrightarrow U + 2CaF_2$$

目前，工业上铀同位素的浓缩，主要是通过离心分离法实现的。离心分离所用的气体是六氟化铀，是利用四氟化铀在 300 ℃左右进行氟化制得的，最后得到的浓缩六氟化铀用氢或四氯化碳还原成四氟化铀，再将浓缩的四氟化铀还原，以制得浓缩的金属铀。

1.1.4　铀的原子结构

在元素周期表中，铀位于第七周期第ⅢB 族，是锕系元素的成员之一，与第六周期第ⅢB 族镧系元素相对应。铀处在锕系元素中第四个的位置上。

铀原子核有 92 个质子，所含的中子数是可变的，因而构成铀的各种同位素。在铀原子核周围有 92 个电子是层状分布的，铀有四个完全充满的电子壳层 K(2)、L(8)、M(18)、N(32)和三个未充满的电子壳层 O(21)、P(9)、Q(2)。铀的外层电子中有六个价电子，排列方式为 $5f^36d^17S^2$，这些电子在各电子层及亚层上的排列情况如表 1-2 所示。

表 1-2　铀的电子壳层结构

原子序数	元素符号	电子层											
		K	L	M	N	O				P			Q
						5s	5p	5d	5f	6s	6p	6d	7s
92	U	2	8	18	32	2	6	10	3	2	6	1	2

铀原子的电子层结构和它的化学性质有着十分密切的联系。

（1）多价性：7s、6d、5f 的能级差别很小，但仍有差别，故这些轨道上的电子丢失有先后之分。研究结果表明，就电离能来说，5f＞7s＞6d。铀处于低氧化态时仅失去 7s 和 6d 亚层上的电子，在高氧化态时，5f 亚层上的电子才失去，这三个亚层上的电子逐一解离就形成了铀的多种氧化态：U^{3+}、U^{4+}、U^{5+}、U^{6+}等。

（2）电子结构与离子半径：铀的中性原子和离子的电子结构与其半径大小的关系见表 1-3，由表可见，随着价电子的丢失，铀离子半径逐渐减小，相应形成化合物的酸性逐渐增强。但是，由于六价铀在水溶液中形成稳定的铀酰离子（UO_2^{2+}），而其酸性却表现为非常弱。

表 1-3　铀的各种氧化态的价电子结构与离子半径

氧化态	价电子结构	离子半径/Å[1)]
U^0	$5f^36d^17s^2$	1.42
U^{3+}	$5f^3$	1.21
U^{4+}	$5f^2$	1.05
U^{5+}	$5f^1$	0.91
U^{6+}	$5f^0$	0.79

注：1）Å，即：埃。埃是计量光波波长和离子直径时常用的长度单位，1 Å = 0.1 nm = 10^{-10} m。

（3）由于铀离子半径相对都较大，故除 UF_6 外，铀的多数化合物都是不挥发的。

（4）当铀失去全部价电子之后（即 U^{6+}），具有氡壳心的电子结构。这种惰性气体构形的离子所形成的氧化物在热力学上是最稳定的。

1.1.5 铀在水溶液中的氧化态

铀在化学上可形成多种氧化态。迄今，已发现铀在水溶液中有四种氧化态：U（Ⅲ）、U（Ⅳ）、U（Ⅴ）、U（Ⅵ）。以离子形式存在于水溶液中铀的各种氧化态，比铀在固体化合物中的行为远为复杂。它们在溶液中可进行氧化—还原反应、水解反应、络合反应等。酸性溶液中铀的各种氧化态其一般特性列于表 1-4。

表 1-4 溶液中的铀离子

氧化态	溶液中离子形式	溶液中的颜色
U（Ⅲ）	U^{3+}	玫瑰紫色
U（Ⅳ）	U^{4+}	深绿色
U（Ⅴ）	UO_2^+	—
U（Ⅵ）	UO_2^{2+}	亮黄色

在铀的各种氧化态中，只有四价铀和六价铀在水溶液中稳定。

1.1.6 铀（Ⅳ）氧化态

空气中的氧气在氧化 UCl_4 时，速度较慢，氧化的反应方程式为：

$$2U^{4+}+2H_2O+O_2 \longrightarrow 2UO_2^{2+}+4H^+$$

四价铀具有弱碱性，在水溶液中，四价铀只能存在于强酸性溶液中，当溶液的酸度降低时，四价铀极易水解，形成 $U(OH)^{3+}$。当溶液中含有 Cu^{2+}或 Fe^{3+}时，上述氧化反应的速度明显加快。

铀浸取过程中，U^{4+}/UO_2^{2+}在硫酸介质或碱性介质中的转化过程完全类同上述氧化—还原反应。适当选取氧化剂（如 MnO_2、$NaClO_3$、加压 O_2 等），溶液中的 U^{4+}即刻顺利地进行氧化反应。

1.1.7 铀（Ⅵ）氧化态

六价铀是铀最高氧化态，由于电荷很高，在水溶液中是不稳定的，只有形成 UO_2^{2+}离子才稳定。铀酰离子中，有两个氧原子与铀原子牢固结合，铀形成铀酰基的趋势十分强烈，例如：六氟化铀在有水存在的情况下就能立即转化为氟化铀酰 UO_2F_2。

UO_2^{2+}是二价络阳离子，由一个铀原子和两个氧原子组成。两个氧原子等距离地排列在铀原子的两侧，具有线性特征。铀酰中的铀－氧键呈共价键结合。

六价铀具有两性特征，即在酸性和中性介质中呈弱碱性，在碱性介质中呈弱酸性。六价铀的弱碱性表现在能形成酸性盐类（如硫酸铀酰 UO_2SO_4）和某些络离子（如碳酸铀酰络离子［$UO_2(CO_3)_3$］$^{4-}$），这些盐类和络离子中的六价铀与氧组成络氧离子 UO_2^{2+}。六价铀的弱酸性表现在能形成难溶的碱性盐类：如重铀酸盐、$K_2U_2O_7$ 或 NaU_2O_7，其中六价铀与氧组成络阴离子 $U_2O_7^{2-}$。铀酰离子与重铀酸根是按下式水解时生成的：

$$2UO_2^{2+} + 3H_2O \longrightarrow U_2O_7^{2-} + 6H^+$$

氢离子过剩时，平衡向左移动，而氢氧根离子过剩时平衡向右移动。

1.1.8　八氧化三铀

八氧化三铀在铀工业中占有显著的地位，沥青铀矿就是有 U_3O_8 的结构。它也是铀回收工艺的产品，可作为生产六氟化铀的原料。

（1）制备

工业上获得 U_3O_8 的途径有三种：（1）金属铀在空气中氧化灼烧；（2）低价或高价铀氧化物在高温中（800～900 ℃）灼烧；（3）铀盐热分解。

（2）物理性质

U_3O_8 的粉末颜色有时呈墨绿色，有时甚至呈黑色，这取决于制备时的温度条件。

据 X 射线数据计算出的密度为 8.39 g/cm^3。实测数据稍偏低。按样品特性的不同，其密度值在 6.97～8.34 g/cm^3 之间。

目前已知 U_3O_8 有三种结晶变体：α—U_3O_8，β—U_3O_8，γ—U_3O_8。

α—U_3O_8 即通常所说的 U_3O_8，其他两种不常见。

许多研究表明，温度低于 800 ℃时，α—U_3O_8 化学组成近于 U_3O_8，当温度高于 800 ℃时，它会因失氧而成 U_3O_{8-X}，X 的大小取决于温度和氧分压。高于 1 000 ℃时，它可分解为 UO_2，但到 2 000 ℃时才能完全转化。

1940 年以前，人们认为 U_3O_8 的化学结构是铀酸盐，$UO_2 \cdot 2UO_3$ 或 $U^{4+}(UO_4^{2-})$。据此，U_3O_8 和酸作用，应产生四价铀盐和铀酰盐的混合物。

但是，当隔绝空气以浓硫酸溶解 U_3O_8 时，却产生五价铀的歧化反应：

$$2UO_2^{+} + 4H^+ \longrightarrow UO_2^{2+} + U^{4+} + 2H_2O$$

此外，根据 U_3O_8 分子磁矩数据，测定其化学结构与 $UO_3U_2O_5$ 相符，其中含五价铀和六价铀，而非四价铀。

（3）化学性质

U_3O_8 属于相当惰性的氧化物，它与水、碱、氨水几乎不发生化学反应，非氧化性的稀酸，甚至在加热的情况下，也只能缓慢地和 U_3O_8 发生化学反应，但热的浓酸，尤其在其中有氧化剂（$MnO_2 \cdot HNO_3$）存在的情况下，很容易使其中的五价铀发生歧化反应，生成四价铀和六价铀的盐类。

用氟化氢和氯化氢处理 U_3O_8 时，可以得到氟化或氯化四、六价铀的混合物。当卤化剂具有还原性（如 NH_4HF_2，CCl_4 等），得到的产物是四价铀的卤化物。

U_3O_8 可被钙、镁在高温下还原成金属铀。

1.1.9　铀的水解作用

水解作用是指水溶液中金属离子与羟基（OH^-）离子的络合作用，它是水溶液中最重要的反应之一。

（1）四价铀的水解作用

在酸性溶液中，当温度为 25 ℃、pH＝2 时，U^{4+}开始水解。水解方程如下：

$$U^{4+} + H_2O \longrightarrow U(OH)^{3+} + H^+$$

这时只有单体的 $U(OH)^{3+}$存在，随着溶液 PH 值的增加，$U(OH)^{3+}$单体与 U^{4+}形成聚合物。在水解作用的最终产物中，可以形成$[U(OH)_4]_n$的固相沉淀物。这些高分子量的水解产物往往具有胶状性质，一般难于被酸溶解。

（2）六价铀的水解作用

UO_2^{2+}在水溶液中产生强烈的水解作用。通常在 pH＞3 时，UO_2^{2+}开始水解，形成一系列的水解产物，如 $UO_2(OH)^+$、$UO_2(OH)_2$ 等。

UO_2^{2+}的水解作用十分复杂，它与温度（表 1-5）、铀的浓度（表 1-6）以及溶液的 pH 值有关。

表 1-5 不同温度时 0.1 mol/L $UO_2(NO_3)_2$ 溶液的水解程度

温度/℃	30	40	65
水解程度/%	2.7	3.3	3.6

表 1-6 30 ℃时不同浓度 $UO_2(NO_3)_2$ 溶液的水解程度

浓度/mol/L	0.1	0.01	0.001
水解程度/%	2.7	5.7	10

当溶液中铀的浓度为 0.001～0.005 mol/L 时，UO_2^{2+}水解产物和溶液 pH 值的关系可用下式表示：

$$\underset{pH\leqslant 2}{UO_2^{2+}} \longrightarrow \underset{pH>3}{UO_2(OH)^+} \longrightarrow \underset{pH>4}{UO_2(OH)_2}$$

UO_2^{2+}离子的水解反应为：

$$UO_2^{2+} + 2H_2O \longrightarrow UO_2(OH)_2 \downarrow + 2H^+$$

UO_2^{2+}离子水解过程的最终产物为氢氧化铀酰 $UO_2(OH)_2 \cdot H_2O$，它为一种黄色物质。这种物质具有两性性质，在酸性介质中产生 UO_2^{2+}、$UO_2(OH)^+$等离子。而在碱性溶液中产生 UO_4^{2-}及 $U_2O_7^{2-}$等铀酸根、重铀酸根离子。

1.1.10 铀离子络合物

（1）铀酰离子的络合行为

UO_2^{2+}有很强的络合能力，它能与许多阴离子络合，尤其能与许多酸根络合，既能形成阳离子络合物，又能形成阴离子络合物，即使是强酸的酸根也不例外。

F^-离子和 Cl^-离子能与 UO_2^{2+}形成 UO_2X^+、UO_2X_2 等类型的络离子。

NO_3^-离子能与 UO_2^{2+}形成 $UO_2(NO_3)^+$、$UO_2(NO_3)_2$ 等类型的络离子。在萃取的条件下，

铀酰多以 $UO_2(NO_3)_2$ 的形式被萃取。

硫酸根络合物的稳定性比卤素离子和硝酸根强得多。硫酸铀酰络离子的主要形式有：UO_2SO_4、$UO_2(SO_4)_2^{2-}$、$UO_2(SO_4)_3^{4-}$，后者在水溶液中不稳定，只有在 pH 值较低或 SO_4^{2-}浓度很高的条件下才能以 $K_4[UO_2(SO_4)_3]\cdot 2H_2O$ 形式的络盐析出。

CO_3^{2-}和 UO_2^{2+}有两种形式的络离子，其生成反应方程式为：

$$UO_2^{2+}+2CO_3^{2-}+2H_2O \longrightarrow UO_2(CO_3)_2(H_2O)_2^{2-}$$

$$UO_2^{2+}+3CO_3^{2-} \longrightarrow [UO_2(CO_3)_3]^{4-}$$

$[UO_2(CO_3)_3]^{4-}$所形成的络盐是无水的，温度对其稳定性影响较小。

此 $C_2O_4^{2-}$根与 UO_2^{2+}的反应为：

$$UO_2(NO_3)_2+H_2C_2O_4+3H_2O \longrightarrow UO_2C_2O_4\cdot 3H_2O\downarrow +2HNO_3$$

该沉淀的溶解度极小。若继续加入草酸，由于进一步的络合反应，沉淀的溶解度将大大增加。

$$UO_2C_2O_4+C_2O_4^{2-} \longrightarrow UO_2(C_2O_4)_2^{2-}$$

$$UO_2(C_2O_4)_2^{2-}+C_2O_4^{2-} \longrightarrow UO_2(C_2O_4)_3^{4-}$$

（2）四价铀离子的络合行为

U^{4+}的络合能力比 UO_2^{2+}更强，它与 Cl^-的络合反应为：

$$U^{4+}+4Cl^- \longrightarrow UCl^{3+}$$

当 Cl^-浓度为 2 mol/L 时，估计有 42%的反应物发生上述络合。

硫酸根和 U^{4+}至少存在两种络合形态：$[U(SO_4)]^{2+}$、$U(SO_4)_2$。

1.2　UF_6的物理化学性质

UF_6 是氟和六价铀的化合物，是铀浓缩工厂中最重要的物料，使用 UF_6 出于两种原因：第一，它可方便地在气态下供料和分离，在液态下卸料，在固态下储存。这三种状态中的任何一种状态均可在较低的温度和压力下得到。第二，因为氟只有一种天然同位素，分离能力全部用于分离 U 元素。原料（或称供料）、精料（或称产品）、贫料（或称尾料）都是 UF_6，只是 ^{235}U 的丰度不同而已。

1.2.1　UF_6的物理性质

在常温常压下，UF_6 呈固态，具有强挥发性，能不经过熔化而直接升华成气体，在高温、高压下可熔化成无色透明的液体。

固态 UF_6 是一种白色、高密结晶体，晶型为斜方晶体，晶格常数 $a=0.990\,0$ nm，$b=0.896\,2$ nm，$c=0.520\,7$ nm，固体密度为 5.06 g/cm³（25 ℃时），固体外观因其由液相冻结形成或由气相凝华形成而有所不同。在第一种情况下，固体粒子呈不规则形状的颗粒，有点像岩盐。在第二种情况下，固体是一种不定型块状物。

液态 UF_6 是易流动的无色透明液体，虽然它很重，但黏度却很低，可自由流动，并能完全润湿容器表面，液体密度3.6 g/cm^3（64.1 ℃时）。

气态UF_6是具有苹果香甜味的无色或淡黄色气体，密度在0.015 g/cm^{3}左右，在泄漏时，与空气中水蒸气快速反应，放出大量的热。生成物和水蒸气结合，呈现白色的烟雾，在高湿度环境尤其明显。

红外吸收光谱、磁化率和电子衍射的分析结果表明，UF_6分子为正八面体结构，其磁偶极矩为零，为顺磁性物质。

（1）UF_6的三相图及物态变化

UF_6总是在密封的管道、设备和容器中加工处理，操作者是看不到的，只能通过观察压力或重量的变化来确定其存在。为了运行的安全和稳定，必须掌握和控制UF_6的状态。因为UF_6的物态是其压力和温度的函数，而且详细地反映在UF_6的相图中，可以根据压力和温度判断UF_6的状态，还可以通过控制温度和压力来控制UF_6的物态变化。实际应用中应该注意的是：UF_6的三相图只是就UF_6单组分而言的，如果有空气、N_2、HF或其他气体同时存在时，在给定温度下的总压力将会变化，因为不同气体组分在相同温度下的饱和蒸气压不同，而总压力等于各组分的分压总和（因为空气、N_2、HF在相同温度下饱和蒸气压比UF_6更高，所以含有杂质的UF_6的容器压力会高于该温度下的UF_6饱和蒸气压，据此可以大致推算UF_6中的轻杂质水平，判断容器可能有漏或需要进行净化）。

1）名词解释

升华：固体物质，从固态直接变成气态的过程。

凝华：气态物质不经过液态阶段，从气态直接转变成固态的过程。

液化：物质由气态变成液态的过程。

蒸发：液体表面发生汽化的现象。

汽化：物质由液态或固态变化成气态的过程。

熔化：物质由固态转变成液态的过程。

凝固：物质由液态转变成固态的过程。

丰度：是指含有这种同位素的组分的物质在总物质中所占的比例，它是一个无量纲的量，有摩尔丰度和质量丰度之分。

三相点：在某一温度、压力下物质的固、汽、液三相之间达到平衡状态，可以共存，这时的温度和压力对应相交的点，就叫三相点。

饱和蒸气压：在一定温度下，液体或固体物质的蒸汽所具有的最大压强，就是该温度下的饱和蒸汽压。

饱和温度：在一定压力下，物质的汽、液两相（或固、液两相）达到平衡时的温度，称为该物质在该压力下的饱和温度。与饱和温度相对应的某一压力就称为该温度下的饱和蒸汽压，一般情况下，饱和蒸气压和饱和温度呈正相关。

临界温度和临界压力：液体维持液相的最高温度叫作临界温度，在临界温度时，使气体液化的所必须的最低压力叫临界压力。高于临界温度时，无论加多大的压力都不能使气体液化，临界温度越低，越难液化。

2）压力单位换算

一个标准大气压：1 atm = 101.325 kPa = 760 mmHg

一个工程大气压：1 at = 1 kg • f /cm^2 = 0.98 × 10^5 N/m^2 = 0.98 × 10^5 Pa = 98 kPa

气象学最早使用的气压单位：1 bar = 1 000 mbar = 0.1 MPa = 10^5 Pa = 100 kPa

1 mbar = 0.75 Torr = 100 Pa = 1 hPa

真空系统及工厂常用单位：1 Torr = 133.33 Pa　1 kPa = 10 mbar

一般计算时，可以近似认为：1 atm = 1 at = 1 bar = 0.1 MPa

3）理想气体状态方程

$$PV = \frac{m}{M}RT \tag{1-1}$$

式中：m——气体质量，g；

M——气体平均摩尔质量，一般取 $^{238}UF_6$ 分子量，即 M = 352 g/mol；

P——压强，Pa；

T——绝对温度，K；

V——气体体积，m^3；

R——气体常数（8.314 Pa • m^3/mol • K）。

4）三相图

UF_6 的三相图见图 1-1。

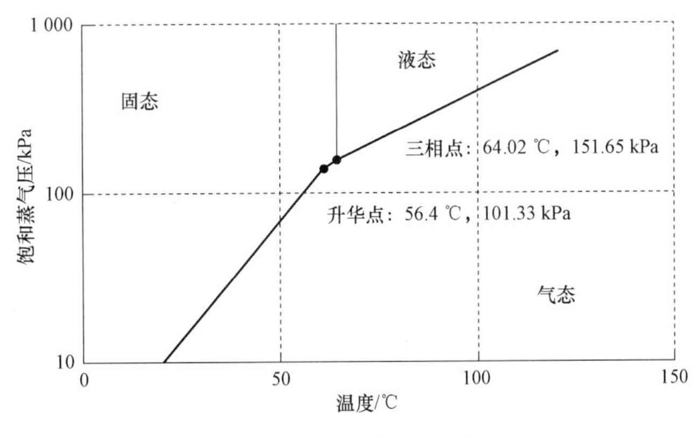

图 1-1　UF_6 的三相图

注：对于图中 UF_6 饱和蒸气压与三相点，不同文献或测量者的测量结果略有差异。

观察图 1-1 可以看出：UF_6 的三相点为：64.02 ℃，151.65 kPa（1 137.5 Torr），液态 UF_6 只出现在三相点温度和压力以上。

以 64.02 ℃为分界线，如果温度低于三相点，则只有固态或气态存在，如果温度高于三相点，则仅有液态或气态存在。

以 1 137.5 Torr 为分界线，如果压力低于三相点，则只有固态或气态存在，如果压力高于三相点，则固液气三态都可能出现，跟温度有关。

除液化均质厂房需要使 UF_6 液化后再冷凝，其他时间段，UF_6 压力都被控制在三相点压力以下（温度也会同时控制着），即只允许在固态和气态之间转换。

不同温度下，UF_6 的饱和蒸气压如表 1-7 所示。

表 1-7 UF_6 的饱和蒸气压

温度/℃	饱和蒸气压/Pa	温度/℃	饱和蒸汽压/Pa
−196	1.33×10^{-22}	25	14 933.30
−100	4.4×10^{-3}	30	20 866.61
−80	0.186 7	40	39 266.66
−50	14.67	50	70 666.49
−25	238.67	60	122 359.69
0	2 293.33	70	182 786.21
10	5 066.65	80	245 292.72
15	7 373.32	90	323 039.19
20	10 559.97	95	368 305.75

在有关生产实践、工程设计的计算过程中，还可通过下列经验公式计算出不同温度下的 UF_6 饱和蒸气压：

固态： $$\lg P = 6.450\,7 + 0.007\,538T - 942.76/(T - 89.58) \tag{1-2}$$

液态： $$\lg P = 9.119\,5 - 1\,126.29/(T - 51.19) \tag{1-3}$$

式中：T——热力学温度，K；

P——UF_6 饱和蒸气压，Pa。

（2）UF_6 的密度

大多数物质与水不同，它们从固体到液体的转化过程中要发生体积膨胀。UF_6 就是大量已知物中的一个，在融化过程中体积会明显膨胀，当加热到 121.1 ℃时，它的密度约减少 36%，体积大幅增大（约增大 56%），必然使处理系统和操作程序受到一定限制，比如容器的装料限值，以及料管堵塞时的消堵程序等。

图 1-2（a）给出了固体 UF_6 从 21.1 ℃加热到三相点 64 ℃（三相点）时的密度变化情况。图 1-2（b）给出了液体 UF_6 从 64 ℃加热到 160 ℃时的密度变化情况。

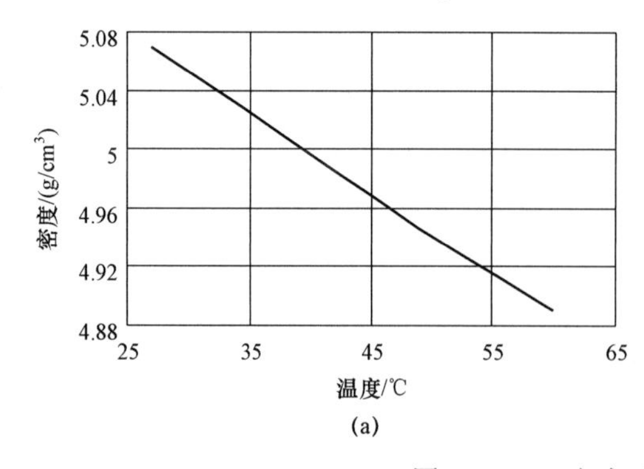

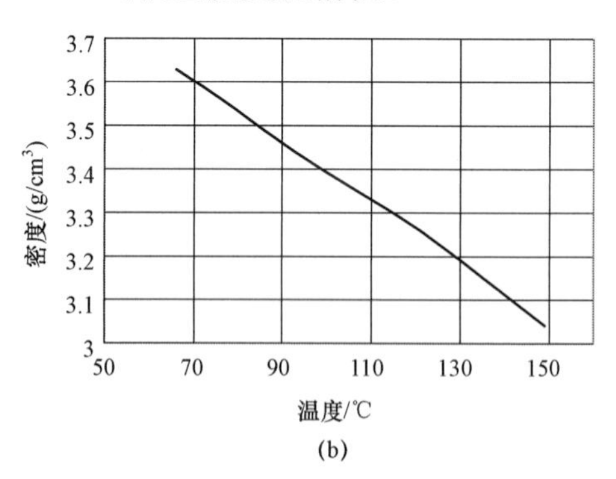

图 1-2 UF_6 密度随温度的变化曲线

（a）固体 UF_6 密度随温度变化曲线；（b）液体 UF_6 密度随温度变化曲线

比较两条曲线可以发现，在熔点时，固体 UF_6 的密度为 4.853 g/cm³，而液体 UF_6 的密度为 3.636 g/cm³，在相变时有阶梯式下降，而且，不论对于液体或者固体 UF_6，随温度升高，其密度都逐渐减小。

固体 UF_6 在 20 ℃时，密度为 5.1 g/cm^3，液体 UF_6 在 64 ℃时，密度为 3.6 g/cm^3，在 93 ℃时，密度为 3.5 g/cm^3，在 121 ℃时，密度为 3.26 g/cm^3，从密度的明显减小可以看出：固体 UF_6 在融化时，体积膨胀会非常明显，当加热超过一定温度时，液体 UF_6 可能会全部充满容器，并造成容器的液压变形和破裂。为了避免可能发生的液压破裂，装填过满的容器决不应随意加热，同时也不应将装料合理的容器过度加热。依据美国国家标准 ANSI N14.1（现已成为国际标准），所有容器装料容积应按其最小验证容积并预留至少 5%的安全裕量，即满足如下条件：

$$\frac{m/\rho}{V_{实际}} \leqslant 95\%$$

也即：

$$m \leqslant 95\% \rho V_{实际}$$

为保险起见，m 应小于右式的最小值，当 ρ 最小取 3.26 g/cm^3（121 ℃时液态 UF_6 密度），$V_{实际}$ 最小取 3.08 m^3（3 m^3 精料容器的最小验证容积）时，计算得到 m 的最大限值为 9 539 kg。此标准中 UF_6 最高温度不得超过 121 ℃，且 UF_6 最小纯度为 99.5%，如温度更高或杂质超过此标准，则规定装料限值会更严格。

一般计算时，可以近似用理想气体状态方程估算气态 UF_6 密度。严格计算时，不将气态 UF_6 视作理想气体。在 50～140 ℃之间时，可按如下经验公式计算气态 UF_6 的密度：

$$\rho = 13.28 \times \frac{323.2}{T} \times \frac{P}{1.0133 \times 10^5} \tag{1-4}$$

式中：ρ——UF_6 蒸气密度，g/L；

P——体系压强，Pa；

T——热力学温度，K。

（3）UF_6 的热力学参数

表 1-8 记录了沿着饱和蒸气压线，不同温度下的 UF_6 升华热或蒸发热。

表 1-8　UF_6 的蒸发热和升华热

温度/K	升华热或蒸发热/（kJ/mol）	温度/K	升华热或蒸发热/（kJ/mol）
223	50.849	333	48.274
253	50.556	337	47.646
273	51.163（50.158）	337	28.554
273.16	50.338	338	28.973
293	49.697	340	28.717
298	50.116（49.404）	343	28.847
298.16	49.706	348	28.160
313	49.111	350	27.930
323	48.483	363	27.926
329.56	48.148	373	26.812
330	48.303	383	26.419

注：括号中的数据为不同研究者的研究结果

通过观察可以发现其变化比较平缓，在三相点发生突变，和密度的突变类似。由上表还可以知道，在三相点温度（337 K，对应 64.1 ℃）下，液态 UF_6 的蒸发热为 28.55 kJ/mol，固态 UF_6 的升华热为 47.65 kJ/mol，两者相减可以知道固态 UF_6 的融化热（变化很小）为 19.1 kJ/mol。

UF_6 的其他热力学参数的数据见表 1-9。

表 1-9 UF_6 的常用热力学数据

温度/K	热容/［J/（mol·K）］	热焓/（J/mol）	熵/［J/（mol·K）］	温度/K	热容/［J/（mol·K）］	热焓/（J/mol）	熵/［J/（mol·K）］
固态 UF_6				液态 UF_6			
230	146.4	20 908.9	187.4	360	194.0	62 010.7	319.0
275	160.0	27 800.4	214.8	370	195.2	63 965.9	324.3
300	167.5	31 899.2	229.0	气态 UF_6			
335	181.2	37 999.4	248.2	323	132.9	—	388.9
液态 UF_6				373	137.9	92 109.6	408.1
340	191.3	58 146.3	307.9	500	145.7	110 112.8	449.9
350	192.7	60 072.2	313.6	750	152.2	—	512.3

1）在 0～100 ℃之间，实验测得的气态 UF_6 导热系数为：

$$K=(6.107+0.025\ 7T)\times10^{-3} \tag{1-5}$$

式中：K——UF_6 的热导率，W/（mol·K）；

T——热力学温度，K。

2）在 0～200 ℃的温度范围内，气态 UF_6 的黏度可用如下经验公式计算：

$$\eta=(1.67\times0.004\ 4t)\times10^{-5} \tag{1-6}$$

式中：η——气态 UF_6 的黏度，Pa·s；

t——摄氏温度，℃。

3）常温下，UF_6 的声速为 89 m/s。

1.2.2 UF_6 的化学性质

UF_6 具有强氧化性，可与多种物质反应。一般条件下，UF_6 对于干燥的氧气、氮气、二氧化碳和氯气等气态而言是稳定的，故在生产实践中，氮气可作为氟化生产系统的保护、稀释或置换气体使用。

（1）水解反应

UF_6 与水发生剧烈反应，生成 UO_2F_2 和 HF，并释放出大量的热。其反应方程式为：

$$UF_6+2H_2O\longrightarrow UO_2F_2(固)+4HF(气)\quad \Delta H_{298\ K}=-211.4\ kJ/mol$$

UF_6 与潮湿空气接触立即产生“白色烟雾”现象正是上述反应的结果。只有当温度低于−40 ℃时，UF_6 的水解反应才趋于缓和而不显得那么剧烈。在 UF_6 的水解过程中，反应产物 UO_2F_2 还可与水、HF 形成络合物，这种络合物加热到 180 ℃时，可完全转化为 UO_2F_2。

在 UF_6 水解时，水解液中其他组分，对反应过程和最终产物有直接影响，如在 Na_2CO_3 溶液中，UF_6 的水解反应如下：

$$UF_6+2H_2O \rightarrow UO_2F_2+4HF$$
$$HF+Na_2CO_3 \rightarrow NaF+NaHCO_3$$
$$UO_2F_2+3Na_2CO_3 \rightarrow Na_4[UO_2(CO_3)_3]\downarrow+2NaF$$

因此，在 UF_6 的制备过程中，利用 UF_6 在 Na_2CO_3 溶液中的水解反应，可对氟化工艺尾气进行净化处理并回收铀。

（2）氧化还原反应

作为一种强氧化剂，UF_6 同时是一种良好的氟化剂，可被多种还原剂还原为 UF_4。

1）与还原剂反应

在 225～250 ℃时，UF_6 与氢气开始反应，但反应比较缓慢，即使在 330 ℃时，UF_6 与 H_2 反应生成 UF_4 的转化率也只能达到 50%，甚至在 500 ℃时，UF_6 的转化也不完全。其主要反应方程式为：

$$UF_6+H_2 \rightarrow UF_4+2HF$$

但当氢气中加入某些少量氯化物后，上述反应的速率可得到较大的提高，且反应趋于完全。

UF_6 还可被四氯化碳、氯化氢、溴化氢、氨、三氯乙烯等还原剂还原为 UF_4，有关化学反应的方程式如下：

$$UF_6+2CCl_4 \rightarrow UF_4+Cl_2\uparrow+2CCl_3F$$
$$UF_6+2HCl \rightarrow UF_4+Cl_2\uparrow+2HF$$
$$UF_6+2HBr \rightarrow UF_4+Br_2\uparrow+2HF$$

三氯乙烯与 UF_6 反应生成 UF_4 和氟氯代烃化合物。在–72 ℃（干冰温度）时，氨与 UF_6 就可反应，但随反应温度不同，所得产物也有所不同：

$$6UF_6+8NH_3 \xrightarrow{-50\sim-30\ ℃} 6UF_5+N_2+6NH_4F$$
$$6UF_6+(8+6n)NH_3 \xrightarrow{-20\sim0\ ℃} 6UF_5\bullet nNH_3+N_2+6NH_4F\ (n=0.73)$$
$$4UF_6+8NH_3 \xrightarrow{0\sim25\ ℃} 2UF_5+2NH_4UF_5+N_2+4NH_4F$$
$$3UF_6+8NH_3 \xrightarrow{100\sim200\ ℃} 3NH_4UF_5+N_2+3NH_4F$$

无定形碳可将 UF_6 还原为 UF_4，并生成四氟化碳和其他氟的碳化物。硅、硫、磷和砷均能与 UF_6 反应生成 UF_4，有关反应方程式如下：

$$2UF_6+C \rightarrow 2UF_4+CF_4\uparrow$$
$$2UF_6+Si \rightarrow 2UF_4+SiF_4\uparrow$$
$$2UF_6+4S \rightarrow UF_4+US_2+2SF_4\uparrow$$
$$3UF_6+2P \rightarrow 3UF_4+2PF_3\uparrow$$

在 UF_6 生产实践中，利用无定形碳与 UF_6、氟气的反应，可对工艺尾气进行一定程度的净化处理。

2）与四氟化铀的反应

如前所示，UF_6可与UF_4反应，生产铀的中间氟化物，铀的中间氟化物又可被歧化为UF_6和UF_4，如：

$$UF_6 + UF_4 \longleftrightarrow 2UF_5$$

$$UF_6 + 3UF_4 \longleftrightarrow 2U_2F_9$$

在UF_6生产实践中，该反应的发生，是在氟化反应器中形成铀中间氟化物的主要原因之一。而利用该反应，通过UF_4吸附氟化工艺尾气中夹带的少量UF_6，从而可达到工艺尾气净化、提高铀资源利用率的目的，而生产的铀中间氟化物，与过量的UF_4一起，可作为氟化反应器的固体原料使用。

3）与金属的反应

UF_6能够与大多数金属反应，生成金属氟化物和低挥发或不挥发的低价铀氟化物，且温度越高反应速度越快，其中对铂、金、银比较稳定，对铁、铅、锡最不稳定；当与铜、铝、镍作用时，生成的 CuF_2、AlF_3、NiF_2，覆盖在表面，但较疏松，不及铜、铝、镍与F_2接触作用形成致密的氟化膜能起很强的保护作用，因此，内部金属仍会被UF_6继续缓慢腐蚀。

在UF_6的生产过程中，利用氟气、中间氟化物、UF_6在低碳钢、铜、铝、镍及其合金等材料表面形成致密的氟化物保护膜这一特性，可以很好地解决氟化反应器、冷凝器等关键设备和管道的主体结构材料性能问题，但在有液态 HF、痕量水的气氛中，氟化物保护膜记忆受到破坏，故在生产时间中，应尽量保证氟化系统具有良好的密封性能，以尽量减少氟化氢、水分的引入。

加热时，碱金属、碱土金属与UF_6的反应剧烈，可使UF_6还原为金属铀，有关反应方程式如下：

$$UF_6 + 6Na \rightarrow U + 6NaF$$

$$UF_6 + 3Ca \rightarrow U + 3CaF_2$$

$$UF_6 + 3Mg \rightarrow U + 3MgF_2$$

上述这些反应均释放出大量的热。这些反应对金属铀块的生产具有非常重要的意义。

（3）与碱的反应

UF_6溶于 NaOH 溶液时，主要生产重铀酸钠沉淀，其反应方程式如下：

$$2UF_6 + 14NaOH \rightarrow Na_2U_2O_7 \downarrow + 12NaF + 7H_2O$$

该反应为强释热反应，反应生成热为–485 kJ/mol。因此，在用碱液处理UF_6时，应将气态或液态UF_6小心而缓慢的加入到稀碱溶液中。

（4）络合反应

在 25～100 ℃的温度范围内，UF_6与碱金属氟化物、AgF 等可形成具有下列组成的复盐：$3AgF \cdot UF_6$、$NaF \cdot UF_6$、$2NaF \cdot UF_6$、$3NaF \cdot UF_6$、$3KF \cdot UF_6$、$2RbF \cdot UF_6$等。低于 100 ℃时，这些复盐不易于水解和热分解。

在UF_6的制备工艺中，利用UF_6的这种络合性质，可有效捕集氟化工艺尾气中夹带的少量UF_6，也可对UF_6进行钝化处理。如在 100～200 ℃范围内，UF_6可以被 NaF 选择性吸收，生成复盐。当温度高于 363 ℃时，又可使该复盐热分解，析出 UF_6：

$$3NaF + UF_6 \xrightarrow{100 \sim 200\ ℃} 3NaF \cdot UF_6$$

$$3NaF \cdot UF_6 \xrightarrow{\geq 363\ ℃} 3NaF + UF_6 \uparrow$$

上述复盐的分解，也有可能发生如下副反应：

$$3NaF \cdot UF_6 \xrightarrow{245 \sim 345\ ℃} 3NaF \cdot UF_5 + \frac{1}{2}F_2 \uparrow$$

$$3NaF \cdot UF_6 \xrightarrow{500\ ℃} NaF \cdot UF_4 + 2NaF + F_2 \uparrow$$

因此，实际复盐的分解中，为避免上述副反应的发生，$NaF \cdot UF_6$、$3NaF \cdot UF_5$ 的热分解及 UF_6 的解吸（注：解吸为吸附的逆过程），通常是在氟气流中进行与完成的。

（5）其他反应

在全氟化的烷烃溶液中，UF_6 可稳定存在。UF_6 溶于四氯化碳、三氯甲烷、五氯乙烷、四氯乙烷等有机溶剂中，但不溶于二硫化碳。与某些无机溶液，如液态氟化氢、卤素氟化物等，可形成稳定的溶液。

常温下，UF_6 微溶于无水氟化氢，溶解度随温度升高而增大，并可形成恒沸混合物。一般情况下，氯气、溴气对 UF_6 是稳定的，液态氯和液态溴能明显地溶解 UF_6。

室温下，UF_6 可以与乙醇、乙醚和苯等反应。当溶剂分子中含氧时，这些溶剂与 UF_6 反应，反应产物为 UO_2F_2。UF_6 与烃类作用时，可生成 UF_4 和铀的中间氟化物。注意：如果液态的 UF_6 接触到烃烷类物质、油脂、纤维等有机物会更剧烈反应，甚至引发爆炸。

工业上一般用聚四氟乙烯和耐氟橡胶来做密封材料，聚四氟乙烯在高压环境下或在常压 150 ℃以上环境下受氟元素的侵蚀，故聚四氟乙烯应在常压下小于 120 ℃时使用。

在无水蒸气的条件下，玻璃和石英对 UF_6 时稳定的。但痕量水汽的存在，稳定性就会彻底地破坏该稳定性，其反应如下：

$$UF_6 + 2H_2O \rightarrow UO_2F_2 + 4HF$$

$$4HF + SiO_2 \rightarrow SiF_4 + 2H_2O$$

1.3　F_2 及 HF 的物理化学性质

1.3.1　F_2 的物理化学性质

一般情况下，厚层气态氟气成黄绿色，液态氟呈黄色，凝固时颜色变深。

（1）F_2 的物理性质

F_2 的物理性质罗列于表 1-10。

表 1-10　F_2 的物理性质

相对分子量	38
液体密度	1.108 g/cm³（沸点下）
气体密度	1.696 g/L（标准状态下）

续表

熔点	−219.66 ℃
沸点	−188.12 ℃
饱和蒸汽压	0.223 kPa（−219.66 ℃）
临界压力	5.57 MPa
临界温度	−115 ℃
融化热	510.36±2.1 J/mol
汽化热	6 543.69±12.55 J/mol
热导率	27.7 W/（m・K）
标准熵	202.5 J/（mol・K）

注：由于氟特殊的化学性质，非常活泼，所以其物理性质测定难度较大，不同测量者得到的数据会有差别

液态 F_2 饱和蒸汽压与温度关系的经验公式为：

$$\lg P = 7.358 - 430.06 / T \tag{1-7}$$

式中：P——压力，mmHg；

T——热力学温度，K。

（2）F_2 的化学性质

除惰性气体外，氟与周期表中所有其他元素均形成氟化物，且热效应特别高。在加热条件下，氟甚至可以与惰性气体反应，例如氟与氙反应，可生成 XeF_4 或 XeF_6。

$$Xe + 2F_2 \xrightarrow{\Delta} XeF_4$$

$$Xe + 3F_2 \xrightarrow{\Delta} XeF_6$$

铜、铝、镁、镍及其合金，在无氧条件下，可形成坚固的氟化物保护膜。

1.3.2 HF 的物理化学性质

氟化氢（Hydrogen fluoride），分子式 HF，是一种极强的腐蚀剂，有剧毒，是一种无色气体，在空气中只要超过 3×10^{-6} 就会产生刺激性的味道。

（1）HF 的物理性质

HF 的物理性质罗列在表 1-11。

表 1-11 HF 的物理性质

相对分子量	20
液体密度	0.957 6 g/cm³（25 ℃）
气体密度	0.713 g/ml（沸点时）
相对密度	1.27（空气=1，34 ℃）
熔点	−83.7 ℃
沸点	19.5 ℃
饱和蒸汽压	53.32 kPa（2.5 ℃）

续表

临界密度	0.29 g/ml
临界压力	6.48 MPa
临界温度	230.2 ℃
表面张力	8.6×10^{-3} N/m
导电率	2.6～5.7×10^{-6} $\Omega^{-1}\cdot cm^{-1}$
介电常数	83.6（0 ℃）
标准熵	3.479 kJ/（mol·K）
液态比热容	1.022 kJ/（mol·K）
气态比热容	11.98 kJ/（mol·K）（1 atm，25 ℃）
卫生允许浓度	0.001 mg/L

HF 的比热经验公式为：

$$C_p = 83.8\times(15.51-0.538\times t+2.18\times10^{-4}\times t^2) \tag{1-8}$$

式中：C_p——定压比热容，kJ/（mol·K）；

t——温度，℃。

受到 HF 氢键影响，在低温、低压下，气体 HF 有显著的缔合作用：$n\text{HF}\longleftrightarrow(\text{HF})_n$

其气体密度和沸点随温度和压力影响很大。与水分子之间可以形成氢键，气态 HF 在潮湿的空气中，可以形成白雾。

（2）氢氟酸

HF 的水溶液称为氢氟酸（Hydrofluoric Acid），分子式为 HF·H_2O，相对密度为 1.15～1.18（以水的密度为基准“1”），沸点 112.2 ℃。市场上商品 HF 的浓度范围一般在 35%～50%之间，最高可达 75%，常见浓度约 47%，溶质的质量分数可达 35.35%，最大密度可达 1.14 g/cm^3，其沸点为 20 ℃。

氢氟酸具有弱酸性，与其他弱酸不同的是，在浓度大时氢氟酸的电离度比稀时要大。氢氟酸腐蚀性强，对牙、骨损害比较严重，它的毒性主要来自于氟离子，生物暴露于氟离子后会造成血钙过低、血镁过低，血钾过高。

（3）HF 的获得

工业上用萤石（氟化钙 CaF_2）和浓硫酸来制造氟化氢。将这两种物质混合加热到 250 ℃之后就会反应生产氟化氢。反应方程式为：

$$CaF_2 + H_2SO_4 \xrightarrow{250\ ℃} 2HF + CaSO_4$$

这个反应生成的蒸气是氟化氢、硫酸和其他几种副产物地混合物，之后氟化氢可以通过蒸馏来提纯。

此外，氢气与氟气混合后立刻爆炸，生成氟化氢：

$$H_2(g) + F_2(g) \rightarrow 2HF(g)$$

HF 的水溶液能侵蚀玻璃，所以需要用铅制或者蜡制、塑料制器皿盛放。无水物应该贮存于冷却的银器中。

（4）HF 的饱和蒸气压

HF 饱和蒸汽压与温度关系的经验表达式为：

$$\lg P = 7.373\,9 - 1\,316.79 / T \quad (1\text{-}9)$$

式中：P——压力，mmHg；

T——热力学温度，K。

净化 UF_6 中的轻杂质（主要为 HF，还有少量空气），一般采用−80 ℃中间容器和−196 ℃凝冻器两级冷凝，净化时从料瓶中抽出的是混合气体。因在−80 ℃下 UF_6 饱和蒸汽压很低，只有 0.001 4 mmHg，所以很快会被中间容器冷凝下来，而 HF 在−80 ℃有较高的饱和蒸汽压，3.6 mmHg，不易被冷凝下来。在−146 ℃时 HF 的饱和蒸汽压很低，只有 0.001 mmHg，而在 −196 ℃（液氮温度）时，HF 的饱和蒸气压约为 2.0×10^{-10} mmHg，所以 HF 在凝冻器中完全可以冷凝下来，而空气则始终不会被冷凝下来，最后通过真空泵被抽走，这样就可以将 UF_6 与轻杂质分离，达到净化的目的。

（5）HF 的化学性质

1）HF 与水无限互溶，生成氢氟酸，有强腐蚀性，是一种强脱水剂，能使许多有机物碳化。

2）能腐蚀玻璃：　$4HF + SiO_2 \rightarrow SiF_4 + 2H_2O$

3）具有强酸性，能使许多金属腐蚀，表面生成氟盐保护膜。

HF 与空气中水蒸气相接触就生成烟雾，很多被液化而生成氢氟酸。它与许多化合物结合，与许多金属氧化物，氢氧化物作用，生成水与氟化物，几乎与所有金属作用，与镍生成致密的氟化镍薄膜，防止镍的继续腐蚀，蒙乃尔抗 HF 腐蚀，故蒙乃尔用来制作 2S 取样器。在常压及 200 ℃以下，聚四氯乙烯也耐 HF 腐蚀。

1.4　离心分离理论

离心分离方法的核心设备是离心机，1934 年美国研制出能分离气体同位素的离心机，1944 年首次实现了用离心机分离铀同位素。20 世纪 50 年代初德国科学家研制出工业用长寿命低能耗的超临界转速的离心机；与此同时，苏联科学家研制出寿命更长，能耗更低的亚临界转速离心机。20 世纪 50 年代末中试工厂过关，并首先于 20 世纪 60 年代初建成了离心法浓缩铀商业工厂，而西欧三国则在 1974 年才建成离心法浓缩铀试验工厂。近年来，核电站的迅速发展促使离心法浓缩铀技术快速提高，现在俄罗斯、西欧三国、日本、法国、巴基斯坦均建成离心法铀浓缩工厂。

离心分离方法是利用离心机内高速旋转的转子产生压强梯度，进而形成沿径向的密度分布，因转子的工作介质分子量不同，其密度沿径向的分布有不同，这也就导致了 $^{235}UF_6$ 与 $^{238}UF_6$ 沿径向的丰度梯度有差异，工作于转子内的取料器取出相对丰度发生变化的 $^{235}UF_6$ 与 $^{238}UF_6$，即实现了同位素的分离。在实际应用中，为了改善离心机的分离效果，在离心机转子内再附加一个沿轴向的逆向气体环流，使径向分离效果得到倍增。相比扩散法，离心法经济性方面有明显优势。

1.4.1 离心机的分离原理

1. 离心机结构

离心分离方法中实现同位素分离的设备是离心机，主要组成部件有转子、外套筒、针轴、电机、供取料装置等，具体结构如图 1-3 所示。其中，转子是离心机的主要零件，在外套筒内的真空腔内旋转，转子通过固定在下端盖的中心部位的针轴支撑在弹性阻尼支座的轴窝上，在外套筒的上端盖上有一个圆柱形的永久性磁铁，它与固定在转子上端盖上的钢套筒感应器相互作用，使转子保持在垂直位置上，装配在外套筒下面的具有平板定子的单机驱动固定在离心机转子上的电机转子，电机转子就是固定在离心机转子下端盖的钢圆盘，在外套筒上面部分安装有三个分子泵，位于转子和外套筒的真空泵之间，用于阻止工作气体渗入到转子外空间。“油膜轴承＋磁力轴承”的结构使得离心机与支座的摩擦很小，分子泵将转子与外套筒之间的气体抽至极稀薄的状态，极大地减小了转子与气体的摩擦，这使得离心机的能耗水平变得很低。

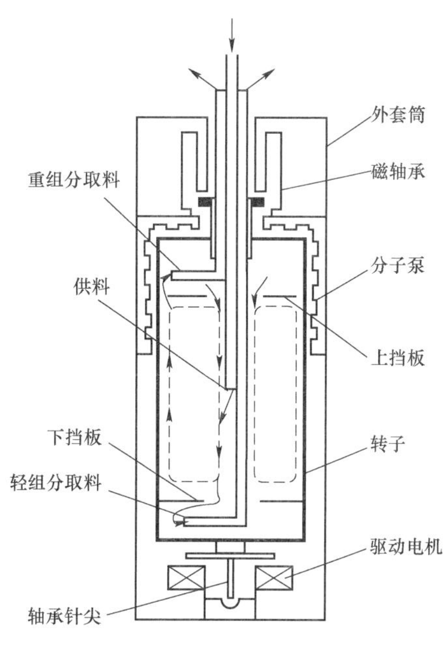

图 1-3　离心机结构示意图

在外套筒上端盖上固定了一个气体分配集气管，即供、精、贫料的通道；集气管的下面固定精料取料器，而在其上面固定有贫料取料器，用上下挡板将取料器和转子工作腔分开，在外套筒的顶盖上固定有转速检测传感器的线圈，可以测量离心机转速。在外套筒内壁有一层反射层，可以改变温度梯度。

离心机内转子是一个由比强度较高的材料制成的中空圆柱体，高速旋转时，其内 UF_6 气体由于黏性力的作用，使气体与转子一起做圆周运动。由于 $^{235}UF_6$ 与 $^{238}UF_6$ 存在质量差（$\Delta M=3$），会沿径向有不同的压强分布，从而产生径向分离；经过研究发现，在离心机内形成轴向逆流时，会使径向分离效应倍增，从而提高了离心机的分离效应。

2. 相关物理量

在讨论 $^{235}UF_6$ 与 $^{238}UF_6$ 在离心机中分离效应时，需先引入丰度、分离系数和浓缩系数等物理量。

（1）丰度

在离心分离理论中，丰度指含有这种特定同位素的物质在总物质中所占的比，是一个无量的量。对于铀同位素而言，丰度定义有三种，分别是轻组分摩尔丰度、原子质量丰度、轻组分质量丰度。我们经常见到的原料（天然铀）中轻组分丰度为 0.711%，指的便是其原子质量丰度为 0.711%，0.72%为轻组分摩尔丰度，0.714%为轻组分质量丰度。

此外，引入相对丰度概念，其定义为气体中轻组分与其他丰度的比值，用 R 表示，与丰度 C 有如下关系：

$$R=\frac{C}{1-C} \tag{1-10}$$

（2）分离系数

离心机分离双组分混合工质时，供入离心机的只有一股料流为供料，丰度为 C_F，经过分离后流出两股料流分别为精料和贫料，丰度分别为 C_P、C_W，为了衡量离心机分离能力，定义了分离系数，用于表示某一个分离效应产生的相对丰度的变化，包括浓化系数 α、贫化系数 β 和全分离系数 $\alpha\beta$，分离系数越大，说明离心机分离效果越好。

$$\alpha=\frac{C_P/(1-C_P)}{C_F/(1-C_F)}=\frac{R_P}{R_F} \tag{1-11}$$

$$\beta=\frac{C_F/(1-C_F)}{C_W/(1-C_W)}=\frac{R_F}{R_W} \tag{1-12}$$

$$\alpha\beta=\frac{C_P/(1-C_P)}{C_W/(1-C_W)}=\frac{R_P}{R_W} \tag{1-13}$$

式中：R_F——供料的相对丰度；

R_P——精料的相对丰度；

R_W——贫料的相对丰度。

当精料丰度小于 5%时，丰度 C 远远小于 1 或者 $1-C\approx1$，使分离系数近似于丰度值之比，即：

$$\begin{cases}\alpha=\dfrac{C_P}{C_F}\\ \beta=\dfrac{C_F}{C_W}\\ \alpha\beta=\dfrac{C_P}{C_W}\end{cases} \tag{1-14}$$

（3）浓缩系数

浓缩系数是全分离系数与 1 的差值，用 ε 表示，即：

$$\varepsilon=\alpha\beta-1 \tag{1-15}$$

分离系数与浓缩系数是反映离心机分离效果的基本特征，不同的分离装置，ε 大小不同。扩散机的 ε 为 0.002，离心机的 ε 为 0.2。

3. 离心力场中气体的压强分布

离心机处于正常工作状态下，转子转速为定值，研究压强分布时，忽略转子高阶的振动，认为离心机转子处于匀速圆周运动状态，设转子的内半径为 r_a，高度为 Z，角速度为 ω，转子内充有单组分气体，气体的摩尔质量为 μ，气体温度为 T_0，在正常情况下，由于气体黏性力的作用，气体将以转子相同的角速度一起做匀速圆周运动。假设此气体无轴向和径向的宏观运动，即离心机转子内气体达到动态平衡状态，则气体的状态参量压强 P 和密度都只是径向坐标的函数。在离心力场的作用下，气体沿径向有一个压力或密度的分布函数。在此条件下，经过对转子内气体一个体积元的受力分析，再经过数学运算，可得如下关系式：

$$\frac{\mathrm{d}p}{\mathrm{d}r}=\rho\omega^2 r \tag{1-16}$$

式中：$\frac{\mathrm{d}p}{\mathrm{d}r}$——压强梯度，是压强随半径方向变化的速率；

ω——角速度；

r——半径；

ρ——密度。

（1-16）式即表示转子中气体压强随半径方向的变化率与密度、角速度平方 ω^2、半径成正比。

将气体状态方程 $PV=\frac{M}{\mu}RT$，化为 $\rho=\frac{P\mu}{RT}$ 代入（1-16）式，整理后的

$$\frac{\mathrm{d}P}{P}=\frac{\mu\omega^2}{RT}r\mathrm{d}r \tag{1-17}$$

对（1-17）式两边进行积分，得

$$\ln P=\frac{\mu\omega^2}{RT}\frac{r^2}{2}+C \tag{1-18}$$

（1-18）式中 C 为积分常数，代入相应的边界条件，可得离心力场中气体压强的表达式。

若给定边界条件轴线中心处压强为 P_0，即 $r=0$ 时，$P=P_0$，则得

$$P_r=P_0\mathrm{e}^{\left(\frac{\mu\omega^2r^2}{2RT}\right)} \tag{1-19}$$

若给定边界条件是转筒侧壁处压强为 P_a，则 r 处的压强 P_r 为：

$$P_r=P_\mathrm{a}P_0\mathrm{e}^{\left[\frac{\mu\omega^2r^2}{2RT}\left(\frac{r^2}{r_\mathrm{a}^2}-1\right)\right]} \tag{1-20}$$

式中：P_r——转子中半径 r 处的柱面上的压强。

由以上公式可知，气体的压强或密度沿径向的分布为指数分布形式，分布函数与气体摩尔质量、转子的圆周速度、温度等物理量有关。对与摩尔质量不同的气体，其压强分布不同，质量越大，压强分布就越陡。圆周速度越高，压强分布就越陡。气体温度越高，压强陡度就越小，就变得平坦些。

对于铀浓缩工厂使用的离心机，其工作介质固定，气体温度考虑到饱和蒸气压的影响，也有确定的范围。因此，对转子中气体压强分布起支配作用的主要是圆周速度。对于 UF_6 而言，由于 UF_6 分子量大，圆周速度很高，筒壁处的压强达 50～60 mmHg，而中心处的压强为 10^{-3} mmHg，二者压强比达数万倍，压强沿径向的变化十分剧烈，这是离心法分离同位素的一个重要特征。

在讨论离心机对工作介质的分离效应时，为使问题简化，假设离心机内的工作介质为双组分气体，即包括含两种同位素组分的某元素或它的化合物。轻组分的摩尔质量为 μ_1，重组分的摩尔质量为 μ_2，质量差为 $\Delta\mu=\mu_2-\mu_1$。根据离心力场中气体压强的分布定律，两种组分的压强：

$$P_{1(r)} = P_{10} e^{\left(\frac{\mu_1 \omega^2 r^2}{2RT}\right)} \tag{1-21}$$

$$P_{2(r)} = P_{20} e^{\left(\frac{\mu_2 \omega^2 r^2}{2RT}\right)} \tag{1-22}$$

其中 P_{10}、 P_{20} 分别为轻、重组分在轴线处的压强。假设离心机转子内轻组分和重组分具有相同的分子数，可得到两种组分的压强分布曲线图，如图 1-4 所示。

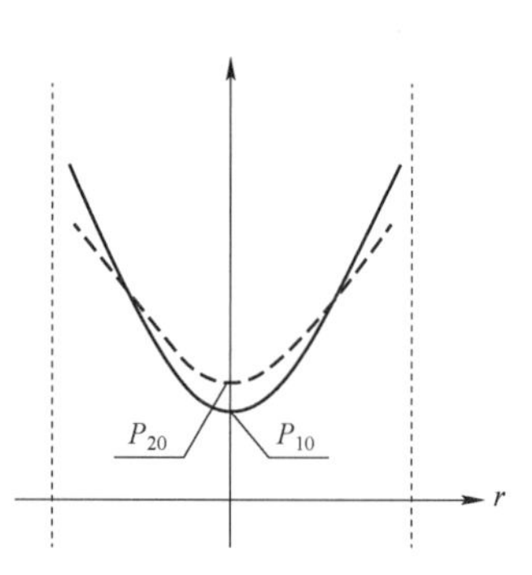

图 1-4 双组分气体压强分布

在离心力场的作用下，两种组分的压强沿径向各有一种分布，且略有不同。因此，轻组分和重组分的丰度高于侧壁处，重组分则正好相反，这就是分离力场中的分离效应。由（1-10）式、（1-21）式、（1-22）式可求出离心力场的径向分离系数。

令离心机中半径 r 的柱面处的丰度为 $C_{(r)}$，轴线处的丰度为 $C_{(0)}$，侧壁处的丰度为 $C_{(r_a)}$，则由（1-10）式、（1-11）式、（1-21）式、（1-22）式可得：

$$C_{(r_a)} = \left[1 + \frac{1 - C_{(0)}}{C_{(0)}} e^{\left(\frac{\Delta\mu\omega^2 r^2}{2RT}\right)}\right]^{-1} \tag{1-23}$$

$$\frac{C_{(r)}}{1 - C_{(r)}} = \frac{C_{(r_a)}}{1 - C_{(r_a)}} e^{\frac{\Delta\mu\omega^2}{2RT}(r_a^2 - r^2)} \tag{1-24}$$

其中 $C_{(0)} = \dfrac{P_{10}}{P_{10} + P_{20}}$、 $C_{(r_a)} = \dfrac{P_{1a}}{P_{1a} + P_{2a}}$。

由于压力 $P_{(r)}$ 是 r 的函数，所以 $C_{(r)}$ 也是 r 的函数，（1-23）式、（1-24）式为二元气体在离心力场作用下丰度 $C_{(r)}$ 与相对丰度 $\dfrac{C_{(r)}}{1 - C_{(r)}}$ 沿径向分布的函数。丰度沿径向分布求出后，即可以求出分离系数。定义由离心力场中转子轴线处和侧壁处所确定的分离系数为离心机的径向分离系数 q_0。

$$q_0 = \left(\frac{C_{(0)}}{1 - C_{(0)}}\right) \Big/ \left(\frac{C_{(r)}}{1 - C_{(r)}}\right) \tag{1-25}$$

由（1-23）式、（1-24）式、（1-25）式可得

$$q_0 = e^{\frac{\Delta\mu\omega^2 r_a^2}{2RT}} \tag{1-26}$$

在逆流离心机中，除了径向分离效应外，还有轴向倍增效应，所有 q_0 又称为离心机的一次平衡分离系数。根据 e^x 的泰勒展开公式，当 $x \ll 1$ 时，x^2、x^3 均可以略去，即 $e^x \approx 1 + x$，因此

$$q_0 = 1 + \frac{\Delta\mu\omega^2 r_a^2}{2RT} \tag{1-27}$$

故全分离系数为

$$\varepsilon_0 = q_0 - 1 = \frac{\Delta\mu\omega^2 r_a^2}{2RT} \tag{1-28}$$

在近似的条件下，离心机的全分离系数与$\Delta\mu$、ω^2成正比，与温度T成反比。

现举例计算ε值：设ω_{r_a}（线速度）= 300 m/s，$\Delta\mu$ = 3 g/mol = 3×10^{-3} kg/mol，T = 300 K，R = 8.314 J/K • mol，代入（1-28）式，得ε = 0.054，若ω_{r_a} = 800 m/s，其他参数不变，可得ε = 0.470。不同转速下的离心机的全分离系数如表 1-12 所示。

表 1-12　不同转速下的离心机全分离系数

序号	ω_{r_a}	P_{1a}/P_{10}	P_{2a}/P_{20}	ε_0
1	300	544	575	0.056
2	400	7.31×10^4	8.05×10^4	0.101
3	500	3.98×10^7	4.62×10^7	0.162
4	600	8.78×10^{10}	1.09×10^{11}	0.242
5	700	7.86×10^{14}	1.06×10^{15}	0.343
6	800	2.85×10^{19}	4.19×10^{19}	0.470

1.4.2　逆流离心机的倍增效应

在实际离心机中，特别是圆周速度较高的情形下，q_0低于理论计算值。主要由两个原因造成的，一是受到气体稀薄状态的影响，因离心机内充气量较小，转子中心区气体稀薄；二是受到逆流离心机中轴向流动的影响。为了改善离心机的分离效果，在离心机转子内再附加一个沿轴向的逆向气体环流，使径向分离效果得到倍增，具体方式如下：

当转子内的气体的丰度沿径向的梯度分布达到稳定后，引入沿轴向的逆向环流，流动的方向是轴向附近向上，侧壁附近向下，且两个方向上气体的总流量相等。随着环流的引入，两种组分沿轴向都产生输运。在一个截面上，向上输运的轻组分总量大于向下的，也就是轻组分有一个向上的净运输量，重组分则正好相反，这就是逆流倍增效应的基本原理。建立起轴向丰度梯度，其值为正，且随时间逐渐增加。与此同时，轴向反扩散也就产生了，在封闭运行情况下，轴向丰度梯度而产生的向下的轻组分，与向上的轻组分净运输量由于反扩散左右达到新的稳定状态，丰度梯度不在发生变化时，从而达到动态平衡。

假设在一个离心机转子内，用平行隔板分成五个小室，如图 1-5 所示。在离心力的作用下，每个小室都有分离效应，且轴线附近轻组分丰度比侧壁附近高出一个数值，用2δ表示这个径向丰度增量。若与径向平均丰度相比，则可以近似认为轴线附近丰度增加了δ，而侧壁附近丰度减小了δ。假设所有隔板上在轴线和侧壁处都有小孔，有均匀的气流经过这两排小孔做沿轴向的逆向流动，近轴处气体往上流，侧壁处气体往下。图 1-5 中采用径向平均丰度的差值表示各室内的丰度值。

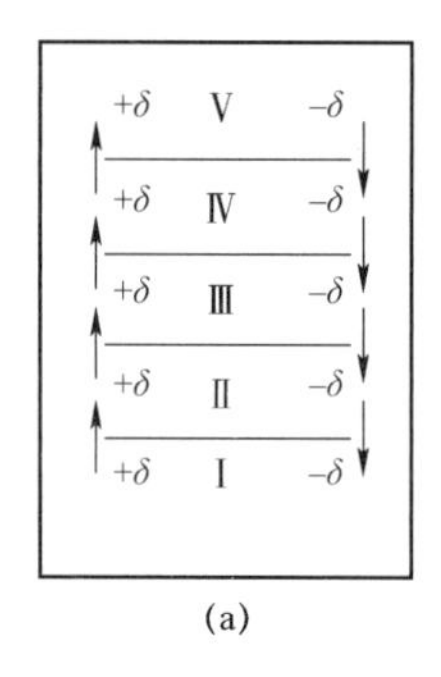

(a)

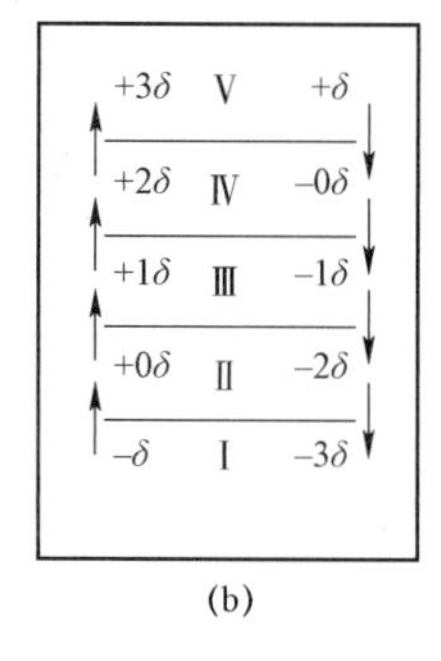

(b)

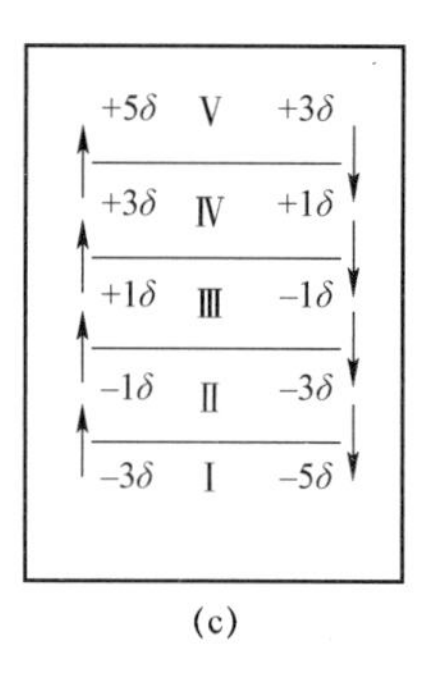

(c)

图 1-5　逆流离心机中分离效应的倍增

起始时各小室的径向分布相同，没有轴向的丰度差异。当逆向环流开始后，首先在两端的Ⅰ室和Ⅴ室中丰度发生了变化，这两个小室与其他三个小室不同，它们都只有一股流入和一股流出料流，流量相同而丰度不同，例如Ⅴ室内轻组分就会逐渐增多，Ⅰ室分离效果相反，因此可引起各小室内丰度发生变化，最终达到新的平衡，最终转子两端的最大丰度差达到 10δ，也就是单个小室所能达到的径向丰度差的 5 倍。这种由于逆向环流所产生的径向分离效应的成倍增加就成为逆流离心机的倍增效应。在实际情况下，与以上描述是有很大区别的。在离心机转子内气体混合物中轻组分的轴向质量输运不仅取决于宏观的对流流动，而且存在轴向扩散流。此外，在实际离心机中并无隔板把转子分成许多小室，气体沿轴向的逆流只是在一定半径处的两股料流。实际离心机内，气体轴向流动沿半径有一定的分布，它对丰度分布也会产生影响。国外相关研究认为轴至侧壁处的三分之二的区域属于真空，只有离侧壁三分之一区域内气体才是黏性流，有分离现象，因此丰度不是沿径向均匀分布的。

1.4.3　离心机的轴向环流效应

为实现离心机转子内的轴向环流，增大其浓缩系数，在离心机的设计与制造中，采用内部驱动方式形成所需的环流，驱动方式分为以下三种。

1. 机械驱动

机械驱动是一种利用旋转气体和转子内静止物体的相互作用形成环流的驱动方式。具体如下：贫料取料小室的结构如图 1-6 所示，在转子内靠近取料小室附近安装挡板，在挡板的中心处及靠近转子侧壁处有小孔，工作气体可通过小孔出入。取料器是静止的，使小室内旋转的气体受到了阻力，其旋转角速度必然低于分离室的气体，就在挡板两边产生了如图 1-6 中所示的不同分布，从而产生轴向流动，在侧壁处，气体从分离室流入贫料室，而在近中心处，气体由贫料室流入分离室。

2. 热驱动

热驱动是利用离心机内部温度梯度驱动转子内工作介质形成环流的驱动方式。在离心机内，平板电机安装在机器底部，电磁损耗可作为热源使离心机下部温度高于上部，形成轴向的温度梯度；另外由于工作气体与转子侧壁摩擦而生热，使侧壁处温度高于中心处温度。而从供料管出口处出来的供料气体温度偏低，促使其受热后沿壁上升，从而加强环流强度。在离心机底部与外套筒处通冷却水，可使离心机内温度分布更合理，更利于形成所需的环流。

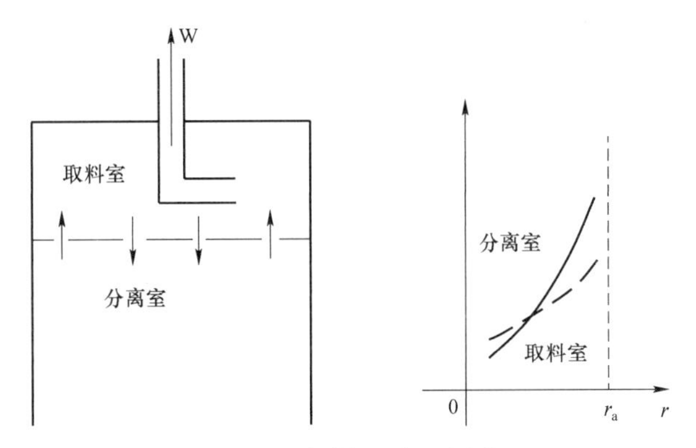

图 1-6　机械驱动示意图

3. 供取料驱动

离心机工作时，需持续不断地供入原料并取出分离产物，工作介质在离心机内是处于动态平衡的。原料供入和分离产物取出是通过供料管、贫料室与精料室内取料管实现的。供料管插到分离室中心处供入工作气体，同时通过贫料室与精料室内取料管取料，从而对转子内气体流动产生影响。供料口形状设计精巧，使喷出气体分布合理，取料管口选用测速用比托管形结构，使取料管既成为环流的机械激发器，又足以使气体动能变为压力能，可把所取出的精、贫料送到相邻级的离心机中去，同时也完成了本身的取料任务。

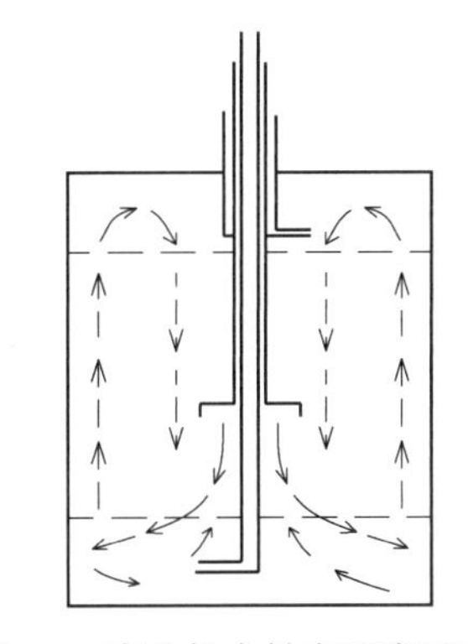

图 1-7　离心机内轴向环流示意图

对于实际离心机，由于设计与研究人员进行了大量试验，以及考虑材质与结构以及加工制造等因素，采用机械驱动，热驱动与供取料驱动方式，最终在离心机内形成一个稳定的、合理的轴向环流，如图 1-7 所示。

对于离心机内的横截面，其轴向环流中往下输送的轻组分总量大于往上输送的轻组分，使轻组分有一个向下的净输运量，而重组分正好相反，因而建立了轴向丰度梯度，这就是逆流离心机的倍增效应。当离心机高度足够时，气体轴向丰度差可比径向丰度差大很多，使离心机的一次径向分离变成多次径向分离，从而使实际离心机分离系数可高达 1.2 左右，达到了分离效应倍增结果，使其浓缩系数明显增大。

1.4.4　离心分离的特点

离心机“磁力轴承＋油膜轴承”的支撑方式，同时分子泵利用高转速转子与外套筒之间形成了高真空区域，极大地减小了摩擦损耗，合理的取料器设计使得在满足环流驱动的同时，能向相邻离心机输送工作介质，这使得离心分离方法的功耗较低。此外，离心机还具有的浓缩系数较大、工作介质滞留量小等特点，这些都能提升离心分离方法的经济性。

1. 电能耗少，比扩散法能耗低

比能耗是指获得单位分离功率所消耗的电能（单位：kWh/kgSWU），它是量度一种工业规模生产浓缩铀方法经济性优劣的重要指标。典型的扩散厂比能耗和离心厂的比能耗如下。

扩散厂：美国为2 400 kWh/kgSWU，

离心厂：西欧三国为50 kWh/kgSWU。

扩散厂被称为“电老虎”，同规模离心厂耗电量约为扩散厂的 10%。造成比能耗大幅度降低的原因可以归纳为以下几个方面：

①新的支承方式和阻尼装置大大降低了摩擦功耗。在近代工业离心机中，普遍采用了磁力轴承油膜轴承。

②采用分子泵以降低转子的摩擦功耗。离心机转子以很高的圆周速度旋转，线速度通常超过 300（单位），甚至达到 700（单位）。采用分子泵结构，巧妙地利用了超高速转子的特点，使转子外壁与外套筒间形成高真空区，从而降低了转子的摩擦功耗。

③离心机之间气体输送是通过取料管来自动实现的。取料器在结构上与空气动力学实验中常用测速皮托管相似，取料口处于迎风面位置，取料口附近气体流速越高，气体压强也就越高。六氟化铀在常温下声速约为 90（单位），使取料管口为超高声速状态，入口处压力较高，足以把工作气体输送到相邻的离心机中去，因而取料器既能满足环流驱动和取料要求，又能降低能量消耗。

④离心机的逆流倍增效应和转子材料的更新使离心机的单机浓缩系数增大，降低了离心法的比能耗。对于同样分离能力的工厂来说，浓缩系数大，需要的级数少，级间的物料输运量也少，也可以节省一部分能量。

2. 离心法的浓缩系数大

离心法分离铀同位素的单机浓缩系数一般为 0.2 左右，而气体扩散法的单机浓缩系数约为 0.002 左右。对于同样分离能力的工厂来说，浓缩系数大，所需要的级数就越少，当产品丰度为 3%时，级联的级数是十几级，而生产同一丰度产品的气体扩散法约需要一千级。

3. 离心工厂具有积木式增加生产能力的特点

200 tSWU/a 规模工厂就有效益，可以像堆积木似的扩展生产能力。

4. 级联可以组成接近理想级联的结构

只用一种型号的离心机，因其单机流量小，将离心机并联起来，可以使每级及整个级联设计成理想级联所需流量要求，因而效率较高。

5. 离心机级联内六氟化铀滞留量少

500 tSWU/a 规模工厂，离心级联内滞留量不大于 100 kg，因而生产灵活性较高，如需改变产品丰度，所需时间不长就可达到新的稳态，如 1.8%～4.95%不同丰度产品中，转换时间短的只需几小时，最长的也只有十几小时。据国外相关数据，100 tSWU/a 运行单元，从 A 种产品过渡为 B 种产品，所需时间不大于 6 h。

6. 省水省地

离心法的冷却水量为扩散厂的 1/8，建同规模浓缩厂，离心法占地面积仅为扩散厂的 1/8。

7. 可靠性高

扩散机漏气漏水后可以停运维修，离心机炸损后无法维修，如果损停机集中在某一区段内，也可以更换。只要设计、制造与运行操作符合规程要求，使损概率小于设计指标，离心机可以安全超期运行，俄罗斯的离心机已经运行超 30 年。

目前国内外离心厂主要使用小型离心机，其结构简单，能耗低，造价便宜，且运行可靠，在设计寿命期内，年运行损概率均小于0.5%，是超临界、亚临界离心机均可达到的技术水平。但由于单机流量小，离心级联机器数量较多，也使其供电与自控系统比较复杂，对其他辅助系统可靠性要求也高。

8. 模块化建设和运行维护

随着离心分离方法长期的应用，积累了丰富的工程建设和运行检修经验，离心工厂建设及运维不断朝着模块化的趋势发展，建设及运维成本不断降低，在人力成本不断增加的今天，对降本增效的意义尤为重要。

1.5　离心级联理论

单台离心机能高速旋转，但充气量较低；其浓缩系数虽比扩散机高100多倍，但也无法用单级将天然铀浓缩成低浓铀。因此，要得到足够量的低丰度产品，必须使离心机生产能力达到一定规模，且使运行厂有一定的经济产能效益。这就必须将成千上万台离心机按照工艺要求串、并联起来，组成一个完整的、高效的、受控的能连续稳定长期运行的分离级联。在离心分离中，常用离心机的几何特征量、分离参数和一些表征离心机或级联分离能力的量，如分离功、级联效率等来反映分离单元或级联的运行情况。

1.5.1　物料守恒方程式

在铀同位素分离中，分离单元由一股供料流和两股取料流组成。分离单元的总流量和轻组分流量应当满足质量守恒。

$$\begin{cases} g_0 = g^+ + g^- \\ g_0 C_0 = g^+ C^+ + g^- C^- \end{cases} \tag{1-29}$$

其中g_0、g^+、g^-、C_0、C^+、C^-为分离单元的供、精、贫料流量及供、精、贫料丰度。6个参量描绘了分离单元的流体特性。

$$\text{分流比}\quad \theta = \frac{g^+}{g^-} = \frac{C_0 - C^-}{C^+ - C^-} \tag{1-30}$$

因为$C^+ \ll 1$，在分离单元作用下有

$$0 < C^- < C_0 < C^+,\quad 0 < C_0 - C^- < C^+ - C^-$$

所以$0 < \theta < 1$，其中分流比是描述分离单元流体特性参量。

当$\theta = \frac{1}{2}$时，$C_0 = \frac{C^+ + C^-}{2}$。

1.5.2　各级分离系数

分离系数分为浓化系数α、贫化系数β和全分离系数$\alpha\beta$，这些物理量反映了一个离心机的分离性能。

$$浓化系数：\alpha = \frac{\dfrac{C^+}{1-C^+}}{\dfrac{C_0}{1-C_0}} \tag{1-31}$$

$$贫化系数：\beta = \frac{\dfrac{C_0}{1-C_0}}{\dfrac{C^-}{1-C^-}} \tag{1-32}$$

$$全分离系数：\alpha\beta = \frac{\dfrac{C^+}{1-C^+}}{\dfrac{C^-}{1-C^-}} \tag{1-33}$$

1.5.3 分离功率的计算

分离功是离心机分离能力的定量量度，单位时间内的分离功为分离功率，定义离心机输出流量相对于输入流量的价值增量，用 δU 表示。

分离功的公式为：

$$\delta U = PV_{(C_P)} + WV_{(C_W)} - FV_{(C_F)} = PY \tag{1-34}$$

其中 $V_{(C)}$ 为价值函数：

$$V_{(C)} = (2C-1)\ln\frac{C}{1-C} \tag{1-35}$$

Y 函数：

$$Y = V_{(C_P)} + \frac{C_P - C_F}{C_F - C_W}V_{(C_W)} - \frac{C_P - C_W}{C_F - C_W}V_{(C_F)} \tag{1-36}$$

分离功公式还可以采用 g_0、C_0、α、β、$\alpha\beta$ 来表示，则有

$$\delta U = g_0\left[\frac{(\alpha-1)\beta\ln\beta-(\beta-1)\ln\alpha}{\alpha\beta-1}(1-C_0)+\frac{(\beta-1)\alpha\ln\alpha-(\alpha-1)\ln\beta}{\alpha\beta-1}C_0\right] \tag{1-37}$$

该公式可以计算单台机器分离功，也可以计算某一级的分离功。

分离功公式如果采用 g_0、ε_0、θ 表示，则有

$$\delta U = g_0\left[\ln\frac{2+\varepsilon_0(2\theta-1)}{2-\varepsilon_0} - \theta\ln\frac{2-\varepsilon_0}{2-\varepsilon_0}\right] \tag{1-38}$$

离心机的理论分离功率与设计有关，也是离心机理论最大分离功率，其表达式为：

$$\delta U_{\max} = \frac{\pi}{2}\rho D\left(\frac{\Delta M\omega^2 r^2}{2RT}\right)^2 Z \tag{1-39}$$

其中，ρ—气体密度；D—扩散系数；ΔM—轻重组分质量差；T—气体温度；ω—转速；r—转子半径；Z—转子长度。

1）增加转子长度可以提高离心机的分离功率；

2）提高离心机转速可以提高离心机的分离功率；

3）适当降低温度可以增大分离功率。

1.5.4 级联腐蚀损耗及混合损失

实际级联中总是存在腐蚀损耗和混合损失的，级联的实际分离能力小于理想状态下的分离能力。因此实际级联的总分离功为有效分离功、腐蚀损耗所占分离功和混合损失分离功总和。

1. 级联腐蚀损耗

假设第 n 级的供、精、贫料流量与丰度分别是 $G_{0.n}$、G_n^+、G_n^-、$C_{0.n}$、C_n^+、C_n^-，单台机器损耗量为 q，该级的机器数为 $M_{(n)}$，腐蚀损耗量 $M_{(n)q}$。可以将腐蚀损耗看成级联中另一股取料，即当成级联分离后得到的中间产品，取料量就是 $M_{(n)q}$，所取得的这种物料的丰度用该级的供料丰度 $C_{0.n}$。

该级腐蚀损耗分离功为

$$\delta U_{q(n)} = M_{(n)q} Y_{(C_{0.n}, C_F, C_W)} \tag{1-40}$$

机器启动初期（3～4 个月），腐蚀损耗量较大，可按技术条件规定计算腐蚀损耗量，以后损失会减少。

2. 级联混合损失

进入第 n 级的供料 $G_{0.n}$ 由两股料流 G_{n+1}^-、G_{n-1}^+ 混合而成的，G_{n-1}^+ 为第 $n-1$ 级的精料，丰度为 C_{n-1}^+，G_{n+1}^- 为 $n+1$ 的贫料，丰度为 C_{n+1}^-。两股料流混合后的丰度为 $C_{0.n}$，流量为 $G_{0.n}$。

分离和混合度分离功来说是相反的过程，分离是增加分离功，混合是损失分离功，混合前进入第 n 级两股料流的价值为 $G_{n-1}^+ V_{(C_{n-1}^+)} + G_{n+1}^- V_{(G_{n+1}^-)}$，混合后的价值为 $G_{0.n} V_{(C_{0.n})}$，则该级混合损失的价值，就是混合损失掉的分离功 $\delta U_{m(n)}$。

$$\delta U_{m(n)} = G_{n-1}^+ V_{(C_{n-1}^+)} + G_{n+1}^- V_{(G_{n+1}^-)} - G_{0.n} V_{(C_{0.n})} \tag{1-41}$$

实际级联中 $C_{n-1}^+ \neq C_{n+1}^-$，所以存在混合损失，在理想级联情况下，$C_{n-1}^+ = C_{n+1}^-$，混合损失为零。

该公式也可引用到精料产品配料时混合损失计算。即

$$\delta U_m = P_1 V_{(C_{P_1})} + P_2 V_{(C_{P_2})} + P_3 V_{(C_{P_3})} + \cdots - P V_{(C)} \tag{1-42}$$

1.5.5 级联效率的计算

级联效率包括级联运行效率、级联结构效率、级联利用系数三种。级联的腐蚀损耗 U_q、混合损失 U_m 和级联有效分离功 U_p 之和称为级联总分离功 U。

1. 级联运行效率

根据实际级联由产品称重数据 P，再根据实际级联测得供精贫丰度可求出 Y，求出级联有效分离功 U_p，再根据计算方案的 U_q、U_m 算出级联总分离功 U，求出级联运行效率。

$$\eta = \frac{U_P}{U} = \frac{U_P}{U_q + U_m + U_P} \tag{1-43}$$

2. 级联的结构效率

级联的结构效率与混合损失有关，级联结构较好时，U_{m} 就会降低。因此定义一个反映级联内丰度混合分离功状况的效率，称为级联结构效率 η_{m}：

$$\eta_{\mathrm{m}} = \frac{U_{\mathrm{p}} + U_{\mathrm{q}}}{U} = \frac{U - U_{\mathrm{m}}}{U} = 1 - \frac{U_{\mathrm{m}}}{U} \tag{1-44}$$

若 $\frac{U_{\mathrm{m}}}{U}$ 越小，则 η_{m} 越大。

3. 级联利用系数

级联利用系数为级联总分离功与级联中所有单台离心机装机分离功总和之比，为 E_{T}：

$$E_{\mathrm{T}} = \frac{U}{M \cdot \sum \delta U_{\max}} \tag{1-45}$$

M 为级联中离心机总数，$\delta U_{\max}$ 为单台离心机装机分离功。

1.5.6　配料计算

在某一产品需求量很少且不便生产时，可进行配料生产。配料产品重量和丰度应满足

$$P_1 C_{P_1} + P_2 C_{P_2} + \cdots + P_n C_{P_n} = P C_P \tag{1-46}$$

P_n——配料所需要的物料数量；

C_{P_n}——配料所需要的物料的丰度；

P——目标产品的数量；

C_P——目标产品的丰度。

由于配料时需要的物料丰度不同，故会产生混合损失，混合损失计算公式为：

$$U_{\mathrm{m}} = P_1 V_{(C_1)} + P_2 V_{(C_2)} + P_3 V_{(C_3)} + \cdots - P V_{(C)} \tag{1-47}$$

第2章

主工艺系统构成

2.1 级联系统

离心机是高速旋转的精密机械设备，具有浓缩系数大、流体变化迅速、技术潜力大的特点，其浓缩系数是扩散机的100多倍，但其有一个显著的缺点就是单机分离能力低，因此，要得到足够量的低丰度产品，以满足核电站燃料的要求，必须使离心机生产能力达到一定规模，将成千上万台离心机按照工艺要求串、并联起来，组成一个完整的、高效的、受控的能连续稳定长期运行的系统，此即称为级联。为让级联安全稳定运行，还应配备相应的工艺辅助系统与机械辅助系统。

级联分刚性级联与柔性级联两种，级联是按下列形式搭建起来的：

离心机→装架→截断组→区段→机组→层架→级联。

2.1.1 离心机

离心机是高速旋转的精密机械设备。在其所在厂房保持一定温、湿度时，利用其高速旋转的转子在离心机分离腔内分离铀同位素，使 ^{235}U 得到富集，其转子高速旋转产生的热量通过冷却水带走，因此，离心机冷却水需要保持一定的温度及流量。离心机不能长时间空载运行，更不能超载运行，在运行条件满足要求的情况下能长期高速连续旋转，一旦发生损坏将不能修复，是零维修设备。

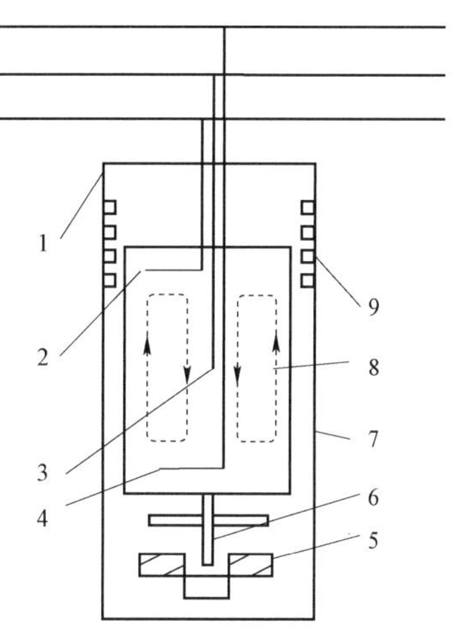

图 2-1 离心机示意图

1—保护外套筒；2—贫料取料器；3—供料供入口；4—精料取料器；5—定子；6—针轴；7—转子；8—气流方向；9—分子泵

2.1.2 装架

装架是离心机最小组合的安装单元，由20台离心机分两排并联而成，并有完善的自我保护功能，其结构示意图如图2-2所示。

装架内有三根供、精、贫料干管，每台离心机的供、精、贫料支管各通过一个通用隔膜阀（YMK 阀）分别与装架的供精贫料干管相连接。正常运行时YMK阀是打开的，根据需要可以手动

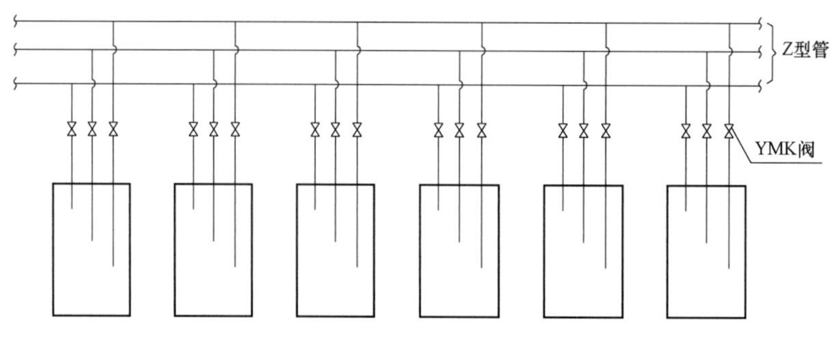

图 2-2 装架内离心机组合示意图

开或关以做检查。但当转子破损时会使离心机外套筒发生偏转，偏转量达 0.7～2.3 mm 时，会使原先支承在离心机托板上的三个 YMK 阀阀柄的立杆自动脱落，阀柄失去支撑后，其内受压弹簧就会自动关闭阀门，使该台离心机从回路上切断，其内产生的轻杂质被关闭在机器内而不会进入其他机器，且由于装架内减震装置的作用，在 0.02 秒的时间内使该台离心机外套筒基本回到原位置，相邻机器也不会发生偏移。另外，部分机型在装架供、精料干管与每台离心机供、精料支管连接处各装有一块校准过的流量孔板，以保证它们的流体在稳定状态下运行，可使离心机进出流量处于动态守恒状态。

2.1.3 截断组

离心机装架可以分为三、五、七层安装在 Π 型水泥框架上。把框架上一排或二排内装架分成一个组，每组用三根 DN100 管道（即截断组的供、精、贫干管）分别将该组每个装架的供精贫管道连接起来，并通过截断阀实现该组内装架可以与系统内其他装架断开，这样一组离心机装架称为截断组。这是基于离心机安装时抽空、真空测量及更换下阻尼后快速抽空等需要，以及运行后更换故障离心机时尽可能减少对机组的干扰等因素而设置的截断组。

截断组是级联最小的真空单元。截断组供、精、贫 DN100 管道上各有一个 DN100 真空阀与区段相应供、精、贫管道相连，另在其供料管末端设置一个 DN25 阀门，用于连接移动真空泵、探漏仪或压力表。每个截断组有编号，每个装架及每台机器均有各自的编号。

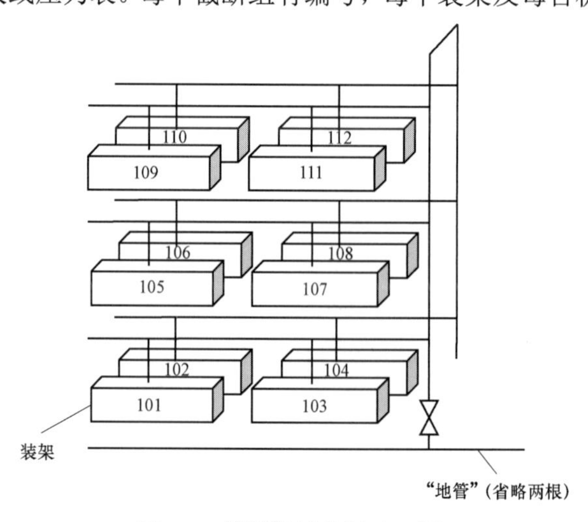

图 2-3 截断组示意图（三层）

2.1.4　区段

由三根主管道把两个相邻的 Π 型架上所有截断组的供精贫管道分别连接起来，并由相应阀门实现与抽空及卸料系统相连，设置相应的传感器，可用双阀（一个电阀、一个手阀）与其他区段相截断，这样的机群称为区段。区段是能与工艺回路断开的最小工艺单元。区段内有上千台机器，这些离心机在工艺上是并联关系。区段内离心机分离所得精料由补压机输送至机组精料干管。区段干管上安装的 DN3、DN10、DN25 自由阀，便于抽空或连接仪表，还设置有压力、轻杂质传感器，以监控区段运行情况并在事故状态下及时分隔事故回路，防止事故扩大。每个区段离心机转速可在现场或控制室显示，一旦转速超差±50 Hz 就会报警。

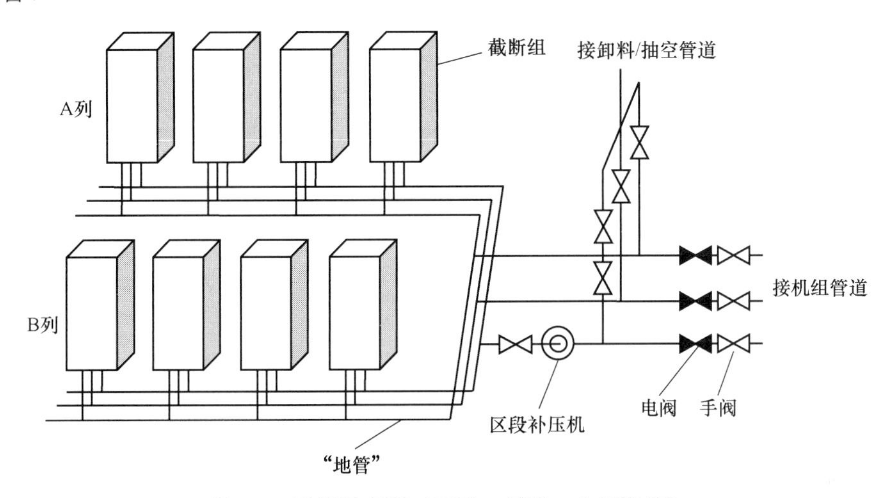

图 2-4　区段示意图（两列，每列 4 个截断组）

2.1.5　机组

由一个或几个区段并联而成具有独立自动化执行机构的机群称为机组。在大多数工程中，机组由 2 个至 6 个区段组成，在某些工程中，还有无区段机组，即由一个区段数量机器构成的小机组。机组内还配置调节器、自由阀、相应仪表与事故保护传感器或其他临时设备，机组还可与级联间管道相连接。机组间管道连接均用双阀，断开时必须双阀截断，机组断开退出工艺回路后，其他机组可通过机组旁通管相连，保证级联正常运行。

机组是能从工艺回路中旁联操作的独立单元。组成机组的几个区段可以并联成一级运行，也可以连接成两级运行。在机组的贫料干管上还有两台压力调节器，分别布置在一级和二级贫料干管上，调节器零位腔与本机组供料干管相连接。

离心级联机组的区段数和区段的大小（区段离心机列数）可根据流量需要设计。根据工艺需要，一个机组可作为一级运行，也可分成二、三级运行。在阶梯级联中，区段还可以跨机组运行。

若干个机组通过机组间管道串联起来组成一个层架，使 UF_6 物料经过若干级不断分离以提高精料中 ^{235}U 的丰度和降低贫料中 ^{235}U 的丰度。每一级的供料由前一级的精料和后一级的贫料混合组成，若干个层架通过料流管道并联起来以加大分离级的流量，满足不同级对运行流量的不同要求。全部机组通过一定的串联、并联组成一个完整的能满足一定生产任务的级联。机组运行工况的转换可以通过机组串联、并联方式的改变来实现。

由机组组成的级联特点是柔性连接，整个工厂是一个级联，机组通过层架搭接方式构成统一的工艺回路，通过调整、变换机组的连接方式，就可以生产一定范围内不同丰度的产品，其优点是工艺结构灵活多变，能适应多种运行方案的要求；缺点是仪表多，料流管道复杂，阀门多。

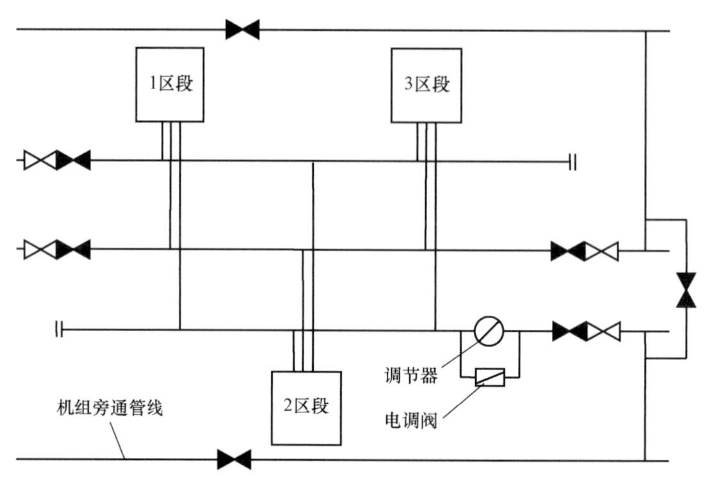

图 2-5　机组示意图（三个区段，一级运行）

2.1.6　工艺层架与级联

根据工艺需要，将若干机组串联起来构成一个层架，层架间由级联间管道相连接进而构成一个完整的工艺级联。如图 2-6 就是四个层架搭接而成的级联示意图。

图 2-7 为单层架级联示意图，它们均是柔性级联。

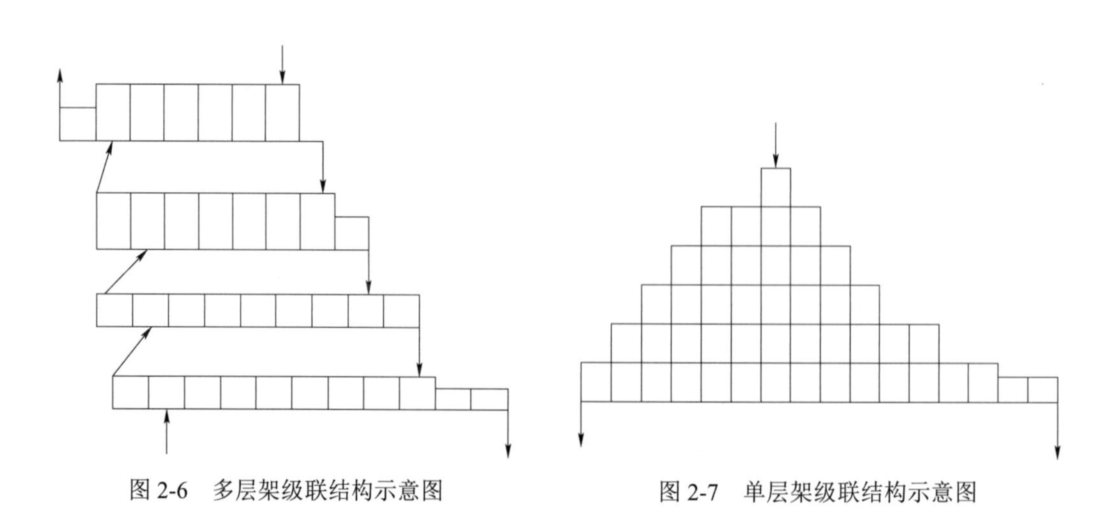

图 2-6　多层架级联结构示意图

图 2-7　单层架级联结构示意图

图 2-6 与图 2-7 中两种结构的级联，其工艺级数均可增减。层架级联中层架内机组数可增减，层架数也可改变，如变成三层或五层，改变均由工艺计算方案来定。

2.2　级联间管道系统

级联间管道是级联结构中不可分割的部分，对级联而言，级联间管道分供料流、中间精料流、中间贫料流、最终精料流、最终贫料流五种，供料和最终的精、贫料与供取料厂房相连通。多层架级联中各层架间的精、贫料管均布置在级联大厅内，不与供取料厂房相连接。

为保证级联间管道安全可靠地运行，以及便于故障处理与检修，它们均是双管线系统，一根为主线，一根为备线，可以双线同时运行，也可以单线运行。主、备线进出口各用一组五阀节点相连接，两个五阀节点间安装有所需工艺设备，如补压机、调节器、孔板、电阀与手阀、自控仪表、级联间管道还有联锁保护功能。

在级联精料端安装有一套回流调节器，以实现部分工作气体返回取料机组，因为精料流是取级联精料端机组精料流量中的一部分，另一部分经回流调节器返回本级，这样既取出了所需产品，同时保证级联运行的稳定性。

2.2.1　阀门节点

阀门是级联间管道上数量最多的设备，离心级联的料流的显著特点是其出入口上的“五阀节点”（YK）。“五阀节点”的结构如图 2-8 所示。

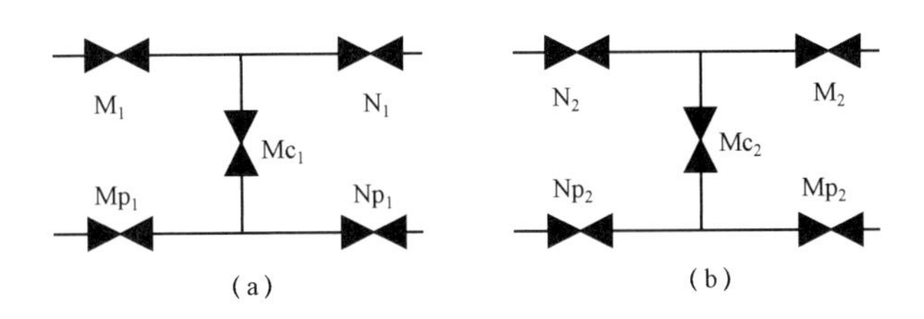

图 2-8 “五阀节点”结构示意图

（a）第一五阀节点（1YK）；（b）第二五阀节点（2YK）

“五阀节点”的主要阀门为图 2-8 所示的五个电动阀门，其中 N_1、N_2（Np_1、Np_2）与料流的自动保护装置联锁，当自动保护装置动作时，它们会自动执行相应的打开或关闭命令，也可以在控制室遥控操作。M_1、M_2（Mp_1、Mp_2）、Mc_1、Mc_2 与料流的自动保护装置无关，可就地或远控操作。

不同企业不同级联的阀门的工艺代号、编码、名称都不尽相同，但基本结构一致，所起的作用以及联锁控制、操作方法也一致。

2.2.2　调节器节点

调节器的主要作用是在其工作范围内保持一定的压力，其工作原理简单，但结构复杂。料流上的调节器节点（调节器节点用 YP 表示）分为两种：1YP 用于保持料流流量恒定，在主备线上安装流量调节器、电调阀、双孔板（或三孔板）各一套；2YP 用于保持料流流量调节器前的压力，将料流中多余的工作物质回流到流出层架的精料级，保证料流的流量稳定。在主备线上安装压力调节器、电调阀各一套，每一套后面与 4YK 相连。调节器节点的结构如图 2-9 所示。

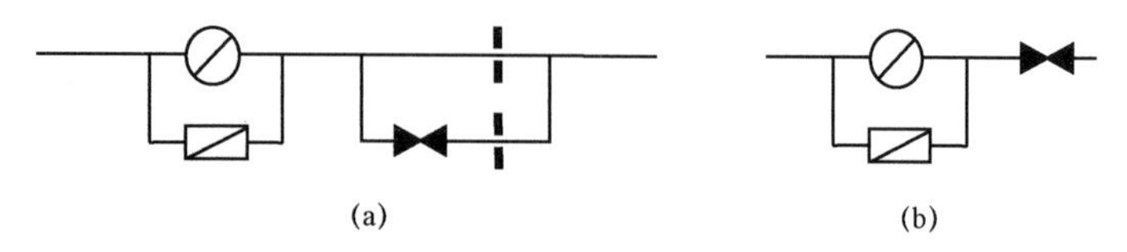

图 2-9 调节器节点结构示意图

（a）流量调节器节点；（b）压力调节器节点

流量调节器节点布置在供料流、精料流和层架间精料流。

2.2.3 补压机节点

要使工作物质从一处流向另一处，就需要有一定的压力差。从机组出来的精料流，压力为 4.0～5.0 mmHg，而流量调节器前的压力要求达到 35～50 mmHg，因而需用补压机来提高压力，使工作物质在料流中流动的同时满足调节器工作条件。料流中的几台补压机串联构成补压机节点（NK），根据料流压力要求确定运行补压机的数目，补压机节点的结构形式较为简单。

图 2-10 补压机节点结构示意图

2.2.4 孔板

为了保持料流的流量稳定，设置了流量孔板。流量孔板的结构很简单，其上有一个呈喇叭形的圆孔，当孔板前后压力满足如下孔板声速条件时，通过孔板的气体的流量与孔板前的压力成正比。

$$\frac{P_3}{P_2} < \beta_{KP}$$

式中，P_2、P_3 分别表示孔板前后的压力，$\beta_{KP}=\left(\frac{2}{k+1}\right)^{\frac{k}{k-1}}$ 为临界压力比，其中的 k 为气体的绝热指数，对于 UF_6，$k=1.063$，$\beta_{KP}=0.592\,6$。可见当孔板后的压力与孔板前的压力比小于 0.592 6 时，流过孔板的 UF_6 气体流量 Q_m 与孔板前压力成正比，即

$$Q_m = K_k P d^2$$

式中 d 为孔板直径，K_k 称为孔板系数，与气体特性和温度有关，对于同一孔板，不同气体的孔板系数不一样，它可以通过理论计算得出。在实际使用中，孔板系数由试验确定。

由图 2-9 可以看出，在每个流量调节器后均有两个或三个孔板，分为主孔板和备孔板，可以根据不同的运行方案及流量要求，在料流管线上安装合适的孔板。

在每个孔板前后都设有压力测量装置，孔板前的压力控制料流的流量，孔板后的压力保证孔板满足孔板声速条件。孔板前的压力由流量调节器保持稳定，这样料流就能保持稳

定的流量。

2.2.5　供料流

供料流一般由第一五阀节点、调节器节点、第二五阀节点组成，供料流的流量通过调节器和孔板共同控制，供料流示意图如图 2-11 所示。

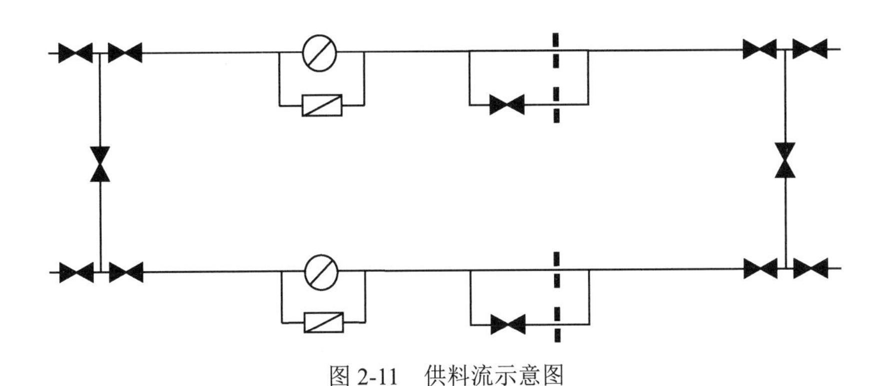

图 2-11　供料流示意图

2.2.6　精料流

精料流一般由第一五阀节点、补压机节点、流量调节器节点、第二五阀节点、回流调节器组成，最终精料流的流量通过流量调节器和回流调节器共同控制，大部分物料经补压机增压后经过流量调节器、流量孔板，流向供取料厂房，收入精料容器；另一小部分经过一个压力调节器回流到精料端部机组作为供料，精料流示意图如图 2-12 所示。

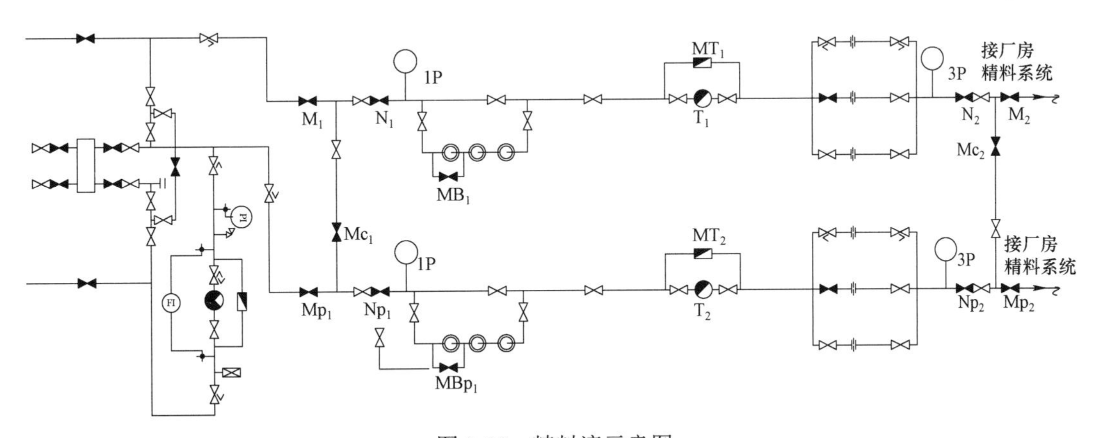

图 2-12　精料流示意图

2.2.7　贫料流

贫料流一般由第一五阀节点、补压机节点、第二五阀节点组成，贫料流示意图如图 2-13 所示。

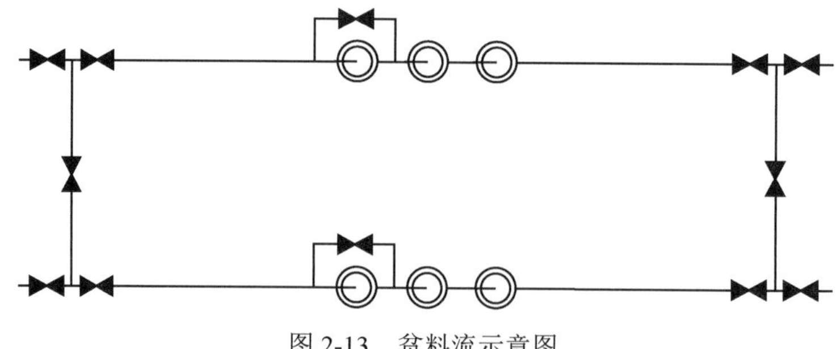

图 2-13 贫料流示意图

2.2.8 级联间管线的工作工况

料流共有四种工作工况。

（1）主要工况

料流的主备线都处于工作状态下的工况。当料流处于主要工况时，其上的 4 个孔板应大小相同，这样正常情况下是两个主孔板工作，两个旁通孔板备用，若其中一条线关闭时，可打开仍在工作的另一条线的旁通孔板，保持料流的流量不变。

（2）自动转换工况

料流的主线处于工作状态，在备线上接通自动转换控制时的工况。料流处于自动转换工况时，自动转换控制程序为：当关闭没有补压机节点的料流的主线时，在主线的 B1、B2 关闭 1 秒后，备线上自动打开 Bp_2、Bp_1；当关闭有补压机节点的料流的主线时，备线上自动打开 Bp_2，备线的补压机自动启动，而后经过 60 秒自动打开 Bp_1。如果在给定的时间间隔（对于没有补压机节点的料流为 1 秒，对于有补压机节点的料流为 60 秒）内 Bp_1、Bp_2 未自动打开，那么再经过 9 秒就会形成“料流关闭”信号。

（3）备用工况

在此工况下，料流的一条线处于工作状态，另一条线断开，但可以在控制室遥控接通工作。备用工况主要用于离心级联启动期间或在一条线上处理仪表故障而不破坏其密封性的情况下。

（4）检修工况

在此工况下，料流的一条线处于工作状态，另一条线断开，而且不能接通工作。检修工况主要用于因料流设备检修而破坏其密封性的情况下。

在备用工况和检修工况下，若工作的那条线事故关闭，就会造成料流关闭，备用工况下可以远控打开备用线来接通料流，检修工况下则无法接通料流。所以应该尽量减少处于这两种工况的状况和时间。

2.3 供料系统

离心机既不能超载运行，也不能空载运行，必须让离心机级联始终处于动态稳定运行工况下，从而实现连续分离。因此，供取料系统也必须持续安全运行，供料系统保证向级联提供质量合格且数量足够的原料，各系统配置必须满足“工作、备用、拆装与检修”四个功能，从而确保供料系统处于良好工作状态。

离心级联对原料要求：原料净化合格，供入级联原料中轻杂质含量（体积）≯1%，建议值≯0.1%，所以在供料系统中设置了供料净化装置。

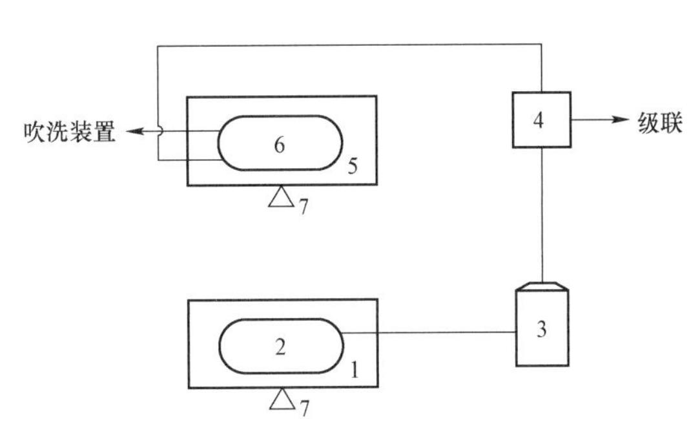

图 2-14　供料系统流程图

1—加热箱；2—供料容器；3—过滤器；4—保温箱；5—冷风箱；6—收料容器；7—电子秤

2.3.1　供料系统作用

供料系统的流程示意如图 2-14。它的作用是：净化原料，确保级联供料轻杂质含量符合技术标准要求；然后以规定的压力和流量向级联大厅连续不断的供入合格的原料蒸汽；同时，供料净化装置可以收集级联大厅卸料系统内积存的物料。

2.3.2　供料系统构成

2.3.2.1　供料装置

供料装置由加热箱、过滤器、保温箱、对应的自控仪表、阀门、电气盘柜、电伴加热以及每台箱体内一台电子秤等组成。

供料容器的加热采用加热箱，加热元件为电阻式加热丝，结构简单也易操作。在以前采用压热罐加热供料容器时，可以使物料液化后供料，但在实际供料过程中发现，不必将物料液化就可以满足级联要求，只需加热使物料从固态升华为气态即可，这样使操作安全性也提高了，而加热箱正是采用这种方式。

2.3.2.2　供料净化及事故卸料装置

供料净化及事故卸料装置由净化气动调节阀、流量孔板、冷风箱、储气罐、–80 ℃制冷柜、凝冻器（或吸附塔）、真空泵、过滤器、净化管道、排气管道、卸料管道、阀门、自控仪表等组成。

2.3.3　供料系统工艺流程

2.3.3.1　供料工艺流程

将装有原料的 3 m^3 容器装入加热箱内，连接在工艺管道上，（先做大漏检查）连接管真空测量合格后，在室温下初步净化合格，然后加热升温至 50 ℃，经过 50 ℃恒温 60 小时后，再次净化合格。净化合格后的物料通过保温箱内减压系统调节后以低于 50 mmHg 的压力（实际控制压力以级联大厅要求为准）沿供料管道供入级联大厅。

2.3.3.2　供料净化工艺流程

原料中轻杂质的含量应≤0.1%（体积含量）才能作为合格原料供入级联大厅。净化时，原料容器中含有轻杂质的物料通过调节阀、孔板控制一定的压力和流量，经净化线管道进入供料净化冷风箱内 3 m^3C 容器中，大部分 UF_6 在 3 m^3C 容器中冷凝，剩余的少量 UF_6 及 HF 等轻杂质进入冷冻温度为–80 ℃的供料净化制冷柜中，UF_6 在制冷柜中冷凝，HF 等轻杂质进入–196 ℃的 24 L（或 20 L）凝冻器（或吸附塔）中，其他不凝气体经吸附、过滤后由真空泵组抽出，进入尾气处理系统。

为保证原料中轻杂质体积含量小于 0.1%，原料容器供料前应依次采用室温净化、加热净化、二备净化以及一备净化，并进行试供料以确保供入级联的物料轻杂质含量合格。

2.3.3.3 收集大厅事故卸料工艺流程

当级联大厅发生卸料需要向供取料厂房转移物料时，断开供料净化的操作线路，连通净化线至大厅卸料管线，将物料转移至–25 ℃供料净化冷风箱 3 m^3C 容器内。必要时可直接将大厅物料卸至–80 ℃制冷柜 50 L 容器内，抽空大厅卸料线至规定压力。

2.4 取料系统

供取料厂房取料系统由精料系统和贫料系统组成，精料与贫料系统应保证有足够冷凝能力，以及时收取级联分离所得精料与贫料，且不会因自身故障而危及级联正常运行或停止取料工作。

2.4.1 精料系统

2.4.1.1 精料系统作用

精料系统流程示意如图 2-15 所示。它的作用是及时平稳地收取级联最终精料。由于级联中轻杂质向精料端富集，所以进入精料收料容器中轻杂质较多，为了精料正常收料需定时对收料的精料容器进行净化，净化的物料由真空系统中冷凝容器收集。

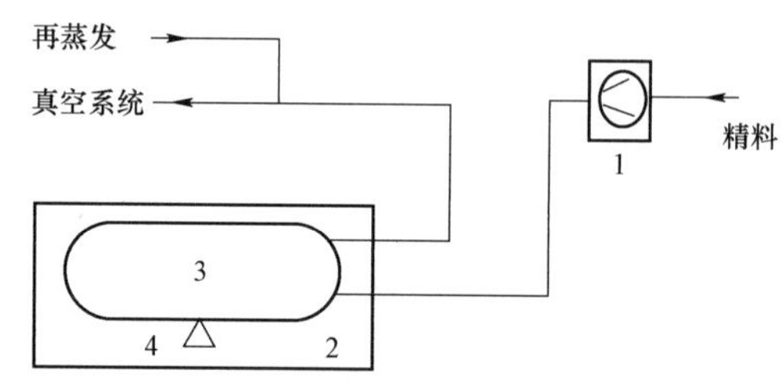

图 2-15 精料系统流程图

1—增压装置；2—冷风箱；3—收料容器；4—电子秤

2.4.1.2 精料系统构成

（1）增压收料装置

精料增压收料装置主要由增压装置、收料装置组成，其中增压装置主要由罗茨泵、爪式泵、罗茨泵＋爪式泵等方式组成；收料装置主要为冷风箱以及配套收料容器，另外还有相应的管道、阀门、电子秤、仪表及电伴加热等装置。

（2）精料净化装置

精料净化装置由工作温度为–80 ℃的 50 L 中间容器、凝冻器（或吸附塔）、储气罐、真空泵组、过滤器、净化管道、反蒸发管道、气溶胶过滤器、尾气管道、阀门、自控仪表等组成。

2.4.1.3 精料系统工艺流程

精料系统收料采用增压泵增压收料方式，从级联大厅最终精料流管线来的精料流经增压泵增压后收取到冷风箱中的 3 m^3C 或 30B 容器内，随着收料量增加，容器内气态空间轻杂质含量逐步上升，需要对精料进行净化，净化时的截留下来少量精料在工作温度为–80 ℃的 50 升中间容器中收集，积累到一定量后反蒸发回到精料收料容器内。应急收料容器为制冷柜内 50 L 容器。

2.4.1.4　精料收料工艺流程

从级联大厅最终精料流来的精料经增压装置增压后收至冷风箱中的 3 m^3C 或（30B）容器内，3 m^3C 容器下 1 英寸阀为收料通道，上 1 英寸阀为净化通道，30B 容器只有下 1 英寸阀作为收料通道。冷风箱的运行温度可根据最终精料流流量和容器实际收料量进行调整。为保证正常收料，必须及时去除积累在 3 m^3C 容器内的轻杂质（HF 和不凝气体），去除容器中轻杂质的过程就是对收料容器的净化。

净化时从收料 3 m^3C 容器内放出的绝大部分 UF_6 和 HF 分别逐级冷凝在−80 ℃制冷柜 50 L 容器和 240 L 凝冻器（或吸附塔）内，不凝气体经吸附、过滤后由真空泵组排入尾气处理系统。

当精料增压装置故障停车（包括停电），其旁通电阀自动打开，由净化用−80 ℃制冷柜内 50 L 容器直接收料，其中的物料经再蒸发线转移至收料冷风箱的 3 m^3C 容器内。

2.4.2　贫料系统

2.4.2.1　贫料系统作用

贫料系统流程示意如图 2-16 所示。它的作用是将级联产生的贫料平稳连续收取到贮运容器中。

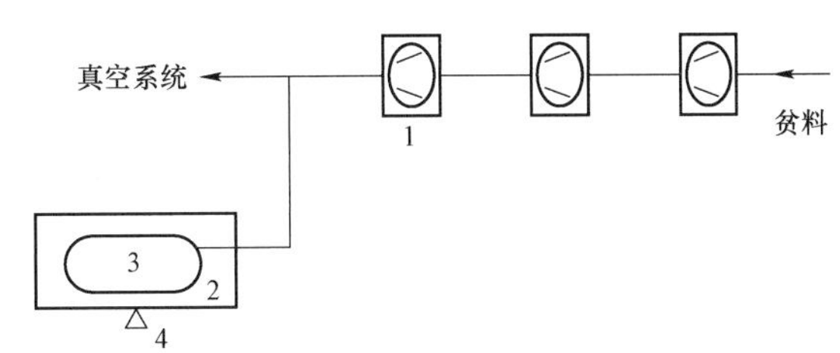

图 2-16　贫料系统流程简图

1—增压装置；2—冷风箱；3—收料容器；4—电子秤

2.4.2.2　贫料系统构成

（1）增压收料装置

贫料增压收料装置主要由增压装置、收料装置组成，其中增压装置主要由罗茨泵、爪式泵、罗茨泵 + 爪式泵等方式组成；收料装置主要为冷风箱以及配套收料容器，另外还有相应的管道、阀门、电子秤、仪表及电伴加热等装置。

（2）应急收料装置

贫料应急收料的装置是应急收料冷风箱。该装置由内置倒料容器的冷热箱及相应的管道、阀门、仪表、电子秤及电伴加热组成。

（3）抽空装置

贫料抽空与供料系统共用一套装置，但由于级联系统轻杂质向精料富集，贫料流中轻杂质含量极少，因此贫料装置在收料时一般不需要净化。

2.4.2.3　贫料系统工艺流程

贫料系统收料采取增压泵增压收料方式，从级联大厅最终贫料流管通过增压泵组增压后收取到冷风箱中的 3 m^3 容器内。应急收料采用冷热箱内置倒料容器直接收料方式。从级联大厅最终贫料流管线来的贫料流经增压泵组增压后收至冷风箱中的 3 m^3 容器内。当贫料增压泵组故障停车或泵组全部失电时，增压泵组的旁通电阀自动打开，由冷热箱内置倒料容器直接进行收料，其中的物料经贫料净化线或吹洗线转移至收料冷风箱的 3 m^3 容器内。

2.5　工艺辅助系统

工艺辅助系统主要包括卸料系统、抽空系统、零位系统、压空系统等。

2.5.1　卸料系统

2.5.1.1　卸料系统简介

卸料系统包括主卸料系统及备用卸料系统，主卸料系统是在自动（特定的紧急情况下）或手动情况下将区段离心机中的气体抽出至卸料大罐，备用卸料系统设置有制冷柜（或凝冻器）、储气罐、吸附塔、过滤器、真空泵、尾气管线等，用于抽空区段、机组干管及其他与六氟化铀有接触的工艺容积。主卸料系统与备用卸料系统可相互连接，互相备用。主卸料系统可连接至供料净化系统，使收集在卸料大罐中的物料可倒料至供料净化系统再次利用。

卸料系统流程图如图 2-17 所示。正常情况下，主卸料系统接通自动卸料，当自动卸料命令执行时，物料通过 6 阀、2 阀至卸料大罐，手动启动增压泵运行，1 阀打开，2 阀联锁关闭，物料通过增压泵进入卸料大罐。

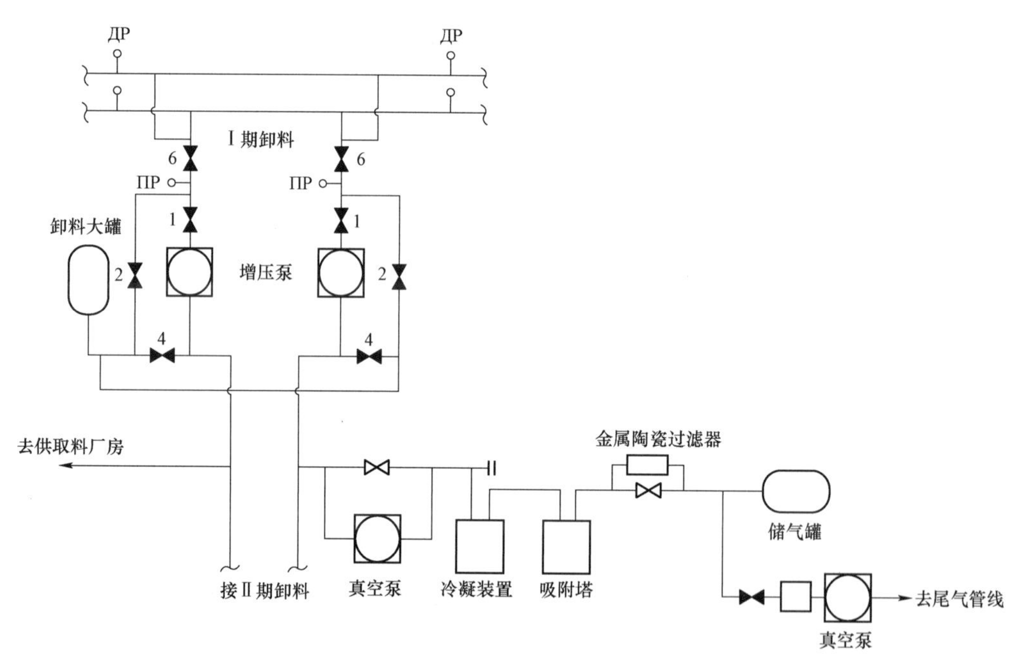

图 2-17　卸料系统流程图

2.5.1.2　卸料系统主要设备及相关控制参数

（1）主要设备

1）增压泵（或泵组）：用于快速抽空待抽空空间的气体并保持一定的真空度，以及将物料从卸料大罐输送至供取料厂房。

2）冷凝装置：包括制冷柜和凝冻器，作为物料收集的备用装置，优先使用制冷柜。

3）卸料大罐：用于扩大收料空间，保证物料快速抽出。

4）吸附塔：用于吸附通过凝冻器和储气罐后残余的六氟化铀和氟化氢。

5）金属陶瓷过滤器：用于防止吸附塔中的硬物颗粒落入到真空泵中。

6）真空泵及油捕集器：用于保证卸料系统真空度，同时用于抽出制冷柜（或凝冻器）中的不凝气体，油捕集器可防止返油。

7）尾气管线及气溶胶过滤器：用于真空泵排气，防止少量有毒有害物质进入大气。

（2）工艺检测、事故保护及联锁

1）压力事故保护传感器：卸料干管的中间及两端均安装有压力事故保护传感器，两端的用于报警，报警值为 0.2 mmHg（26.7 Pa），中间的用于事故保护，主卸料干管动作值为 30 mmHg（3 999.9 Pa），备用卸料干管动作值为 20 mmHg（2 666.7 Pa）。压力事故保护传感器用于防止在卸料干管压力过高的情况下打开区段卸料阀门，造成压力倒灌，以保证主机的安全运行；当压力事故保护传感动作，与之相连的区段形成“禁止卸料或自动卸料断开”直接命令，联锁区段卸料阀门不可打开；如果卸料系统干线压力事故保护传感器已动作，在对卸料干管抽空至压力小于动作值后，应对压力事故保护传感器解锁，并手动接通区段自动卸料。

2）流向事故保护传感器：安装在每套卸料装置入口处，与 6 阀联锁。流向事故保护传感器用于防止气体自卸料装置倒灌回卸料干管，以保证离心机的安全运行。

3）当储气罐压力达 13.3 Pa（100 μmHg），处于“自动”状态下的真空泵自动启动，延时 60 秒，且真空泵入口压力小于 7 999.9 Pa（60 mmHg）时，入口电阀联锁打开，对卸料装置抽空，当储气罐压力抽至 6.65 Pa（50 μmHg），该真空泵入口电阀自动关闭，真空泵停车。

2.5.2　抽空系统

2.5.2.1　抽空系统简介

抽空系统是抽空系统用于在进行安装、启动和检修工作时，将主辅工艺设备和级联间管道系统工艺设备中的空气（或氮气）抽出。

抽空系统包括两套主干管道（预备工况和启动工况）和 3 套抽空装置（预备状态下的工作装置、启动状态下的工作装置和备用装置），抽空系统流程图如图 2-18 所示。

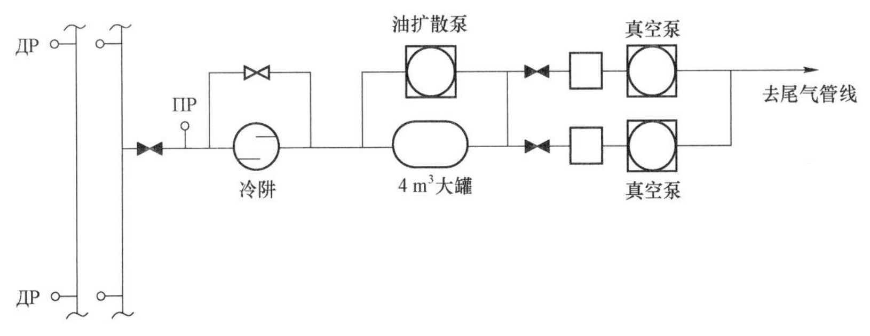

图 2-18　抽空系统流程图

2.5.2.2 抽空系统主要设备及相关参数控制

（1）主要设备

1）V=4 m^{3}大罐：用作抽空装置的缓冲容积。

2）真空泵及油捕集器：用于抽空工艺设备，以及用于油扩散泵工作时的前级泵，油捕集器可防止返油。

3）油扩散泵，用于启动调试工作时抽空主工艺设备，只在真空泵形成预真空工况，并使用水冷却的情况下工作。

4）冷阱：用于冷凝从被抽空工艺设备进入抽空装置的蒸汽（水、乙醇、丙酮等）。冷阱用液氮冷却，经过冷阱的蒸汽在低温作用下冷凝在冷阱中。冷阱上装有DN10阀门，用于破空冷阱并排出凝结水。

5）尾气管线及气溶胶过滤器：用于真空泵排气，防止少量有毒有害物质进入大气。

（2）工艺检测、事故保护及联锁

1）压力事故保护传感器：抽空干管的两端均安装有压力事故保护传感器，用于报警，报警值为0.2 mmHg（26.7 Pa）。

2）流向事故保护传感器：安装在每套抽空装置入口处，与入口快速截断阀联锁。流向事故保护传感器用于防止气体自抽空装置倒灌回干管，以保证离心机的安全运行。

3）真空泵手动启动时，延时 60 秒，入口压力小于 7 999.9 Pa（60 mmHg）时，入口电阀联锁打开，对抽空装置抽空，停泵时，入口电阀自动关闭，真空泵停车。

2.5.3 零位系统

2.5.3.1 零位系统简介

零位系统分为仪表零位系统及调节器零位系统，仪表零位系统是保证仪表零位腔压力在 66～13.3 Pa（50～100 μmHg），调节器零位系统是保证料流上的调节器零位腔压力在66～13.3 Pa（50～100 μmHg），零位系统流程图如图2-19所示。

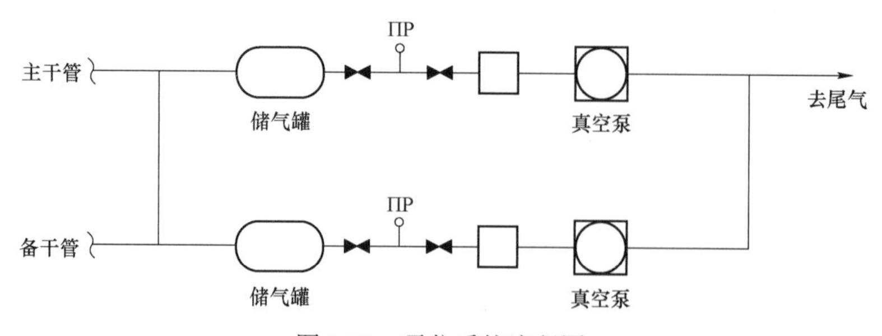

图2-19 零位系统流程图

2.5.3.2 零位系统主要设备及相关参数控制

（1）主要设备

1）1.5 m^{3}储气罐：用作缓冲作用，防止真空泵频繁启停。

2）真空泵及油捕集器：用于在自动控制工况下维持零位装置及其连接干管内压力为66～13.3 Pa（50～100 μmHg），油捕集器可防止返油。

（2）工艺检测、事故保护及联锁

1）压力传感器：零位干管的两端均安装有压力传感器，用于检测零位干管压力。

2）流向事故保护传感器：安装在每套零位装置入口处，与入口快速截断阀联锁。流向事故保护传感器用于防止气体自抽空装置倒灌回干管，以保证离心机的安全运行。

3）当储气罐压力达 13.3 Pa（100 μmHg），处于“自动”状态下的真空泵自动启动，延时 60 秒，且真空泵入口压力小于 7 999.9 Pa（60 mmHg）时，入口电阀联锁打开，对卸料装置抽空，当储气罐压力抽至 6.65 Pa（50 μmHg），该真空泵入口电阀自动关闭，真空泵停车。

2.5.4 压空系统

2.5.4.1 压空系统简介

压空系统是为调节器伺服机构提供一定压力的干燥压缩空气，压空系统流程图如图 2-20 所示。

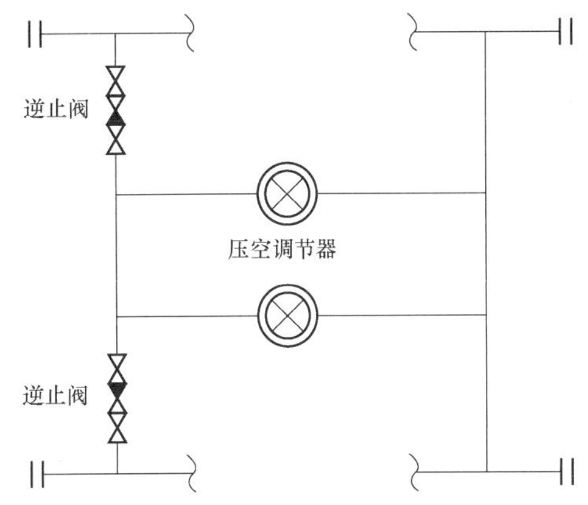

图 2-20　压空系统流程图

2.5.4.2 压空系统主要设备及相关参数控制

（1）主要设备

1）压空调节器：用于将压力高的压缩空气减压为适用于调节器的压力。

2）逆止阀：防止返气。

（2）工艺检测、事故保护及联锁

压力传感器：压空系统高低压端均安装有压力传感器，用于报警，高压端报警值为 0.55 MPa，低压端报警值为 0.30 MPa。

2.6 冷却水系统

2.6.1 冷却水系统简介

级联的冷却水系统一般由外回路（冷冻水系统）和内回路（冷却水系统）及相关设备组成。内回路主要由离心机冷却水系统、变频器冷却水系统以及补压机冷却水系统组成。

离心机冷却水系统的作用是为持续带出离心机运行时所产生的热量，保证通往离心机装架入口的冷却水参数保持在装架运行技术条件给定的范围内；变频器冷却水系统的作用是为持续带出变频器工作时产生的热量；补压机冷却水系统的作用是持续带出补压机运行时所产生的热量，保证冷却水参数维持在规定的范围内。各系统设备的设计和布置根据级联的规模来确定，所以各浓缩企业的各期级联的冷却水系统设计都有所不同，但实现的功能应该相同。

对于不同的级联，冷却水系统的流程一般分为两种类型。一种是“二回路”形式的冷却水系统，即针对用户设备，冷却水系统分为制冷机所在的外回路（冷冻水）和用户设备所在的内回路（冷却水），两个回路通过热交换器进行热量交换，保持内回路水温稳定；另一种是“一回路”形式的冷却水系统，即针对用户设备，冷却水系统只有一个回路，在回路内直接设置制冷机维持水温稳定。下面对这两种类型的冷却水系统流程做以介绍。

如图 2-21 所示，该级联冷却水系统为“二回路”类型。离心机冷却水系统、补压机冷却水系统和变频器冷却水系统共用一个外回路，分别通过各自的换热器控制内回路水温。级联正常运行中，要求离心机入口冷却水温在 11～15 ℃，装架入口和出口处冷却水温度差不大于 3 ℃，补压机冷却水温在不大于 18 ℃，变频器冷却水温在 16～19 ℃。其中补压机冷却水系统内回路还可以并联到离心机冷却水系统内回路，确保补压机冷却水系统故障时，可通过离心机冷却水系统内回路直接为补压机提供冷却水，提高了补压机冷却水系统的可靠性。

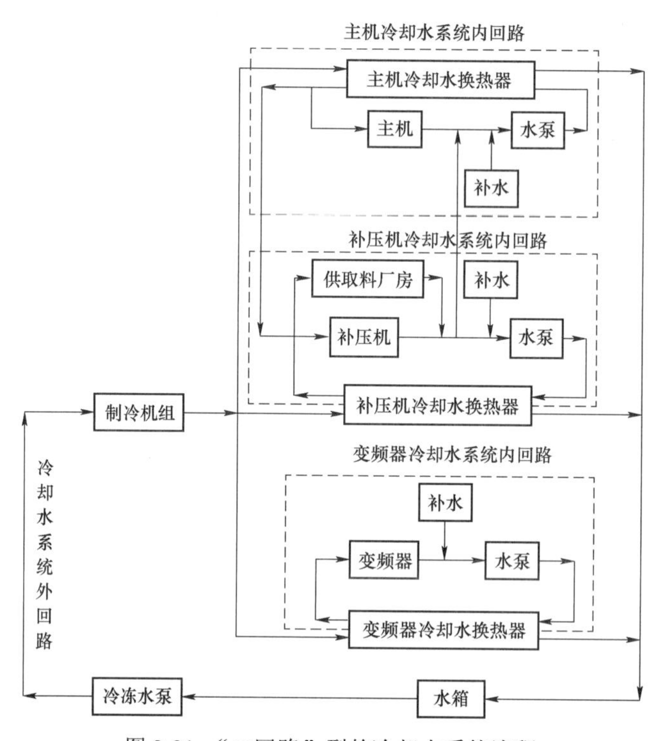

图 2-21 “二回路”型的冷却水系统流程

如图 2-22 所示，该级联冷却水系统为“一回路”+“二回路”类型。离心机和补压机内回路并联作为“一回路”，在回路内直接设置制冷设备（制冷机/闭式冷却塔），通过制冷设备直接对回路水温进行控制。而变频器冷却水系统为“二回路”设置，即将离心机冷却水系统作为变频器冷却水系统的外回路，通过各自的热交换器控制内回路水温。

2.6.2 离心机冷却水系统

为确保离心机安全稳定高效运行，需要及时将离心机产生的热量带走，因此在离心机外套筒及电机定子处设置了冷却水套。设置在离心机外套筒处的冷却水套，不仅能带走离心机转子在运转过程中产生的热量，保证离心机转筒上端盖温度不大于 40 ℃，还能使离心机转筒上下产生温差，保证转筒内形成所需环流，提高了离心机的分离效果。

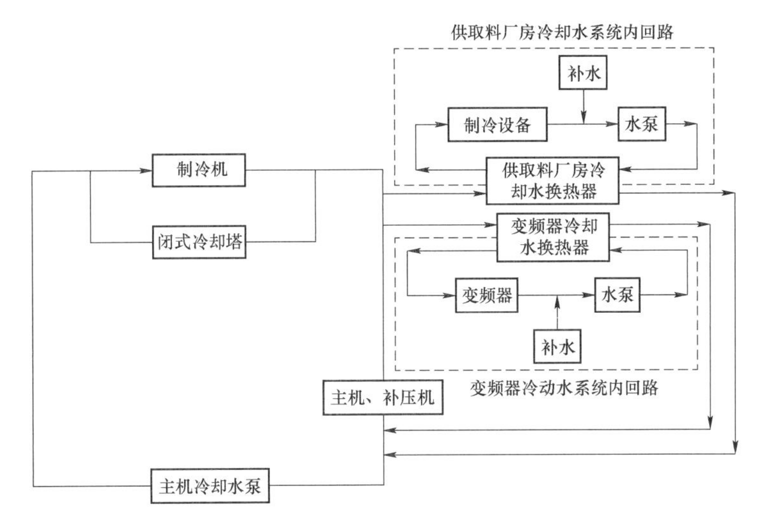

图 2-22 “一回路”+“二回路”型的冷却水系统流程

离心机冷却水系统还可以作为补压机冷却水系统的备用，在补压机冷却水系统出现故障无法保证所需水流量及水温时，可转接至离心机冷却水系统进行供水。

离心机冷却水系统的稳定，是保证离心机安全运行的重要条件之一，因此在离心机冷却水系统内外回路均采用双供双回的双管线系统，两条管线分别承担一半离心机冷却水负载，在每两个相应的支管上都用跨接阀将两条主管线连接，这样保证在一条管线故障的情况下，可转换至另一条管线运行。

离心机冷却水系统内回路由冷却水泵与热交换器（或制冷机组中蒸发室加管路）等设备组成。除了冷却水泵和热交换器（或制冷机组）外，还有供回水干管、区段冷却水干管、截断组冷却水管和离心机装架冷却水管，每种水管根据需要设置了不同的直径。每个装架用四根水管与截断组水管相连，这四根水管与离心机的连接方式是：其中二根分别供 NO.1～NO.10 离心机外壳冷却水套及电机定子冷却腔；另两根供 NO.11～NO.20 离心机外壳冷却水套及电机定子冷却腔。离心机冷却水系统结构流程如图 2-23 所示。

气体离心机对冷却水水质的要求如下：

（1）悬浮物含量：干燥后在 110 ℃时≯5～10 mg/L，灼烧后为≯3 mg/L，不允许存在肉眼可见的悬浮物；

（2）含氧量不大于 0.05 mg/L。

2.6.3　补压机冷却水系统

在级联中每个区段精料干管上均安装有补压机，以保证级联内工作气体按所需方向顺畅流动；在级联间管道的精料干管与贫料干管中安装的补压机，是确保级联分离所得精料与贫料顺利地流到下一层架或者供取料厂房的精贫料收料容器中去。工作气体经补压机后可以提高其压力，顺利地进入下一单元设备内，但补压机运行时所产生的热量需要由冷却水带走，且要求补压机断水时间不大于 30 分钟，所以设置了补压机冷却水系统。当补压机冷却水系统发生故障且在 20 分钟内无法恢复时，可通过操作转由离心机冷却水系统直接为补压机提供所需冷却水，从而提高了补压机冷却水系统供水的可靠性。

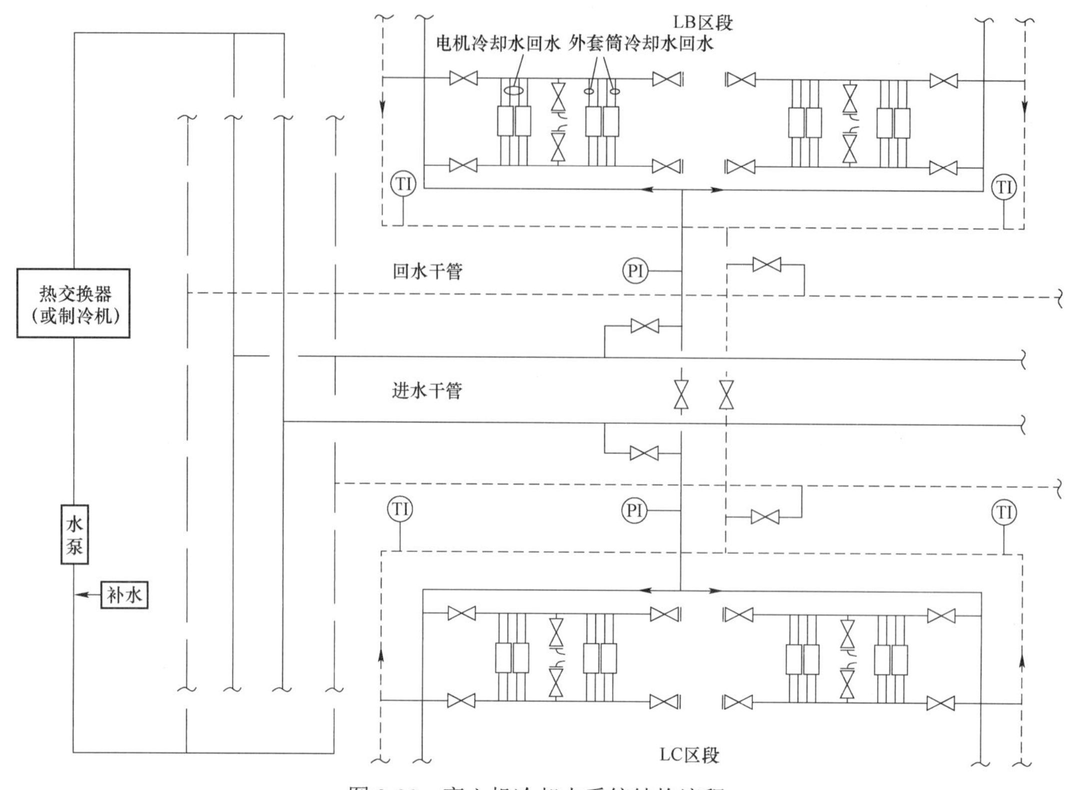

图 2-23　离心机冷却水系统结构流程

补压机冷却水系统由冷却装置与级联大厅中央地沟内两根供回水管，补压机冷却水支管以及冷却装置等组成。补压机冷却水系统供回水干管设置为单供单回。冷却装置内设置若干台水泵，若干套换热器（或制冷设备）。补压机冷却水系统流程图如图 2-24 所示。补压机内回水经支管回到中央地沟内回水干管进入离心水泵入口，加压进入热交换器一侧，热量被外回路冷却水冷却到所要求水温后，再进入中央地沟内供水干管，流入支管进入到每台运行补压机冷却水腔内，使补压机充分散热后由冷却水带走热量回到水泵入口，再去放热降温后供入补压机冷却水腔内，这样周而复始地循环，确保运行补压机安全运行。

当补压机冷却水系统出现故障，短时间内无法修复，则补压机供回水支管与气体离心机冷却水系统供回水系统相连，转由离心机冷却水系统为补压机冷却提供所需冷却水。所以，气体离心机冷却水系统可以是补压机冷却水系统的备用系统。

图 2-24 中补压机内回路为独立的。因为补压机冷却水的运行要求与离心机相近且低于离心机，用水量相对离心机冷却水系统很少，在补压机冷却水系统故障时还可将其转接至离心机冷却水系统。因此在某些级联系统中，直接将补压机冷却水系统并联到离心机冷却水系统内。

补压机对冷却水水质的要求如下：

（1）悬浮物含量：干燥后在 110 ℃时≯5～10 mg/L，灼烧后为≯3 mg/L，不允许存在肉眼可见的悬浮物；

（2）含氧量不大于 0.05 mg/L。

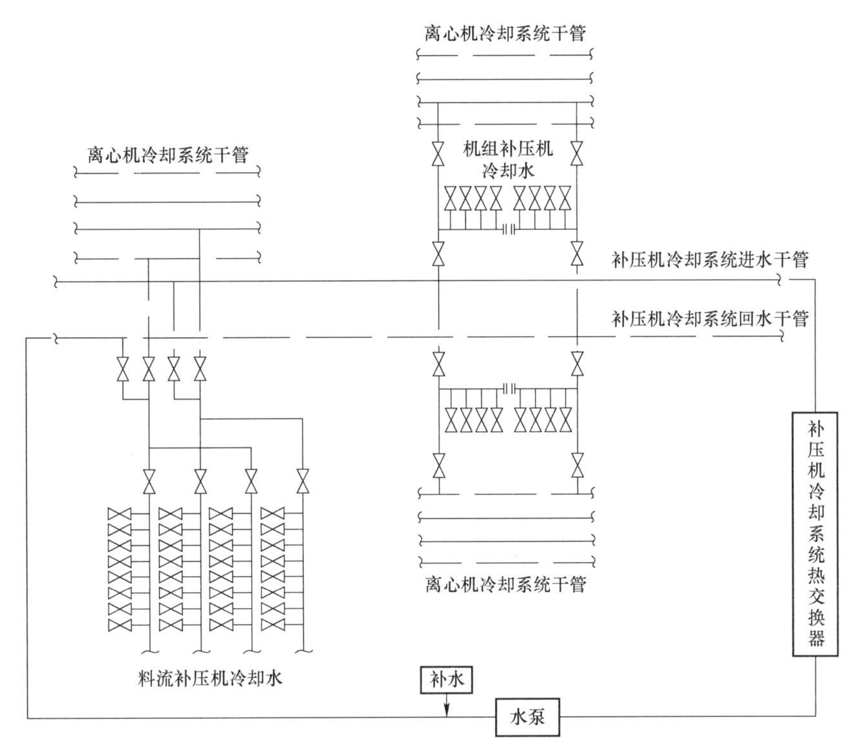

图 2-24　补压机冷却水系统流程图

2.6.4　变频器冷却水系统

气体离心机靠变频器供电才能高速稳定运行，变频器运行时所产生的热量大部分靠冷却水带走，而且规定其停断水时间不大于 2 分钟，断水超过 2 分钟则变频器自动断电，必然造成离心机降周。另外，其冷却水质要求较高，除杂质含量、含氧量等要求外，还有电导率和 pH 的要求。为防止冷却水管被水质污染而降低冷却效果，变频器冷却水管均为不锈钢管道。

由于变频器离开冷却水就无法运行，断水时间不允许大于 2 分钟，所以其内外回路均是二供二回的双管制，确保变频器持续运行。

变频器冷却系统由冷却水装置、冷却水干管、通向变频器的支管组成。变频器冷却水系统流程图如图 2-25 所示。

变频器内回水经支管回到回水干管，进入水泵入口，加压后进入到热交换器内侧，向外回路冷却水交出热量降温后，再经供水管与跨管进入二根供水干管，由支管分流到每台运行的变频器内，通过变频器水管吸收各自电气设备的热量后，经支管返回到回水干管，再回到离心水泵吸入口，这样周而复始地循环，确保变频器正常运行。

在离心机冷却系统外回路故障无法向变频器热交换器提供冷冻水时，可由自来水作为应急水供入热交换器外侧，吸收内回路循环中的热量后直接排放，自来水无法循环。某些级联中，其外回路也可由其冷却装置中热交换器外侧与离心机冷却系统内回路中冷却水组成，以吸收变频器内回路循环水中热量。

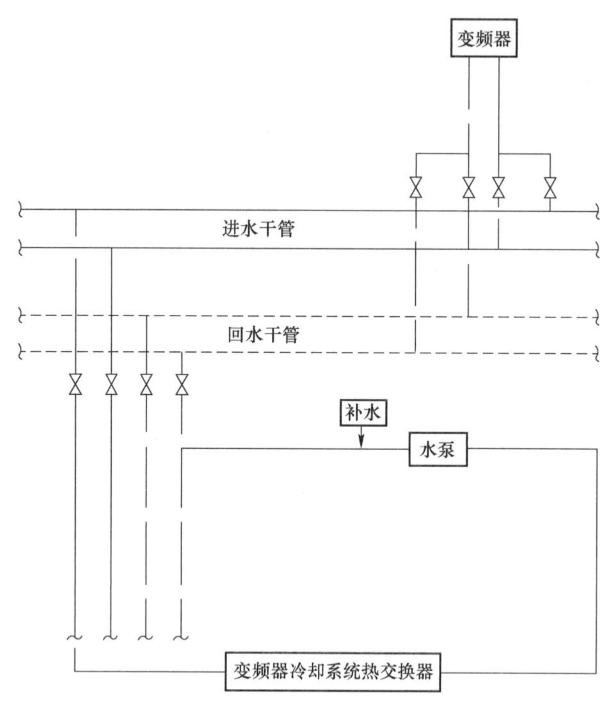

图 2-25　变频器冷却水系统流程

变频器对冷却水水质的要求如下：

（1）导电率≯10 μS/cm；

（2）pH：6～7.2；

（3）含铜量不大于 0.2 mg/L；

（4）含氧量不大于 0.1 mg/L。

2.6.5　冷却水系统设备维护内容

2.6.5.1　水泵运行前及启动时的检查

水泵运行前及启动时的检查内容如下：

1）检查水泵处于完好状态；

2）轴承充好油，油量正常，油质合格；

3）完全打开吸水闸阀，关闭出口阀；

4）轴封有少量滴水；

5）电气线路，电机状态良好，保护装置的动作正常，参数符合要求；

6）盘车检查正常；

7）检查排气、排污阀门堵头完好；

8）点动，检查转向正确；

9）启泵后，检查振动和声音正常；水泵启动转速达到额定后，检查压力、电流，并注意有无振动和异常声音；

10）启动时，水泵空转时间不宜超过 2～3 分钟。

2.6.5.2　水泵运行过程中的维护

水泵在正常运转到 3～6 个月时，要强制停机进行维修保养，决不能无限制的运转下去，其目的是检查并消除因长期运转过程中所造成的机械磨损而影响正常运行的缺陷。

水泵运行过程中日常检查内容如下：

1）检查压力表、电流表等显示值是否正常；

2）检查填料处渗漏应当是单液滴或细流形式，不允许填料函无渗漏干运行；检查填料函是否过热，填料过紧易发热冒烟，过松会大量漏水，容易使水窜到轴承里使油乳化；

3）检查水泵振动是否正常，振动幅度值应按相应的规程执行；

4）检查管路是否有泄漏，以及阀门工作状况；

5）定期检查弹性联轴器部件，注意检查电机是否发热，出现异常时，检查轴承温升不得超过 40 ℃，最高温度不得超过 70 ℃。

2.6.5.3　水泵的检修内容

水泵的检修以计划检修为主，故障检修为辅，一般规定：水泵的计划小修周期为 6 个月，计划中修周期为 12 个月，计划大修周期为 26 个月。

水泵小修内容如下：

1）检查填料密封，必要时更换磨损的填料；

2）检查并调整联轴器同轴度，轴间间隙及水平间隙；

3）检查联轴销、橡皮圈，发现变形、裂纹、破损则应更换；

4）检查轴承的运转和润滑情况，必要时添加润滑脂；

5）检查并紧固各部件螺栓，消除在运行发现的缺陷和渗漏。

水泵中修内容如下：

1）完成全部小修项目；

2）设备进行部分解体，拆卸联轴器的销钉；

3）泵与电机脱离，拆卸水泵盖，解体转子部分，清洗、除锈；

4）盘动转子，检查有无摩擦现象；

5）检查叶轮、轴套、密封环的磨损及腐蚀程度，予以修复或更换；

6）检查滚动轴承的磨损情况，必要时及时更换；

7）检查与调整各部件的装配间隙。

水泵大修内容如下：

1）完成全部中修项目；

2）泵体测厚、鉴定，做必要的修理；

3）水泵全部解体，对全部零件进行清洗、检查；

4）对各零部件进行鉴定，更换磨损的全部零件，测量主要零部件尺寸和装配间隙；

5）测量泵体的水平度，并进行调整；

6）外部除锈、防腐、刷漆。

2.6.5.4　热交换器运行前的技术要求

1）必须进行保温和压力实验；

2）用惰性气体吹洗设备内腔的空气，在环境温度不低于 5 ℃时，运行用蒸汽吹洗。

2.6.5.5 热交换器运行中的维护

1）检查连接螺栓的可靠性，紧固件的成套性；

2）检查仪表连接的可靠性、正确性；

3）热交换器工作的正确性应按检测管子内和管子之间空腔介质的温度表和压力表读数判定；

4）法兰连接的密封性应每天进行检查和监视；

5）设备内部壁厚测量检查每 2 年 1 次，工作介质有腐蚀性的工作，内部壁厚测量检查每 1 年 1 次。

2.6.5.6 热交换器的检修

热交换器的检修以计划检修为主，故障检修为辅，一般规定：热交换器计划中修周期为 12 个月，无计划小修和计划大修。

热交换器的中修内容如下：

1）清理热交换内部芯管中沉淀物及水垢；

2）清理热交换器两侧封头中沉淀物及水锈；

3）检修、清除芯管的漏点；

4）检查或更换各连接处的石棉垫、金属垫；

5）更换不能再使用的螺母、螺栓及垫片；

6）热交换器能力检查。

热交换器检修质量标准：

1）两端封头完整无裂缝、密封面光滑、无污垢及杂物等；

2）用手电照射，逐根检查芯管内壁清理质量，以肉眼无明显水垢、沉淀物和堵塞现象为合格；

3）如果压力实验过程中发现管壁已腐蚀有漏，允许将芯管两端堵死（也可以焊接堵死），堵管数不超过总管数的 10%；

4）链接螺栓应无弯曲变形、滑扣和锈蚀等现象，各相同部件链接应使用同规格螺栓；

5）密封垫应完整、无划痕及断裂等现象；

6）密封性压力试验合格后，应彻底恢复已拆除的保温部分。

第3章

工艺设备知识

3.1 调节器的分类、基本结构及工作原理

3.1.1 调节器的分类

调节器是一种自动压力调节装置，通过自动调节作用，可以将其前后的压力恒定在某一整定值。离心法铀浓缩生产中所用的调节器主要分为两类，用于自动保持工艺系统中给定压力值或保证所要求气体流量范围。

（1）压缩空气调节器

其作用是将压缩空气系统供入的压缩空气压力调节在0.30～0.32 MPa范围内，以确保供给机组和级联间管道调节器使用。

（2）压力/流量调节器

按照其恒定压力的对象，将调节器分为压力调节器和流量调节器。压力调节器通过调节流出调节器的气体流量，将调节器前的压力恒定在某一整定值。流量调节器通过调节流入调节器的气体流量，将调节器后的压力恒定在某一整定值。安装在工艺管道上的调节器是属于间接作用的气动调节器，通过调节器阀门的开度来改变流量，从而达到改变压力的目的。调节器阀门开度的改变，由压缩空气（0.3 MPa）提供动力下工作的伺服电机进行，操作在控制室进行。机组调节器正腔与贫料干管相连通，负腔与供料干管相连通；级联间管道调节器正腔与料流干管相连通，负腔与零位系统支管相连通。一般每个机组有一至两台调节器。调节器的作用是调整和保持每个工艺机组或料流的流体运行处于正常受控状态，以确保级联稳定运行。

3.1.2 调节器的结构

3.1.2.1 压缩空气调节器的结构

压缩空气调节器主要由储气罐、调节器头部、安全阀、进气阀、出气4及排气阀组成，见图 3-1。调节器头部主要由：调节螺钉、主工作弹簧、弹簧和装配件、针轴、闭锁的弹簧、工作杠杆、锥形阀及喷嘴等组成，见图3-2。

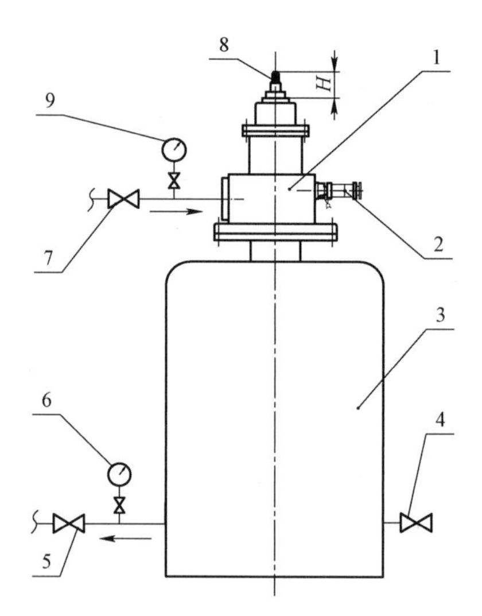

图 3-1　压缩空气调节器结构图

1—调节器头部；2—安全阀；3—储气罐；4—排气阀；5—输出阀；
6、9—压力表；7—进气阀；8—调节螺钉

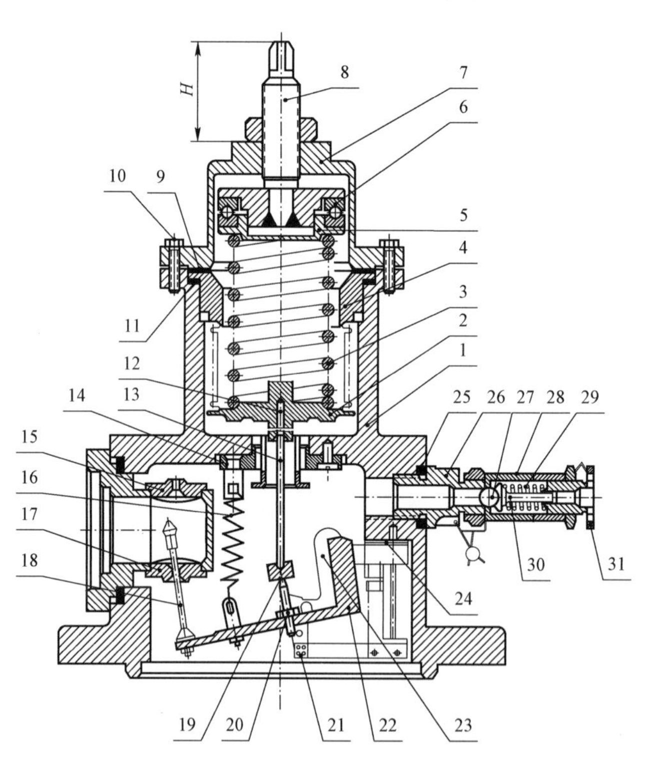

图 3-2　压缩空气调节器头部结构图

1—壳体；2—圆盘；3—主工作弹簧；4—弹簧箱装配件；5—弹簧挡圈；6—止推滚珠轴承；7—盖子；8—调节螺钉；9—橡皮衬垫；10—螺栓；11—橡皮衬垫；12—轴窝；13—针轴；14—半环；15、17—喷嘴；16—闭锁弹簧；18—锥形阀杆；19—支承螺钉；20—锁紧螺母；21—弹簧缓冲器；22—工作杠杆；23—桥架；24—衬垫；25—衬垫；26—安全阀；27—滚珠；28—阀体；29—弹簧；30—阀杆；31—调节螺杆

3.1.2.2　压力/流量调节器的结构

图 3-3 为压力/流量调节器示意图。调节器由气罐、膜片、膜上弹簧、伺服装置、主杠杆、阀门杆、传动机构、带电动机的减速器、远距离调整机构、阀座、阀门体、平板、指示系统、罩壳等部件组成。

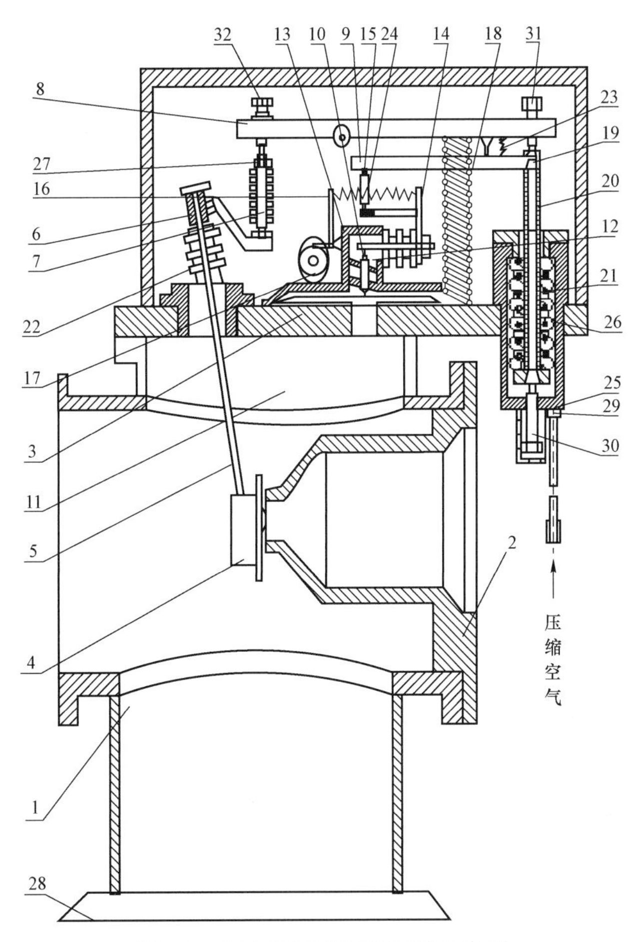

图 3-3　压力/流量调节器结构示意图

1—壳体；2—喷嘴接管；3—膜片；4—阀板；5—阀杆；6—Z 型杠杆；7—顶针；8—主杠杆；9—差动杠杆；10—顶针；11—工作腔；12—零位腔；13、18、21、23、24、27—弹簧；14—π 型杠杆；15—顶针；16—远程调整杠杆；17—凸轮；19—小滚球；20—射流管；22—波纹管；25—气缸；26—波纹活塞；28—底座；29—节流孔板；30—底座螺丝；31、32—调节螺丝

由气罐、平板、膜片构成的工作腔，为被调节气流流经的调节器腔，调节器前（后）压力在此自动调节至设定值。

气罐的筒身为圆柱形，其上相对的两端管道为气流输入和输出管，在一端安装阀座，通过阀门体的开与关，即可调节气体压力或流量。为保证互换性，两端管道的连接方式相同。通过改变阀座的安装位置，可分别调节进入调节器前（后）的气体压力。

气罐上面安装有平板，平板上安装有伺服装置、带电动机的减速器、传感器杠杆、零位腔盖、远距离调整弹簧等主要部件。

膜片是调节器的关键元件，采用铍青铜材料制作。罐体与膜片间构成工作腔，膜片、零位腔盖之间为零位腔，通过连接调节器零位系统，始终保持零位腔内的恒定低压。膜上弹簧是调节器的主要工作弹簧，它与远距离调整弹簧来平衡工作腔的压力。

伺服装置是中间放大器，它将膜片的任意位移放大后，通过一系列机构的传动，改变阀座与阀门体的间隙，进而达到稳定的目的。伺服装置以压缩空气为动力，其壳体具有保护和承压作用，内部弹簧及弹簧箱伸长或收缩可改变活塞杆的行程。

调节器应与其旁通阀配套进行安装与运行，旁通阀安装在调节器旁通管线上。调节器正常工作时，旁通阀为关闭状态。在需要进行调节器检修、维护时，通过旁通阀将调节器退出工作状态。

3.1.3 调节器工作原理

3.1.3.1 压缩空气调节器的工作原理

压缩空气调节器的主工作弹簧的作用力和储气罐内的压力相互作用在弹簧箱装配件的圆盘上，使带有锥形阀门的工作杠杆打开或关闭喷嘴的流通截面，以调节其气体压力的作用。当调节器储气罐内压力升高时，克服主工作弹簧的作用力，使弹簧箱压缩，带有锥形阀门的工作杠杆在闭锁弹簧的作用下向上运动，关闭喷嘴，使调节器储气罐的空气减少，即压力降低。当调节器储气罐内压力降低时发生相反的过程，这样就保证了所调节压力的稳定。

3.1.3.2 压力/流量调节器的工作原理

压力/流量调节器是铀浓缩级联主要的工艺调节设备，它是一种气动机械调节装置。按照安装位置的不同，习惯上将其分为压力调节器和流量调节器。

安装在机组贫料干管和精料端部机组回流管线上的是压力调节器。压力调节器的作用是调整和保持每个工艺级的流体运行处于正常受控状态，以确保级联稳定运行。

安装在料流孔板前的称为流量调节器，其结构和工作原理与压力调节器基本类似，不同在于其工作腔在调节器阀板之后，通过改变阀板开度，改变料流孔板前压力，从而达到调节级联料流流量的目的。

在运行过程中，通过改变调节器阀门的开度来改变工艺气体流量，从而改变所在工艺管线的压力（流量）。调节器的伺服机构由压缩空气提供动力，其远程调节机械装置由电动机提供动力。调节器工作腔（正腔）与工艺管道相连通，零位腔（负腔）与调节器零位系统管道相连通，对于安装在机组的压力调节器而言，其零位管道为所在机组的供料管道。

调节器工作腔的压力设置，通过膜上弹簧和远距离调整弹簧进行。远距离调整弹簧可通过带电动机的减速器改变拉伸长度，调整膜片上的预紧力，达到人工调节预定压力值的目的。带电动机的减速器上装有指示远距离调整弹簧拉伸量的刻度盘。

当工作腔压力上升时，膜片的中心向上鼓，下顶针向上移动，Π型杠杆随之转动，其上端的上顶针也向上移动，使差动杠杆右侧向下挤压小滚球，小滚球与射流管的间隙减小。射流管内通压缩空气，当小滚球堵住射流管时，伺服装置内压力增加，波纹活塞向上移动，带动主杠杆右侧向上移动，左侧向下压。当主杠杆左侧向下压时，通过 Z 型杠杆及波纹管带动阀门杆移动，其上阀门体与阀座间隙减小，气体通道面积减小，使工作腔压力下降至设定值。

当工作腔压力下降时，上述过程中机构反向运动，使阀门体与阀座间隙增大，气体通道面积增大，使工作腔压力上升至设定值。

3.1.4　调节器运行特点

压力/流量调节器应用于铀浓缩级联已有超过数十年的历史，技术成熟、性能可靠。在压缩空气系统完好、周期性的维护工作完备的条件下，其寿命可长达半个世纪。

压力/流量调节器运行时，通过机械结构实现闭环控制，系统延迟较低，能够对压力波动做出即时响应，且不会造成超调。缺点在于，压力/流量调节器运行时需要稳定的压缩空气提供动力，当压缩空气系统出现异常中断时，压力调节器的阀板将会自动关闭，流量调节器则会自动打开，由此造成的压力波动，会对级联运行构成严重影响。此外，由于其复杂的结构，需要定期维护和检修，相应的运行成本较高。随着技术的不断进步，采用电动执行机构的电动调节阀，以更加优越的控制性能和低廉的运行成本，逐渐取代了调节器的运行。

3.2　电动调节阀的结构及原理

3.2.1　电动调节阀系统的结构

调节阀又称控制阀，它是工程控制系统中用动力操作去改变流体流量的装置。国际电工委员会（IEC）对调节阀的定义为：“工业过程控制系统中由动力操作的装置形成的终端元件，它包括一个阀部件，内部有一个改变过程流体流率的组件。阀体部件又与一个或多个执行机构相连接。执行机构用来响应控制元件送来的信号”。可见，调节阀是由执行机构、阀门部件两部分组成。

执行机构是调节阀的驱动装置，它按信号压力的大小产生相应的推力，使推杆产生相应的位移，从而带动调节阀的阀芯动作。阀门部件是调节阀的调节部分，它直接与介质接触，通过执行机构推杆的位移，改变调节节流面积，达到调节目的。

目前在铀浓缩级联系统广泛使用的电动调节阀，主要由可拆分的电动执行机构和阀门部件组成。

电动执行机构，主要由阀杆运动驱动机构、伺服控制器、阀位变送器等部件构成。其中阀杆运动驱动机构由微型交流伺服减速电机，齿轮减速器、凸轮机构、Γ 型连杆机构等组成。阀门部件，由圆形平盘阀板、锥形喷嘴和喷管组成，通过调节阀板与喷嘴之间形成的间隙大小实现调节功能。

电动调节阀的示意图如图 3-4 所示：

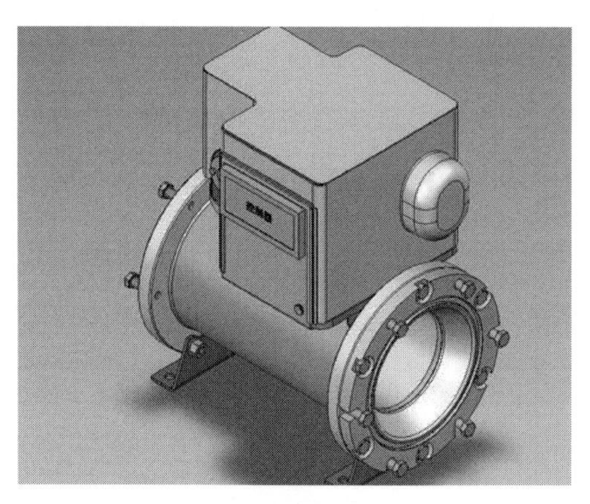

图 3-4 电动调节阀示意图

3.2.2 电动调节阀执行机构

电动调节阀的执行机构采用了电子式一体化的电动执行机构设计，具有体积小、重量轻，功能强、操作方便等优点。伺服控制器和执行器部分，由相互隔离的电气部分和涡轮传动机构组成。伺服电动机则作为连接这两个部分的中间部件。伺服电机按控制要求输出转矩，通过涡轮传动装置传递到凸轮上。凸轮输出轴连接有阀位传感器，它将输出轴的位移转换成电信号，并将其作为比较信号和阀位反馈输出，提供给伺服控制器。电动调节阀的执行机构示意图如图 3-5 所示：

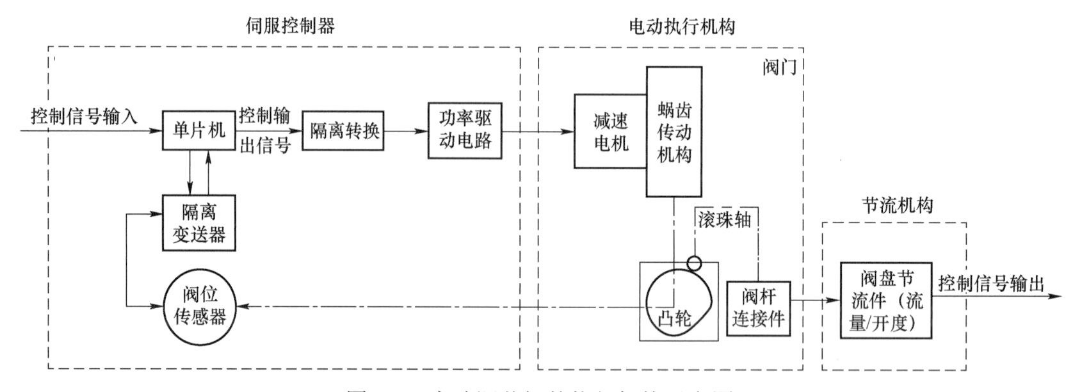

图 3-5 电动调节阀的执行机构示意图

阀位传感器将工作凸轮运动轴上的角位移作为阀位反馈信号，经信号隔离与变换形成负反馈环节，与控制器输入信号比较后，由伺服控制器程序产生校正输出，控制伺服电机匀角速转动，通过传动机构减速后，带动凸轮运动，从动轮（滚珠轴）沿凸轮轮廓轨迹运行，使得连接在从动轮上的曲柄杠杆带动阀杆、阀盘产生变速位移运动，从而实现电动调节阀开度的精确控制。

执行机构的控制结构采用半闭环控制，减少了反馈回路中所经过的机械延迟环节，提高了控制响应速度，使压力或流量过程控制的实时响应性能提高。

电动调节阀执行机构各部件结构特点如下：

1. 伺服电机

电动调节阀伺服电机采用两相进步电动机。具有结构简单、制造方便、价格便宜的优点；无高速转动部件，对润滑要求低，运转平稳，性能可靠；启动、停止及反转时输入功率和输入电流变化小，对电源无冲击；能在 20 ms 内瞬时启动、停止及反转，满足伺服电机使用要求；瞬时转速稳定性高。

2. 传动系统

伺服电机轴与减速器的输入端固定连接，其输出端与凸轮轴连接，构成了执行机构的传动系统。将电动机的高转速、小转矩输出功率，转换成为低转速、大转矩的执行机构输出轴的功率。

3. 阀位传感器

阀位传感器将采集的凸轮轴输出位移转换成直流 4～20 mA 信号。

4. 伺服控制器

电动调节阀的伺服控制器能可靠地对调节阀进行开度的精确定位控制，接受外部给定控制信号，准确实现阀门执行机构的位置伺服控制功能。

伺服控制器以 8051 系列 CPU 芯片为核心，具有 A/D 转换电路、复位电路、标度转换电路、电动手操电路、死区及运动禁止时间调整电路组成。

伺服控制器主要有以下功能：

（1）接收模拟电流 4～20 mA 输入控制信号，作为外给定值，准确产生阀位位移量。

（2）提供控制自动/手动切换功能，能够进行电动调节阀的自动/手动操作模式切换。自动模式下是以压力为控制对象的闭环控制系统，而手动方式下，则为以开度为控制对象的闭环控制系统。

（3）显示设定阀位值和实际阀位值。

（4）与上位机通讯，实现远程控制。

5. 电动调节阀的电源

电动调节阀的电源为单相交流供电，电压 AC220 V（±22 V），频率：50 Hz（±5 Hz）。采用两路供电方式，在一路失电的情况下能够迅速切换到另一路电源，以保证连续稳定运行。

3.2.3　电动调节阀的阀门部件

电动调节阀的阀门部件中的阀板和阀座部分，形状与气动机械式调节器完全相同，其工作凸轮的形状与调节器的补偿凸轮一致。因此在某一开度位置附近小范围变化时，表现出的流量控制特性与气动调节器相同。

3.2.4　电动调节阀工作原理

电调阀控制系统主要由伺服控制器、电动执行机构以及节流机构三大部分组成。伺服控制器采用单片机作为核心控制单元，电机执行机构包括永磁同步低速电机和机械执行机构，永磁同步低速电机作为动力源经齿轮减速机构减速后带动其后的补偿凸轮转动，补偿凸轮为阿基米德螺线凸轮，它可以将电机的旋转运动转变为阀杆的线性运动。节流机构，由圆形平盘阀板及锥形喷嘴构成，阀门开度控制由执行机构通过调节阀盘与喷嘴之间的间隙大小实现。控制器根据压力返回值与设定值的偏差进行调节，控制器采用传统 PID 控制算法，输出的 PWM 控制信号通过功率驱动电路实现对电机正反转、电机转速的控制，从而达到对阀门开度控制的目的，进而实现对被控压力的精确控制。

3.2.5　电动调节阀的流量特性

电动调节阀的流量特性，是指介质流过阀体的相对流量与相对位移（阀门的相对开度）之间的关系。

一般来说，改变电动调节阀的阀板与喷嘴之间的流通截面积，便可以控制流量。但实际上，由于多种因素的影响，如在节流面积变化的同时，还发生阀前、阀后压差的变化，而压差的变化又引起流量的变化。为了便于分析，先假定阀前、阀后的压差不变，然后在引申到真实情况进行研究。前者称为理想流量特性，后者称为工作流量特性。

理想流量特性，又称为固有流量特性，它不同于阀的结构特性。阀的结构特性是指阀芯位移与介质通过的截面积之间的关系，不考虑压差的影响，纯粹由阀芯大小和几何形状决定；而理想流量特性则是阀前、阀后压差保持不变的特性。

工作流量特性，在实际的生产过程中，电动调节阀的阀前、阀后的压力总是变化的，这时的流量特性称为工作流量特性。因为电动调节阀往往和工艺设备、管路串联或并联使用，流量因阻力的变化而变化。在实际工作中，因阀门前后的压力的变化，使理想流量特性畸变成工作特性。

3.3　补压机的基本结构与工作原理

3.3.1　补压机的基本结构

国内离心法分离铀同位素的工厂使用的补压机有三种型号，一是进口 OK-19П01СБ2 或国产 919 补压机，简称为 $1^{\#}$机；二是国产 944 补压机（相当于 T-44 补压机），简称为 $2^{\#}$机；三是国产 $7^{\#}$补压机，简称 $7^{\#}$机。

3.3.1.1　补压机的装配简图

补压机的基本结构分别见装配简图 3-6、图 3-7。

3.3.1.2　补压机的构成

补压机的主要组成部分是电动机机体、定子、转子、补压机机体、工作轮和导向轮。

（1）电动机

为鼠笼式转子异步电动机，由定子和转子组成。定子由互相绝缘的矽钢片叠成，外边有槽，定子线圈嵌入槽内，从定子端面引出三条导线接在接线板上，用螺钉分别将导线固紧在接线柱（接线盒）上。转子的铁芯外有小孔槽，内灌铝，转子铁芯压在转子轴上。为了防止工作气体与外界大气接触，在电动机定子与转子间安装一个真空隔离套，将定子内腔与大气隔开，这是与普通异步电动机的重要区别之处。

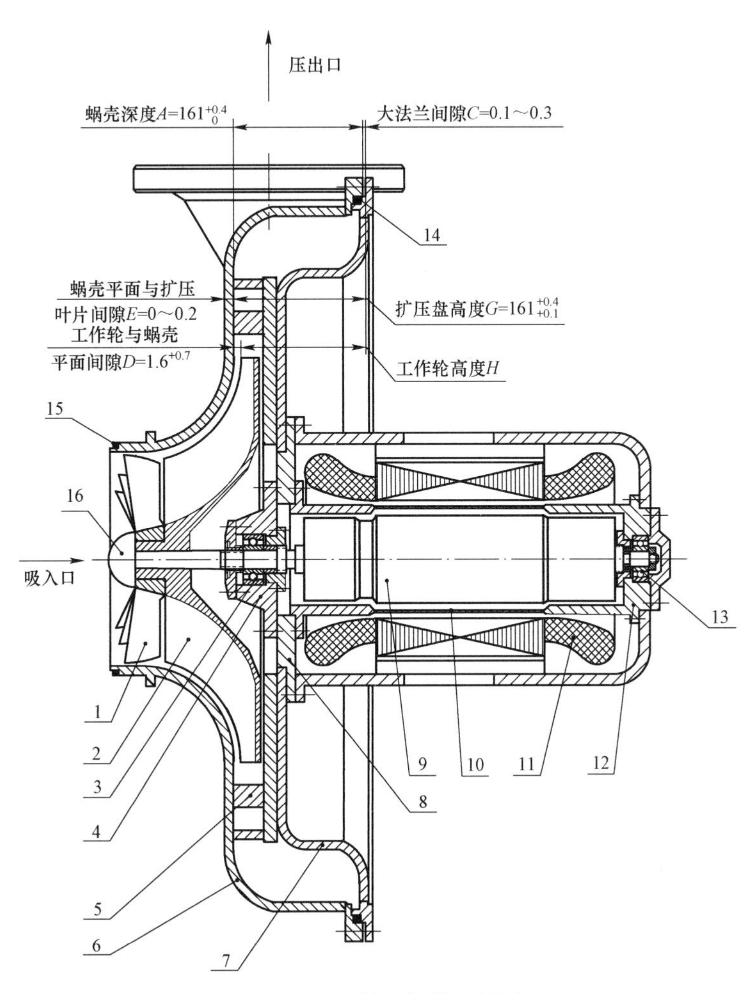

图 3-6　944 补压机装配简图

1—导向器；2—工作轮；3—前轴承；4—前轮壳；5—扩压器；6—蜗壳；7—底盘；8—马达盖；9—转子；10—隔离套；11—定子；12—后轮壳；13—后轴承；14—衬垫；15—衬垫；16—整流罩

（2）压缩机

是把气体从低压空间送到高压空间的机械，即把原动机的机械能变成气体压力能的一种机械。它属于离心式压缩机，工作气体的流动方向是与转子轴垂直的。它由进气管、导向轮、工作轮、扩压器、蜗室、出气管等零部件组成。

总之，电动机与压缩机组合为补压机，它是将整流罩、导向轮、工作轮套在转子的延长轴上，用前轴承和后轴承支承转子，使转子带动整流罩、导向轮、工作轮有效地进行工作。

前轴承和后轴承分别装在前轮壳和后轮壳内，前轮壳固定在马达盖上，后轮壳固定在电机壳上，电机壳又与马达盖连接，马达盖与底盘连接，底盘上有扩压器，底盘又与蜗壳连接，这样就使补压机由各元件组成了一个有机的整体。

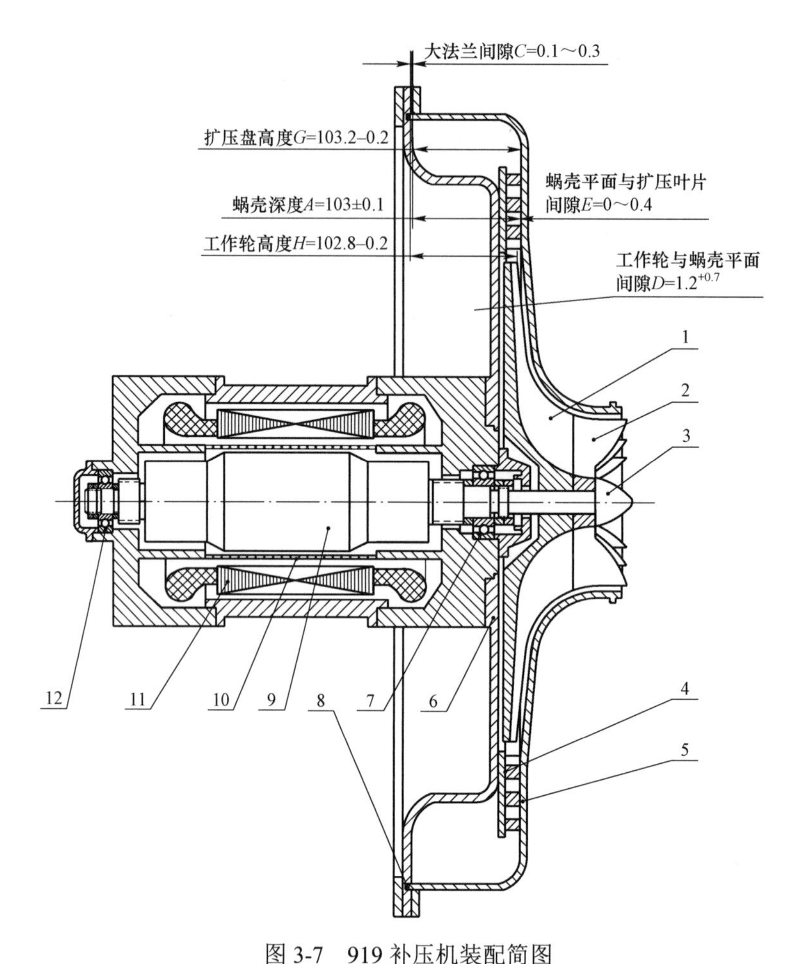

图 3-7 919 补压机装配简图

1—工作轮；2—导向轮；3—整流罩；4—扩压器；5—蜗壳；6—底盘；7—前轴承；8—衬垫；9—转子；10—隔离套；11—定子；12—后轴承

3.3.2 补压机的工作原理

补压机属于带内装电动机的单级离心式密封增压器，带径向排列直叶片的敞开式工作轮固定在电机转子的椎体端头上，转子安装在两个单排滚珠轴承上，轴承用专用润滑油，将油注入安装在补压机上的加油器内。加油器的结构为活塞型，带两个针形阀门，可使补压机更换加油器或加油操作时，不破坏补压机的密封性。来自轴承组件油槽的废润滑油排进油收集器。补压机的电动机为三相异步鼠笼式，由交流电直接启动。定子腔和转子腔被专用密封隔套分开。真空隔离套由镍铬合金薄带制成（重量约为 0.1 kg 左右），有若干个等距离的波纹，有一定的伸缩量，故又称波纹管。它安装在电机定子与转子之间，并由前后拉紧套将之与衬垫拉紧密封，而将电动机定子内腔与大气隔绝，它在保证密封的同时，还必须具有不阻碍电机磁力线穿透的特性，否则将会影响电动机转子的有效运行。7#补压机的真空隔离套无波纹，由玻璃钢制成（重量约 1.3 kg）。进口补压机在定子与真空隔离套之间充 0.05～0.1 MPa 的氮气，并有信号装置进行检测，一旦真空隔离套破裂或隔离套两端有漏，定子与真空隔离套之间的氮气便漏入机器内腔，信号装置内的薄膜就会下凹，并发出信号，以保障补压机安全停车。国产补压机在设计时没有考虑在电机定子与真空隔离套之间充氮气进行保护，故也无信号检测装置。

补压机电动机通过定子壳体封闭水套内循环的冷却水进行冷却。

3.3.3　补压机的性能参数

补压机性能参数见表 3-1、补压机电机的特性参数见表 3-2。

表 3-1　补压机性能参数表

序号	机型名称		OK-19П01CБ2 或 国产 919 补压机		国产 944 补压机		国产 $7^{\#}$机	备注
			50 Hz	100 Hz	50 Hz	100 Hz	100 Hz	
1	同步转速γ/（γ/min）		3 000	6 000	3 000	6 000	6 000	国产 944 补压机相当于 T-44（112П）补压机
2	压缩比		1.5～1.9	5.5	—	6.2	5	
3	电网线电压/V		220	380±19	220	380±19	380±19	
4	压出口压力/Pa（mmHg）		399～1 463 （3～11）	1 463～2 194 （11～16.5）	—	1 330～9 310 （10～70）	—	
5	补压机气体容积/m^3		0.025	0.025	0.035	0.035	—	
6	冷却水进口温度/℃		13～18	13～18	8～20	8～20	13～18	
7	冷却水进出口温差/℃		2～4	2～4	≯2	≯2	2～4	
8	冷却水入口工压力千帕/（kgf/cm^2）		≯392 （4）	≯392 （4）	≯392 （4）	≯392 （4）	≯392 （4）	
9	冷却水流量/m^3/h（L/h）		0.4 （400）	0.4 （400）	1.63 （1 630）	1.63 （1 630）	0.4 （400）	
10	无冷却水工作时间/min		20～30	20～30	≯15	≯15	20～30	
11	补压机空转工作时间/min		≤15	≤15	≤15	≤15	≤15	
12	补压机在无流量工况工作/min		≤30	≤30	≤15	≤15	≤30	
13	工作轮直径/mm		520	520	540	540	500	
14	安装在机座上补压机外形尺寸/mm	高	1 110	1 110	1 150	1 150	1 110	
		宽	870	870	870	870	800	
		长	570	570	720	720	800	
15	带机座的补压机重量/kg		350	350	483	483	～500	

表 3-2　补压机电机特性参数表

序号	名称	单位	规定值			备注
			OK-19П01CБ2 或 国产 919 补压机	国产 944 补压机	国产 $7^{\#}$机	
1	网路电压	V	380±19	380±19	380±19	最高不超过 410
2	网路频率	Hz	100±1	100±1	100±1	

续表

序号	名称	单位	规定值			备注
			OK-19П01СБ2或 国产919补压机	国产944补压机	国产 7#机	
3	同步转速	γ /min	6 000	6 000	6 000	
4	额定功率	kW	1.165（1.22）	3.2	4	国产919为1.22
5	额定电流	A	2.45±0.28	7.4	8.9	
6	破坏功率	kW	3.3	7.2	7.4	
7	功率因素	$\cos\phi$	0.76±0.05	0.68–0.05	0.74	
8	转差率	%	1.4+0.35	1.15	1.4	
9	效率	%	82.6–3.5	84	91.5	
10	电机绕组绝缘电阻	MΩ	≮0.5	≮5	≮0.5	
11	启动次数	次	≯5	≯5	≯5	
12	试验压力	Pa	133	133	133	
13	启动电流	A	100 Hz、50 Hz 均≯12.5	≯28	≯31	
14	启动时间	S	100 Hz：≯60 50 Hz：≯18	≯80	≯120	
15	工作电流	A	2.32	7.5	10	
16	380 V下的空载功率	W	≮225	≮320	≮275	
17	380 V下的空载电流	A	100 Hz：≯1.7 50 Hz：≯1.5	≯4.5	≯4.75	
18	100±5 V下的 机械损耗功率	W	≯130	≯150	≯200	
19	负载试验功率	kW	1.35+0.05	3.7+0.2	5±0.1	
20	负载试验电流	A	2.67+0.28	8.1+0.4	10	
21	50%超负载试验功率	kW	1.85	4.75+0.2	6.5±0.1	
22	50%超负载试验电流	A	3.5	10.5	15	

3.3.4　补压机的冲击

1. 补压机进行“冲击”工序的目的是确定补压机安装后的工作能力。

2. 补压机进行“冲击”前，应检查以下内容：

（1）检查补压机外部组件，包括加油系统和冷却系统的完整性及其固定的可靠性，目测检查不应有可见的损伤，连接的固定应可靠。

（2）检查供电电缆的相位在补压机接线端子上连接的正确性。供电电缆的相位应与补压机接线端子上电动机定子绕组的引出端可靠连接，并保持正相序。

（3）检查接地导线与电动机壳体连接的正确性和可靠性。接地导线应接在壳体上固定电动机的螺栓上，接点部位应清洁整齐。

（4）检查是否有相位中断，相位之间与补压机电动机机壳是否短路。

（5）检查补压机电动机电机绕组绝缘电阻应不小于 5.0 MΩ。绝缘电阻必须用 500 V 或 1 000 V 兆欧表测量。

（6）检查关闭补压机冷却系统进回水阀门。

（7）检查补压机工作腔中的压力不超过 133 Pa。

3. 当没有安装问题时，接通补压机运行 2～3 分钟，对补压机进行冲击，同时检查以下内容：

（1）电机的启动电流。

（2）电机升周至额定转速时间。

（3）不应有剧烈的磨齿声和金属撞击声。

4. 在“冲击”结束后，应对补压机的工作能力作出结论。

5. 如果补压机在规定时间内达不到额定转速，则须切断电源。允许重复启动不超过 5 次，重复启动的时间间隔为 3～5 分钟。

3.3.5　补压机运行注意事项

1. 影响补压机可靠性和耐久性的主要因素为：补压机工作的技术参数，轴承组件冷却后轴承的润滑。

2. 为保证补压机无事故工作，必须对其运行时的技术状态进行检测。

3. 补压机运行时，发现其轴承或涡壳外表温度高于 40 ℃时，必须检查冷却水循环系统。

4. 补压机的出口压力必须保持在要求范围内。

5. 补压机空转时间不得超过 15 分钟。

6. 如果轴承组件工作时发现噪音（撞击声、磨齿声、振鸣声和其他异常噪音），则必须向补压机轴承组件加注润滑油直到噪音消失为止，但油杯的剩余油量不得低于 6 份。

3.4　真空泵

真空泵是真空系统中常用的真空获得设备。用来获得真空的器械称为真空泵。真空泵可以定义为：利用机械、物理、化学或物理化学的方法对被抽容器进行抽气而获得真空的器件或设备。随着真空应用的发展，真空泵的种类已发展了很多种，其抽速从每秒零点几升到每秒几十万、数百万升，极限压力（极限真空）从粗真空到 10^{-12} Pa 以上的极高真空范围。

3.4.1　真空泵分类

3.4.1.1　按真空泵工作原理及结构分类

（1）变容真空泵

它是利用泵腔容积的周期变化来完成吸气和排气以达到抽气目的的真空泵。气体在排出泵腔前被压缩，这种泵分为往复式及旋转式两种。

往复式真空泵：利用泵腔内活塞往复运动，将气体吸入、压缩并排出，又称为活塞式真空泵。

旋转式真空泵：利用泵腔内转子部件的旋转运动将气体吸入、压缩并排出，它大致有如下几种分类。

1）油封式真空泵　它是利用真空泵油密封泵内各运动部件之间的间隙，减少泵内有害空间的一种旋转变容真空泵。这种泵通常带有气镇装置。它主要包括旋片式真空泵、定片式真空泵、滑阀式真空泵、余摆线真空泵等。

2）液环真空泵　将带有多叶片的转子偏心装在泵壳内。当它旋转时，把工作液体抛向泵壳形成与泵壳同心的液环，液环同转子叶片形成了容积周期变化的几个小的旋转变容吸排气腔。工作液体通常为水或油，所以亦称为水环式真空泵或油环式真空泵。

3）干式真空泵　它是一种泵内不用油类（或液体）密封的变容真空泵。由于干式真空泵泵腔内不需要工作液体，因此，适用于半导体行业、化学工业、制药工业及食品行业等需要无油清洁真空环境的工艺场合。

4）罗茨真空泵　泵内装有两个相反方向同步旋转的双叶形或多叶形的转子。转子间、转子同泵壳内壁之间均保持一定的间隙。

（2）动量传输泵

它依靠高速旋转的叶片或高速射流，把动量传输给气体或气体分子，使气体连续不断地从泵的入口传输到出口。这类泵可分为以下几种形式。

1）分子真空泵：它是利用高速旋转的转子把动量传输给气体分子，使之获得定向速度，从而被压缩、被驱向排气口后为前级抽走的一种真空泵。这种泵具体可分为：

牵引分子泵　气体分子与高速运动的转子相碰撞而获得动量，被驱送到泵的出口。

涡轮分子泵　靠高速旋转的动叶片和静止的定叶片相互配合来实现抽气的，这种泵通常在分子流状态下工作。

2）复合分子泵　它是由涡轮式和牵引式两种分子泵串联组合起来的一种复合型的分子真空泵。

（3）喷射真空泵

它是利用文丘效应的压力降产生的高速射流把气体输送到泵出口的一种动量传输泵，适于在黏滞流和过渡流状态下工作的真空泵。这种泵可分为：

1）水喷射泵：以水为工作介质的喷射真空泵。

2）气体喷射泵：以非可凝性气体（如空气）作为工作介质的喷射泵。

3）蒸气喷射泵：以蒸气（水、油或汞等蒸气）作为工作介质的喷射泵。

其中，水蒸气喷射泵应用较多，油蒸气喷射泵也称油增压泵或油扩散喷射泵。

（4）扩散泵

以油或汞蒸气作为工作介质，对汞扩散泵不带分馏结构，对油扩散泵多采用分馏结构，以提高泵的性能。

任何真空泵，在工作时出了抽气作用，总伴随着出现一些破坏抽气的效应。例如气体被压缩后要反扩散；分子被吸留后还会脱附等。只有在抽气作用强于破坏抽气的因素时，泵才能有效的工作；因此每种泵都有它自己的有效运用压强范围及固有特点。设计、制造及运用泵都是以加强抽起作用、抑制相反的因素为目的。

3.4.2　真空泵型号及规格表示方法

国产容积（变容）式机械真空泵系列的抽速分档（抽速的单位是 L/s）如下：0.5、1、2、4、8、15、30、70、150、300、600、1 200、2 500、5 000、10 000、20 000、40 000。

根据国家机械行业标准规定，真空泵的型号是由基本型号和辅助型号两部分组成的。

即：基本型号—辅助型号

①③—④⑤⑥

① 代表真空泵级数，以阿拉伯数字表示，不分级或单级者省略。

② 代表真空泵名称，以构成名称的一个或两个关键字的汉语拼音第一或第二个字母表示。如表 3-3 所示。

表 3-3　真空泵名称

型号	名称	型号	名称
W	往复式真空泵	H	滑阀式真空泵
WY	移动阀式往复泵	YZ	余摆线真空泵
WL	立式往复泵	ZJ	罗茨真空泵
SZ	水环泵	ZJK	真空电机罗茨真空泵
SZB	悬臂式结构水环泵	F	分子真空泵
SZZ	直联式水环泵	D	定片式真空泵
X	旋片式真空泵	XZ	直联式旋片泵
Z	油扩散喷射泵（油增压泵）	P	喷射真空泵
LF	复合式离子泵	F	分子泵
K	油扩散真空泵	XD	单级多旋片式真空泵

③ 代表真空泵特征，以其关键字的汉语拼音的第一或第二个字母表示，按表 3-4 的规定或自编补充代号。

表 3-4　真空泵特征

代号	关键字意义	代号	关键字意义
W	“卧”式	T	“凸”腔
Z	“直”联	F	“风”冷
S	“升”华器	X	磁“悬”浮
D	“多”式、“多”元	J	“金”属密封
C	“磁”控	G	“干”式

④ 代表真空泵的使用特点（多指被抽气体性质），对于可凝性被抽气体，以大写字母 N 表示；对于腐蚀性被抽气体，以大写字母 F 表示。无特质者省略。

⑤ 代表真空泵规格或主参数，以阿拉伯数字表示。

⑥ 代表真空泵设计序号，从第一次改型设计开始，以字母 A、B、C……顺序表示。

例如：2H—15，表示双级滑伐式真空泵，抽速为 15 L/s。

ZJ—600，为机械增压泵，抽速为 600 L/s。

Z—400，为油增压泵，进气口径为 400 mm。

3.4.3 真空泵性能、用途及适用范围

3.4.3.1 真空泵主要性能

对机械真空泵的性能常用下列参量或其中的几个主要参量来说明。

（1）抽气速率（体积流率）（单位：m^3/s；L/s）当泵装有标准试验罩并按规定条件工作时，从试验罩流过的气体流量与在试验罩上指定位置测得的平衡压力之比，简称泵的抽速。即在一定的压力、温度下，真空泵在单位时间内从被抽容器中抽走的气体体积。

（2）极限压力（极限真空度）（单位：Pa）泵装有标准试验罩并按规定条件工作，在不引入气体正常工作的情况下，趋向稳定的最低压力。即真空泵的入口端经过充分抽气后所能达到的最低的稳定的压力。

（3）起动压力（单位：Pa）泵无损坏起动并有抽气作用的压力

（4）前级压力（单位：Pa）排气压力低于一个大气压力的真空泵的出口压力。

（5）最大前级压力（单位：Pa）超过了能使泵损坏的前级压力。

（6）最大工作压力（单位：Pa）对应最大抽气量的入口压力。在此压力泵能连续工作而不恶化或损坏。

（7）抽气量（单位：$Pa \cdot m^3/s$；$Pa \cdot L/s$）流经泵入口的气体流量。

（8）压缩比泵对给定气体的出口压力与入口压力之比。

其中泵的抽气速率和极限压力两个参量是在实际应用中选配真空泵的最重要的参量。

3.4.3.2 用途及适用范围

根据真空泵的性能，在各种应用的真空泵系统中它可作为下列泵使用。

（1）主泵：在真空系统中，用来获得所要求的真空度的真空泵。

（2）粗抽泵：从大气压开始，降低系统的压力达到另一抽气系统开始工作的真空度。

（3）前级泵：用以时另一个泵的前级压力维持在其最高许可的前级压力以下的真空泵，前级泵也可以作粗抽泵使用。

（4）维持泵：在真空系统中，当抽气量很小时，不能有效地利用主要前级泵，为此，在真空系统中配置一种容量较小的辅助前级泵，维持主泵正常工作或维持已抽空的容器所需之低压的真空泵。

（5）粗（低）真空泵：从大气压开始，降低容器压力且工作在低真空范围的真空泵。

（6）高真空泵：在高真空范围内工作的真空泵。

（7）超高真空泵：在超高真空范围内工作的真空泵。

（8）增压泵：装于高真空泵和低真空泵之间，用来提高抽气系统在中间压力范围内的抽气量或降低前级泵容量要求的真空泵。

3.4.4 有油真空泵

3.4.4.1 旋片式真空泵结构及工作原理

旋片式真空泵是目前使用最广、生产系列最全的泵种之一。

（1）单级旋片泵结构与工作原理

如图 3-8 所示，单级旋片泵只有一个工作室。泵主要由定子、旋片、转子组成。在泵

腔内偏心地装有转子，转子槽中装有两块旋片，由于弹簧弹力作用而紧贴于缸壁（转动后还有旋片离心力）。转子和旋片将定子腔分成吸气和排气两部分。

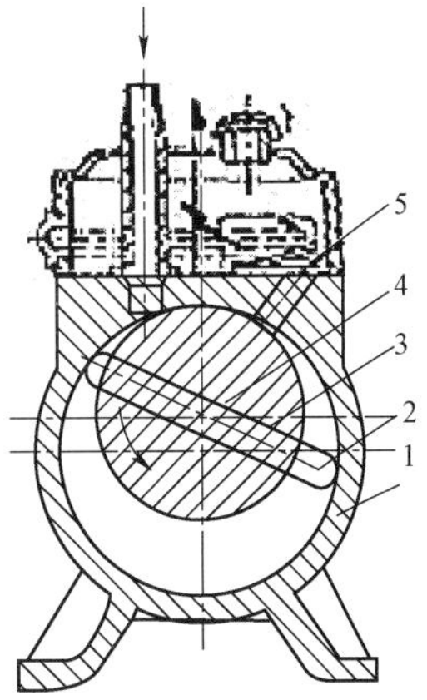

当转子在定子腔内旋转时周期性地将进气口方面容积逐渐扩大而吸入气体，同时逐渐缩小排气口一侧的容积将已吸入的气体压缩并从排气阀排出。

排气阀浸在油里以防止大气流入泵中。泵油通过油孔及排气阀进入泵腔，使泵腔内所有的运动表面被油覆盖，形成了吸气腔与排气腔之间的密封。

单级旋片泵一般极限压力只能达到 1.3 Pa（个别可达 0.1 Pa），为什么极限压力不能再低呢？主要由于：

图 3-8　单级旋片式真空泵原理图

1—定子；2—旋片；3—转子；4—弹簧；5—排气阀

1）泵的结构上存在有害空间（见图 3-9），该空间中的气体是无法排除的。当旋片转过排气口后，这一部分气体又被压缩，经过转子与泵腔间的缝隙又回到吸气空间，所以每次总有些气体排不尽。

2）由于在泵工作时，泵腔的吸气空间与排气空间存在着一定的压力差。当排气空间的气体被压缩得很小时，它的压力很高，会通过各种可能的途径突破到吸气空间去，使泵真空度下降。

3）泵油在泵体内循环流动过程中会溶解进大量气体和蒸气。在吸气侧，因为压力较低，溶解的气体又会跑出来，使泵的真空度不易提高。

为了提高泵的极限真空度，除了提高泵体、转子、旋片的加工精度，尽量减少装配间隙和有害空间以外，最有效的办法是将两只单级泵串接起来，组成双级泵。

（2）双级旋片泵的结构与工作原理

图 3-10 为双级泵的工作原理图。泵由两个工作室组成。两室前后串联，同向等速旋转，A 室是 B 室的前级，A 是低真空级，B 是高真空级。被抽气体经高真空级 B 进入前级，由排气阀排出泵外。前级 A 和单级泵一样，随时有油进入泵腔，而高真空级 B 仅在开始工作时存有少量的油，工作一段时间后，便没有油进入泵腔了。当泵开始工作，且吸入气体的压力较高时（例如从大气压力开始抽气），气体经 B 室压缩，压力急增，则被压缩的气体的一部分直接从辅助排气 1 排出，另一部分则经由前级排出。

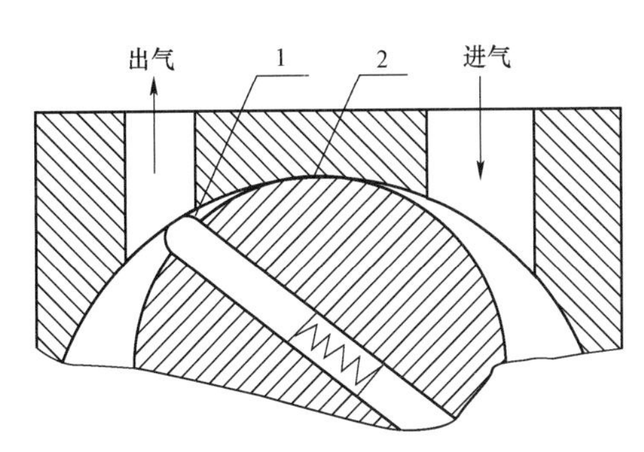

图 3-9　有害空间示意图

1—有害空间；2—上切点

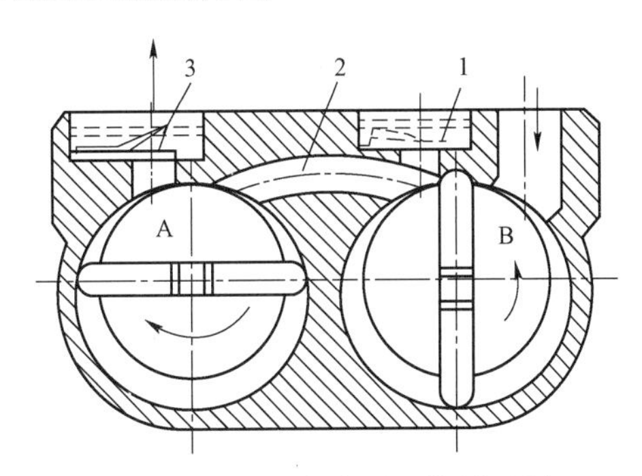

图 3-10　双级旋片泵工作原理图

1—辅助排气阀；2—级间通道；3—排气阀

当泵工作一段时间后，B 室吸入的气体压力较低时，虽经 B 室的压缩，压力也达不到一个大气压以上，排不开辅助排气阀 1，则吸入的气体全部进入前级 A 室，经 A 室的继续压缩，由排气阀 3 排出。

泵工作一段时间后，由于高真空级进气时压力大大降低，其出口压力也很小，这样 B 室进出气口的压力差也较小，被压缩气体返回的数量也相应减少；同时，后级泵中易蒸发的油分子不断被前级 A 室抽走，油蒸气的分压减少了，因而双级泵的油污染比单级小，极限真空度将大大提高。国产的双级旋片真空泵的极限压力可 10^{-2} Pa，国外有的泵可达到 10^{-3} Pa。

3.4.4.2 滑阀式真空泵结构及工作原理

滑阀式真空泵是利用滑阀机构来改变吸气腔容积的，故称滑阀泵。

滑阀泵亦分单级泵和双级泵两种，有立式和卧式两种结构形式。单级泵的极限压力为 0.4～1.3 Pa；双级泵的极限压力为 6×10^{-2}～10^{-1} Pa。一般抽速超过 150 L/s 的大泵都采用单级形式。这种泵可单独使用，也可作其他泵的前级泵用。

（1）结构组成

滑阀泵的结构主要由泵体及在其内部作偏心转动的滑阀、半圆形的滑阀导轨、排气阀、轴等组成，如图 3-11 所示。

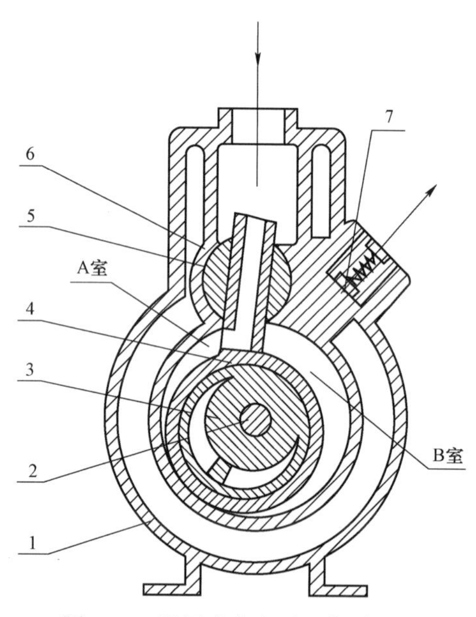

图 3-11 滑阀式真空泵工作原理图

1—泵体；2—中心轴；3—偏心轮；4—柱塞环；5—柱塞杆；6—柱塞导轨；7—排气阀

（2）工作原理

泵体中装有柱塞环 4，滑阀环内装有偏心轮 3，偏心轮固定在中心轴 2 上，轴与泵体中心线相重合。在滑阀环上装有长方形的柱塞杆 5，它能在半圆形柱塞导轨 6 中上下滑动及左右摆动，因此泵腔被滑阀环和滑阀杆分隔成 A、B 两室。泵在运转过程中，由于 A、B 两室容积周期性地改变，使被抽气体不断进入逐渐增大容积的吸气腔；同时，在排气腔随着其容积的缩小而使气体受压缩，并通过排气阀排出泵外。

双级型的滑阀泵，实际上是由两个单级泵串联起来的。它的高、低真空室在同一泵体上，有的是直接铸成一个整体，有的是压入中隔板把泵腔分成高、低两室。

3.4.4.3 油扩散泵结构及工作原理

（1）油扩散泵结构

图3-12是扩散泵的结构示意图。当油蒸汽从伞形喷嘴（如Ⅰ级喷嘴）以超音速喷出后，其速度逐渐增大，压力及密度逐渐降低，射流上边的被抽气体A因密度差要向蒸汽射流中扩散并被射流携带到水冷的泵壁处B，在B处，工作蒸汽大部分被冷凝成油滴沿泵壁流回到油锅中循环使用，而被抽气体在B处堆积、压缩，最后被下级射流携带走，以达到逐级压缩，最后被前级泵抽走。

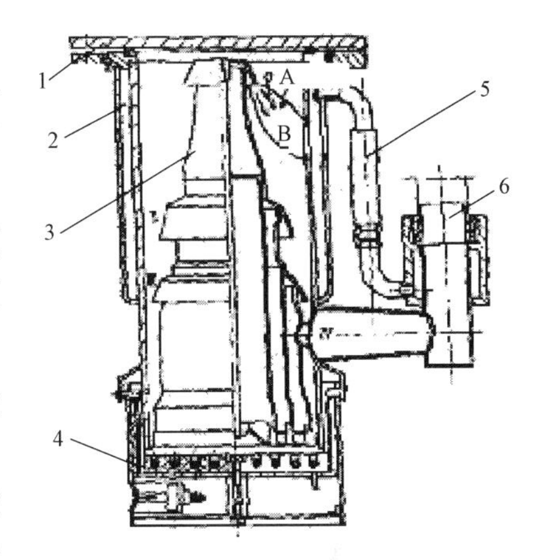

图3-12 油扩散泵结构示意图

1—盖；2—泵体；3—泵芯；4—电炉；5—水管；6—连接管；挡油器

根据泵体的形状，油扩散泵可分为直腔泵和凸腔泵；根据泵芯蒸气喷嘴的级数，可分为二级泵、三级泵、四级泵和五级泵。

根据电炉的安放位置，可分为内加热扩散泵和外加热扩散泵。当前市场上销售的泵大多数是外加热式，电炉为普通电炉，热损失比较大。从节能的角度考虑，今后应发展内加热式泵，但应合理解决加热器的电绝缘和通过泵壁的密封问题。

根据泵的冷却形式又可分为水冷扩散泵和风冷扩散泵。水冷扩散泵在泵外侧焊有冷却水管或水冷套。

挡油器设在泵的出口部位，作用是防止油蒸气被前级泵抽走。在泵芯内靠近油锅的油面处还设有防爆板，其作用是防止油锅内的油爆沸，致使液态油从喷嘴喷出，影响泵的抽气性能的稳定。

为减少返油，在泵芯第一级喷嘴顶部常装有挡油帽，挡油帽分水冷和无水冷两种。通常挡油帽要求导热性能好，常用紫铜或铝制作。粗糙度要求也较高，在其表面上镀镍或镀铬抛光。装配时一定注意安装位置正确，水冷挡油帽绝对不能漏水。

扩散泵上还有一些辅件，包括油温继电器，水温继电器，油标，灌油口，放油口，快速冷却器等。快速冷却器其实就是缠绕在泵体底部靠近电炉的冷却水管，泵在正常工作时不通水，当泵停止加热时，通入冷却水，目的是使扩散泵油快速冷却，以便停止前线机械泵的运行，达到省时、节电的目的。快速冷却器通水，一直到泵底温度接近 50 ℃时，方可断水。

（2）扩散泵的工作原理

在泵体内，泵体的底部装有一定量的扩散泵油，工程上常将这一部分称为油锅。在启动扩散泵之前，需要先用前级泵抽一定的真空，然后用电加热器加热油锅，使油在较低温度下沸腾蒸发，产生油蒸气。油蒸气经泵芯中的导流管进入各级喷嘴，经过喷嘴将油蒸气的压力能转变成动能，形成超音速射流，从伞形喷嘴喷出至泵体与泵芯间形成的环形空间，在此空间形成伞形的蒸气流层。离开喷嘴的伞形蒸气流层以定向超音速流动，直射泵壁，被水冷泵壁冷凝成液态油，沿泵壁内表面流回油锅，完成一次循环后，再周而复始地工作。在喷嘴和泵壁之间形成的环状伞形蒸气流层中，因流层速度逐渐增大，而压力及密度逐渐降低，流层中气体分子浓度非常低，其上面的被抽气体因浓度差很容易扩散到流层内部，实现了分子质量传递过程。被抽气体分子进入蒸气流层后，与蒸气分子碰撞，在蒸气流动方向上得到动量，被蒸气流层携带到水冷泵壁处，因被抽气体不能冷凝，仍处于气态，释放出来后被压缩在该级蒸气流层下面，被下一级蒸气流层抽走，经过逐级压缩，直至扩散泵出口，被前级泵带走。

3.4.5 无油真空泵

3.4.5.1 罗茨泵结构

（1）罗茨泵结构

罗茨真空泵由泵体、两个“8”字形转子、轴、齿轮等组成。在泵体中如何布置，决定了泵的总体结构。国内外罗茨真空泵的总体结构布置一般有三种方案：

1）立式：两个转子的轴线呈水平安装，但两个转子轴线构成的平面与水平面垂直，这种结构，泵的进排气口呈水平设置，装配和连接管道都比较方便。但其缺点是泵的重心太高，在高速运转时稳定性差，所以除小规格的泵外，采用这种结构型式的不太多。

2）卧式：两个转子的轴线呈水平安装，两个转子轴线构成的平面成水平方向，这种结构的泵的进气口在泵的上方，排气口在泵的下方（也有与此相反的）。下边的排气口一般为水平方向接出，所以进排气方向是相互垂直的。排气口接一个三通管向两个方向开口，一端接排气管道，另一端接旁通阀时使用。这种结构的特点是重心低，高速运转时稳定性好。国内外大中型泵多采用此种结构型式。

3）竖轴式：国外有的罗茨泵的两个转子轴线与水平面垂直安装。这种结构的装配间隙容易控制，转子装配方便，占地面积小，但齿轮等传动机构装拆不便，润滑装置也较复杂。

当总体结构决定后，泵体本身的结构与形状也就相应地决定了。

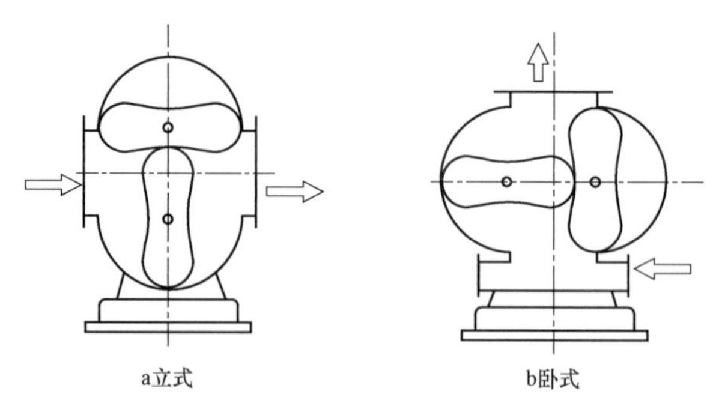

图 3-13 罗茨泵总体结构示意图

（2）罗茨泵工作原理

泵转动时是利用两个“8”字形转子在泵体内相对旋转而产生吸气和排气作用，使被抽气体由进气口进入转子与泵体之间，这时一个转子和泵体把气体与进气口隔开，被隔开的气体在转子连续不断的旋转过程中被送到排气口，由前级泵抽走。

3.4.5.2　涡旋干式真空泵结构及工作原理

涡旋干式真空泵与其他干式泵相比有许多独特的优点，主要表现在以下几个方面：间隙小、泄漏率小，具有较高的压缩比，在较宽压力范围内有稳定的抽速；结构简单，零部件少；由于压缩强内容器的变化是连续的，因而驱动力矩变化小；振动噪声小，可靠性高。

（1）涡旋干式真空泵结构

主要由叶轮、泵体和泵盖组成，见图 3-14。

图 3-14　蜗旋泵示意图

（2）工作原理

叶轮是一个圆盘，圆周上的叶片呈放射状均匀排列。泵体和叶轮间形成环形流道，吸入口和排出口均在叶轮的外圆周处。吸入口与排出口之间有隔板，由此将吸入口和排出口隔离开。

3.4.5.3　牵引分子泵结构及工作原理

分子真空泵是在 1913 年由德国人盖德（W. Gaede）首先发明的，并阐述了分子泵的抽气理论，使机械真空泵在抽气机理上有了新的突破。分子泵的抽气机理与容积式机械泵靠泵腔容积变化进行抽气的机理不同，分子泵是在分子流区域内靠高速运动的刚体表面传递给气体分子以动量，使气体分子在刚体表面的运动方向上产生定向流动，从而达到抽气的目的。通常把用高速运动的刚体表面携带气体分子，并使其按一定方向运动的现象称为分子牵引现象。因此，人们将盖德发明的分子泵称为牵引分子泵。

（1）牵引分子泵结构特点

图 3-15 是盖德牵引分子泵的结构原理图。泵腔内有可旋转的转子，转子的四周带有沟槽并用挡板隔开。每一个沟槽就相当于一个单级分子泵，后一级的入口与前一级的出口相连。转子与泵壳之间有 0.01 mm 的间隙。气体分子由入口进入泵腔，被转子携带到出口侧，经排气管道由前级泵抽走。牵引分子泵的优点是起动时间短，在分子流态下有很高的压缩比，能抽除各种气体和蒸汽，特别适于抽除较重的气体。但同于它自身的弱点：抽速小，密封间隙太小，工作可靠性较差，易出机械故障等，因此除特殊需要外，实际上很少应用。

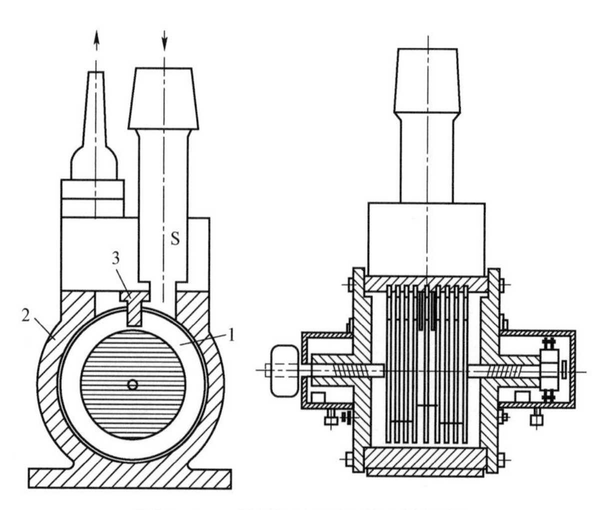

图 3-15　盖德牵引分子泵结构图

3.4.5.4　涡轮分子泵结构及工作原理

涡轮分子泵是由一系列的动、静相间的叶轮相互配合组成。每个叶轮上的叶片与叶轮水平面倾斜成一定角度。动片与定片倾角方向相反。主轴带动叶轮在静止的定叶片之间高速旋转，高速旋转的叶轮将动量传递给气体分子使其产生定向运动，从而实现抽气目的。由于涡轮转子叶片大大增加了抽气面积，放宽了工作间隙，压缩比和抽速有显著的提高，克服了牵引分子泵抽速低的缺点，使分子泵进入了快速发展的时代。

（1）涡轮分子泵结构特点

1）卧式涡轮分子泵。卧式涡轮分子泵特点是其转子主轴水平布置。这种结构的分子泵是双轴流的，吸气口在两组抽气单元的中央，气体吸入后，分别被左右两侧的叶列组合抽走。轴承分别装在各抽气单元的排气侧，见图 3-16。这种型式泵的特点是抽气时转子受力均匀，轴承定位、受力状态好，使用寿命长，且轴承更换过程中，转子位置不动，维修方便。

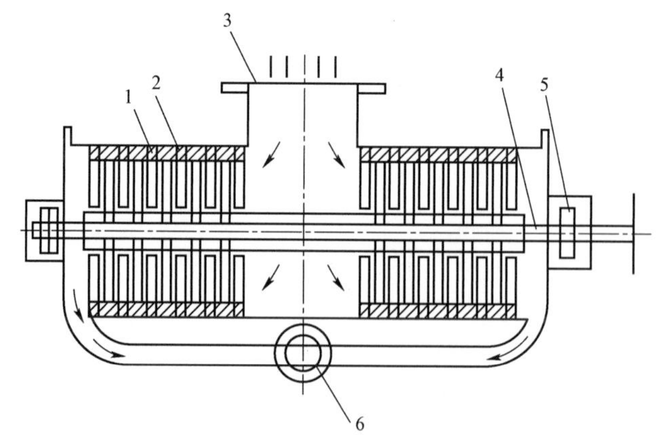

图 3-16　卧式涡轮分子泵示意图

1—动片；2—定片；3—进气口；4—轴；5—轴承；6—排气口

2）立式涡轮分子泵结构如图 3-17 所示。其转子轴垂直安装，只有一组抽气组合叶列。

转子叶轮高速旋转时，被抽气体沿着转子组和定子组自高真空端向低真空端压缩，被驱向前级，由前级泵抽走。泵由泵壳、涡轮叶列组件和电动机等组成。现代涡轮分子泵转子和定子之间的间隙较大，通常在 1 mm 左右，因此泵工作时很安全。

（2）工作原理

分子泵的转子和定子都装有多层涡轮叶片，转子与定子叶片的倾斜面方向相反，每一个转片处于两个定片之间。分子泵工作时，转子高速旋转，迫使气体分子通过叶片从泵的上部流向出口，从而产生抽气作用。排出的气体经排气管道由前级泵抽走。

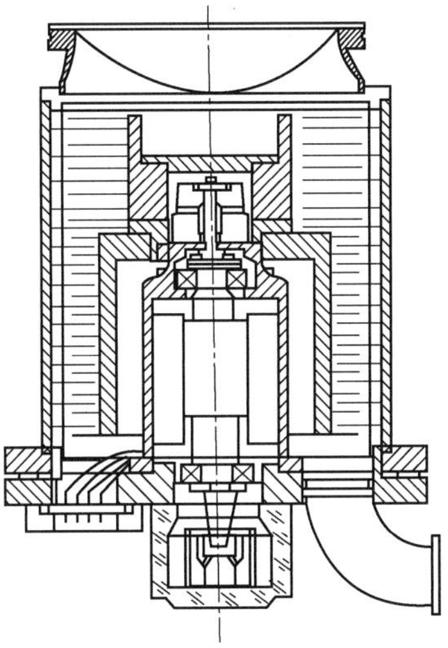

图 3-17　立式涡轮分子泵结构示意图

3.4.6　常用真空泵性能参数

3.4.6.1　滑阀式真空泵主要性能参数

工艺系统中使用的滑阀式真空泵主要有：2H-15、2H-70、H-150、AB3-20д、AB3-125д等型号。各型号的滑阀式真空泵主要性能参数如表 3-5、表 3-6 所示。

表 3-5　2H-15、2H-70、H-150 滑阀泵性能参数

	2H-15	2H-70	H-150
抽气速率/L/s	15	70	150
极限压强/Pa	6.7×10^{-2}	6.7×10^{-2}	1
泵转速/（r/min）	500	590	450
配带电机	Y112M-6 2.2 kw	Y132M-4-7.5 7.5 kw	Y180L-6 15 kw
最大油蒸汽生产率/（g/h）	840	/	8 400
冷却方式	风冷	水冷	水冷
润滑油	真空泵油 （HFV200）5 kg	真空泵油 （HFV200）25 kg	真空泵油 （HFV200）30 kg
口径/mm	进口 65；排口 25	进口 80；排口 76	进口 100；排口 80
体积（长×宽×高）/mm	750×453×575	866×580×1 289	1 593×826×1 285
重量/kg	125	630	680

表 3-6　AB3-20д、AB3-125д 滑阀泵性能参数

参数名称	计量单位	AB3-20д	AB3-125д
		参数值	
在 20 kPa 至 0.26 kPa 压力范围内的作用速度	L/s	20	125
没有气镇的分压强	Pa	1.3×10^{-2}	6.7×10^{-3}
没有气镇的总压强	Pa	1.1	6.7×10^{-1}

续表

参数名称	计量单位	AB3-20д	AB3-125д
		参数值	
有气镇的总压强	Pa	6.7	6.7
最大入口压力	kPa	20	20
最大工作压力	kPa	1.33	1.33
额定功率	kw	2.2	10
工作液体最高温度	K（℃）	353（80）	353（80）
工作液体	2#真空泵油（HFV-200）		
一次加油量不少于	L	3.5	20
传输	三角皮带		
皮带型号		A1400	B2000
皮带根数	根	2	6
泵组重量	kg	175	920

3.4.6.2　旋片泵的性能参数

旋片泵的性能参数见表 3-7

表 3-7　旋片泵性能参数表

型号		2XZ-1	2XZ-2	2XZ-4	2XZ-8
抽气速度 L/s		1	2	4	8
极限分压强/Pa	气镇关	5×10^{-2}	5×10^{-2}	5×10^{-2}	5×10^{-2}
	气镇开	1	1	1	1
极限总压/Pa	气镇关	1	8×10^{-1}	8×10^{-1}	8×10^{-1}
	气镇开	/	/	/	/
转速/（r/min）		1 400	1 400	1 400	1 400
电机功率/kw		0.25	0.37	0.55	1.1
泵油温度/℃		40	45	45	65
加油量/L		0.55	0.48	0.80	1.8
重量/kg		15	20	23	48.3
噪声/dB		60	65	65	70

3.4.6.3　分子泵性能参数

JF-250 型分子泵机组性能见表 3-8。

表 3-8　JF-250 型分子泵机组性能

技术参数	2X-15	F-250
极限真空度/Pa	5×10^{-4}	1×10^{-6}
泵转速/（r/min）	470	/
抽速/（L/s）	15	1 400
前级压力/Pa	/	＜10
冷却水温度/℃	16	16
冷却方式	水冷	水冷
冷却水压力/MPa	＞0.2	

3.4.6.4　油扩散泵技术参数

表 3-9　油扩散泵技术参数

抽气速度/（L/s）	2 800
极限压力/Pa	6.6×10^{-2}
最大输入压力/Pa	13.3
消耗功率/kw	26
冷却水压力/（kgf/cm^2）	1～5
冷却水流量	360
工作压力	0～13.3 Pa
工作温度	160～250 ℃

3.4.6.5　涡旋泵使用环境和技术参数

涡旋泵需要抽空存在微量 HF 及 UF_6 的介质，要求设备装置密封垫圈使用氟橡胶、轴承润滑脂使用 FOMBLIN 系列全氟醚脂、组装前接触被抽介质的零部件要经过严格的脱脂处理。涡旋泵使用环境和技术参数见表 3-10、3-11。

表 3-10　涡旋泵使用环境参数

类别	项目	指标	备注
使用环境	安装位置	室内	
	温度	10～40 ℃	
	相对湿度	＜80%	
电源	输入方式	三相五线	
	输入电压	380 V±10%	
	输入电流		满足最大输出功率
	输入频率	50 Hz±1%	
	仪表电源	控制柜预留	

表 3-11 涡旋泵技术参数

类别	项目	参数	备注
整体结构	长≯1 000 mm；宽≯850 mm；高≯1 230 mm		
性能指标	泵体材质	铸铁/铝合金	
	无油干式泵	朗禾 LH-WX22 涡旋泵	泵体及密封件耐微量 HF 腐蚀，泵腔内禁含非耐氟油脂或材料
	冷却形式	风冷	
	轴承润滑	耐氟润滑脂	
	密封形式	氟橡胶密封	
	振动	振幅≯0.05 mm	
	极限真空度	≤0.1 torr	
	最大进气压力	≮760 mmHg	从极限真空到大气压可连续运行
	进/排气口	KF40/16～25	配 KF 软管、快连；KF 盲板封闭
	抽速	≮20 L/s	
	电机功率	≤2.2 kW	
	泵出口逆止阀		禁含非耐氟油脂润滑材料
	泵入口电磁阀	DN40	阀腔内禁含非耐氟油脂、润滑材料，阀体漏率≯5×10^{-7} Pa·L·s^{-1}，阀门通道漏率≯5×10^{-5} Pa·L·s^{-1}
	过滤网		安装在泵入口处
	自重	≯100 kg（含泵）	
	工作噪声	<70 dB	真空状态下运行时
	连续无故障运行时间	≮8 000 h	
	更换轴承间隔时间	≮20 000 h	

3.5 真空阀门

3.5.1 真空阀门分类、型号及规格、表示方法

3.5.1.1 真空阀门的分类

（1）按阀门内部结构不同可分为：针型阀（如 DN3 阀、DN10 阀、DN25 阀）、鱼雷阀（如 DN65 阀、DN100 阀）、转筒阀（DN125 阀、DN150 阀、DN210 阀、DN250 阀、DN300 阀）。

（2）按其控制方法的不同可分为手动阀、电动阀、电磁气动阀、气动调节阀、电动调节阀等。

（3）按其密封形式可分为：软密封（用聚四氟乙烯或橡胶作为密封材料）和硬密封（用不锈钢或紫铜作为密封材料）。

3.5.1.2 高真空耐压阀的分类

高真空耐压阀主要用于工艺系统中的联通与截断，常用的有 DN16、DN20、DN25、DN40、DN65、DN100、DN150 和 DN200 等 8 种规格。

1）按阀门控制方法的不同分为手动阀、电磁气动阀和气动调节阀三类。

2）按结构类型的不同分为角阀和直通阀。

3）按通道密封形式可分为金属密封耐压阀和软密封耐压阀。

3.5.1.3　真空阀门型号及规格表（见表 3–12）。

表 3-12　常用真空阀门型号、规格表

序号	公称通径/mm	结构形式	主要零部件材质				衬垫规格	最大工作压力/（kgf/cm^2）	重量/kg
			阀体	阀针	波纹管	衬垫			
1	3	三通阀 A 型	T4	2Cr13	H80	橡胶 5256	阀座：Φ20×3.5×4 堵头：Φ9×2×3	1	0.64
2	10	角阀 A 型	T4	2Cr13	H80	橡胶 5256	Φ15×5×5	1	2
3	25	直通阀 A 型	T4	2Cr13	H80	橡胶 5256	Φ46×5×5	4	9.7
4	65	鱼雷阀 手动	25 镀铜镍	阀芯 LD2	H80	橡胶 5256	大头：Φ75×9×7 小头：Φ97×9×7	1	22.4
5	100	鱼雷阀 手动	25 镀铜镍	LD2	H80	聚四氟乙烯	Φ130×9×7	1	49
		鱼雷阀 电动	25 镀铜镍	LD2	H80	聚四氟乙烯	Φ130×9×7	1	57
6	125	转筒阀 手动	20 镀铜镍	转筒 LY11	膜片 1Cr18Ni9Ti	聚四氟乙烯	Φ132×7.5×6	1	51
		转筒阀 电动	20 镀铜镍	LY11	1Cr18Ni9Ti	聚四氟乙烯	Φ132×7.5×6	1	63
7	150		20 镀铜镍	LY11	1Cr18Ni9Ti	聚四氟乙烯		1	
8	210	转筒阀 手动	20 镀铜镍	LY11	1Cr18Ni9Ti	聚四氟乙烯	Φ220×9×7	1	82
		转筒阀 电动	20 镀铜镍	LY11	1Cr18Ni9Ti	聚四氟乙烯	Φ220×9×7	1	101

高真空耐压阀型号及规格表示方法如下所示。

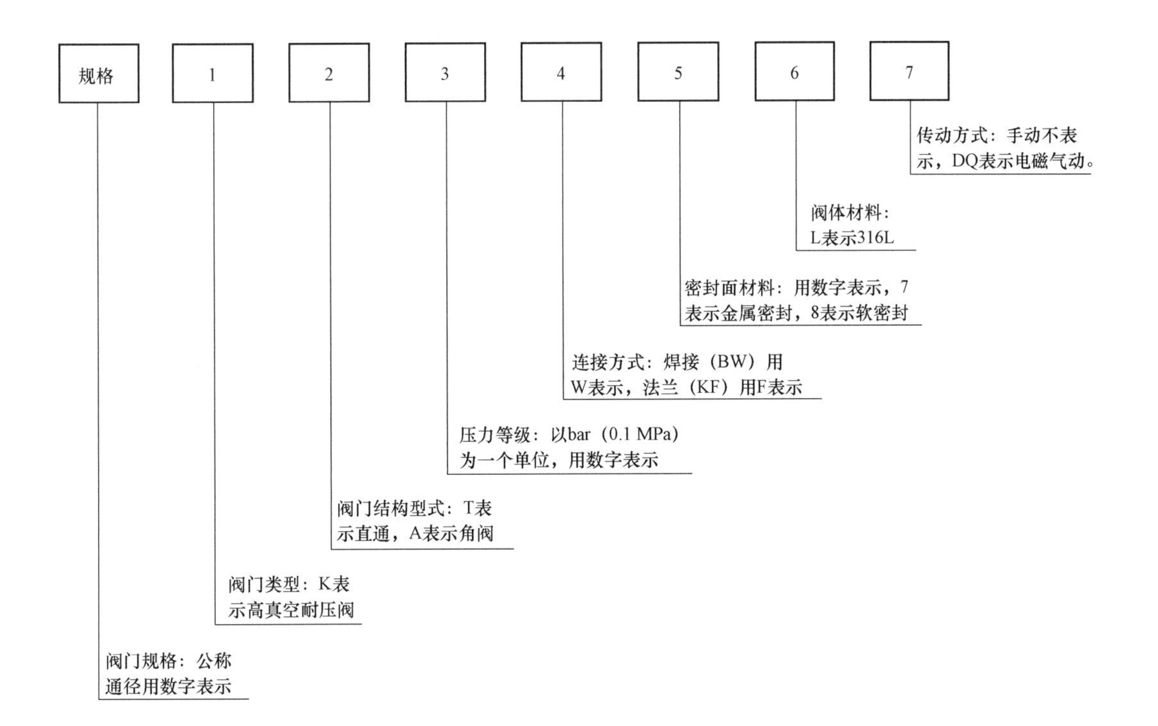

编制示例：

（1）100KA8W8L-DQ：表示公称通径为 DN100、阀门关闭时最大压差为 0.8 MPa 对接焊连接、软密封、阀体材料为 316 L 的电磁气动高真空耐压角阀。

（2）65KT8W7L：表示公称通径为 DN65、阀门关闭时最大压差为 0.8 MPa、对接焊连接、硬密封、阀体材料为 316L 的手动高真空耐压直通阀。

（3）40KA8F8L：表示公称通径为 DN40、阀门关闭时最大压差为 0.8 MPa、法兰连接、软密封、阀体材料为 316L 的手动高真空耐压角阀。

（4）阀体材料 L：表示 316L，316L 不锈钢为美国牌号，中国牌号为 00Cr17Ni14Mo2（GB1220）。

3.5.2 常用真空阀门结构、工作原理及技术参数

3.5.2.1 针型阀（如 DN3 阀、DN10 阀、DN25 阀）

主要由阀体、针型阀芯组件、阀杆、手柄、压盖、衬垫等部件组成。其工作原理为：顺时针转动手柄，带动阀杆旋转而带动阀芯前移，直到将阀体上的阀座通道关闭，达到截断的目的，而逆时针转动手柄则是打开阀门。

（1）针形阀的结构零部件

针形阀：有 DN3、DN10、DN25 等规格，主要由阀体、阀针、波纹管、阀杆、手柄、压盖、导向螺钉、紧定螺钉、衬垫等零部件组成。

（2）针形阀的工作原理（DN25 A 型法兰真空阀为例）

阀门的压盖 7 及下接套 2 用螺钉 10 连接紧固在阀体 1 上，阀体与下接套之间有衬垫 11 密封；波纹管 3 的两端分别焊接在下接套与阀针 4 的上接套之间，这样就将阀门的工作内腔与外界大气相隔绝。其工作原理如下：

由于阀杆 5 上、下端分别与压盖 7 及阀针 4 相配合的螺纹旋向相同（均为右旋），当顺时针转动手柄 6 带动阀杆 5 旋转，在阀杆上端螺纹旋转一整圈的同时，阀杆下端的另一种螺纹也在阀针 4 中旋转一整圈，因上端螺纹的螺距大于下端螺纹的螺距，且在阀针上装的导向螺钉 8 又装卡在压盖 7 上起导向作用的长形槽内，这样迫使阀针 4 不能转动，只能向阀座方向移动，其移动的距离就等于这两种螺纹的螺距差，与此同时与阀针相焊接的波纹管也被压缩相同的螺距差。在阀杆上采用不同螺距的螺纹是为了使阀门在打开或关闭时能更加平稳地调节阀门通道的流量。继续转动手柄带动阀门阀针向阀座方向前移，直到阀针下端头部的锥面将阀体上的阀座衬套 12 堵住，阀门通道被完全关闭。而逆时钟转动手柄时则是打开阀门。

在关闭或打开阀门的整个过程中，阀针所行走的距离就等于螺杆上、下端螺纹的螺距差与手柄带动阀杆旋转圈数的乘积，此乘积数也是波纹管的伸缩量。

（3）针形阀的基本参数

针形阀的基本参数实际上是所处工作环境中的工作压力与工作温度。

表 3-13　针形阀的基本参数表

名称	工作压力			工作温度/℃	
	真空度/mmHg	最大压力/MPa		A 型	B 型
		A 型	B 型		
DN3 三通真空阀	1×10^{-3}	0.1	0.6	−30～100	−40～100
DN10 外螺纹直通真空阀	1×10^{-3}	0.1	0.4	−30～100	−40～100
DN10 外螺纹直角真空阀	1×10^{-3}	0.1	0.4	−30～100	−40～100
DN25 法兰直通真空阀	1×10^{-3}	0.4		−40～100	

（4）A、B 型针形阀的主要差别

以 DN25 A、B 型法兰真空阀为例来说明二者的主要差别

① 工作场所不同

A 型阀主要用于工作压力小于 0.1 MPa、工作介质为气体，进行负压生产运行的工艺系统或装置、设备、试验台架及工艺管道上；

B 型阀主要用于工作压力大于 0.1 MPa（最大压力可达 0.4 MPa）、工作介质为液体或气体的工艺系统或装置、设备及工艺管道上。

② 阀针与阀座的密封形式不同

A 型阀的密封形式是：阀针与阀座衬套之间的硬密封；

B 型阀的密封形式是：连接在阀针下端的聚四氟乙烯与阀座之间的软密封。

③ 主要零件的材质不同。

表 3-14　DN25 法兰真空阀主要零件材质表

序号	名称	A 型		B 型	
		材质	标准编号	材质	标准编号
1	阀体	1Cr13	GB1220/T-92	1Cr18Ni9Ti	GB1220/T-92
	阀体密封面	T4（铜）	YB145-71	—	—
2	波纹管	1Cr18Ni9Ti	GB1220/T-92	1Cr18Ni9Ti	GB1220/T-92
3	阀针	2Cr13		2Cr13	
	阀针密封面	—	—	聚四氟乙烯	—

3.5.2.2　鱼雷阀（如 DN65 阀、DN100 阀）

主要由阀体、鱼雷形阀芯、波纹管、阀芯密封圈、螺杆、螺母、滑块、手轮等零部件组成。其工作原理为：顺时针转动手轮，带动传动件——螺杆、螺母及滑块，再带动杠杆绕芯轴转动使鱼雷形阀芯前移，将阀门关闭，达到截断的目的。同样，逆时针转动手轮时则是打开阀门。

1）鱼雷阀的结构零部件

鱼雷阀：有 DN65、DN100、DN150 等规格，由于它们的阀芯酷似鱼雷而得名，鱼雷阀主要由阀体、鱼雷形阀芯、波纹管、阀芯密封圈、螺杆、螺母、滑块、手轮等零部件组成。

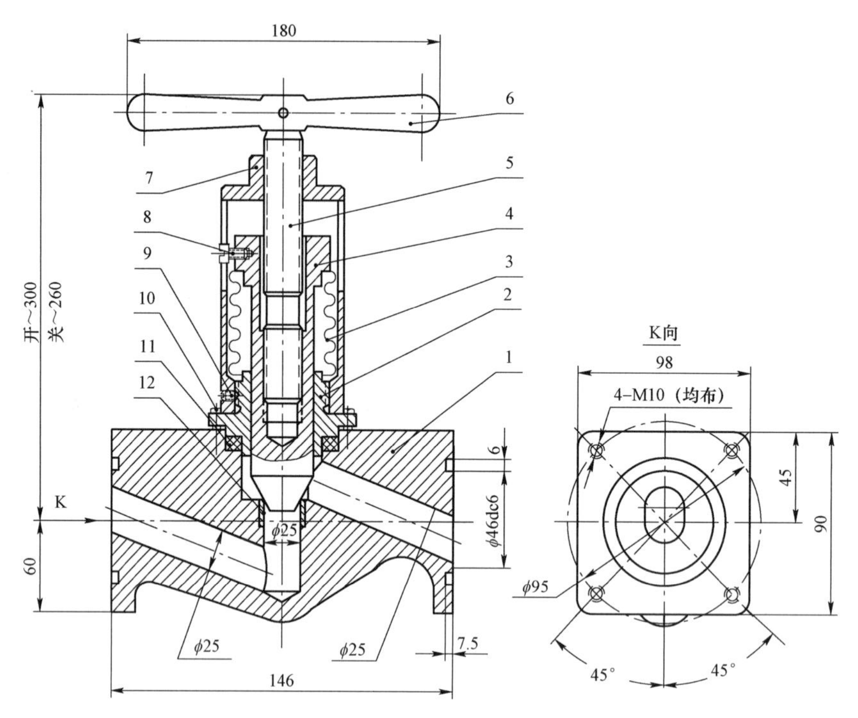

图 3-18　DN25 A 型法兰真空阀示意图

1—阀体；2—下接套；3—波纹管；4—阀针；5—阀杆；6—手柄；7—压盖；8—导向螺钉；9—紧定螺钉；10—螺钉；11—衬垫；12—阀座衬套

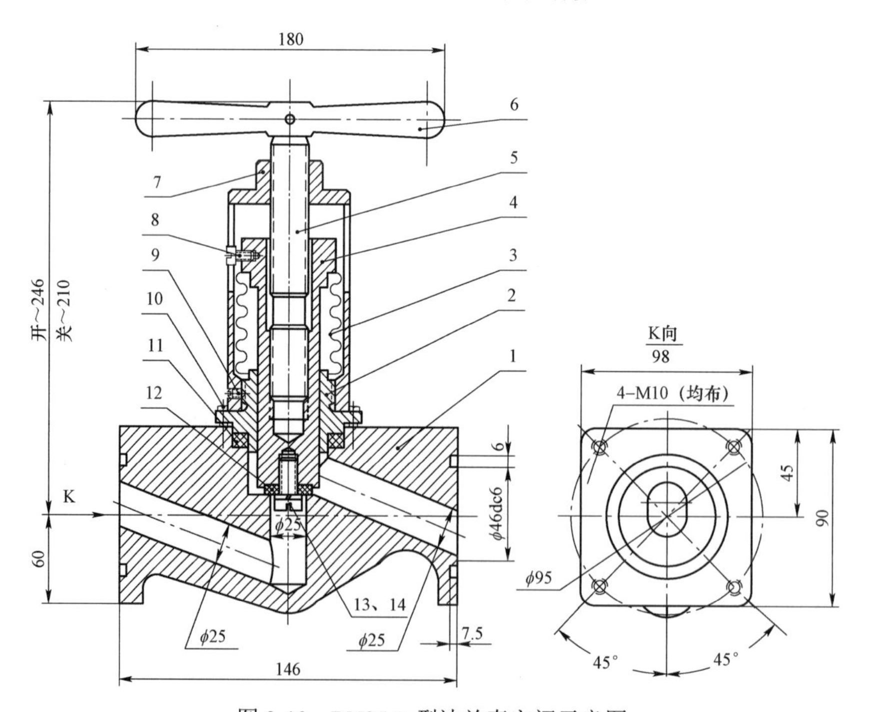

图 3-19　DN25 B 型法兰真空阀示意图

1—阀体；2—下接套；3—波纹管；4—阀针；5—阀杆；6—手柄；7—压盖；8—导向螺钉；9—紧定螺钉；10—螺钉；11—衬垫；12—密封圈（聚四氟乙烯）；13—螺钉；14—垫圈

2）鱼雷阀的工作原理（以 DN65 真空阀（暗杆）为例）

顺时针转动手轮 14，带动装卡在手轮上的套筒 13 转动，再带动滑块 12 随套筒一起转动，滑块 12 带动螺杆 5 在螺母 6 中转动，由于螺母 6 固定在与阀体连接的支架 11 上，所以螺杆 5 转动的同时还要向前做轴向移动，这样就带动杠杆 3 绕支点逆时针转动使鱼雷形阀芯 2 前移，直至将阀门关闭，达到截断阀门通道的目的。同样，逆时针转动手轮时则是打开阀门。

3）鱼雷阀的基本参数

表 3-15 鱼雷阀的基本参数表

名称	工作压力		工作温度/ ℃
	真空度/mmHg	最大压力/MPa）	
DN65 鱼雷阀（明杆）	1×10^{-3}	0.1	−30～100
DN65、DN100 鱼雷阀（暗杆）	1×10^{-3}	0.1	−30～100

4）鱼雷阀主要零件的材质

表 3-16 鱼雷阀主要零件的材质表

序号	名称	材质	标准编号	备注
1	阀体	25 镀铜镍	GB/T699-99	
2	阀芯	LD2（锻铝）	GB1196-75	
3	波纹管	H80（黄铜）	YB146-71	
4	阀芯密封圈	真空橡胶	—	明杆阀
		聚四氟乙烯	—	暗杆阀

3.5.2.3 转筒阀（DN125 阀、DN150 阀、DN210 阀、DN250 阀、DN300 阀）

主要由手轮、蜗杆、蜗轮、圆筒、杠杆、圆筒支架、中心轴、外壳、模板、定位螺钉、转子、密封盘等，其工作原理为：转动手轮，带动蜗杆、蜗轮转动，蜗轮带动中心轴转动，中心轴带动模板及整个圆筒支架旋转 90°，直到碰到定位螺钉为止，圆筒转 90°后不再转动，而中心轴继续转动，密封盘则向前伸张与外壳上的阀座压紧，阀门关闭。打开阀门时，只需反方向转动手轮即可。

1）转筒阀的结构零部件

转筒阀分手动和电动两种类型，现以 DN210 转筒阀为例，说明转筒阀的结构和工作原理：DN210 手动阀的结构：主要由阀体、圆筒、圆筒支架、闸板、杠杆、滑轮、碟形弹簧组、手轮、蜗杆、蜗轮、中心轴、垫片、膜片、装配盖、密封圈等零部件组成。

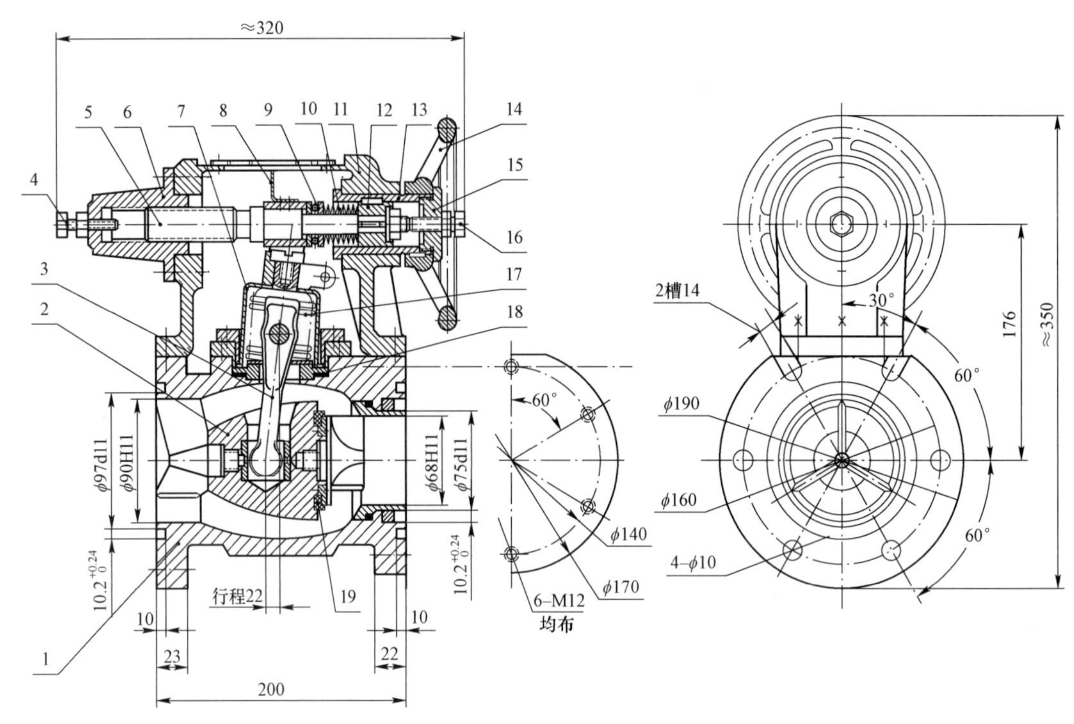

图 3-20　DN65 鱼雷真空阀示意图（暗杆）

1—阀体；2—鱼雷形阀芯；3—杠杆；4—定位螺钉；5—螺杆；6—螺母；7—保护罩；8—指针；9—单向推力球轴承；10—碟形弹簧；11—支架；12—滑块；13—套筒；14—手轮；15—端盖；16—定位螺钉；17—波纹管；18—密封垫；19—阀芯密封圈

2）转筒阀的工作原理（以 DN210 手动转筒真空阀为例）

如图 3-21 所示：顺时针方向转动手轮 16，带动蜗杆 15、蜗轮 13 转动，蜗轮带动中心轴 22 转动，中心轴 22 带动圆筒支架 2 和圆筒 23 旋转 90°，直至圆筒支架 2 上的止动栓（关）28 碰到安装在止推座 24 上的挡块 27 为止，圆筒 23 转 90°后不再转动，这时中心轴 22 带着凸轮 7 继续转动，而使滑轮 8 在凸轮 7 的槽内向外移动，并带动杠杆 5 以杠杆轴 3 为支点旋转，闸板 6 向前伸张，使其上的密封圈 4 与阀体 1 上的锥形阀座紧压，直至滑轮 8 碰到安装在凸轮 7 上的止动螺钉 29 为止，而使阀门关闭。打开阀门时，则只须改变手轮的转动方向（转向与关闭时相反），中心轴 22 带着凸轮 7 往回转动，而使滑轮 8 在凸轮 7 的槽内向内移动，并带动杠杆 5 以杠杆轴 3 为支点旋转，闸板 6 上的密封圈 4 脱开阀体 1 上的锥形阀座，滑轮 8 离开凸轮 7 上的止动螺钉 29，圆筒 23 往回转 90°，直至圆筒支架 2 上的止动栓（开）26 碰到安装在止推座 24 上的挡块 27 为止，此时，圆筒 23 的轴心线与阀体 1 的轴心线平行重合，阀门通道被打开。

DN210 电动阀的结构和工作原理与手动阀基本相同，所不同的是：DN210 电动阀安装了电机 21、用于减速的小齿轮 20 和大齿轮 18、用于微动的微动开关 39（开）和 40（关）等零部件。当需要关闭阀门时，只要按关闭按钮，电机 21 带动小齿轮 20 和大齿轮 18 减速后，再带动蜗杆、蜗轮转动，蜗轮带动中心轴转动，……经与上述手动阀一样的传动动作后，达到关闭阀门的目的。打开阀门只要按打开按钮，经与关闭时相反的传动动作后，即可打开阀门。扳动大齿轮 18 旁的手柄（图中未画出）可使套装在大齿轮上的离合器与蜗轮轴脱开，电机传动处于空挡位置，此时可以用手动关闭或打开阀门。

进口的 DN3、DN10、DN25、P-100、M-150、P-210、M-210 等手动、电动阀的工作原理与国产真空阀基本相同，其结构也大同小异，可以按附图予以对照，在此不再重复。对于进口的手动阀门（P）和电动阀门（M），用手动操作时，从手轮方向看，顺时针旋转手轮可使阀门置于关闭状态，逆时针方向旋转手轮，可使阀门置于打开状态。当指示器的指针达到“3”时表示关闭，指针达到“O”时，表示阀门打开。

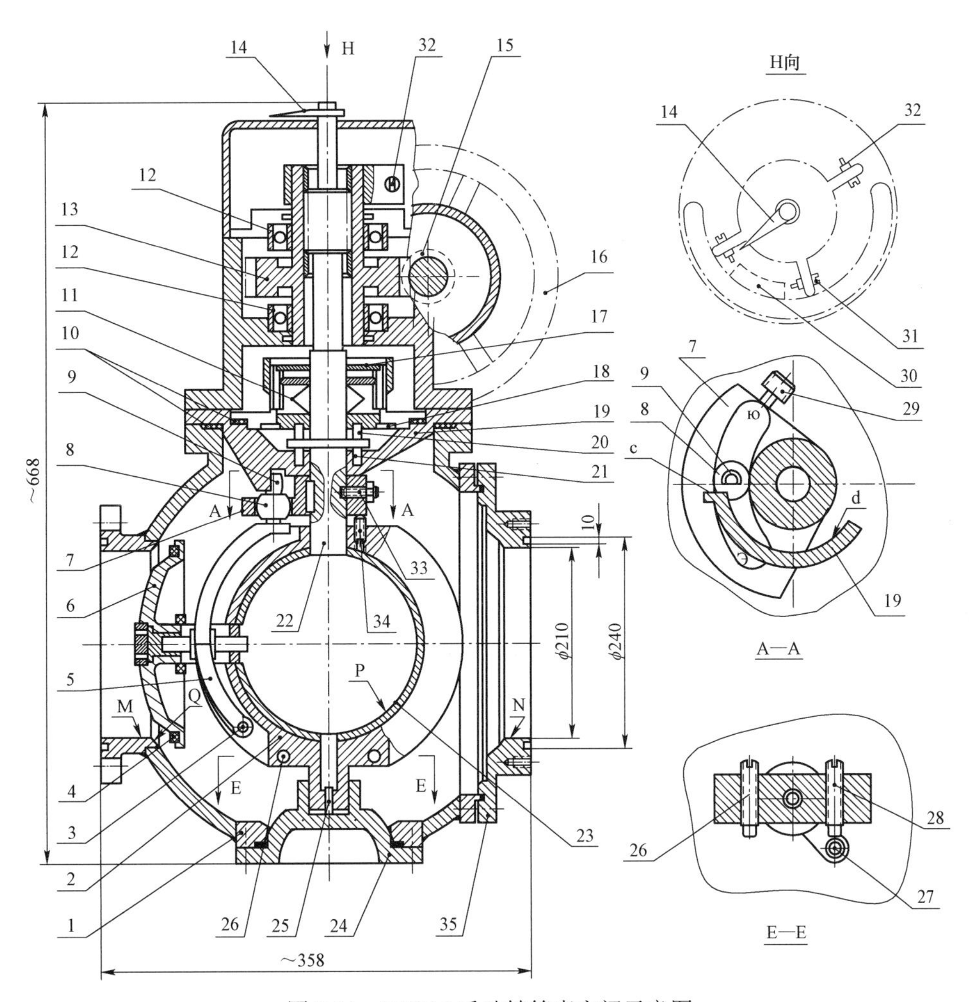

图 3-21　DN210 手动转筒真空阀示意图

1—阀体；2—支架；3—杠杆轴；4—密封圈；5—杠杆；6—闸板；7—凸轮；8—滑轮；9—滑轮轴；10—衬垫；11—碟形弹簧组；12—轴承；13—蜗轮；14—指针；15—蜗杆；16—手轮；17—垫片；18—膜片；19—装配盖；20—密封圈；21—密封圈；22—中心轴；23—圆筒；24—止推座；25—调整螺钉；26—止动栓（开）；27—挡块；28—止动栓（关）；29—止动螺钉；30—挡块；31—止动螺钉（关）；32—止动螺钉（开）；33—螺钉、螺帽；34—调整螺钉；35—颈部法兰

3）转筒阀的基本参数

表 3-17 转筒阀的基本参数表

名称	工作压力		工作温度/℃
	真空度/mmHg	最大压力/MPa）	
DN125、DN210 转筒阀	1×10^{-3}	0.1	−30～100

4）转筒阀主要零件的材质

表 3-18 转筒阀主要零件的材质表

序号	名称	材质	标准编号	备注
1	阀体	20 镀铜镍	GB/T699-99	
2	转筒	LY11（硬铝）	GB1196-75	
3	膜片	1Cr18Ni9Ti	GB1220/T-92	
4	阀门密封圈	聚四氟乙烯	—	

3.5.2.4 DN210 电动阀的结构零部件

主要由阀体、圆筒、圆筒支架、闸板、杠杆、滑轮、碟形弹簧组、手轮、蜗杆、蜗轮、大齿轮、小齿轮、电机、中心轴、膜片、膜板、密封圈、微动开关等零部件组成。

1）工作原理

见下图：顺时针方向转动手轮 19，带动蜗杆 17、蜗轮 13 转动，蜗轮带动中心轴 27 转动，中心轴 27 带动圆筒支架 2 和圆筒 28 旋转 90°，直至圆筒支架 2 上的止动栓（关）33 碰到安装在轴承座 29 上的挡块 32 为止，圆筒 28 转 90°后不再转动，这时中心轴 27 带着凸轮 7 继续转动，而使滑轮 8 在凸轮 7 的槽内向外移动，并带动杠杆 5 以杠杆轴 3 为支点旋转，闸板 6 向前伸张，使其上的密封圈 4 与阀体 1 上的锥形阀座紧压，直至滑轮 8 碰到安装在凸轮 7 上的止动螺钉 34 为止，而使阀门关闭。打开阀门时，则只须改变手轮的转动方向（转向与关闭时相反），中心轴 27 带着凸轮 7 往回转动，而使滑轮 8 在凸轮 7 的槽内向内移动，并带动杠杆 5 以杠杆轴 3 为支点旋转，闸板 6 脱开阀体 1 上的锥形阀座，滑轮 8 离开凸轮 7 上的止动螺钉 34，圆筒 28 往回转 90°，直至圆筒支架 2 上的止动栓（开）31 碰到安装在止推座 29 上的挡块 32 为止，此时，圆筒 28 的轴心线与阀体 1 的轴心线平行重合，阀门通道被打开。

以上是手动开关 DN210 电动阀，当需电动时，就需要使用电机 21、用于减速的小齿轮 20 和大齿轮 18、用于微动的微动开关 39（开）和 40（关）等零部件。当需要关闭阀门时，只要按关闭按钮，电机 21 带动小齿轮 20 和大齿轮 18 减速后，再带动蜗杆、蜗轮转动，蜗轮带动中心轴转动。经与上述手动开关阀门时一样的传动动作后，达到关闭阀门的目的。打开阀门只要按打开按钮，经与关闭时相反的传动动作后，即可打开阀门。

扳动大齿轮 18 旁的手柄（图中未画出）可使套装在大齿轮上的离合器与蜗轮轴脱开，电机传动处于空挡位置，此时可以用手动关闭或打开阀门。

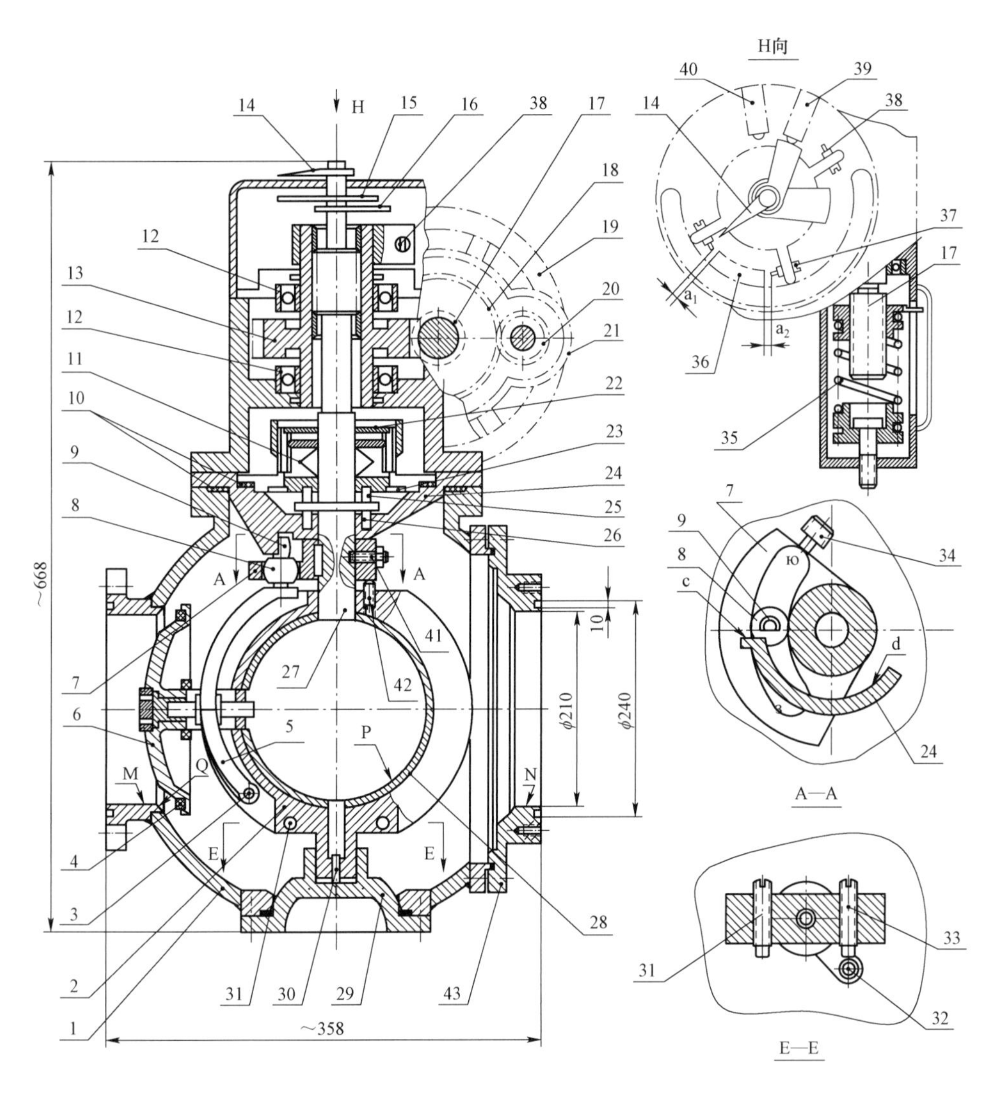

图 3-22　DN210 电动真空阀结构示意图

2）电气控制原理

在轴上固定有两个小凸轮，阀门在打开或关闭位置时，两个凸轮可分别按压两个微动开关 A 和 B，通过微动开关连接阀门开（关）的动力电路的线路和阀门位置信号线路。在阀门完全关闭的情况下，指针指向阀体上的“关”位置，这时小凸轮按压微动开关 A。为避免阀门在边缘关闭位置卡死，在阀门壳体凸耳与关闭用定位螺栓之间设置间隙，关闭用定位螺栓安装在轴上。关闭用小凸轮的安装要求：自阀门电机断开及阀门传动装置停止后，间隙值应在规定范围内。阀门在全开位置时，卡头顶住开定位螺栓，指针指向阀体上的“开”位置，这时打开用小凸轮按压微动开关 B（注：微动开关 A 为关闭位置动作微动开关，微动开关 B 为打开位置动作微动开关）。

阀门电路系统内部接线图见图 3-23，端子 4、5 和 6、7 分别用来接通打开或关闭控制回路。端子 1、2、3 连接到信号装置回路。在打开或关闭阀门时，向端子 8、9、10 输送 380 V 三相电压。微动开关 A 和 B 的触点 1、2 为常开触点，触点 3、4 为常闭触点。

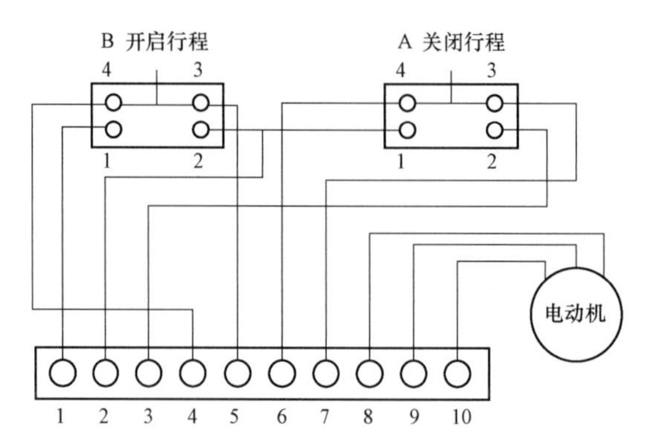

图 3-23 阀门电路系统内部接线示意图

当关闭阀门时，电压通过微动开关 A 的常闭触点 3、4 送到关闭控制回路。动力线路闭合，并通过端子 8、9、10 向阀门电机输送 380 V 电压，阀门关闭。在阀门关闭的终端位置上，关闭用小凸轮按压微动开关 A，此时控制回路触点 3、4 断开，而信号显示回路触点 1、2 闭合。这样，在微动开关 A 动作时，电机停止，而在控制盘柜上，灯光信号显示阀门处在“关闭”位置上。

当打开阀门时，电压通过微动开关 B 的常闭触点 3、4 送到打开控制回路。380 V 三相交流电机的动力电路闭合。此时，动力电路的电源相序与阀门关闭时的相序时相反的，即阀门电机旋转方向与阀门关闭时电机旋转的方向相反。在阀门全开位置上，微动开关 B 动作，同时控制回路触点 3、4 断开，信号显示回路触点 1、2 闭合。这样，在微动开关 B 动作时，电机停止，而在控制盘柜上，灯光信号显示阀门处在“打开”位置上。

因此在阀门关闭状态下，关闭控制回路断开，关闭信号显示回路闭合；打开控制回路闭合，打开信号显示回路断开；在阀门打开状态下与此相反。

3.5.2.5 高真空耐压阀

各类高真空耐压阀虽控制方法各有不同，但结构基本相同，主要由阀体、密封板、挡圈、阀芯组件、密封圈、压盖等组成。其中阀芯组件由上下接套、弹簧箱、阀杆等零件组成，弹簧箱焊接在上下接套上，阀体与上接套之间装有密封圈，用来保证阀门内腔与外界的密封。密封板与刀口接触用来保证阀门通道密封。其中 DN16～40 的高真空耐压阀门，刀口在阀体上；其余通径的高真空耐压阀，刀口在阀芯上。

高真空耐压角阀有：DN100、DN65、DN40、DN25、DN20、DN16 等规格。以 DN100 手动高真空耐压阀为例，见图 3-24。其结构主要由阀体、密封板、挡圈、阀芯组件、密封圈、“O”形圈、阀盖等零部件组成（阀体和阀盖是阀门的主体，材质为：00Cr17Ni14Mo2）。其中阀芯组件由上接套、下接套、波纹管、阀杆、“O”形圈、对开环、钢球等零件组成。

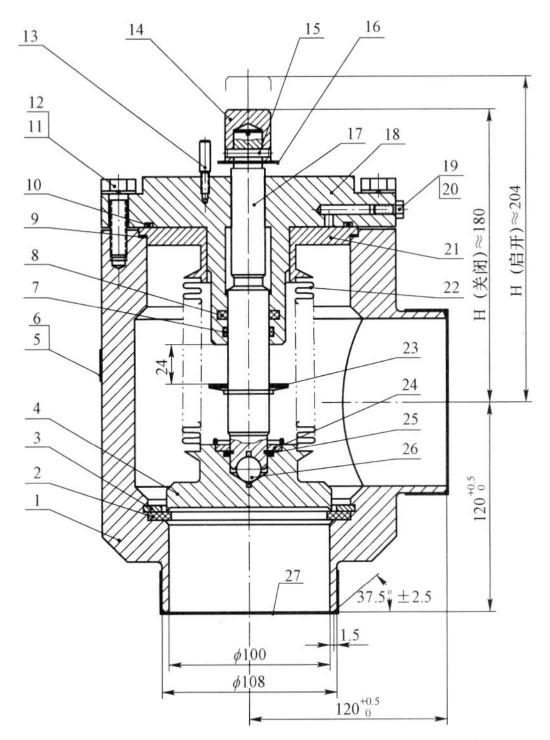

图 3-24　DN100 高真空耐压角阀结构图

1—阀体；2—密封板；3—挡圈；4—下接套；5、6—铭牌、铆钉；7、10—“○”形圈；8—毡圈；9—密封圈；11、12—螺钉、垫圈；13—指针；14—旋钮；15—销钉；16—指示盘；17—阀杆；18—阀盖；19、20—螺钉、铜垫；21—上接套；22—波纹管；23—碟形弹簧；24—压板；25—对开环；26—钢球；27—保护盖

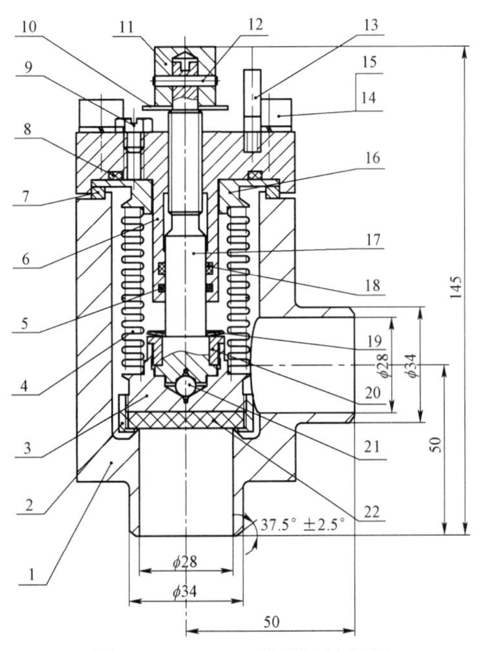

图 3-25　DN25 耐压阀结构图

1—阀体；2—下接套螺母；3—下解套；4—波纹管；5、8—“○”形密封圈；6—压盖法兰；7—锯齿形密封环；9—螺栓 M5×10；10—标尺盘；11—旋钮；12—圆柱销；13—标尺柱；14—圆柱头内六角螺钉；15—弹簧垫圈；16—上接套；17—阀杆；18—羊毛毡圈；19—碟形弹簧；20—阀杆螺母；21—钢球；22—通道密封板

各规格手动高真空耐压阀主要技术参数见表 3-19。

表 3-19 手动高真空耐压阀表

参数名称		阀门规格					
		DN100	DN165	DN40	DN25	DN20	DN16
工程直径/mm		100	65	40	25	20	16
工作压力/MPa		10^{-8}～0.4					
真空度/Pa		7.5×10^{-7}					
气压强度试验压力/MPa		0.8					
真空漏率/（Pa・L/s）	阀体	$\leqslant2\times10^{-7}$					
	阀瓣	$\leqslant5\times10^{-6}$	$\leqslant3\times10^{-5}$		$\leqslant5\times10^{-6}$		
工作温度/ ℃		−25～80	−25～95		−25～80		
环境温度/ ℃		100	120				
阀门关闭时最大压差/MPa		0.8					
密封板材料		聚三氟氯乙烯（软密封）	聚四氟乙烯加镍粉（金属密封）		聚三氟氯乙烯（软密封）	聚三氟氯乙烯（软密封）；聚四氟乙烯加镍粉（金属密封）	
介质状态		气态	液态		气态	气态、液态	
主体材料		00Cr17Ni14Mo2					

3.5.3 常用气动调节阀结构、工作原理及技术参数

3.5.3.1 电磁气动调节阀

电磁气动调节阀主要有：100KA8W8L-DQ、65KA8W8L-DQ、40KA8W8L-DQ 等规格。

1）电磁气动调节阀组成

以 100KA8W8L-DQ 电磁气动调节阀为例，其主要由：阀体、密封环、挡圈、阀芯组件、阀盖、先导阀、活塞、缸体、缸盖、法兰、阀座、顶杆、控制盒、套管、碟形弹簧组等零部件组成，见图 3-26。

芯组件由：阀瓣、挡圈、波纹管、阀杆、下接套、上接套等零件组成，阀芯组件的波纹管焊在上下接套上，上接套装在阀体与阀盖之间，密封环用聚三氟氯乙烯制成，装在阀体与上接套之间用来保证阀门内腔与外界的密封，以确保阀门的高真空耐压性能。阀盖与上接套之间装有“O”形圈，用来防止当波纹管破损时大气漏入阀门内腔，阀盖上有一装有螺钉的通孔通入其内，通过此孔可用氦检漏法检测波纹管是否有破损。电磁气动阀门通道的密封形式只有软密封。

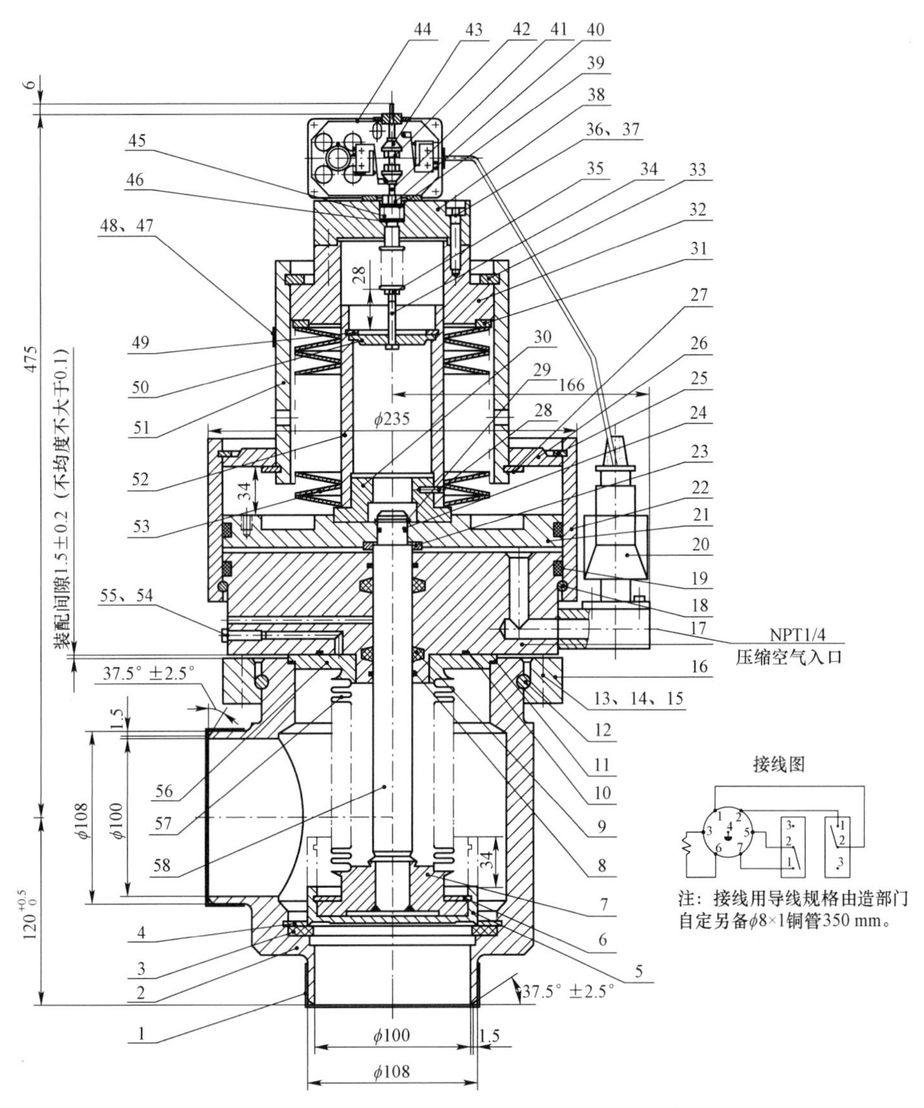

图 3-26　100KA8W8L-DQ 电磁气动调节阀结构图

1—保护盖；2—阀体；3—密封环；4、6、12、18、23、25、27、29、33、49—挡圈；5—阀瓣；7—下接套；8、10、19、24、39—“○”形圈；9—毡圈（Φ18×3×5）；11—密封环；13、14、15—螺钉、螺母、垫圈；16—法兰；17—阀盖；20—先导阀；21—活塞；22—缸体；26—缸盖；28—销钉；30—垫套；31—垫板；32—法兰；34—螺钉；35、40、42—螺母；36、37—螺钉、垫圈；38—座；41—顶杆；43—锥形螺母；44—控制盒；45—弹簧；46—平垫圈；47、48—铭牌；50—挡板；51—套管；52—套管；53—碟形弹簧组；54、55—螺钉、铜垫；56—上接套；57—波纹管；58—阀杆

图 3-26 所示的电磁气动阀属常闭型，电源为 24 V 直流，通电时阀门打开，压缩空气故障时，阀门自动关闭。其打开时间要求小于 5 秒，关闭时间小于 2 秒。

100KA8W8L-DQ 电磁气动调节阀的主要技术参数见表 3-20。

表 3-20 100KA8W8L-DQ 电磁气动调节阀的主要技术参数表

序号	名称	参数
1	工程直径	100 mm
2	工作压力	10^{-8}～0.4 MPa
3	气压强度试验压力	0.8 MPa
4	真空漏率	阀体：≤2×10^{-7} Pa·L/s；阀瓣：≤5×10^{-6} Pa·L/s
5	工作温度	25～80 ℃
6	环境温度	100 ℃
7	阀门启闭形式	常闭型（气开式）
8	关闭时间	小于 2 s
9	打开时间	小于 5 s
10	阀门关闭时最大压差	0.8 MPa
11	电磁阀	电压：直流 24 V；功率：6 W
12	密封板材料	聚三氟氯乙烯
13	工作介质	气态 UF_6、HF
14	主体材料	00Cr17Ni14Mo2
15	驱动方式	压缩空气
16	气源压力	0.6～0.9 MPa
17	活塞面积	387 cm^2

2）工作原理（以 100KA8W8L-DQ 电磁气动调节阀为例）

在压缩空气已接通至先导阀的压缩空气入口处的情况下，此时阀门仍处关闭状态，且下位开关的触点①②已接通，控制室发出打开指令后，按打开按钮，先导阀内线圈通电产生磁场吸起其气门处小铁柱，打开气门通道，压缩空气克服先导阀内小弹簧压力顶开带有膜片的上阀瓣，进入缸体内，再克服碟形弹簧组的阻力推动活塞上升，与此同时，顶杆亦上升，当顶杆上锥形螺母碰上位开关时，上位开关的触点接通，先导阀线圈保持通电，而顶杆上的下锥形螺母已脱开下位开关，下位开关的触点断开，阀门打开。

当控制室发出关闭指令时，按关闭按钮，先导阀内线圈失电，其气门处小铁柱在弹簧的作用下复位堵住气门口，下阀瓣的单向通气孔是关闭的，缸体内的压缩空气在碟形弹簧组的压力作用下从先导阀的阀体与下阀瓣的膜片间排出，阀门关闭。此时，上位开关触点断开，下位开关的触点接通。

3.5.3.2 气动调节阀

1）气动调节阀的基本结构

气动调节阀是一个根据调节阀后的压力信号对阀门的开度进行自动调节，从而控制经过阀门的物料流量为恒定值的自控装置。气动调节阀主要由阀门，执行器（即气动头）和电气定位器三部分组成，如图 3-27 所示。

（1）阀门

主要由阀体组件、阀座、调节锥、阀罩和阀杆组件等组成。阀门内腔和外界的密封由阀杆组件上的四节双层不锈钢波纹管实现。阀杆的升降控制调节锥与阀座间的环形流通通道的截面积大小，从而控制物料的流量。

（2）执行器

它是阀杆升降的动力源，是一个装有薄膜和弹簧的气动元件，因此亦称为气动头。输入气动头的压缩空气和气动头中的弹簧分别作用于薄膜的两侧，两者作用力的平衡可确定阀杆的升降位置，即阀门行程 X，从而确定阀门的开度。

（3）电气定位器

简称定位器（下同），是控制元件。定位器的输入信号有二：一是电流信号 W＝4～20 mA；另一输入信号是压缩空气信号 Z＝0.6 MPa。输出信号是压缩空气信号 Y＝0.02～0.6 MPa，信号均输往气动头。

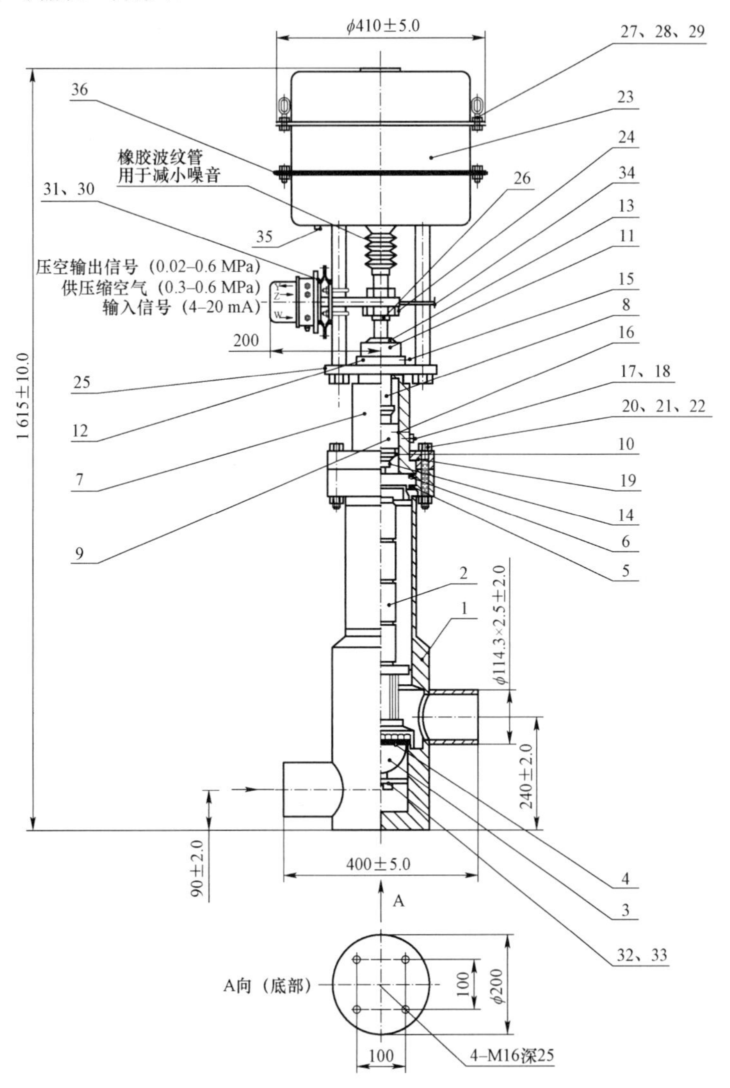

图 3-27 DN100 气动调节阀结构图

1—阀体组件；2—阀杆组件；3—调节锥；4—阀座密封圈；5—阀体密封圈；6—阀体密封圈；7—阀罩；8—气动芯轴；9—芯轴联轴节；10—芯轴密封圈；11—夹紧环；12—夹紧环；13—拆卸垫圈；14—锁紧螺钉（M5×6）；15—锁紧螺钉（M5×10）；16—锁紧螺钉（M5×20）；17—捡漏螺钉（G 1/8″）；18—密封圈（SO7—1/8″）；19—活法兰；20—螺栓（M16×120）；21—螺母 M16；22—弹簧垫圈；23—气动头（MA41CSS60）；24—联轴节下件（M18×1.5）；25—托架（67）；26—锁紧螺母；27—螺栓（M8×60）；28—吊环螺母（M8）；29—螺母（M8）；30—电一气定位器（SRep.815）；31—定位器连接件；32—圆头螺钉（M6×60）；33—密封垫；34—导向盘组件；35—压空接头（G 1/4″）；36—膜片出口压力（9～11.3 kPa）

表 3-21 气动调节阀零部件明细表

代号	零部件名称	件数	材料	规 格
1	阀体组件	1	316L	
2	阀杆组件	1	316L	
3	调节锥	1	Moxyda	
4	阀座密封圈	1	PIFE	
5	阀体密封圈	1	NBR70.5	
6	阀体密封圈	1	NBR70.5	
7	阀罩	1	304	
8	气动芯轴	1	304	
9	芯轴联轴节	1	青铜	
10	芯轴密封圈	1	Nitril	
11	夹紧环	1	304	
12	螺母	1	304	
13	拆卸垫圈	1	Nitril	
14	锁紧螺钉	1	A2	M5×6
15	锁紧螺钉	1	A2	M5×10
16	锁紧螺钉	1	A2	M5×20
17	捡漏螺钉	1	Ms	G 1/8″
18	密封圈	1	铜	SO7—1/8″
19	活法兰	1	304	
20	螺栓	12	A2	M16×120
21	螺母	12	A2	M16
22	弹簧垫圈	12	A2	16
23	气动头	1	钢	MA41CSS60
24	联轴节下件	1	钢	M18×1.5
25	托架	1	钢	67
26	锁紧螺母	1	A2	
27	螺栓	2	A2	M8×60
28	吊环螺母	2	A2	M8
29	螺母	2	A2	M8
30	电—气定位器	1	—	Srep.815
31	螺钉固定器	2	Ms	
32	圆头螺钉	1	A2	M6×60
33	密封垫	1	铝	
34	导向盘组件	1	304	
35	压空接头	1		G 1/4″
36	膜片	1		

2）气动调节阀工作原理

调节阀后的压力信号经电气信号转换器转换成电流信号送入控制器，如图 3-28。在控制器中与可由操作人员整定的控制信号合成，形成定位器的输入信号 W。定位器的功能是将输入信号 W 变换，控制一个压缩空气的喷嘴-挡板机构，将信号 Z 的压力降低，变成随输入信号

W 而变化的输出信号 Y，输入气动头，带动阀杆上下运动。在压缩空气输入压力 Z=0.6 MPa 保持不变时，阀门行程 X 与输入信号 W 成线形关系。此外，阀门行程 X 通过杠杆机构给出一个反馈信号 Kx，经过一个凸轮机构作用于喷嘴-挡板机构，以改善调节阀的线性特性。

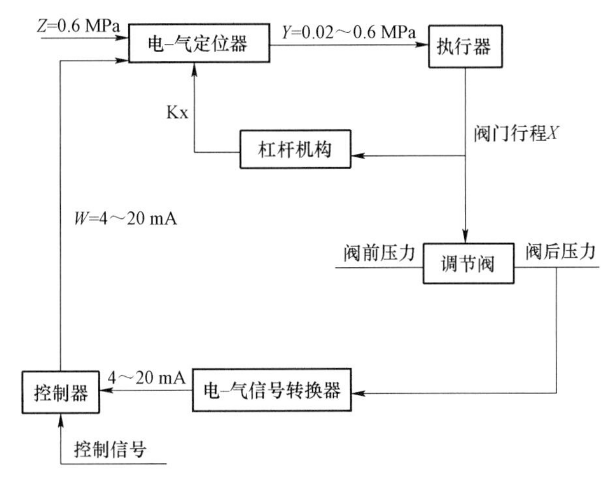

图 3-28　气动调节阀控制过程流程简图

3）主要技术参数（DN100 气动调节阀）

① 型号：DN100. PN10. A 及 B 型（均为常闭型）；

② 主要附件：执行机构型号：MA2.41C64S

电-气定位器型号：SreP815

压缩空气减压过滤器；

③ 用途：调节压力；

④ 工作介质：UF_6；

⑤ 温度：设计介质温度为 95 ℃，设计环境温度为 120 ℃；

⑥ 压力：抽空时，阀门最低压力为 10^{-8} MPa；

工作时，应满足下列工况：

a. A 型：入口压力：0.3 MPa～0.106 MPa

　　　　出口压力：0.1 MPa～13.3 kPa

b. B 型：入口压力：0.1 MPa～13.3 kPa

　　　　出口压力：11.3 kPa～9 kPa

⑦ 出口压力的调节精度：

a. 基本误差限：±4%

b. 回差：3%

c. 死区：1%

d. 始终点偏差：±2.5%

e. 额定行程偏差：+2.5%

⑧ 流量系数最大值 Cvmax：170

　流量系数 Cv 的调节范围：3.5～147

额定流量系数偏差：±10%

⑨ 最大允许漏率：阀体：1×10^{-7} Pa • L/s；阀座：1×10^{-6} Pa • L/s。

⑩ 阀门关闭时两侧的最大压差：0.2 MPa；

⑪ 驱动方式：用压缩空气（干燥无油）和电；压缩空气压力为 0.6～0.9 MPa（表压）；

⑫ 密封方式：

阀杆：波纹管密封，波纹管材质为 00Cr17Ni14Mo2（316L）。

阀座：金属密封；

⑬ 操作特性：通电时打开；

⑭ 阀体结构；直通式。两端为法兰连接，每一端均带有配对法兰和金属密封垫圈（为双密封垫圈，材料为 T3 紫铜，退火处理，与配对法兰连接的管道尺寸为 $\phi108\times4$，焊接法兰时焊缝应经 100%射线探伤检查，焊缝内部质量应符合 I 级焊缝要求，焊缝允许返修次数不得超过两次，法兰焊接后应经真空密封检验合格；

⑮ 阀体材质：316 L；

⑯ 带有定位器及压缩空气减压过滤器。电信号输入范围为 4～20 mA，DC，气动输入压力为 0.6～0.9 MPa，气动输出压力为 0.02～0.22 MPa（表压）；

⑰ 流量特性：采用等百分比流量特性；

⑱ 清洁度要求：阀体内腔要求干燥，无油污，无杂质等。

3.5.4 阀门的操作规定

1. 正确的操作在于：工艺人员在关闭和打开阀门时，执行操作规程并对其进行及时检查。按操作要求完成操作，是阀门可靠工作和防止损坏的前提。

2. 无论是手动阀门还是电动阀门，在手动关闭和打开时必须遵守下列要求：

1）如果从手轮方向看，关闭阀门用顺时针旋转手轮的方法进行，而打开时则用逆时针方向旋转的方法。

2）绝对禁止使用任何杠杆关闭和打开阀门。

3）禁止在没有切断电机电源时，手动关闭和打开电动阀门。切断电源的方法是拔掉阀门上的电源插头。

3. 对电动阀门，提出如下补充操作要求：

1）电机的间隔时间应不少于 15 秒钟，每 10 次开和关间隔时间应不少于 10 分钟。

2）在阀门的“全开”和“全关”位置上，微动开关动作时，根据自控线路应同时接通灯光信号。

4. 为了关闭或打开转筒阀门，应将位于机构壳体上手轮的定位器拉出，转动 90° 后再松开。旋转手轮，直至显示器的指针达到“关”字（表示阀门完全关闭），或“开”字（表示阀门完全打开）。再将定位器转回原位置，将手轮锁定。

5. 为手动关闭电动转筒阀门时，转动手动传动装置的套筒手柄至转不动位置，并将其保持在这一位置，按顺时针方向转动手轮到止档，指示器的指针达到“关”。对于 DN（M）100、DN（M）150、DN（M）210 阀门，在关闭阀门后，必须将手轮向打开方向转动 1/2 圈。对于 DN（M）300 阀门，在关闭阀门后，必须将手轮向打开方向转动 1/5 圈。

6. 为手动打开电动转筒阀门时，转动手动传动装置的套筒手柄至转不动位置，并将其保持在这一位置，按逆时针方向转动手轮到止档，指示器的指针达到“开”。对于 DN（M）100、DN（M）150、DN（M）210 阀门，在打开阀门后，必须将手轮向关闭方向转动 1/2 圈。对于 DN（M）300 阀门，在打开阀门后，必须将手轮向关闭方向转动 1/5 圈。

3.5.5　阀门的维护与保养

3.5.5.1　阀门的预检

阀门的预防检查的目的是检查其工作能力，检查及调节定位间隙，查明有故障的阀门和消除不要求进行与拆解阀门有关的故障。此外，所有重新安装的阀门在接通工作前，应进行预检工作。在阀门投入运行时，在设备进行计划预检及进行与破空工艺设备有关的工作时，进行阀门的关闭密封性检查。

1. 阀门的外观检查：

1）壳体上有没有损坏和凹痕；

2）刻度盘、指示器的完整性；

3）阀门固定用螺栓和阀门部件无缺；

4）手轮的固定、手轮手柄的完整性，定位器和固定螺栓无缺；

5）止动螺栓上铅封的完整性。

2. 检查电动阀门电传动装置的工作能力：

1）用电机转动阀门测量定位间隙（阀门 DN（M）100 的关间隙，其他类型电阀的开间隙和关间隙）。检查终端位置信号“全开”和“全关”是否输到相应的信号指示器；

2）定位间隙值应符合下表标准；

表 3-22　电动阀门间隙表

阀门型号	间隙调整值范围/mm		运行允许值范围/mm	
	开间隙	关间隙	开间隙	关间隙
DN（M）100	—	5～14	—	0～15
DN（M）150	1～2	1～2	0～4	0～5
DN（M）210	1～2	1～2	0～5	0～5
DN（M）300	1.5～3	1.5～3	0～12	0～12

在获得的间隙超出表中所列的允许变化范围的情况下，要用电机两次转动阀门，并重新检查间隙。如果间隙不在允许变化范围内，则按程序进行调整。

间隙值符合上表范围，而阀门终端位置的信号却没有输出时，必须检查阀门的位置，检查信号电路的正确性，控制盘导线的绝缘，电源插头，微动开关和接线盒的状况。绝缘不应有损坏、裸露的终端应放入 8～10 mm 长度的聚氯乙烯管中。配电盘、微动开关和电源插头不应有断裂、裂纹，应可靠地用螺钉固定。

在获得的间隙超出表中所列的允许变化范围的情况下，要用电机两次转动阀门，并重新检查间隙。如果间隙不在允许变化范围内，则按程序进行调整。

间隙值符合上表范围，而阀门终端位置的信号却没有输出时，必须检查阀门的位置，检查信号电路的正确性，控制盘导线的绝缘，电源插头，微动开关和接线盒的状况。绝缘不应有损坏、裸露的终端应放入 8～10 mm 长度的聚氯乙烯管中。配电盘、微动开关和电源插头不应有断裂、裂纹，应可靠地用螺钉固定。

3.5.5.2 阀门间隙的调整

1. 调整 DN（M）100 阀门的间隙：

1）以断开阀门上电源插头的方法切断阀门电机的电源；

2）手动关闭阀门，至达到关间隙值（挡块与凸耳之间）为 5～14 mm；

3）如此调节关闭小凸轮的位置，使凸轮不离开微动开关 A；

4）由电机转动阀门，确认关间隙值在 5～14 mm 范围内；

5）如间隙值不在 5～14 mm 范围内，则重复上述操作。

2. 调整 DN（M）150 阀门的间隙

1）以断开阀门上电源插头的方法切断阀门电机的电源；

2）手动关闭阀门，至达到关间隙值（挡块的螺钉与凸耳之间）为 1～2 mm；

3）如此调节关闭小凸轮的位置，使凸轮不离开微动开关 A；

4）手动打开阀门，至达到开间隙值（挡块的螺钉与凸耳之间）为 1～2 mm；

5）如此调节小凸轮的位置，使凸轮不离开微动开关 B；

6）由电机转动阀门，确认开关间隙值在 1～2 mm 范围内；

7）如开关间隙不在 1～2 mm 范围内，则重复上述操作。

3. DN（M）210 阀门、DN（M）300 阀门的间隙调整方法与 DN（M）150 阀门相似。

3.6 工艺容器与储气罐

3.6.1 工艺容器分类

供取料系统容器指用来装六氟化铀及其共生物（如氟化氢）的容器，分为大容器和小容器，30 B 以上容器称为大容器。50 L 以下（含 50 L）容器称为小容器。

按结构材料可分为碳钢容器、不锈钢容器、特种钢容器三类。

（1）碳钢容器：一般用来装载同位素丰度较低的工作物质，不能用在深冷情况下工作，如 60 L、1 m^3、1.5 m^3 容器，一般都是在常温下工作，作为储气罐。

（2）不锈钢容器：用来装在同位素丰度较高的工作物质或腐蚀性较强的氟化氢（HF），能够在−80～−196 ℃下的深冷情况下工作，如 1 L、6 L、20 L、24 L、50 L、2S 型等容器。

（3）特种钢容器：为使容器能够适应新工艺条件，有的容器采用特种钢材制成，如 3 m^3 容器、3 m^3（B）、3 m^3（C）、30B 容器等都是采用 16MnDR 材料制作的。

按用途和工作性质可分为供料容器，精料容器，贫料容器，产品容器，中间净化容器，凝冻器。

3.6.2 标准 UF_6 容器数据

3.6.2.1 通则

本节给出的标准 UF_6 容器资料包括结构图、容器重量、尺寸、压力额定值、同位素限值等方面的通用数据。在运输中，进出工厂的所有容器，必须符合相关的维护、试验规范。容器阀门、堵头组装检查合格后进行容器试验，对未使用过的新容器进行气体密封性试验和真空试验，对清洗组装检查合格的容器进行液压试验。容器液压试验、气压试验、气密性试验应符合表 3-23 的规定。

表 3-23　新容器试验压力

容器名称	操作规定		
	液压试验/MPa	气压试验/MPa	气密试验/MPa
3 m^3 容器	2.8	1.6	1.4
3 m^3（B）容器	2.8	1.6	1.4
3 m^3（C）容器	2.8	1.6	1.4
贫料贮存容器	按图样规定	按图样规定	按图样规定
30B 容器	2.8	1.6	1.4
2S 容器	2.8	/	1.4
0.72 L 容器	2.8	1.6	1.4

3.6.2.2　液压试验

1）试验介质应符合《钢制产品容器技术条件》的要求。

2）容器中应充满液体，容器内的气体必须排净。容器外表面应保持干燥，当压力容器壁温与液体温度接近时，才能缓慢升压至设计压力，确认无泄漏后继续升压至规定试验压力，保压 30 分钟，然后，降至规定试验压力的 80%，保压足够时间进行检查。检查期间压力应保持不变，不得采用连续加压的方式来维持试验压力。

3）液压试验后的容器，符合下列条件为合格：

（1）无渗漏；

（2）无可见的变形；

（3）试验过程中无异常的响声；

（4）无裂纹或破裂现象。

3.6.2.3　气压试验

1）试验所用介质应为干燥氮气或干燥无油的压缩空气。

2）气压试验的介质温度不得低于 15 ℃。

3）气压试验时压力应缓慢上升至规定试验压力的 10%，保压 5～10 分钟，并对所有焊缝和连接部位进行初次检查。如无泄漏可继续升压到规定试验压力的 50%。如无异常现象，其后按规定试验压力的 10%逐级升压，直到试验压力，保压 30 分钟。然后降到规定试验压力的 87%，保压足够时间进行检查，检查期间压力应保持不变。不得采用连续加压的方式来维持试验压力。

4）气压试验过程中，符合下列条件为合格：

① 压力容器无异常响声；

② 经肥皂水或其他检漏液检查无漏气；

③ 无可见变形。

3.6.2.4 气密试验（做过气压试验的容器免做）

1）试验所用介质应为干燥氮气或干燥无油的压缩空气。

2）气密试验的介质温度不得低于 15 ℃。

3）气密试验时压力应缓慢上升至规定设计压力的 10%，保压 5～10 分钟，并对所有焊缝和连接部位进行初次检查。如无漏可继续缓慢升压至设计压力，保压 30 分钟，进行容器连接部位检查。

4）气密试验过程中，符合下列条件为合格：

① 经肥皂水或其他检漏液检查无漏气；

② 压力表指示无变化。

3.6.2.5 真空试验

1）在液压、气压试验和气密试验合格的情况下，对容器进行真空试验，具体方法为将容器抽空至 13 Pa 以下，进行 30 分钟大漏检查，$\Delta P=0$ 为合格，然后进行 24 小时真空测量，测量值应符合表 3-24 的规定。

表 3-24 容器真空试验标准

容器名称	操作规定漏率 Pa / 24 h
48X、3 m^3、3 m^3（C）容器	≤6.5
贫料贮存专用容器	≤6.5
30B 容器	≤6.5
2S、0.72 L 容器	≤2.0

2）容器真空测量合格后，对存放期限超过一年的容器应充纯度大于 99.05 %、表压为 0.05～0.1 MPa、质量指标符合 EJ190 规定的氮气封存。

3.6.3 供取料系统常用容器

目前供取料厂房常用的容器有 2 S、20 L、24 L、50 L、30B、3 m^3、3 m^3（B）、3 m^3（C）等几种，通用参数见表 3-25。

表 3-25 供取料系统常用容器参数

	20 L	24 L	2 S	50 L	30 B	3 m^3	3 m^3（B）	3 m^3（C）
全容积/L	20	24	0.721	50	763	3 063	3 063	3 023
最小容积/L	20	24	0.721	50	736	2 997	2 854	2 955
工作压力	67 Pa～0.5 MPa	67 Pa～0.5 MPa	13 Pa～1.4 MPa	67 Pa～0.013 MPa	13 Pa～1.4 MPa	13 Pa～1.4 MPa	13 Pa～1.4 MPa	13 Pa～1.4 MPa
设计温度/℃	−196～120	−196～200	−40～120	−80～200	−40～120	−40～120	−40～120	−40～120
自重/kg	47	48	2.13	122	537～540	2 038	3 150	2 384
装载量/kg	4	4	2.22	80～120	2 000～2 200	9 500	9 000	9 100
隔板数量	9	6	无	5	无	无	46	8

供取料系统常用容器结构图如图 3-29～图 3-34 所示。

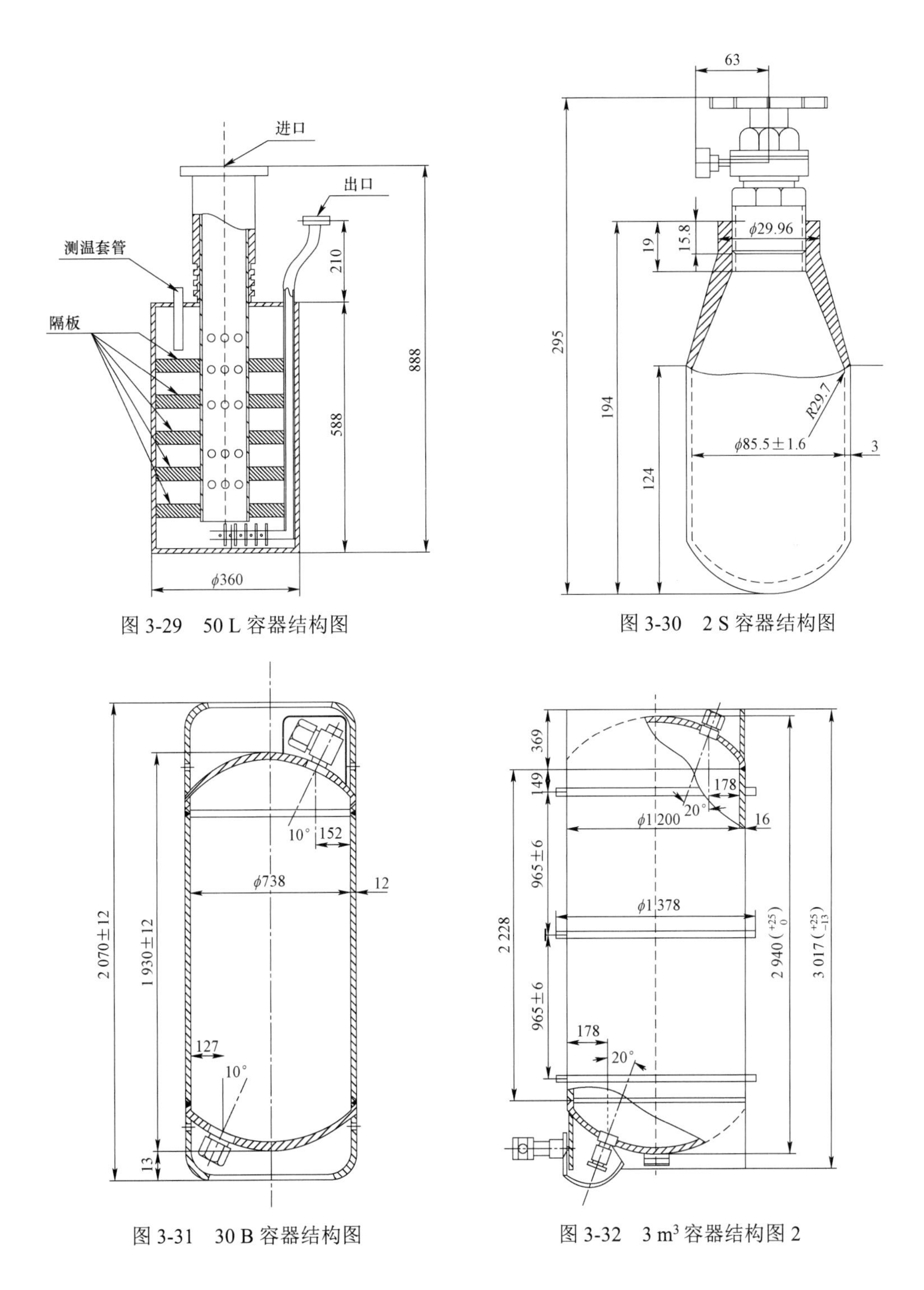

图 3-29　50 L 容器结构图

图 3-30　2 S 容器结构图

图 3-31　30 B 容器结构图

图 3-32　3 m³ 容器结构图 2

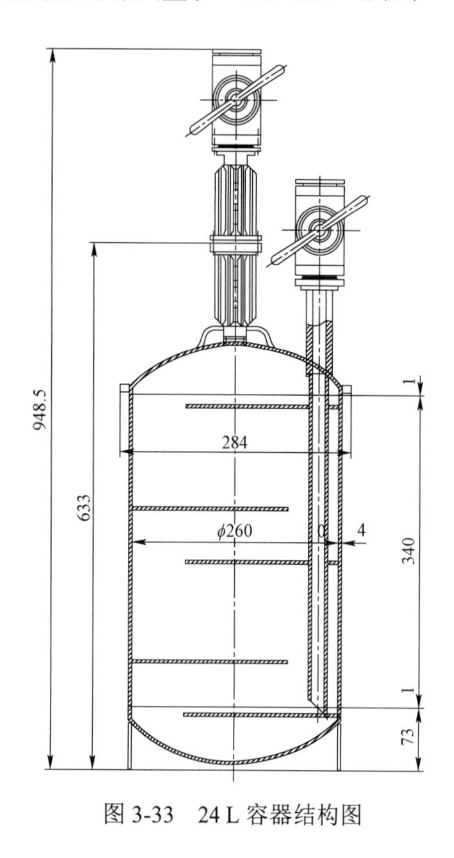

图 3-33　24 L 容器结构图

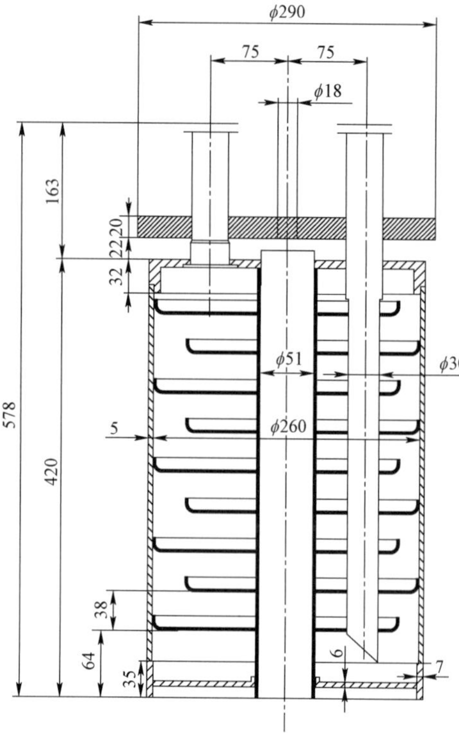

图 3-34　20 L 容器结构图

3.6.4　常用 UF_6 容器使用与维护事项

3.6.4.1　外观检查

在加热前、容器还是冷的、内压低于大气压时，重要的是：要全面地检查容器的缺陷。在容器加热状态下和容器压力超过大气压时，这些缺陷可能会引起一些问题。若检查发现阀杆损坏、弯曲或严重扭曲，在加热之前必须更换。称重核实容器的装料量不超过装填限值。

3.6.4.2　加热容器

当容器阀门处于关闭状态或者容器连接管线上没有安装可减压的压力监测系统，决不能加热 UF_6 容器。冷容器在第一次加热时，必须与其他容器隔离。如果将冷容器阀门接到其他热容器的连接管上时，则热 UF_6 就会冷凝在冷容器中的固体 UF_6 表面上导致装填过满。

当加热设备开始进入工作状态时，应密切观察容器的压力表，以确定压力是在上升着。如果压力不增加，应停止加热，因为这种情况说明金属软管被堵塞，或者容器阀门没有打开或被堵塞了。

加热过程中应监测容器的压力。出现任何一种高压报警指示都要中断加热。

3.6.4.3　UF_6 容器装填限值

运输和贮存要使用许多不同尺寸的 UF_6 容器。这些容器的安全装填限值必须符合该容器的内部容积、UF_6 在特定温度下的密度，以及最高温度下容器中液体上面的空间体积或气体体积。

当 UF_6 从固态变成液态时，其体积将呈现显著的膨胀。从 21 ℃的固体到 112 ℃的液体，其膨胀系数约为 1.53，体积增加了 53%。液相的高膨胀系数，使得液相状态下的 UF_6 体积远大于固相下的体积，如果继续加热，则容器容易因液压过大而破裂。为了避免可能发生的液压破裂，装填过满的容器决不应随意加热，同时也不应将装料合理的容器过度加热。

为避免容器过量充填，总结出以下几条注意事项：

1）工作人员确实了解本容器的装填限值；

2）对容器内物料量有精确的重量称量；

3）加热容器前，要测量冷容器的蒸汽压力，以确定挥发性杂质的存在量；

4）要符合容器铭牌上标明的规范。

3.6.5　储气罐

供料净化系统有一台 1.55 m^3 储气罐，作为缓冲容器增大容积，净化时根据储气罐压力变化来判断净化是否合格。

精料净化系统有两台 1.5 m^3 储气罐，净化时夹杂着轻杂质的物料经过制冷柜冷凝，HF 气体被 NaF 吸附塔吸附，空气进入储气罐，根据储气罐压力变化量来计算空气漏量。

零位系统的储气罐用来储存气体，防止泵频繁启停。

储气罐结构图如图 3-35 所示。

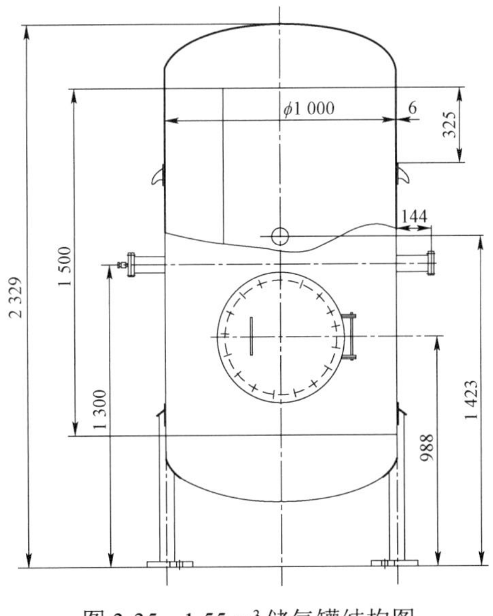

图 3-35　1.55 m^3 储气罐结构图

3.7　吸附塔及过滤器

3.7.1　吸附塔

铀浓缩生产过程中，不可避免会产生一些 HF 气体，必须将其进行收集处理。目前，铀浓缩工厂是采用低温冷冻小容器技术收集 HF 气体，此技术在收集绝大多数 HF 气体的同时也会收集少量的 UF_6 气体。目前收集 HF 气体的小容器主要采用水解、碱洗的湿法工艺处理小容器，然后对这些水洗液再进行离子交换树脂处理，此工艺虽然简单且比较成熟，但是由于 HF 在水解过程中会放出热，同时将产生含铀和氟废液，这样就加大了废液的处理难度。再者 UF_6 作为宝贵的核燃料产品，具有一定的经济价值，直接水洗会造成极大的浪费。同时采用低温冷冻小容器技术收集 HF 气体需要用到液氮，且实际液氮消耗量较大，导致净化能耗偏高。

目前 NaF 吸附 HF 的方法已广泛应用于很多工业生产中。利用的原理如下：

$$NaF + HF \rightarrow NaHF_2$$

上式为可逆反应，当温度为 20～80 ℃正反应占绝对优势，只有当温度为 250 ℃以上时逆反应才占优，因此 NaF 可反复吸附、脱附，循环利用。由于 NaF 可循环利用，使用成本较低，也不会增加固态废物产生量。铀浓缩厂房温度显然在 20～80 ℃范围内，对 NaF 吸附 HF 最为有利。资料表明：在温度较低、压力较低、流量较小的条件下，氟化钠对氟化氢的吸附率能达到 99%以上。

表 3-26 吸附塔技术参数

吸附塔技术特性	
依照标准及规范	GB150-1998《钢制压力容器》
容积	150 L
吸附工作压力：	–0.1 MPa～6.7 kPa
脱附工作压力 吸附工作温度	0.19 MPa 常温
工作介质	六氟化铀、氟化氢、氟化钠颗粒（高度危害）
脱附工作温度 腐蚀裕量 设计温度 设计压力：	≤400 ℃ C_2 = 3 mm 400 ℃ 0.3 MPa（–0.1 MPa 校核）
工作介质	六氟化铀、氟化氢、氟化钠颗粒（高度危害）
脱附工作介质：	压缩空气（无毒）
外形尺寸： 主要元件材料： 气密试验	～436 × 518 × 1 351（mm） Q345R（正火）、16 MnIV、Q345C 试验压力 0.3 MPa
水压试验压力：	0.57 MPa
真空密封试验	漏率≤10^{-6} Pa · m^3/s
设计使用年限：	8 年

吸附塔结构示意图见图 3-36。其中内管为盛装吸附 HF 气体用的 NaF 小球；内管与筒体之间的间隙作为气体通过的流道；进口法兰和出口法兰在使用时与系统相关法兰连接。

利用 NaF 在一定条件下对 HF 具有良好的吸附效果，吸附后生成的 $NaHF_2$ 在加热至 250 ℃时，可分解为 HF 和 NaF，以实现 NaF 的循环利用。使用时将该装置进口法兰和出口法兰连接在系统中的相关法兰上，混合气体先经深冷装置收集 UF_6 气体，然后在系统末端真空泵作用下由进口接管进入内筒被 NaF 小球吸附，为了达到最佳吸附效果可以采用多台吸附塔串联使用。吸附塔吸附达到饱和后将其置于专用设备中将吸附的 HF 气体脱附，脱附完成后可以重新投入系统中使用。

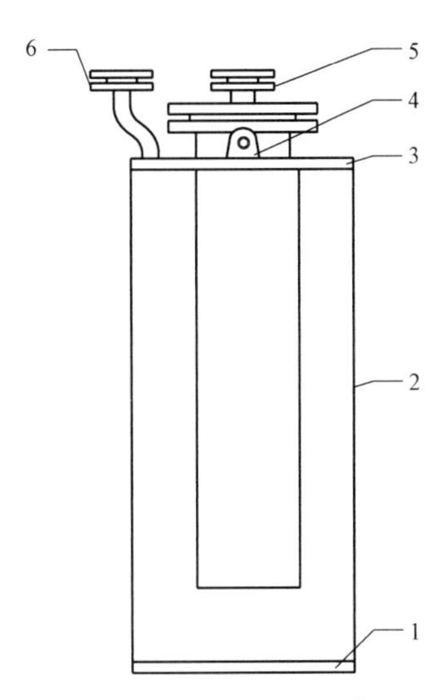

图 3-36　吸附塔结构示意图

1—下封头；2—筒体；3—上封头；4—吊耳；5—进口法兰；6—出口法兰

3.7.2　过滤器

供取料厂房过滤设备有三种，分别是供料过滤器、供料净化及精料净化用的小型过滤器、气溶胶过滤器，下面逐一详解这三种过滤器。

3.7.2.1　供料过滤器

供料过滤器安装在压热罐或加热箱 3 m^3 容器出口之后、供料保温箱入口之前的位置，其作用在于阻挡原料中的微小（不挥发的微小）颗粒物随气流运动进入调节阀、主机、补压机、调节器及旁通阀、料流孔板、罗茨泵等工艺设备，避免引起这些设备故障或损坏，保证系统的稳定运行。

过滤器的设计简图及部分尺寸见图 3-37。

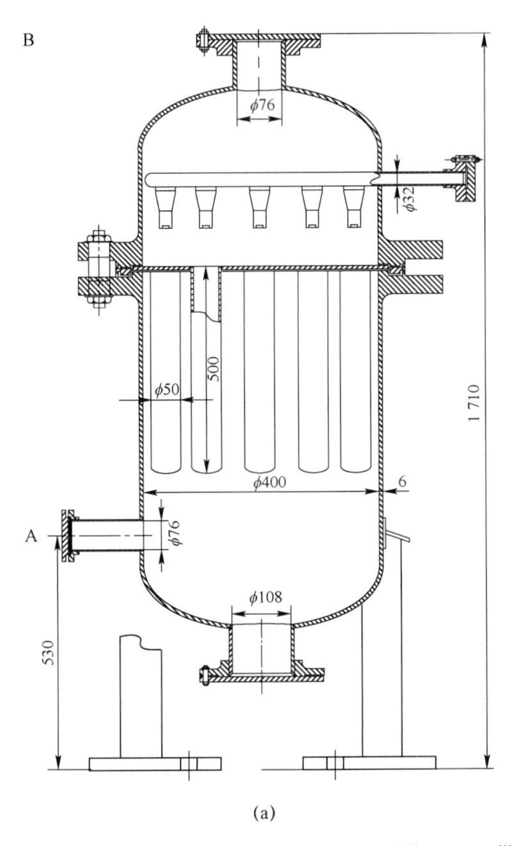

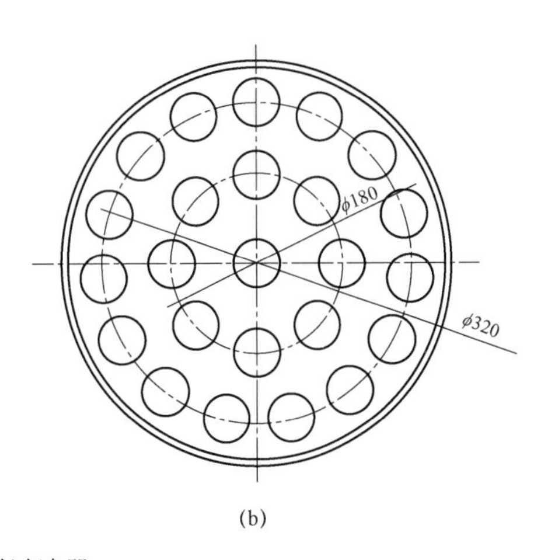

图 3-37　供料过滤器

（a）剖面图；（b）过滤管压盖

过滤管是过滤器最重要的部件，每台过滤器有 24 根烧结陶瓷过滤管，每根过滤管上部对应一个金属喷头。运行过程中原料气流流向为下进（A 口）上出（B 口），如发现进出口压差过大，可判断为过滤管表面有附着物堵塞，可在 C 口接入一定压力的氮气经喷嘴加速后对过滤管进行反吹扫，去除附着在过滤管外表面的颗粒物。过滤器外表涂敷 W06-31 淡红有机硅耐热底漆二层；W61-32 铝粉有机硅耐热漆二层（保温壳表面部分不涂）。固定保温层厚度 45 mm，保温材料为硅酸铝毡，保温壳为镀锌板，厚度为 0.8 mm。

过滤器的主要技术参数及特性见表 3-27。

表 3-27 供料过滤器设计参数

技术要求与技术特性	
依照标准及规范	1. GB150-1998《钢制压力容器》
	2. EJ190-94《钢制产品容器技术条件》
	3.《压力容器安全技术监察规范》
容积	0.15 m^3
工作压力	1.3 Pa（绝压）～0.9 MPa
工作温度	90 ℃
工作介质	气态 UF_6，微量 HF
过滤面积	1.63 m^2
腐蚀裕量	2 mm
主要受压元件材料	Q345R
外形尺寸	～ϕ596 × 1 730 mm
气密试验	试验压力 0.9 MPa
真空密封试验	抽空至 133 Pa 时，漏量不超过 6.65×10^{-6} Pa • m^3/s
重量	本体重 273 kg，含保温层总重 319 kg
过滤管材质	烧结陶瓷过滤管
过滤管型号	A1-50-500 F2400G30
过滤管数量	24 根

3.7.2.2 金属陶瓷过滤器

供取料厂房金属陶瓷过滤器其作用在于阻挡固体颗粒物进入真空泵泵腔，造成泵的转子卡死。金属陶瓷过滤器的设计简图和部分尺寸见图 3-38。

该过滤器气流方向为下进上出，过滤管材质与供料过滤器一样同为陶瓷过滤管，具有反吹扫功能但内部没有吹扫喷头，各供取料厂房均使用规格、型号统一的金属陶瓷过滤器，其主要技术参数及特性见表 3-28。

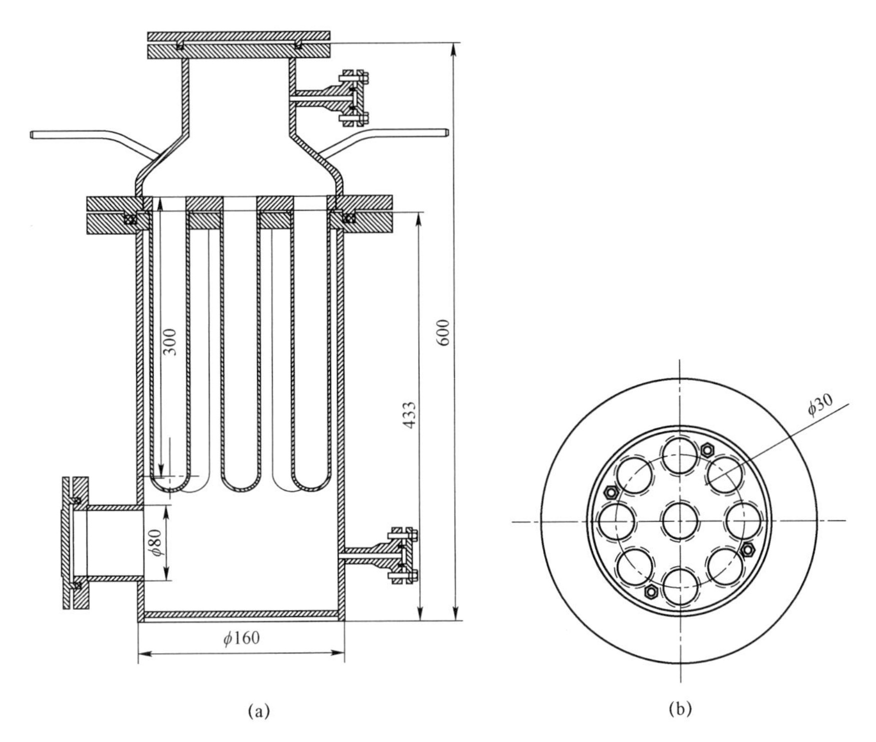

图 3-38　小型过滤器

（a）剖面图；（b）过滤管压盖

表 3-28　金属陶瓷过滤器设计参数

技术要求与技术特性	
依照标准及规范	GB150-1998《钢制压力容器》
容积	7.6 L
工作压力	0.02 mmHg（绝压）～常压
工作温度	常温
工作介质	空气、微量腐蚀性气体、固体颗粒物
过滤面积	0.28 m^2
主要受压元件材料	06Cr19Ni10
外形尺寸	～320 × 244 × 600 mm
真空密封试验	抽空至 133 Pa 时，漏量不超过 1.33×10^{-7} Pa · m^3/s
过滤管型号	A1-30-300 F2400G30
过滤管数量	9 根
重量	37 kg

3.7.2.3　气溶胶过滤器

气溶胶过滤器是一管式过滤装置，安装在供取料厂房真空泵出口尾气总管至局排的尾气管上，其作用为捕集尾气中绝大部分的 UF_6 气溶胶、HF 气溶胶及真空泵油气溶胶，保护环境，达到清洁化生产。其捕集的效率不低于 95%。其设计简图见图 3-39。

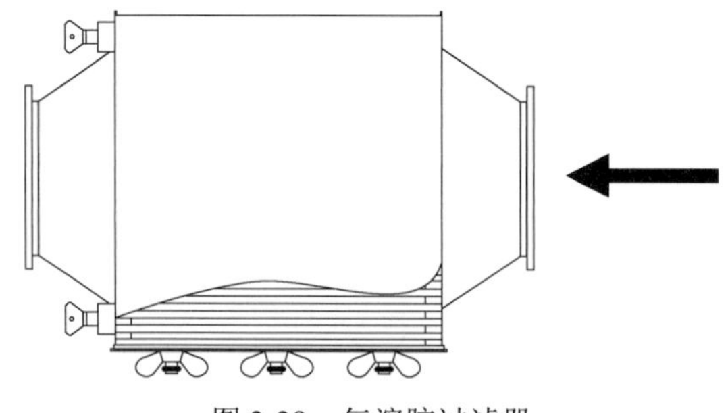

图 3-39 气溶胶过滤器

气溶胶过滤器对安装方向有要求，安装时要保证使用时气流的方向与图中箭头指示方向一致，才能达到良好的过滤效果，其技术参数与特性见表 3-29。

表 3-29 气溶胶过滤器

技术要求与技术特性	
过滤面积	5 m^2
风量	216 m^3/h
设计压力、温度	常压、常温
工作介质	浓度很低的 UF_6 气体、HF 气体
过滤效率	≥95%
主要材料	玻璃纤维滤纸、Q235-A（壳体）、06Cr19Ni10（滤芯）、3A21（框架）
外形尺寸	705 × 483 × 516 mm
重量	55.3 kg

3.8 供料及取料装置

浓缩工厂主要的供料装置有：为供料容器提供热量的加热设备（压热罐或加热箱）和控制供料压力的供料调节阀。精、贫料取料系统均采用增压风冷收料方式，取料装置主要由冷风箱、增压泵。

3.8.1 压热罐

3.8.1.1 工作原理

压热罐严格按照 GB150-89《钢制压力容器》进行制造和验收，并接受《压力容器安全技术监察规程》的监察。控制压热罐的电加热器，分三组按星形接线法接线，每组 10 根，总功率为 25.5 kw，用以实现对其内供料容器的加热，使容器内的固态 UF_6 不断升华为气体而流向级联。

3.8.1.2 设备参数

容积≤19 m^3；工作介质：空气（干燥无油）、UF_6（事故状态）；设计压力：1.1 MPa；设计温度：120 ℃；焊缝系数：C_2 = 2 mm；主要材料：16 MnR，16 Mn；容器类别：三类；

加热功率：30×0.85=25.5 kW；风机：转速 710/1 450 r/min，功率 0.5/1.5 kW，风量 4 597 m^3/h，风压 506 Pa，外形尺寸 600×2 860×2 700 mm；外表面涂层：淡红有机硅耐热底漆两层，草绿色有机硅耐热漆两层；内表面涂层：淡红有机硅耐热底漆两层，铝粉有机硅耐热漆两层。

3.8.1.3 设备组成及作用

压热罐由罐体、罐盖、轴承座、旋臂、管道组件、电伴加热器、内外隔板、风机及电机、拖车、支架、接线装置、导轨、挡板等部件组成，如图 3-40 所示。最大容积 19 m^3，自重 11 t，每个压热罐内可以安装一台 3 m^3 供料容器。

压热罐尾部装有循环风机，其所用双速电机可长期在 120 ℃的环境下运行，通过风扇使压热罐内空气流动，从而使容器均匀受热，风机转向由罐口向内看顺时针运转。

压热罐内安装有温度控制开关，它的加热可由温度或压力由控制室进行远程距离控制，现场也设有玻璃温度计，可观察压热罐内的温度，最大温度为 120 ℃。罐体与罐盖咬合灵活，每对齿咬合接触面积≥70%，转动部位涂润滑脂，且完全咬合后联锁球阀处于完全关闭状态。

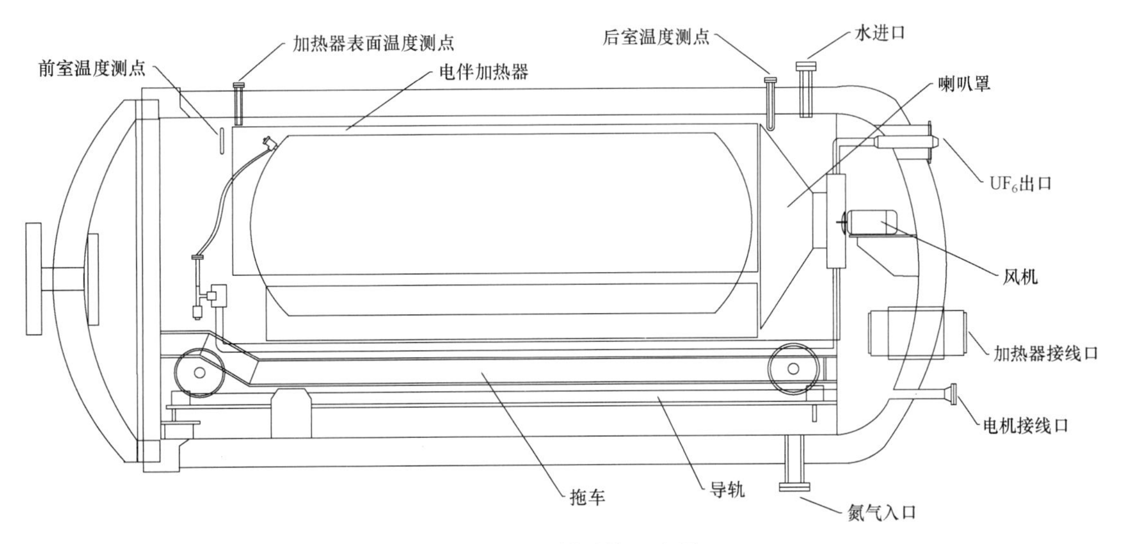

图 3-40 压热罐结构示意图

压热罐保温层敷设厚度为 100 mm，材料为聚氨酯泡沫塑料，涂有淡红有机硅耐热底漆两层、铝粉有机硅耐热漆两层。保温外壳厚度 1 mm，材料为防锈铝箔板，涂有淡红色有机硅耐热底漆两层、草绿色有机硅耐热漆两层。罐体 A 类和 B 类焊缝 100%射线探伤符合 GB3323-87《钢熔化焊对接接头射线照相和质量分级》中 II 级标准，所有承压焊缝均已焊透。罐盖两密封圈之间真空试验合格（抽空至 133 Pa 以下，ΔP≯1 Pa/30 min）。

压热罐内有轻便运料小车，通过铁轨让容器方便地进出压热罐。当容器工作时，因其破损或连接管破损时，则应立即停止加热，且可通过卸料连接管向事故卸料装置转移物料。若有其他容器损坏需处理时，也可放入压热罐内进行。

3.8.2　加热箱

3.8.2.1　工作原理

加热箱实现的功能与压热罐基本相同，即把容器中固态的 UF_6 加热升华成气态，并供入离心级联。工作时电加热丝产生热量，由内循环风扇将热量送至容器表面，从而加热容器。

3.8.2.2　加热箱示意图

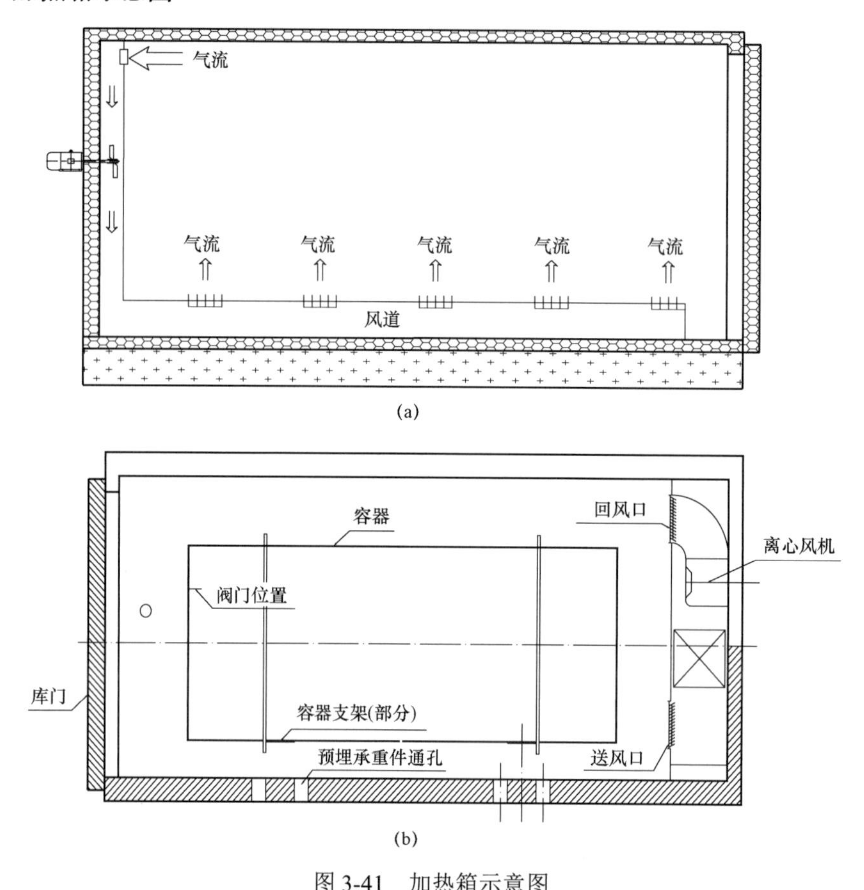

图 3-41　加热箱示意图

（a）加热箱气体流向示意图；（b）加热箱结构示意图

3.8.2.3　加热箱的基本结构

加热箱由箱体和控制柜两大部分组成。箱体主要由工作室、盖板、加热器、循环风机、操作窗等组成。箱体为拼接式结构，所有箱体材料均为白色彩钢板，保温层为阻燃聚氨酯发泡材料；盖板为单扇顶开式，上装有 4 个吊环，用于对容器调运及箱体密封；箱门密封采用双层耐温软态硅橡胶封条；前端操作窗保温小门 2 扇，用于对容器操作，箱体内放置 3 m^3 容器专用支架，还设有 2 套照明；加热器采用电加热管；箱体后端安装有 2 台、底部 1 台离心式循环风机，用于箱内设备温度均布；箱体上还安装有 1 个限位开关，用于监测及反馈箱体盖板信息；控制柜用于对加热箱内空气温度、压力、加热器温度、容器表面温度、容器中部温度的监测及控制，可在控制面板上对容器加热参数及报警值进行设置；箱内装有 6 个 PT100 型温度传感器，其中回风温度、加热器温度、容器表面温度各 2 个，另外还有一个压力变送器，监测箱体内压力。这些设备均为现场控制及 DCS 系统提供信号。

加热箱采用 2 组 7.5 kW 电加热器进行加热，通过箱体底部 1 台风机将热源经导流槽均匀吹至上部，再通过后端的 2 台循环风机将热空气充分流动交换，使容器温度变化，达到要求加热温度。

3.8.2.4　加热箱技术参数

加热箱是用于对供料容器加热蒸发的一种专用加热装置，加热箱实现的功能与压热罐基本相同，即把容器中固态的 UF_6 加热升华成气态，并供入离心级联。可根据运行需要提供 30～100 ℃的温度环境，保证供料系统正常运行。加热箱主要技术性能见表 3-30。

表 3-30　加热箱技能参数表

类别	加热箱	加热箱
型号	TG/W119-2	TG/W119
安装功率	18 kW	≈17 kW
电源	380 V/50 Hz	
最高温度	100 ℃	RT+20～100 ℃
工作室尺寸	3 600×2 100×2 500	
所配电机型号	YSJ7124	
电机功率	370 W	
绝缘等级	E	F
电源	380 V/50 Hz	
电流	1.12 A	
转速	1 400 r/min	

设备组成：每套供料设备由 1 套加热箱、2 台供料过滤器、1 台保温箱、1 台气动或电动调节阀及相应的管道、阀门、自控仪表等组成。加热箱由箱体和控制系统两部分组成，箱体结构形式为侧开门，供料容器通过轨道运输车运进、运出加热箱。加热箱内设有容器支架及轨道，箱体内轨道与轨道运输车的小车运行轨道搭接。

3.8.3　冷风箱

冷风箱用于给收料容器提供低温环境的制冷设备。在各供取料厂房精贫料收料和供料净化工序中使用，为供取料厂房关键设备之一。

3.8.3.1　工作原理

冷风箱制冷系统所选择的冷媒为 R404A。其制冷原理利用制冷介质的蒸发潜热从空气中吸热而实现制冷。压缩机为制冷系统的动力来源，利用压缩机增加系统内制冷剂的压力，使制冷剂在制冷系统内循环。开始时压缩机吸入蒸发制冷后的低温低压制冷剂气体，然后压缩成高温高压气体送入冷凝器；高压高温气体经冷凝器冷却后使气体冷凝变为常温高压液体；当常温高压液体流入膨胀阀，经节流成低温低压的湿蒸气，流入蒸发器，从空气中吸热，经过风道系统使冷风箱内温度冷却下来，蒸发后的制冷剂回到压缩机中，又重复下一个制冷循环，从而实现制冷。

蒸气制冷原理如图 3-42 所示，制冷剂从压缩机出口经冷凝器到膨胀阀前这一段称为制冷系统高压侧；这一段的压力等于冷凝温度下制冷剂的饱和压力。高压侧的特点是：制冷剂向周围环境放热被冷凝为液体，制冷剂流出冷凝器时，温度降低变为过冷液体。从膨胀阀出口到进入压缩机的回气这一段称为制冷系统的低压侧，其压力等蒸发器内蒸发温度的饱和压力。制冷剂的低压侧段先呈湿蒸气状态，在蒸发器内吸热后制冷剂由湿蒸气逐渐变为气态制冷剂。

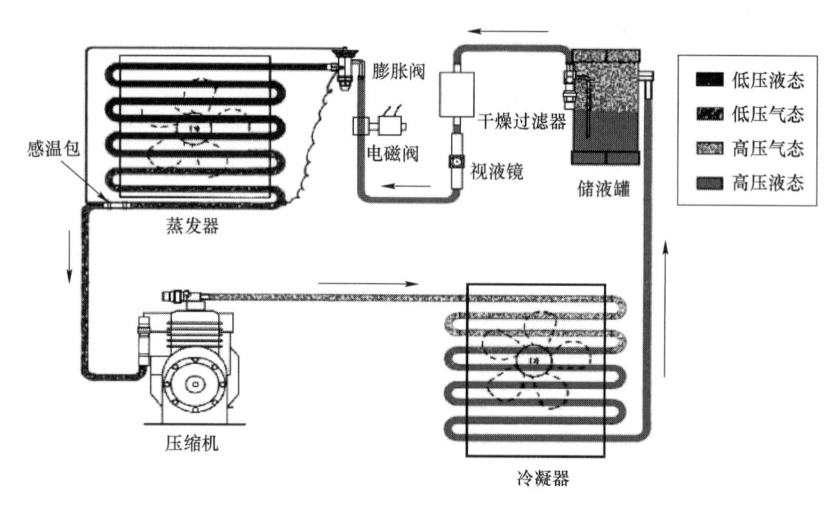

图 3-42　制冷系统原理示意图

到蒸发器的出口，制冷剂的温度回升为过热气体状态。过冷液态制冷剂通过膨胀阀时，由于节流作用，由高压降低到低压；同时有少部分液态制冷剂汽化，温度随之降低，这种低压低温制冷剂进入蒸发器后蒸发吸热。低温低压的气态制冷剂被吸入压缩机，并通过压缩机进入下一个制冷循环。上述循环过程依次不断循环，进而达到制冷的目的。

3.8.3.2　设备组成及作用

冷风箱由压缩机、冷凝器、膨胀阀、蒸发器、电磁阀、干燥过滤器、毛细管、逆止阀、储油罐、油分器、压力表、高低压控制器、电接点水压控制器、视液镜、电加热器、手动截止阀、铜管及控制系统等组成，控制系统部件主要有 PLC（可编程逻辑控制器）或工业电脑、触控板、超温保护控制器、排气温度保护控制器、接触器、继电器、稳压电源、可控硅、加热丝、照明灯、接线盘、蜂鸣器、空气开关等组成。

箱体采用板材拼接而成，板材外壁为冷轧钢板静电喷塑，内壁为不锈钢板，中间保温材料为硬质聚氨酯泡沫，板材与板材之间接缝处涂有密封胶。箱体前部为收料容器放置空间，后部为空气热交换通道。箱门上有电热中空钢化玻璃观察窗，箱内有照明灯，门框及箱柜的四周埋有电热丝，可防止低温试验时表面凝露结霜。

空气热交换通道由离心风机、空气调节通道支架及盖板等组成。加热电丝（安插在蒸发器内）、霜水管道和蒸发器均位于通道内部。设备采用强制空气对流的方法来进行热量的传递，以保证试验空间的温度均匀性。置于通道顶部的离心风机是空气循环流动的动力源。空气从通道底部进入通道，经过蒸发器或加热器进行热量交换后，在风机的作用下，由通道顶部出风口进入箱体空间，冷风箱系统结构简图见图 3-43 所示，冷风箱箱体结构如图 3-44 所示。

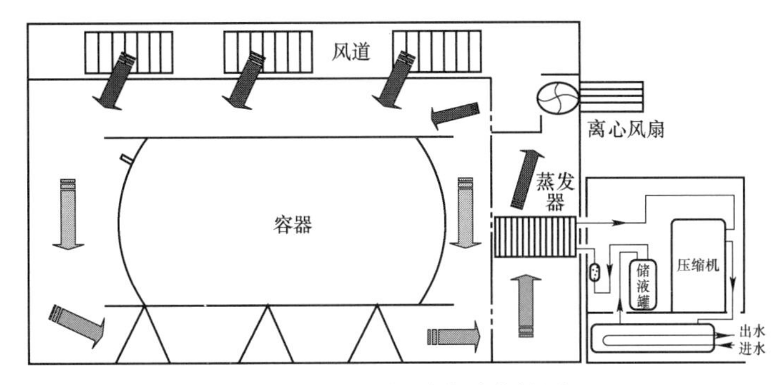

图 3-43　冷风箱系统结构简图

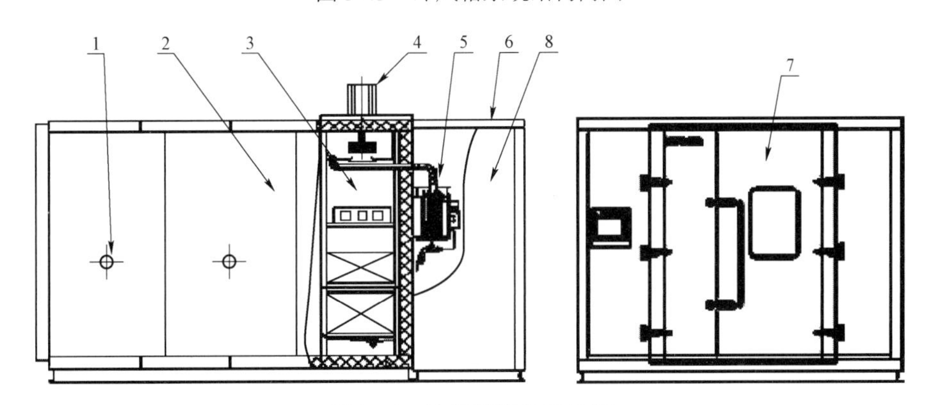

图 3-44　冷风箱箱体结构图

1—引线孔；2—室体；3—调节通道部分；4—风机马达；5—加湿锅炉；6—制冷部分；
7—大门；8—电气部分和控制面板部分

空气循环系统的空气调节通道设于主箱体正后方，它由离心风机、空气调节通道、支架及盖板等组成。

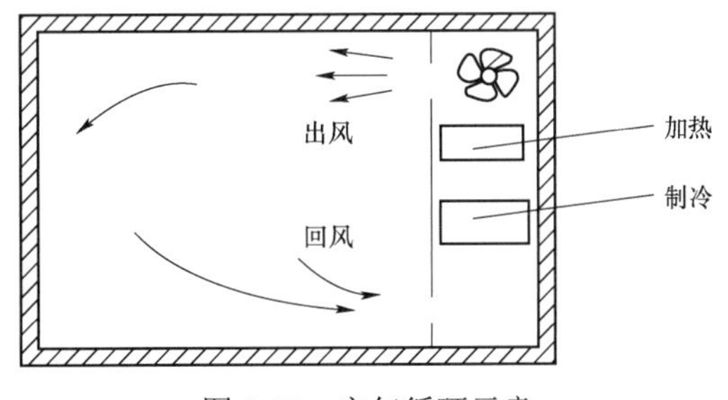

图 3-45　空气循环示意

设备采用强制空气对流的方法来进行热量的传递，以保证试验空间的温度均匀性。置于空气调节通道顶部的离心风机是空气循环流动的动力源。空气从调节通道底部进入通道，经过蒸发器和加热器进行热量交换后，在风机的作用下，由通道顶部出风口进入箱体空间。如图 3-45 所示。

3.8.3.3 工作原理

制冷剂在蒸发器内流动吸收热量，并不断蒸发，当到达蒸发器出口时全部变为气体，被吸入压缩机，经过压缩后的气体进入油分离器内，油被分离后的气体进入冷凝器冷凝为饱和液体，放出的热量被冷却水带走，再经干燥过滤器除去水分和杂质，经膨胀阀进入蒸发器，蒸发吸热，进行循环。如图3-46所示。

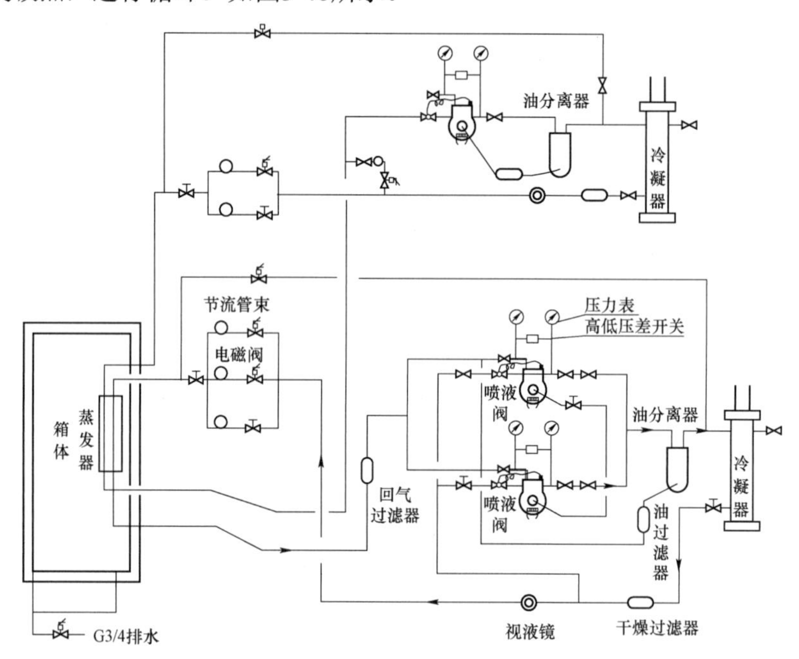

图 3-46 冷风箱制冷原理图

3.8.3.4 冷风箱制冷系统

冷风箱制冷系统采用的压缩机主要为活塞式压缩机和涡旋压缩机，两种压缩机及其构成的制冷系统简介如下。

（1）活塞式压缩机

由图 3-47 活塞式压缩机所示，工作腔部分：是直接处理气体的部分。它包括：气阀 5、汽缸 6、活塞 7 等。传动部分：把电动机的旋转运动转化为活塞往复运动的一组驱动机构，包括连杆 1、曲轴 2 和十字头 10 等。机身部分：用来支撑（或连接）汽缸部分与传动部分的零件，此外，还有可能安装有其他附属设备。辅助设备：指除上述主要的零部件外，为使机器正常工作而设的相应设备。

把一台或几台活塞式制冷压缩机、冷凝器、风机、油分离器、贮液器、过滤器及必要的辅助设备安装在一个公共底座或机架上，所组成的整体式机组叫活塞式压缩冷凝机组。

活塞式压缩冷凝机组系统结构比较简单，维修方便，被广泛应用于冷藏库、冷藏箱、低温箱、陈列冷藏柜等制冷装置中。根据不同用途和制冷量选定相应型号机组后，只需配置膨胀阀、蒸发器及其他附件，即可组成完整的制冷系统。

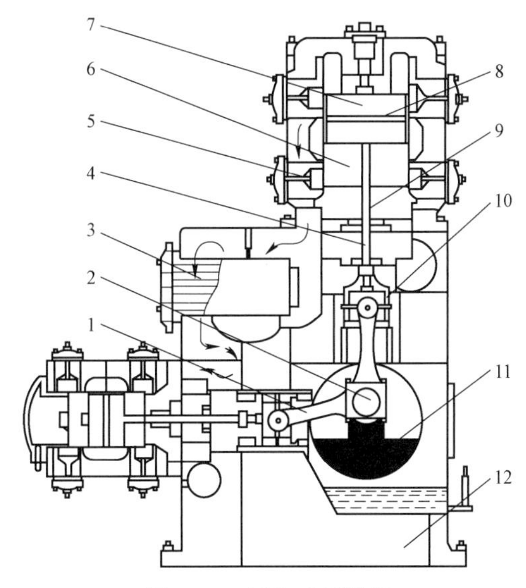

图 3-47　活塞式压缩机

1—连杆；2—曲轴；3—中间冷却器；4—活杆；5—气阀；6—气缸；7—活塞；8—活塞环；9—填料；10—十字头；11—平衡重；12—机身

（2）涡旋式压缩机

涡旋式压缩机由定盘、动盘、防自转滑环、轴承、机架、曲轴、电机、壳体等部件组成。当动盘围绕定盘中心作平面运动时，完成吸气、压缩、排气三个过程。每三周完成一个工作循环。其工作过程简图如图 3-48 涡轮压缩机工作简图。

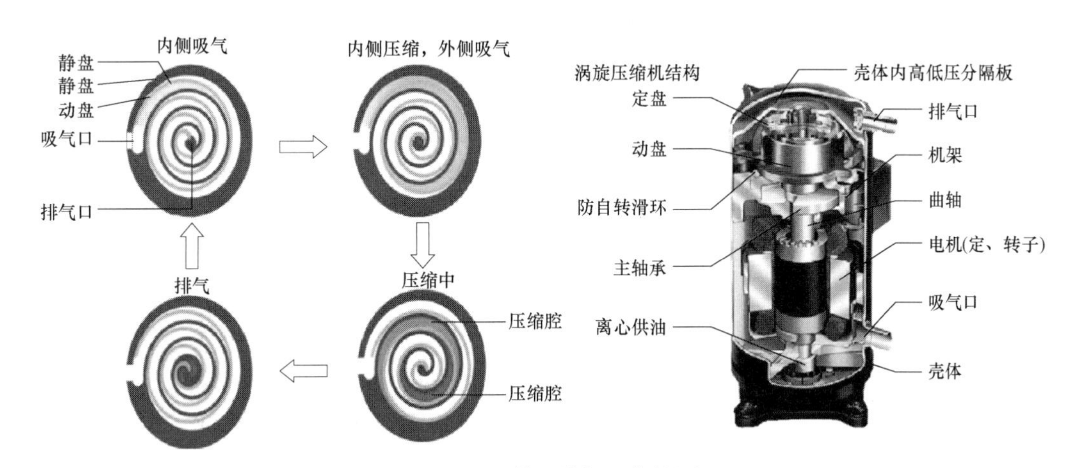

图 3-48　涡轮压缩机工作简图

涡旋压缩机特点：结构简单、体积小、重量轻。（与活塞压缩机比：零件减少 90%、体积减小 40%、重量减轻 15%）无吸、排气阀。（减少了易损件，降低吸排气阻力损失，降低噪音与振动，易于实现变转速）无余隙容积。（容积效率提高）不直接接触，采用油膜密封。（摩擦损失小，机械效率高）冷风箱制冷系统冷凝器主要采用壳程式换热器和板式换热器。

1）壳程式换热器

壳程式换热器大多为筒形，内部有两种介质的通道。一种介质在换热器内部 U 型管内流动，这个空间称为管程；另一种介质在换热器管外部和筒体之间的空间流动，称为壳程。一般来说，水、水蒸气或强腐蚀性流体、有毒性的流体、容易结垢的流体以及高压操作的流体走管程；而冷凝蒸汽、烃类冷凝和再沸、黏度大的流体走壳程。所以，目前使用的冷风箱制冷回路中均是制冷剂走壳程，冷却水走管程。

2）板式换热器

板式换热器是按一定的间隔，由多层波纹形的传热板片，通过焊接或由橡胶垫片压紧构成的高效换热设备（如图 3-49 板式换热器示意图）。按其加工工艺分为可拆式换热器和全焊接不可拆式换热器，半焊接式换热器是介于两者之间的结构，即两种流体作为相对独立的结构体进行组装的。板片的焊接或组装遵循两两交替排列原则组装时，两组交替排列。为增加换热板片面积和刚性，换热板片被冲压成各种波纹形状，目前多为 v 型沟槽，当流体在低流速状态下形成湍流，从而强化传热的效果，防止在板片上形成结垢。板上的四个角孔，设计成流体的分配管和泄集管，两种换热介质分别流入各自流道，形成逆流或并流通过每个板片进行热量的交换。

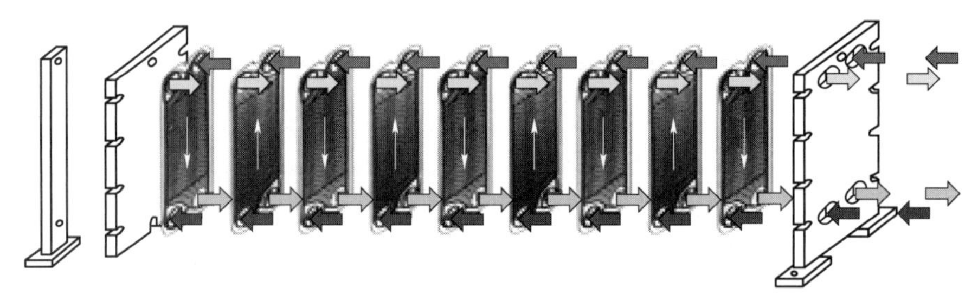

图 3-49　板式换热器示意图

其优点：1）体积小，占地面积少；2）传热效率高；3）组装灵活；4）金属消耗量低；5）热损失小；6）拆卸、清洗、检修方便。

板式换热器缺点是密封周边较长，容易泄漏，适用温度较低，承受压差较小，处理量较小，一旦发现板片结垢必须拆开清洗。

3.8.3.5　设备操作系统

（1）报警指示

当以下报警发生时，仪表控制系统自动切断执行器电源，并弹出对应的报警画面，消除故障复位后，须重新“运行”，设备才会重新启动。

超温：当试验温度超过超温保护设定温度时。

超压：当制冷系统超压时。

过载：当制冷系统过载时。

风机过载：当风机过载时。

相序保护：相序错误或缺相时。

注：当以上报警时，控制线路同时切断执行系统（风机、压缩机，加热器）电源，蜂鸣器鸣响。

（2）控制器按钮

“电源”按钮控制电源：拨动此开关，控制系统电源接通工作。

“照明”开关：向上按下此开关，工作室内照明灯亮。

“超温保护设定”：用于设定超温保护值，通常设定在温度 50 ℃。

（3）温度控制仪

1）设备运行

在此画面中，直接设置所需要的温度值，再按启动，确定后设备就进入运行状态。

注：负数的设定要先输入数值再输入负号。

2）在运行画面按除霜键进入除霜的选择画面

除霜分为手动和自动除霜，先在除霜未启动时选择好除霜模式：

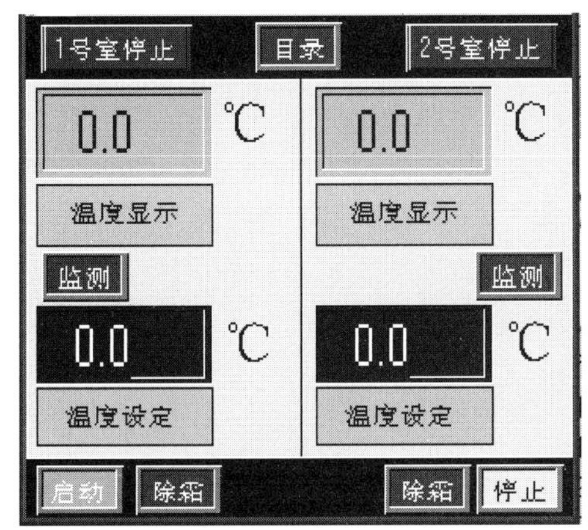

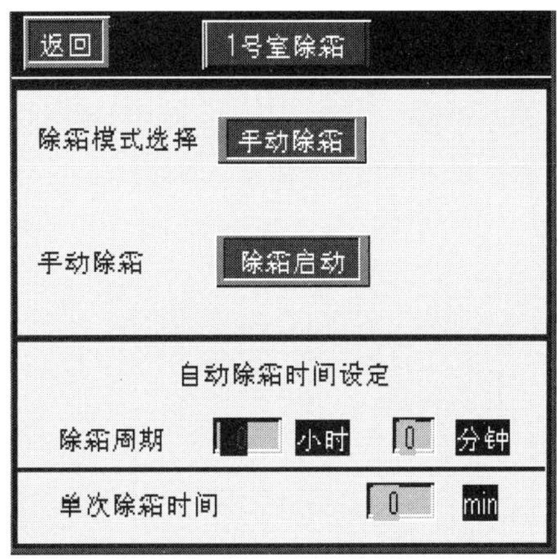

图 3-50　冷风箱除霜面板图

手动模式：直接按除霜启动或除霜停止进行操作。

自动模式：选好自动模式后，将自动除霜时间设定好，自动除霜时间是指设备运转多长时间进行一次除霜，单次除霜时间是指每次进行除霜的时间。

注：手动除霜在进行时，除霜模式不能切换。自动除霜进行时，手动除霜也不能操作。

（4）冷风箱的启动前检查内容

检查箱体内容器状态、保温及电伴加热正常，可靠关闭大门；

检查控制面板信号指示正常，无报警信号；

检查超温报警、制冷温度、除霜时间等参数设定正常；

检查冷却水进出口阀打开，水压（流量）正常；

检查系统压力正常；

控制室确认冷风箱状态正常。

（5）冷风箱的启动后及运行时注意事项

启动冷风箱后确认压缩机、风机运行正常；启动 5 分钟内检查冷却水进回水温差正常；

检查压缩机油位正常；温度下降速度正常直至设定温度；检查器壁、1 英寸阀电伴加热工作情况；检查压缩机排气温度及入口结霜情况；检查压缩机吸排气压力；定期检查运行温度及除霜工作情况。

运行中必须开门时，先停机再开门，开关门的动作应平缓，以免给箱门和密封带造成永久性损伤，尽量缩短开门时间。关门后运行半小时后增加除霜一次。

使用完毕后，应保持箱内的清洁和干燥。

设备如长期停机不用，应切断供电电源，并定期给设备通一下电。

（6）冷风箱的停机

正常停车后手动除霜 40 分钟；在控制面板按“停止”键，停止设备的运行；关闭冷凝器进水阀；若控制面板失灵，可按“紧急停车”按钮停车；如果运行温度远低于环境温度，尽量在箱内温度接近环境温度后再开大门。

3.8.4 制冷柜

供取料系统小型深冷装置（又称为制冷柜）按照制冷原理可分为两种，分别为复叠式制冷柜以及单级制冷柜，主要用于为物料净化过程中残余物料或 HF 等轻杂质的收集及临时储存提供所需的温度条件，应放置在地面平整、环境温度 15～35 ℃、湿度≤85%R.H、气压 86～106 kPa、无阳光或热源直接辐射、无强烈振动、无强烈气流、无腐蚀性气体及高浓度粉尘、无强电磁场影响的环境中，制冷柜放置地点应远离易燃、易爆、可挥发性、有腐蚀性的物品，四周留出足够的空间以便检修和空气流动通风。

3.8.4.1 工作原理

复叠式制冷柜工作室后面的风道里安装有制冷蒸发器、加热器、鼓风机风叶及温度传感器。制冷剂进入蒸发器，蒸发并吸收流经蒸发器的空气的热量，使其温度下降，然后经风机吹入风道中，如此周而复始，使工作室中的空气和物料降温，温度传感器将温度信号传给温度控制器，控制器将其与设定温度比较后输出控制信号，可精确控制加热功率，使制冷柜达到所需温度。单级制冷柜采用国际领先的混合工质制冷技术，用单压缩机即可实现低温制冷运转。制冷原理见图 3-51。

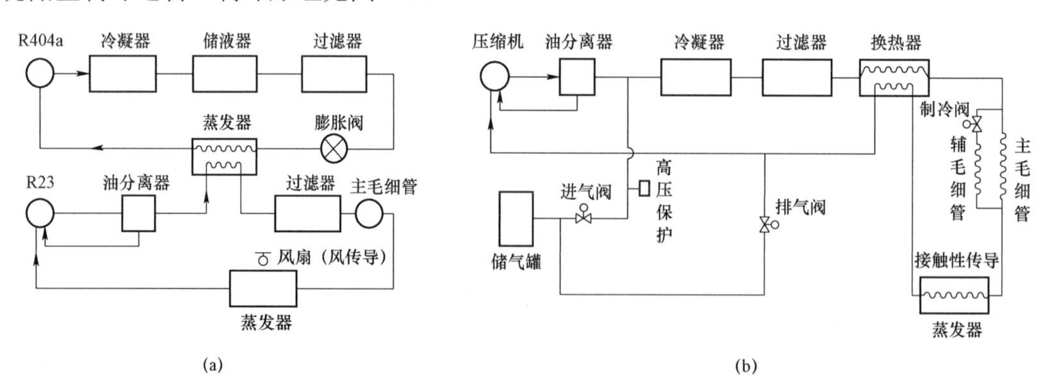

图 3-51　复叠式制冷柜工作原理图

（a）复叠式制冷原理图；（b）单级制冷原理图

3.8.4.2 设备参数

复叠式制冷柜工作室尺寸均为 500 mm × 500 mm × 600 mm、容积 50 L、温度范围−80～

80 ℃、温度偏差±2 ℃、传热方式为风冷、功率约 8 kW、电源 380 V±38 V、50 Hz、三相五线，内壁材料为 SUS304 不锈钢板，外壳采用冷轧钢板静电喷塑，工作室下部安装有风冷压缩机组，制冷介质 R404＋R23。

单级制冷柜工作室尺寸分别为 700 mm×1 020 mm×1 200 mm、850 mm×1 020 mm×1 400 mm，容积分别为 50 L、24 L，温度范围分别为–85～80 ℃、–170～80 ℃，温度偏差±2 ℃、传热方式均为金属接触换热、功率分别为 3 kW、6.5 kW，电源 380 V±38 V、50 Hz、三相五线，内壁材料为 SUS304 不锈钢板，外壳采用冷轧钢板静电喷塑，工作室下部安装有低噪音商用涡旋压缩机，制冷介质采用混合工质制冷剂。

3.8.4.3　设备操作系统

（1）复叠式制冷柜

复叠式制冷柜采用触摸屏进行控制，温度设定精度为 0.1 ℃，具有工作室超温、加热器短路、制冷机超压及过载保护功能，当发生超温（工作温度超过超温保护设定温度）、超压（制冷系统超压）、过载（制冷系统过载）、相序保护（相序错误或缺相）、风机过载报警时，仪表控制系统自动切断执行器电源，并弹出对应报警画面，消除故障复位后，须重新“运行”，设备才会重新启动。

复叠式制冷柜控制器上有“电源”控制按钮、“超温保护设定”开关以及温度控制触摸屏。拨动“电源”开关，控制系统电源接通工作；“超温保护设定”开关在控制面板上为一黑色拨盘，用于设定超温保护值，通常设定在大于工作温度 10 ℃；温度控制触摸屏初始画面有定值运行、系统参数、历史报警、历史数据四个选项，分别可以进入设备相应的功能区。定值运行界面中，先选择“启停控制”或是“PID 控制”，“PID 控制”直接设置所需要的温度值，再按启动，确定后设备就进入运行状态，“启停控制”请设定启停上下限温度值，再按启动，确定后设备就进入运行状态，一般选用“PID 控制”。

按下定值运行界面中的“除霜”键进入除霜设定界面，除霜模式分为手动及自动模式，直接按除霜启动或除霜停止进行操作为手动模式，自动模式是将自动除霜时间设定好，自动除霜时间是指设备运转多长时间进行一次除霜，除霜周期一般为 24 小时，单次除霜时间是指每次进行除霜的时间，一般为 60 分钟，手动除霜在进行时，除霜模式不能切换，自动除霜进行时，手动除霜也不能操作。

系统参数中的内容未经设备生产方同意不要轻易改变，否则设备可能运行会不正常，在设备有任何报警出现后，可以通过历史报警界面查看报警出现和消失的时间及报警类型。历史数据为每分钟记录一次，通过上下键可以对其进行查询，查看后可以根据需要按“清除”键一次，将历史数据记录清除。

（2）单级制冷柜

单级制冷柜采用了稳定可靠的工业级可编程逻辑控制器（PLC）和高精度 7″彩色人机界面（HMI），运行人员可以通过触摸屏进行简单的定点/程序运行设置，输入/改变运转参数，查看/维护系统信息。

系统上电初始化后触摸屏首先显示欢迎界面，界面中显示产品名称、型号、出厂编号以及控制系统版本信息，点击主页按钮即可进入控制系统主界面，主要包括工作主界面、设置中心、信息中心和辅助功能四个一级界面，各界面顶部一行为指示栏，显示界面名称，点击文字名称可查看系统信息和帮助信息，界面中部区域为功能区，信息显示及操作按钮都在此区域内，界面底部为切换按钮区，触击按钮可进入对应的界面。

工作主界面主要显示实际温度、目标温度、运行模式等信息，此界面还包括系统开关机、观察窗灯开关等功能；设置中心为设备运行参数设置界面，主要包括运行模式选择和报警参数设置等功能；信息中心汇集了所有与设备运行有关的信息，包括数据记录、报警记录、运行状态等信息；辅助功能界面包括打印功能、定时开关机以及系统维护等功能。

在每个工作界面的底部点击主画面按钮，即可进入工作主界面，点击主界面中的总开关按钮，弹出确认窗口，点击“OK”按钮确认，即可开机运行，启停开关上面的指示灯点亮，表示系统已开始运行。如要停机，再次点击开关按钮，在弹出的提示窗口确认即可停机。在每个工作界面的底部点击设置中心按钮，即可进入设置中心界面，在界面中可以选择定点运行和程序运行两种工作模式，运行人员在使用过程中，可以根据工作需要，灵活选择，即时切换。

在设置中心页面，轻按运转模式选择按钮，使定点按钮区域变为绿色，制冷柜即按照定点模式运转。轻点定点模式下方的按钮，即可进入定点温度输入/改变页面，轻按当前温度数字，屏幕上即弹出数字输入键盘。按动数字键，输入目标温度，按确认按钮，数字键盘退出，目标温度更新为设置值，定点温度设置完成。按确认键，退出定点温度设置，返回设置中心界面。在定点运转模式下，可以长时间的恒定在设定温度，运行人员可以随时改变目标温度，灵活的为制冷柜创造更精确的温度环境；

在设置中心页面，轻按运转模式选择按钮，使程序按钮区域变为绿色，制冷柜即进入程序模式运转。轻按程序模式下方的程序设置，即可进入程序定制页面，运行人员可以根据工作需要，输入程序号（1～5）、段数及循环次数，设置每段地目标温度、运行时间，轻按下一页按钮，进行第 6～10 段的设置，依次类推，共有 4 页设置界面。完成程序设置后，按确认键，退出程序模式设置，返回设置中心界面。在程序运转模式下，可以按照预先设定好的目标温度段、时间、循环次数等运行，无须运行人员干预。

运行人员还可以利用超温保护设置功能来设置系统的最高温度和最低温度，用于保护那些对温度敏感的部件，当系统的温度超过最高温度或者最低温度时，系统立即停机，或者根据用户预先的设置进行动作。在设置中心页面，按动超温报警模式选择按钮，如果“开启”区域变为绿色，则超温报警功能打开；如果“关闭”区域变为绿色，则超温报警功能关闭。在系统默认状态下，超温报警处于关闭状态。按动超温报警底部按钮，进入温度上下限设定页面。在其中输入高温上限和低温下限。高温上限必须高于目标温度，低温下限必须低于目标温度，否则，机器会不间断报警并动作。在进行程序运行时，最好将超温报警限设定在所有各段设定温度点之外，否则，可能在执行程序的过程中出现报警等误动作。在进行定点运转时，一般情况下，当箱内温度达到或接近设定温度时，再打开超温报警功能，以避免大跨度温度变化过程中出现不必要的报警现象。

设备运行状态下，运行人员可通过触摸屏在设置中心除霜功能区点击除霜按钮，自动将目标温度设置为+40 ℃，设备开始除霜，待除霜完毕后点击主界面中的停机按钮即可停止除霜。除霜升温速度可选择“慢”“中”“快”三档，分别对应界面中的选择按钮“1”“2”

“3”，默认为“1”档最慢速度，可通过点击界面中的选择按钮切换不同档位，“3”为最快速度。

在每个工作界面的底部点击信息中心按钮，即可进入信息中心主界面，界面内有温度监控、数据记录、曲线查询、运行状态、运行时间、报警记录、模式信息等按钮。

点击信息中心界面中的数据记录按钮，即显示数据记录界面，温度数据表包括编号、时间、日期、实际温度及目标温度等信息，数据为每分钟记录一次，最新的数据置于表的顶部。点击数据表底部右侧的设置按钮，弹出设置时间范围窗口，可根据需要设定要查询的时间范围，确定后返回数据记录界面，显示设定时间范围内的数据记录。

另外，本系统还支持数据导出功能，操作步骤是：首先在机柜上的 USB 接口中插入 U 盘，然后进入数据记录界面，点击数据表底部左侧的数据导出按钮，切换至数据导出界面。输入导出数据的开始时间和结束时间，然后点击“导入到 USB”按钮，导出状态指示由 0 变为 1，导出数据量显示已导出数据个数，表示导出完成。拔出 U 盘，插入电脑 USB 口中，可看到 U 盘中有一个文件名“导出时刻＋温度记录”的 EXCEL 表格，打开即可看到导出的数据记录。表中的第 1 列为时间，第 3 列和第 4 列分别为实际温度和目标温度。

点击信息中心界面中的曲线查询按钮，即显示温度趋势图界面，本界面显示当前温度（红色）及目标温度（蓝色）趋势图。趋势图横坐标为时间，区间为当前时刻向前 1 小时内；纵坐标为温度值，区间为–150～＋200 ℃。该趋势提供检视功能，触击表中曲线任一位置，会弹出数据表，显示该竖线时刻对应的温度值。如要移动曲线，可点击位于趋势图下部的操作按钮左移及右移曲线，实现曲线的移动查询。如要查询历史曲线，点击趋势图下方最右侧按钮，弹出设置曲线开始时间窗口，可查询设定时间范围内的历史曲线。

点击信息中心界面中的运行状态按钮，即显示系统部件运行状态界面，其中显示制冷柜主要动作部件（压缩机、循环风扇、电加热器、制冷系统控制阀门）的工作状态，以及主要保护元件（压缩机高压保护、电源相序等）的状态。当对应部件右侧的指示灯为绿色时，表明该部件处于开启状态。

在信息中心界面点击运行时间按钮，显示运转记录页面。运转历史信息显示了制冷柜主要子系统的运转时间信息，子系统主要包括压缩机系统、循环风机系统、加热器系统，另外还包括整个系统工作时间的记录。

在信息中心界面点击报警记录按钮，显示报警记录界面，本界面主要记录了发生的报警信息，可通过历史查询功能查询历史报警记录。

在信息中心界面点击模式信息按钮，显示模式信息页面，本界面主要显示当前运行模式：定点模式或程序模式，以及程序模式时运行区间信息、段运行时间及段剩余时间等信息。点击信息中心界面中的帮助信息按钮，触摸屏上会显示本设备的产品编号，售后服务电话，以及技术服务电话等信息。

在每个工作界面的底部点击辅助功能按钮，即可进入辅助功能界面，在界面内点击打印按钮，进入打印设置页面，在打印机设置界面中，在输入框输入打印周期，单位为分钟，然后开启打印开关，此时打印指示灯点亮，打印工作启动。在界面内轻按定时按钮，即进入定时开关机设置界面，在设置完时间后，请将开关机控制开关打开，使之处于“ON”

位置。

为方便运行人员使用，在每个页面底部放置了快捷切换栏，点击开始按钮可以进行运行参数设置、温度信息、历史数据记录、趋势图以及部件运转状态等信息的快速切换，触击一级界面切换按钮可进入对应的一级界面。

触击每个界面的右下角的时间显示区域，可进入系统时间设置界面，在此界面可以修改系统日期和时钟，点击要修改的输入框，弹出键盘输入窗口，输入正确的时间日期，然后点击“写入”按钮即可完成时钟设定。

3.8.4.4 设备操作流程

1）制冷柜开机工作

① 检查电源是否按要求连接好，电源相序是否正确，容器连接管压力正常。

② 检查制冷柜轮子已可靠锁紧，散热风口无杂物，容器内部温度测温探头安装正确。

③ 打开制冷柜电源总开关，选择好运行、控制、除霜模式以及超温保护值。

④ 设定控制温度，启动制冷柜，设备进入运行状态，检查压缩机、风机声音、震动无异常，制冷温度及 DCS 系统信号反馈正常。

⑤ 制冷达设定温度，对容器进行大漏检查，$\Delta P = 0$ mmHg/30 分钟为合格。

⑥ 开容器进、出口阀，投为备用。

2）制冷柜结束工作

① 关容器进、出口阀，停制冷柜运行，关制冷柜电源总开关。

② 用干净柔软的布擦拭箱体表面，并视情况打开橡胶圈以便水汽挥发，务必保持设备的清洁及干燥。

3）日常维护注意事项

① 经常保持箱体整洁，使用后擦净箱体、外壳，长时间不使用时应拔下电源插头。

② 长时间使用，触摸屏容易产生污点，应及时擦拭清洁。擦拭时，应用柔软抹布，用专用清洗剂轻柔擦拭。

③ 设备操作应由专业人员负责，应经常的注意设备运行状态。

④ 运行期间若制冷温度正常但容器内部温度持续上升＞–30 ℃，则对制冷柜进行除霜。

⑤ 若制冷温度异常上升，反复除霜后仍无法正常降温，及时汇报且转备用制冷柜工作，同时投下一备用制冷柜运行。

⑥ 压缩机停机后如需重新启动，等 3～5 分钟后再开机，避免频繁启停压缩机以防影响压缩机正常使用寿命甚至损坏压缩机。

⑦ 启动多台制冷柜时应间隔 30～60 分钟依次启动，避免集中启动。

⑧ 设备如长期停机不用，应切断供电电源，并定期给设备通一下电。

3.8.5 增压装置

离心法分离铀同位素，要求整个系统在负压环境下运行；同时供取料厂房的各类净化操作也需要将尾气由系统经增压抽空排入大气，这些都需要增压设备来实现。各类增压设备在离心分离工厂发挥着重要作用。各种类型的泵作为增压的主要设备被广泛地应用于整个工艺系统当中。

泵按照工作原理与结构可以分为，离心泵、轴流泵、活塞泵、柱塞泵、齿轮泵、螺杆泵、滑片泵、射流泵、水锤泵、气泡泵等。

现铀浓缩离心分离工厂主要使用的增压泵按其转子类型来分，有罗茨泵、爪式泵、罗茨爪式复合泵。

3.8.5.1　增压装置的作用及工作原理

供取料系统增压装置在供取料系统中用来压缩和输送六氟化铀气体。从级联 3#流或 4#流出来的精贫料，经增压泵增压后，被冷凝在冷风箱中的收料容器中。

供取料增压装置主要由罗茨泵、爪式泵组成，供取料系统中所使用的增压装置有单台运行，也有以两台或三台增压泵串联组成增压泵组的形式运行，增压装置选型主要根据运行工况要求进行配置。

（1）罗茨泵

罗茨泵是直接由电机驱动的罗茨真空泵，该类泵是一种旋转式变容真空泵，它是由罗茨鼓风机演变而来的，其运转过程基于“罗茨原理（Roots）”。罗茨泵有矿物油和 PFPE 油品润滑（PFPE 类型泵）。罗茨下面通过工作原理，技术参数等对罗茨泵作一个介绍。

1）工作原理

如图 3-52 所示，罗茨泵的泵壳体内装有 2 个相反方向旋转的对称叶轮。叶轮截面很像数字“8”，彼此啮合同步运动，转动时，彼此之间和与壳体之间不接触，但有很小的间隙。

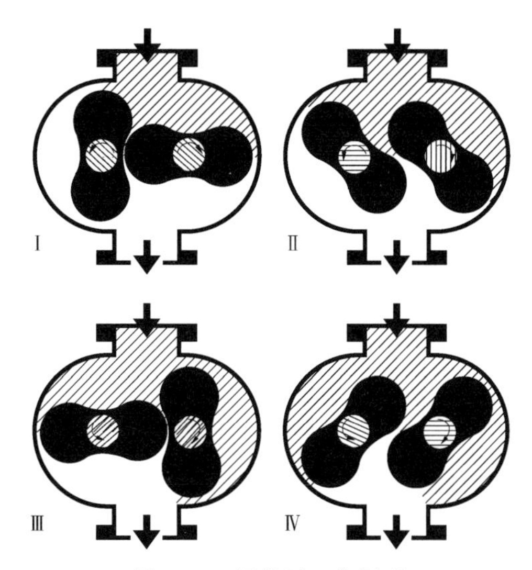

图 3-52　罗茨泵工作原理

在叶轮位置 I 和 II，进气法兰内容积增大。当叶轮进一步旋转到位置 III 时，一部分容积从吸入侧被封离出来。在位置 IV，这个封离容积打开到出气侧，处于前置压力下的气体（高于吸入口压力）流入。流入的气体压缩从吸入侧抽过来的气体容积。随着叶轮进一步旋转，压缩气体通过出口法兰排出。2 个叶轮每旋转一圈，这个过程完成两次。

由于在泵室内为非接触旋转，所以罗茨泵可高速旋转。因而小泵可获得相对很高的抽速。进口和出口之间压差和压比对泵来说是有限制的，如果压差超过允许压差，泵会过热。

2）基本结构

如图 3-53 所示，罗茨泵抽空室无密封机构和润滑油，同步传动的 2 个齿轮和叶轮轴的轴承用 PFPE 油润滑。两侧腔体与抽空室由叶轮密封分隔开。泵运行期间，侧室通过叶轮密封抽空。两轴承箱由两个通道彼此相连。

罗茨由罐型电机驱动。在这种电机中，转子和定子线圈被一个真空罐分开，它由无磁材料制成。泵的转子与轴在真空下运转，避免了轴与大气相接触。电机的定子线圈内有一个热保开关，当电机运行温度过高时，将关闭泵。

罗茨泵是风冷却泵，内装在电机上的风扇产生冷却电机和泵的气流。它有自己独立的驱动马达，在电机风扇罩内。

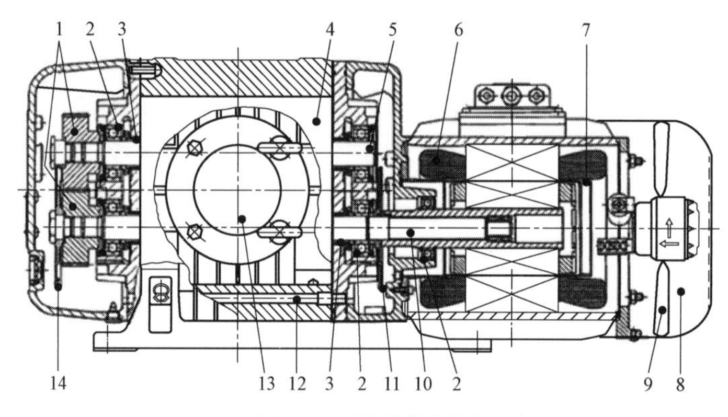

图 3-53 罗茨纵剖图

1—齿轮；2—轴承；3—叶轮密封；4—叶轮；5—从动叶轮轴；6—定子；7—密封包套；8—风扇罩；9—风扇；10—主动轴；11、14—离心盘润滑器；12—平衡通道；13—进口

3）压力平衡管道

罗茨泵有一个集成压力平衡线（如图 3-54 装有压力平衡线的罗茨泵示意图）。它通过 1 个压力平衡阀将出口与吸入口法兰连接起来。如果入口和出口法兰间压力差太大，阀门打开，一些已经抽出的气体通过压力平衡线再返流到吸入口法兰。

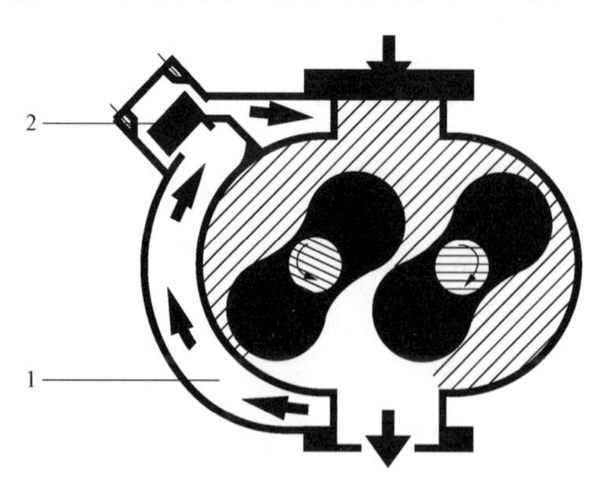

图 3-54 装有压力平衡线的罗茨泵示意图

1—压力平衡线；2—压力平衡阀

阀门是与弹簧负载相配合的，因此它在泵垂直流和水平流下都能正常工作。由于有了

这个压力平衡线，就不需要附加装置便可保护泵不会有过大的压差。罗茨泵能在大气压下与前置泵同时启动，因此在高吸入口压力下增加了泵的联合抽速。

4）启动

检查泵电机转动方向，罗茨泵在大气压下能和前级泵一起被启动。通过旁通管可防止形成过高压差。

5）更换润滑油

在清洁的运行条件下，轴承和齿轮的磨损消耗的润滑油微乎其微。建议在罗茨泵首次运行 500 小时后更换润滑油，以去除任何磨损的渣渍。在正常运行条件下，每运行 3 000 小时后应更换润滑油。当抽吸腐蚀性气体或大量粉尘，或者当泵频繁地从大气压力转换到工作压力时，应更勤地更换润滑油。

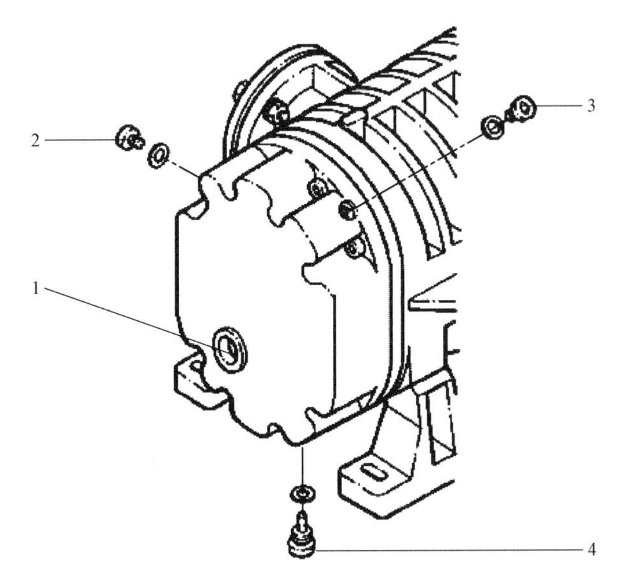

图 3-55 润滑油的更换

1—油液位窗；2—垂直流向的排油栓；3—注油栓；4—水平流向的磁性排油栓

矿物油、合成油和 PFPE（全氟醚油）不能混合。当泵未运行时垂直流向型的正确的油液位应处于液位窗的中间位置。水平流型泵的正确油液位应处于油位窗的中间朝上 4 毫米的位置。

图 3-56 润滑油油位

（2）爪式泵

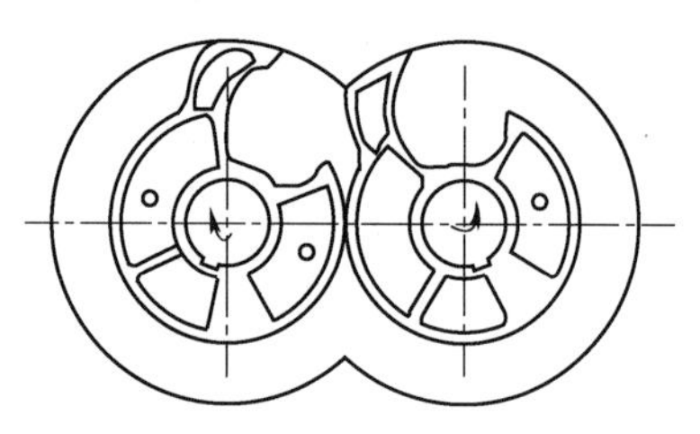

图 3-57　爪式转子结构

爪式泵主要由安装在平行轴上的两个平衡转子组成，其转子样式如图 3-57。精确设计制造的转子保证了工作腔中有一定的间隙。间隙在设计的转动条件下，在工作表面没有金属接触。

转子腔内没有润滑油机器也能够运行，因此确保了干净气体的排除，消除了泄漏的危害。转子之间以及转子与底盖之间的设定间隙，决定了转子与底盖之间的安装连接，间隙根据需要确定。固定和支撑轴的润滑小球和滚动轴承安装在紧贴机体的底盖上。传动齿轮安装在轴的另一头，通过齿轮箱的润滑油自动润滑，并保持转子的正确配合。底盖和齿轮箱上的轴密封装置，用来保护轴承，防止流体向工作腔泄漏，或从工作腔泄漏，也防止油从齿轮箱漏出。密封的种类取决于使用过程，一般包含金属密封和垫圈密封。密封装置一般位于可更新的紧固在轴上的强化钢套筒内。

1）风冷系统

通过风扇将空气吹至箱体外部来对铠装电机冷却，该风扇也能冷却真空泵组驱动侧的盖盘。为了达到最佳冷却效果，必须保证机器外表面干净、没有碎屑，同时保证机器处于通风良好的位置。

2）润滑油

正常运转条件下轴承可运行 20 000 小时以上，在高温、潮湿、灰尘或恶劣大气极限条件下，应频繁检查轴承，必要时更换轴承润滑脂。每 6 个月或运行 5 000 小时以后，应更换齿轮油。

表 3-31　推荐使用的润换油

		容量
齿轮油	FOMBLIN Y25	2.5 L
轴承润滑脂	ROCOL39041 FOMBLIN Y25	100 g

3）密封装配

爪式真空泵装配的是迷宫密封，它安装在变速箱及机器转子箱的内表面。密封装配由油过滤器、密封腔、输油环组成。

（3）罗茨爪式复合泵

罗茨爪式复合泵是一种变容积真空泵，通过容积的由大到小、由小到大的不断变化，来达到抽除真空的目的。

罗茨爪式复合泵转子分为两级（如图 3-58 所示），其一级转子为罗茨转子，二级转子为爪式转子。因此这种复合式增压泵综合了罗茨泵与爪式泵的优点：第一级采用了罗茨结构达到了更好的真空度。第二级使用爪式结构增加了抽速。

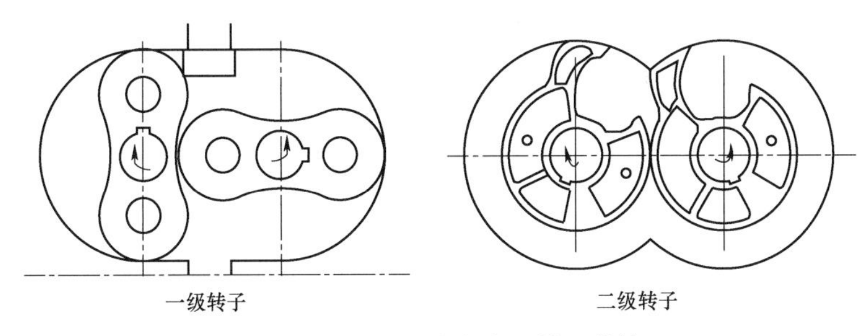

图 3-58　罗茨爪式复合泵转子结构

1）结构组成

罗茨爪式复合泵主要由顶盖、泵体、底座、油箱、转子、齿轮、轴承等零件组成，抽气腔内无介质。泵腔内转子通过齿轮与电机同步转动。

2）传动原理

电机通过联轴器、轴带动主齿轮进行转动，通过齿轮啮合带动从动齿轮转动，从而通过轴带动每级转子转动而形成两腔的容积变化。齿轮通过油箱内的润滑油进行润滑与冷却，转子轴通过组合密封与泵腔隔开，从而保证泵腔内无油的工作环境。

3）性能

罗茨爪式复合泵选用轴流风机，壳体温度控制在 80 ℃以内。泵体材料为铸铝 ZL101A。润滑油采用铀浓缩厂增压泵专用 PFPE 油。

增压泵运行维护注意事项

1）泵启动前，应保证油位正常，进出口压力正常，电伴加热正常，进出口阀门为关；

2）泵在运行过程中，必须确保相关联锁的正确性，确保应急收料容器工作正常；

3）泵在运转过程中，及时检查泵的电流、声音、温度等参数，如突然出现异常，必须立即停泵。泵运转过程中不可打开油箱注油孔；

4）泵的使用过程中应避免频繁启停，不可将重物置于齿轮箱上；

5）对于多级串联的增压泵组，启动时先启动最后一级增压泵，再依次启动前级增压泵；停车时应先停第一级增压泵，再依次停后级增压泵。

3.8.6　电动物料运输车

电动物料运输车是一种有轨运行的物料输送系统，适用于室内。由操作者通过设置在两端的集中式操作平台来控制整台车的运作，完成物料在不同位置之间的输送。电动物料运输车是与相关圆柱容器配套使用。产品外形如下图 3-59 所示。

3.8.6.1　设备组成及作用

物料输送车主要有：轨道、摩电道、大车、小车、物料支架、起升机构、运行机构、液压机构、电气设备等部分组成。各部分的结构特点如下。

（1）轨道

轨道的安装应保证地面结实，并要使桥架放平，避免产生变形。对轨道进行测量，测量其跨度及误差、标高及误差、接头间隙及偏差等。如超过国家相关规范，则应对轨道进行调整，使其达到国家规范要求（见表 3-32），否则可能导致物料运输车不能正常使用。

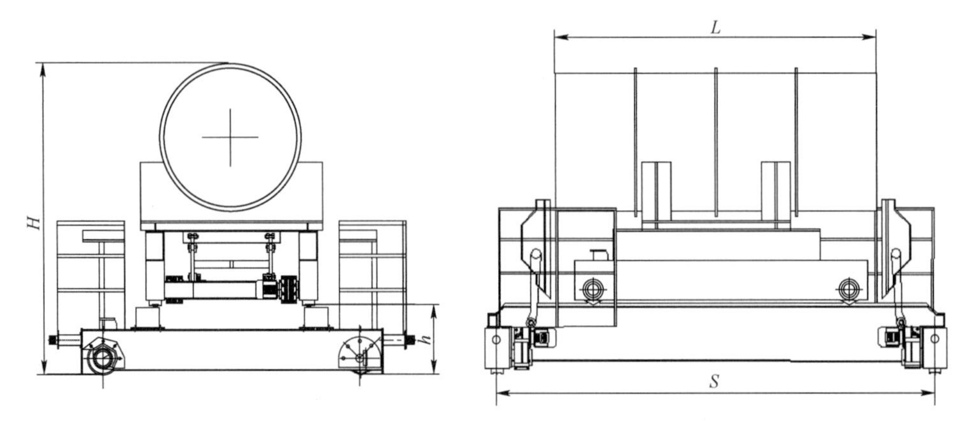

图 3-59　物料运输车简图

表 3-32　导轨公差的国家标准

跨度公差	标高公差	接头公差	弯曲公差	倾斜度（L 为轨道长度）
±3 mm	±5 mm	1～2 mm	±3 mm	1/1 000 L—1/2 000 L mm

（2）摩电道

通过降压变压器将电压至安全电压，输送到摩电道上；运输车上的升压变压器再通过碳刷接通摩电道，将电压升至工作电压（380 V）。

物料运输车的电源集电器底座焊接在主梁上，通过螺栓把集电器固定在集电器底座上，集电器固定时应保证其碳刷中心位置处于摩电道上，集电器碳刷依靠弹簧压力压紧在摩电道上。

（3）大车和小车

大车有主梁和端梁构成，小车有端梁和小车架构成。大车主梁采用钢板焊接成的箱形梁。大车部分放在轨道上，小车部分放在大车的主梁的轨道上。小车架是有型钢组焊而成。大小车端梁都是由矩形管制作，主端梁均是通过高强度螺栓连接在一起。

主、端梁用高强度螺栓连接起来，每个螺栓包括 1 条螺栓、1 个螺母、2 个平垫。应注意此处螺栓为专用螺栓，必须用力矩扳手达到规定的力矩（M24 螺栓 831 N • m）。主梁同横梁连接方式如图 3-60 所示，在组装前应清理毛刺、油污及锈蚀。

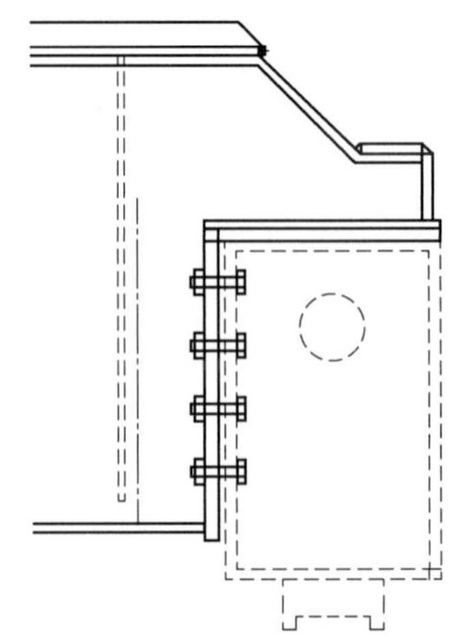

图 3-60　主梁同横梁连接方式

（4）物料支架

物料支架放置在小车上面，主要是用来支撑料桶，支架上的弯板弧度是根据料桶直径的大小而定，因此物料支架的使用是有约束条件的。

物料支架上橡胶垫的设置满足了物料桶吊装时缓冲的要求，同时对物料桶也有一定的防滑作用。由于不同规格的物料桶直径有所不同，橡胶垫也可有一定的挤压变形来适应直径不大的变化。

（5）起升机构

起升机构使用同步一出四电动液压千斤顶，其中使用了负载敏感节流阀使四个液压缸的误差小于 5 mm。在减小整车外行尺寸的同时也保证了四个液压缸的同步性。

（6）旋臂梁机构

旋臂梁是在大车定位后，旋臂梁搭接在料仓内轨道和大车主梁上，使小车能够进入料仓，完成料桶支架和料桶的卸载。

旋臂梁的源动力是液压泵，液压泵通过齿条齿轮的啮合完成力的传递。

（7）运行机构

大小车均是采用分别驱动装置。采用分别驱动，省去了中间传动轴，自重轻、部件的分组性好、安装和维修方便。

（8）液压机构

液压机构是起升机构和旋臂梁机构的源动力。主要包括动力部分（液压站）、翻转部分、顶升部分等部分组成。

① 动力部分

液压站放在由槽钢焊接而成的支架上，它与主梁上盖板间的距离应≥100 mm，压力表背向主梁的方向。液压油管头安装在液压站上，并安装在大车上，油管中间不能有打结现象。控制柜安装在液压站对侧的支架上，并用螺栓固定。

动力部分有三个电动液压泵和一个手动液压泵。设置手动液压泵的目的是为了保证在电动的出现故障时起升机构仍能使用。泵站动力部分电机功率 3 kW，电压 380 V，电动液压泵流量 13 L/min。手动液压泵为紧急情况下的备用泵，排量为每行程 50 mL，短时间内可代替电动泵为系统提供动力。电磁卸荷阀在泵站不工作时将系统压力卸载，可以有效降低功率损耗，延长泵的使用寿命。

② 翻转部分

翻转部分由控制阀组、液压马达，减速机等组成。

控制阀组用于控制液压马达的动作及速度。系统压力高于马达额定工作压力，使用减压阀可将翻转回路的压力降低到马达正常工作的压力（12 MPa）。电磁换向阀用于控制马达的启停及转动方向。马达转动的转速可以通过调节节流阀来有效控制，马达转动到位后，通过刹车阀可以将马达止动。液压马达采用进口丹佛斯摆线马达，输出扭矩 100 N • m。

减速机采用涡轮减速机，涡轮减速机减速比大，安装空间小，输出扭矩大。通过涡轮减速机，翻转部分的输出转速可以降低到 2 rpm，输出扭矩可以达到 4 000 N • m。

③ 顶升部分

顶升部分由油缸、液压桥、负载敏感节流阀、蓄能器、换向阀组成。现采用四个双作用油缸以增压缸的形式出现，通过手动调节负载敏感阀达到四路的流量使其相等，液压缸上升和下降过程中，液压油均通过液压桥的 A 端流向 B 端，这样保证了在上行和下行的过程中，负载敏感节流阀起到负载变化不影响流量，从而达到调定后的同步。

④ 油箱

油箱布置有双金属温度开关，当介质温度上升到设定值（设为 60 ℃）时，自动关停

电机，液压机构停止工作

⑤ 高压软管

高压软管用于连接各部件。液压机构设有多个压力检测点，同时可作为排气之用。油管两端均有快换接头，各阀组、油缸及液压马达上的快换接头连接上即可使用，高压软管安装位置见表（表3-33）。

表 3-33 高压软管

用处	长度	数量	备注
阀块及同步马达之间	10 m	3	备件：3/8 油管一根
阀块丹佛斯马达处间	3 m	4	
分流阀组与油缸之间	0.8 m	4	
	3 m	4	

（9）电气设备

操作方式为操作台形式。电机采用德国SEW“三合一”电机，制动方式为电磁制动，并配备手动释放装置。操作平台用螺栓与主梁和液压站支架连接在一起，保证其稳定性。电机各项性能参数均符合国际标准。

运行电动机为交流笼式电动机，采用电磁制动，其制动器采用由加速线圈BS和保持线圈TS组成的双线圈系统，当电动机接通电源时，加速线圈在高起动电流下接通，随后保持线圈接通。这样当制动器释放时，响应时间相当短，制动盘动作相当迅速，电机几乎是在没有任何制动摩擦下起动的，但必须保证两侧电机制动一致。

（10）拖链

拖链一端固定在主梁上，另一端固定在小车上，液压油管、小车电源线及部分控制电缆装在拖链里，安装完以后要确保拖链在小车运行过程中不会与小车有干涉，能顺利进出料仓并放下容器。

3.8.6.2 操作流程

1. 设备试车

（1）试车前准备

为液压站加注液压油。按要求对电气部分进行接线，包括控制箱、大小车运行电机、限位开关、大车电源、小车电源、液压机构等。接线完毕后，给大车电缆卷筒通电。接通电动物料运输车的电源（在操作台上）。

（2）试车

按照操作台上标明的运动方向测试接线是否正确（要求点动）。

如各方向正确无误，则需进行长距离运转试验，包括上升、下降、旋臂放、旋臂收、前进、后退、左行、右行。

按要求对物料运输车进行限位调试

（3）试车注意点

不得超过电动物料运输车铭牌上所规定的载重量。

电动物料运输车不适用于在有火危险，爆炸危险的介质中和相对湿度大于85%，充满腐蚀气体场所工作，以及用来搬运熔化金属和有毒易燃易爆物品。

2. 设备操作

（1）使用前的准备

检测各设备外观应正常无损，各油路管线应无故障或打结，导轨两侧应有足够的运行通道。

对摩电道两端的减压变压器同时通电，当总电源接通以后，旋起急停开关（确保两边操作台的急停开关都处于旋起状态），按下启动按键，主接触器吸合，各机构通电，大小车变频器准备工作，触摸屏正常显示。

（2）物料运输车的运行

1）大车手动运行和定位

操作大小车操纵杆进行大车操作。拨动大车操纵杆，大车左行或右行，此时大车以低速运行，若此时拨动大车快速操纵杆，大车则以高速运行。当到达指定区时，松动大车快速操纵杆，大车开始减速，并以低速运行，直至到达指定位置。缓慢操纵大车运行杆，大车缓慢运行，使大车在指定的位置，到达指定位置后，松动大车操纵杆，大车定位完成。

2）大车自动运行

① 操作界面简介

在触摸屏显示正常后，屏幕上有“位置状态”“整车状态查看”“讯响器”和“进入”触摸键，如有故障会在触摸屏显示故障信息。点击“位置状态”和“整车状态查看”能查看相关的信息。点击“进入”键，会进入主菜单界面。

在主菜单界面上有位置显示、指示灯、操作按键。位置显示和指示灯显示能直接显示相关的信息，操作按键能进行相关的控制操作。其中位置显示有：“当前位置”和“目标位置”；指示灯有：“手动指示灯”“自动指示灯”和“运行指示灯”；操作按键有：“返回起点”“大车手动微调”“自动选择”“运行开关”“仓位取消”“系统选择”“限位状态指示”和“返回”按键。

在主菜单界面上点击“限位状态指示”，进入限位指示界面显示相关的限位指示和“返回”按键，其界面有下列指示灯：“料筒升限位”“料筒降限位”“过轨右放限位”“过轨左放限位”“过轨右收限位”“过轨左收限位”“过轨右收限位”“1#小车定位限位”“2#小车定位限位”“小车前停限位”和“小车后停限位”。

在主菜单界面上点击“系统选择”，进入系统选择界面，在系统选择界面中分别有：“WLX”“PLX”“FRX”“WLRX”“PLRX”和“RLX”六个选择系统，每个系统均有相应的设备位置。

② 大车运行和定位

在系统选择界面上点击相应的仓位，再点击“返回”按键，回到主菜单界面，点击“自动选择”按键，确认“自动指示灯”亮，在确认“手动选择”处于关闭位置后，点击“运行开关”按键2秒，当“运行指示灯”亮起后，大车便以高速前往所选的仓位，同时操作台上“大车运行指示灯亮”。当大车接近所选的位置时，大车开始减速以中速运行，在到达指定位置后，大车低速定位，定位完成后“大车运行指示灯”灭，“大车定位指示灯”亮，触摸品提示定位完成。

如在大车定位完成后，如发现定位有误差，点击主菜单屏上“大车手动微调”按键，通过手动微调大车位置进行定位。注意在大车定位完成后，应点击“运行开关”2 秒，使之弹起，防止误操作大车运行。

在大车自动运行时，需运行至其他仓位时，先按下主菜单上的“仓位取消”按键，取消上一次选择的仓位后，然后进行大车运行和定位操作。当需要返回起点时，先点击主菜单上“仓位取消”按键，取消上一次所选择的仓位，然后按下“返回起点”按键，大车便自动返回所设定的起点位置。

3）料筒升降

大车定位完成，且小车静止不动时，如需要上升操作时，按控制面板上“料筒升”按键，料筒开始上升或下降，且控制面板上“料筒升”灯亮，直至料筒完全升到最高位，且控制面板上“料筒升”灯灭，料筒升操作完成。如需要进行下降操作时，按控制面板上“料筒降”按键，料筒开始下降，且控制面板上“料筒降”灯亮，直至料筒完全下降到最低位，且控制面板上“料筒升”灯灭，料筒降操作完成。

4）过轨放收

当大车定位完成，小车静止不动，且料筒在规定位置，过轨即承受台都应正常。如需要放下过轨操作时，按控面板上“过轨放”按键，与控制面板相对应的过轨开始下放，且控制面板上“过轨放”灯亮，直至过轨安全放置到位，且控制面板上“过轨放”灯灭，此操作完成。如需要收起过轨操作时，按控面板上“过轨收”按键，与控制面板相对应的过轨开始收起，且控制面板上“过轨收”灯亮，直至过轨安全放置到位，且控制面板上“过轨收”灯灭，此操作完成。

5）小车移动

当大车已定位，且料筒以及过轨均在指定位置，需要进行小车移动时，操作大小车操纵杆进行小车操作。拨动小车操纵杆，小车前行或后行，“小车运行指示灯”亮，此时小车以低速运行，此时如拨动小车快速操纵杆，小车快速移动，当到达指定区时，松动小车快速操纵杆，小车缓慢移动，松动小车操纵杆，小车停止移动，此时“小车运行指示灯灭”，在通过点拨小车操纵杆来到达定位。

6）急停

在进行操作时如发现有安全隐患或其他故障时，可直接按控制面板上的“急停”按钮。此时所有的操作都停止。

7）停止按钮和讯响器

在完成操作后，按控制面板上的“停止”按钮，物料运输车泄压并停止工作。

在大车运行时，如果现场有其他工作人员，按下“讯响器”按键，这时会发出警告铃声，提醒其他人注意规避，

3. 注意事项

① 物料运输车使用激光测距仪进行大车测距和定位，激光测距仪利用对面的墙及反光纸进行测距。大车在运行过程中应避免其指示光源受到人为干扰，影响测距的传输值，在操作中应注意观察，提醒现场其他工作人员远离光源放射区域。（注意：为保证定位商务精确度，激光测距仪的镜头及反光纸应保持干净，工作人员要时常清理其表面的灰尘和

其他杂质，保持清洁）

② 在使用过程中，如果无需升降料筒或过轨放收时，应保证液压点击处于关闭状态，防止因液压油温过高而出现液压油渗出。如果在使用中发现油缸温度过高，应停止使用液压电机，待油温回落后在使用。如果出现液压油渗出后，待油温回落后，启动液压电机通过压力表查看当前压力值，并操作料筒升降和过轨放收，看其动作是否正常，如压力值低于 23 MPa，并且料筒升降或过轨防收动作不正常，则此时更换液压油。

③ 应由受过物料运输车操作训练人员操纵本车。

④ 当大车或小车电机在使用过程中出现故障无法动作时，可以搬动点击尾端的手动释放手柄或者是松开电机的电磁抱闸螺栓，然后可以认为使大车或小车移动。

⑤ 物料运输车工作时，禁止任何人停留在除操作平台外的任何位置上。

⑥ 进行检查或修理时必须断电，在电压显著降低和电力输送中断时，主开关必须断开。

⑦ 物料运输车作无负荷运行时，起升必须升高 30 mm。

⑧ 带重物运行时，重物必须升高 20 mm。

⑨ 每年对物料运输车进行一次安全技术检查。

⑩ 必须安装由注明电动物料运输车的额定载重量、运行速度、工作级别、制造厂的标牌。

4. 各机构动作条件及连锁关系

（1）大车运行条件

① 当在控制台操作操作杆使大车运行时，左右悬臂应处于收起状态，过轨左收和过轨右收限位动作，限位常闭点打开，PLC 输入端信号为“0”，输出端为“1”，变频器有输入信号，大车开始运行。

② 当在控制台操作操作杆使大车运行，左右端任意悬臂放下后，过轨左收或过轨右收限位动作，限位常闭点闭合，PLC 输入端信号为“1”，输出端为“0”，变频器无输入信号，大车无法继续运行。

③ 当大车运行至轨道两端时，光电限位动作，PLC 输入端信号为“0”，输出端信号为“0”，变频器停止动作，大车会停止运行。

（2）料桶升降条件

① 当按下料桶升按钮后，料桶升起至一定高度后，料桶升限位动作，PLC 内部断电延时继电器动作，10 秒后停止输出，料桶升停止。

② 当在起升过程中需要停止料桶上升，可按下料桶降按钮，PLC 输出信号停止，料桶也停止上升，开始下降。

③ 当按下料桶降按钮后，料桶下降至一定高度后，料桶降限位动作，PLC 内部断电延时继电器动作，10 秒后停止输出，料桶降停止。

④ 当在下降过程中需要停止料桶下降，可按下料桶升按钮，PLC 输出信号停止，料桶停止下降，开始上升。

（3）过轨收放条件

① 当按下过轨左放或过轨右放按钮后，悬臂即可放下。

② 当按下过轨左收或过轨右收按钮后，悬臂开始收回，当过轨左收或过轨右收限位动作后，PLC 输出停止，悬臂收动作停止。

（4）小车运行条件

当在左操作台操作操纵杆使小车运行时，左端悬臂需放下，过轨左放限位动作，PLC 输入端为“1”，右端光电限位输入 PLC 信号为“1”。小车前进，当进入料仓预定位置后，左端小车定位限位动作，小车输入 PLC 信号为“0”，小车停止前进，此时可操作小车退出，当小车退回至小车上后，行至预定位置后，右端光电限位动作，输入 PLC 信号为“0”，小车停止前进。

第4章

级联参数监测与控制

为保证离心机安全和产品质量合格，必须对影响离心机安全与产品质量的相关参数进行实时监测。当级联相关参数出现偏离时，需要进行及时调整保证产品质量；当级联参数变化出现极端情况，需要及时采取相应措施（如卸料等）来保证离心机安全。因此，级联参数的监测与控制是级联运行期间的重要工作。级联参数监测与控制主要包括以下几个方面：离心机转速、级联压力、温度以及轻杂质含量。

主机转速监测系统对整个铀浓缩工厂主工艺系统的安全、可靠、经济运行具有非常重要的作用，是铀浓缩工厂必不可少的专用自动控制系统之一。主机转速监测系统主要负责实时测量铀浓缩工厂主工艺系统所有主机的转速，并依据测量的转速值对主机的运行状态进行监测，当主机转速低于规定的限值时自动形成损坏或失步等主机故障信号，并将报警信号传送到控制室进行报警显示。该系统还负责测量主机的摩擦功耗，为工艺技术人员调整级联运行方案的重要依据。

级联系统的压力和温度参数是级联系统参数的关键监测点，保证压力和温度参数在规定范围内，是级联系统和设备正常运行的前提条件，也是级联连续安全稳定地生产规定丰度产品的必要条件。

轻杂质含量是影响离心机安全的重要参数，含量过高会造成离心机失步甚至损机。轻杂质指的是相对分子质量小于六氟化铀的杂质，主要成分是空气和氟化氢。一部分是系统外部带入，一部分为系统内部产生，无法完全去除。因此要将其控制在安全限值内，以保证离心机的安全运行。

4.1　离心机转速测量与控制

4.1.1　级联的转速监测系统

级联系统主机转速的测量依靠的是主机转速监测系统。主机转速监测系统主要负责实时测量铀浓缩工厂主工艺系统所有主机的转速，并依据测量的转速值对主机的运行状态进行监测，当主机转速低于规定的限值时自动形成损坏或失步等主机故障信号，并将报警信号传送到控制室进行报警显示，通知工艺人员采取相应措施；当主机损坏、失步、失步微差的数量满足一定条件时自动产生事故保护信号，关闭机组停止供料并自动卸料，对主工艺系统进行保护。该系统还负责测量主机的摩擦功耗，为工艺技术人员调整级联运行方案的重要依据。因此，该系统对整个铀浓缩工厂主工艺系统的安全、可靠、经济运行具有非常重要的作用，是铀浓缩工厂必不可少的专用自动控制系统之一。

主机旋转转速和摩擦功率的监测除了利用主机转速监测系统之外，还可以借助便携式转速测量仪。便携式转速测量仪只能对单台主机的转速和摩擦功率进行测量，主机转速监测系统则可以同时对一个区段的所有主机进行转速和摩擦功率测量，也可以通过在主机转速监测系统操作台上选定某一台主机进行测量。

主机转速监测系统的主要功能是通过转速柜和操作员站来实现的。

主机转速监测系统操作员站主要完成以下功能：

1）主机旋转频率的测量、存储及各种报表输出；

2）定时测量主机旋转频率并存储测量结果；

3）主机运行状态异常信号及事故保护信号的报警显示、存储；

4）系统故障信号的报警显示、存储；

5）单区段主机转速的实时测量及测量结果的显示；

6）主机摩擦功耗的测量、测量结果的报表输出及存储；

7）单台主机转速信号的实时监测；

8）远控屏蔽/解除屏蔽主机信号；

9）多区段主机转速平均值、最大值、最小值的定时测量及显示；

10）历史报警记录、测量结果的查询及报表输出；

11）系统自检测。

转速柜主要完成以下功能：

1）转速柜按照“自动检测”“就地控制”“升降周服务”等 3 种工况进行工作；

2）循环测量区段所有主机旋转频率，并根据的测量值产生主机故障信号、区段事故保护信号及主机通讯故障信号；

3）就地显示各种报警信号，并自动将报警信号向操作员站传送；

4）就地屏蔽/解除屏蔽主机信号；

5）就地测量单台主机的转速、摩擦功耗等；

6）就地实时显示区段所有主机转速；

7）将主机故障、事故保护、系统故障等报警信号传送给级联控制系统；

8）测量区段 1 路或 2 路电网频率，依据测量结果形成电网频率故障信号，并就地显示电网频率故障信号，同时把该信号传送给操作员站；

9）区段控制设备出现故障或运行在就地控制工况时，点亮区段故障报警灯；

10）区段控制设备自检测。

主机转速监测系统设备分为控制室设备和现场设备，系统结构如图 4-1 所示。控制室设备主要有服务器和操作员站、操作台、交换机和打印机等；现场设备主要有转速柜、开关模块、报警灯和主机转速测量传感器等。

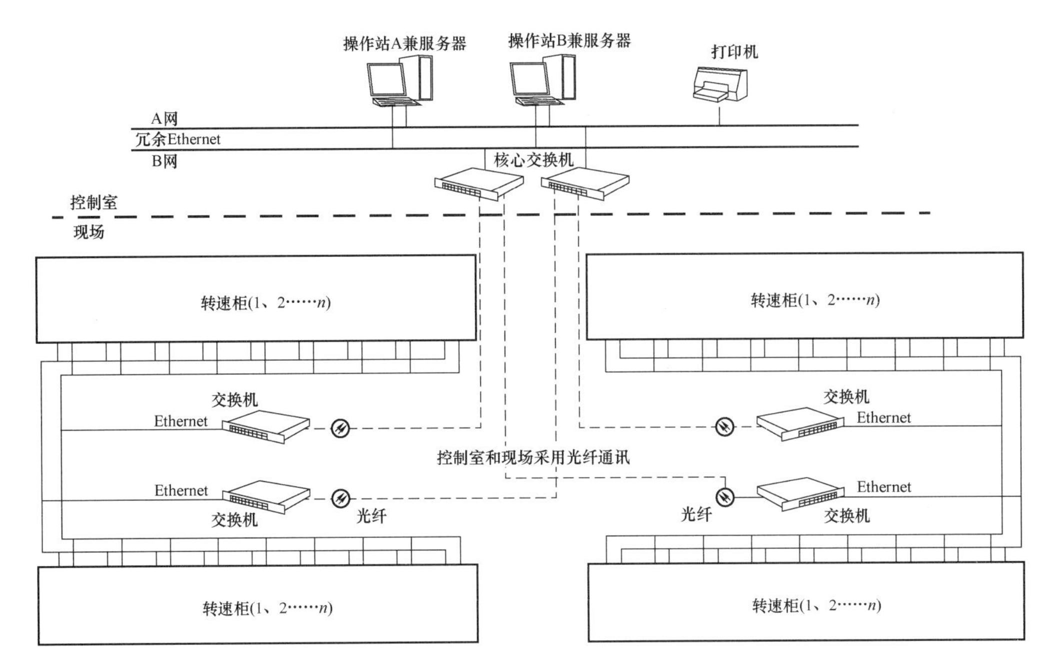

图 4-1　主机转速监控系统结构图

主机转速监测系统结构上采用 C/S 结构，现场控制站是以区段为数据处理单位，每个工艺区段配置 1 个转速柜，负责 1 个区段所有主机频率的测量和处理。控制室操作站和现场转速柜之间的网络通讯为冗余的双 Ethernet 网络。

控制室：由互为冗余的操作员站（兼数据服务器）、互为冗余交换机和打印机组成。

转速柜：系统区段数据处理层由转速柜组成，其数量由工艺区段的数量决定，每个工艺区段配置一个转速柜。每个转速柜通过 CAN 总线从控制模块接收区段所有主机的频率值，对接收的数据进行处理，判断是否形成各类报警信号，并负责通过默认的 Ethernet 将数据向控制室的操作员站发送，通过 I/O 卡向级联控制系统机组控制站发送报警信号。当默认 Ethernet 发生故障时，控制站自动通过另一套 Ethernet 将数据向控制室的操作员站发送。

网络交换机：控制室配置互为冗余网络交换机，每台交换机带有高速光纤端口和 RJ45 端口，用于实现服务器兼操作员站与现场交换机之间的通讯连接。大厅配置有若干交换机，用于实现转速柜与控制室交换机之间的通讯连接。控制室网络交换机与主机大厅的网络交换机之间采用光纤连接，转速柜与主机大厅的网络交换机之间以及操作员站与控制室网络交换机之间均采用超五类屏蔽以太网线连接。

现场的开关模块共同完成一个工艺区段所有主机的频率测量，并将测量结果通过 CAN 总线传送给转速柜。转速柜、控制模块及开关模块之间的连接图如图 4-2 所示。控制模块每个端口可以串行连接若干个开关模块（一个截断组）。由控制模块按特定次序逐一接通开关模块进行测量，每个开关模块在控制模块的控制下，依次将 1 个装架主机的频率信号接通，通过频率传输回路送入控制模块，测量结果通过 CAN 总线传送给转速柜。控制模块集中安装在转速柜中的控制机笼内，开关模块则分散安装在每个工艺装架上。控制模块和开关模块的工作电源均由转速柜集中提供。

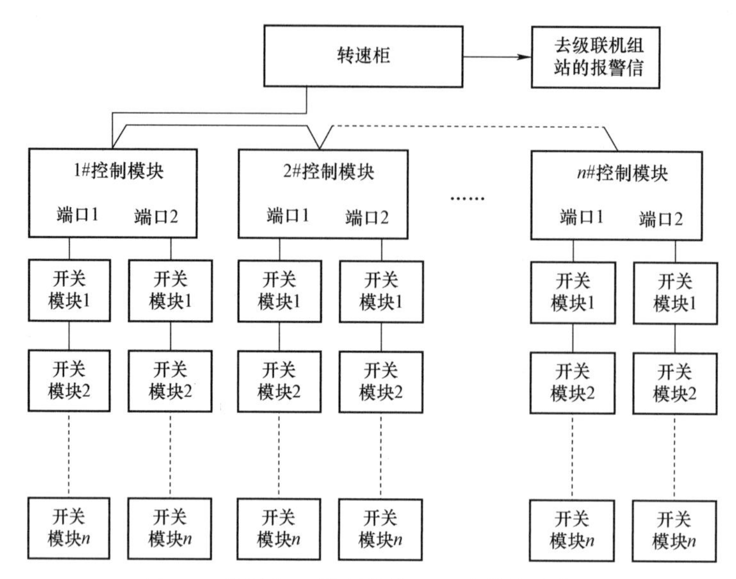

图 4-2 转速柜、控制模块及开关模块连接图

主机转速监测系统应用软件包括操作站软件、服务器软件、转速柜软件三部分。其中操作站软件及服务器软件运行在控制室操作员站兼服务器中，而转速柜软件安装在现场转速柜中的工业控制计算机上。系统应用软件结构如图 4-3 所示。

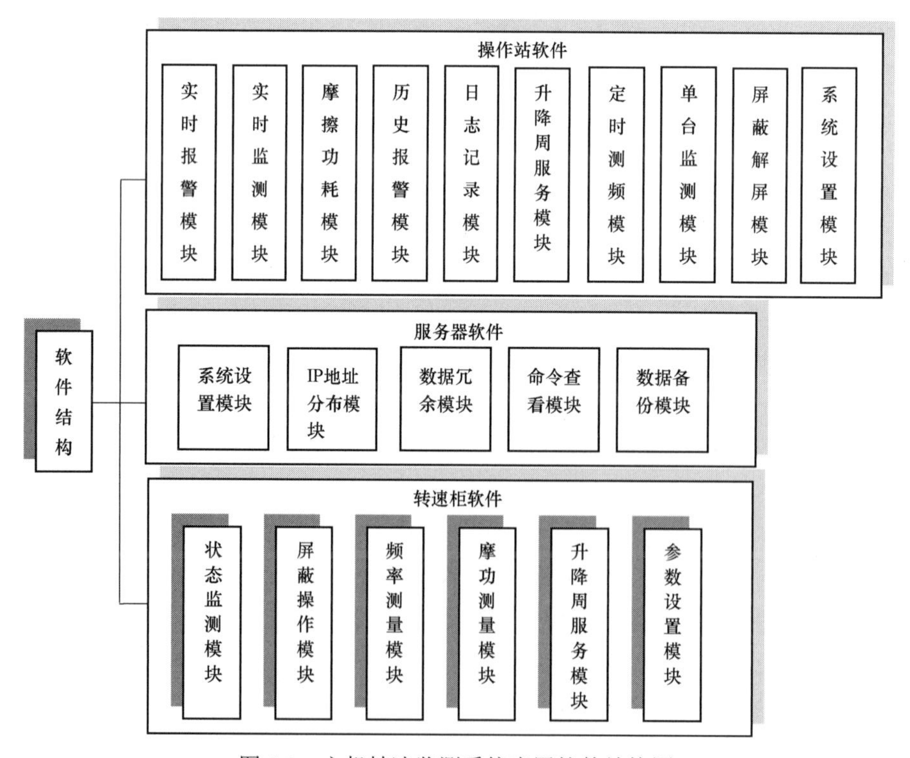

图 4-3 主机转速监测系统应用软件结构图

应用软件整体上均采用面向对象化程序设计，所有软件模块均采用图形化的人机交换界面，并具备一定的自诊断功能，具有很好的可操作性和可维护性。应用软件包括的主要功能如表 4-1 所示。

表 4-1　应用软件包括的主要功能

软件名称	实现的功能
操作站软件	主窗体
	实时报警
	区段实时监控
	摩擦功耗测量
	历史报警
	日志记录
	升降周设置/监测
	定时测频
	单台机器监测
	屏蔽/解除屏蔽
	系统设置
转速柜软件	状态监测
	屏蔽操作
	频率监测
	摩擦功耗测量
	升降周服务
	参数设置
服务器软件	系统设置
	IP 地址分布
	数据服务器冗余
	命令信息查看
	数据备份

4.1.2　级联主机转速的变化规律

按照运行工况正常运行条件下，级联所有主机转速应保持在同步状态（已损机或无法升至同步状态的主机除外）。主机处于额定工况下，应精确控制其供精贫料干管压力、冷却水温度、供电电压、空气温度、轻杂质含量等参数，避免主机出现转速下降，从而出现主机失步甚至损坏的现象。除此之外，应通过同步系统定期测量区段所有主机的摩擦功耗，若发现偏离额定工况下主机摩擦功耗正常值范围的主机，及时检查该主机运行状态是否正常。

如果单独一台主机转速下降，应检查该主机的供电情况、隔膜阀打开或关闭情况，如果这两方面都正常，可以尝试短时间关闭供料隔膜阀进行升周。如果一个或几个装架的主机转速都下降，应该检查装架跨接线。如果某区段内多台主机（不规则分布）转速下降，这种情况一般是区段有漏引起，且轻杂质保护传感器应该已经动作，区段开始卸料，这时应按规定进行区段内找漏。

单一或多台主机发生降周或损坏，转速下降到不同程度，主机转速监测系统会发出相应的报警。表 4-2 为主机转速监测系统报警类型及相应的转速门限值。

表 4-2 主机转速监测系统报警类型及相应的转速门限值

序号	报警类型	门限值
1	单台损坏	小于 *a* Hz（数量小于 *n* 台）
2	单台失步	对于升周工况小于 *b* Hz（数量小于 *n* 台） 对于运行工况小于 *c* Hz（数量小于 *n* 台）
3	单台失步微差	小于 *d* Hz（数量小于 *n* 台）
4	单台通讯中断	主机传感器与转速柜的联系中断
5	成组损坏	同一周期≥*n* 台损坏
6	成组失步	同一周期≥*n* 台失步
7	成组失步微差	同一周期≥*n* 台失步微差
8	成组通讯中断	同一周期≥*m* 台通讯中断
9	主机故障	上述 1～8 任一报警信号产生或组合出现时的综合报警信号
10	事故保护	同一周期≥*n* 台失步或 *n* 台损坏加单台失步
11	中频故障	标准的主机供电电网频率信号异常，对应的报警灯点亮
12	综合故障	上述 1～11 的信号产生的同时产生综合故障信号，另外，转速柜处于就地控制工况也要产生该信号，信号上传的同时点亮对应报警灯

注：表中 *a*、*b*、*c*、*d*、*n*、*m* 为级联主机转速监测系统按相关规程设定的数值，不同系统设置可能不同。

4.2 级联压力参数测量与控制

4.2.1 压力仪表、传感器相关知识

仪表和传感器是级联监测系统重要组成部分，级联系统常见的压力仪表和传感器有压力表、压力事故保护传感器等。下面简要介绍一些压力仪表与传感器的作用及原理。

压力表（压力传感器）用于测量管道和设备的压力，分为绝对压力表和相对压力表。压力表的原理是将压力变化转变为某种电信号的变化，如应变式，通过弹性形变而导致电阻变化的原理；压电式，利用了压电效应的原理；电容式，利用压力变化引起电容变化，进而产生电信号的变化的原理。

级联监测系统常用的绝对压力表是一种绝压、全压测量的真空计，其原理为：压力不

变时，传感器敏感元件与固定电极间的距离不变，电容量不变；当压力变化时，传感器敏感元件产生形变，在固定电极上产生电容电量变化，实现了非电量的电测技术，电容电量信号经电路转换单元转化，形成直流电压信号输出，再经二次仪表的数字化（A/D，D/A）处理，显示出压力测量值。

常用的绝对压力表为电容薄膜压力变送器，图 4-4 为一种电容薄膜压力变送器检测部分的示意图。

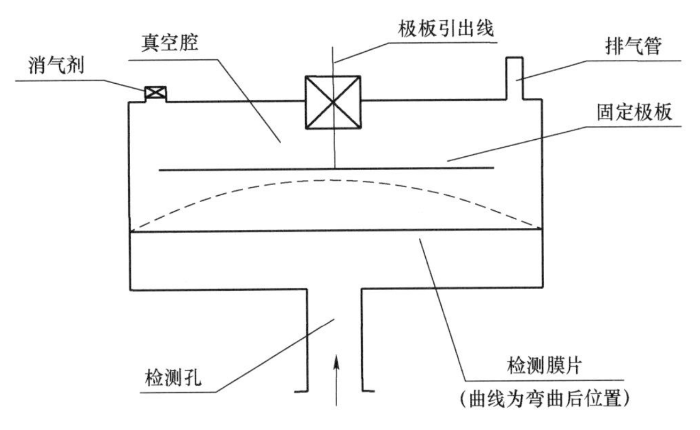

图 4-4　电容薄膜压力变送器示意图

常用的相对压力表主要部件是膜盒与变阻变换器，膜盒内波纹薄膜将其分为正负两个腔，使负腔中空气压力保持在低压范围内，正腔内为工作气体。正腔内压力变化时，使弹性波纹薄片发生形变，利用电磁铁输出电流信号，此信号与正腔内工作气体绝对压力成正比。

光标微压计为一种常见的相对压力仪表，工作原理是基于仪表敏感元件膜片的弹性形变可转变成反射镜的旋转运转，敏感元件为一种膜片。该仪表的表盘外形如图 4-5 所示

此外，现场常用的目视压力表，大多是将压力信号转变为弹性元件的机械变形量，以指针偏转的方式输出信号。图 4-6 为一种现场目视弹簧管压力表的示意图。

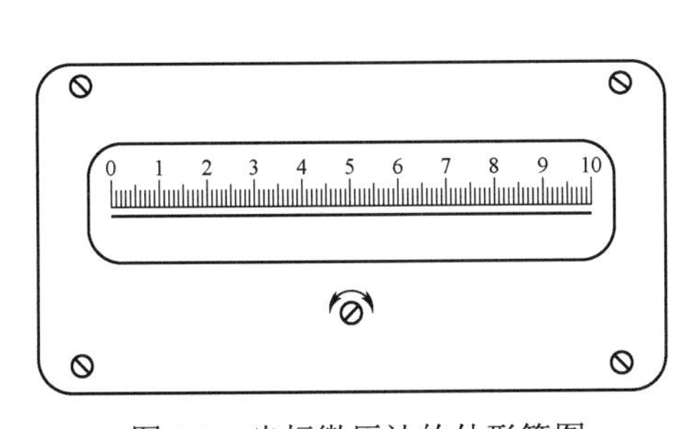

图 4-5　光标微压计的外形简图

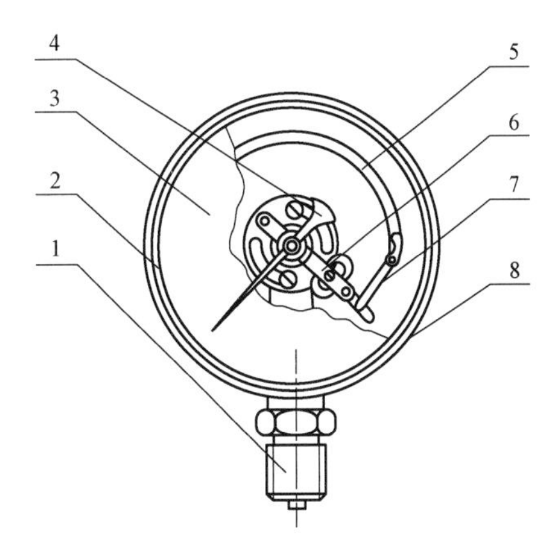

图 4-6　弹簧管压力表示意图

1—接头；2—衬圈；3—度盘；4—指针；
5—弹簧管；6—传动机构；7—连杆；8—表壳

压力事故保护传感器也分为相对表和绝对表两种。绝对表类型的压力事故保护传感器可以看作是在 DCS 系统中增加了事故保护功能的绝对压力表，系统监测到该传感器输出值到达系统设定的压力动作值时，监测系统发出事故信号，系统产生相应动作。相对表类型的压力事故保护传感器用于压力升高时报警以保护离心机，膜盒是其主要部件，膜盒内波纹薄片将其分为正负腔，负腔与仪表零位系统相连通，正腔与相应管道内工作气体相连通，当压力有变化时膜片发生变形，压力升高到设定值时，膜片变形使传力机构上触点与压力设定值指针上的触点接触而吸合，从而产生电信号，再通过相应自控系统使阀门动作，保护离心机内压力不会进一步升高。

近年新投产的级联系统压力远控检测及事故保护一般是通过绝对压力传感器和 DCS 系统的就地柜过程站、控制室操作站来完成，光标微压计等相对压力表、现场目视压力表已经不再使用。

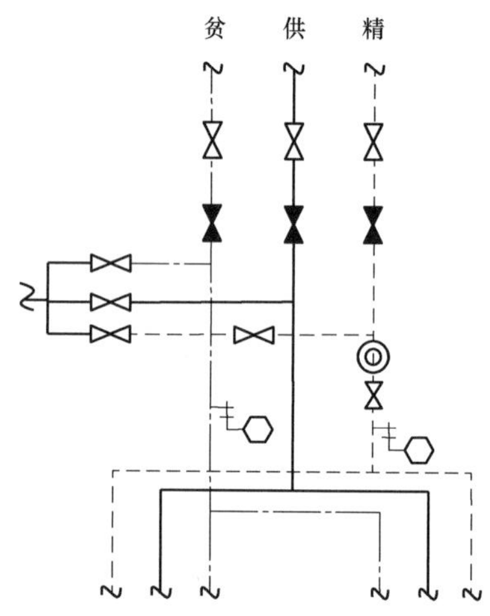

图 4-7　区段压力仪表的安装位置

4.2.2　级联压力仪表和事故保护传感器的设置

主机系统是级联系统的主要组成部分。主机系统监测的压力参数包括：机组和区段的供料、精料、贫料干管压力。主机系统的压力参数通过监测控制系统可由中央控制室实时监测，保证其运行状态与参数在受控范围内。

通过使用工艺监测传感器和仪表，借助于监测控制系统可实现主机系统主工艺设备的工作压力参数的监测。

主机系统中区段压力仪表的安装位置如图 4-7 所示。

机组压力仪表的安装位置如图 4-8 所示。

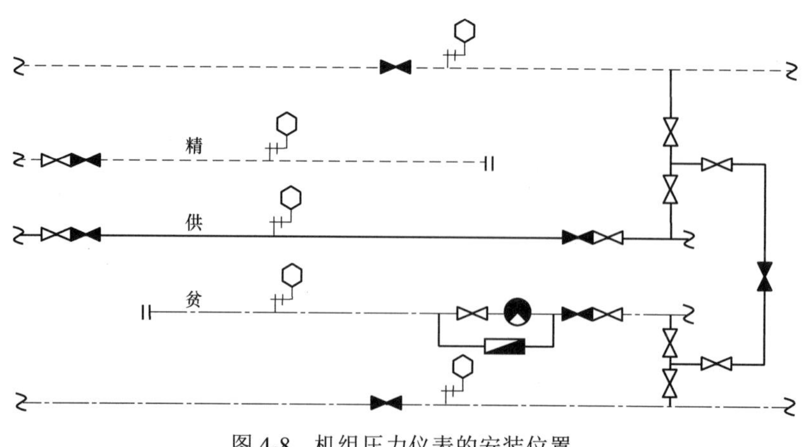

图 4-8　机组压力仪表的安装位置

精料端部机组回流调节器压力仪表的安装位置如图 4-9 所示。

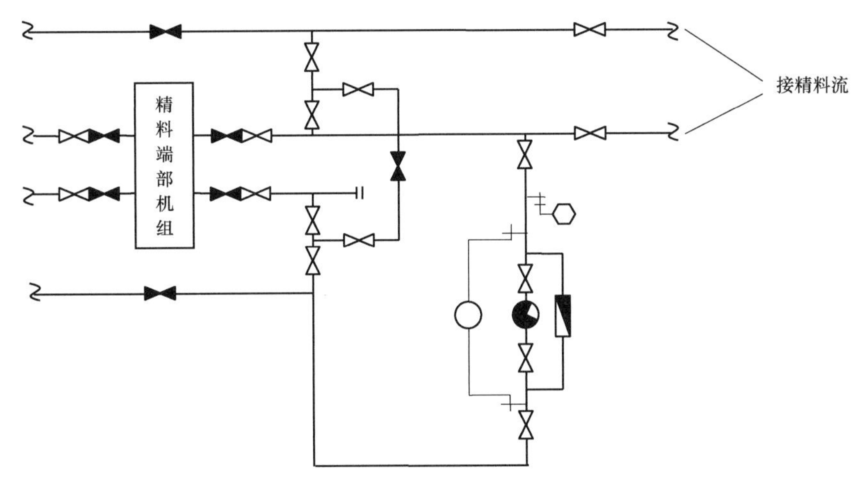

图 4-9　精料端部机组回流调节器压力仪表的安装位置

主机系统中压力仪表的用途、参数输出位置及参数控制范围如表 4-3 所示。

表 4-3　主机系统压力仪表的用途、参数输出位置及参数控制范围

仪表的种类	图示	安装位置	用途	参数输出位置	参数控制范围
远传压力表		区段贫料干管	1. 监测和记录区段贫料干管压力 2. 区段贫料压力偏离整定值时发出报警	机组监测控制操作站	级联运行工况规定的机组、区段贫料压力值±1.0 mmHg，允许不大于装架贫料干管最大工作压力
		区段精料干管	1. 监测和记录区段精料干管压力 2. 区段精料压力偏离整定值时发出报警	机组监测控制操作站	级联运行工况下的机组、区段精料压力值±0.5 mmHg
		机组供料干管	1. 监测和记录机组供料干管压力 2. 机组供料压力偏离整定值时发出报警	机组监测控制操作站	级联运行工况下的机组供料压力值±0.5 mmHg，允许不大于装架供料干管最大工作压力
		机组精料干管	1. 监测和记录机组精料干管压力 2. 机组精料干管压力偏离整定值时发出报警	机组监测控制操作站	级联运行工况下的机组精料压力值±0.5 mmHg
		机组贫料干管	1. 监测和记录机组贫料干管压力 2. 机组贫料干管压力偏离整定值时发出报警	机组监测控制操作站	级联运行工况规定的机组贫料压力值±1.0 mmHg，允许不大于装架贫料干管最大工作压力
		机组精料旁通管中的压力（部分机组）	监测和记录机组精料旁通管中的压力	机组监测控制操作站	—
		机组贫料旁通管中的压力（部分机组）	监测和记录机组贫料旁通管中的压力	机组监测控制操作站	—
		级联“回流”调节器前（精料端部机组）	监测和记录级联“回流”调节器前后压力	机组监测控制操作站	—

续表

仪表的种类	图示	安装位置	用途	参数输出位置	参数控制范围
现场目视压力表		机组供精贫料干管、级联“回流”调节器前后	现场目视机组供精贫料干管压力	压力表本身	—

主机系统提供了压力事故保护功能：在区段贫料干管压力事故保护传感器动作时，自动关闭区段，并将工作气体抽空至卸料系统。

在机组供料和贫料干管上的压力事故保护传感器动作时，自动关闭机组。由于机组内区段事故保护动作时，机组也会联锁关闭。

主机系统中区段压力事故保护传感器的安装位置如图 4-10 所示。

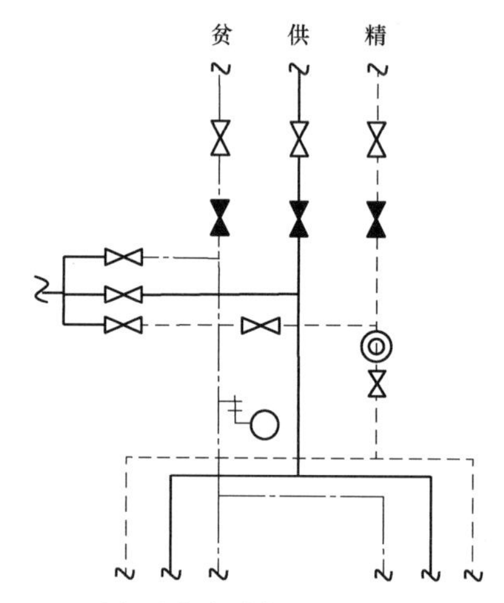

图 4-10 区段压力事故保护传感器的安装位置

区段压力事故保护传感器的安装位置图 4-11 所示。

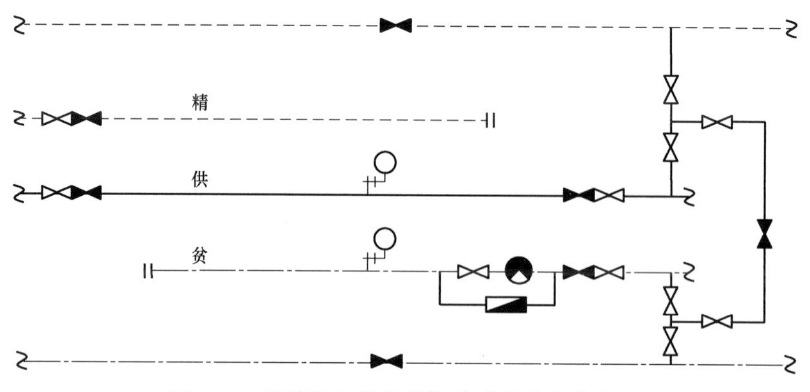

图 4-11 机组压力事故保护传感器的安装位置

主机系统中压力事故保护传感器的用途、参数输出位置及参数控制范围如表 4-4 所示。

表 4-4　主机系统压力事故保护传感器的用途和安装位置

事故保护传感器的种类	图示	安装位置	用途	参数输出位置	参数控制范围
压力事故保护传感器		区段贫料干管	在区段贫料干管压力水平达到动作值时，发出动作信号	机组监测控制操作站	保持与区段贫料干管压力仪表输出示值相当
		机组供料干管	在机组供料干管达到动作值时，发出动作信号	机组监测控制操作站	保持与机组供料干管压力仪表输出示值相当
		机组贫料干管	在机组贫料干管达到动作值时，发出动作信号	机组监测控制操作站	保持与机组贫料干管压力仪表输出示值相当

料流系统是级联大厅和供取料厂房传输工作气体的通道，供取料厂房将净化合格、压力大小合适的工作气体原料通过供料流供入级联大料流系统是级联大厅和供取料厂房传输工作气体的通道，供取料厂房将净化合格、压力大小合适的工作气体原料通过供料流供入级联大厅，然后从级联大厅分离出的精料和贫料通过精料流和贫料流传输至供取料厂房。

料流系统监测的压力参数包括：

供料流主备线第一五阀节点进出口压力、调节器（电调阀）节点进出口压力、孔板节点前后压力、第二五阀节点进出口压力。供料流压力仪表安装位置如图 4-12 所示。

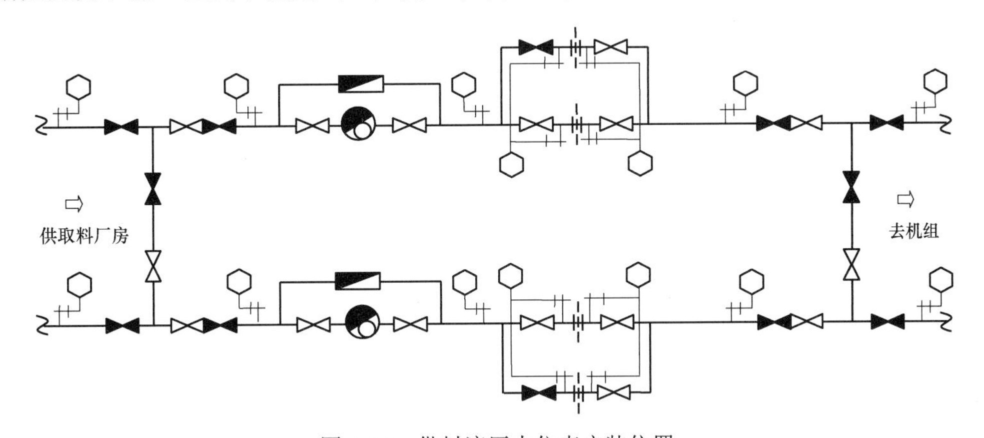

图 4-12　供料流压力仪表安装位置

精料流主备线第一五阀节点出口压力、补压机节点进出口压力、调节器（电调阀）节点进出口压力、孔板节点前后压力、第二五阀节点进出口压力。精料流压力仪表安装位置如图 4-13 所示。

贫料流主备线第一五阀节点进出口压力、补压机节点进出口压力、第二五阀节点进出口压力。贫料流压力仪表安装位置如图 4-14 所示。

若级联结构为层架级联，则级联各层架间存在中间料流。层架级联中间料流系监测的压力参数包括：

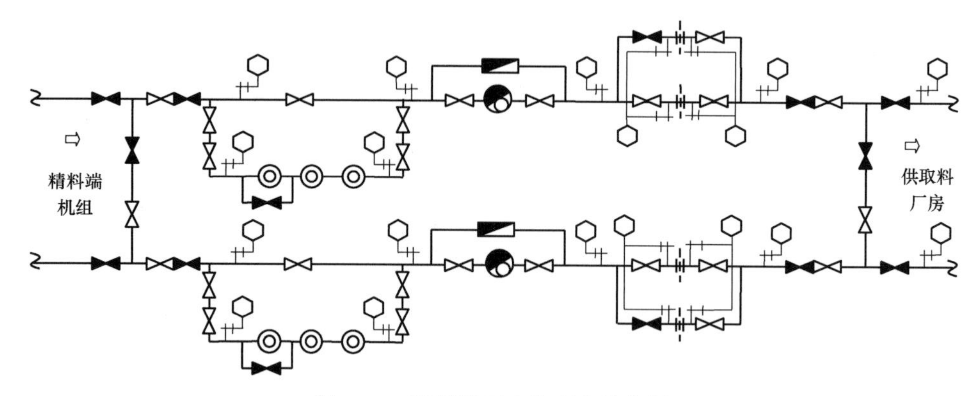

图 4-13　精料流压力仪表安装位置

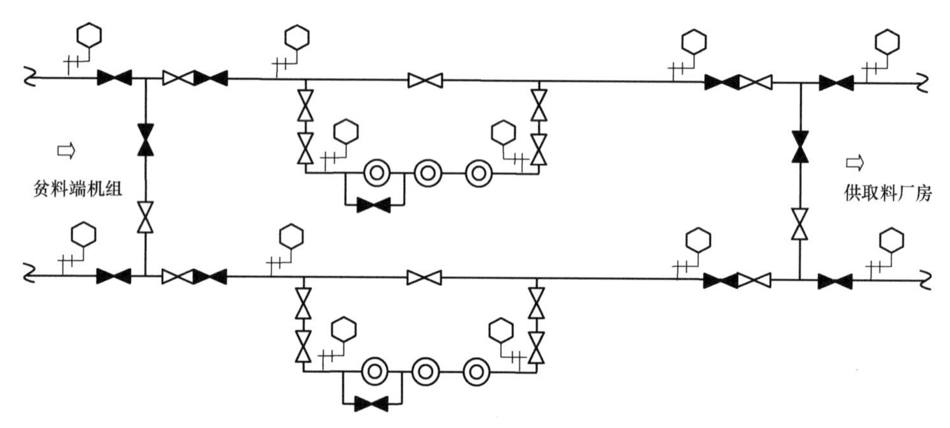

图 4-14　贫料流压力仪表安装位置

从一个层架向另一个层架供料的精料流（中间精料流）主备线第一五阀节点出口压力、补压机节点进出口压力、调节器（电调阀）节点进出口压力、孔板节点前后压力、第二五阀节点进出口压力及回流调节器进出口压力。中间精料流压力仪表安装位置如图 4-15 所示。

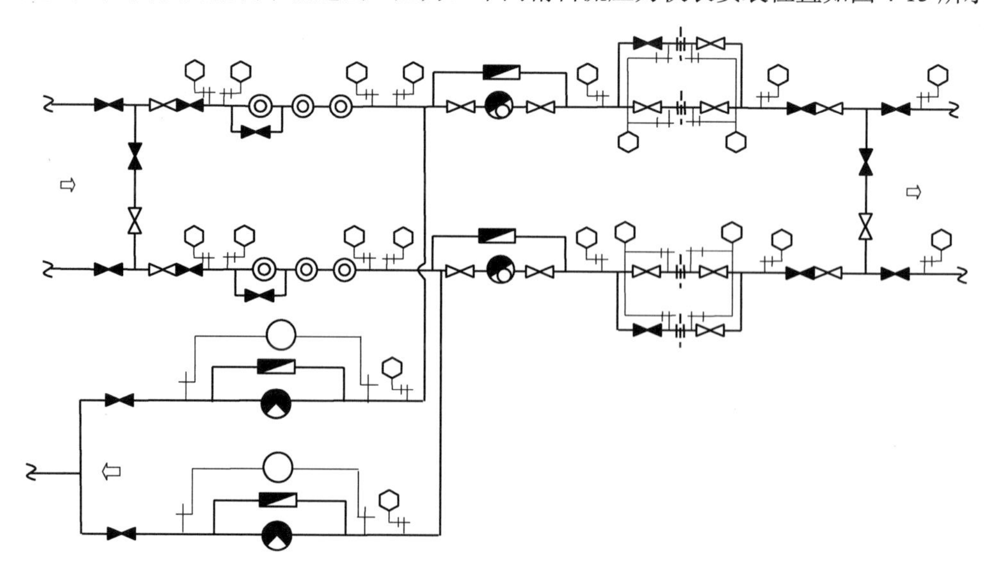

图 4-15　中间精料流压力仪表安装位置

从一个层架向另一个层架供料的贫料流（中间贫料流）主备线第一五阀节点进出口压力、补压机节点进出口压力、第二五阀节点进出口压力。中间贫料流压力仪表安装位置如图 4-16 所示。

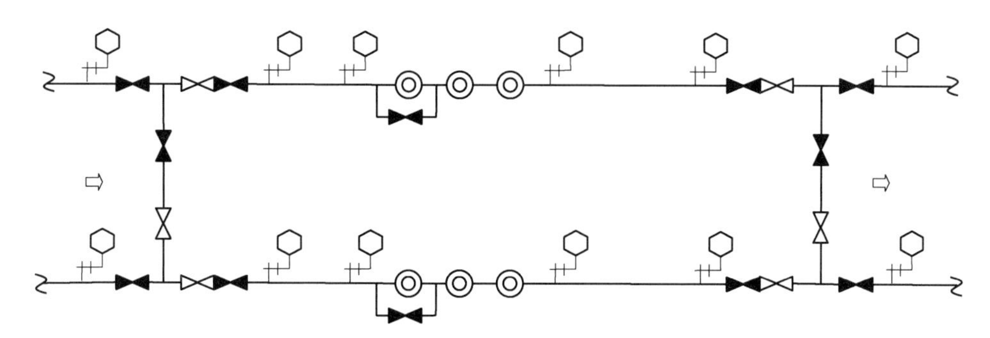

图 4-16　中间贫料流压力仪表安装位置

通过使用压力监测传感器、仪表等，料流系统的所有压力参数通过监测控制系统可由中央控制室实时监测，保证其运行状态与参数在受控范围内。

料流系统压力仪表的用途、参数输出位置及参数控制范围如表 4-5。

表 4-5　料流系统压力仪表的用途和安装位置

仪表的种类	图示	安装位置	用途	参数输出位置	参数控制范围
远传压力表		供料流： 1. 第一五阀节点进出口 2. 调节器（电调阀）节进出口 3. 孔板前后 4. 第二五阀节点进出口	1. 监测和记录相应位置干管的压力 2. 压力偏离整定值时发出报警	料流监测控制操作站	级联运行工况下相应位置干管的压力 ±0.5 mmHg（小于 10 mmHg），或运行工况下相应位置干管的压力±1.0 mmHg（大于等于 10 mmHg）
		精料流： 1. 第一五阀节点出口 2. 补压机节点进出口 3. 调节器（电调阀）节点进出口 4. 孔板节点前后 5. 第二五阀节点进出口	1. 监测和记录相应位置干管的压力 2. 压力偏离整定值时发出报警		级联运行工况下相应位置干管的压力 ±0.5 mmHg（小于 10 mmHg），或运行工况下相应位置干管的压力±1.0 mmHg（大于等于 10 mmHg）
		贫料流： 1. 第一五阀节点进出口 2. 补压机节点进出口 3. 第二五阀节点进出口	1. 监测和记录相应位置干管的压力 2. 压力偏离整定值时发出报警		级联运行工况下相应位置干管的压力 ±0.5 mmHg（小于 10 mmHg），或运行工况下相应位置干管的压力±1.0 mmHg（大于等于 10 mmHg）
		中间精料流： 1. 第一五阀节点出口 2. 补压机节点进出口 3. 调节器（电调阀）节点进出口 4. 孔板前后 5. 第二五阀节点进出口 6. 回流调节器进出口	1. 监测和记录相应位置干管的压力 2. 压力偏离整定值时发出报警		级联运行工况下相应位置干管的压力 ±0.5 mmHg（小于 10 mmHg），或运行工况下相应位置干管的压力±1.0 mmHg（大于等于 10 mmHg）

续表

仪表的种类	图示	安装位置	用途	参数输出位置	参数控制范围
远传压力表		中间贫料流： 1. 第一五阀节点进出口 2. 补压机节点进出口 3. 第二五阀节点进出口	1. 监测和记录相应位置干管的压力 2. 压力偏离整定值时发出报警	料流监测控制操作站	级联运行工况下相应位置干管的压力±0.5 mmHg（小于 10 mmHg），或运行工况下相应位置干管的压力±1.0 mmHg（大于等于 10 mmHg）
现场压力表		中间精料流调节器（电调阀）节点前后	现场目视仪表所在位置压力	压力表本身	—

料流系统还提供了压力事故保护功能，以下料流节点均安装有压力事故保护传感器，在压力事故保护传感器动作时，相应料流主（备）线自动关闭，料流系统压力事故保护传感器安装位置如下：

供料流主备线第一五阀节点后、孔板节点前以及第二五阀节点前。供料流压力事故保护传感器安装位置如图 4-17 所示。

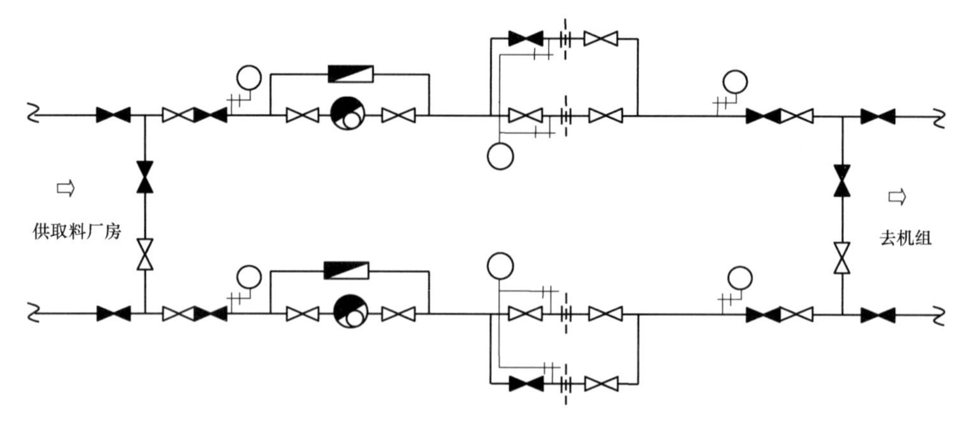

图 4-17 供料流压力事故保护传感器安装位置

精料流主备线第一五阀节点后、第二五阀节点前。精料流压力事故保护传感器安装位置如图 4-18 所示。

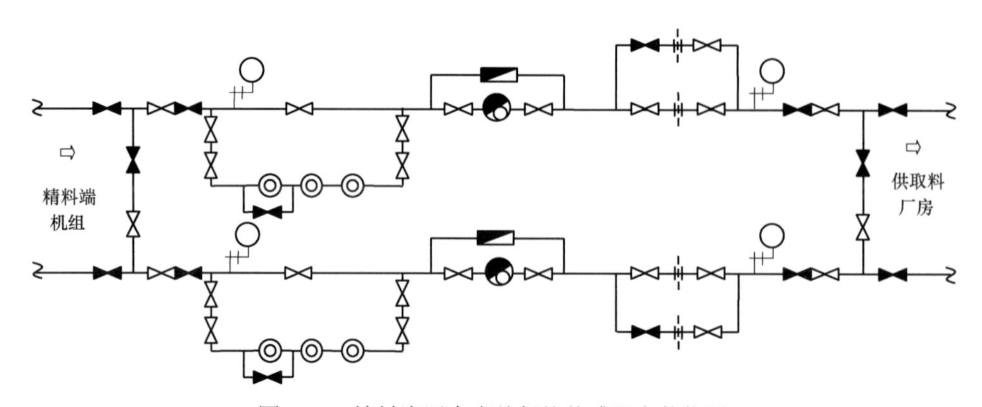

图 4-18 精料流压力事故保护传感器安装位置

贫料流主备线第一五阀节点后、第二五阀节点前。贫料流压力事故保护传感器安装位置如图 4-19 所示。

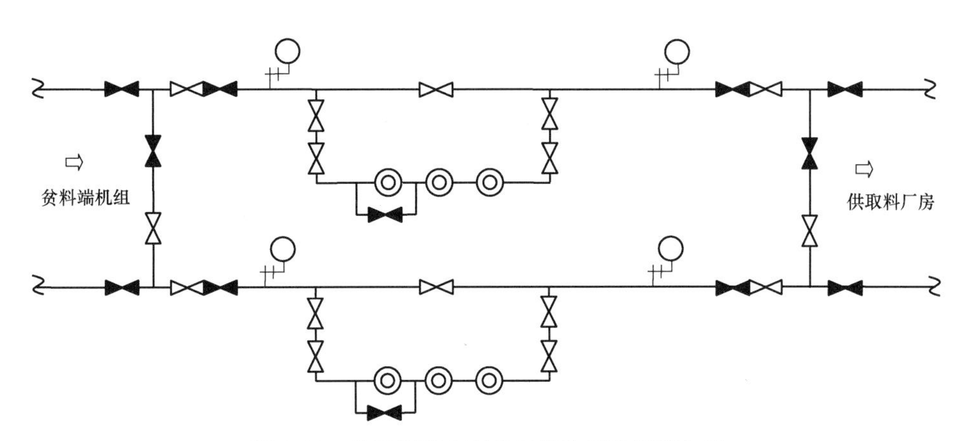

图 4-19　贫料流压力事故保护传感器安装位置

从一个层架向另一个层架供料的精料流（中间精料流）主备线第一五阀节点后、孔板节点前、第二五阀节点前以及回流调节器（电调阀）节点后。中间精料流压力事故保护传感器安装位置如图 4-20 所示。

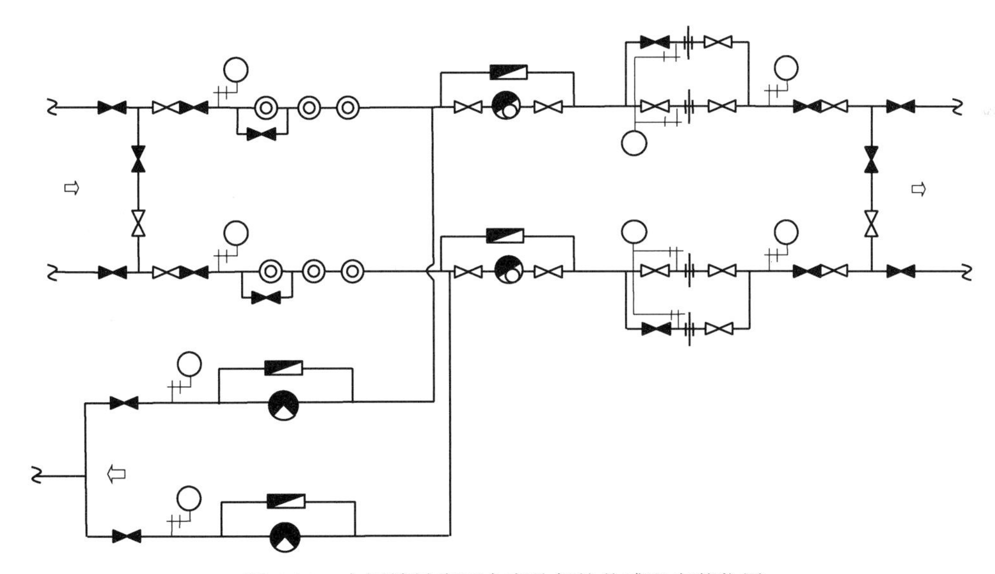

图 4-20　中间精料流压力事故保护传感器安装位置

从一个层架向另一个层架供料的贫料流（中间贫料流）主备线第一五阀节点后、第二五阀节点前。中间贫料流压力事故保护传感器安装位置如图 4-21 所示。

料流系统压力事故保护传感器的用途、参数输出位置及参数控制范围如表 4-6。

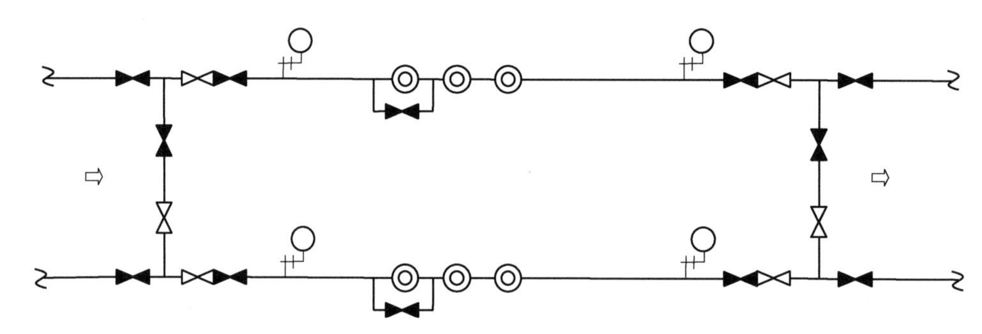

图 4-21　中间贫料流压力事故保护传感器安装位置

表 4-6　料流系统压力事故保护传感器的用途和安装位置

事故保护传感器的种类	图示	安装位置	用途	参数输出位置	参数控制范围
压力事故保护传感器		1. 供料流主备线第一五阀节点后、孔板节点前以及第二五阀节点前 2. 精料流主备线第一五阀节点后、第二五阀节点前 3. 贫料流主备线第一五阀节点后、第二五阀节点前 4. 从一个层架向另一个层架供料的精料流主备线第一五阀节点后、孔板节点前、第二五阀节点前以及回流调节器（电调阀）节点后 5. 从一个层架向另一个层架供料的贫料流主备线第一五阀节点后、第二五阀节点前	在相应干管位置压力达到动作值时，发出动作信号	料流监测控制操作站	保持与相应位置干管压力仪表输出示值相当

级联辅助系统由卸料系统、抽空系统、压空系统、零位系统、冷却水系统等组成。辅助系统的压力参数通过监测控制系统可由中央控制实时监测，保证压力参数在受控范围内。

卸料系统主要监测的压力参数有卸料大罐、1.5 m^3 储气罐和卸料干管中的压力，相应的压力仪表安装在需要监测的干管或者储气罐上。卸料系统提供事故保护功能：卸料干管上安装有压力事故保护传感器，卸料干管压力达到该传感器的动作值时，发出事故信号，区段禁止卸料。

抽空系统主要监测的设备参数有抽空干管压力、1.5 m^3 储气罐的压力，相应的压力仪表安装在需要监测的干管或者储气罐上。

压空系统监测的压力参数有压空干管高、低压侧的压力，以及压空调节器前后的压力，相应的压力仪表安装在需要监测位置的干管上。

零位系统监测的设备参数为零位干管压力、1.5 m^3 储气罐的压力，相应的压力仪表安装在需要监测的干管或者储气罐上。

冷却水系统远程监测的压力参数为主机、补压机、变频器冷却水进水干管的压力，若通过水辅监测控制操作站发现相关设备冷却水压力异常升高或降低，则应明确其原因，并联系辅助运行人员及时调整。

4.2.3　级联压力参数的变化规律

通过对级联运行参数进行及时的检测和分析，有利于维护级联的安全稳定连续运行，也有助于工艺人员学习规程、钻研技术、提高分析判断能力和事故应急处理能力。压力是级联运行的最主要参数，为保证级联稳定运行，及时检测压力、分析压力变化情况是运行管人员应尽的责任和必备的能力。

在级联按照额定工况正常运行条件下，机组、区段的供、精、贫料压力应该处于基本恒定的状态。机组贫料干管压力通过电调阀（调节器）控制，使其保持在级联运行工况要求的贫料压力值；区段精料干管压力，通过补压机变频器在 0～100 Hz 范围内调节补压机供电频率予以保证。

工艺回路中的一些操作可能会引起机组压力的波动，如对机组进行抽空或充料、对调节器和电调阀进行检查维护、机组或料流压力调整等，都能引起相关机组的压力发生偏离方案值的情况。这些情况下，分析和判断要对照参数的变化情况，同时要结合当时工艺回路上的操作来进行分析和判断。

另外，一些误操作或事故情况也会引起机组压力偏离，如供料中断、有漏、误操作调节器和电调阀等。

压缩空气系统出现故障时，机组压力调节器的工作将会受到影响：压缩空气系统的低压管道压力持续降低时，机组调节器会关闭，会失去对压力的控制能力，机组压力将会出现较大的波动，这会引起机组压力保护动作，关闭机组。

仪表零位线系统压力正常情况下保持在 0.05～0.1 mmHg 范围内，这是由真空泵自动抽空来实现的，但在仪表零位线系统出现大漏时，真空泵不能及时将压力抽空到规定范围，相对压力仪表负腔的压力将会更高，从而引起这些仪表的显示值偏低，机组的压力检测仪表可能因显示低而低限报警。

同样，在级联按照额定工况正常运行条件下，料流系统中供、精、贫料流压力也处于基本恒定的状态。通过调节器（电调阀）调节供料流孔板前压力的大小来保证供料流量，通过补压机变频器在 0～100 Hz 范围内调节补压机供电频率及回流调节器（电调阀）的开度保证精料流、贫料流的压力大小。

料流上的一些操作会引起料流压力的波动，如对料流压力调整、料流主备线转换、对料流抽空或充料等，都能引起相关料流的压力发生偏离方案值的情况，这些情况下，分析和判断要对照参数的变化情况，同时也要结合当时料流上的操作来进行分析和判断。

误操作或事故情况也会引起料流压力偏离，如料流主备线中断、有漏、误操作调节器和电调阀等。

料流调节器的零位腔接在调节器零位系统上，所以调节器零位系统的故障会影响其工作，当调节器零位系统的压力上升时，流量调节器会打开，压力调节器会关闭，从而引起被调节压力的上升；如果压缩空气系统出现故障，在压缩空气系统的低压管道压力持续降低时，流量调节器会打开，压力调节器会关闭，也会引起被调节压力的上升；这些情况都有可能引起料流压力保护动作，料流自动关闭。

如果料流压力是因仪表零位线系统压力升高引起，分析判断及处理与上述的机组的方法相同。

辅助工艺系统布置了大量的压力监测装置。正常运行的卸料系统、零位系统，其干管和储气罐压力应处于较低的状态，通过设置储气罐压力和真空泵的联锁，干管和储气罐压力具有 0.05～0.1 mmHg 的周期性变化。当干管或储气罐压力升高至报警值时，应及时启动真空泵将其压力抽至正常运行值。若卸料系统干管压力过高至报警值，可通过供取料厂房的供料净化冷风箱将其压力抽低，也可以通过真空泵经运行的制冷柜将其压力抽低。

4.3　温度测量与控制

4.3.1　温度仪表、传感器相关知识

温度测量表用于当大厅空气温度升高（降低）超标时发出报警信号，或主机、补压机、变频器冷却水温度升高（降低）超标时发出报警信号。

级联系统温度的测量借助于温度仪表和温度计。电子温度表是利用导体或半导体的电阻值随温度的变化而变化的原理制成的，图 4-22 是一种标准铂电阻温度计结构示意图。

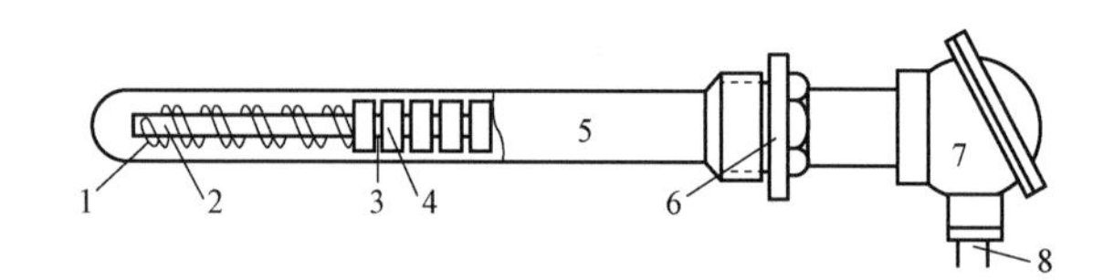

图 4-22　铂电阻温度计结构示意图

1—电阻丝；2—电阻体支架；3—引线；4—绝缘瓷管；5—保护套管；6—连接法兰；7—接线盒；8—引线孔

现场主机、补压机、变频器冷却水管还安装有目视温度表。目视温度表的原理为温度变化会引起感温元件旋转变形量的变化，从而带动指针偏转输出信号。图 4-23 为一种目视温度表的结构示意图。

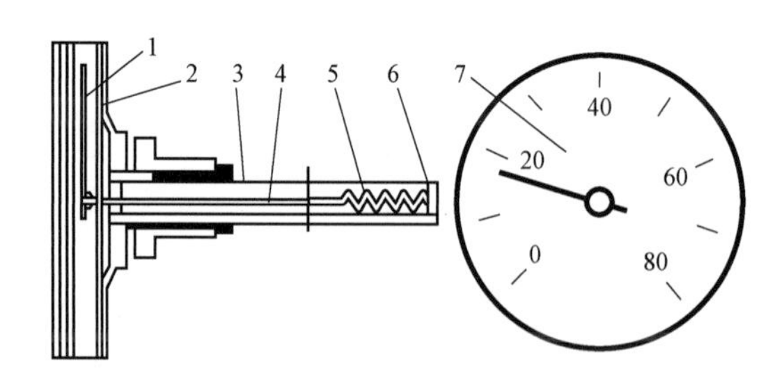

图 4-23　一种目视温度表结构示意图

1—指针；2—表壳；3—金属保护管；4—指针轴；5—感温原件；6—固定端；7—刻度盘

4.3.2　级联系统温度仪表的设置

级联主机系统监测的温度参数有级联大厅空气温度和机组的半区段（列）冷却水回水

温度，通过使用温度监测传感器和仪表，借助于监测控制系统可实现级联系统的温度参数的监测。

级联辅助水系统监测的温度参数有主机、补压机、变频器冷却水进水干管的水温。此外，在每台补压机、变频器的回水管上，均安装有冷却水温度目视表，可现场查看相应管道冷却水回水温度。若通过辅助系统监测控制操作站发现主机、补压机、变频器冷却水温度异常升高或降低，则应及时明确其原因，必要时按规程处理。

级联系统温度仪表的安装位置、用途、参数输出位置及控制范围如表 4-7。

表 4–7　级联系统温度仪表的安装位置、用途、参数输出位置及控制范围

传感器、仪表的种类	安装位置	用途	参数输出位置	参数控制范围
空气温度表	机组上层、中层、下层	1. 监测和记录级联大厅空气温度 2. 当空气温度偏离整定值时发出信号	机组监测控制操作站	规程规定的主机装架运行环境温度范围
冷却水温度表	机组的半区段（列）冷却水回水干管	1. 监测和记录机组的半区段（列）冷却水回水温度 2. 在冷却水温度偏离整定值时发出信号		级联运行工况下机组的半区段（列）冷却水回水温度运行值±0.5 ℃
	主机冷却水进水干管	1. 监测和记录主机冷却水进水干管水温 2. 在冷却水温度偏离整定值时发出信号	水辅监测控制操作站	规程规定的主机运行冷却水温度范围
	补压机冷却水进水干管	1. 监测和记录补压机冷却水进水干管水温 2. 在冷却水温度偏离整定值时发出信号		规程规定的补压机运行冷却水温度范围
	变频器冷却水进水干管	1. 监测和记录变频器冷却水进水干管水温 2. 在冷却水温度偏离整定值时发出信号		规程规定的变频器运行冷却水温度范围
冷却水温度目视表	1. 机组的半区段（列）冷却水回水干管 2. 补压机冷却水回水管 3. 变频器冷却水回水管	1. 目测机组的半区段（列）冷却水回水干管温度 2. 目测补压机、变频器冷却水回水温度	—	—

4.3.3　温度参数变化规律

级联大厅空气温度应符合规程的要求，级联正常运行条件下大厅空气温度应该处于基本恒定的状态。由于级联大厅空气温度与精料产品丰度相关，在日常的运行维护过程中，若出现级联大厅空气温度异常升高或降低，超出控制范围，应及时联系辅助运行人员调整级联大厅空气温度。

在级联按照额定工况正常运行条件下，主机、补压机、变频器冷却水进水干管的水温应符合相关规程的规定，这是设备安全稳定运行的基本要求。由于设备负载大小的变化，主机、补压机、变频器冷却水回水温度可能会有微小的变化；主机冷却水温度还与精料产品丰度相关，若通过主机监测控制操作站发现主机冷却水回水温度异常升高，则应明确其原因，并联系辅助运行人员及时调整。此外，应定期检查级联装架冷却水进回水管的通畅性（通过现场手摸装架进回水管，若有堵，进回水管温度差异明显），发现有堵应及时消堵。

4.4 轻杂质测量与控制

4.4.1 级联中的轻杂质

在生产浓缩铀的过程中，构成级联的设备以及各部分管道中除了包含六氟化铀外，还混入了一些相对分子质量小于六氟化铀的杂质，其中主要包括氟化氢、空气，以及少量的金属氟化物、氟气、卤代烃等。

4.4.2 轻杂质的来源

4.4.2.1 原料供入级联

原料六氟化铀是通过铀矿石的采集冶炼，纯化转化等一系列工序加工而成，然后通过专门的容器存储并运输到铀浓缩工厂进行浓缩。铀矿石经过冶炼得到的八氧化三铀产品中存在一些其他的金属氧化物，这些金属氧化物在八氧化三铀转化成六氟化铀的过程中，也一起被氧化为金属氟化物并混入到六氟化铀产品中。同时在生产六氟化铀产品的过程中，会使用氟气将四氟化铀氧化成六氟化铀，因此最终的六氟化铀产品中会包含少量的氟气。最终的六氟化铀产品虽然进行过纯化等处理，但并不能完全去除其中的金属氟化物、氟气等杂质。同时用来存储六氟化铀的容器内表面吸附有水分、有机物，并且容器本身也存在焊缝、阀门，因此会存在漏入空气的情况。气态六氟化铀会与容器内表面吸附的水分、有机物以及空气中含有的微量水分发生化学反应生产氟化氢、卤代烃等。这些金属氟化物、氟气、卤代烃、空气以及反应生成的氟化氢等杂质就构成了原料中的轻杂质。

4.4.2.2 空气漏入

级联是由数量众多的设备和管道组成的数千立方米的真空系统，设备之间通过管道、阀门相连接，同时管道之间也存在焊接的连接方式。对于有连接点的真空系统，系统有漏是绝对的，不漏是相对的。因此，级联在运行过程中，会有空气通过阀门、焊缝、设备等不断的漏入系统，这些漏入的空气就构成了级联空气漏入的轻杂质。

4.4.2.3 腐蚀损耗

气态六氟化铀能与级联设备、管道内表面的金属发生反应生产金属氟化物；与级联设备、管道内表面吸附的水分、有机物发生化学反应产生氟化氢、卤代烃、氟化铀酰等。离心机和补压机的冷却水也存在微量渗入系统，与气态六氟化铀发生化学反应产生氟化氢及氟化铀酰。上述反应生产的氟化氢、卤代烃等就构成了腐蚀损耗所产生的轻杂质。但随着六氟化铀与级联设备、管道内表面的金属反应生成的金属氟化物保护膜越来越致密，以及级联设备、管道内表面所吸附的水分、有机物的不断消耗，该部分腐蚀损耗所产生的轻杂含量将逐年降低。最终由腐蚀损耗所产生的轻杂质将维持在一个稳定的水平，并且主要是气态六氟化铀与随空气漏入以及离心机和补压机冷却系统渗入的微量水分发生反应所生成的氟化氢。

4.4.3　轻杂质的分布

4.4.3.1　整个级联的物料中均存在轻杂质

从前面所介绍的轻杂质来源中可以看出，整个级联都存在空气漏入的情况，因此无论是级联料流、供料机组、浓缩方向机组还是贫化方向机组均存在轻杂质。

4.4.3.2　轻杂质主要向浓缩度端传递

轻杂质的相对分子质量比六氟化铀要小得多，所以它在离心机中的分离效果非常明显，因此级联中绝大部分轻杂质都会向级联浓缩端聚集，并最终进入精料流，正常运行系统的贫料流中的轻杂质含量可以忽略不计。

4.4.4　轻杂质对系统的影响

4.4.4.1　对离心机的影响

离心机中心压力升高。由于轻杂质的相对分子质量比六氟化铀要小得多，根据离心机分离六氟化铀的原理可知，轻杂质在转子内主要分布在靠中心侧。因此轻杂质升高会导致离心机的中心压力升高。

1）使离心机摩擦功率上升。当轻杂质进入转子内后，会导致离心机的负载上升，从而引起离心机的摩擦功率上升。

2）使离心机转子温度上升。随着离心机的负载上升，离心机的转子温度也会出现上升。

3）使离心机失步或损机。轻杂质进入离心机内部后，可能造成转子失衡。或者摩擦功率升高超过离心机电机的输出功率，从而导致离心机失步甚至损机。

4）影响离心机运行寿命。离心机的摩擦功率升高，频繁出现离心机失步，会影响离心机的机械性能。同时，腐蚀损耗产生的氟化铀酰等固体会附着在离心机的转子内壁、料管、孔板等地方，从而影响离心机的运行寿命。

5）使级联分离功降低。轻杂质进入离心机后，离心机的部分分离能力用来将轻杂质与六氟化铀分离；同时随着轻杂质的进入，会影响到离心机内部的流场从而影响离心机的分离性能；同时由于腐蚀损耗等固体颗粒附着在料管、孔板处，导致离心机的分流比发生变化。上述原因均会导致离心机的分离功降低。

4.4.4.2　对补压机的影响

补压机也属于离心式增压设备，其工作原理与离心机类似，即：靠工作轮的高速旋转产生离心力，在径向上形成一个压力变化梯度，靠近补压机中心处（入口）的压力最低，靠近补压机外壳处（出口）的压力最高。

轻杂质的相对分子质量比六氟化铀要小得多，根据补压机的工作原理可知，轻杂质会聚集在补压机中心附近，引起补压机中心压力升高，影响补压机抽空能力，降低补压机进出口压差。

4.4.4.3　对收料的影响

目前铀浓缩级联收取物料的方式为增压冷凝收料，该收料的方式主要是利用六氟化铀在 −25 ℃左右的饱和蒸气压较低的物理性质。物料经过增压装置增压进入收料容器，其中的六氟化铀的分压高于其在容器内部温度下的饱和蒸气压，因此六氟化铀被冷凝成固态并在容器内收集。

由于相同温度下，轻杂质中的空气和氟化氢的饱和蒸气压远高于六氟化铀的饱和蒸气压。因此，虽然经过增压装置增压，但容器内的轻杂质分压仍远低于其在容器温度下的饱和蒸气压。这就导致轻杂质随物料进入容器后，仍为气态并不断的在容器中富集，导致容器内压力不断升高，最终影响容器正常收料。

4.4.5　轻杂质的监测方法

4.4.5.1　轻杂质气体分析仪

级联生产运行过程中，主要通过轻杂质气体分析仪的示数变化情况来对轻杂质含量变化进行监测。目前常用的轻杂质气体分析仪主要包含绝对轻杂质气体分析仪和相对轻杂质测量传感器两种。

1）绝对轻杂质气体分析仪

安装位置：安装在料流上的调节器处，工作腔入口与出口分别与调节器前后相连，仪表结构如图 4-24 所示。

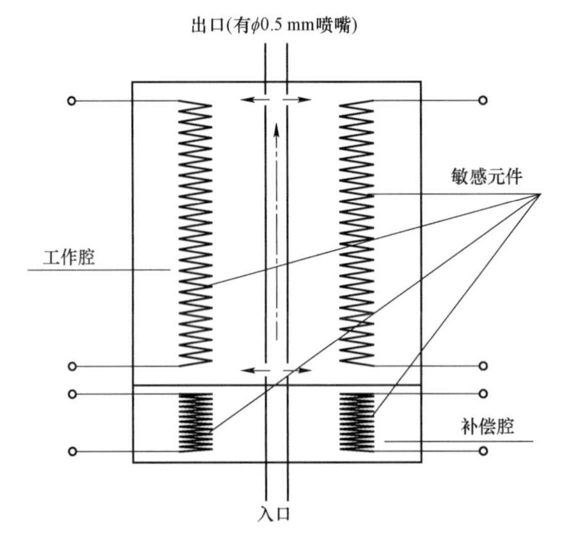

图 4-24　绝对轻杂质气体分析仪结构简图

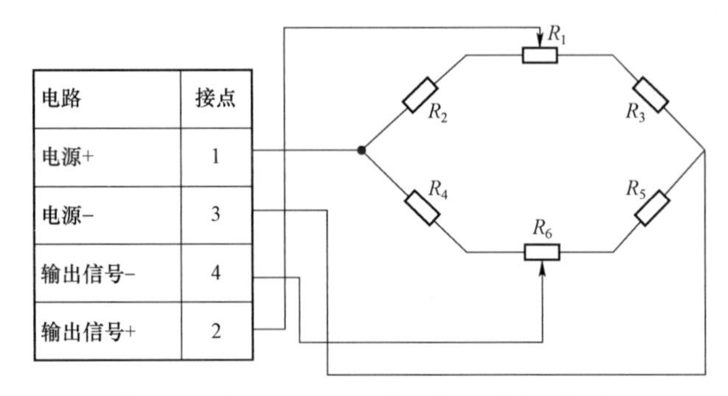

图 4-25　绝对轻杂质气体分析仪电气原理图

基本构造：传感器的主要部件有敏感元件 R_2 和 R_5，补偿元件 R_3 和 R_4，变阻器 R_1 和 R_6，Φ0.5 mm 的孔板。在钢壳体中布置有工作腔和补偿腔。装有敏感元件的工作腔做成真空密封的。装有补偿元件的补偿腔和大气相通。被分析的气态介质混合物沿着带锁紧螺母的引压管进入传感器。主要气流从中央通道流过，而只有小部分气流经过辐射孔流进工作腔。这样在传感器腔体中出现流速较快的气流时，保证气流沿敏感元件流过的速度稳定，有利于减小压力（流量）变化对传感器测量的影响。直径为 0.5 mm 的孔板安装在被分析混合物入口端的传感器引压管接头内，使通过传感器的气流流量受到限制。在传感器壳体上部安装有传感器校准电阻器座，在它上面固定有可使输出信号平滑或阶跃变化的电阻器。输出电压校准是通过改变使输出信号平滑变化的电阻器上的接触滑片的位置，或者从一级到另一级重新焊接使输出电压阶跃变化的电阻器上的导线的方法来实现的。为保证补偿和敏感元件的伏安特性相一致，传感器底部装有补偿元件长度调节器，可调节补偿元件的散热能力。由于螺旋线的弹性很小，不可能反向调节。为了防止反向调节以及螺旋线过量拉伸，调节器配有反向调节限制器。传感器主体用螺钉与安装法兰连接。主体的上部和下部用铝罩封住，可降低空气对流对传感器性能的影响。

工作原理：当进入轻杂质绝对分析仪工作腔的气体中出现轻杂质时，工作腔中的气体的导热性能就会发生变化，从而使已加热的敏感元件的散热条件、温度以及电阻发生变化，导致桥式电路失去平衡，输出电压的值就会与轻杂质含量成比例变化。

从轻杂质绝对分析仪的结构可以看出，由于其补偿腔与大气相通，所以其输出值会随大气温度的变化而变化，这也是轻杂质绝对分析仪比轻杂质相对分析仪稳定性差的主要原因，由于料流和区段中气体的分布形式不同，所以只能用轻杂质绝对分析仪来分析其中的轻杂质含量。

2）相对轻杂质测量传感器

安装位置：安装在区段上，其工作腔出口与入口分别连接在区段补压机前与后，补偿腔则连接在区段贫料干管上。仪表结构如图 4-26 所示：

基本构造：传感器的主体内有两个圆柱型并列腔：工作腔和补偿腔，在它们中分别安装有测量灵敏元件 R_1 和补偿灵敏元件 R_2。灵敏元件是镍丝做成的螺旋丝，它固定在弹簧支架上。通过调整弹簧支架上的调整螺母，使螺旋丝沿着弹簧支架纵向移动，可调整螺旋丝的拉伸长度。工作腔与补偿腔有公共的输出孔，孔中安装有直径 1.7 mm 的流量孔板。连接传感器补偿腔的入口孔中安装有直径 0.4 mm 的流量孔板。

工作原理：进入补偿腔的气体为贫料，认为其中无轻杂质，而进入工作腔的气体为精料，认为其中含有富集后的轻杂质，在这种情况下，分析仪的敏感元件接通电流加热后，镍丝的电阻即与进入这些室中的气体混合物的导热性成正比的变化，桥式电路显示出不平衡，与轻杂质含量成正比的输出电压值也会随之发生变化。

这里需要注意的是：相对轻杂质测量传感器工作腔中的轻杂质含量升高时，即区段精料干管内轻杂质含量升高时，传感器的示数将上升。当其补偿腔中的轻杂质含量升高时，及区段贫料干管内轻杂质含量升高时，传感器的示数将下降。

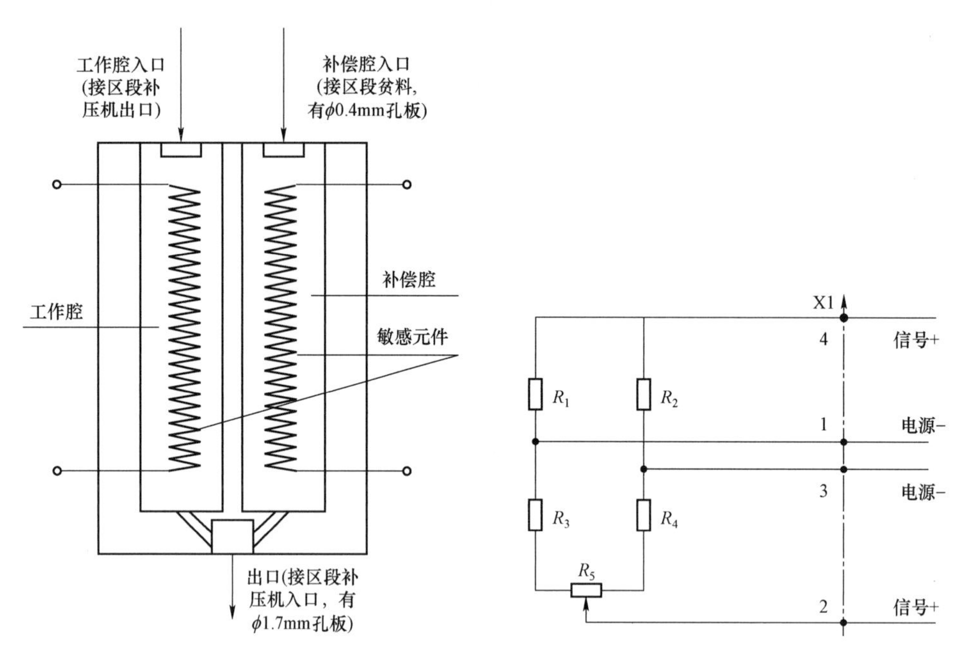

图 4-26　相对轻杂质气体分析仪结构简图　　图 4-27　相对轻杂质气体分析仪电气原理图

4.4.5.2　轻杂质事故保护传感器

轻杂质事故保护传感器，用于产生与六氟化铀气体中空气含量成正比的直流电压信号。在检测介质压力为 0.13～12 kPa（1～90 mmHg）时，使用于工艺设备事故保护系统中，是一种轻杂质含量检测的保护类传感器。

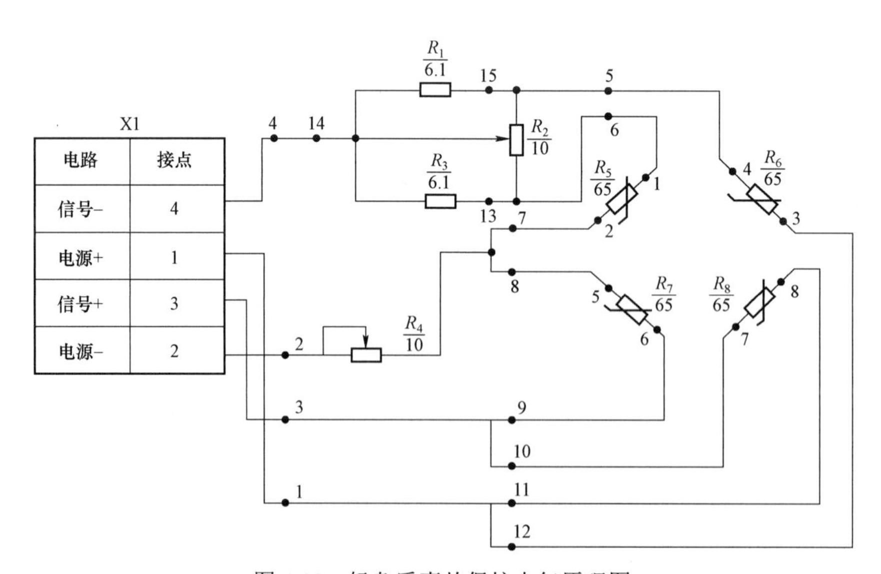

图 4-28　轻杂质事故保护电气原理图

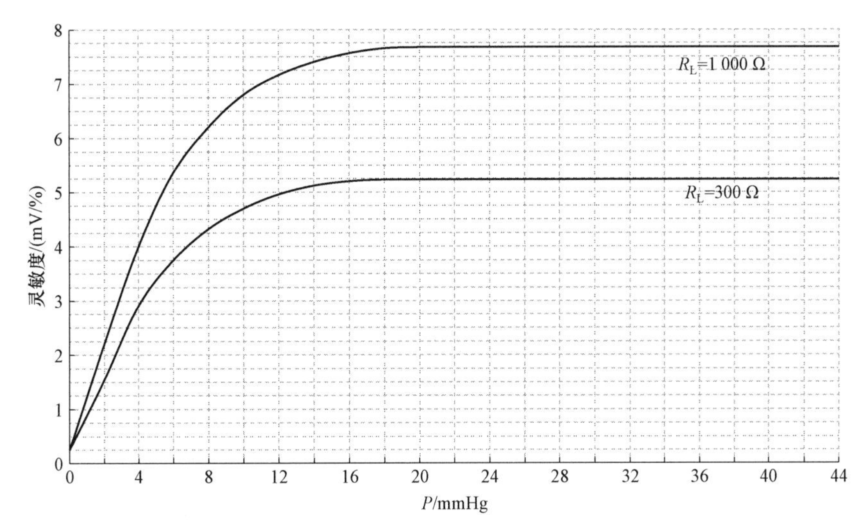

图 4-29　轻杂质事故保护传感器压力不同时的灵敏度图

基本构造与工作原理：利用热导分析法，把轻杂质体积含量的变化值转化为电信号。电气线路是一个直流电桥电路，电桥支壁上分别接有 4 个螺旋形热敏元件 R_5～R_8，热敏元件具有相同的伏安特性和传热能力，它们都位于被分析介质中，这使不稳定因素（被分析气体的压力变化和温度变化、供电电压波动）的影响减到最低。图中 R_2 为零点校正器，R_4 为灵敏度校正器。热敏元件由 2 根依次连接的直径为ϕ0.05 mm 的镍（Ni）丝绕制成螺旋丝组成，每根螺旋丝的电阻在温度（0±0.5）℃时为（32.5±0.1）Ω，热敏元件安装在圆柱形腔室中，腔室被隔板分离成体积相等的两个腔，即工作腔和补偿腔，被分析介质通过腔室壁上的小孔进入工作腔和补偿腔。工作腔上矩形小孔面积的总和比补偿腔上 2 个圆孔面积的总和大 75 倍，这就决定了腔体中气体介质同分析气流的交换速度的差异，即工作腔和补偿腔中轻杂质含量同被分析气体介质中轻杂质含量相平衡的时间差，在工作腔和补偿腔腔室中轻杂质含量与被分析介质中轻杂质含量不平衡的时间间隔中，传感器形成脉冲形式的输出信号。

4.4.5.3　区段摩擦功率

轻杂质进入到离心机时，会导致离心机的摩擦功率上升，因此可以通过定期对级联离心机的摩擦功率进行测量，来监视轻杂质含量的变化。由于影响区段离心机摩擦功率的因素较多，因此建议在相同工况下进行区段摩擦功率测量工作，并且区段离心机带载情况下的摩擦功率测量结果仅能对轻杂质含量的变化情况提供参考。

这里需要说明的是：区段离心机空载情况下摩擦功率的变化情况是能够准确的判断区段轻杂质的变化情况。

4.4.5.4　精料净化参数

当精料收料容器内富集的轻杂质含量较高时，会影响到精料容器的正常收料工作。因此，需要对精料容器进行净化操作。精料容器净化流程如下：

净化线路连通后，正在收料的精料容器内富集的绝大部分轻杂质及少量六氟化铀会因为容器和管道间存在的压差，进入净化管线，随后进入到–80 ℃制冷柜中；在–80 ℃的制冷柜内，绝大部分六氟化铀将被冷凝，剩余的轻杂质随后将进入浸泡在–196 ℃液氮中的 24 L 容器或者进入氟化钠吸附塔中，其中的剩余的微量六氟化铀和全部氟化氢将在 24 L 容器或者氟化钠吸附塔中被冷凝或者吸附；最后轻杂质中的不凝气体（一般认为全部为空气）经过三氧化二铝吸附塔和金属陶瓷过滤器最终进入储气罐中；随后工艺人员会根据储气罐中压力的上升情况计算出本次净化中的空气量。

4.4.6 轻杂质的控制要求

4.4.6.1 运行系统对轻杂质含量的要求

1）区段供料轻杂质体积含量推荐不超过 0.1%；

2）区段供料轻杂质体积含量最高不超过 1%；

3）允许机组供料轻杂质体积含量不超过 1.5%，时间不超过 2 小时；

4）允许级联精料端区段供料轻杂质含量升高至 2.5%，时间不超过 72 小时。

离心机运行时，实际上监测的是级联精料端部机组的轻杂质浓度，要求其应不超过 2.5%。因为轻杂质的相对分子质量与六氟化铀相差很大，因而轻杂质的浓缩效应很大，轻杂质最终会汇聚到级联精料端部机组，因此只要控制级联精料端部机组的轻杂质浓度不超标，则整个级联的轻杂质浓度都不会超标。在不考虑级联空气漏入以及腐蚀损耗的情况下，精料端部机组中的轻杂质量等于供料流中的轻杂质量，一般离心机的分流比 θ 为 0.4～0.5，精料端部机组分流比略小。将级联空气漏入以及腐蚀损耗考虑进去后，可以得出，只要级联精料端部机组中轻杂质的含量不超过 2.5%，则整个级联所有的离心机供料中轻杂质浓度不会超过 1%。

4.4.6.2 运行过程中轻杂质含量控制方法

在日常生产运行中需要做好以下几点，将级联中轻杂质含量控制在一个较低的水平。

1）按照要求对供料净化，严格控制供料轻杂质体积含量（推荐值）不超过千分之一。

2）级联有漏要及时找漏、消漏。

3）定期跟踪级联轻杂质含量，及时发现问题。

4）提高级联操作、维护及检修质量，如：对断开主机上好夹具，对更换的设备要测量合格后才能够接入系统。

5）监测并控制好厂房的温湿度，保持大厅地面无积水、级联出入口通道常关闭。

第 5 章

级联产品质量控制

5.1 六氟化铀的质量标准

5.1.1 基本概念

1）商用天然六氟化铀

用天然的未经辐照的铀（每 100 g U 含有 0.711 g±0.004 g ^{235}U）生产的六氟化铀。有时也包括在常规处理过程中受到某种程度污染的六氟化铀，但需要符合六氟化铀产品质量要求。

2）后处理六氟化铀

在中子辐照装置中受过照射，并用化学方法分离掉所产生的裂变产物和超铀同位素之后的铀生产的任何六氟化铀。

3）浓缩的商用级六氟化铀

用商用天然六氟化铀浓缩的六氟化铀。

4）浓缩的后处理六氟化铀

用后处理六氟化铀，或用后处理六氟化铀与商用天然六氟化铀的混合物浓缩的六氟化铀。

5.1.2 安全和临界要求

液态和固态六氟化铀总的绝对蒸汽压要求分别见表 5-1、表 5-2。由于装料容器在加热取出液态样品或蒸发转移出物料时，其内部氟化氢、空气或其他挥发性成分可能造成容器压力过高而产生危害，所以需要检查压力，其目的是要限制氟化氢、空气或其他挥发性成分的含量。限制潜在的氢含量可以保证核临界安全，所以要求每 100 g 样品中六氟化铀的含量应不低于 99.5 g。

表 5-1 液态六氟化铀蒸汽压力要求

温度/℃	蒸汽压力/kPa
80	≤380
93	≤517
112	≤862

表 5-2 固态六氟化铀蒸汽压力要求

温度/℃	蒸汽压力/kPa
20	≤50
35	≤69

容器在加热时，烃、含氯烃和部分取代卤代烃与六氟化铀会发生剧烈反应，为了防止此问题的产生，应采取以下措施：

1）在装料前，应采取措施使重复装料容器中烃、含氯烃和部分取代卤代烃的污染最小；

2）在生产六氟化铀过程中，应尽量减少与烃、含氯烃和部分取代卤代烃接触；

3）如果六氟化铀已经被液化，在装料过程中或在最终运输容器液化取样过程中，可以假定六氟化铀符合要求。如果六氟化铀没有被液化，应证明六氟化铀符合要求；

对于符合要求的浓缩的商用级六氟化铀，不需要测量由裂变产物产生的 γ 活度和由镎（Np）和钚（Pu）产生的 α 活度；对于浓缩的后处理六氟化铀，由裂变产物产生的 γ 辐射不应高于 4.4×10^5 MeVBq/kgU；由镎（Np）和钚（Pu）产生的 α 比活度应小于 3.3×10^3 Bq/kgU。

5.1.3 化学、物理和同位素要求

为了保证在现有的核设施中使用六氟化铀不会造成特殊的影响，对某些同位素（包括人工的放射性同位素）确定了两组限值，并且对于浓缩的后处理六氟化铀，给出了比较高的限值。六氟化铀的含量应以每 100 g 样品中所含六氟化铀的质量（g）报出。杂质元素含量不应高于表 5-3 给出的限值。

表 5-3 硼、硅杂质元素含量限值 单位：μg/gU

元素	限值
硼	4
硅	250

浓缩的商用六氟化铀应符合本章项给出的限值。为了评价浓缩的商用级六氟化铀，这里假定六氟化铀没有受到过尚未处理掉大部分裂变产物的辐照铀的污染，应将测出的 ^{236}U 丰度作为被后处理铀污染程度的一个指标，为此应测定并报出“^{234}U、^{235}U、^{236}U”同位素丰度，并且 ^{235}U 的丰度由买方规定，与规定值 C 的偏差不应超出表 5-4 规定的限值。

表 5-4 ^{235}U 的丰度允许偏差范围

丰度（C）范围	允许偏差限值/%
$0.711\leqslant C\leqslant1.00$	±0.015
$1.00<C\leqslant2.00$	±0.02
$2.00<C<5.00$	±0.05

（1）浓缩的六氟化铀产品，放射性核素要符合表 5-5 给出的限值，为了保证数据的一致性，应按照 GB/T 8170 规定的取舍方法将测量值取至最接近的有效位数；要求根据 ^{236}U 的含量来决定是否测定 ^{232}U 和 ^{99}Tc，具体分以下四种情况：

1）如果每克铀中 ^{236}U 的测量结果不高于 125 μg，则不要求测量 ^{232}U；

2）如果每克铀中 ^{236}U 的测量结果高于 125 μg，但低于 250 μg，则常规验收六氟化铀时，应测量和报出 ^{232}U 和 ^{99}Tc 的含量；

3）买方可以根据所有检测到的放射性核素总的放射性水平，考虑是否接受每克铀中 ^{236}U 含量高于 250 μg 的物料，以便确定其在预定用于制造燃料元件和辐照时的适应性。如果每克铀中 ^{236}U 含量高于 250 μg，但低于 500 μg，则应在起运前向买方通报 ^{232}U 和 ^{99}Tc 的测量结果；

4）如果每克铀中 ^{236}U 含量低于 125 μg，且通过质量保证记录可以证实足以符合商用天然六氟化铀 ^{99}Tc 的限值，那么买方和卖方可商定不再测量 ^{99}Tc，这种质量记录应包括卖方对六氟化铀中 ^{99}Tc 的定期测量结果。

表 5-5　放射性核素限值

放射性核素	浓缩的商用级六氟化铀	浓缩的后处理六氟化铀
^{232}U	0.001 μg/gU	0.050 μg/gU[a]
^{234}U	11.0 × 103 μg/g^{235}U[b]	2 000 μg/gU[a]
^{236}U	250 μg/gU	商议值 [a]
^{99}Tc	0.01 μg/gU	5 μg/gU[a]

a. 浓缩的后处理六氟化铀预期可达到这些限值。确定这些限值并不意味着任何一个按照设计使用浓缩的商用级六氟化铀的燃料元件制造厂就能加工未用浓缩的商用级六氟化铀和其他特殊措施稀释的浓缩的后处理六氟化铀。考虑到由各种来源不同的燃料生产的后处理六氟化铀的复杂性，以及可能对元件制造厂和用户提出的各种要求，买方和卖方需要商定一个较低的浓缩产品限值。

b. 如果 $^{234}U > 10 \times 10^3$ μg/g^{235}U，则双方可就接受该物料事先达成协议。

5.2　级联丰度监测与控制

5.2.1　丰度定义

在离心分离理论中，丰度指含有这种特定同位素的物质在总物质中所占的比，是一个无量的量。对于铀同位素而言，丰度定义有三种，分别是轻组分摩尔丰度、原子质量丰度、轻组分质量丰度，本节主要指质量丰度。

5.2.2　级联丰度监测与控制的目的

确保级联丰度符合质量控制要求，以保证产品质量满足顾客要求，实现级联运行的安全性和经济性。

5.2.3 级联丰度监测与控制的内容

5.2.3.1 编制方案

针对具体的产品丰度要求，依据《级联计算指导书》进行级联计算及优化后的结果，包括级联结构，各级贫料压力、单机流量、料流流量、丰度和级联效率等详尽的工艺参数。根据级联计算方案编制的，在规定时间、对应级联上执行的运行方案，包括级联结构、各级贫料压力和料流孔板号及孔板压力等需要控制的工艺参数及有关工况转换或调整的工作安排和要求。

5.2.3.2 生产过程关键点控制

通过对产品生产过程中收料容器、仪表、级联结构及参数、精料贫料丰度等各个环节的严格控制，确保级联产品丰度符合质量控制要求。

（1）控制仪表检查

1）检查主产品丰度控制的关键仪表示数的正确性（包括机组压力仪表、区段压力仪表，级联间管线压力仪表）。

2）检查相关仪表均在校验期内。

（2）收料容器检查

1）检查精料收料容器在规定的校验期内（包括 3 m^3 容器、30B 容器、50 L 容器、20 L 或 24 L 容器）。

2）检查精料收料容器是否为新容器，如为新容器，则检查是否已按要求进行钝化处理；如为旧容器，则检查是否有残料；如有残料，残料重量及丰度是否准确记录。

3）检查精料收料容器严格按照规定的装量限值进行收料控制。精料容器工作温度严格控制在允许范围内。各种容器装量限值、工作温度如表 5-6 所示：

表 5-6　容器装量限值、工作温度统计表

名称	装量限值/kg		温度/℃		适用范围	目的	监控措施	纠正行动
	运行限值	安全限值	工作温度控制	允许温度				
3 m^3 容器装料	<9 500 kg	<9 500 kg	－30～80	－40～120	原料及贫料	防止过量	称重	常温倒料
3 m^3（C）容器装料	<7 200 kg	<9 100 kg	－30～80	－40～120	精料产品	防止过量	称重	常温倒料
3 m^3（B）容器装料	<7 200 kg	<9 100 kg	－30～80	－40～120	原料及贫料	防止过量	称重	常温倒料
30B 容器装料	<2 277 kg	≤2 277 kg	－30～100	－40～120	产品、贮运	防止过量	称重	常温倒料
50 L 容器装料	<140 kg	<154 kg	－120～50	－196～60	工艺系统净化	防止过量	称重	常温倒料
24 L 凝冻器装料	<4 kgHF	<4 kgHF	－110～50	－196～60	工艺系统净化	防止过量	称重	常温倒料
20 L 凝冻器装料	<4 kgHF	<4 kgHF	－110～50	－196～60	工艺系统净化	防止过量	称重	常温倒料

（3）控制过程检查

1）检查级联供料点位置、机组运行状态（一级或者二级运行）、区段跨接状态、料流工作、备用孔板孔径与级联运行方案要求一致。

2）检查机组贫料压力、料流孔板前压力与级联运行方案要求一致。机组贫料压力控制范围：额定值±0.1 mmHg；料流孔板前压力控制范围：额定值±0.1 mmHg。

3）检查级联外部参数控制均符合级联运行要求。主机冷却水温控制在额定值±0.2 ℃；大厅上、下层温度值必须在规程规定范围内，大厅处于微正压状态。上述要求必须在保证主机上端盖温度不超过规定值的前提下。

4）检查精料、贫料取样频次与级联运行方案要求是否一致，如遇到特殊情况可增加在线分析频次。

5）检查精料收料容器累计平均质量丰度在级联运行方案要求的控制范围内，范围：标准值%±0.001%；贫料丰度在级联运行方案要求的控制范围内，范围：标准值%±0.003%。

6）级联系统出现大幅影响精料丰度的异常时，将产品收料容器转换至备用容器，待丰度恢复至正常值时，转回原收料容器。

7）多台产品容器并联收料时，优先控制主收料容器内物料累计平均丰度。

5.2.3.3　质量监督检查周期和频次

每年开展一次主产品丰度控制质量监督检查。对级联在线铀同位素丰度测定实施周期性检查，频次为每月不少于一次；运行单位每季度开展一次主产品丰度控制质量检查；分析室单位对级联在线铀同位素丰度测定实施日常性检查，频次为每月不少于一次。

5.3　影响级联精料丰度的因素

5.3.1　精料收料简介

级联精料流即最终精料流，其中大部分物料经补压机增压后经过流量调节器、流量孔板，流向供取料厂房，收入精料容器；另一小部分经过一个压力调节器回流到精料端部机组作为供料。精料流示意图如下。

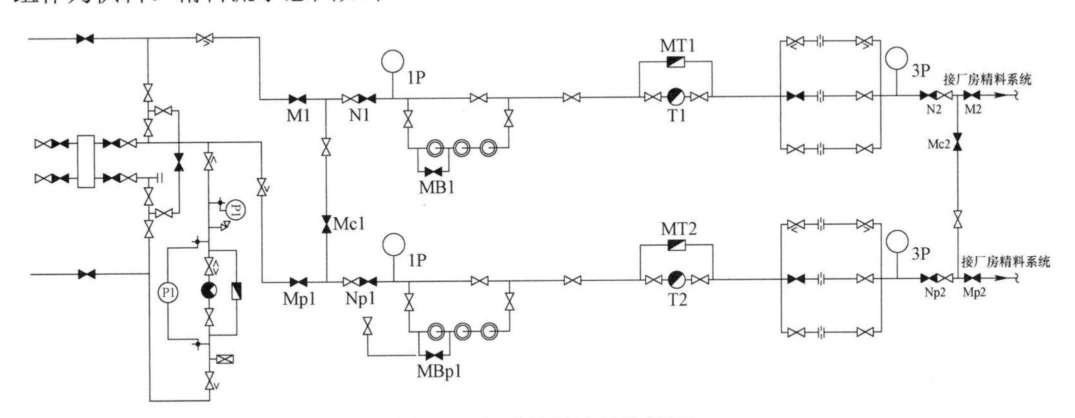

图 5-1　级联精料流结构简图

目前，精料流安装有一台流量调节器，精料流回流使用了一台压力调节器。另外精料流共有 6 台补压机，主线、备线各三台，通过变频器调节，工作频率为 50～100 Hz。通常，精料流为主线单线运行，同时自动转换工况接通。

5.3.2 影响精料丰度的内部、外部因素

维护级联的稳定运行，控制好级联的 6 个外参量：F、P、W、C_F、C_P、C_W即可，但外参量又受内参量的影响。根据离心机分离性能公式分析影响到产品丰度的参数可能有① 厂房空气温度，② 冷却水温度，③ 产品容器压力，④ 供料流轻杂质含量等，这些参数变化时，会导致精料丰度产生较大的波动。

5.3.2.1 离心机冷却水温变化对精料流的影响

复合材料离心机的外套有冷却水腔，离心机电机定子下部有冷却水腔。冷却水腔中通入一定温度冷却水，及时将离心机高速旋转产生的有害热量带走。通过理论分析，离心机的分离功与工作气体的温度成反比，降低工作气体的温度能提高离心机的分离功。但从级联工作气体的压力与温度的关系分析，由理想气体状态方程（$PV=nRT$）可知，冷却水温度下降时，工作气体的压力也随之下降，精料流压力下降，产品丰度发生变化。

5.3.2.2 精料流回流量对精料流运行的影响

精料流回流调节器的作用是在动态工况下，通过控制精料流的回流量大小，达到控制精料流流量调节器前压力在规定范围内，并保持稳定运行。精料流回流量的大小将影响端部机组精料级供料流量变化，从而影响精料流产品的丰度。为了减少级联效率损失，应尽可能控制精料流回流量接近计算值。但是，如果精料流无回流，就失去了对精料流流量调节器前压力的调控能力，在精料流流量调节器前压力低时无法进行调整，不利于精料流稳定运行。精料流回流量的控制原则应是：在有效保证精料流流量调节器前压力满足要求时，保持较小的回流量。

5.3.3 产品丰度调整及控制方法

级联产品丰度控制的总体要求是确保精料产品容器累积丰度在工况控制值±0.001%以内。在实际生产中，级联有影响丰度的操作、进行了工况调整或工况转换，精料流压力不稳定，产品丰度不稳定，为了保证产品丰度在工况要求范围，采取以下措施，对产品丰度进行控制。

（1）严格控制主机冷却水温度、厂房空气温度在控制值±0.2 ℃，尽量减少因外界参量变化造成的主机分离性能的不稳定导致丰度波动。当温度工况发生变化时，及时调整级联相关压力参数，保证主产品丰度合格。

（2）级联稳定运行期间，严格控制供料、精料流压力在要求的工况范围内。

（3）通过精料流孔板前压力控制产品丰度时，利用以下公式调整丰度：

$$P_1C_1=P_2C_2$$

P_1——为最近取样时间孔板前压力；

C_1——为对应丰度；

P_2——为调整后孔板前压力；

C_2——为调整目标丰度。

（4）为了减少级联偏离工况的程度及产品在收料容器内的混合损失，以每罐产品累计丰度受控、精准为总体目标。采取对在线分析结果与取样时间进行加权平均，计算出收料容器的累计丰度。当累计丰度偏离工况要求较大时，再进行丰度的调整。在容器收料初期，调整目标丰度以 3 至 5 日内容器累计丰度在控制值中线为调整目标；在收料中期，以丰度在 2 至 4 日内容器累计丰度在控制范围内为控制目标；在容器的收料后期，以 1 至 2 日容器累计丰度在控制中线为调整目标；在容器收料的最后 3 日及时控制丰度，保证累计丰度在中线附近。

（5）在级联实际运行维护的过程中，特别是在级联刚进行完工况转换时，精料流运行不稳定，导致产品丰度发生变化。为了能够使产品丰度得到及时调整，可以按下列程序控制。

1）在精料流出现波动时，首先应检查级联各级压力、冷却水温和空气温度是否发生变化。若是这些因素引起，应及时恢复原运行参数，并及时加取精料产品丰度，确定丰度已在工况要求范围内，并尽量保持精料流运行稳定和产品丰度合格。

2）在对精料流进行调整时，首先，流量不能满足时，主要调整级联精料端部机组贫料压力，以增加精料流流量；其次，需要改变流量调节器前压力时，主要调整回流调节器的开度，以改变回流量。再次，料流运行稳定，需要调整丰度时，根据丰度变化量计算出压力变化量，通过调整孔板前压力实现。

在级联工况转换后，以最大频次取样，根据样品丰度数值变化趋势决定是否预调压力，及时将级联丰度调整规定范围。

（6）在级联发生可能引起丰度剧烈变化的突发事件后，及时将级联精料转备用容器收料，不能影响主收料容器产品丰度，否则有可能产品质量不合格，并安排最大取样频次取样，待丰度正常稳定后恢复原容器收料。

5.3.4　运行控制要求

1. 按照规定，级联运行要控制精料、贫料丰度，保证丰度在规定的范围内。

2. 在规定的时间实施级联运行方案转换或调整后，工况调整期间增加精料、贫料丰度分析频次。当级联系统上发生机组或料流关闭、卸料等异常时，加取精料在线样品，并根据分析结果与名义值的偏离情况及时调整工艺参数，确保容器内精料的统计平均丰度符合要求。

3. 正常情况下级联精料流在线丰度分析频次为：$1.0\% \leqslant C \leqslant 2.0\%$时，在线分析间隔时间 3 小时；$2.0\% < C \leqslant 5.0\%$时，在线分析间隔时间 4 小时；级联贫料流每周在线分析 1～2 次，如遇到特殊情况可增加在线分析频次。

4. 精料容器在拆装前应净化合格。精料容器在拆装前应冷冻不小于 4 小时，压力不超过 10 mmHg。

5. 精料产品入库前应填写质量控制统计表，精料、贫料入库时，在入库单上填写统计的平均丰度。

第6章

工艺系统联锁

铀浓缩工厂的工艺自控系统用于工艺过程控制，可完成收集和处理工艺过程中的信息；向执行机构发出控制指令；向工艺人员提供有关设备状态的综合性和详细信息；向电子计算机输入有助于分析工艺工程所需信息数据；监测和记录工艺过程所需的参数。国产离心级联自控仪表系统的主要功能是对工艺过程进行信息的收集和处理，同时向现场设备发送控制信号，在监控界面中给工艺人员提供有关设备状况的具体信息。检测和记录对于管理工艺过程所必需的参数，向操作站传输数据，以便分析和提供关于工艺过程进行所必需的信息。

采用集散控制系统（DCS），实现对主工艺系统在工艺生产过程中的检测与控制，并通过 DCS 实现数据采集、处理、流程图显示、历史趋势显示、超限报警、事故保护联锁等功能。集散控制系统（Distributed Control System，DCS）控制系统整体结构由控制节点（控制节点时控制站、数据管理站的统称）、操作节点（操作节点是工程师站、操作员站、服务器站、数据管理站的统称）及通信网络（管理信息网、过程信息网、过程控制网、I/O 总线）等构成。

为了防止工艺人员误操作并且保证阀门动作的必要顺序，在系统上设置了联锁保护程序。国产离心级联厂房自控仪表系统共分为三个部分：机组及机组间管道系统和料流系统、辅助系统和供取料系统。

6.1 级联工艺系统联锁

6.1.1 级联工艺设备

级联工艺系统主要由 n 个机组构成，其中机组可由 m 个区段组成（其中 n 为机组编号，m 为区段编号，n、$m=1$，2，3……）。1 个简单的机组示意图如图 6-1 所示。

6.1.1.1 机组电阀

机组共有 14 个电阀，包括机组一级供料电阀 A、贫料阀 B、精料阀 C、二级供料电阀 D、精料旁通阀 E、贫料旁通阀 F、精贫料旁通跨阀 G。

6.1.1.2 区段电阀

1 个区段中共有 7 个电阀，包括区段供料阀 a、精料阀 b、贫料阀 c、主卸料阀门组 d&e、备卸料阀 d&f、抽空阀 g。

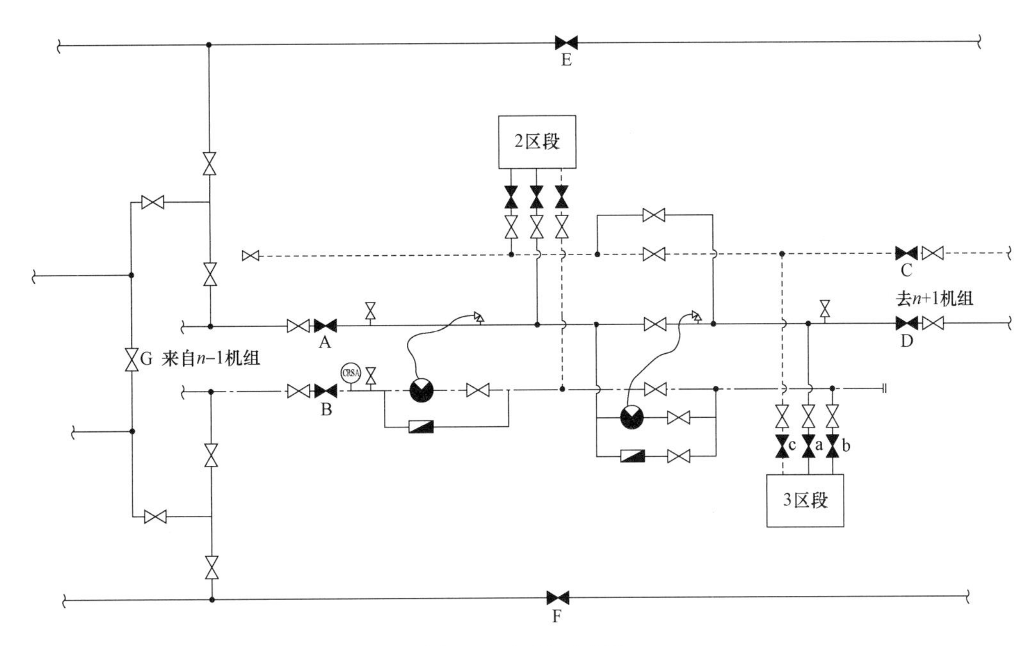

图 6-1　机组示意图

6.1.1.3　区段补压机

区段补压机为增压设备，一般为一个区段 1 台。

6.1.2　主工艺设备允许阀位

6.1.2.1　机组电阀允许状态见表 6-1

表 6-1　机组电阀允许状态

	机组电阀							工况
	A	B	C	D	E	F	G	
阀位	开	开	开	开	关	关	开、关	正常运行工况
	关	关	关	关	开	开	开、关	机组关闭并旁联工况

除以上图表所列阀位外都产生机组阀位偏差信号报警。

6.1.2.2　区段电阀允许状态见表 6-2

表 6-2　区段电阀允许状态

	区段电阀							工况
	a	b	c	d	e	f	g	
阀位	开	开	开	关	关	关	关	正常运行工况
	关	关	关	开	开	关	关	向主线卸料工况
	关	关	关	开	关	开	关	向备线卸料工况
	关	关	关	关	关	关	开	向抽空系统抽空工况
	关	关	关	关	关	关	关	关闭区段工况

续表

	区段电阀							工况
	a	b	c	d	e	f	g	
阀位	开	开	开	开	开	关	关	向主卸料抽机组工况
	开	开	开	开	关	开	关	向备卸料抽机组工况

除以上图表 6-2 所列阀位外都产生区段阀位偏差信号报警。

6.1.3 机组传感器事故保护

6.1.3.1 机组传感器事故保护

（1）机组供料、机组贫料压力事故保护传感器超过动作值（见表 6-3）且未屏蔽时形成机组事故保护动作信号。对于机组分级运行时，机组的每一级上配置均配置有供、贫料压力事故保护。

（2）机组精料轻杂质事故保护传感器、机组贫料轻杂质事故保护传感器超过动作值（见表 6-4）且未屏蔽时形成机组事故保护信号。

（3）机组精料压力事故保护传感器超过动作值且传感器未屏蔽时，产生报警信号。

表 6-3 机组所有传感器

序号	传感器	位置	作用
1	压力事故保护	机组供料（一、二、三、四级）	到达限值后联锁动作
2	压力事故保护	机组精料（一、二、三、四级）	只用于显示、报警
3	压力事故保护	机组贫料（一、二、三、四级）	到达限值后联锁动作
4	压力事故保护	机组旁通管精料压力	只用于显示、报警
5	压力事故保护	机组旁通管贫料压力	只用于显示、报警
6	轻杂质事故保护	机组精料（一、二、三、四级）	到达限值后联锁动作
7	轻杂质事故保护	机组贫料（一、二、三、四级）	到达限值后联锁动作
8	TCM1	机组空气温度	只用于显示、报警
9	TCM2	机组空气温度	只用于显示、报警

表 6-4 机组事故保护传感器

序号	事故保护传感器	备注
1	机组贫料轻杂质事故保护	
2	机组精料轻杂质事故保护	
3	机组一级贫料压力事故保护继电器	
4	机组一级供料压力事故保护继电器	
5	机组二级贫料压力事故保护继电器	
6	机组二级供料压力事故保护继电器	

当出现以上任何一种事故保护动作信号时，联锁执行，机组自动旁联并关闭，同时引起区段关闭，但不卸料。机组旁联时，先自动打开机组旁通管道的 E、F 阀后自动关闭机组 A～D 阀，联锁机组的旁通管道 F 阀打开（在 F 阀联锁接通的情况下），再自动关闭机组中的区段的 a～c 阀。在机组事故保护传感器动作，机组旁联关闭引起区段关闭，并且机组事故保护信号存在时，机组 A～D 阀禁止打开，但是可以远控打开全部区段的 a～c 阀，若此时机组再次产生事故保护信号，区段的 a～c 阀不关闭。

6.1.3.2　机组轻杂质事故保护传感器断电条件

（1）发送断电命令

（2）机组关闭时，机组内部有打开并与卸料或抽空相连的区段

6.1.3.3　机组轻杂质事故保护传感器屏蔽条件

（1）发送屏蔽命令

（2）轻杂质事故保护送电

（3）紧急卸料

（4）紧急旁联

（5）全厂停电信号

6.1.3.4　机组压力事故保护传感器屏蔽条件

（1）发送屏蔽命令

（2）紧急卸料

（3）紧急旁联

（4）全厂停电信号

6.1.4　区段事故保护传感器事故保护

6.1.4.1　区段传感器事故保护

（1）同步事故保护出现事故保护且未被屏蔽时，形成机组事故保护动作信号。

（2）区段贫料压力事故保护传感器超过动作值（见表 6-5）且未被屏蔽时，形成机组事故保护动作信号。

（3）区段供料、精料、贫料轻杂质事故保护传感器超过动作值（见表 6-6）且未被屏蔽时，形成机组事故保护动作信号。

表 6-5　区段所有传感器

序号	事故保护传感器	位置	作用
1	轻杂质事故保护	供料	到达限值后联锁动作
2	轻杂质事故保护	精料	到达限值后联锁动作
3	轻杂质事故保护	贫料	到达限值后联锁动作
4	压力事故保护	精料	只用于显示、报警
5	压力事故保护	贫料	联锁动作
6	相对轻杂质分析传感器	区段内	只用于显示、报警

续表

序号	事故保护传感器	位置	作用
7	水温	区段内	只用于显示、报警
8	水温	区段内	只用于显示、报警
9	流向事故保护	1 个区段 1 个	到达限值后联锁动作
10	转速	1 个区段 1 个	条件是："单台主机失步" + "成组失步"和"单台主机失步" + "成组损坏"

表 6-6 区段事故保护传感器及其事故保护动作值表

序号	事故保护传感器	备注
1	区段贫料轻杂质事故保护传感器	
2	区段精料轻杂质事故保护传感器	
3	区段供料轻杂质事故保护传感器	
4	区段贫料压力事故保护继电器	
5	区段流向事故保护传感器	
6	同步事故保护信号	

当出现以上任何一种事故保护动作信号时，区段联锁执行。首先自动关闭该区段（a～c 阀关闭）并打开卸料阀（d/e 阀或者 d/f 阀，其中先打开 e 或者 f 阀，再打开 d 阀），区段所在机组旁联并关闭（该区段未在机组上屏蔽）（先打开机组 E、F 阀，再关闭机组 A～D 阀，联锁打开机组 G 阀），同时引起其他区段 a～c 阀关闭，但不卸料。

区段事故保护传感器动作导致区段关闭卸料，（区段有的事故保护动作信号时）禁止打开事故区段 a～c 阀，禁止关闭事故区段的 d、e（或 f）阀；屏蔽事故信号后，区段 a～c 阀可打开，区段的 d、e（或 f）阀可关闭；

区段事故保护动作联锁关闭机组后，可远控打开其他无事故保护信号存在或事故保护信号屏蔽的区段。阀门的动作情况见表 6-7。

6.1.4.2 发生区段逆流保护时，屏蔽中断区段的卸料或抽空

当主线卸料时，如果出现区段流向事故保护动作信号时关闭主线卸料；当备线卸料时，如果出现区段流向事故保护动作信号时关闭备线卸料；当区段抽空时，如果出现区段流向事故保护动作信号时关闭抽空阀 g，此时卸料或抽空阀无法通过远控命令打开。

当有流向事故保护动作信号时，区段 d/e 阀或者 d/f 阀或 g 阀关闭的前提是这三种管线中管线上的抽空或者卸料阀门已经打开，关闭区段卸料阀时先关 d 阀，再关 e 阀或者 f 阀；关闭区段抽空阀时，直接关闭区段 g 阀。

阀门的动作情况见表 6-7。

表 6-7　区段事故保护动作时阀门的动作情况

<table>
<tr><th>序号</th><th>执行条件</th><th colspan="2">联锁执行动作</th><th>工艺描述</th></tr>
<tr><td rowspan="16">1</td><td rowspan="13">出现任何一种事故保护动作信号</td><td colspan="2">区段 a 关闭</td><td rowspan="13">区段供料、贫料、精料干管的轻杂质事故保护传感器、区段贫料干管的压力事故保护传感器、区段同步事故保护动作时构成区段事故保护信号，当以上任一事故保护信号发生并且该信号未屏蔽时构成区段事故保护信号，此时自动关闭该区段并卸料，区段所在机组旁联并关闭，同时引起其他区段关闭</td></tr>
<tr><td colspan="2">区段 b 关闭</td></tr>
<tr><td colspan="2">区段 c 关闭</td></tr>
<tr><td>区段 e 打开、d 打开主线卸料</td><td rowspan="2">根据工艺约定卸料方式只能执行一种</td></tr>
<tr><td>区段 f 打开、d 打开主线卸料</td></tr>
<tr><td colspan="2">区段与机组联锁动作命令</td></tr>
<tr><td colspan="2">机组 E 打开</td></tr>
<tr><td colspan="2">机组 F 打开</td></tr>
<tr><td colspan="2">机组 A 关闭</td></tr>
<tr><td colspan="2">机组 B 关闭</td></tr>
<tr><td colspan="2">机组 C 关闭</td></tr>
<tr><td colspan="2">机组 D 关闭</td></tr>
<tr><td colspan="2">机组 G 打开</td></tr>
<tr><td rowspan="3">出现联锁关闭机组信号并且未屏蔽其他区段</td><td colspan="2">区段 a 关闭</td><td rowspan="3">但不卸料</td></tr>
<tr><td colspan="2">区段 b 关闭</td></tr>
<tr><td colspan="2">区段 c 关闭</td></tr>
<tr><td rowspan="5">2</td><td rowspan="5">出现区段流向事故保护事故保护动作信号</td><td colspan="2">区段 d 关闭</td><td rowspan="2">当主线卸料时，发生区段流向事故保护事故保护动作并且该信号未屏蔽时关闭主线卸料</td></tr>
<tr><td colspan="2">区段 e 关闭</td></tr>
<tr><td colspan="2">区段 d 关闭</td><td rowspan="2">当备线卸料时，发生区段流向事故保护事故保护动作并且该信号在未屏蔽时关闭备线卸料</td></tr>
<tr><td colspan="2">区段 f 关闭</td></tr>
<tr><td colspan="2">区段 g 关闭</td><td>当区段抽空时，发生区段流向事故保护事故保护动作并且该信号在未屏蔽时关闭抽空阀 g</td></tr>
</table>

6.1.4.3　区段轻杂质事故保护、相对轻杂质分析传感器断电条件

（1）断电操作；

（2）区段 a 阀为关状态；

（3）区段 d 或者 g 阀因为开命令导致其不在关状态。

6.1.4.4　区段轻杂质事故保护传感器屏蔽条件

（1）屏蔽操作；

（2）送电时传感器自动屏蔽；

（3）紧急卸料；

（4）紧急旁联；

（5）全厂停电。

6.1.4.5　区段流向事故保护传感器屏蔽条件

紧急卸料或全厂停电且 d 阀为关状态。

6.1.5　机组阀门操作动作情况

表 6-8　机组阀门操作动作情况

执行动作	电阀阀位							操作命令	工艺描述
	A	B	C	D	E	F	G		
	开	开	开	开	关	关	关		正常运行工况
E、F 关→开	开	开	开	开	关	关	关	开 E、F	机组旁联工况
A～D 开→关	开	开	开	开	开	开	关	关 A～D	机组关闭工况
A～D 关→开	关	关	关	关	开	开	关	开 A～D	打开机组
A 开→关	开	开	开	开	开	开	关	关 A	
A 关→开	关	开	开	开	开	开	关	开 A	
B 开→关	开	开	开	开	开	开	关	关 B	
B 关→开	开	关	开	开	开	开	关	开 B	
C 开→关	开	开	开	开	开	开	关	关 C	
C 关→开	开	开	关	开	开	开	关	开 C	
D 开→关	开	开	开	开	开	开	关	关 D	
D 关→开	开	开	开	关	开	开	关	开 D	
E、F 开→关	开	开	开	开	开	开	关	关 E、F	
	开	开	开	开	关	关	关		正常运行工况

说明：1. 在机组 E/F 都关时，禁止关闭 A～D。
　　　2. 上表为机组 F 阀取消与机组 A～D 联锁时的情况。在接通与机组 A～D 联锁后，机组 A～D 关闭，G 自动打开。可以远控关闭。

6.1.6　区段阀门操作动作情况

表 6-9　区段阀门操作动作情况

执行动作	电阀阀位							操作命令	工艺描述
	a	b	c	d	e	f	g		
	开	开	开	关	关	关	关		正常运行工况
a～c 开→关	开	开	开	关	关	关	关	关 a～c	关闭区段
f、d 关→开	关	关	关	关	关	关	关	开 f、d	向主线卸料
d～e 开→关	关	关	关	开	开	关	关	关 d～e	关闭区段
f、d 关→开	关	关	关	关	关	关	关	开 f、d	向备线卸料

续表

执行动作	电阀阀位							操作命令	工艺描述
	a	b	c	d	e	f	g		
	开	开	开	关	关	关	关		正常运行工况
d～f 开→关	关	关	关	开	开	关	关	关 d、f	停止备用卸料
b 关→开	关	关	关				关	开 b	可逆向操作
b 开→关	关	开	关				关	关 b	
c 关→开	关	关	关				关	开 c 或开 c、a	可逆向操作
c 开→关	关	关	开				关	关 c 或关 c、a	
c、a 关→开	关	关	关				关	开 c、a	可逆向操作
c、a 开→关	开	关	开				关	关 c、a	
a～c 关→开	关	关	关				关	开 a～c	打开区段
	开	开	开	关	关	关	关		正常运行工况

说明：1）表中的操作及执行是指在区段 g 阀联锁取消时的情况。
2）上表为机组 F 阀取消与机组 A～D 联锁的情况。在接通与机组 A～D 联锁后，机组 A～D 关闭，G 自动打开。可以远控关闭。
3）在区段关闭时，区段 d/e 或 d/f 或 g 可开可关。
4）在区段关闭时、g 关闭时，区段 b 可开可关。
5）在区段关闭时、g 关闭时，区段 a 可开可关。
6）在区段关闭时、g 关闭时，区段 c 可开可关。
7）在区段关闭时，区段 f 阀可以单独打开。
8）在 f 阀联锁接通时，打开区段时该阀先关闭，然后区段才能打开。
9）在区段关闭时允许打开或关闭区段 d/e 或 d/f 或 g。

6.1.7　机组（区段）阀门联锁

6.1.7.1　机组阀门联锁

（1）在机组 E、F 阀门打开的情况下，才可以关闭机组 A～D 阀。

（2）在机组 A～D 阀任意一个出现关闭信号时，机组 E、F、G#阀自动打开。

（3）机组 G 阀可远控打开或关闭；在 G 阀联锁接通时，机组旁联关闭（事故关闭、联锁关闭或手动关闭）（此时机组 A～D 阀全为关状态），G 阀都自动打开；在 G 阀联锁断开时，机组旁联关闭（事故关闭、联锁关闭或手动关闭），G 阀都不自动打开（接通 G 阀联锁后，G 阀自动打开），但此时可远控打开 G 阀。

6.1.7.2　区段阀门联锁

（1）区段卸料（d、e 或者 d、f）和抽空系统管线（g）只能同时打开这三种管线中的一条管线。

（2）开区段 a 阀，在操作台上远控发送命令开 a～c 时，如果 g 阀为“开”状态时，7 阀将联锁关闭；在操作台上发送远控命令开 a/c 阀时，要求 b、g 阀为关状态。

（3）开区段 b 阀，在操作台上远控发送命令 a～c 时，如果 g 阀为“开”状态时，g 阀将联锁关闭；在操作台上发送远控命令开 b 阀时，要求 a、c、g 阀为关状态。

（4）开区段 c 阀，在操作台上远控发送命令开 a～c 时，如果 g 阀为“开”状态时，g 阀将联锁关闭；在操作台上发送远控命令开 a/c 阀时，要求 b、g 阀为关状态；在操作台上发送远控命令开 c 阀时，要求 a、b、g 阀为关状态；

（5）手动开 S04 阀时或者开 a～c 阀，关区段 g 阀。

（6）发送开命令 d/e 或者 d/f 时，在 e 阀或者 f 阀打开后，开区段 d 阀；逆流保护动作时，发送关命令 d/e 或者 d/f 时，关闭区段 d。

（7）在操作台上可开区段 a～c 阀、b 阀、b 阀、a 和 c 阀，这些阀打开时，禁止打开区段卸料或抽空阀（d、e 或者 d、f）、g 阀（与机组当前状态无关）；区段卸料阀或抽空阀打开的条件是区段 a～c 阀关闭；区段卸料阀打开时，可打开区段 a～c 阀、b 阀、b 阀、a 和 c 阀（前提是机组 A～D 阀关闭）；

（8）区段 d～g 阀门关闭时，发出紧急卸料命令后，流向事故保护传感器自动屏蔽。

（9）区段关闭时（a～c 阀为关状态），本区段 a～c 阀可以随意打开。

（10）区段 c 阀关闭，联锁停止区段补压机。

（11）区段 g 阀联锁：

1）g 阀联锁接通时，在 g 阀打开的情况下打开区段 a～c 阀，g 阀自动关闭，区段 a～c 阀打开，不能通过区段抽空机组；

2）在区段 a～c 打开的情况下，禁止打开区段 g 阀。

3）在 g 阀打开的情况下手动打开区段 d 阀，g 阀自动关闭，区段 d 阀打开；

4）g 阀联锁断开后，在 g 阀打开的情况下可以打开区段 a～c 阀，此时 g 阀不关闭，接通 g 阀联锁后，g 阀自动关闭；

5）g 阀联锁断开后，在 g 阀打开的情况下不能打开区段 d 阀。

6.1.7.3　机组与区段之间的联锁

（1）机组关闭时，在未关闭区段中（区段 a～c 阀中任意一个不为关状态）有抽空 g 或卸料阀门（d、e 或者 d、f）打开，即机组通过区段抽空或卸料时，禁止打开机组 A～D 阀门，防止区段抽空或者卸料整个级联。

（2）机组打开时（机组 A～D 阀中任意一个不为关状态），若某区段卸料阀或抽空阀在关状态，可以打开该区段 a～c 阀；若某区段卸料阀或抽空阀不为关状态时，禁止打开该区段 a～c 阀，防止区段抽空或者卸料整个级联。

（3）在机组 A～D 阀关闭时，只允许 1 个打开的区段（a～c 阀为开状态）接通抽空 Sg 或卸料阀门（d、e 或者 d、f）。

（4）机组关闭时：

1）其他区段 a～c 阀关闭且卸料阀或抽空阀关闭（区段关闭状态）或者其他区段 a～c 阀关闭且卸料阀或抽空阀打开（区段为卸料或者抽空状态）或者其他区段 a～c 阀打开且卸料阀或抽空阀关闭（区段为打开状态），此时无论本区段处于什么状态，皆可打开本区段的 a～c 阀。

2）如果上述条件都不满足。

a. 若机组为打开状态，当本区段卸料阀和抽空阀均为关闭状态时，可远控打开本区段

a～c 阀，如果本区段卸料阀或者抽空阀为打开状态，则禁止打开本区段 a～c 阀；

b. 若机组为关闭状态，其他区段中有一个区段 a～c 阀打开且卸料阀或抽空阀打开的情况下，只要本区段卸料阀和抽空阀为关状态，则可以打开本区段的 a～c 阀，但是如果本区段卸料阀或抽空阀为开状态（即本区段在卸料或抽空），则此时本区段 a～c 阀联锁不能打开，其目的是防止两个区段互相卸料或者抽空。

3）在机组 E、F 阀已经打开的情况下，任何一个区段出现事故保护动作信号或者有事故保护动作信号且区段内有阀位不符信号时，联锁关闭机组 A～D 阀。

4）任何一个区段出现事故保护动作信号或者有事故保护动作信号且区段内有阀位不符信号时，打开机组 E、F 阀。

5）以下两种条件可以产生区段 g 阀联锁接通的命令：

a. 机组 A～D 阀不为关状态，

b. 通过 g 阀联锁按钮；

当机组关闭并且发送解锁区段 g 命令时，可将 g 阀联锁命令解除。

6.1.8　设备间的联锁

设备间联锁的作用：用于预防因自控系统设备异常或工艺设备异常而采取的保护措施。具体有以下几种：

（1）区段 c 阀没有“开”状态返回信号时自动停止补压机。

（2）当区段 a（供料阀）关闭或 d 打开或 g 打开时区段传感器轻杂质传感器轻杂质事故保护、ГА 断电。

（3）在机组内部有卸料（区段 a、b、c、d、e（或 f）打开］或抽空（区段 a、b、c、d、g 打开）的区段时，机组轻杂质事故保护断电。

注意：机组任一轻杂质事故保护且机组关闭时，不会导致机组轻杂质事故保护断电；任一区段事故保护且该区段 a～c 阀和机组 A～D 阀关闭时，也不会导致机组轻杂质事故保护断电。

（4）在轻杂质事故保护传感器送电时，轻杂质事故保护自动屏蔽。

6.1.9　系统间联锁

系统间联锁的作用：用于预防因与本系统有关联的其他系统发生事故保护动作时，而采取的保护措施。具体有以下几种：

（1）当料流精料流关闭后，自动联锁打开级联精料端部机组回流电阀。当料流精料流打开后，自动联锁关闭级联精料端部机组回流电。

（2）当辅助系统主线或备线卸料干管压力超过设定值时，形成禁止主线或备线自动卸料直接命令，该直接命令传递到所有机组及区段。

形成该信号时，除已经处于卸料或抽空工况的机组外，其他机组及区段禁止打开主线或备线卸料阀门。

6.1.10 直接命令

直接命令的定义为：自控系统最高级控制命令，能够直接控制现场执行机构的成组命令。

（1）频率保护：当频率保护柜接收到供电事故保护信号后每隔 10 秒依次从级联的精料端部机组开始，按照 3 秒旁联、7 秒卸料向相邻 4 个机组发出紧急命令，另外还要屏蔽除已经处于卸料或抽空工况外的所有机组及区段的所有事故保护传感器，同时由频率保护柜经控制室联锁盘向所有料流系统检测站发出关闭管线命令。

（2）禁止主线卸料：当主线卸料干管压力超过设定值时，形成禁止主线卸料直接命令。除已经处于卸料或抽空工况外的机组及区段禁止打开主线卸料阀门。

（3）禁止备线卸料：当备线卸料干管压力超过设定值时，形成禁止备线卸料直接命令。除已经处于卸料或抽空工况外的机组及区段禁止打开备线卸料阀门。

（4）紧急卸料：当控制室发出紧急卸料命令后，相应机组旁联并关闭，屏蔽所有区段流向传感器，关闭区段并卸料。

（5）紧急旁联：当控制室发出紧急旁联命令后，相应机组处于旁联并关闭工况，区段关闭不卸料。

6.2 料流联锁

级联间管线包含有远程和自动控制执行机构，每一个级联间管线由主线和备线两条相同的管线组成，主、备线间通过阀门节点处的跨接管连接。各级联间管线根据类型和用途安装相应规格的阀门、补压机、调节器、电调阀、流量孔板、传感器等设备。图 6-2 为一个标准料流的仪表和工艺设备流程图。

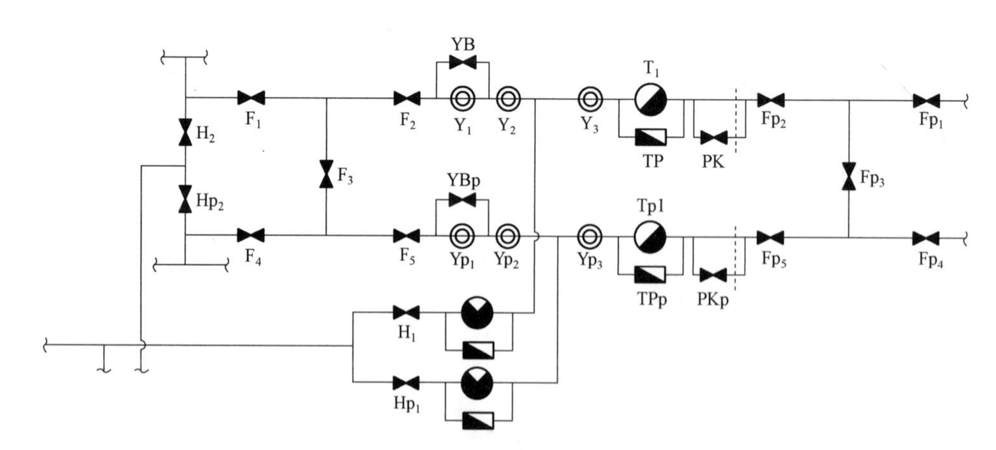

图 6-2 标准料流工艺流程简图

管线由两个五阀节点、补压机节点、调节器节点构成。根据在不同的应用环境中，不同管线上所带的工艺节点不完全相同。

阀门节点的组成和标记，如表 6-10 所示：

表 6-10　阀门节点料流分布表

节点代号	节点工艺设备的名称	节点工艺设备的标记	在料流上的分布	
第一阀门节点	电动阀门	F_1	主线	料流的起点（用于所有料流）
	电动阀门	F_2		
	电动阀门	F_3	跨接管	
	电动阀门	F_4	备用线	
	电动阀门	F_5		
第二阀门节点	电动阀门	Fp_1	主线	料流的终点（用于所有料流）
	电动阀门	Fp_2		
	电动阀门	Fp_3	跨接管	
	电动阀门	Fp_4	备用线	
	电动阀门	Fp_5		
第四阀门节点	电动阀门	H_1	主线	料流的半回流（用于所有精料流）
	电动阀门	Hp_1	备用线	
第五阀门节点	电动阀门	H_2	主线	料流的全回流（用于所有中间精料流）
	电动阀门	Hp_2	备用线	

调节器节点的组成和标记，节点在料流上的分布，如下表所示：

表 6-11　调节器节点料流分布表

节点代号	节点工艺设备的名称	节点工艺设备的标记	在料流上的分布	
主线调节器节点	流量调节器	T_1	主线	“供料—气体离心机”，“气体离心机精料—精料取料”
	调节器旁通阀	TP		
	孔板	—		
	旁通孔板前的电动阀门	PK		
备线调节器节点	流量调节器	Tp_1	备线	“供料—气体离心机”，“气体离心机精料—精料取料”
	调节器旁通阀	TPp		
	孔板	—		
	旁通孔板前的电动阀门	PKp		

在精料和贫料流上设有补压机节点，节点中第一台补压机配备旁通电动阀。补压机节点的组成和标记，节点在料流上的分布，如下表所示：

表 6-12　补压机节点料流分布图

节点的代号	设备组成	工艺设备的标记	在料流上的位置
主线补压机节点	补压机	Y_1	主线路
	补压机	Y_2	
	补压机	Y_3	
	电动阀门	YB	
备线补压机节点	补压机	Yp_1	备用线路
	补压机	Yp_2	
	补压机	Yp_3	
	电动阀门	YBp	

6.2.1　料流的运行工况

1. 主要工况：料流的主备两条线都处于运行状态下的工况；

2. 自运转换工况：主线工作时，备线线路未接通而转为自动接通工作的工况；

3. 备用工况：在工厂启动或者运行期间，为了消除自控线路或管线设备供电线路故障而不破坏它的密封性时长时间断开料流的一条管线时采用的一种工况；

4. 检修工况：料流的一条线工作，而另一条线断开工作并在这种情况下排除操作接通它工作的可能性，一般情况下料流应在主要工况下运行。

6.2.2　管线事故传感器位置及事故保护值

表 6-13　各料流所带的传感器统计

料流号	传感器名称	位置/数量
供料流	控制室压力监测仪表	1、2、7、8、12
	轻杂质事故保护	1、2
	压力事故保护	1、2、3
	控制室轻杂质监测仪表	1
	流向事故保护	—
最终精料流	控制室压力监测仪表	2、3、4、5、6、7、8、9、12
	轻杂质事故保护	2
	压力事故保护	1、3
	控制室轻杂质监测仪表	1
	流向事故保护	1
最终贫料流	控制室压力监测仪表	1、2、3、4、5、6、12
	轻杂质事故保护	—

续表

料流号	传感器名称	位置/数量
最终贫料流	压力事故保护	1、3
	控制室轻杂质监测仪表	—
	流向事故保护	—
中间精料流	控制室压力监测仪表	2、3、4、5、6、7、8、9、12、16
	轻杂质事故保护	2、3
	压力事故保护	1、2、3、5
	控制室轻杂质监测仪表	1
	流向事故保护	—
中间贫料流	控制室压力监测仪表	1、2、12
	轻杂质事故保护	2
	压力事故保护	1、3
	控制室轻杂质监测仪表	—
	流向事故保护	—

表 6-14　料流事故保护传感器位置

序号	事故保护传感器	所在管线
1	压力事故保护（入口，第一阀门节点后）	供料流
2		精料流及中间精料流
3		贫料流
4		中间贫料流
5	压力事故保护（孔板前，调节器节点）	供料流
6		精料流
7	压力事故保护（出口，第二阀门节点前）	供料流及中间供料流
8		精料流
9		贫料流
10	压力事故保护（回流）	中间精料流
11	轻杂质事故保护（入口，第一阀门节点后）	供料流
13	轻杂质事故保护（出口，第二阀门节点前）	供料流及中间供料流
14	轻杂质事故保护（回流）	中间精料流

6.2.3　管线事故保护联锁

（1）只有在料流相应的管线上没有事故保护信号或没有从联锁面板的进行联锁设置时，才可以打开阀门料流。

（2）在联锁盘没有对 H_2、Hp_2 进行联锁设置时，才能关闭 H_2、Hp_2（H_2、Hp_2 的控制借助于 F_2、Fp_2 的控制键）。

（3）在第一阀门节点、第二阀门节点、调节器节点节点主线有任意事故保护信号时，自动关闭 F_2、Fp_2、H_1。

（4）在第一阀门节点、第二阀门节点、调节器节点节点备线有任意事故保护信号时，自动关闭 FP_1、FP_2、Hp_1。

（5）在料流上轻杂质事故保护及压力事故保护传感器动作时，自动关闭阀门 F_2、Fp_2、H_1（F_5、Fp_5、Hp_1）。

（6）回流节点的轻杂质事故保护及压力事故保护传感器动作时，关闭 H_1（Hp_1）。

（7）在联锁料流关闭时，或执行料流关闭直接命令时，关闭 F_2、Fp_2、H_1、F_5、Fp_5、Hp_1。

（8）当 5#、9#、11#流连锁关闭时，打开 H_2、Hp_2。层架的精料出来之后无法到达下一层架，会经过 H_2、Hp_2 回流到本层架。

（9）当第二调节器节点（回流调节器节点）主线上任何一个事故保护传感器动作时，只关闭 H_1。

（10）当第二调节器节点（回流调节器节点）备线上任何一个事故保护传感器动作时，只关闭 Hp_1。

（11）自动转换工况：在 1、2、8、12 主线关闭后，关闭 F_2、Fp_2 1 s 后自动打开备线上的 F_5、Fp_5。

（12）自动转换工况：在 3、4、5、9、10、11 主线关闭后，关闭 F_2、Fp_2，自动打开 Fp_5，启动备线补压机，然后经过 60 秒打开 F_5。如果经过 60 秒 F_5 未开，再过 9 秒形成关闭料流信号。

（13）料流关闭信号：在没有接通自动转换工况时，F_2、Fp_2 关闭或者 F_2、Fp_5 关闭或者 Fp_2、F_5 关闭或者 Fp_2、Fp_5 关闭会产生料流关闭信号；在接通自动转换工况时，如果 F_2、Fp_2 关闭 9 秒后，F_5 或者 Fp_5 还是关状态，也会产生料流关闭信号。

（14）供电事故保护已在机组中说明，可参考机组的内容。

6.2.4 管线间联锁

1）4#贫料流关闭引起 1#流及 12#流关闭。

2）3#精料流关闭，精料端机组 S14 阀门自动打开。

3）5#流关闭引起 15#流（H_2、Hp_2）打开、9#流关闭。

4）9#流关闭引起 19#流（H_2、Hp_2）打开、11#流关闭。

5）11#流关闭引起 21#流（H_2、Hp_2）打开、1#流关闭。

6）8#流关闭引起 2#、5#流关闭。

7）10#流关闭引起 8#、9#流关闭。

8）12#流关闭引起 10#、11#流关闭。

6.2.5　设备间联锁

补压机停车时，旁通阀自动打开；补压机启动时，旁通阀自动关闭。

6.3　辅助系统联锁

辅助系统是保证主辅工艺设备安全稳定运行的包括事故卸料、设备抽空及冷却水等在内的系统的统称。

辅助自控系统具有自动采集和处理工艺状态和参数信息，提供综合操作信息的作用，能够实现与工艺设备一次传感器、执行机构一起作用的远控、提供在事故情况下的保护。辅助自控仪表系统有单独的操作台和检测站，能够保证中央控制室和所有检测站交换数据的独立性。

（1）流向事故保护传感器联锁

当流向事故保护传感器与快速截断阀联锁接通且无故障、未屏蔽情况下；

当流向事故保护传感器电信号超过动作设定值时动作，与其联锁的快速截断阀关闭。

（2）卸料干管压力事故保护传感器与机组联锁

当卸料干管压力与机组联锁接通且无故障、未屏蔽时：

1）当卸料系统干管上主线压力超过动作设定值时压力事故保护传感器动作，发出“禁止区段卸料，禁止打开区段主线卸料阀门”。

2）当卸料系统干管上备线压力超过动作设定值时压力事故保护传感器动作，发出“禁止区段卸料，禁止打开区段备线卸料阀门”。

（3）真空泵入口压力与入口电动阀联锁

当真空泵入口压力与电动阀之间的联锁接通，且无故障信号时：

1）真空泵启动，入口压力低60毫米汞柱且电接点压力表接通，转速达到额定转速且离心开关接通经过60秒后，入口电动阀自动打开。

如果此后离心开关信号消失，则入口电阀关闭且真空泵停车；再经过10秒，若信号仍不存在，则报“压力/转速故障”。

2）发出真空泵停止命令后，入口电动阀关闭，真空泵停车。

当真空泵停车后，阀门未关闭，则报“泵阀位偏差”。

3）真空泵入口压力超过60毫米汞柱时，禁止打开泵前电阀。

4）真空泵事故停车或者因其他原因非正常停车后，泵前电阀联锁关闭。

当真空泵入口压力与电动阀之间的联锁断开时，可以单独操作泵前电阀，正常运行时联锁一直接通，联锁接通时，无论什么原因停真空泵前必须先关闭电阀。

（4）卸料罗茨泵和电动阀联锁

在卸料罗茨泵和电动阀联锁接通且无故障时：

1）罗茨泵启动设定时间后，泵入口阀门打开，旁通阀门关闭；

2）在远控发出停止罗茨泵运行命令后，旁通阀门打开，泵入口阀门关闭。

（5）真空泵与缓冲罐压力联锁

当缓冲罐内压力与真空泵之间的联锁接通、真空泵处于远控状态且真空泵没有故障时：

1）当缓冲罐内压力不小于100微米汞柱时，真空泵启动，泵前电阀打开。

2）当缓冲罐内压力不大于50微米汞柱时，泵前电阀关闭，真空泵停止。

（6）油扩散泵与冷却水流量联锁

当冷却水流量小于规定值（360 L/h）时，油扩散泵自动停止。

（7）真空泵与冷却水流量、泵油温度联锁

当冷却水流量小于规定值（200 L/h）或泵油温度不低于85 ℃时，真空泵自动停止。

6.4　供取料系统联锁

供取料系统联锁设置的目的是在事故状态下避免物料泄露，防止料流中断，保护设备，避免事故进一步扩大。供取料系统联锁主要包括供料加热设备联锁、保温箱内阀门联锁、精贫料增压泵联锁、吹洗系统联锁。

6.4.1　供料加热设备联锁

供料系统加热设备有压热罐、加热箱、保温箱，都设有相应的联锁，主要是设备允许接通加热的联锁条件及设备自动断开加热的联锁条件，见表6-15。

表6-15　加热设备联锁

设备	执行	联锁条件
压热罐	加热可接通 （同时满足）	压热罐门关闭，信号手柄压下； 压热罐风机为运行状态； 压热罐内加热器表面温度未达高限控制值； 压热罐内后部空气温度未达高限控制值； 压热罐内空气温度未达高限控制值； 保温箱内一次减压前压力未达高限控制值
	加热自动断开 （任一满足）	压热罐门打开； 压热罐风机停止； 压热罐内加热器表面温度达高限； 压热罐内后部空气温度未达高限； 压热罐内空气温度达高限； 保温箱内一次减压前压力达高限
加热箱	加热可接通 （同时满足）	保温箱内减压前压力仪表无高限报警； 加热箱回风温度未达高限控制值； 加热箱无故障报警信号； 加热箱门为关； 加热箱为远控状态
	加热自动断开 （任一满足）	保温箱内减压前压力仪表达高限； 加热箱回风温度未达高限控制值； 现场超温保护仪表达高限控制值； 加热箱门打开

续表

设备	执行	联锁条件
保温箱	加热可接通 （同时满足）	保温箱无故障报警信号； 保温箱内空气温度未达高限值； 加热控制温度未达高限值； 保温箱为远控状态
	加热自动断开 （任一满足）	保温箱内空气温度达高限值； 保温箱内空气温度达高限值； 现场超温保护仪表达高限值

需要说明的是：对于加热可接通的联锁条件，需要满足表中所有条件，加热设备才处于可接通加热的状态。而对于加热自动断开的联锁条件，满足表中列出的任一条件，加热设备就会自动断开加热。

6.4.2　保温箱内阀门联锁

供料系统保温箱内重要的阀门及参数有：供料电磁气动阀、供料净化电磁气动阀、供料调节阀（电磁气动调节阀或电调阀）、减压前压力，减压后压力。为了阐述保温箱内阀门的联锁关系，画出保温箱内供料管线示意图如下：

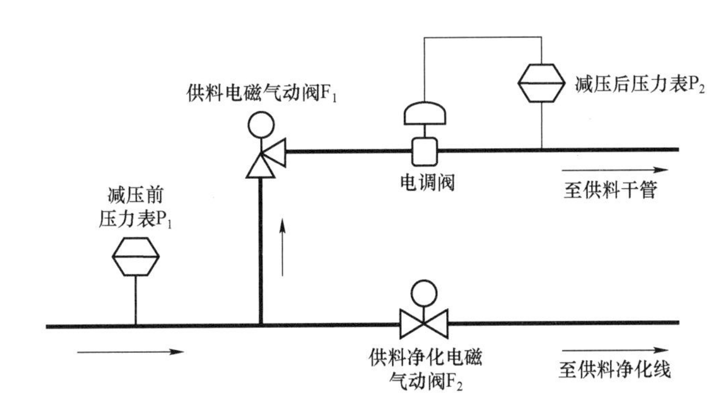

图 6-3　保温箱内供料管线示意图

保温箱内阀门设置有压力超限联锁、阀门互锁联锁，以防止误操作及保护供入级联系统的供料压力不超限，联锁情况见表 6-16。

表 6-16　保温箱内阀门联锁

阀门	联锁条件
F_1 关闭	当调节阀后压力 P_2 高限报警时，处于自动状态下的 F_1 自动关闭。 当调节阀前压力 P_1 高限报警时，处于自动状态下的 F_1 自动关闭
F_1 打开	F_2 关闭（两阀均在自动状态下）
F_2 打开	F_1 关闭（两阀均在自动状态下）

注：当 F_1、F_2 一个在自动另一个在手动状态时联锁也有效，只有当两阀均为手动状态时，联锁无效

6.4.3 精贫料增压泵联锁

精料贫料增压泵联锁设置基本相同，唯一的差别是入口压力与旁通电阀的联锁条件压力数值不同，且精料系统采用两级罗茨泵组（或单级爪式增压泵）增压的加压取料工艺，而贫料系统采用三级罗茨泵组的加压取料工艺，所以将两者合并为一，且以精料增压泵联锁为例进行讲述，精贫料增压收料流程如图 6-4 所示。

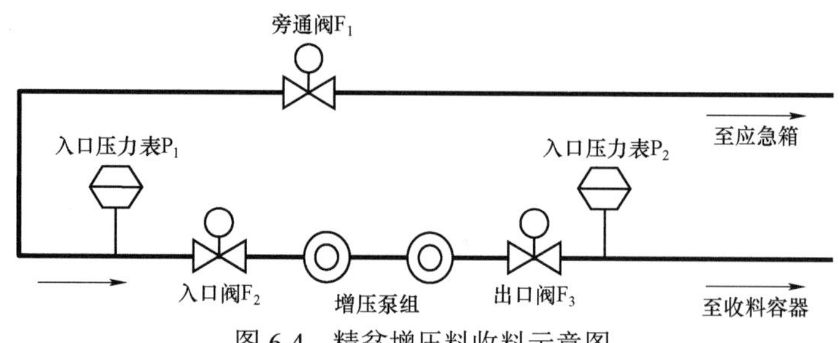

图 6-4 精贫增压料收料示意图

罗茨泵组（或爪式增压泵）与旁通电动阀、出口电动阀设置有联锁，在现场就地控制柜上均设“手动”和“自动”两种状态。自动状态时执行联锁条件，手动状态时联锁解除，其联锁关系如表 6-17。

表 6-17 精料增压泵联锁

执行	联锁条件
旁通阀 F_1 打开	入口压力表 P_1 达高限值 增压泵停车 增压泵频率达低限
出口阀 F_3 关闭	增压泵停车

注：1. 只有当互为联锁的设备现场均处于远控，且 DCS 均处于自动状态下，联锁才生效。
2. 同组罗茨泵在运行过程中，其中任一台故障停车时，另一台自动停车（陪停）

6.4.4 吹洗系统联锁

供取料厂房安装有 HF 检测仪，实现与局部排风机和全面排风机的控制联锁，全面排风系统与供取料厂房内安装的 HF 检测仪建立联锁，局部排风机与安装在局部排风机出口处 HF 检测仪建立联锁，局部排风系统与全面排风系统流程图如图 6-5 所示。

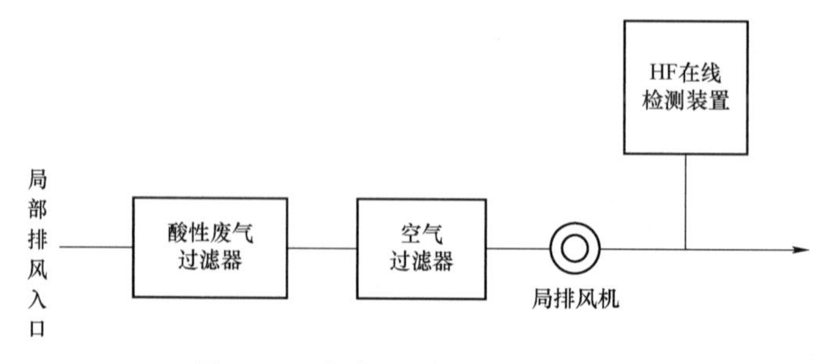

图 6-5 局部排风系统设备及流程图

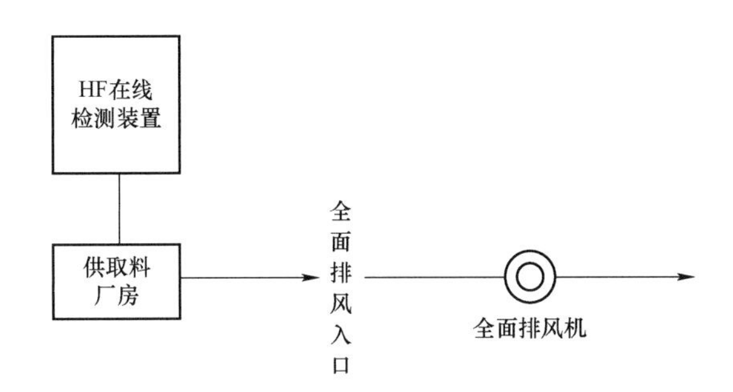

图 6-6　全面排风系统设备及流程图

联锁关系如表 6-18。

表 6-18　HF 检测仪与局部排风机和全面排风机控制联锁

位号	动作	条件
全面排风机	停止	厂房内 HF 检测仪达到高限控制值
	启动	现场控制盘柜执行“启动”命令
局部排风机	停止	局部排风系统干管 HF 检测仪达到高限控制值
	启动	现场控制盘柜执行“启动”命令

第7章

工艺事故处理

铀浓缩生产过程中生产系统及设备出现非正常生产状态包括两种情况，一种是异常故障状态，另一种是事故状态。异常故障状态是指生产系统及设备出现一些异常或故障状况，是生产过程中不可避免的情况，可以通过转换设备等方式退出运行状态，与运行系统断开，故障消除后重新投入运行，这类现象对生产系统的安全、连续运行影响不大。事故状态则是生产过程中可以避免甚至可以杜绝发生的一种状况，是生产运行系统出现突发状况并已严重威胁到系统及设备的安全，甚至环境污染，而必须采取的应急处理措施。

离心机是铀浓缩工厂产生分离功最关键的设备，其一旦损坏很难进行维修或更换。因此，铀浓缩工厂工艺事故处理必须遵守“保主机”的第一原则，在任何情况下，都应当采取合理的措施使离心机处于相对安全的状态。同时，当异常发生时，应立即停止异常范围内的作业，及时查清事故性质、范围和原因，避免事故继续扩大。对于引起事故保护动作的异常，应检查阀门状态及联锁执行情况，当有阀门状态不符或事故保护联锁未正确执行时，应立即远控或现场调整。对于能引起离心机压力变化的异常，应检查相关工艺空间的压力，必要时采取合理措降载措施避免离心机超负荷。异常原因消除后，应及时恢复工艺工况。

7.1 机组异常处理

本节主要针对级联工艺系统运行过程中，机组常见的：机组关闭、区段关闭、机组连续旁联等异常，描述了其异常现象、引起原因及处理措施。

7.1.1 机组异常关闭

机组异常关闭的原因主要包括：机组轻杂质或压力事故保护传感器动作、区段关闭联锁机组关闭等。机组异常关闭时联锁机组旁通阀打开、本机组所有区段关闭、机组所有补压机停车、机组所有轻杂质事故保护传感器和轻杂质气体分析仪断电，同时在控制室模拟盘及机组模拟盘上形成相应声、光报警信号，主要包括：事故保护动作信号、机组关闭信号、区段关闭信号、补压机停车信号、轻杂质事故保护传感器和轻杂质气体分析仪供电中断信号，当某个电阀未正确关闭（或未正确打开）时产生阀位不符信号。

当级联出现机组异常关闭事故时，根据不同原因处理方式不同，总体处理思路为：

1）检查联锁执行的正确性，当有阀门状态不符或事故保护联锁未正确执行时，应立即远控或现场调整。

2）监测事故机组和相邻机组及其区段压力变化，维持非事故区段、机组正常运行。

3）查找机组异常关闭的原因，并进行相应处理。

4）原因消除后恢复正常运行工况。

7.1.1.1　机组事故保护动作导致机组关闭

当机组事故保护动作导致机组关闭时，除上文所列机组关闭总体处理思路外，还应进行以下操作：

1）如果机组干管压力与机组正常运行没有偏差，则对机组干管压力进行 10 分钟监测。若压力不升高，则按规程要求恢复机组运行工况。

2）若机组两级（或三级）工作时，关闭后机组后一级贫料干管压力经过调节器使前一级供料干管压力升高。在这种情况下，可打开电调阀，使压力平衡后，再次进行 10 分钟压力监测。若压力不升高，则按规程要求恢复机组运行工况。

3）如果关闭 n 机组的干管压力大于机组正常运行压力或压力超出仪表量程，应通过某一区段将机组干管连接至卸料系统，进行抽空后再次进行压力监测。

4）如果关闭 n 机组的干管压力升高，则关闭机组手阀及所有区段的手阀，查找漏点并消除。

7.1.1.2　区段事故保护动作联锁机组关闭

因区段关闭联锁机组关闭时，除机组关闭总体处理思路外，还应进行以下操作：

1）检查并确认事故区段卸料正常。

2）检查区段事故保护动作原因，并根据实际情况进行消除。

3）将未发生事故区段及机组恢复正常运行。

4）区段事故消除后，恢复级联正常运行。

7.1.2　区段异常关闭

7.1.2.1　区段异常关闭的原因及处理思路

区段异常关闭的原因主要有：区段轻杂质事故保护传感器动作、区段压力事故保护传感器动作、区段同步事故保护传感器动作。

区段异常关闭时会联锁事故区段自动卸料，联锁本机组关闭，联锁本机组其他区段关闭，联锁本机组所有区段补压机自动停车，区段轻杂质事故保护传感器和轻杂质气体分析仪供电自动切断。在控制室模拟盘及机组模拟盘上会产生相应的声光报警，主要包括：事故保护动作信号、区段关闭信号、补压机停车信号、轻杂质事故保护传感器和轻杂质气体分析仪供电中断信号、当某个电阀未正确关闭（或未正确打开）时区段产生阀位不符信号。

当出现区段异常关闭事故时，根据不同原因处理方式不同，总体处理思路为：

1）检查联锁执行的正确性，当有阀门状态不符或事故保护联锁未正确执行时，应立即远控或现场调整。

2）监测事故机组和相邻机组及其区段压力变化，维持非事故区段、机组正常运行。

3）查找区段异常关闭的原因，并进行相应处理。

4）原因消除后恢复正常运行工况。

7.1.2.2 区段轻杂质或压力事故保护传感器动作

当区段轻杂质或压力事故保护动作异常关闭时，如果是其他机组或区段压力扰动造成该区段事故保护传感器动作，则待该区段卸料主机同步后，视情况恢复该区段运行；否则，除区段关闭总体处理思路外，还应对区段进行密封性判断，合格后恢复机组、区段运行。

7.1.2.3 区段同步事故保护传感器动作

当区段同步事故保护传感器动作异常关闭时，除区段关闭总体处理思路外，还应进行以下操作：

1）如果区段离心机继续失步、损坏或卸料系统不能将事故区段压力抽空到规程规定的压力以下，则对区段进行断电，检查并处理区段的密封性故障。

2）检查并确认故障离心机的供、精、贫隔膜阀已关闭，断开故障离心机的电源插头，拉紧装架。

3）检查失步离心机正常升周，并达到额定转速。

4）所有离心机同步后，在不切断区段卸料的情况下，测量区段所有离心机的摩擦功率：如果区段测量的平均摩擦功率高于规程规定的空载摩擦功耗值或不下降，则继续对连接到卸料系统的区段进行抽空；如果区段测量的平均摩擦功率不大于规程规定的空载摩擦功耗值，则需根据离心机摩擦功率的增长率来检查其密封性。

5）区段事故原因消除后，恢复级联正常运行工况。

7.1.2.4 事故保护传感器误动作

当判定为区段关闭是由于事故保护传感器误动作引起时，应及时恢复系统正常运行工况，对于误动作传感器：任意一个事故保护传感器的动作原因未确定，则屏蔽该传感器事故保护，观察三昼夜，直到查清动作的原因；三昼夜内，事故保护传感器未误动作，则解除该事故保护传感器屏蔽。如果三昼夜内出现第二次误动作时，从确定传感器故障开始的三昼夜内应对其更换。如果区段或所在机组中出现第二个事故保护传感器故障，应在最近的白班更换这两个故障传感器。

7.1.3 机组连续旁联

机组连续旁联是指：从事故处开始向精料或贫料端自动连续关闭两个或两个以上机组的事故。

7.1.3.1 机组连续旁联的原因及处理思路

机组连续旁联的原因主要有：机组间或旁通管道的密封性破坏；机组关闭时，旁通阀未正确打开；运行机组供料干管电阀或手阀中的任一阀门自动关闭或不正确关闭；压空系统的压力低于允许值；两端压差较大的管道被打开，导致级联出现“流体”扰动，引起机组压力事故保护传感器动作。

机组连续旁联时其联锁状态与机组关闭联锁相同，并在控制室模拟盘、机组模拟盘上形成相应声、光报警信号。

机组出现连续旁联时，总体处理思路为：

1）根据控制室信号，确定关闭的机组。

2）检查联锁执行的正确性，当有阀门状态不符或事故保护联锁未正确执行时，应立即远控或现场调整。

3）监测事故机组和相邻机组及其区段压力变化，维持非事故区段、机组正常运行，根据关闭机组的位置和数量调整工艺工况。

4）查找异常的原因，并进行相应处理。

5）原因消除后恢复级联正常运行工况。

7.1.3.2　机组间或旁通管道密封性破坏导致机组连续旁联

当密封性破坏引起机组连续旁联时，除总体处理思路外，还应进行以下操作：

1）关闭级联供料流。

2）现场断事故机组旁通电阀动力电源，逻辑上设置阀门“打开”信号。

3）手动关闭事故机组旁通电阀。

4）监测关闭机组及其相邻机组的压力。

5）在关闭但未卸料的区段上每小时检测一次离心机的摩擦功率，可对区段或对两台监测离心机进行检测。如果关闭但未卸料的区段发生单个离心机损坏、失步，或单台离心机摩擦功率大于规定值的情况时，则将区段接通至卸料系统。

6）在关闭机组上，使用临时管线或从一个区段将非密封段抽空到卸料系统。

7）查找并处理非密封管段密封性故障。

8）消除原因后，恢复级联正常运行工况。

7.1.3.3　当因机组关闭旁通阀未正确打开，或机组供料阀门中任一阀门不正确关闭导致机组连续旁联时，及时恢复阀门正常运行状态，原因消除后恢复级联正常运行工况。

7.1.3.4　压空系统的压力低于允许值导致级联机组连续旁联

当压空系统的压力低于允许值而引起机组连续旁联时，除总体处理思路外，还应进行以下操作：

1）监测机组特别是精料端机组，当压力高于允许值时，远控关闭机组。

2）将关闭机组的调节器退出工作，将电调阀投入工作。

3）压空系统恢复正常后，将机组接入工艺回路。

4）恢复级联正常工况。

7.2　级联间管线异常处理

级联间管线也称料流，主要分为级联供料流、级联精料流、级联贫料流及中间料流。级联间管线上相关事故保护传感器动作或设备故障将会导致线路异常关闭。当出现级联间管线异常关闭时，运行人员应及时进行原因分析、判断，采取正确的措施，在最短的时间内沿任一管线恢复料流，确保生产系统安全、稳定、连续经济运行。

级联间管线异常关闭的原因主要包括：压力事故保护传感器动作、轻杂质事故保护传感器动作及料流间的自动联锁。

7.2.1 级联供料流关闭时的处理

7.2.1.1 级联供料流因联锁导致双线关闭

1）检查联锁执行的正确性。

2）切断轻杂质气体分析仪电源。

3）将本层架精料流由双线运行转为单线运行，并按照规程规定在运行线路上切换流量孔板，并调节孔板前的压力。

4）转换精料收料容器至不合格产品容器。

5）监测关闭线路及供料点机组中的压力值和轻杂质变化情况。

6）查找并处理引起料流联锁关闭的原因。

7）原因消除后，向备用卸料系统抽空关闭的流线路至压力不大于 0.2 mmHg。

8）待其他料流恢复后，按照运行规程恢复原线路供料。

7.2.1.2 事故保护传感器动作导致级联供料流关闭

1）检查联锁执行的正确性。

2）切断轻杂质气体分析仪电源。

3）将本层架精料流由双线运行转为单线运行，并按照规程规定在运行线路上切换流量孔板，并调节孔板前的压力。

4）转换精料收料容器至不合格产品容器。

5）监测关闭线路及供料点机组中的压力值和轻杂质变化情况。

6）查找并处理引起料流联锁关闭的原因。

7）检查关闭线路的密封性，确定为料流存在漏点时，查找漏点并消除。

8）漏点消除后对其进行钝化处理。

9）消除事故原因后，按照运行规程恢复原线路供料。

7.2.1.3 自动转换工况联锁未正确执行导致料流关闭

1）检查关闭管线联锁执行的正确性。

2）切断关闭线路上的轻杂质气体分析仪电源。

3）检查备用线路中的压力。

4）切断自动转换工况。

5）远控打开备用线路电阀，沿备用管线供料。

6）在接入运行的备用管线上按照规程检查并调节孔板前压力至计算压力。

7）检查并校正轻杂质事故保护传感器的输出值，给轻杂质气体分析仪供电。

8）检查备线工作正常。

9）查明自动转换工况未正确执行的原因。

10）消除事故原因后，按照运行规程恢复原线路供料。

7.2.2　级联精料流关闭时的处理

7.2.2.1　精料流流因事故保护动作导致双线关闭

1）检查联锁执行的正确性。

2）切断关闭线路上的轻杂质气体分析仪电源。

3）检查并确认级联“回流”电阀打开。

4）手动将级联供料流及其他层架精料流由双线运行转为单线运行，并在运行线路上切换流量孔板，调节孔板前的压力。

5）转换精料收料容器至不合格产品容器。

6）监测精料端机组区段轻杂质水平和摩擦功率，当精料端离心机的供料中轻杂质浓度达到 2%体积含量，或区段监测离心机的摩擦功率达到上限时，对其手动净化。

7）利用卸料系统抽空管线压力后，进行密封性检查，存在漏点时对其找漏消漏。

8）查明事故原因并消除后，接通级联精料流运行，并按规定顺序（先恢复其他层架精料流，再恢复级联供料流）恢复其他层架料流正常线路运行。

9）消除事故原因后，根据运行规程恢复级联原运行工况。

7.2.2.2　自动转换工况联锁未正确执行导致料流关闭时的人员操作

1）检查联锁执行的正确性。

2）切断关闭线路上的轻杂质气体分析仪电源。

3）检查并确认级联“回流”电阀打开。

4）转换精料收料容器至不合格产品容器。

5）监测精料端机组区段轻杂质水平和摩擦功率，当精料端离心机的供料中轻杂质浓度达到 2%体积含量，或区段监测离心机的摩擦功率达到上限时，对其手动净化。

6）手动接通备用管线运行：

7）若短时间内无法恢复料流运行，则手动将级联供料流及其他层架精料流由双线运行转为单线运行，并在运行线路上切换流量孔板，调节孔板前的压力。

8）查明主线关闭的原因并消除。

9）查明自动转换工况未正确执行的原因并消除。

10）事故消除后，接通级联精料流运行，并按规定顺序（先恢复其他层架精料流，再恢复级联供料流）恢复其他层架料流正常线路运行。

11）消除事故原因后，根据运行规程恢复级联原运行工况。

7.2.3　级联贫料流关闭时的处理

1）检查联锁执行的正确性。

2）手动打开层架贫料端机组回流电阀。

3）转换精料收料容器至不合格产品容器。

4）监测层架贫料端机组压力，当区段压力超限时，对区段进行卸料。

5）监测层架精料端机组区段轻杂质水平和摩擦功率，当精料端离心机的供料中轻杂质浓度达到 2%体积含量，或区段监测离心机的摩擦功率达到上限时，对其手动净化。

6）如果短时间内无法恢复料流运行，则手动打开级联回流电阀，关闭级联精料流。

7）利用卸料系统抽空级联供料流至其压力不大于 0.2 mmHg。

8）查明事故原因并消除后，接通级联贫料流运行，并按规定顺序（先恢复其他层架贫、精料流，再恢复级联供料流）恢复其他层架料流正常线路运行。

9）消除事故原因后，根据运行规程恢复级联原运行工况。

7.3 供取料系统异常故障及事故处理

供取料系统在日常运行过程中，随着运行时间的延长，以及受其他因素的影响，会出现设备、仪器仪表及阀门等零部件异常或故障。当出现这些异常或故障时，应及时进行原因分析、判断，采取正确的措施，消除异常或故障，确保生产系统安全、稳定、连续经济运行。

7.3.1 供取料系统常见异常故障原因

供取料系统异常故障共分为连接管类、电伴加热类、轻杂质类、增压泵类、制冷设备类、真空泵类和阀门类等七大类。

7.3.1.1 连接管类

连接管是指供取料系统中用来连接生产系统和各种容器的金属软管，例如供料容器连接管、精料容器连接管、贫料容器连接管、50 L 容器连接管、24 L 容器连接管、吸附塔连接管等。因此，在生产过程中一般会出现连接管真空密封不合格、供料连接管堵料、取料连接管堵料、拆装时连接管冒烟、取料容器本身阀堵料、取料容器入口堵料及倒料管道堵料等，产生的原因分析如下。

1）连接管真空密封不合格

供取料系统中所有连接管与生产系统的连接均为法兰连接，连接密封材料为聚四氟乙烯，与容器端连接则分为 DN22 和 DN25 阀的连接。其中，与 DN22 阀连接的容器为 3 m^3 容器、3 m^3C 容器和 30B 容器，连接方式为螺母连接，连接密封材料为聚四氟乙烯。与 DN25 阀连接的容器为 50 L 容器、24 L 容器及吸附塔，连接方式为法兰连接，连接密封材料为聚四氟乙烯。

生产过程中，容器工作结束后，要将容器从连接管上拆下，重新连接新的容器。容器连接结束后，要对连接点进行密封性检查，即真空测量，若密封不合格，则可能是密封垫有漏、连接管内有挥发物、与连接管截断的阀门通道漏、连接管本身漏等。

2）供料连接管堵料

供料连接管是供料容器与生产系统的连接软管，安装在加热箱或压热罐内部，工作温度为室温至 70 ℃，连接管的温度随加热箱或压热罐加热温度变化而变化，若出现连接管堵料，则说明连接管温度低于供料容器的温度，使供料容器内部物料冷凝在连接管内造成堵料。

供料连接管温度低的原因可以根据加热箱和压热罐内循环风的流向进行分析，加热箱和压热罐内循环风工作原理如图 7-1 和图 7-2。

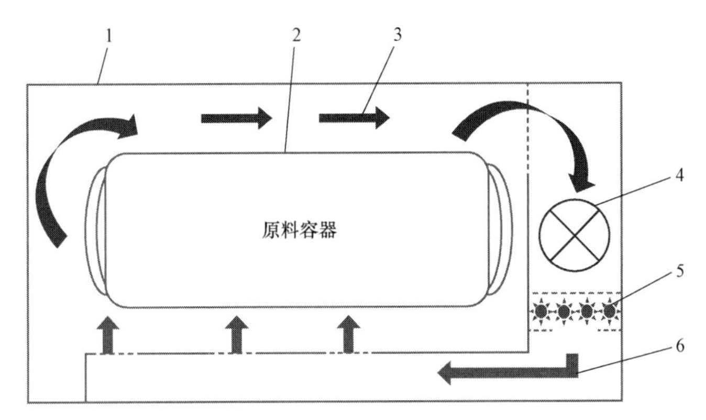

图 7-1　加热箱内热空气工作原理示意图

1—加热箱；2—原料容器；3—回风；4—循环风机；5—加热器；6—热风

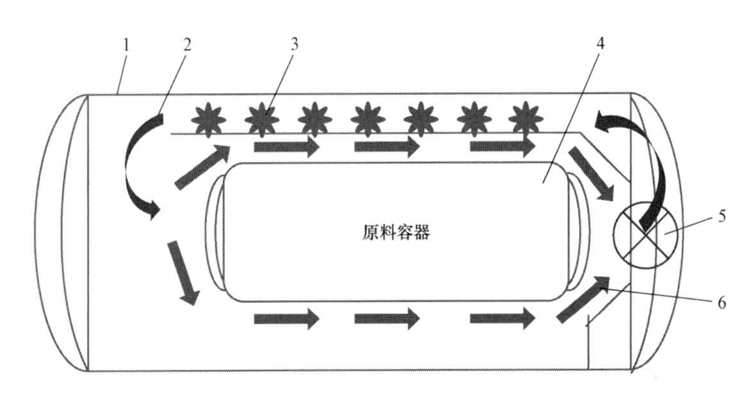

图 7-2　压热罐内热空气工作原理示意图

1—压热罐；2—热风；3—加热器；4—原料容器；5—循环风机；6—回风

3）取料连接管堵料

取料连接管是精料、贫料容器与生产系统的连接软管，安装在冷风箱内部，冷风箱工作温度为–25 ℃，连接管敷设有电伴加热带及保温层，电伴加热温度为 70 ℃。若出现连接管堵料，则说明连接管电伴加热异常或保温不严密，使其温度过低，造成内部物料冷凝在连接管内引起堵料。

取料连接管温度低的原因可以根据冷风箱内循环风的流向进行分析，冷风箱内循环风工作原理如图 7-3。

4）取料容器本身阀堵料

取料容器本身阀堵料一般指精贫料收料容器，其本身阀为 DN22 阀门，DN22 阀门是直接螺旋安装在容器头部，如 3 m^3 容器、3 m^3C 容器和 30B 容器。取料容器安装在冷风箱内，冷风箱工作温度为–25 ℃（如图 7-3）。因此，容器工作期间要对 DN22 阀门加热及保温，加热温度为 70 ℃。造成取料容器本身阀堵料的原因有容器本身阀加热温度低、容器内压力高和取料流量小。

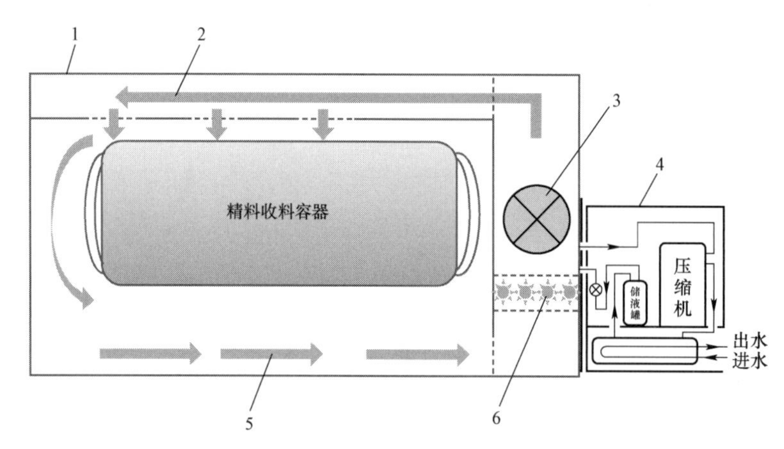

图 7-3 冷风箱内循环风工作原理示意图

1—冷风箱；2—冷风；3—循环风机；4—制冷机组；5—回风；6—蒸发器

5）取料容器入口堵料

取料容器入口堵料指容器入口处集料过多，造成容器内不畅通，主要原因为工作压力过高、制冷温度过低、容器装料量过高等。

6）倒料管道堵料

倒料就是物料从一个容器转移至另一个容器的操作。要实现倒料工作，就是要将收料容器的温度降低，即–25 ℃或–80 ℃，或者对倒料容器进行加热，将其温度提高，这样形成 2 台容器温度的温差，使物料由温度高的容器自动流向温度低的容器。当倒料管道出现堵料时，说明倒料管道温度低于管道内物料压力对应的饱和温度。

7.3.1.2 电伴加热类

电伴加热系统是用来对工艺管道进行加热的系统，电伴加热系统由电伴加热控制系统和电伴加热电气系统两部分组成。电伴加热类异常主要为温度高限报警、温度低限报警及温度显示异常等三种情况。

7.3.1.3 轻杂质类

轻杂质主要指氟化氢、空气和其他微量元素。供取料系统中轻杂质主要指氟化氢和空气，其表现在两个方面，一是原料容器内轻杂质，二是精料系统空气量。

7.3.1.4 增压泵类

增压泵是精贫料收料系统用来增压的设备。增压泵的类型有罗茨泵、爪泵两种。

增压泵的构成有单台罗茨泵，两台罗茨泵串接，三台罗茨泵串接，罗茨泵和爪泵串接等形式。串接的原则是抽速大的泵在前，抽速小的泵在后。

在日常运行工作中，增压泵的异常与操作顺序及维护措施有关，例如增压泵启停操作，启动时，增压泵必须空载启动，然后连通出口，再连接入口，如果顺序错误则必然导致增压泵堵料而停车。停车时，则必须先断开入口或增压泵停车与出口电阀关闭同时进行，然后将增压泵内物料及时释放，防止物料在泵腔内冷凝。平时的运行过程中，注意监视泵体温度、压力、压差、电流等变化，出现偏差时及时调整。

增压泵类的异常主要有增压泵运行频率自动下降、增压泵运行声音异常、增压泵卡死、精料增压泵前后压力上升、增压泵前压力异常下降等。

7.3.1.5　制冷设备类

制冷设备主要包括–25 ℃冷风箱，–80 ℃制冷柜和–120 ℃制冷柜等，主要用于收料系统和净化系统。日常工作中，由于制冷设备及其零部件和连接件要经受大温差的考验，材料的热胀冷缩，很容易引起制冷剂泄漏而导致制冷温度达不到设定值。还有冷却系统温度或冷却水流量不足，以及润滑系统跑冒滴漏等都会引起设备的异常甚至故障。

制冷设备常见异常有冷风箱制冷达不到设定温度，冷风箱报压力低限，冷风箱报压力高限，冷风箱或制冷柜报压缩机故障，制冷系统温度正常，箱体内温度高等。

7.3.1.6　真空泵类

供取料系统中真空泵包括滑阀真空泵、旋片真空泵、罗茨真空泵组、涡旋泵等等，是供取料系统保持真空运行不可或缺的设备。

真空泵在日常运行工作中使用频繁，主工艺系统中的大多数操作都与真空泵的运行有关，其抽空压力控制及运行温度是否在范围之内，抽空的介质是否符合要求，是否严格按运行台时进行设备维护等等，都会导致真空泵异常或故障。常见的真空泵异常有缺油，泵油变质，真空泵油窗破裂，真空泵轴封漏油，真空泵卡死等。

7.3.1.7　阀门类

阀门在工艺系统中用来截断工艺气体、调节工艺气体以及仪表引压等，根据不同管径配套不同型号的阀门。

根据密封形式分为波纹管阀门和填料阀门。根据动力形式分为电动、气动、电磁气动和手动阀门。手动阀门又分为手轮、手柄和力矩阀门，此类阀门的异常主要为力矩使用不当引起，造成阀杆脱销、阀杆螺纹变形咬死、通道密封破坏等等。电动、气动阀门的异常主要为行程开关不到位等引起阀门状态指示不正确、通道漏等详细。

阀门类主要的异常有阀杆脱落，弹簧箱漏，阀门密封圈漏，手动阀通道漏，电磁气动阀气缸漏气，电调阀或电磁气动调节阀通道漏等。

7.3.2　供取料系统常见异常故障处理

针对供取料生产系统连接管类、电伴加热类、轻杂质类、增压泵类、制冷设备类、真空泵类和阀门类等七大类异常故障产生的原因，归纳出了如表 7-1 所示的处理措施对照表。共 35 个异常故障明细。

表 7-1　供取料系统常见异常或故障处理措施对照表

序号	异常故障名称	异常故障原因	处理措施
1	连接管真空测量不合格	安装点漏	重新安装并更换密封圈。
		连接管有漏	更换连接管。
		连接管内有挥发物	适当延长抽空时间。
		截断阀通道漏	更换截断阀。

续表

序号	异常故障名称	异常故障原因	处理措施
2	供料连接管堵料	连接管处温度低	调节循环风口风栅，引导热风吹向连接管，提高其温度。
			适当减小回风口尺寸，尽量杜绝循环风短路。
3	取料容器连接管堵料	连接管保温不严密	停止容器收料，重新对连接管保温，并将连接管电伴加热温度设定值下调至 50 ℃，将堵料点与低温容器连通，直至完全消堵，将连接管电伴加热温度设定值调至规定值。恢复容器正常取料。
		连接管电伴加热接触不良	停止容器收料，检查并紧固电伴加热接线，并将连接管电伴加热温度设定值下调至 50 ℃，将堵料点与低温容器连通，直至完全消堵，将连接管电伴加热温度设定值调至规定值，恢复容器正常取料。
		连接管电伴加热带或继电器故障	停止容器收料，将堵料点与低温容器连通，直至完全消堵，更换电伴加热带或继电器，重新保温，接通连接管电伴加热工作，升温速度≯10 ℃/h，恢复容器正常取料。
4	容器拆装时连接管冒烟	未吹洗干净	停止拆卸，迅速拧紧螺母，重新按规定对连接管进行吹洗，判断合格后再进行拆装。
		连接管内存在氟化铀铣	停止拆卸，拧紧螺母，对连接管进行深抽。拆装时用局排风口收集氟化氢烟雾，迅速拆下连接管并将两端进行封口处理。安装新连接管。
5	收料容器本身阀堵料	容器本身阀加热温度低	停止容器收料，更换加热套并重新保温，将加热套温度设定在 50 ℃。与备用容器连通，当被堵本身阀温度到 50 ℃时，则消堵完成，恢复容器正常取料。
		容器内压力高	及时对容器进行净化。
		收料流量小而容器温度过低	适当提高容器温度，随着容器收料量增加，逐步降低收料容器工作温度。
6	50 L 中间容器入口堵	工作压力过高	将工作压力控制小于 6 mmHg 以下运行。
		制冷柜工作温度过低	控制制冷柜温度在−75～−80 ℃范围内。防止容器上表面结冰过多，导致入口管温度低而堵料。
		容器装料量过高	严格控制容器装料量在规定范围内。
7	倒料管道堵料	管道电伴加热带故障	在不加热状态下对堵料管道进行疏通。更换电伴加热带，重新保温。投电伴加热带工作并按规定速度升温。
		室温管道内物料压力超过该温度下的饱和蒸气压	停止管道倒料工作。不加热状态下对堵料处进行疏通。消堵后，严格控制室温管道内工作压力低于对应温度的饱和蒸气压。
8	电伴加热温度低限报警	设定值低且不在报警控制范围内	重新调整设定值或报警值。
		电伴加热保温不严密	重新保温。
		管道内流动工作物质温度低于电伴加热设定温度	视工况情况适当提高工作物质温度或降低电伴加热设定值。
		电伴加热带故障	更换加热带并重新保温。

续表

序号	异常故障名称	异常故障原因	处理措施
9	电伴加热温度高限报警	设定值高于报警上限值	重新调整设定值或报警值。
		管道内流动工作物质温度高于电伴加热设定温度	视工况情况适当降低工作物质温度或提高电伴加热设定值。
10	电伴加热温度显示异常	接线松动	重新接线。
		温度探头故障	更换温度探头。
11	试供料时轻杂质含量高	加热净化不彻底	重新净化直至合格。
		加热恒温时间不够	延长加热时间使容器内物料全面均匀受热，让轻杂质充分释放出来。
		供料单元有漏	停止供料容器加热，分段判断漏点，并进行消漏。
12	空气漏量上升	级联有操作	操作前检查并抽空相关管道。
		收料容器转换	转换前对新容器抽空或净化合格。
		有吹洗操作	严格执行双阀可靠断开。 严格控制破空台阶，及时抽空吹洗压力。
		供料容器轻杂质含量高	退出供料的容器重新净化合格。
		收料系统有漏	转换收料容器，分段找漏、消漏。
		级联有漏	精料 3#转线，可以判断出漏点是在主线还是备线，然后对其消漏。级联各机组轻杂质数值来分段判断漏点并消漏。
13	增压泵运行频率自动下降	变频器内部相关参数设置不匹配	重新对变频器参数进行检查设置。
		增压泵前后压差超过 8 kPa	上调下一级泵的频率 1～2 Hz，或降低本级泵频率 1～2 Hz。
		动力电源或控制部分接线松动	检查动力电源部分、控制部分接线情况并紧固。
14	增压泵运行声音异常	散热风扇异常	检修或更换散热风扇。
		增压泵声音异常	检查油位低，则进行补充加油至规定油位高度；油质差，则更换润滑油；机械摩擦则解体检修。
15	增压泵卡死	有物料冷凝在泵腔内	确保泵内压力低于周围环境温度对应的饱和压力值；对泵进行适当电伴加热，确保具有一定的热度。
		增压泵有漏	停泵，吹洗，并找漏消漏。解体，清理清洗泵腔内的氟化铀铣。
		机械部分故障	解体，清洗转子、轴承等零部件，更换相关磨损部件，消除故障恢复其工作性能。

续表

序号	异常故障名称	异常故障原因	处理措施
16	精料增压泵前后压力上升	净化不彻底，容器内不凝性气体增多，阻力增大	及时净化，降低容器内压力，减小阻力。
		相邻管线吹洗时截断阀通道漏	停止吹洗操作，抽空吹洗压力。 立即对收料容器进行净化抽空。 转备用容器收料。
		收料线路不畅	检查收料线路上阀门开度，是否有误操作，如有则立即恢复正常收料线路；检查收料线路管道及本身阀电伴加热温度是否正常，否则，立即转备用容器收料，疏通被堵管线，更换电伴加热带；冷风箱温度上升，一对蒸发器除霜，二转换冷风箱收料。
17	增压泵前压力异常下降	收料容器转换，空容器收料	监视级联料流工作情况，以及收料容器地上衡增重情况。
		增压泵异常停车，自动转应急容器收料	检查增压泵状态信息及停车原因，及时恢复增压收料或转备用增压泵运行。
18	冷风箱制冷达不到设定温度	蒸发器结霜严重，冷量传递效果差	对蒸发器除霜；检查大门等密封情况，对结露等漏风处进行加固，减少空气搂入冷风箱。
		缺少制冷剂	配合检修人员补充制冷剂；配合检修人员对制冷管线找漏、消漏。
19	冷风箱报压力低限	缺少制冷剂	配合检修人员补充制冷剂；配合检修人员对制冷管线找漏、消漏。
20	冷风箱报压力高限	冷却水温度高	检查并下调冷却水温度在规定范围内。
		冷却水压力或流量小	检查并通知调整冷却水压力在规定范围内；检查清洗冷却水过滤器杂物，确保冷却水流量满足要求。
		制冷剂过多	排出多余制冷剂。
		制冷系统内有空气	对制冷系统除气。
			将制冷系统抽空，排出空气，重新加入制冷剂。
21	冷风箱或制冷柜报压缩机故障	缺少润滑油	消除漏油点，补充润滑油；润滑油回油不畅，检查回油线路；更换压缩机。
		压缩机工作温度高	长期超负荷运行，则应查找原因，降低运行负荷；排气温度高，则应检查冷却水压力、温度在规定范围内。
22	制冷系统温度正常，箱体内温度高	蒸发器结霜严重	对冷风箱或制冷柜除霜；设定定时自动除霜功能。
23	凝冻器或吸附塔内存在 UF_6	前一级冷冻容器冷冻温度高于−75 ℃	严格控制 50 L 容器制冷柜温度在−80±5 ℃范围内；制冷柜除霜期间关闭 50 L 容器或吸附塔出口阀。
		抽空净化时工作压力过高	严格控制 50 L 容器入口压力小于 6 mmHg。
		50 L 容器装料量超出，冷凝能力下降。	严格控制 50 L 容器装料量在要求范围内；采用−80 ℃ 50 L 容器双级串联方式，增强收集能力，确保将 UF_6 收集干净。

续表

序号	异常故障名称	异常故障原因	处理措施
24	滑阀或旋片真空泵缺油	加油量不足	补充加油至规定高度。
		漏油	消除漏油点并补充加油至规定高度。
		抽空压力较高油损失量增大	严格控制真空泵抽空压力；严格控制罗茨泵启动压力小于 5 kPa。
25	滑阀或旋片真空泵油变质	润滑油更换周期太长	按运行台时定期更换润滑油。
		润滑油受到污染	严格控制中间容器冷冻温度；严格控制中间容器及吸附塔装载量；严格控制净化抽空压力及流量；更换润滑油。
26	滑阀或旋片真空泵油窗破裂	润滑油中氢氟酸含量较高	严格控制吸附塔装载量；严格控制净化抽空压力及流量；更换油窗及润滑油。
27	滑阀或旋片真空泵轴封漏油	轴封磨损	按运行台时定期更换轴封。
		轴封被腐蚀	更换轴封及润滑油；严格控制净化抽空压力、流量及吸附塔装载量。
28	滑阀真空泵卡死	轴承损坏	更换轴承；严格执行检修周期。
		泵油变质	更换泵油；严格控制净化抽空压力、流量及吸附塔装载量。
29	旋片真空泵卡死	旋片变形	解体修复旋片或更换旋片；严格控制净化抽空压力、流量及吸附塔装载量。
30	阀杆脱落	开度超出最大范围	更换阀门；操作时严格控制阀门开度。
31	弹簧箱漏	制动螺钉脱落	更换阀门；加强对制动螺钉状态的巡检。
		弹簧箱内有冷凝的物料	更换阀门；确保阀门电伴加热温度在要求范围内。
32	阀门密封圈漏	密封圈老化破裂	更换密封圈；严格按要求控制阀门工作温度。
		氟橡胶密封圈腐蚀	更换密封圈；严格控制工作介质中氟化氢含量。
33	手动阀通道漏	阀门关闭力矩不足	按规定力矩关闭阀门。
		通道密封板变形	更换阀门密封板；严格按规定力矩关闭阀门。
		阀芯密封面变形	更换阀芯密封面；严格按规定力矩关闭阀门。
		通道密封处有物料	确保阀门工作温度在要求范围内；破空吹洗前确保管道内残料已经收集干净；用氮气进行破空吹洗。
34	电磁气动阀气缸漏气	气缸密封圈损坏	更换气缸密封圈。
		气缸密封圈老化	更换气缸密封圈；严格控制电磁气动阀工作温度。
		气缸密封圈热胀冷缩	紧固密封螺钉或更换气缸密封圈；严格控制电磁气动阀工作温度稳定，防止温度波动过大。
35	电调阀或电磁气动调节阀通道漏	阀门 0%位调整不到位	重新调整阀门开度并进行整定。
		工作压力超过阀门最大压差值	降低工作压力，保持压差在规定范围内。

7.3.3 供取料系统应急事故处理

供取料系统的工作介质为六氟化铀，六氟化铀具有放射性和化学毒性，如果发生泄漏，不仅影响正常生产，还对厂房内设备和空气造成污染，对工作人员身体健康造成威胁，因此，了解物料泄漏的类型，物料泄漏的原因，物料泄漏的处理原则以及处理措施，建立组织有效的应急事故处理机制，是安全稳定生产的重要保证。

7.3.3.1 物料泄漏的类型及原因

六氟化铀泄漏的类型包括密封破坏和静态液压破坏两大类。

真空密封破坏的原因主要是焊缝有漏，密封材料腐蚀，以及安装不合格等。液压破坏是指物料在加热过程中，在某一空间内充满的固态物料液化后体积膨胀造成管道或容器破裂而引起的物料外泄。液压破坏分为两类，一是容器破裂，二是管道破裂。根据六氟化铀物理性质可知，六氟化铀在 64 ℃时由固态溶化为液态，六氟化铀的固态密度和液态密度之比为 1.39:1。因此，收集六氟化铀的容器必须严格限制其最大装料量，以确保有足够的安全空间，防止物料加热液化后体积膨胀造成物料泄漏害。管道是用来进行工作介质流通的管线，当管道的温度低于六氟化铀压力对应的饱和温度时，六氟化铀就会在此冷凝甚至充满管道空间而堵塞管道。这种情况下，如果对管道加热至 64 ℃，物料就会液化，因为局部没有足够的膨胀空间，就会形成液压而破坏管道，造成物料泄漏。因此，严格控制工艺管道加热温度及升温速度，制定管道冷凝物料疏通安全措施，是工艺管道安全运行的重要保证。

7.3.3.2 物料泄漏应急机制

物料泄漏应急机制就是建立一套完整的应急抢险组织机构和应急抢险组织程序，编制一套有效的物料泄漏应急处理预案。

应急抢险组织机构包括公司应急抢险领导小组，车间应急抢险队，物资保障队，医疗救护队，环境监测队等组成。

应急抢险组织程序指应急事故发生后的汇报组织程序，即发生物料泄漏事故后由值班人员汇报给值班主任，值班主任再向车间抢险队长汇报，再向公司应急抢险领导小组汇报，启动应急抢险程序，展开应急抢险的一系列工作。

有效的物料泄漏应急处理预案，就是针对供取料生产线上存在可能出现的物料泄漏部位而编写的物料泄漏应急处理方案，其目的有两个方面，一是用于平时的演练，二是一旦发生物料泄漏事故，抢险队员可以在最短的时间内控制泄漏点，及时进行处理，将事故损失降低到最低。

7.3.3.3 物料泄漏的处理原则

物料事故处理的目的是确保工作人员的安全、系统设备的安全、环境的安全。事故处理的关键是控制事故状态，防止事故扩大。事故处理的注意事项是坚持事故四不放过原则。应急处理应遵循迅速报告、主动抢救、生命第一、科学施救、控制危险源、保护现场收集证据的原则。

7.3.3.4 物料泄漏的处理措施

1）供取料厂房发生工艺事故时处理措施

a. 停止发生事故设备上的一切工作。

b. 确定事故地点、特征、范围、原因及可能对级联大厅工艺产生的影响。

c. 按照“保主兼辅”的原则，采取措施消除供取料厂房工艺事故，在处理事故时防止对级联工艺造成的影响进一步扩大。

2）供取料系统出现泄漏的事故处理程序

a. 值班主任为工艺运行事故的直接责任人，运行系统发生事故后，值班主任应立即向公司事故应急指挥部和有关领导报告，并负责组织指挥事故的处理。

b. 供取料厂房发生工艺事故时停止发生事故设备上的一切工作。

c. 确定事故地点、特征、范围、原因及可能对级联大厅工艺产生的影响。

d. 按照“保主兼辅”的原则，采取措施消除供取料厂房工艺事故，在处理事故时防止对级联工艺造成的影响进一步扩大。

e. 在工艺事故处理时，运行车间领导只能将自己的意见和建议下达给值班主任。

f. 值班主任对事故处理的决定和指示，必须逐级下达执行。

g. 程序中未作具体规定的事项，应向公司主管领导请示。

3）供取料厂房供料容器连接管出现泄漏的事故处理

a. 停止厂房全面排风机运行，启动局部排风机运行，打开局部排风。

b. 停止对该容器加热。

c. 关闭该容器对应保温箱（或加热箱）的电磁气动阀（或电动阀）。在必要时对供料总干管进行抽空后，由备用供料容器向级联供料。

d. 通过供料净化线对有漏连接管进行抽空，使供料容器连接管处于负压状态。将物料收集至供料净化冷风箱容器内。

e. 打开压热罐（或加热箱）大门，迅速关闭供料容器 1″阀门。吹洗连接管，并表面处理无污染后，运出厂房处理。安装新的连接管。

4）供取料厂房精贫料连接管出现泄漏的事故处理

a. 停止全面排风机运行，启动局部排风机运行，打开局部排风。

b. 精料收料转由备用容器收料。

c. 停止收料后，关闭该容器的本身阀及进口电动、手动阀门。

d. 通过吹吸线抽空，使精料连接管处于负压状态。

e. 当班值班主任立即汇报。班长打开事故处理柜，命令本班人员穿好防护服、戴好防毒面具。

f. 打开冷风箱大门，迅速关闭容器上下 1″阀门。吹洗连接管，并表面处理无污染后，运出厂房处理。安装新的连接管。

5）凝冻器、中间容器连接管有漏的事故处理程序

a. 停止全面排风机运行，启动局部排风机运行，打开局部排风。

b. 当班值班主任立即汇报。班长打开事故处理柜，命令本班人员穿好防护服、戴好防毒面具。

c. 与运行系统可靠断开，关闭事故容器的本身阀。

d. 用湿布裹在连接管的冒烟部位，向湿布上浇液氮直至结冰。

e. 将事故的凝冻器或中间容器投冷冻。

f. 将事故凝冻器或中间容器连接管与备用凝冻器或中间容器连通，将连接管内的物料转移至备用凝冻器或中间容器内。

g. 确认事故凝冻器或中间容器连接管内已经没有物料，对连接管吹洗 5 次以上，直到取样检测，剂量合格为止。

h. 更换连接管，并对新连接管真空测量合格。

6）存放在厂房内的带料小容器泄漏处理程序

a. 停止全面排风机运行，启动局部排风机运行，打开局部排风。

b. 立即电话汇报公司事故应急指挥部和当班值班主任。班长打开事故处理柜，命令本班人员穿好防护服、戴好防毒面具。

c. 用湿布包裹冒烟部位，向湿布上浇液氮直至结冰。

d. 将该凝冻器或中间容器放入迪瓦瓶，投冷冻。

e. 冷冻正常后，对泄漏部位进行消漏或更换阀门，更换后的沾污物送容器处理岗位处理。

f. 如果为容器泄漏，保持冷冻状态，编制专项处理报告，经审批后送容器处理岗位处理。

7.3.4 其他事故处理

供取料辅助系统包括压空系统、冷却水系统及供电系统等。压空系统主要给电磁气动阀和电磁气动调节阀供气，压缩空气中断将造成供料中断及真空泵入口电磁气动阀关闭。冷却水系统主要给冷风箱和制冷柜提供冷却水，如果冷却水中断，将造成冷风箱和制冷柜停止运行。供电系统停电将造成供取料系统所有设备失电而停止运行。

7.3.4.1 压空中断事故处理

压空中断后，供料系统电磁气动阀、气动调节阀关闭，引起供料中断。此时应：

1）应立即查明压空中断原因，恢复正常供气。

2）停止对供料容器加热，同时在 DCS 系统上将供料状态和备用状态单元的电磁气动阀发送关闭信号，下调调节阀后压力设定值为零。

3）停止正在进行的供料净化操作，关闭供料净化电阀，抽空供料净化线。

4）待压缩空气压力正常后，对供料容器净化合格。

5）恢复供料系统正常供料工作状态，再进行供料系统的其他操作。

7.3.4.2 冷却水系统水压降低或中断的处理

若短时停水，维持精、贫料系统正常收料，并监视工作冷风箱温度。冷却水系统供水恢复正常后，及时恢复冷风箱及制冷柜的正常运行。适时进行供料净化。

若冷却水系统长时间内不能恢复运行，则根据精贫料收料情况，将备用容器投入收料，以保证精贫流的正常运行。冷却水系统恢复正常后，恢复正常的供取料运行方式。

7.3.4.3 外电网停电的现象

1）供料系统：压热罐（或加热箱）的风机及加热停止，保温箱加热停止。

2）精料系统：正在运行的精料增压泵停车，相应的旁通电阀自动打开，增压泵进出口电阀自动关闭，DCS 系统发出增压泵停车声光报警。

3）贫料系统：正在运行的贫料增压泵组停车，相应的旁通电阀自动打开，增压泵进出口电阀自动关闭，DCS 系统发出增压泵停车声光报警。

4）所有冷风箱及制冷柜停车，DCS 系统发出冷风箱及制冷柜停车声光报警。

5）所有管道电伴加热失电，DCS 系统可能出现多段电伴加热温度低限报警。

6）市电所带真空泵停车。

7）全面排风机和局部排风机停车。

7.3.4.4　外电网停电的处理

1）立即检查精贫料增压泵联锁执行的正确性，必要时手动打开旁通电阀，将精贫料收料转为应急容器收料。

2）短时间停电（电网波动）恢复后，应对各系统设备、参数仔细检查，逐步恢复至正常工作状态，功率较大的设备应汇报值班主任同意后逐个启动恢复运行。

3）若长时间停电，应密切监视供料过滤器、保温箱、收料容器 1 英寸阀加热温度，当电伴加热温度已有明显下降，而供电仍未恢复时，应停止供料，关闭供料容器本身阀，将管道内物料抽入供料净化冷风箱内。

4）正在净化的容器，应停止净化操作。

5）正在加热的容器，应停止加热，关闭容器本身阀，将管道中的物料抽入供料净化冷风箱内。

6）供电恢复正常后，逐个启动精贫料系统冷风箱及制冷柜运行。

7）待所有管道电伴加热温度、冷风箱温度正常，分别启动精贫料系统增压泵运行，恢复正常取料线路。

8）逐个恢复供料系统加热状态，视情况对供料容器重新净化合格，恢复供料状态。

9）检查并恢复真空泵状态。

10）检查并恢复全面排风机和局部排风机运行状态。

11）按照运行方式对供取料系统所有设备状态及运行参数进行全面复查。

7.4　工艺设备失电处理

铀浓缩工厂主辅工艺设备的正常运行均需要稳定的电能供给，一旦发生供电异常引起工艺设备失电，将对铀浓缩工厂的正常运行造成不同程度的影响。

7.4.1　供电异常处理的一般规定

为确保系统出现供电异常后能够快速、有序地进行组织处理及恢复，从而尽可能低的减少分离功损失，铀浓缩工厂针对供电异常制定了一系列的规定。

7.4.1.1　供电异常处理原则

为保证供电异常处理的迅速、正确，参加异常处理的人员均应做到以下原则：

1）当异常发生时，迅速查明异常现象、故障点及影响范围，判明异常原因。

2）采取有效措施防止异常的进一步发展和扩大，尽快消除异常根源，并及时解除对人身和设备安全的威胁。

3）用一切可能的安全、有效的方法保证满足各系统运行供电需要。

4）应按照供电系统异常应急预案进行处理，及时恢复运行方式。

7.4.1.2 供电异常处理中各级人员的关系

1）值班主任是异常处理的直接指挥者，所发出的命令各系统运行人员必须立即执行，但值班主任必须对所发出的命令的正确性负责；运行人员如发现命令有错，或可能威胁到人身、设备安全时，应及时进行确认，无论在任何情况下，均不得执行，同时，应将不能执行的理由报告值班主任，必要时可直接报告车间领导。

2）各系统当值值班长是异常处理具体执行的现场第一责任人，应对所汇报异常现象的准确性和异常的正确迅速处理负责。

3）值班运行人员应正确迅速执行值班长指令，并对所汇报异常现象的准确性和操作指令的正确、迅速执行负责。

4）一般情况下，车间领导的指示必须经过值班主任发出，特别紧急时亦可直接向现场运行人员发出指示，并对发出指示的正确性负责。

5）值班主任对管辖范围内设备的异常，应按异常处理原则要求，根据各系统运行需要，进行迅速和必要的操作处理。

6）异常处理结束后，值班主任应在一天内，编写包含异常现象、处理过程及各系统状态的异常报告。

7.4.2 工艺设备失电的处理

7.4.2.1 区段失电

1）根据报警信号确定失电机组（区段）并记录失电时间。

2）监测失电区段离心机频率及本机组和相邻机组压力。

3）查明离心机失电原因并预判恢复供电所需时间。

4）若在规程运行的时间范围内失电故障消除，及时恢复供电，监测离心机升周情况。

5）若在规程运行的时间范围内失电故障无法消除，则将区段关闭并卸料抽空。

6）若卸料抽空时间在规程允许的范围内，待供电故障消除，离心机全部同步后，直接打开机组区段，恢复机组运行。

7）若卸料抽空时间超出规程允许的范围，待供电故障消除，离心机全部同步后，按规程规定分台阶充料至额定工况，恢复机组运行。

8）监测并调整产品丰度，确保产品合格。

7.4.2.2 区段补压机失电

1）查看报警信号并确认。

2）检查确认补压机失电原因并配合消除。

3）密切监测机组区段的压力等参数。

4）当区段精料干管压力升高至规程允许值以上时关闭该区段并卸料。

5）故障原因消除后恢复补压机运行。恢复补压机运行时保证下一机组供料压力不超限（若级联所有区段补压机均失电，从精料端部机组开始逐一恢复补压机运行）。

6）恢复后，根据补压机前后压差确定补压机运行正常。

7）期间增加级联产品取样频次，及时调整，保证产品合格。

7.4.2.3　料流补压机失电

1）查看报警信号并确认。

2）接通自动转换工况的情况下，如果压力事故保护动作导致一条线线关闭，检查自动转换工况联锁执行正确性。

3）如果压力事故保护动作导致料流关闭，则按料流关闭程序处理。

4）故障原因消除后恢复补压机和料流的正常运行。

7.4.2.4　工艺检测传感器和事故保护传感器失电

1）中断设备上一切可导致工艺参数变化的操作。

2）屏蔽事故保护传感器。

3）检测临近设备上的参数，当临近设备上的参数发生变化时，根据规程规定采取措施。

4）采取措施恢复供电。

7.4.2.5　转速测量系统失电

1）屏蔽区段同步事故保护。

2）监测本机组和相邻机组轻杂质气体分析器传感器的读数。

3）采取措施恢复供电。

7.4.2.6　逻辑柜、动力柜失电

1）终止级联设备上的一切操作。

2）在设备范围内留守工艺操作人员。

3）采取紧急措施恢复供电。

7.4.3　主辅系统全部失电的处理

7.4.3.1　主辅系统全部失电的影响

1）离心机冷却水系统制冷机停车，水泵停车，冷却水压力降低、温度上升。

2）变频器跳车，变频器冷却水系统制冷机停车，水泵停车，冷却水压力降低、温度升高。

3）补压机冷却水泵停车，冷却水压力降低、温度升高。

4）空调系统停止运行，级联大厅送排风机停车，温度、湿度失去控制。

5）压空系统空气压缩机停车，压缩空气压力持续降低，可能导致机组、料流压力事故保护动作。

6）零位系统真空泵失电，不能维持零位系统压力。

7）抽空系统真空泵失电，抽空干管压力无法维持。

8）级联全部离心机失电时，所有的离心机失电降周。级联精料流压力应升高，级联精料端机组供料压力应升高。级联滞留量增加，级联分离功率降低，级联效率降低。

9）供取料系统加热、制冷、增压设备失电停车，供料中断，精、贫料自动转应急收料，若长时间停电则应急冷风箱温度上升，其冷凝能力下降，收料容器入口压力将逐渐

升高。

10）大排风、局排风机失电停车。

7.4.3.2 供电恢复前的处理程序

1）查看报警信息并确认，记录失电时间。

2）查看失电设备数量，检查各系统联锁执行正常。

3）及时监测离心机频率及离心机、变频器、补压机冷却水压力、温度。

4）密切关注级联厂房温度及湿度。

5）检查卸料系统线路正常，启动增压输送设备，做好卸料准备。

6）若供电事故保护动作，检查各系统联锁执行的正确性以及相应设备状态正常，转换收料容器。

7）若供电事故保护在规定时间内未自动执行，则手动接通供电事故保护并确定联锁执行正确。

8）若供电事故保护装置故障，保护动作无法执行，则从操作台手动关闭相关料流、从级联精料端机组开始关闭机组并卸料。

9）查明失电原因。

7.4.3.3 供电恢复后系统恢复程序

1）检查确认变频器、离心机、补压机冷却水温度、压力恢复正常，供取料厂房依次启动失电设备运行。

2）检查中频供电系统供电正常，从贫料端开始逐机组供电升周。

3）当升周区段的离心机达到额定转速时，停止抽空，并测量摩擦功率。若离心机的摩擦功率大于规定值，则继续对区段进行抽空。

4）所有机组的离心机达到额定转速且摩擦功率不超过规定值，开始恢复工艺工况。

5）根据运行规程接通精料流和贫料流。

6）检查打开所有机组的旁通阀；从贫料端机组开始，依次打开级联所有机组（级）上的电调阀和调节器。

7）检查关闭所有区段卸料、抽空阀门。

8）打开所有机组区段之后接通供料流，供料时应确保机组供料压力不大于规程规定的初始压力值，必要时减小供料量。

9）从贫料端机组开始，采用关闭调节器和电调阀的方式依次填充级联各机组，直到贫料干管中的压力达到充料第一台阶压力。

10）接通级联机组的轻杂质事故保护传感器和轻杂质气体分析仪的供电。

11）按规程进行分台阶充料，充料至额定工况后，从贫料端开始依次关闭机组旁通阀。

7.5 工艺系统密封性破坏检查与处理

工艺系统密封性破坏指的是系统出现漏点。根据漏的结果而进入到工艺设备中的轻杂质含量，可将漏分类为大漏和小漏。大漏是指导致精料端机组气体离心机供料管道中轻杂质含量较设定水平增加0.5%或大于0.5%（体积比），使气体离心机失步，轻杂质事故保护传感器或同步事故保护动作的漏。小漏是指导致精料端机组气体离心机供料管道中轻杂质较设定水平增加小于 0.5%（体积）的漏。

漏点形成原因包括：

1）人为原因造成，包括：检修操作时破坏管道密封性（如：仪表校验、阀门检修）、加油器更换、误操作导致等。

2）由于外界温度变化引起的热胀冷缩导致管道连接处有漏。

3）损机后，单机隔膜阀通道有漏。

4）机器损机时，造成相邻主机连接处松动，出现漏点。

7.5.1　级联供料流密封性破坏

7.5.1.1　级联供料流密封性破坏的现象

级联供料流密封性破坏的现象可能出现以下现象：供料流上的轻杂质气体分析仪读数增加；供料流上的压力仪表读数增加；供料流上的轻杂质事故保护传感器动作，料流关闭；离心机失步或损机；供料流供入机组及精料端机组上的轻杂质气体分析仪读数增加；级联精料流上的轻杂质气体分析仪读数增加；供料点机组供料干管压力仪表读数增加。

7.5.1.2　漏点排查与处理

供料流上有检修操作（仪表校验时截断阀门通道有漏）或人员现场误操作时，基本确定漏点所在位置即操作位置附近，立即停止操作，分析漏气原因并处理。

供料流无操作时，首先对供料容器排查。查询供料容器转换时间，以及供料容器转换后，轻杂质分析传感器读数变化趋势。若轻杂质分析传感器读数变化增长明显，转备用供料容器；如果转备用容器供料后轻杂质下降，则原供料容器或容器连接管处有漏。将有漏的供料单元与回路断开后，立即通过净化线抽空供料单元管线，停止加热箱加热、打开加热箱门，关闭供料容器阀门。抽空后，停止保温箱和过滤器加热，分段关闭阀门，寻找有漏的管段或阀门。对有漏的管段破空吹洗或充氮吹洗。然后进行找漏、消漏或更换有漏的管件、阀门。漏点消除后按规定进行抽空，检漏和真空测量合格后，恢复正常运行。

供料容器排查无异常后，对供料流管线排查。如果转备用容器供料后轻杂质仍不下降，则供料总干管有漏。若发现供料总干管有漏，则停止供料，经净化线对系统抽空，然后分段截断找漏、消漏，真空测量合格后再恢复供料。

7.5.2　层架级联中间精料流/中间贫料流密封性破坏

7.5.2.1　层架级联中间精料流/中间贫料流密封性破坏现象

层架级联中间精料流/中间贫料流密封性破坏可能出现以下现象：中间精料流/中间贫料流上的轻杂质气体分析仪读数增加；中间精料流/中间贫料流上的压力仪表读数增加；中间精料流/中间贫料流上的轻杂质事故保护传感器动作，料流关闭；离心机失步或损机；补压机压缩比减小；中间精料流/中间贫料流供入机组及精料端机组上的轻杂质气体分析仪读数增加；级联精料流上的轻杂质气体分析仪读数增加；供料点机组供料干管压力仪表读数增加。

7.5.2.2 漏点排查与处理

层架中间精料流/中间贫料流上有检修操作（仪表校验或补压机加油）时，基本确定漏点所在位置在操作点附近，立即停止操作，分析漏气原因并处理。

中间精料流/中间贫料流上无操作时，若料流单线运行，则关闭料流备用线，判断备用线无漏；而后将料流工作线转换到备用线运行，判断退出工作的管线是否有漏。

若料流双线运行，则将料流其中一条线路从工作中断开，判断断开工作的管线是否有漏；若轻杂质气体分析仪读数不变，将层架料流工作线转换到另一条线运行，继续判断；确认有漏管线后，经净化线对有漏管线进行抽空，然后分段截断找漏、消漏，真空测量合格后恢复。

7.5.3 级联精料流密封性破坏

7.5.3.1 级联精料流密封性破坏的现象

级联精料流密封性破坏可能出现以下现象：级联精料流上的轻杂质气体分析仪读数增加；级联精料流上的压力仪表读数增加；级联精料流上的轻杂质事故保护传感器动作，料流关闭；补压机压缩比减小；增压泵运行参数发生变化；精料容器入口压力升高；日空气漏量升高。

7.5.3.2 漏点排查与处理

级联精料流上有检修操作（仪表校验或补压机加油）时，基本确定漏点所在位置，立即停止操作，分析漏气原因并处理。

级联精料流上无操作（可根据具体现象，适当调整排查顺序）时，首先对收料容器排查。查询精料收料容器转换时间，以及容器转换前后，收料容器入口压力以及日空气漏量变化趋势；判断容器入口压力以及日空气漏量变化是否由容器转换导致。若是由于容器转换导致有漏，则转换精料收料容器。

对增压泵排查，查询精料增压泵前后压力、电流、频率及温度变化趋势；若精料增压泵后压力先上涨，判断为增压泵后管线有漏。可转换增压泵，对原增压泵封闭测量，确认是否为增压泵附近有漏；对有漏的管段破空吹洗或充氮吹洗。然后进行找漏、消漏，真空测量合格后恢复正常运行。

若精料流单线运行，则关闭料流备用线，判断备用线无漏；而后将料流工作线转换到备用线运行，判断退出工作的管线是否有漏；

若精料流双线运行，则将料流其中一条线路从工作中断开，判断断开工作的管线是否有漏；若收料容器入口压力以及日空气漏量不变，将精料流工作线转换到另一条线运行，继续判断；确认有漏管线后，经净化线对有漏管线进行抽空，然后分段截断找漏、消漏，真空测量合格后再恢复。

7.5.4 级联贫料流密封性破坏

7.5.4.1 级联贫料流密封性破坏的现象

级联贫料流密封性破坏可能出现以下现象：级联贫料流上的压力仪表读数增加；级联贫料流上的压力事故保护传感器动作，料流关闭；补压机压缩比减小；增压泵运行参数发生变化；贫料容器入口压力升高。

7.5.4.2　漏点排查与处理

级联贫料流上有检修操作（仪表校验或补压机加油）时，基本确定漏点所在位置，立即停止操作，分析漏气原因并处理。

级联贫料流上无操作（可根据具体现象，适当调整排查顺序）时，首先对收料容器排查。查询贫料收料容器转换时间，以及容器转换前后，收料容器入口压力变化趋势；判断容器入口压力变化是否由容器转换导致；若是由于容器转换导致有漏，则转换精料收料容器。

对增压泵排查，查询贫料增压泵前后压力、电流、频率及温度变化趋势；若贫料增压泵后压力先上涨，判断为增压泵后管线有漏。可转换增压线路，对原增压线路封闭测量，确认是否为增压泵附近有漏；对有漏的管段破空吹洗或充氮吹洗。然后进行找漏、消漏，真空测量合格后恢复正常运行。

若贫料流单线运行，则关闭料流备用线，判断备用线无漏；而后将料流工作线转换到备用线运行，判断退出工作的管线是否有漏；

若贫料流双线运行，则将料流其中一条线路从工作中断开，判断断开工作的管线是否有漏；若收料容器入口压力不变，将精料流工作线转换到另一条线运行，继续判断；确认有漏管线后，经净化线对有漏管线进行抽空，然后分段截断找漏、消漏，真空测量合格后再恢复。

7.5.5　机组密封性破坏

7.5.5.1　机组密封性破坏的现象

机组密封性破坏可能出现以下现象：轻杂质事故保护传感器动作；本机组或下一机组气体离心机失步；同步事故保护动作；区段补压机压缩比降低；本机组和沿精料方向机组离心机摩擦功率增加；本机组和沿精料方向机组的轻杂质传感器读数增加并报警；级联日均空气漏量增加。

7.5.5.2　漏点排查与处理

机组上有检修操作基本确定漏点所在位置，立即停止操作，分析漏气原因并处理。

机组无操作时，首先对机组近期发生过损机机器排查。若报警机组刚发生过损机，单机隔膜阀通道有漏或机器损机时，造成相邻主机连接处松动，出现漏点。对损机机器料管上夹具，并紧固损机主机所在装架。

机组无操作且无损机，进行机组漏点排查。机组发生大漏，本机组会自动旁联，区段可能自动卸料，按照区段压力和摩擦功率情况来决定是否将本机组未卸料的区段手动接通卸料。对其余自动关闭的机组，按照区段压力和摩擦功率情况来决定是否将其未卸料的区段手动接通卸料，在确定有漏的机组后，打开不漏的机组，恢复其运行状态。根据规程对有漏机组的区段管道、截断组找漏、消漏。

如果机组事故保护自动关闭，但仍然有机组事故保护自动关闭，说明漏点还没有切断，就要考虑机组间管道有漏的可能性。用探漏仪对机组间管道找漏、消漏。

第 8 章

液化均质工艺

8.1 液化均质工艺概述

铀的同位素 ^{235}U 具有易裂变的性质，因此成为核电站燃料的重要组成部分。大多数动力堆都使用浓缩铀。在铀浓缩工厂，采用六氟化铀气体形态，利用离心设备将六氟化铀中 ^{235}U 丰度为 0.711%的天然铀富集到 3%～5%甚至更高丰度的浓缩铀，富集后得到的高丰度浓缩铀称之为六氟化铀精料，以固体形态收集在 3 m^3（C）容器中，而此时得到的浓缩铀并不能直接供给核燃料元件厂作为核燃料元件制造的原料。主要原因在于目前的气体离心设备不可能做到绝对的稳定运行，其浓缩铀丰度可能受到离心设备波动、工况转换等因素影响，造成收集在 3 m^3（C）容器浓缩铀丰度、杂质分布不均匀，因此由离心设备得到的浓缩铀必须经过液化均质工艺处理并取样得到合格的浓缩铀产品。

液化均质就是将浓缩的六氟化铀精料经加热液化并在充分液化状态下保持一段时间恒温（净化），使其丰度、杂质分布均匀，且丰度、杂质含量及纯度指标符合标准要求的合格六氟化铀产品，以满足用户的需要。工艺过程是将固态六氟化铀在密闭的 3 m^3（C）容器中加热至液态，经过（93±3）℃的恒温，使物料充分对流均质的过程，液化均质合格后的物料液态分装至 30B 产品容器中，期间取出代表性样品。样品分析指标符合 GB/T 13696《^{235}U 丰度低于 5%的浓缩六氟化铀技术条件》的要求后，最终产品提供给燃料元件加工厂。UF_6 液化均质生产过程有加热液化、液态分装、液态取样工序，普遍认为风险程度较高，一旦发生泄漏，对环境和操作人员造成严重损害，因此，持续提升液化均质工艺的安全运行水平，一直是行业内的运行管控重点。

国内液化均质生产工艺采用多个 3 m^3（C）容器并联的方式分别位于单独的压热罐内，内设有压力、温度监测装置。多个 30B 容器以并联的方式分别位于收料小室内，每台 30B 容器设有独立的称重装置。液态取样系统位于液态 UF_6 转移管道上，可以实现在线液态取样。3 m^3（C）容器中 UF_6 液化均质后，容器间的压差驱动液态 UF_6 流向 30B 容器中，同时转移管道外侧有温度补偿及保温措施以保证液态 UF_6 不会在分装过程中冷凝。国外液化均质生产工艺采用 1 个 48X 容器（类似国内 3 m^3（C））位于压热罐内，3 个 30B 容器位于制冷耐压容器内，每个容器都设有独立的称重和测压装置，并且将整个系统再包容在一个大的耐压容器内。液态取样系统位于液态 UF_6 转移管道上，可以实现在线液态取样。48X 容器中 UF_6 液化均质后，容器间的压差驱动液态 UF_6 流向冷却的 30B 容器中，同时转移管道外侧有温度补偿及保温措施以保证液态 UF_6 不会在分装过程中冷凝。目前，国内液化均质系统主要采用 3 m^3（C）容器（压热罐）液化均质工艺和 30B 储运容器（小压热罐）液化均质工艺。

近几年有关铀浓缩工厂围绕液化均质安全性能提升，陆续开展了 30B 容器加热、气态分装、取样等方面的探索和试验工作，这些实践给工艺系统提供了运行管理提升和技术创新的理念，新的方法、新的技术可以应用于液化均质和取样环节，工艺操作的安全性方面得到了有效提升。

8.2　液化均质工艺系统组成

8.2.1　液化均质工艺系统构成

液化均质工艺系统是对六氟化铀产品进行物料转移、液化、均质、取样、卸料等工艺操作的重要系统。它包括压热罐加热系统、产品分装系统、液化均质产品取样系统、残料收料、事故收料系统等工艺系统组成。

8.2.1.1　压热罐加热系统

压热罐加热系统为浓缩铀产品液化均质容器的加热系统，根据液化容器的不同加热系统分为大压热罐系统和小压热罐系统。压热罐内部装有电加热丝、风机、导风板，加热期间风机运转，空气形成强对流，通过导风板的引流使液化容器均匀受热，并通过控制室 DCS 系统采用设定液化容器内温设定值来控制升温速率，或通过设定加热功率控制升温速率达到均衡加热控制的目的。

8.2.1.2　产品分装系统

产品分装系统的作用是将液化容器内均质合格的物料转移至可厂外运输的产品容器中，一个液化容器一般对应多个产品容器分装点位，每个分装点位安装有一台电子台秤，以便按照出厂要求控制产品容器分装量。

流程图如图 8-1 所示：

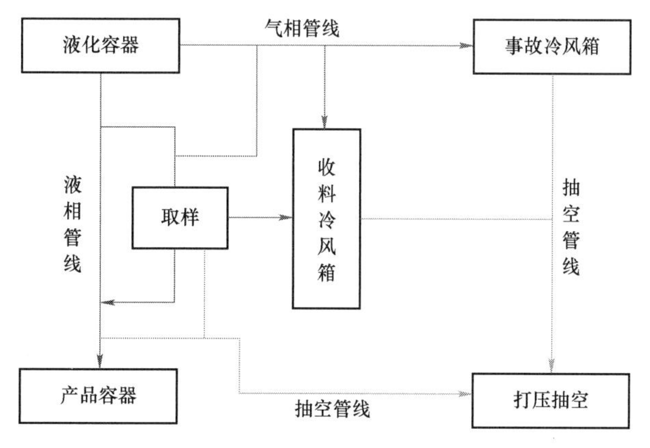

图 8-1　液化均质产品分装工艺流程图

盛装精料的液化容器在压热罐内完成液化均质后，通过液相管线向产品容器进行液态UF_6产品分装，当产品分装量达到液化容器装料量一半时转为液态取样系统进行取样操作，液态取样完成后继续转为液态分装。液态分装结束后，通过气相管线将液相管线、取样管线及液化容器内残料转移至收料冷风箱。在分装和取样过程中若发生UF_6泄漏，立即将泄漏点的UF_6转移至事故冷风箱内。通过抽空管线可以完成对液化容器、产品容器、取样系统、收料冷风箱及事故冷风箱等安装连接管的打压和抽空操作。

8.2.1.3　液化均质产品取样系统

（1）气态U型取样系统

当液化容器内物料丰度不能确定时，通过取气态U型样品分析物料同位素丰度值。U型取样器安装在气态取样平台上，平台通过快连接与工艺系统相连。

气态取U型样装置组成：一块量程为0.1～10^5 Pa的皮拉尼真空计，两个气态U型取样器及相关阀门、管线组成，每个取样装置有两个U型取样点。

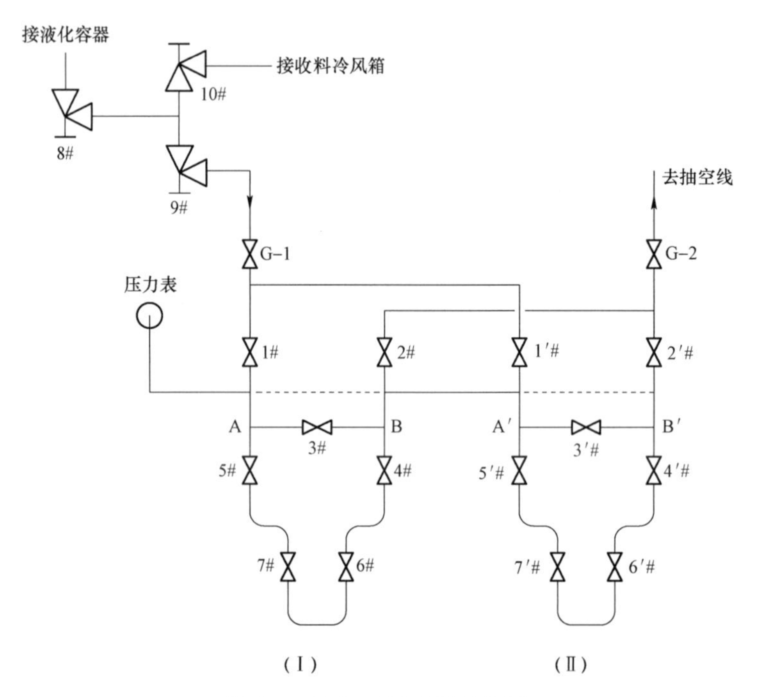

图8-2　气态U型取样系统图

（2）2S取样系统

液化均质后的物料分装至产品容器中，期间须取合格样品一支或对液化均质后的液化容器取合格样品一支，以用于分析检验、仲裁、用户鉴定之用。

1）液态2S取样系统

液态2S取样系统组成：一块量程为0～5 000 mmHg的压力表，两根定量计量管，两个2S取样器及相关阀门、管线组成，液态2S取样系统有两个2S取样点。

2）气态2S取样

气态2S取样系统组成：一块量程为0～5 000 mmHg的压力表，两个2S取样器，一台气态取样制冷装置以及相关管线和阀门组成，气态 2S 取样系统有两个 2S 取样点。

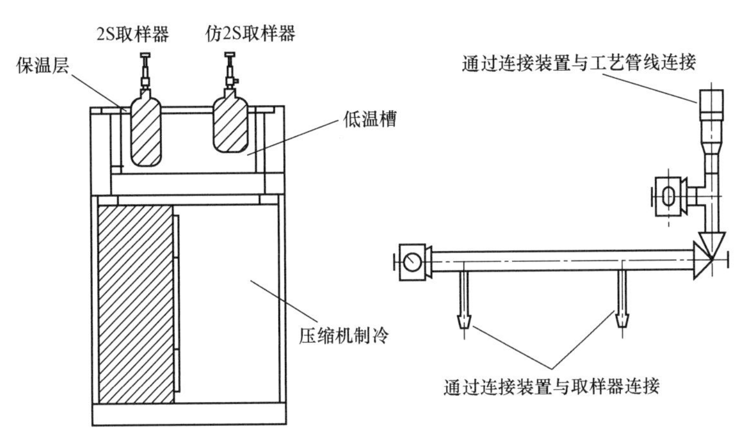

图 8-3 气态 2S 取样系统示意图

8.2.1.4 残料收料、事故收料系统

残料收料、事故收料系统主要由一台 3 m^3（C）顶开式−25 ℃冷风箱、一台 30B 型−25 ℃顶开式冷风箱、一台 4.5 m^3 事故冷风箱及其他工艺管道阀门组成。收料系统的作用是通过冷凝在冷风箱内的收料容器（3 m^3（C）或 30B 容器）产生的低温低压，将工艺系统或容器中的物料不断的冷凝下来，达到收取工艺系统内物料的目的。在事故状态下，事故收料容器入口电动阀在事故状态下可自动打开，装在冷风箱的 4.5 m^3 收料容器能在短时间内将容器或管线内物料迅速进行收集，将泄漏控制在最小范围内。

液化均质收料系统采用−25 ℃顶开式冷风箱，冷风箱内可以放置两台产品容器用于气态分装和取样残料收集。−25 ℃顶开式冷风箱结构示意图，如图所示。冷风箱内每台产品容器支架底部设置有电子秤，单台电子秤量程为：0～3.0 吨，电子秤具有超重报警及远传功能。

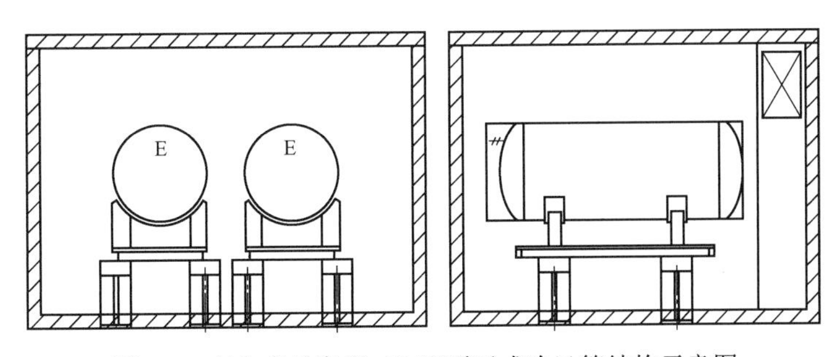

图 8-4 双台产品容器−25 ℃顶开式冷风箱结构示意图

8.2.2 工艺辅助系统

8.2.2.1 真空系统

真空系统主要由−80 ℃小型深冷及加热装置（用于冷冻 50 L 中间容器）、−100 ℃小型深冷（用于冷冻 24 L 容器）、吸附塔、过滤器及真空泵组组成。真空系统主要用于对容器、

系统管线的抽空。在系统检修或容器拆装等需对工艺系统破空作业时，吹洗操作使破空部位的 UF_6、HF 含量最小，达到尽可能的将连接管处的物料收集起来和减少 UF_6 与空气反应的量，从而减少对操作人员和环境的危害的目的。抽空过程中，将单台 50 L 中间容器和单台 24 L 凝冻器串联，使抽空过程中容器或工艺管线中的大部分 UF_6 被冷凝到被冷冻的容器中，大部分 HF 和少量的 UF_6 被吸附塔所吸附，其他不可凝气体由真空泵组抽空，经过局排系统处理合格后排放。液化均质系统真空系统流程示意图如图 8-5 所示：

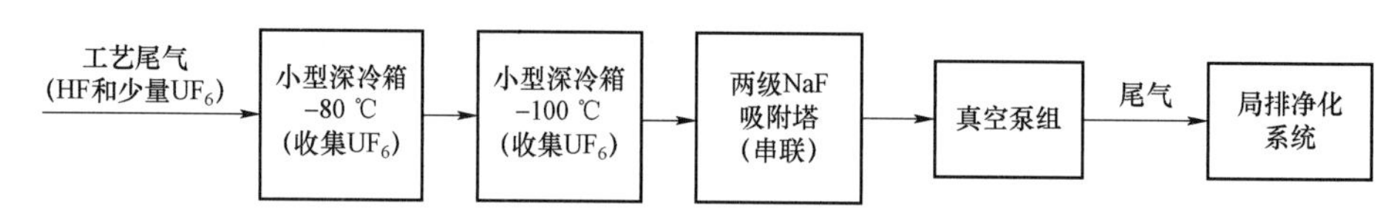

图 8-5 液化均质系统真空系统流示意程图

工艺尾气经串联的–80 ℃小型深冷装置（50 L 容器）和–100 ℃小型深冷装置（24 L 容器）尽可能多地收集尾气中的 UF_6，再经两台串联的 NaF 吸附塔吸附收集尾气中的 HF 气体，尾气由局排系统净化后排空。

8.2.2.2 压空系统

压控系统的作用是为小压热罐的充气密封提供稳定的压缩空气，并且设有 UPS 电源保证压缩空气的可靠性。压空装置由 2 台涡旋式压空机、2 台空气干燥机、2 套 3 级空气精密过滤器处理装置、输气管道、高压油管总成、阀门等构成，其工作流程如图 8-6 所示。

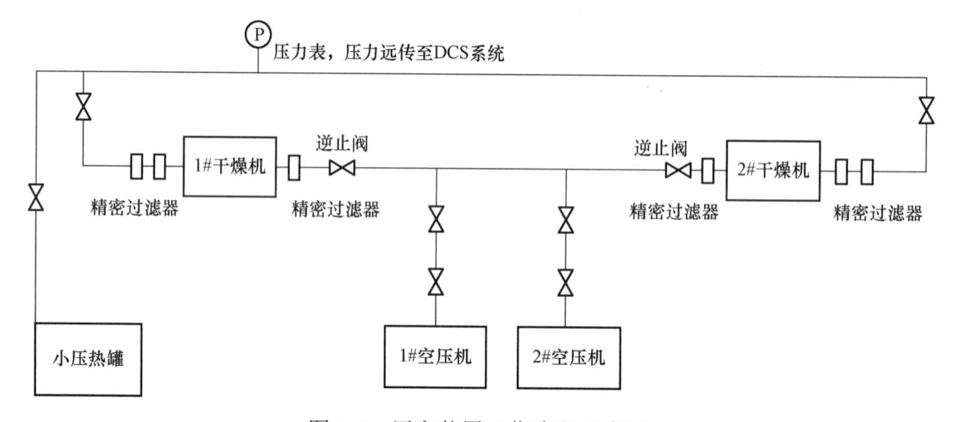

图 8-6 压空装置工作流程示意图

压空装置技术要求如下：

（1）经过空压机及干燥机、过滤后的压缩空气残余含水量：≤1 g/m^3；压缩空气残余含油量：≤0.05 mg/m^3。

（2）空压机储气罐排水口安装排水阀（储气罐与空压机为一体式），并配套排水管（排水管与空气干燥机、精密过滤器排水管通用）。

（3）空压机底部安装支架，保证储气罐排水口离地面距离大于 500 mm。

（4）压空管线采用球阀截断，保证设备检修及维护期间可与系统可靠断开。

（5）压空系统应实现远程测控功能，要求如下：

1）空压机运行状态：设备运行、停止、压缩机实际状态、故障状态。

2）空压机远程控制：具备远程启动、停车功能。

3）空压机运行参数：空压机储气罐压力、空压机排气温度。

8.2.2.3　送排风系统

为了保证液化均质系统在事故状态下放射性物质外泄至环境，一般液化均质厂房设计都采用密封设计，因此液化均质系统送排风系统尤为重要，既要满足正常生产时厂房换气次数和空气清洁度，又要保证厂房发生局部泄漏时对泄漏到空气中的反射性物质进行处理合格后排放。液化均质厂房送排风系统由两套送风系统、一套全排风系统和两套局排系统组成。

（1）送风系统

原理：室外空气经金属空调器过滤后，由风机送入室内，以保证室内的换气和温度要求。

作用：向液化均质厂房提供新鲜空气，与排风配合以保证室内的换气次数和温度要求。

组成：送风小室、金属空调器、37 kW 送风机柜、矩形空分器、送风管、厂房送风点。

（2）全排系统

原理：液化均质厂房空气经厂房上部全排进风口吸入，由风管集中后通过全排风机直接排入大气。

作用：正常运行时，保证新风量，确保液化均质厂房的清洁度而设置。

组成：全排风管、离心通风机、30 kW 排风机柜、室外排风管。

（3）局排系统

原理：各局部排风点的空气由风管集中后，通过酸性废气净化器进行干法吸附处理，然后经过滤器过滤，达到排放标准，最后排至大气。酸性废气由风管收集并送入净化器内填料床层，使废气匀速通过填料进行吸附反应，经处理后的废气由局排风机直接排入大气。

作用：用于容器拆装或事故状态下，在最小范围内对局部空间进行抽空，以保证该局部排风点处于负压状态，并对所抽空的空气进行处理，以保证将污染控制在最小范围内。

组成：局排风管、干法吸附酸性废气净化器、空气净化装置（初效过滤器和高效过滤器）、耐腐蚀离心风机、30 kW 排风机柜、室外排风管、取样系统。

（4）送风系统运行注意事项：

1）启动前应全面检查各种阀门及调节阀开关是否灵活，各种紧固件紧固程度，各种转动部件润滑状况是否良好，阀门开关过程有无异常现象。

2）启动前检查出口风阀、进口风调全部打开。

3）运行期间巡检各送风点风门按运行要求进行启闭。

4）定期添加润滑油脂，确保设备润滑正常。

5）局部排风口在无容器拆装作业期间应保持全部关闭状态。

6）局排净化装置在运行前及工作完成后，需对净化装置的各个部件进行检查，保证密封垫无破损和其密封性，在放置期间，应将其置于干燥、阴凉、清洁环境下，防止日晒、雨淋、水侵和沙尘。

（5）故障/异常处理

主要故障及异常处理见表 8-1。

表 8-1 送、排风系统设备主要故障及解决方法

序号	故障	原因	解决方法
1	电机温度过高	1. 电机受潮，绝缘性能降低 2. 单相断路 3. 阻力过小，风量过大	1. 联系检修 2. 联系检修 3. 调整风量
2	轴承温度过高	1. 轴承缺油 2. 滚珠破损 3. 轴承过紧	1. 加油或换油 2. 联系检修 3. 调整或更换
3	叶轮反转	1. 相序不正确 2. 备用风机出口风阀未关	1. 调整相序 2. 关闭风阀
4	风机振动过大	1. 叶轮不平衡 2. 螺栓松动 3. 轴承滚珠损坏 4. 皮带轮偏心	1. 校正平衡 2. 检查并紧固 3. 更换 4. 调整
5	风机电流过低	1. 风机出口或入口阀开度不够 2. 过滤器堵塞 3. 皮带过松	1. 调整阀门开度 2. 清洗或更换 3. 调整或更换
6	皮带脱落或跳动	1. 皮带轮偏心 2. 皮带轮距离较近，皮带过长	1. 重新找正 2. 调整或更换皮带
7	备用风机有风	风机出口或入口风阀未关	调整风阀
8	风量不足	1. 风机出口或入口阀未开或开度不够 2. 过滤网堵塞 3. 皮带过松打滑 4. 风机反转	1. 调整阀门开度 2. 清洗或更换 3. 调整或更换 4. 调整相序

8.2.2.4 电伴加热系统

当工艺管道内工作压力大于当前室温下 UF_6 的饱和蒸气压时，需对相应的工艺管线敷设电伴加热带并辅以保温，从而防止 UF_6 在管道中冷凝堵塞管道，造成事故。其方法是将电伴加热带缠绕到工艺管线、阀门及仪表管上并采取保温措施从而防止 UF_6 在管道中冷凝堵塞管道，造成事故。电伴加热带工作电压为 220 V，其由一个个加热单元构成，加热单元并联组成，独立工作互不干扰。电伴加热系统主要由电伴加热带、固态继电器、温度控制仪表及其他辅助控制单元组成。

8.3　液化均质系统主要设备

液化均质系统为（3 m^3（C）或 30B 容器）容器加热的压热罐、收料用冷风箱、真空泵组、罗茨泵、小型深冷及加热装置、吸附塔、过滤器等设备与供取料系统相同，详见第 3 章。此外，液化均质系统根据工艺特点，还有配置有以下设备。

8.3.1　小压热罐

液化均质小压热罐是专门为 30B 容器液化均质加热设计制造的，为液化均质工艺设施改进的关键设备，主要作用是将产品容器中的物料加热、液化。结构示意图见图 8-7。

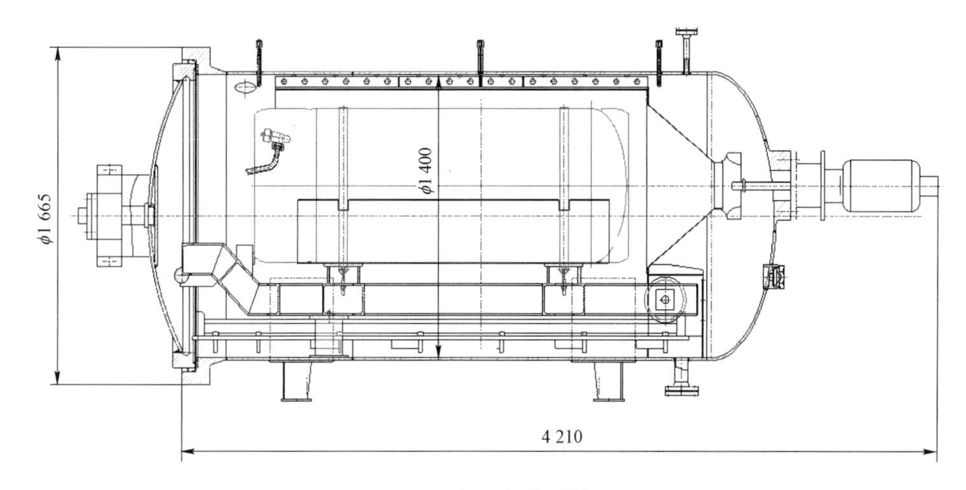

图 8-7　小压热罐结构图

8.3.1.1　工作原理

小压热罐实现的功能与压热罐基本相同，即把容器中固态的 UF_6 液化，并在(93±3)℃条件下充分对流均质 12 小时，只是加热的容器适用于 30B 容器。工作时电加热丝产生热量，由磁力风机将热量送至容器表面，从而加热容器。

8.3.1.2　设备参数

小压热罐为满足产品液化、恒温的要求，其设计温度为 120 ℃，且为满足现场改造安置需要，结构尺寸尽可能小。

小压热罐的主要技术条件为：

加热电源：电功率 14.4 kW；

工作温度：正常 90～100 ℃，最高 120 ℃；

工作压力：正常 1.3×10^5 Pa（绝压），最高 0.8 MPa（绝压）；

容　　积：约 5 m^3；

真空实验：罐盖两密封圈之间进行真空检漏试验，抽真空至 133 Pa 以下，30 分钟压力增量不超过 30 Pa。漏率不超过 0.1 Pa • L/s。

大门密封方式：充气密封。充气密封工作原理：手动关闭小压热罐大门后，通过向密封圈充气使密封垫变形进行压热罐的密封。将小压热罐罐体法兰和罐盖法兰加工若干对等齿形，并在小压热罐罐体法兰端面开槽用于安装密封圈，同时在罐体法兰开槽位置开若干通孔，用于给密封垫充气。关闭小压热罐大门后，旋转小压热罐大门使其与罐体法兰齿形重叠，启动压空装置给密封圈充压使密封圈变形，在小压热罐大门和罐体法兰端面形成密封。小压热罐大门及罐体法兰见图 8-8 所示。

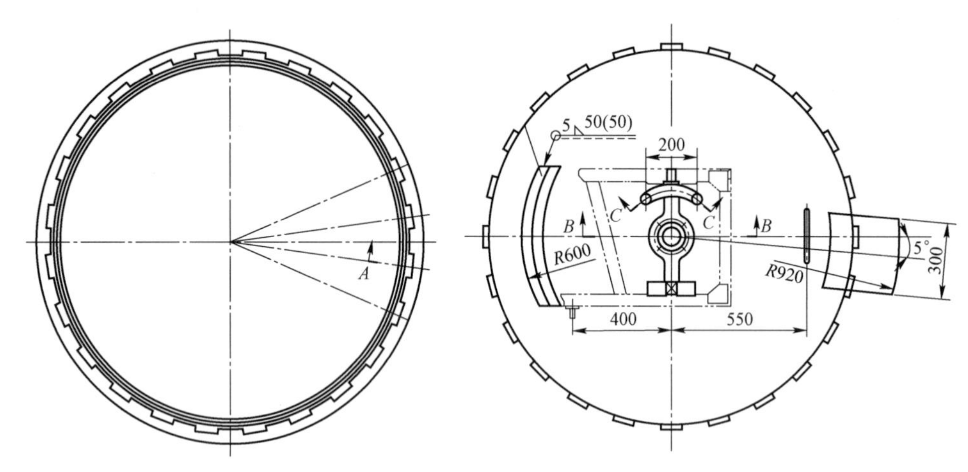

图 8-8　小压热罐大门及罐体法兰示意图

根据小压热罐的工作特性，选择耐氟橡胶作为密封材料，密封圈示意图见图 8-9 所示。

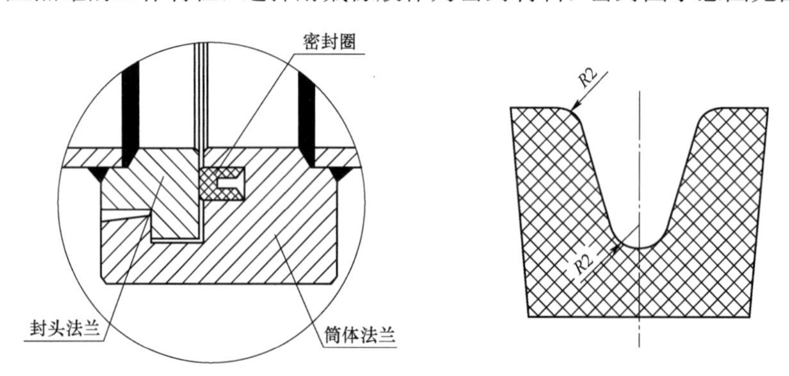

图 8-9　小压热罐密封圈示意图

密封圈技术特性如下：

1）硬度：邵氏 45 ℃

2）扯断力：1 200～1 600 N

3）扯断伸长率：300%

4）在所有表面上局部凹凸不大于 0.5 mm，不得有横向贯通。

8.3.2　取样装置

取样装置为新研制的专为液化均质气态取样用的装置，通过制冷装置实现气态取样物料在 2 S 取样器内冷凝的目的。

气态取样系统由气态取样装置和气态取样管线两部分组成。气态取样装置是新研制的专为液化均质气态取样用的装置，该装置通过制冷系统为冷却水管道提供恒温环境，制冷温度–25～0 ℃。气态取样管线由净化管线引出，由阀门分段截断后连接至 2 S 取样装器，2S 取样器由气态取样装置的制冷系统提供冷量。

气态取样装置示意图见图 8-10。取样装置工艺参数如下：

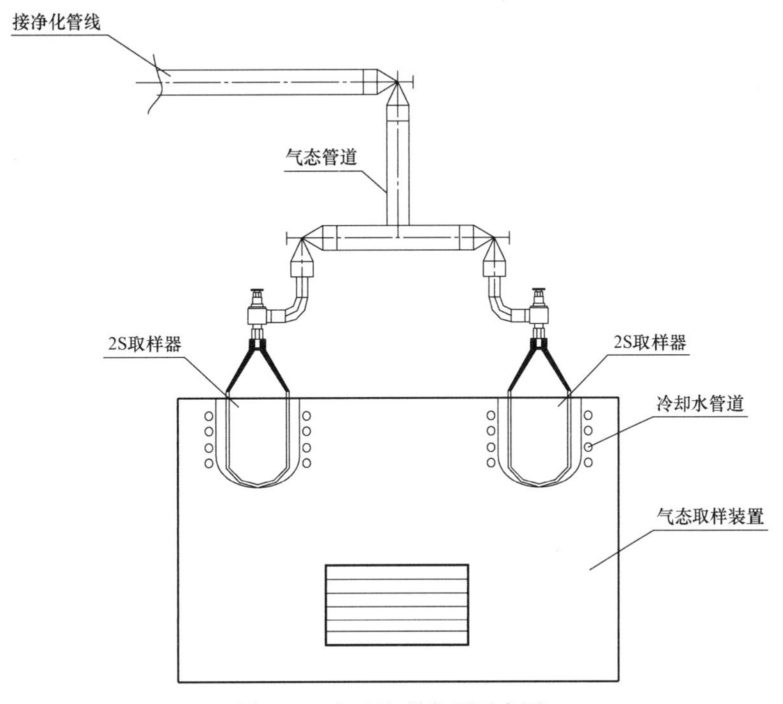

图 8-10　气态取样装置示意图

（1）为可移动小型制冷设备；

（2）可实现对两台取样器同时冷冻；

（3）对取样器表面 1/2 部位以下进行冷冻，温度控制范围为：–25～25 ℃，且温度可调；

（4）取样器本身阀门、取样装置管线的加热，温度控制范围为：90～100 ℃，温度范围内可调；

（5）控制温度精度：≤±1.0 ℃，温度偏差：±1 ℃（采用热平衡控制时），降温时间：从室温～–25 ℃，≤30 分钟（带载）；

（6）使用环境：5～40 ℃，相对湿度：≤85 RH；

（7）电源要求：（220±10%）VAC，L+N+G；

（8）该装置具有漏电保护、过热保护、超温保护、温度预警保护功能。

8.3.3　电动阀门操作装置

阀门操作装置是专为在液化均质生产过程中对容器阀门远程启闭操作而设计的，通过阀门远程启闭控制机构中的阀门执行器实现对六氟化铀液化容器阀门的远程控制，并实时显示阀门启闭控制力矩。

8.3.3.1 阀门电动操作装置的主要技术参数

力矩：（70±5）N·m；

阀门启闭时间：≤3 min；

阀门最大工作行程：≤20 mm；

使用环境温度：–40～+150 ℃；

工作电源：220 VAC；

工作制式：连续 55 h；

操作频率：1 次/55 h；

工作环境条件：与大气隔离、密封。

8.3.3.2 手动操作方案

系统主要包括如下几部分：阀门启闭执行器、扭矩信号传感器、支撑连接架、隔离连接装置、扭矩显示仪、驱动轴组成，手动操作机构等，如图 8-11 所示。

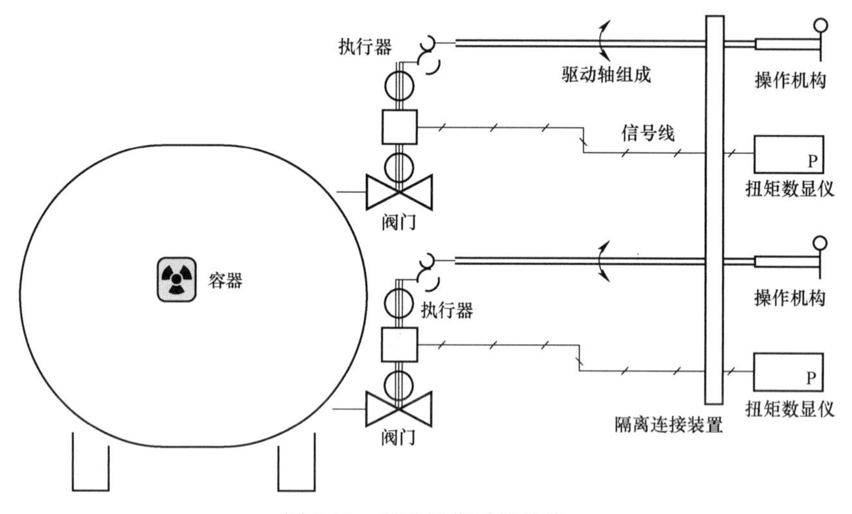

图 8-11 手动操作系统结构

8.3.3.3 电动操作方案

系统主要包括如下几部分：阀门启闭执行器、扭矩信号传感器、支撑连接架、隔离连接装置、扭矩显示仪、驱动轴组成，电动操作机构，电动控制系统等，如图 8-12 所示。

8.3.3.4 装置工作原理

当系统需要工作时，通过手动或电动控制形式来驱动操作装置，操作装置通过驱动轴将动力传递至执行器，执行器将旋转动力传递至阀芯上从而达到阀门的开启或关闭，在操作过程中，通过传感器将信号传送至扭矩数显仪，经过放大、A/D 转换及 CPU 数据处理后，所实现的扭矩值会动态地显示在扭矩数显仪上。当容器阀门开启或关闭到限定位置后，根据扭矩数显仪的检测信号发出报警信号或给出执行信号，以使被测阀门停止运行。

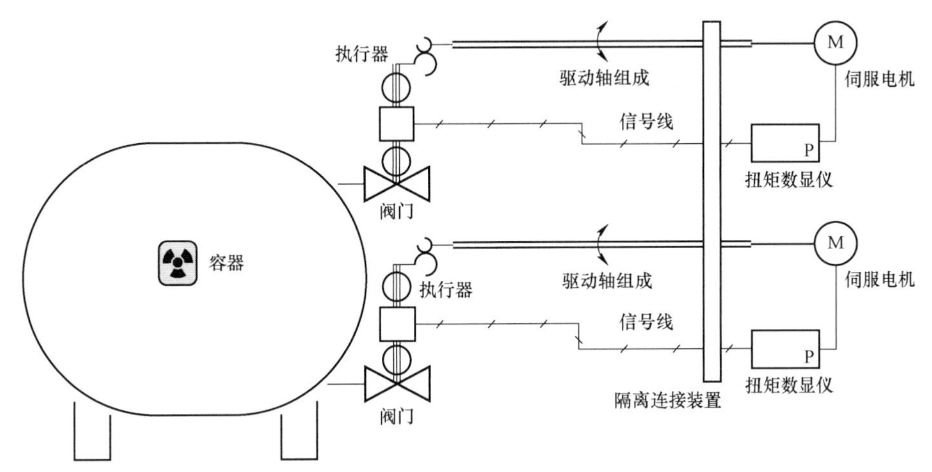

图 8-12　电动操作系统结构

手动操作时，操作工在摇动手轮时观察所显示的扭矩值，当扭矩达到要求时即可停止加载，完成阀门的开启或关闭工作。

电动控制时，当扭矩达到要求时，控制系统给出信号，系统自动切断电源停止加载，完成阀门的开启或关闭工作。

8.3.3.5　控制系统布局

控制系统由执行器、隔离连接装置、驱动轴组成、操作机构和扭矩数显仪等五大部分构成，其中，执行器通过支撑架与所控阀门连接为一体，执行器中包含扭矩传感器，信号线与特制柔性连接轴组成一体，考虑到操作方便，将隔离连接装置设计在位于两阀门中间的容器外围处，扭矩显示仪可就近放置在操作台上，也可单独悬挂在容器壁上。考虑到信号线及驱动轴的长度限制，各部分相距不应太远，同时兼顾操作方便。

8.3.4　电动物料运输装置

8.3.4.1　电动物料运输车组成

液化均质系统电动物料运输车是一种有轨运行的物料输送系统。由操作者通过设置的遥控器来控制整台车的运作，完成物料在不同位置之间的输送。电动物料运输车是与 30 B 容器配套使用。外形如图 8-13 所示。

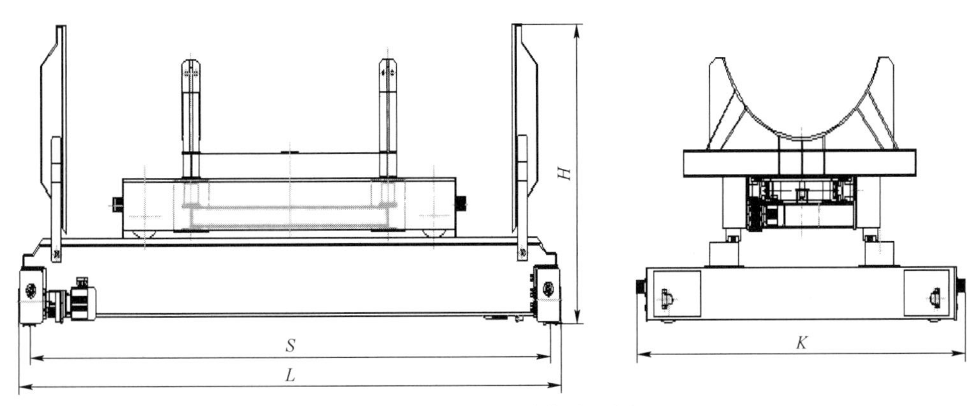

图 8-13　物料运输车外形图

物料输送车主要有大车、小车、转运车、物料支架、起升机构、悬臂梁机构、运行机构、液压机构、电气设备等 9 部分组成。

各部分的结构特点如下：

（1）大车、小车及转运车

大车由主梁和端梁构成，小车由端梁和小车架构成，转运车由端梁和横梁构成。大车主梁采用标准型材 H 型钢；小车架是由型钢组焊而成；转运车横梁由板材焊接而成；大小车端梁都是由矩形管制作。大车主端梁，小车端梁及小车架，转运车端梁及横梁均是通过高强度螺栓连接在一起。

（2）物料支架

物料支架主要是用来支撑料桶，支架上的弯板弧度是根据料桶直径的大小而定，因此物料支架的使用是有约束条件的。物料支架上橡胶垫的设置满足了物料桶吊装时缓冲的要求，同时对物料桶也有一定的防滑作用。由于不同规格的物料桶其直径有所不同，橡胶垫也可在一定的挤压变形来适应直径不大的变化。

（3）起升机构

起升机构使用同步一出四电动液压千斤顶，其中使用了负载敏感节流阀使四个液压缸的误差小于 5 mm。在减小整车外行尺寸的同时也保证了四个液压缸的同步性。

（4）旋臂梁机构

旋臂梁是在大车定位后，旋臂梁搭接在料仓内轨道梁（或转运车端梁）和大车主梁上，使小车能够进入料仓（或转运车），完成料桶支架和料桶的卸载。

旋臂梁的源动力是液压马达减速器。

（5）运行机构

大车运行机构采用分别驱动装置。采用分别驱动，省去了中间传动轴，因此自重轻，部件的分组性好，安装和维修方便。小车及转运车运行机构采用四驱，有效地解决了车轮的打滑问题，很好得提供了车轮的同步性。

（6）液压机构

液压机构是起升机构和旋臂梁机构的源动力。液压机构工作中有一个同步一出四电动液压千斤顶，一个同步一出四手动液压千斤顶和两个液压马达减速器。设置手动液压千斤顶的目的是为了保证在电动出现故障时起升机构仍能使用。液压机构的使用和操作具体见液压机构使用说明书。

（7）电气设备

物料运输小车采用遥控操作形式。物料运输小车的摆杆机构，起升机构，运行机构，液压机构均设置有开关安全保护装置。小车的供电方式为拖链供电，大车及转运车为安全滑线供电，从而有效保证了系统供电的稳定性和可靠性。

8.3.4.2　使用操作注意事项

（1）在大车定位完成后，操作者应点击“运行开关”键，使之弹起，防止误操作大车运行。

（2）进行小车的操作前，必须确认悬臂收放已到位。

（3）物料运输车使用激光测距仪进行大车的测距及定位，激光测距仪利用对面的墙壁及反光纸进行测距。在大车运行过程中应避免其指示光源受到人为干扰，影响测距的传输值，操作人员在操作过程中应注意观察，提醒现场其他工作人员远离光源反射区域。

（4）为了保证定位的精确度，激光测距仪的镜头及反光纸应保持干净，工作人员要时常清理其表面的灰尘和其他杂质，保持清洁。

（5）在使用过程中，如果无需升降料桶或者收放悬臂时，应保证液压电机处于关闭状态，防止因液压电机长时间运行引起液压油温过度升高而出现液压油渗出。

（6）使用过程中发现油缸温度过高，应停止使用液压电机，待油温回落以后再使用。

（7）当大车或小车电机在使用过程中出现故障无法动作时，可以搬动电机尾端的手动释放装置手柄或者是松开电机的电磁抱闸螺栓，然后可以人为使大车或小车移动。

（8）电动物料运输车工作时，禁止任何人停留在除操作平台外的任何位置上。

（9）进行检查或修理时必须断电。

（10）电动物料运输车作无负荷运行时，起升必须升高 30 mm。

（11）带重物运行时，重物必须升高 20 mm。

（12）每年对电动物料运输车进行一次安全技术检查。

（13）在电压显著降低和电力输送中断时，主开关必须断开。

（14）不得超过电动物料运输车铭牌上所规定的载重量。

（15）本电动物料运输车不适用于在有火危险，爆炸危险的介质中和相对湿度大于 85%，充满腐蚀气体场所工作，以及用来搬运熔化金属和有毒易燃易爆物品。

8.3.4.3　日常维护以及故障处理

（1）经常检查并能及时发现电动物料运输车各部位是否有异常现象，做到定期检查，以确保其安全可靠，延长使用寿命。

（2）当电动物料运输车运行刹车不灵时，应及时调整运行电动机的制动弹簧或更换压力盘。

（3）液压系统出现故障大部分是由各液压元件工作性能异常而引起的。液压件产生故障的原因有设计制作不佳，调整维护不良，以及油液过脏等因素。这些故障通常出现在液压基本回路上。液压系统泵不出油常见的故障，原因分析及消除办法见下表。

表 8-2　液压系统泵不出油常见的故障原因及消除方法

<table>
<tr><th>序号</th><th>故障</th><th>原因分析</th><th>消除方法</th></tr>
<tr><td rowspan="2">1</td><td rowspan="2">泵未工作</td><td>1. 电机未起动
1）电气线路故障
2）电气件故障</td><td>检查电气故障原因并排除</td></tr>
<tr><td>2. 电机发热跳闸
1）溢流阀调压过高，系统工作时闷油
2）溢流阀阀芯卡住或阻尼孔堵塞，超压不溢流
3）泵出口单向阀卡死而闷油</td><td>1）合理调节溢流阀压力
2）检修阀芯，使其动作灵活
3）检修重新安装</td></tr>
</table>

续表

序号	故障	原因分析	消除方法
1	泵未工作	3. 泵轴与电机轴脱节	检修联轴器
		4. 泵内部滑动零件卡住 1）配合间隙小 2）油液太脏	1）拆开检修至合理要求选配间隙 2）检查过滤网或更换油液
2	泵不吸油	1）吸油滤油器堵塞 2）吸油管堵塞 3）泵或吸油管密封不严	1）清洗滤芯或更换 2）清洗吸油管或更换，检查油质，过滤或更换油液 3）检查接头，紧固泵体螺栓
3	吸空现象	1）吸油滤油器有部分堵塞 2）吸油管局部堵塞 3）泵或吸油管密封不严 4）油的粘度过高 5）泵轴封损坏	1）清洗滤芯或更换 2）清洗管路 3）检查接头，紧固泵体螺栓 4）检查釉质，按要求更换 5）更换轴封
4	泵运转不良	1）轴承磨损严重或破坏 2）泵内运动零件磨损	1）拆开清洗或更换 2）检修
5	容积效率低	1. 泵内零件磨损严重 1）叶片泵配油盘端面磨损 2）柱塞泵柱塞与缸体磨损 3）柱塞泵配油盘与缸体磨损	1）研磨配油盘端面 2）更换柱塞并配研到要求间隙，清洗后重新装配 3）研磨两端面
		2. 油液粘度过低	2. 更换油液
6	吸空现象	1）吸油滤油器有部分堵塞 2）吸油管局部堵塞 3）泵或吸油管密封不严 4）油的粘度过高 5）泵轴封损坏	1）清洗滤芯或更换 2）清洗管路 3）检查接头，紧固泵体螺栓 4）检查釉质，按要求更换 5）更换轴封
7	泵运转不良	1）轴承磨损严重或破坏 2）泵内运动零件磨损	1）拆开清洗或更换 2）检修
8	油液质量差	1）油液的粘温性差 2）油液中含水分使润滑不良 3）油液污染严重	1）按规定选择液压油 2）更换油液，清洗系统 3）检修滤油器
9	内部泄露大 容积效率低	1. 泵内零件磨损严重 1）叶片泵配油盘端面磨损 2）柱塞泵柱塞与缸体磨损 3）柱塞泵配油盘与缸体磨损	1）研磨配油盘端面 2）更换柱塞并配研到要求间隙，清洗 3）研磨两端面
		2. 油液粘度过低	更换油液

表 8-3　压力控制回路常见故障原因及消除方法

序号	故障现象	原因分析	消除方法
1	压力调不上去或突然下降	1. 溢流阀的调压弹簧折断或弯曲使阀芯不能复位 2. 溢流阀阻尼孔堵塞 3. 阀芯与阀座关不严 4. 阀芯被毛刺或其他污物卡死在开启位置	1. 更换弹簧 2. 拆开清洗阻尼孔 3. 拆开检修清洗，重新安装 4. 拆开检修清洗，重新安装
2	压力振摆大	1. 油液中混入空气 2. 阀芯与阀座接触不良 3. 阻尼孔直径过大 4. 共振 5. 阀芯在阀体内运动不灵活	1. 排除空气 2. 检修或更换零件 3. 更换阻尼孔 4. 消除共振源 5. 修配使之配合良好
3	负荷变化	1. 换向压力超过规定值 2. 回油背压过高	1. 降低压力 2. 调整压力使其为规定值

8.4　液化均质工艺流程及参数控制

8.4.1　液化均质工艺原理

液化均质系统可以单独设计专用厂房进行液化均质生产，也可以布置在供取料厂房，作为精料取料后续工序进行生产。由于六氟化铀液化均质过程，物料处于正压且为液态，一旦泄漏便会大量扩散到厂房环境当中。相对来说，危险度高。正因为此，铀浓缩工厂一般都单独设计建设液化均质厂房安排液化均质生产。当然，采用钢制、密封性良好的压热罐进行物料液化操作，把液化均质生产安排在供取料厂房重生产，在保证生产安全情况下，简化装料容器运输次数，有利于降低生产成本。

按照国际通用规范，UF_6 产品需经液化均质，并进行取样分析，确认其质量达到 GB/T 13696 标准后，装入 30 B 六氟化铀容器中进行运输。

精料取料系统采用 3 m^3（C）容器，该容器不能用于产品的场外运输，因此，必须通过对 3 m^3（C）容器中的物料加热、升温、液化，待物料全部液化后，再升温至（93±3）℃，并在该温度下保持 1 2h，经取样分析合格后，将其分装在产品容器中。

精料取料系统若采用产品容器收料，直接对容器中的物料加热、升温、液化，待物料全部液化后，再升温至（93±3）℃，并在该温度下保持 12 小时，经取样分析合格后，直接冷却即完成液化均质工序。

8.4.2　3 m^3 容器（压热罐）液化均质工艺流程及参数控制

将盛装物料的液化容器使用专用连接管与压热罐工艺管线相连，准备状态检查合格后，启动压热罐加热，分阶段升温并严格控制升温速度，使物料在容器内均匀受热。当物料达到三相点充分液化后，继续加热向 93 ℃升温，并维持（93±3）℃恒温 12 小时以上，液化均质期间根据压力情况适时净化。液化均质合格后，进行分装和取样，结束后收集分装管线、取样管线及液化容器内剩余物料。产品容器连接管经吹洗、深抽合格后将容器拆除。待产品容器中的物料充分固化后，转入成品库并称重。

（1）液化容器

3 m^3（B）、3 m^3（C）容器均可作为液化容器进行液化均质。两种容器仅在内部隔板上有所差别，目前 3 m^3（B）容器处于逐步淘汰过程中。

（2）专用连接管

A 类管（紫铜管）使用规定：

1）每次使用必须记录，有效使用年限为 3 年，有效使用次数为 30 次；

2）使用 15 次后需进行清洗和外观检查，检查过程中若发现金属软（硬）管存在严重缺陷，立即将其停用，做退役处理。

（3）准备状态检查合格

在进行液化加热前必须进行液化均质安全状态检查。检查内容应包含：

1）中间容器、凝冻器、事故收料容器冷冻合格；

2）液化容器气液相连接管压力真空试验合格；

3）相关管线电伴加热工作正常；

4）检查电气系统、自控系统工作正常；

5）安装 1 英寸阀电动操作装置并检查正常；

6）连接工艺管线，进行相关阀门的查关与查开，在实践过程中，应采用先查关后查开的操作顺序；

7）打开液化容器气相英寸阀，检查容器内压合格（＜34 kPa 为合格）；

8）关闭压热罐大门，压下球阀手柄；

9）填写《液态分装准备状态检查表》。

（4）启动压热罐加热

启动压热罐加热的步骤：

1）启动压热罐风扇运行；

2）将液化容器内温测点的铂金电阻温度设定值设定为 0 ℃，投压热罐加热器加热；

3）将液化容器内温测点的铂金电阻温度设定值设定为 85 ℃，并控制升温速度≯10 ℃。

（5）分阶段加热

表 8-4 液化 3 m^3（C）恒温阶段及时间

序号	恒温台阶	恒温时间
1	85±3 ℃	≥5 h
2	93±3 ℃	≥12 h

（6）升温速度

容器加热液化过程中严格控制升温速度≯10 ℃/h。升温速度过快造成异常、故障情况：

1）容器局部受热导致容器内局部压力偏高，增大了容器破裂风险；

2）前室温度偏高，压力表不能有效检测液化容器内压；

3）前室温度偏高，仪表管易堵。

（7）达到三相点并充分液化。

UF_6的三相点为64.1 ℃，1 134 mmHg（151 kPa）。85±3 ℃恒温 5 h 以上的目的在于使物料充分液化。在三相点期间上调压力检测仪表段电伴加热至（95±3）℃。

（8）向93 ℃升温。经过（85±3）℃恒温 5 h 以上后，继续加热向93 ℃升温。

（9）维持（93±3）℃恒温 12 小时以上。

根据《UF_6精心操作手册》规定，93±3 ℃恒温 12 小时以上才能保证产品同位素和杂质混合均匀，达到均质的目的。液化容器内温达到 93 ℃后需记录达到 93 ℃时的时间及压力。

（10）液化均质期间根据压力情况适时净化。

液化均质期间密切关注液化容器压力，若容器内压超过 430 kPa，则进行物料净化。净化操作步骤：

连接净化收料容器线路，缓慢打开净化控制阀，控制净化压力，经净化收料容器净化合格后，关闭净化控制阀，经抽空系统抽空净化管线至 26 Pa 以下，恢复线路。抽空期间控制中间容器入口压力≤8 mbar、凝冻器入口压力≤3 mbar。

（11）物料分装

液态分装前准备工作：

1）产品容器、2 S 取样器连接管压力真空试验合格；

2）带残料产品容器作为收料容器时必须对产品容器本身阀通道判断合格，并在分装前将其抽空至 26 Pa 以下；清洗合格的产品容器作为收料容器时必须检查产品容器内压，并在分装前钝化合格后将其抽空至 26 Pa 以下；

3）分装管线、取样管线抽空至 26 Pa 以下；

4）分装前 2 小时将分装管线、取样管线电伴加热上调至（95±3）℃；投产品容器本身阀及其连接管、2 S 取样器连接管电伴加热，温度控制在（90～100）℃；并保证分装前达到目标温度范围；

5）分装线路阀门状态检查：分装线是指液化容器与 3/（B1～B9）之间的管线；

6）分装前需对分装线路进行联通，操作过程中对工艺阀门先查关，再查开。

7）液态分装：液态分装是指液化容器内物料完成液化均质后向产品容器分装的过程。最大分装速度不大于 90 kg/min。

液态分装注意事项：

阀门打开过程中注意缓慢开启，开启过程中听到有“气化声音”则为正常，若在分装过程中没有听到“气化声音”并且产品容器无增重，应立即停止分装并收取分装管线内物料。检查电伴加热带 DCS 显示温度有无异常、现场巡查电伴加热温度有无异常情况，迅速判断堵料位置。

PS：产品容器连接管堵料为事故易发生区域。

（12）取样。

取样分为液态 2 S 取样与气态 2 S 取样。

（13）收集分装管线、取样管线及液化容器内剩余物料。

收集分装管线和取样管线内剩余物料时，先用收料冷风箱收料，防止深冷箱内的 50 L 容器因管线压力太高导致堵料事故。液化容器内的物料经气态倒料管线向收料冷风箱倒料，进行倒料操作时液化容器温度维持在 85 ℃即可，倒料管线、收料容器连接管及 1 英寸阀电伴加热控制在 85±3 ℃。

（14）容器连接管吹洗、深抽合格。

在进行容器拆除前须对连接管进行吹洗 3～5 次操作并对连接管深抽至 26 Pa 以下为合格。

（15）容器拆除。

1）检查容器本身阀可靠关闭。

2）对于处于冷冻状态的容器，拆除前进行解冻、除霜。

3）用干燥氮气对容器连接管吹洗 3～5 次后，经抽空管线将容器连接管抽空至 26 Pa 以下，恢复抽空管线。

4）检查待拆除的容器与工艺系统可靠断开。

5）拆下容器连接管并在连接点处安装堵头或盲板。

6）容器安装。

7）对容器及连接管进行外观检查，合格后方可安装。

8）中间容器、凝冻器安装后对连接点做大漏检查，5 分钟压力不变为合格。

9）对液化容器气液相、产品容器、取样容器、收料容器连接管进行压力试验，压力试验合格标准为 1 小时无压降；压力试验合格后，将连接管抽空至 26 Pa 以下，采用静态升压法对其进行冷冻测量，$\Delta P \leqslant 26$ Pa/6 h 为合格。

（16）物料充分固化后转入成品库。

无特殊情况下，盛装液态分装后物料的产品容器需经过 24 h 以上自然冷却后才能进行容器拆除及小范围吊运操作；经过 3 天以上自然冷却后才能入库。

8.4.3 小压热罐液化均质工艺流程及参数控制

将盛装物料的液化容器使用专用连接管与压热罐工艺管线相连，准备状态检查合格后，启动压热罐加热，分阶段升温并严格控制升温速度，使物料在容器内均匀受热。当物料达到三相点充分液化后，继续加热向 93 ℃升温，并维持（93±3）℃恒温 12 小时以上，液化均质期间根据压力情况适时净化。液化均质合格后，进行取样，结束后收集取样管线内剩余物料。液化容器连接管经吹洗、深抽合格后将容器拆除。待液化容器中的物料充分固化后，转入成品库并称重。

（1）液化容器

30B 容器均可作为液化容器进行液化均质。

（2）专用连接管

A 类管（紫铜管）。

（3）压热罐

专用于液化均质 30B 容器而设计制造的，容器为 5 m^3，为与液化均质 3 m^3 容器的压热罐进行区分，将液化均质 3 m^3（C）容器的压热罐称之为大压热罐，将液化均质 30 B 容器的压热罐称之为小压热罐。

（4）准备状态检查合格

在进行液化加热前必须进行液化均质安全状态检查。检查内容应包含：

1）中间容器、凝冻器、事故收料容器冷冻合格；

2）液化容器气相连接管压力真空试验合格；

3）相关管线电伴加热工作正常；

4）检查电气系统、自控系统工作正常；

5）安装 1 英寸阀电动操作装置并检查正常；

6）连接工艺管线，进行相关阀门的查关与查开，在实践过程中，应采用先查关后查开的操作顺序。

7）打开液化容器气相英寸阀，检查容器内压合格（＜34 kPa 为合格）；

8）关闭小压热罐大门，压下球阀手柄；

9）压空系统准备正常，对小压热罐大门充压。

（5）启动小压热罐加热

启动压热罐加热的步骤：

1）启动小压热罐风扇运行；

2）将液化容器内温测点的铂金电阻温度设定值设定为 0 ℃，投小压热罐加热器加热；

3）将液化容器内温测点的铂金电阻温度设定值设定为 45 ℃，并控制升温速度≯10 ℃。

（6）分阶段加热

表 8-5　液化产品容器恒温阶段及时间

序号	恒温台阶	恒温时间
1	（45±5）℃	5 h
2	（85±3）℃	≥5 h
3	（93±3）℃	≥12 h

（7）升温速度。

容器加热液化过程中严格控制升温速度≯10 ℃/h。升温速度过快造成异常、故障情况：

1）容器局部受热导致容器内局部压力偏高，增大了容器破裂风险；

2）前室温度偏高，压力表不能有效检测液化容器内压；

3）前室温度偏高，仪表管易堵。

（8）达到三相点并充分液化。

UF_6的三相点为 64.1 ℃，1 134 mmHg（151 kPa）。（85±3）℃恒温 5 h 以上的目的在于使物料充分液化。在三相点期间上调压力检测仪表段电伴加热至 95±3 ℃。

（9）向 93 ℃升温。

经过 85±3 ℃恒温 5 h 以上后，继续加热向 93 ℃升温。

（10）维持（93±3）℃恒温 12 小时以上。

根据 UF_6操作规定，30 B 容器液化均质（93±3）℃恒温 8 小时以上就能保证产品同位素和杂质混合均匀，达到均质的目的，但目前液化均质系统产品容器液化均质及取样生产工艺仍采用（93±3）℃恒温 12 小时以上的标准。液化容器内温达到 93 ℃后需记录达到 93 ℃时的时间及压力。

（11）液化均质期间根据压力情况适时净化。

液化均质期间密切关注液化容器压力，若容器内压超过 430 kPa，则进行物料净化。净化操作步骤：连接净化收料容器线路，缓慢打开净化控制阀，控制净化压力，经净化收料容器净化合格后，关闭净化控制阀，经抽空系统抽空净化管线至 26 Pa 以下，恢复线路。抽空期间控制中间容器入口压力≤8 mbar、凝冻器入口压力≤3 mbar。

（12）取样。

气态 2 S 取样。

（13）收集取样管线内剩余物料。

收集取样管线内剩余物料时，先用收料冷风箱收料，防止深冷箱内的 50 L 容器因管线压力太高导致堵料事故。

8.5 系统联锁控制与事故处理

8.5.1 液化均质系统联锁控制

8.5.1.1 压热罐加热联锁

压热罐接通加热的连锁条件，点击压热罐加热接通按钮且满足下面条件。

（1）风扇运行的联锁条件：

1）变频器电源接通，变频器电源接通指示灯显示为绿色；

2）空气压力未达到高限值（140 kPa）；

3）变频器无故障报警，变频器故障指示灯显示为灰色。

（2）压热罐加热电源接通的联锁条件：

1）压热罐的门已关好，信号手柄按下，压热罐门状态指示灯显示为绿色；

2）压热罐的风扇已启动运行，风扇运行指示灯显示为绿色；

3）液化容器内压未达到高高限值（450 kPa）；

4）压热罐内加热器表面温度未达到高高限值（120 ℃）；

5）压热罐内液化容器内温未达到高限值（96 ℃）；

6）HF 气体报警装置未达到高高限值（1.12 ppm）。

8.5.1.2 小压热罐加热联锁

小压热罐接通加热的连锁条件，点击小压热罐加热接通按钮且满足下面条件。

（1）风扇运行的联锁条件为：

1）变频器电源接通，变频器电源接通指示灯显示为绿色；

2）空气压力未达到高限值（140 kPa）；

3）变频器无故障报警，变频器故障指示灯显示为灰色。

（2）压热罐加热电源接通的联锁条件：

1）小压热罐的门已关好，信号手柄按下，压热罐门状态指示灯显示为绿色；

2）小压热罐的风扇已启动运行，风扇运行指示灯显示为绿色；

3）液化容器内压未达到高高限值（450 kPa）；

4）小压热罐内加热器表面温度未达到高高限值（120 ℃）；

5）小压热罐内液化容器内温未达到高限值（96 ℃）；

6）HF 气体报警装置未达到高高限值（1.12 ppm）；

7）小压热罐压缩空气压力未低于低低限值（0.3 MPa）。

8.5.1.3 HF 气体报警联锁

HF 气体报警装置是通过检查空气中 HF 气体的含量来判断是否发生 UF_6 泄漏，在液化均质厂房中应在局部排风总管道和厂房内对 HF 气体含量进行监测。

HF 气体探测器采用可靠的传感器技术，对厂房内的 HF 气体进行探测。探测器的气管放置在可能产生气体泄漏的危险场所，通过探测器内持续运行的气泵将危险场所的气体吸进传感器内进行连续探测。HF 气体探测器配有明亮的 LED 灯和直观的交互式界面，大型多色背光液晶显示器。可按照气体读数或报警级别提供及时报警。该界面还包括用于配置、测试和校准的保护菜单。HF 气体探测器输出 4～20 mA 模拟信号上传给 DCS，在控制室 DCS 上对 HF 气体浓度进行显示、报警，并对相关设备进行联锁保护。探测器的检测范围（量程）为 0 ppm～12 ppm。一段报警值设定为 0.8 ppm，二段报警值设定为 1.12 ppm。当一段报警值达到报警设定值 0.8 ppm 时，发出报警信号，进行声光报警；当二段报警值达到报警设定值 1.12 ppm 时，发出报警信号，进行声光报警，同时对外围设备进行联锁保护。

外围设备包括：压热罐加热系统、液化容器 1 英寸阀电动操作装置、事故收料电动阀、局排风机、全排风机及电动密封大门。

（1）报警及联锁：

HF 气体探测器探测到局排总管处 HF 气体浓度达到报警设定值 1.12 ppm 时，DCS 联锁保护如下：

1）断开压热罐加热系统的加热接触器，停止加热；

2）1 英寸阀电动操作装置自动关闭液化容器阀门；

3）打开事故收料电动阀；

4）断开局排风机启动接触器，停局排风机。

（2）HF 气体探测器探测到厂房 HF 气体浓度达到报警设定值 1.12 ppm 时，DCS 联锁保护如下：

1）断开压热罐加热系统的加热接触器，停止加热；

2）1 英寸阀电动操作装置自动关闭液化容器阀门；

3）打开事故收料电动阀；

4）断开局排风机启动接触器，停局排风机；

5）断开全排风机启动接触器，停全排风机；

6）关闭厂房的电动密封大门。

8.5.2 事故处理

8.5.2.1 防止管道发生静态破坏

管道发生静态破坏的原因有如下几种：

1）工艺线路不畅通，这种破坏往往发生在两个关闭的阀门之间，这种情况下处理时，要立即打开关闭的阀门，使线路畅通；

2）发生在管路上两个堵物之间，由于湿空气漏入而生成 UO_2F_2 固物，在冷却部位形成固体的 UF_6 或其他异物的堵塞，在这种情况下应给管道慢慢的加热，使固体铀化物蒸发掉；

3）管道材料有质量问题，结构形成盲肠或薄弱环节；

4）外界因素引起。

8.5.2.2 冷冻容器发生裂纹处理方法

1）关闭该容器进口或连接管上的阀门；

2）立即投入备用容器工作，维持正常工作；

3）继续维持发生裂缝容器的冷冻，并从系统上拆下，放入事故容器处理。

8.5.2.3 容器发生冒烟事故处理方法

1）立即切断冒烟容器的加热；

2）打开事故区排风，关闭送风，打开非事故区进风，关闭排风；

3）穿戴好防护用品进入事故区，切断冒烟容器工作，投入备用容器工作，维持正常运行，观察冒烟容器；

4）用毛毯或棉织物包住冒烟部位，浇注液氮进行局部冷冻；

5）拆下容器吊入事故容器内，打开进口阀，密封事故容器，然后进一步处理；

6）将事故容器和净化抽空系统相连接，抽空事故容器；

7）由安防部门对沾污区进行剂量去污，并测剂量合格。

8.5.2.4 停电故障处理

（1）加热液化时停电

1）停电后，将所有用电设备及工艺管线电伴加热开关恢复至关闭状态并恢复所有工艺线路。停电期间，加热容器自然降温。

2）查明停电原因，尽快恢复供电。

3）停电超过两小时且物料已液化的情况下，关液化容器气相 1 英寸阀，并将连接管内的物料收至收料冷风箱内容器中，收料完毕后恢复线路。

4）恢复供电后，按有关规程、操作卡恢复设备运行。将电伴加热重新投入，并控制升温速度≤10 ℃/h，直至正常。液化容器根据容器实际显示温度按规程重新投加热。

（2）液态卸料、气态倒料时停电

1）液态卸料过程中停电时，立即停止卸料，将所有用电设备及工艺管线电伴加热开关恢复至关闭状态并恢复所有工艺线路。手动关闭压热罐内液化容器气、液相1英寸阀（1英寸阀门操作装置故障时，先关闭离液化容器最近的手阀，再关闭液化容器气、液相1英寸阀）。再打开离液化容器最近的手阀，将管道及液化容器连接管内残料收至收料冷风箱内容器中，收料完毕后恢复线路。

2）气态倒料过程中停电时，立即停止倒料，将所有用电设备及工艺管线电伴加热开关恢复至关闭状态并恢复所有工艺线路。手动关闭压热罐内液化容器气相 1 英寸阀（1英寸阀门操作装置故障时，关离液化容器最近的手阀，再关闭液化容器气相1英寸阀）。再打开离液化容器最近的手阀，将管线内物料收至冷风箱收料容器中，关收料容器1英寸阀。

3）查明停电原因，尽快恢复供电。

4）待供电恢复正常后，按有关规程、操作卡恢复设备运行，将电伴加热重新投加热，控制升温速度≤10 ℃/h，将压热罐重新投加热，正常后恢复卸料。

（3）加热过程中仪表故障

压热罐加热过程中，若相关仪表出现故障，则停止压热罐加热，待仪表检修正常后按规程重投压热罐加热。

8.5.2.5　卸料过程中阀门故障

卸料过程中，若阀门出现故障，立即停止卸料，切断物料来源，将管道中物料收至收料冷风箱内容器中，待阀门处理合格后方可按照有关规程继续卸料。

8.5.2.6　管道内物料冷凝

1）发生物料冷凝后，立即停止卸料或倒料，将管道内冷凝物料收至收料冷风箱内容器或50 L容器中。

2）液化容器在加热过程中，如果仪表管发生物料堵塞，应及时关闭物料来源相关阀门，将冷凝物料收至收料冷风箱内容器或50 L容器中，待消堵后打开相关阀门，并严密监视压力变化情况；如果在 30 分钟内未消除仪表管堵塞，则应停止对容器加热，待正常后方可恢复加热。

3）卸料前，必须认真检查每段电伴加热良好，如有异常，需处理正常后方可卸料。

8.5.2.7　电子秤故障

卸料过程中，如果电子秤发生漂移、闪跳等现象时，则立即停止对应产品容器收料，将物料卸至备用产品容器中；卸料结束后对电子秤进行检修校准。若卸料量超出产品容器装料控制量，将超出的物料转移至冷风箱内；若卸料量少于产品容器装料控制量，将产品容器内物料全部转移至冷风箱内，产品容器检查合格后重新收料。

8.5.2.8　物料泄漏处理

（1）液化容器及其连接管泄漏

1）当压热罐内液化容器或连接管在加热或卸料过程中发生泄漏时，压热罐内压力监测仪表显示值大幅升高，同时报警装置产生报警信号后，值班人员立即切断该压热罐加热电源，停止对容器加热，关闭液化容器气相1英寸阀；卸料时立即停止卸料，关闭产品容器及液化容器气、液相 1 英寸阀。

2）立即连通压热罐事故线路将压热罐内泄漏的物料全部收集至事故冷风箱内。收集过程中密切关注压热罐内压力监测仪表，在最短的时间内判断是液化容器还是连接管泄漏。判断方法：连通事故线路后察看压热罐内压力监测仪表显示值短时间内是否有明显降低，如果有即为连接管发生泄漏，如果没有即为液化容器发生泄漏。

3）确认压热罐内无物料后连通压热罐事故吹洗线路，用干燥氮气吹洗压热罐及液化容器连接管 5 次以上。

4）打开压热罐大门，拆下泄漏容器及连接管，并对压热罐、容器及连接管进行进一步处理。

（2）压热罐包容箱内管道或管道上阀门泄漏物料

1）当压热罐包容箱内管线或阀门发生泄漏时，现场操作人员立即控制机械手关液化容器 1 英寸阀，关闭离泄漏点最近的入口阀，并连通事故收料管线，切断该压热罐加热，停止对容器加热；卸料时立即停止卸料，控制室值班人员停止该泄漏点区域工艺管线电伴加热。

2）操作人员立即穿戴好特殊防护用品，并携带工具进行现场处理，收集工艺管道内物料后切断事故收料管线。

3）穿戴好特殊防护用品的事故应急处理人员，判断出泄漏点后，用湿毛毯包上泄漏点并浇注液氮，同时对泄漏到地面的物料浇注液氮使其充分冷凝。

4）收集地面上被冷凝的物料，放入已被冷冻的敞口容器中，待地面物料收集完毕后，将该容器放入事故处理容器中，封闭好事故处理容器。

5）抽空泄漏点处管道或阀门直至取样分析剂量合格后，联系相关人员对泄漏点处管道或阀门进行处理。

6）收集外漏物料，对泄漏区域进行去污处理，使其表面污染值达到 0.4 Bq/cm^2 的安全控制限值以下。

（3）卸料过程中卸料主管道泄漏物料

1）当卸料过程中管廊内卸料管道发生泄漏时，局部排风系统内的 HF 气体报警装置产生声光报警信号，同时联锁动作：关闭液化容器本身阀、切断液化容器加热电源、打开事故卸料管线电动阀、关闭局部排风系统。控制室值班人员立即停止相关工艺管道电伴加热。现场操作人员立即关闭离泄漏点最近的入口阀，连通事故收料管线，关闭密封门，将泄漏事故控制在地坑内。

2）操作人员立即穿戴好特殊防护用品，并携带工具进行现场处理，收集工艺管道内物料后切断事故收料管线。

3）穿戴好特殊防护用品的事故应急处理人员打开密封门进入管廊判断出泄漏点后，用湿毛毯包上泄漏点并浇注液氮，同时对泄漏到地面的物料浇注液氮使其充分冷凝。

4）抽空泄漏点处管道或阀门直至取样分析剂量合格后，联系相关人员对泄漏点处管道或阀门进行处理。

5）收集外漏物料，对泄漏区域进行去污处理，使其表面污染值达到 0.4 Bq/cm^2 的安全控制限值以下。

（4）卸料过程中卸料小室或取样小室内泄漏物料

1）当卸料过程中卸料小室或取样小室发生泄漏事故时，局部排风系统内的 HF 气体报警装置产生声光报警信号，同时联锁动作：自动切断该压热罐加热，停止对容器加热；关液化容器 1 英寸阀；关闭局部排风系统。控制室人员立即停止该卸料小室或取样小室工艺管线电伴加热。现场操作人员立即关闭离泄漏点最近的入口阀，连通事故收料管线，关闭密封门，将泄漏事故控制在局部区域内。

2）操作人员立即穿戴好特殊防护用品，并携带工具进行现场处理，收集卸料管道内物料后切断事故收料管线。

3）穿戴好特殊防护用品的事故应急处理人员打开密封门，进入事故区域判断出泄漏点后，用湿毛毯包上泄漏点并浇注液氮。

4）抽空泄漏点处管线或阀门直至取样分析合格后，对泄漏点处管线或阀门进行处理。收集外漏物料，对泄漏区域进行去污处理，使其表面污染值达到 0.4 Bq/cm^2 的安全控制限值以下。

（5）气态倒料过程中管线或阀门泄漏物料

1）当倒料过程中管线或阀门发生泄漏时，切断该压热罐加热，停止对容器加热；关液化容器气相 1 英寸阀；现场操作人员立即关闭离泄漏点最近的入口阀，连通线路，将物料收至冷风箱内。

2）操作人员立即穿戴好特殊防护用品，并携带工具进行现场处理，收集工艺管线内物料后切断收料管线。

3）抽空泄漏点处管线或阀门直至取样分析合格后，对泄漏点处管线或阀门进行处理。

4）收集外漏物料，对泄漏区域进行去污处理，使其表面污染值达到 0.4 Bq/cm^2 的安全控制限值以下。

（6）物料从局部区域扩散至厂房

当物料泄漏在厂房局部区域内未得到有效控制，从局部区域扩散至厂房，包容箱上的 HF 气体报警装置产生声光报警信号，同时联锁动作：自动切断该压热罐加热，停止对容器加热；关液化容器 1 英寸阀；关闭厂房全面排风系统；关闭局部排风系统；关闭厂房大门；打开事故收料系统，将泄漏事故控制在厂房内。厂房内人员撤离、应急待命。

（7）凝冻器、中间容器连接管泄漏

1）立即穿戴好特殊防护用品，关事故容器本身阀（加热倒料容器先停止加热）。

2）关厂房送、排风系统。

3）用湿毛毯包住泄漏点处并浇注液氮。

4）连通线路将管线内物料收至冷风箱、中间容器或备用的凝冻器内。

5）抽空泄漏点处管线或阀门直至取样分析合格后，对泄漏点处管线或阀门进行处理。

（8）容器阀门故障泄漏

1）迅速用湿棉织物包住阀门后浇注液氮。

2）将容器投入冷冻，对阀门进行处理。

第二篇　铀浓缩系统设备安装、调试、检修

第9章

真空知识及设备

“真空”泛指低于一个大气压的气体状态，换言之，同正常的大气比，是较为稀薄的一种气体状态。这种气体的特殊状态，具有一系列新的特点：首先，由于压强低于一个大气压，故一个“真空”容器，在地球上就承受着大气压的压力作用，压力的大小则看容器内外压差而定；其次，在“真空”下，由于气体稀薄，即单位体积内的分子数目较少，故分子之间或分子与其他质点（如电子、离子）之间的碰撞就不那么频繁，分子在一定时间内与表面（例如容器壁）碰撞的次数亦相对减少，这些都是“真空”的最主要特点。真空的这些特点，被广泛应用于工业生产、科学研究的各个领域中，如电真空工业、真空冶金、表面物理研究、宇宙航行及空间科学研究等。

真空技术的主要环节是真空的设计、真空的获得、真空的测量、真空的检漏等问题，在这些环节中，出现的现象是多种多样的，有物理的、化学的、电学的以及机械的等等。但是在这些许许多多的现象中，有一些确实共同的东西，即它们都是稀薄气体中的现象。本章将介绍一些真空基础知识，主要包括气体分子运动基本理论、真空系统的基本组成及真空设备介绍等内容。

9.1 真空基础知识

9.1.1 气体分子运动基本理论

9.1.1.1 气体的特点

所有物质的分子都非常小，如果把分子看成球形，它们的直径基本都在埃（Å，1 Å = 10^{-10} m）量级，在 0 ℃和标准大气压下，空气中平均分子密度为 2.687 0 × 10^{19} 个/cm^3，气体的特点表现在以下几个方面：

（1）气体是物质最简单的一种存在状态。

（2）气体最突出的特点是本身无一定的体积，任何数量的气体都可以压缩也可以膨胀，能无限地扩散而充满于任意形状、任意大小的容器中，而且各点压力基本平衡一致。

（3）气体又能均匀混合，任何不同种类和质量的气体，不论其比例如何，都能混合成均匀稳定状态。

（4）气体是由无数微观分子组成的，如果气体内部存在温差便产生了能量迁移，使较冷部分获得热量，这种现象就是气体的热传导特点。

（5）由于气体分子在不停地做无规则的热运动，而且相互间不断碰撞，同时气体分子也不断地撞击着容器内壁，结果就形成了气体作用于器壁表面的压强。

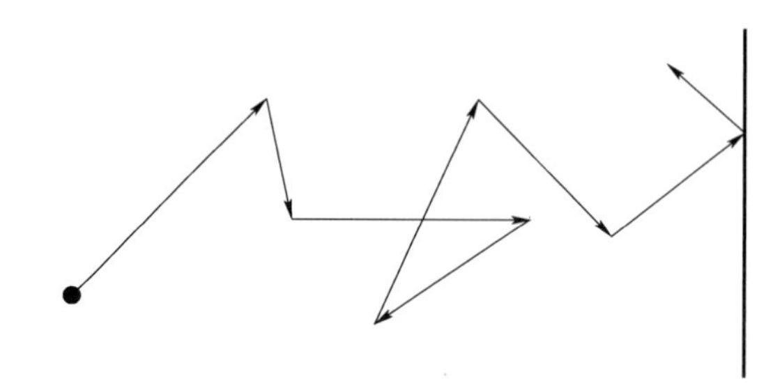

图 9-1 气体压强的微观解释

容器内壁或内部气压大小为：

$$P = nKT$$

式中：P——气体压强，Pa；

n——气体分子体密度，$1/m^3$；

K——波尔兹曼常熟 1.38×10^{-23}，J/K；

T——绝对温度，K。

从上式可以看出：气体对器壁碰撞产生的压强取决于分子气体密度和绝对温度。分子密度数越大，分子能量越大，作用于气体表面的压力也就成正比例地增大。

9.1.1.2 分子运动论

气体的大量物理现象及实验总结出三大实验定律，为了做进一步的微观解释，引入分子运动的概念。

（1）基本观点

任何气体均由大量的微小质点组成，单一气体中，这些气体质点完全相同，这些微小质点以分子为单位。分子尽管很小，但仍有一定的体积，故在运动中，不断地相互碰撞，而且也与容器器壁碰撞，这些碰撞完全是弹性的。分子的运动及碰撞遵从牛顿经典理论，可用经典力学来处理。分子数目认为是巨大的，气体的任何客观性质都是大量分子微观性质的统计平均，可用统计学方法求出。

（2）理想气体

在分子运动中，有时为了反应最基本的现象而使用一些较为简单的理论模型，理想气体是其中最重要的一个模型。

1）气体分子体积相对活动空间可忽略，在考虑分子运动时，可将分子看成几何点。

2）分子间无相互作用力，除碰撞之外，分子的运动完全独立，不受其他分子的影响。

3）任何气体与理想气体很接近，因此在真空技术中，完全可以应用理想气体的理论而不加任何修正。

（3）理想气体状态参数及理想气体基本定律

宏观描述气体状态的三个物理量分别是：压强、体积、温度，而分子密度等其他物理量是由这三个参数决定的，所以，虽然真空技术中所遇到的气体状态多半是稀薄气体状态，但与理想气体很接近，故在研究稀薄气体性质时，完全可因理想气体概念和三个状态量的关系而不加任何修正。

1）状态参量

一定质量的气体，在一定容器中具有一定的体积 V，如果气体各部分具有统一温度 T 和同一压强 P，可以认为气体各部分其他物理量相同，即处于统一状态，换句话说，一定量的气体，由 P、V、T 三个量决定其状态，这三个表征气体状态的物理量称为状态参量。

标准状态（$1.013\,25\times10^5$ Pa，273 K）下，一摩尔（mol）理想气体占有体积是 22.4 L，摩尔是物质的量的单位，由下式决定：

$$N=M/\mu$$

式中：N——摩尔数，mol；

M——理想气体质量，kg；

μ——理想气体摩尔质量（即分子量），kg/mol。

如果已知气体的量（即摩尔数），就可以知道气体质量，换句话说，摩尔数综合了理想气体质量和分子量两个物理量，使讨论更方便。

2）理想气体实验定律状态方程

玻义耳定律：一定质量的气体，在恒定温度下，其体积 V 与压强 P 成反比：

$$V=K/P \text{ 或 } PV=K$$

式中　K 为取决于温度的一个常数。

盖·吕萨克定律：一定质量的气体，其体积随温度升高而增加：

$$V_T=V_0\alpha T$$

式中：V_T——绝对温度 T 度时的体积；

V_0——0 ℃时的体积；

α——气体的体积膨胀系数，对一切气体，都等于 $\frac{1}{273}$；

T——绝对温度。

查理定律：一定质量的气体，在保持体积不变的情况下，气压强随着温度而线性增加：

$$P_T=P_0\alpha T$$

式中：P_T——绝对温度 T 度时的压强；

P_0——0 ℃时的压强；

α——气体的体积膨胀系数，对一切气体，仍等于 $\frac{1}{273}$；

T——绝对温度。

玻义耳定律、盖·吕萨克定律和查理定律都是在一定条件下（温度、压强、体积）总结出来的实验定律，所以它有一定的适用范围，可以设想：气体分子直径同分子间的距离相比是微不足道的，分子之间除碰撞外无其他作用力，那么它在任何情况下都遵从上述实验定律。在温度不太低、压力不太大时，一般气体可当做理想气体。

3）气体运动理论有两条基本假设：

物质是由特别小的粒子即分子组成的，他们具有相同的化学性质、大小、形状及质量。

气体分子在不停地做无规则运动，这个运动与温度有关。

9.1.1.3 蒸汽及饱和蒸汽压

以室温 15～25 ℃为准，凡临界温度高于室温的气体称为蒸汽，而低于室温的气体则称为气体，理想气体的概念不适用于蒸汽。

当某种气态物质处于特定温度以上时，无论怎样压缩都不能使其液化，而处于特定温度以下时，则可通过压缩而液化，把这个特定温度称为临界温度。不同的气态物质有不同的临界温度，一些物质的临界温度如表 9-1。

表 9-1 一些物质的临界温度

物质名称	化学符号	临界温度/℃	物质名称	化学符号	临界温度/℃
氦	He	−267.9	氪	Kr	−63.0
氢	H_2	−239.9	氙	Xe	16.6
氖	Ne	−228.5	二氧化碳	CO_2	31.1
氮	N_2	−147.1	氟利昂 22	CHF_2Cl	96.0
空气		−140.7	氟利昂 12	CF_2Cl	112.0
一氧化碳	CO	−139.0	氟利昂 11	$CFCl_2$	198.0
氩	Ar	−122.0	四氟化碳	CCl_4	263.0
氧	O_2	−118.8	水蒸气	H_2O	374.0
甲烷	CH_4	−82.1	汞	Hg	>1 550

在密闭容器中，无论是液体还是固体，在某一温度下，如果蒸发相当长的时间后就会达到饱和状态而“不再蒸发”，即此时在单位时间内蒸发的分子数目恰好与蒸汽分子凝结而返回到液体或固体表面的分子数相等，这是容器内气态物质的压强称为饱和蒸汽压。若温度恒定，饱和蒸汽压也恒定不变；若温度变化，饱和蒸汽压也随之变化。由此可见，某种物质的饱和蒸汽压是温度的函数。

9.1.1.4 气体的道尔顿定律

真空技术所遇到的几乎都是属于多种气体成分共存的现象，由多种成分组成的气体称为混合气体。理想气体的总压强 P 等于各个成分气体压强（$P_1, P_2, \cdots, P_n$）之和：

$$P = P_1 + P_2 + \cdots P_n$$

这个定律称为道尔顿定律，其中分压强是指各个成分中单独占有混合气体原有体积时的压强。

道尔顿定律是实验总结而得，也可以用气体运动论来加以说明，这个定律与分子间的碰撞无关。

9.1.1.5 平均自由程

分子的平均速率（常温下）一般都在每秒几百米以上，可是气体分子却并不是以这么高的速率散播开来。当打开一瓶乙醚时，它的气味并没有立刻传到几米远的地方，而是经过相当长的时间才能传到那里。为了解释巨大的分子速率和缓慢的扩散过程之间的矛盾，克劳修斯于 1809 年引入气体分子自由程的概念：在气体分子中，一个分子接连两次碰撞之间的路程称为自由程。由于气体分子每次碰撞后都要改变运动方向，它的路程就由许多折线组成，因而不能通过直线立刻飞到很远的地方。

分子间的碰撞纯属随机过程，自由程有长有短，差异较大。然而将这些长短不一的值取平均，这个平均值称为平均自由程。

若温度及气体种类一定，平均分子自由程与压强关系为：$\lambda \cdot P$ = 常数。

例如：20 ℃时空气的额平均自由程：$\lambda = 6.667 \times 10^{-3}/P(m)$

0 ℃时空气的额平均自由程：$\lambda = 5 \times 10^{-2}/P(m)$

由此可见：气体分子的平均自由程与压强之间的关系密切，所以随着动态真空系统真空度的不断提高，气体分子平均自由程越来越长。

9.1.1.6　气体的流动状态

在管道两端存在压强差时，气体就从高压强端向低压强端流动。气体在管道内的流动可分为稳定流动和不稳定流动两种状态。稳定流动状态就是气体在管道内流动时，在管道任意一个截面上，气体的状态参数不随时间而变，在真空技术中，通常遇到的大多属于不稳定流动状态。由于不稳定流动状态的讨论比较复杂，而当满足一定条件时，可把其当作稳定流动状态来对待，以下仅讨论稳定流动状态。

（1）湍流

在这种流动状态出现在管道内压强较高、流速较大的情况。管道中的气体是不规则的旋涡状态流线。

（2）黏滞流

这种流动状态出现在管道内压强仍较高，但流速已减小的情况，此时分子平均自由程远小于管道的直径。因此，管道内以分子之间的相互碰撞为主，气体的流动时内摩擦力起主要作用，此时气体分层流动，气层之间的滑动就表现出很大的黏滞性。

（3）过渡流

管道中的压强继续下降，分子自由程逐渐增大，当平均分子自由程与管道直径相当时，分子间的碰撞和分子与管道壁的碰撞对气体的流动都具有作用。此时，称为过渡流，也称黏滞-分子流。

（4）分子流

这种流动状态出现在管道内压强很低，即气体分子的平均自由程大于管道直径的情况。这时气体的内摩擦力已不存在，分子之间的碰撞也不存在，只发生分子与管道壁的碰撞。

以上介绍了在真空系统中随着压强的降低出现的集中流动状态。判断某时某处管道中气体流动的状态，只要根据气体分子的平均自由程 λ 与管道直径 D 的比值进行确定：

$$\text{黏滞流}\ \lambda / D < 0.01$$

$$\text{过渡流（黏滞}-\text{分子流）}\ 0.01 \leqslant \lambda / D < 1$$

$$\text{分子流}\ \lambda / D \geqslant 1$$

而湍流状态仅出现在从大气压强开始抽空的短暂时刻。

9.1.1.7 流导的概念

在一定温度下，气体压强和体积的乘积 PV 表示气体量 Q，而单位时间内流过管道某一截面的气体量称为气体的流导 C，即有：

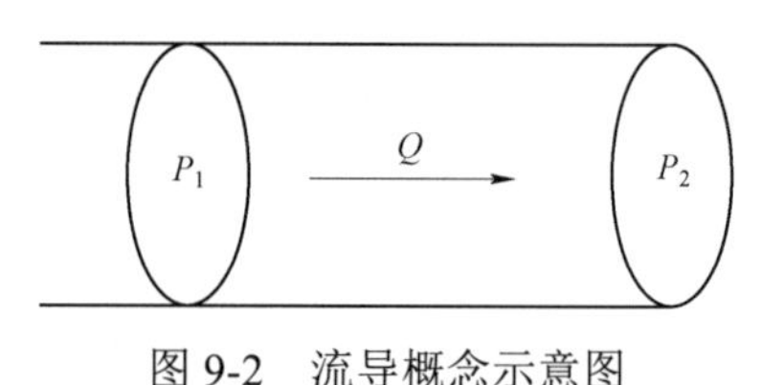

图 9-2 流导概念示意图

$$C = Q / t = PV / t$$

9.1.2 真空特点、真空度单位及真空区域划分

9.1.2.1 真空度的单位

真空度是对气体稀薄程度的一种客观量度。作为这种量度，最直接的物理量应该是每个单位体积内的气体分子数。但是，由于历史上的原因，真空度的高低通常都是用气体的压强来表示的。气体压强越低，就表示真空度越高；反之，压强越高，真空度就越低。

气体的压强是指气体作用于器壁单位面积上的压力，故其单位取决于力及面积采用的单位。力的国际标准单位是牛顿，面积单位是平方米，故压强单位就是牛顿/米^2，一牛顿/米^{2}称为一帕斯卡（pascal），简称帕。

国际计量大会规定帕是国际单位制压强单位，1 标准大气压（atm）= 1.013×10^5 帕（Pa），同时规定标准大气压的 1/760 为 1 毛，一毛与一毫米汞柱几乎相等，一般不加以区别。

通常 1 毛 = $1.333\,224 \times 10^2$ 帕，或近似有 1 毛 ≈ 10^2 帕，即将毛的数值放大两个数量级，就得到粗略真空的帕值，换算起来尚称方便。

除了以上两个单位，在压强较低时也有用微米汞柱（μmHg），它等于毫米汞柱的 10^{-3}，即：

$$1\ \mu\text{mHg} = 10^{-3}\ \text{mmHg}$$

近年来，亦有毫巴作为压强单位，其优点在于：它本身是国际单位帕的 100 倍，实际上又与毫米汞柱数值较为相近（1 毫巴 = 0.75 毫米汞柱），换算起来极为方便，表 9-2 是常用压强单位换算表。

表 9-2 压强单位换算表

	帕/Pa	乇/Torr	微米汞柱/μmHg	毫巴/mba	大气压/atm
1 帕（1 牛顿/米^2）	1	$7.500\,62 \times 10^{-3}$	7.500 62	10^{-2}	$9.869\,23 \times 10^{-6}$
1 毛（1 毫米汞柱）	133.322	1	10^3	1.333 22	$1.315\,79 \times 10^{-3}$
1 微米汞柱	0.133 322	10^{-3}	1	$1.333\,22 \times 10^{-3}$	$1.315\,79 \times 10^{-6}$
1 毫巴	10^2	$7.500\,62 \times 10^{-1}$	$7.500\,62 \times 10^2$	1	$9.869\,23 \times 10^{-4}$
1 大气压	101 325	760	760×10^3	1 013.25	1

9.1.2.2 真空区域的划分

在只需粗略指出真空度的范围而无需示明具体数值时，通常为了方便，就会用真空区域的说法。真空区域的划分，尚没有国际统一规定，国内的划分也各说不一，现参考相关文献，分为以下五个区域：

粗真空	1 个标准大气压——10^3 帕
低真空	10^3 帕——10^{-1} 帕
高真空	10^{-1} 帕——10^{-6} 帕
超高真空	10^{-6} 帕——10^{-12} 帕
极高真空	小于 10^{-12} 帕

就物理现象来说，粗真空下分子相互碰撞为主，即分子自由程 $\lambda \ll$ 容器尺度 d；低真空下则是分子相互碰撞及分子与容器内壁碰撞不相上下；高真空时以分子与器壁碰撞为主，即分子自由程 $\lambda \gg$ 容器尺度 d；高真空下则连碰撞于器壁的次数都很稀少了，形成一个单分子层的时间已达到以分钟计；超高真空是一个刚开始研究的领域，其特点是分子数目极为稀少。

在真空技术实践中，各个区域一般都有相应的工艺要求、获得设备、测量设备、测量仪器等。当然，有限较好的设备、仪器，则能跨区域使用。

一般电真空容器件的管内真空度如下：

白炽灯泡	10^{-2} 帕——10^{-3} 帕
收讯电子管	10^{-3} 帕——10^{-4} 帕
电子束管	10^{-5} 帕
高压电子管（X 射线管等）	10^{-5} 帕

9.1.3　真空系统组成、不同真空状态下的工艺特点

9.1.3.1　真空系统组成

真空系统是由真空泵、真空计及其他元件如阀门、冷阱等按一定要求组合而成的、具有所需抽气功能的装置。一般组成元件主要有：真空泵、真空计量仪表和规管、阀门、管道、可拆连接件、贮气器等。

每一个真空系统都应当满足的基本要求是：

（1）在被抽器件（或工作室）中获得所需的极限真空度和工作真空度。极限真空度指器件无漏气、无放气时所达到的真空；工作真空度是指器件进行真空处理过程时所需维持的真空。真空处理过程往往要放出大量气体，故工作真空度往往低于极限真空度。

（2）在被抽容器件（或工作室）中获得所需的抽速。抽速的大小决定了达到工作真空度、极限真空度所需的时间，提高抽速可缩短这个时间，从而提高劳动生产率。

（3）在被抽器件（或工作室）中有合适的残气成分，以保证被抽件的质量。

除了上述一些基本要求，真空系统还必须结构简单可靠、操作维护方便、价格便宜等。

9.1.3.2　不同真空状态下的工艺特点

随着气态空间中气体分子密度的减小，气体的物理性质发生了明显的变化，人们就是基于气体性质的这一变化，在不同的真空状态下应用各种不同的真空工艺，达到为生产及科学研究服务的目的。目前，可以说，从每平方厘米表面上有上百个电子元件的超大规模集成电路的制造，到几公里长的大型加速器的运转，从民用装饰品的生产到受控核聚变、

人造卫星、航天飞机的问世，都与真空工艺技术密切相关。不同真空状态下所引发出来的各种真空工艺技术的应用概况如表 9-3 所示。

表 9-3 不同真空状态下各种真空工艺技术的应用概况

真空状态	气体性质	应用原理	应用概况
粗真空 10^5～10^3（Pa） 760～10（Torr）	气体状态与常压相比较只有分子数目由多变少的变化，而无气体分子空间特性的变化，分子相互间碰撞频繁。	利用真空与大气的压力差产生的力及感差力均匀的原理实现真空的力学应用。	1. 真空吸引和输运固体、液体、胶体和微粒； 2. 真空吸盘起重、真空医疗器械； 3. 真空成型，复制浮雕； 4. 真空过滤； 5. 真空浸渍。
低真空 10^3～10^{-1}（Pa） 10～10^{-3}（Torr）	气体分子间，分子与器壁间的相互碰撞不相上下，气体分子密度较小。	利用气体分子密度降低可实现无氧化加热利用气压降低时气体的热传导及对流逐渐消失的原理实现真空隔热和绝缘； 利用压强降低液体沸点也降低的原理实现真空冷冻真空干燥。	1. 黑色金属的真空熔炼，脱气、浇铸和热处理 2. 真空热轧、真空表面渗铬； 3. 真空绝缘和真空隔热； 4. 真空蒸馏药物、油类及高分子化合物； 5. 真空冷冻、真空干燥； 6. 真空包装、真空充气包装； 7. 高速空气动力学实验中的低压风洞。
高真空 10^{-1}～10^{-6}（Pa） 10^{-3}～10^{-8}（Torr）	分子间相互碰撞极少、分子与器壁间碰撞频繁； 气体分子密度小。	利用气体分子密度小任何物质与残余气体分子的化学作用徽弱的特点进行真空冶金、真空镀膜及真空器件生产。	1. 稀有金属、超纯金属和合金、半导体材料的真空熔炼和精制；常用结构材料的真空还原冶金； 2. 纯金属的真空蒸馏精练；放射性同位素蒸发； 3. 难熔金疆的真空烧结； 4. 半导体材料的真空提纯和晶体制备； 5. 高温金相显微镜及高温材料实验设备的制造； 6. 真空镀膜，离子注入.膜一刻蚀等表面改性； 7. 电真空工业的电光管、离子管、电子源管、电子束管、电子衍射仪，电子显微镜、X 光显微镜，各种粒了加速器、能谱仪、核辐射谱仪，中子管、气体激光器的制造； 8. 电子束除气、电子束焊接，区域熔炼，电子束加热。
超高真空 10^{-6}～10^{-12}（Pa） 10^{-8}～10^{-14} （mmHg）	气体分子密度过低与器壁碰撞的次数极少致使表面形成单分子层的时间增长； 气态空间中只有固体本身的原子几乎没有其他原子或分子的存在。	利用气体分子密度极低与表面碰撞极少，表面形成单一分子层时间很长的原理实现表面物理与表面化学的研究。	1. 可控热核聚变的研究； 2. 时间基准氢分子镜的制作； 3. 表面物理表面化学的研究； 4. 宇宙空间环境的模拟； 5. 大型同步质子加速器的运转； 6. 电磁悬浮式高精度陀螺仪的制作。

9.1.4 常用真空术语

9.1.4.1 一般术语

（1）标准环境条件：温度为 20 ℃，相对湿度为 65%，干燥空气大气压力为 1.013×10^5 Pa。

（2）标准气体状态：温度为 0 ℃，压力为 1.013×10^5 Pa。

（3）真空：用来描述低于大气压力或大气质量密度的稀薄气体状态或基于该状态环境的通用术语。

（4）真空区域：事实上根据一定的压力间隔，划分了不同的真空范围或真空度，而在选定真空度范围时，会有所不同，粗真空、低真空、高真空、超高真空、极高真空为认可的典型真空区域。

（5）压力

1）气体作用于表面上的压力，气体作用于表面上力的法向分量除以该面积（如果存在气体流动，规定表面方向与气体流动方向相对应）。

2）气体中某一特定点的压力，气体分子通过位于特定点的小平面时，其在小平面法向上的动量变化率除以该面积（如果存在气体流动，规定平面方向与气体流动方向相对应）。

（6）帕斯卡：Pa，压力单位名称，其值等于每平方米-牛顿的作用力（国际单位制中的压力单位）。

（7）真空度：表示真空状态下气体的稀薄程度，通常用压力值来表示。

（8）气体：不受分子间力约束，能自由占据任意可达空间的物质。

（9）非可凝性气体：温度处在临界温度之上的气体，即单纯增加压力不能使其凝结的气体。

（10）蒸气：温度处在临界温度以下的气体，即单纯增加压力就能使其凝结的气体。

（11）饱和蒸汽压：在给定温度下，蒸汽与其凝聚相处于热力平衡时蒸气的压力。

（12）平均自由程：分子的平均自由程，一个分子和其他气体分子两次连续碰撞之间所走过的平均距离，该平均值应是足够多的分子数且足够长的时间间隔下得到的统计值（平均自由程也能用于其他相互作用形式的定义）。

（13）扩散系数：气体通过单位面积的质量流率除以该面积法线方向的密度梯度的绝对值，单位为 m^2/s。

（14）黏滞流：气体分子平均自由程远小于导管最小截面尺寸时气体通过导管的流动，流动取决于气体的黏滞性。

（15）吸附：固体或液体（吸附剂）对气体或蒸气（吸附质）的捕集。

（16）表面吸附：气体或蒸气（吸附质）保持在固体或液体（吸附剂）表面上的吸附。

（17）物理吸附：由于物理力产生的，而非化学键产生的吸附。

（18）放气：气体从某一材料上的自然解吸。

（19）去气：气体从某一材料上的人为解吸。

9.1.4.2　真空泵及有关术语

（1）真空泵：获得、改善和（或）维持真空的一种装置，可以分为两种类型，即气体传输泵和气体捕集泵。

（2）变容真空泵：充满气体的泵腔，其入口被周期性地隔离，然后将气体输送到出口的一种真空泵，气体在排除之前是被压缩的，它可分为两类，往复式变容真空泵和旋转式真空泵。

（3）气镇泵：在泵压缩腔内，放入可控的适量非可能性气体，以降低被抽气体在泵中凝结程度的一种变容真空泵。

（4）油封真空泵：用泵油来密封相对运行零部件间的间隙、减少压缩腔末端残余死空间的一种旋转式变容真空泵。

（5）干式真空泵：不用油封（或液封）的变容真空泵。

（6）活塞真空泵：由泵内活塞往复运动将气体压缩排除的一种变容真空泵。

（7）液环真空泵：泵内装有带固定叶片的偏心转子，将液体抛向定子壁，液体形成与定子同心的液环，液环与转子叶片一起构成可变容积的一种旋转变容真空泵。

（8）旋片真空泵：泵内偏心安装的转子与定子固定面相切，两个（或两个以上）旋片在转子槽内滑动（通常为径向的）并与定子内壁相接触，将泵腔分成几个可变容积的一种旋转变容真空泵。

（9）定片真空泵：泵内偏心安装的转子和定子内壁相接触转动，相对于定子运动的滑片与转子压紧并把泵腔分成可变容积的一种变容真空泵。

（10）滑阀真空泵：泵内偏心安装的转子相对定子内壁转动，固定在转子上的滑阀在定子适当位置可摆动的导轨中滑动，并将定子腔分成两个可变容积的一种变容真空泵。

（11）罗茨真空泵：泵内装有两个方向相反同步旋转的叶形转子，转子间、转子与泵壳内壁间有细小间隙而互不接触的一种变容真空泵。

（12）余摆线泵：泵内装有一断面为余摆线型的转子（例如：椭圆），其重心沿圆周轨道运动的一种旋转变容泵。

（13）动量真空泵：将动量传递给气体分子，使气体由入口不断地输送到出口的一种真空泵，可分为液体输送泵和牵引真空泵。

（14）涡轮真空泵：泵内由一高速旋转的转子去传送大量气体，可以获得无摩擦动密封的一种旋转动量泵，泵内气体既可以平行于转轴方向流动（轴流泵）也可以垂直于旋转轴方向流动（径流泵）。

（15）喷射真空泵：利用文丘里效应产生压力降，被抽气体被高速气流携带到出口的一种动量泵，喷射泵在黏滞流和中间流态下工作。

（16）液体喷射真空泵：以液体（通常为水）为传输流体的一种喷射泵。

（17）气体喷射真空泵：以非可凝性气体为传输流体的一种喷射泵。

（18）蒸气喷射真空泵：以蒸气（水、汞或油蒸气）为传输流体的一种喷射泵。

（19）扩散泵：以低压、高速蒸气射流为工作介质的一种动量泵，气体分子扩散到蒸气射流内被携带到出口，在蒸气射流内气体分子数密度总是较低，扩散泵在分子流态下工作。

（20）自净化扩散泵：工作液中的挥发性杂质不能返回锅炉而被输送到出口的一种特殊油扩散泵。

（21）分馏扩散泵：将工作介质中密度高、蒸气压力低的馏分供给最低压力级，而将密度小、蒸气压高的馏分供给高压力级的一种多级油扩散泵。

（22）扩散喷射泵：泵内前一级或几级具有扩散泵的特性，而后一级或几级具有喷射泵特性的一种多级动量泵。

（23）牵引分子泵：泵内气体分子和高速转子表面相碰撞而获得动量，使气体分子向泵出口运动的一种动量泵。

（24）涡轮分子泵：泵内由开槽圆盘或叶片组成的转子，在定子上的相应圆盘间转动，转子圆周线速度与气体分子速度为同一数量级的一种牵引分子泵，涡轮分子泵通常工作在分子流态下。

（25）离子传输泵：泵内气体分子被电离，然后在电磁场或电场作用下向出口输运的一种动量泵。

（26）捕集真空泵：气体分子被吸附或冷凝而保留在泵内表面上的一种真空泵。

（27）吸附泵：泵内气体分子主要被具有大的表面积材料（如多孔物质）物理吸附而保留在泵内的一种捕集泵。

（28）升华（蒸发）泵：泵内吸气剂材料被升华（蒸发）的一种捕集泵。

（29）低温泵：由被冷却至可以凝结残余气体的低温表面组成的一种捕集泵，冷凝物因此保持在其平衡蒸气压力等于或低于真空室要求压力的温度下。

9.1.4.3　泵的零部件及附件

（1）泵壳：将低压气体与大气隔开的泵外壁。

（2）入口：被抽气体被真空泵吸入的入口。

（3）出口：真空泵的出口或排气口。

（4）叶片：旋转变容真空泵中用以划分定子和转子之间工作空间的滑动原件。

（5）排气阀：旋转变容真空泵中自动排除压缩气体的阀门。

（6）气镇阀：在气镇真空泵的压缩室安装的一种起气镇作用的充气阀。

（7）膨胀腔：变容真空泵内不断增大的定子腔空间，其中的被抽气体产生膨胀。

（8）压缩腔：变容真空泵内不断减少的定子腔空间，其中的气体在排出前被压缩。

（9）真空泵油：油封真空泵中用来密封、润滑和冷却的液体。

（10）泵液：扩散泵或喷射泵所使用的工作介质。

（11）喷嘴：扩散泵或喷射泵中用来使泵液定向流动、产生抽气作用的零件。

（12）喷嘴喉部：喷嘴的最小截面处。

（13）射流：扩散泵或喷射泵中，由喷嘴喷出的泵液的蒸气流。

（14）扩压器：喷射泵泵壁的收缩部分。

（15）蒸气导流管：蒸气喷射泵或扩散泵中引导蒸气从锅炉流向喷嘴的导管

（16）喷嘴组件：扩散泵或喷射泵中蒸气导流管和喷嘴的组合。

（17）下裙：喷嘴组件的下部分，通常为扩大部分，用以将回流的泵液与锅炉产生的蒸气分开。

（18）阱：用物理或化学的方法降低蒸气和气体混合物中组分分压的装置。

（19）冷阱：通过冷却表面冷凝而工作的阱。

（20）吸附阱：通过吸附而工作的阱。

（21）离子阱：应用电离方法从气相中除去某些不希望成分的阱。

（22）挡板（真空泵）：放在靠近蒸气喷射泵或扩散泵入口处的尽可能冷的屏蔽系统，以降低返流和返迁移。

（23）油分离器：设置在真空泵出口处，用以减少以微滴形式被带走泵油损失的装置。

（24）油净化器：从泵油中除去杂质的装置。

9.1.4.4　泵的特性

（1）真空泵的启动压力：泵能够无损启动并能获得抽气作用的压力。

（2）抽气速率（体积流率）：当泵装有标准试验罩并按规定条件工作时，从试验罩流过的气体流量与在试验罩上指定位置测得的平衡压力之比，简称泵的抽速。即在一定的压力、温度下，真空泵在单位时间内从被抽容器中抽走的气体体积，单位：m^3/s、L/s。

（3）前级压力：低于大气压力的泵出口排气压力。

（4）临界前级压力：喷射泵或扩散泵正常工作允许的最大前级压力，泵的前级压力稍高于临界前级压力值时，还不至于引起入口压力的明显增加，泵的临界前级压力主要取决于气流量。

（5）最大前级压力：超过了泵能被损坏的前级压力。

（6）最大工作压力：与最大气流量对应的入口压力，在次压力下，泵能连续工作而不恶化或破坏。

（7）泵的极限压力：泵正常工作且没有引进气体的情况下，标准试验罩内逐渐接近的压力值，自由非可凝性气体的极限压力与含有气体和蒸气总极限压力之间会产生差异。

（8）压缩比：对于给定气体，泵的出口压力与入口压力之比。

（9）气体的反扩散：与抽泣作用相反，气体从泵出口流向入口的过程。

（10）泵液返流：泵液通过液体输送泵入口与抽气方向相反的流动过程。

9.1.4.5 真空计

（1）真空计：测量低于大气压力的气体或蒸气压力的一种仪器。

（2）规头（规管）：某些种类真空计中，包含压力敏感元件并直接与真空系统连接的部件。

（3）真空计控制单元：某些种类真空计中，包含电源和工作需要全部电路的部分。

（4）真空计指示单元：某些种类真空计中，常以压力为单元来显示输出信号的部件。

9.1.4.6 真空封接

（1）永久性真空封接：不能以简单的方式加以制造或拆卸的一种真空连接，例如：钎焊的真空连接、焊接的真空连接、玻璃-玻璃封接、玻璃-金属封接。

（2）可拆卸的真空封接：用简单的方式，一般说来用机械的方法可以拆卸又可以重新组装起来的一种真空连接。

（3）真空法兰连接：在两个法兰之间用一个适宜的可变性的密封件造成一个真空密封连接的一种可拆卸式真空连接。

（4）真空密封垫：放置于两个零件之间的一个可拆卸的真空连接件，用其进行密封的一种可变形的构件，在某些场合借助于支撑架，材料的选择要视所要求的真空范围而定，通常用弹性体或金属。

（5）真空轴密封：用来密封轴的一种真空密封件，它能将旋转和（或）移动运动相对于无泄漏地传递到真空容器器壁内，以实现真空容器内机构的运动，满足所进行的工艺过程的需要。

9.1.4.7 真空阀

（1）真空调节阀：能调节由真空阀隔开的真空系统部件之间的流率的一种真空阀。

（2）真空截止阀：用来使真空系统的两个部分相隔离的一种真空阀。

（3）前级真空阀：在前级真空管路中用来使前级真空泵和与其相连的真空泵隔离的一种真空截止阀。

（4）旁通阀：在旁通管路中的一种真空截止阀。

（5）手动阀：用手开闭的阀。

（6）气动阀：用压缩气体为动力开闭的阀。

（7）电磁阀：用电磁力为动力开闭的阀。

（8）电动阀：用电机开闭的阀。

9.1.4.8　真空检漏相关术语

（1）漏孔：在真空技术中，在压力或浓度差下，使气体从壁的一侧通到另一侧的孔洞、孔隙、渗透元件或一个封闭器壁上的其他结构。

（2）通道漏孔：可以把它理想地当作长毛细管的由一个或多个不连续通道组成的一个漏孔。

（3）校准漏孔：在规定条件下，对于一种规定气体提供已知质量流量的一种漏孔。

（4）标准漏孔：在规定条件下（入口压力为 100 kPa±5%，出口压力低于 1 kPa，温度为 23±7 ℃），漏率是已知的一种校准用的漏孔。

（5）虚漏：在系统内，由于气体或蒸气的放出所引起的压力增加。

（6）漏率：在规定条件下，一种特定气体通过漏孔的流量。

（7）标准空气漏率：在规定的标准状态下，漏点低于 –25 ℃的空气通过一个漏孔的流量。

（8）示漏气体：用来对真空系统进行检漏的气体。

（9）本底：一般地在没有注入探索气体时，检漏仪给出的总的指示。

（10）示漏气体本底：由于从检漏仪壁或检漏系统放出示漏气体所造成的本底。

（11）检漏仪：用来检测真空系统或元件漏孔的位置或漏率的仪器。

（12）氦质谱检漏仪：利用磁偏转原理制成的对于示漏气体氦反应灵敏，专门用来检漏的质谱仪。

（13）检漏仪的最小可检漏率：当存在本底噪声时，将仪器调整到最佳情况下，纯示漏气体通过漏孔时，检漏仪所能检出的最下漏率。

9.1.4.9　真空干燥和冷冻干燥

（1）真空干燥：真空干燥是在低压条件下，使湿物料中所含水分的沸点降低，从而实现在较低温度下，脱除物料中水分的过程。

（2）冷冻干燥：冷冻干燥是将湿物先行冷冻到该物料的共晶点温度以下，然后在低于物料工晶点温度下进行升华真空干燥（亦称第一阶段干燥），待湿物料中所含水分除去 90% 之后转入解吸干燥（亦称第二阶段干燥），直到物料中所含水分满足要求的真空过程。

9.2　真空阀门真空密封性试验

9.2.1　真空阀门真空密封性试验要求及步骤

（1）普通真空阀门的技术要求

工艺系统中所使用的真空阀门必须逐个进行真空密封性试验。各种规格的真空阀门漏率执行标准 GB 11796—89《核用真空阀门技术条件》中I类真空阀门漏率标准，如表 9-4 所示。

表 9-4 Ⅰ类真空阀门漏率标准

阀门通径 DN/mm	3、10	25、50、80	40、65、100	125、150	210、250、300
开启状态漏率/$P_a \cdot L \cdot S^{-1} \leqslant$	1.33×10^{-6}	6.65×10^{-6}	6.65×10^{-5}	1.33×10^{-5}	6.65×10^{-5}
关闭状态漏率/$P_a \cdot L \cdot S^{-1} \leqslant$	1.33×10^{-5}	6.65×10^{-5}	6.65×10^{-4}	1.33×10^{-4}	6.65×10^{-4}

当然，任何真空阀门的漏率都必须满足所安装系统的漏率要求。

（2）普通真空阀门的真空试验步骤如下：

1）打开阀门包装，取出阀门（不得磕碰）放置在平整地面。

2）检查阀门各结构是否完整或有无损坏，并清理阀门表面。

3）取下阀门抽嘴处地封头，并将其连接于检漏仪。

4）使用检漏仪对阀门进行抽空。

5）关闭阀门，对阀门进行检漏，漏率应满足表 9-4 要求。

6）打开阀门，对阀门进行检漏，漏率应满足表 9-4 要求。

7）将各真空阀门的检漏情况进行记录，将检漏合格与不合格的阀门分类存放。

8）电动真空阀门还需进行机电试验。

9.2.2 阀门充氮

对于公称通经＞25 mm 阀门，阀门充氮要求

（1）阀门在经过拆除、检修、更换组件、恢复、真空试验等程序后，如合格，需要进行封存。

（2）封存时，需将阀门两侧用盲板进行封闭，一侧盲板带有可抽气的抽嘴。

（3）通过真空泵，将阀门工作腔压力抽至 267 Pa 以下。

（4）阀门内压力在 267 Pa 以下后，对阀门进行充氮，充氮后表压应在 0.05～0.1 MPa 之间。

（5）阀门充氮后应隔 24 小时后复验一次，表压应没有明显下降。

（6）氮气应清洁，不允许混有绒毛、灰尘等杂质，氮气纯度应不低于 96.5%。

（7）阀门封存期间，每 6 个月检查一次氮压，表压不低于 0.02 MPa。如果经检查发现剩余压力在 0～0.02 MPa 之间（压力不为 0 MPa）时，允许补充充氮。

9.2.3 阀门入厂验收

（1）阀门外观检查。用目视法检查标志和代号及外观质量。

（2）行程开关和开度指示检查

1）用目视和手动法检查阀门行程开关和开度指示装置。

2）作全程启闭动作试验 10 次，要求动作无卡滞。

（3）真空密封性试验

1）利用氦质谱检漏仪测定阀门漏率。

2）关闭状态下真空密封性试验，在阀门出口端抽至 4.00～6.67 Pa，入口端通大气。

3）真空密封试验过程中，应保持阀门工作腔的清洁。破空被试阀门时，进入阀门工作腔的空气应用洁净的双层白绸布过滤。

9.3　真空测量

9.3.1　概述

真空技术中遇到的气体压强都很低，要直接测量它们的压力效果是极不容易的。因此，测量真空度的办法通常都是先在气体中引起一定的物理现象，然后测量这个过程中与气体压强有关的某些物理量，再设法确定出真实压强。

常用的真空测量设备是真空计，真空计按其原理可分为压缩真空计、热传导真空计、电离式真空计等。例如可先将气体压缩，让其压强增高，测出此增高后的压强，再设法计算出原来的压强，这就是所谓的压缩真空计。

任何具体物理现象与压强的关系，都是在某一压强范围内才最为显著，超出这个范围，关系就变得非常微弱了。因此任何方法都有其一定的测量范围，这个范围就是所谓真空计的量程。

9.3.1.1　真空测量的研究对象

真空技术中习惯以各向同性的中性气体的压力来表示真空度的高低。通常把用于测量比大气压小得多的气体压力的工具称为真空计或真空规。由于制定空间内被测气体大多数为混合气体，因此，一般意义上的真空测量应属于混合气体的全压力测量。所用的真空计也是测量全压力的真空计。

真空测量技术还包括气体成分分析和分压力测量两方面内容。前者是指定性地判断残余气体中包含有哪些种类气体成分并大略估计各自所占的比例，后者则是指能够满足一定精度要求的定量测定各种气体成分的分压力值。所使用的仪器基本是不同类型的质谱计，分别被称为残余气体分析仪和分压力计。

目前，采用的真空计一种是从其本身测得的压强物理量中直接算出的压力值，这就是绝对真空计。另一种是通过与气体压力有关的物理量以间接的方法反映出所测的气体压力值，这就是相对真空计。由于相对真空计必须通过绝对真空计的校准才能准确的对真空度进行测量，因此在真空测量技术中除了应包括对气体全压力和分压力的测量外，还必须把真空计的校准问题纳入其内。

9.3.1.2　真空度量值的单位

真空度量值的单位采用压力的单位，目前国内外已统一采用了国际单位制中的“牛顿/米 ^{2}”为单位，称为“帕斯卡”（Pascal），简称为帕（Pa），即 1 Pa = 1 N/m^2。由于在工程实用中，帕的量值太小，因此又常用 kPa 和 MPa 为单位表示压力。此外，还可以用毛、巴、毫巴等表示，各单位之间的数值换算在之前已有介绍。

9.3.1.3 真空计的分类及测量范围

每一种真空计都只能适用于一定的压力范围，有的能测出全压强，有的则只能测出永久性气体的分压强。有的反应迅速，有的反应缓慢。目前真空计的种类繁多，因此有必要对其进行分类。

真空计的分类主要有两种方法：一是按真空计读书的刻度方法进行分类，即前面所叙述的绝对真空计和相对真空计。前者如 U 型管压力计、压缩式真空计、热辐射式真空计等；后者如热传导真空计、电力真空计等。另一种是按真空计的测量原理进行分类，也有两种，即直接测量真空计和间接测量真空计，前者是以直接测量单位面积上的力为原理，如静态液位真空计、弹性元件真空计等，后者是通过低压下与气体压力有关的物理量的变化来间接地测量出压力的变化，如压缩式真空计、热传导式真空计、热辐射式真空计、电离真空计、黏性真空计、分压真空计等。表 9-5 是按真空计的工作原理进行分类的各种类型真空计的测量范围。

表 9-5 真空计的分类及测量范围

<table>
<tr><th colspan="2">原理</th><th colspan="2">类别</th><th>测量范围/Pa</th><th>备注</th></tr>
<tr><td rowspan="13">力</td><td rowspan="5">重力</td><td rowspan="5">液体真空计</td><td>汞柱真空计</td><td>10^2～10^5</td><td rowspan="4">①</td></tr>
<tr><td>油柱真空计</td><td>10^1～10^3</td></tr>
<tr><td>基准汞柱真空计</td><td>10^1（10^{-1}）～10^4</td></tr>
<tr><td>基准油柱真空计</td><td>10^{-2}（10^{-3}）～10^2</td></tr>
<tr><td>压缩真空计</td><td>10^{-1}（10^{-6}）～10^3</td><td>①，④</td></tr>
<tr><td rowspan="4">机械力</td><td rowspan="4">变形真空计</td><td>弹簧管真空计</td><td>10^3～10^5</td><td rowspan="2">①</td></tr>
<tr><td>膜盒真空计</td><td>10^1～10^3</td></tr>
<tr><td>薄膜电容真空计</td><td>10^{-3}～10^{-5}</td><td>②</td></tr>
<tr><td>薄膜应变真空计</td><td>10^2～10^5</td><td>①</td></tr>
<tr><td rowspan="3">阻尼力</td><td rowspan="3">粘滞真空计</td><td>振幅衰减真空计</td><td>10^{-3}～1</td><td rowspan="3">③</td></tr>
<tr><td>磁旋转子真空计</td><td>10^{-4}～1</td></tr>
<tr><td>振膜真空计</td><td>10^{-1}～10^4</td></tr>
<tr><td colspan="2">分子力</td><td>热辐射真空计</td><td>10^{-5}～1</td><td>②</td></tr>
<tr><td colspan="2" rowspan="4">气体分子热传导</td><td rowspan="4">热传导真空计</td><td>电阻真空计</td><td>10^{-1}（10^{-2}）～10^2</td><td rowspan="4">③</td></tr>
<tr><td>半导体真空计</td><td>10^{-3}～10^2</td></tr>
<tr><td>热偶真空计</td><td>10^{-1}～10^2</td></tr>
<tr><td>热电堆真空计</td><td>10^{-1}～10^2</td></tr>
<tr><td colspan="2">对流</td><td colspan="2">对流真空计</td><td>10^2～10^5</td><td>③</td></tr>
<tr><td rowspan="5">气体电离</td><td rowspan="5">恒源荷能粒子碰撞</td><td rowspan="4">热阴极计</td><td>普通电离真空计</td><td>10^{-5}～10^{-1}</td><td rowspan="5">③</td></tr>
<tr><td>高压强电离真空计</td><td>10^{-4}～10^2</td></tr>
<tr><td>超高真空电离计</td><td>10^{-9}（10^{-11}）～10^{-2}</td></tr>
<tr><td>热阴极磁控计</td><td>10^{-11}（10^{-13}）～10^{-5}</td></tr>
<tr><td colspan="2">放射源电离真空计</td><td>10^{-1}～10^4（10^5）</td></tr>
</table>

续表

原理		类别		测量范围/Pa	备注
气体电离	自持放电	冷阴极计	潘宁计	$10^{-4}\sim1$	③
			反磁控计	10^{-9}（10^{-11}）10^{-2}，$10^{-5}\sim10^{1}$	
			正磁控计	$10^{-8}\sim10^{-2}$，$10^{-3}\sim10^{2}$	

注：①与气体种类无关，是绝对真空计。

②与气体种类关系甚小，近似为绝对真空计。

③与气体种类有关，是相对真空计。

④非理想气体的压强测量受到限制。

9.3.1.4　真空测量的特点及真空计的选用原则

（1）真空测量技术具有如下特点

1）测量范围宽。真空技术的发展已可获得 $1.1\times10^{5}\sim10^{-14}$ Pa，宽达 19 个数量级的压力范围。为此，不可能依靠一种测量原理和一种真空计来实现整个范围的真空测量。不同种类的真空计对应各自不同的压力范围，即有不同的量程。

2）多为间接测量。除了压力较高的真空区域（$10^{5}\sim10$ Pa），采用压力的直接测量外，大部分低压空间气体的测量都是利用低压下气体的某些特性（如热传导、电离等）进行间接真空测量，因此对相对真空计的校准工作就显得更为重要。

3）通常采用电测技术。由于间接测量的真空计大都采用非电量电测技术，因此测量反应迅速，灵敏度高，为实现自动化创造了条件。

4）测量值与气体种类有关。大部分真空计的读书与被测气体的种类和相关成分有关，因此测量时应注意被测气体的种类和成分，以免造成误差。

5）测量精度不高。间接测量压力的过程中，往往需要引进外加能量（如热能、电能、机械能、放射能等）。由于这些外加能量的引用将不可避免产生测量误差，而稀薄气体所能产生的测量信号本身很弱。这就决定了真空计的测量精度远比气田群的物理仪器的测量精度低。因此把真空测量基准仪表的不准确度定为 0.02～0.1，工作仪表的测量误差控制在 ±0.2 以内是比较确切的。

（2）选用真空计时的考虑原则

1）所用设备要求的压力范围，选用的真空计是否有足够的测量精度，整体性能如何；

2）被测气体能否对真空计造成损伤；

3）所选真空计对被测气态空间能否造成影响；

4）真空计所测的压力值是全压力，还是分压力，是否已校准，仪器的灵敏度是否与被测的气体种类有关；

5）所选真空计能否实现连续测量，电气指示以及反应时间如何；

6）仪器的稳定性、可靠性、使用寿命如何。

9.3.2　热偶真空计

在工艺系统中，大都使用热偶真空计。热偶真空计是借助于热电偶直接测量热丝温度的变化，热电偶产生的热电势就用于表征规管内的压力。国产 DL-3 等型号热欧规管的压

力范围为 10^{2}～10^{-1} Pa。

9.3.2.1 热偶真空计的结构原理

热偶真空计的结构原理如图 9-3 所示。它由热偶式规管和测量线路两部分组成。热欧规管主要由热丝和热电偶组成，热电偶的热端与热丝相连，另一端作为冷端经引线引出管外，接至测量热偶电势用的毫伏表。测量线路比较简单，包括热丝的供电回路和热偶电势显示回路。

测量时，规管热丝通以一定的加热电流。在较低压力下，热丝温度及热电偶电势 E 决定于规管内的压力 P。当压力降低时，气体分子传导走的热量减少，热丝温度随之升高，故热电偶电势增大，反之减小。

若规管内的电流发生改变，对其灵敏度和测量范围都会影响。如果加热电流增大，则规管灵敏度提高，能测较高的压力，但测量范围变窄；反之，如果加热电流减小，则规管灵敏度降低，只能测较低压力，但测量范围较宽。在加热一定的情况下，如果预先测出电偶电势与压力的关系，那就可以根据毫伏表指示直接给出被测系统的压力。

9.3.2.2 热偶真空计规管的结构

DL-3 型热偶真空计规管的结构如图 9-4 所示。规管热丝的工作温度为 100～200 ℃，对热丝材料的要求是在工作温度和较高压力下具有足够的物理和化学稳定性以及较小的电阻温度系数。常用的材料有 ϕ0.05～0.1 mm 的铂丝、钨丝和镍丝，其中铂丝最好。采用铂丝能保证在工作温度下，长期在低真空中应用而性能稳定不变。

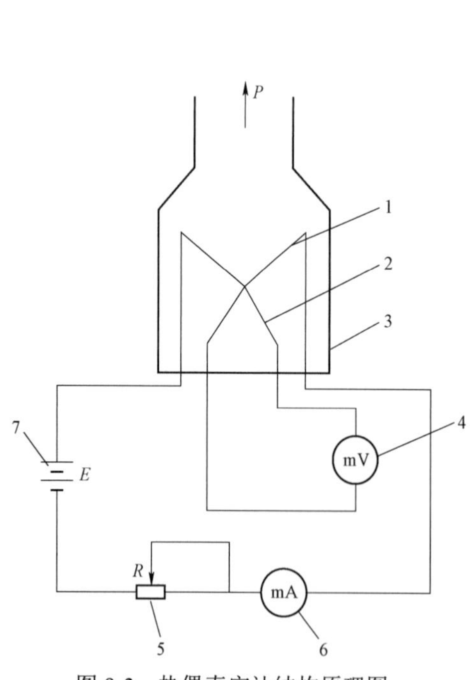

图 9-3 热偶真空计结构原理图

1—热丝；2—热电偶；3—管壳；4—毫伏表；5—限流电阻；6—毫安表；7—恒压电源

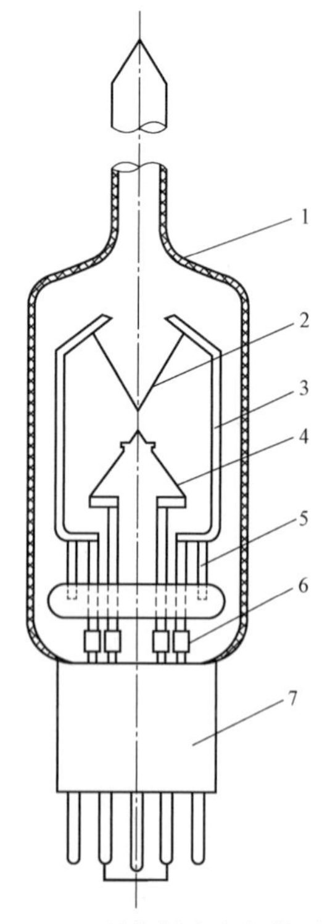

图 9-4 DL-3 型热偶真空规管结构图

1—管壳；2—热丝；3—边杆；4—热电源；5—引线；6—芯柱；7—管基

9.3.2.3　气体种类对热真空计的影响

热偶真空计对不同气体的测量结果是不同的，这是由于不同气体分子的导热系数不同而引起的。通常以干燥空气（或氮气）的相对灵敏度为 1，其他一些常用气体和蒸汽的相对灵敏度如表 9-6 所示。相对灵敏度表明了气热传导的性质。从表中可以看出，对气体分子中具有相同原子数的气体或蒸汽，其相对灵敏度随分子量的变大而增大。

表 9-6　一些气体与蒸汽的相对灵敏度

气体或蒸汽	相对队灵敏度	气体或蒸汽	相对队灵敏度
空气	1	一氧化碳	0.97
氢	0.67	二氧化碳	0.94
氦	1.12	二氧化硫	0.77
氖	1.31	甲烷	0.61
氩	1.56	乙烷	0.86
氪	2.30	乙炔	0.60

9.3.3　电离真空计

普通型电离真空计用于低于 10^{-1} Pa 的高真空测量，在结构上包括作为传感元件的规管和由控制及指示电路所组成的测量仪表两部分。电离真空计可按电离方式的不同分为三类，第一类是热阴极电离真空计；第二类是冷阴极电离真空计；第三类是放射性电离真空计。

9.3.3.1　工作原理

利用某种手段使进入规管中的部分气体分子发生电离，收集这些离子形成离子流。由于被测气体分子所产生的离子流在一定压力范围内与气体的压力呈现出正比关系，则通过测量离子流的大小就可以反映出被测气体的压力值。

9.3.3.2　测量范围

普通型热阴极电离真空计，其压力测量范围是 1×10^{-1}～10^{-5} Pa；超高真空热阴极电离真空计，压力测量范围是 1×10^{-1}～10^{-8} Pa，有的下线可能到 10^{-10} Pa；高压力热阴极电离真空计，其压力测量范围在 10^{2}～10^{-3} Pa。

9.3.4　真空计校准

由于相对真空计不能直接从它测量的物理量中计算出相应的压力值，因此采用绝对真空计、副标准真空计或绝对校准系统进行对比校准是必要的。真空计校准的实质，就是在一定条件下对一定种类的气体进行相对真空计的刻度，从而得到校准系数或刻度曲线，借以确定相对真空计的读数及其大致的测量量程及精度。因此，真空计校准的前提是必须具有标准真空计及其校准系统，并通过一定的方法才可以达到上述所提出的校准目的。

真空计的校准通常包括两个方面的内容：即相对真空计规管的校准和对其测量电路的校准，校准时即可二者合一的进行，也可分别进行，后者校准效果相对理想。

在真空计校准中，所确定的真空标准有绝对真空计、标准相对真空计（或副标准真空计）和绝对校准系统。所有绝对真空计均可作为真空标准。而以绝对真空计为基础，将经过压力衰减后精确计算出的再生低压力作为标准的真空计校准系统称为绝对校准系统。稳定性和精确度高的真空计，经过校准后，可作为次级标准，对工作真空计进行校准，称这种真空计为副标准真空计。

9.3.5 真空测量技术

9.3.5.1 气体种类对真空测量的影响

（1）气体种类对测量读数的影响。如果被测气体是氮气、惰性气体或较为纯净的空气，由于普通真空计出厂前都是以此为基准标定的，实际测量的读数值就是其真实压力值。

（2）气体种类对真空规的影响。被测气体中的而各种蒸汽，还会对真空规造成影响，其中尤以氧气、水蒸气、油蒸汽等组分对真空计影响严重。采用电阻真空计测量时，氧气和水蒸气会氧化规管热丝，改变热丝的表面状态；油蒸汽附在规管的热丝和管壁上，会改变表面性能，因此都将引起规管零点漂移和灵敏度的改变，导致读数不准。

9.3.5.2 温度对真空测量的影响

真空规管实际使用温度与出厂时校准温度不同，规管温度与被测系统温度不同，被测系统温度不均匀或变化，均会引起被测系统中气体温度变化，影响真空测量结果，引起测量误差，甚至发生明显错误。因此，使用一段时间后需进行校准。

9.3.5.3 规管安装位置和方法对真空测量的影响

原则上应尽可能地把真空计规管安装在接近被测量的部位，连接管道应尽量短而粗。这样才能正确地测量出被测部位的实际压力。如果由于某种原因必须在其间安装导管、冷阱、挡板、过滤器等部件时，要进行相应的修正。此外，必须注意不应在真空系统中存在气源的地方安装规管。

对于没有定向气流的静平衡真空系统，各处压力相同，所以对规管安装无特殊要求。但是对于存在定向气流的非静态平衡系统，各处压力不相等，所以在安装规管时必须注意“方向效应”。还需注意在存在的温度差异的系统中，温差也可能引发气体的流动。规管安装方法如图 9-5 所示，如果要测静压，规管开口应图中的 1、4 所示。如果导管开口如图

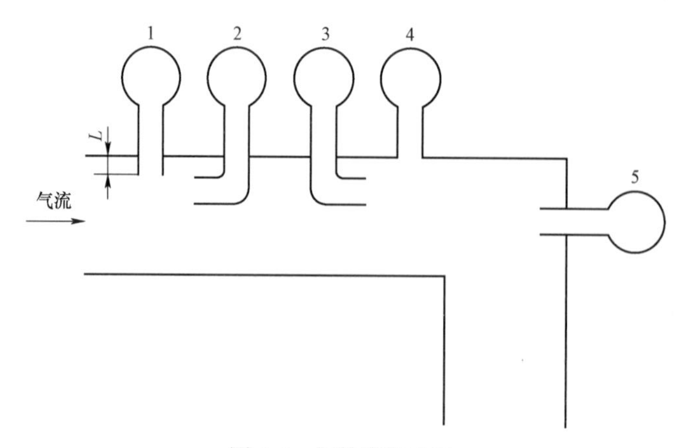

图 9-5 规管安装方法

中 2、3、5 的形式，则测出的是方向性压力。由于气流流速造成的动压力，规管 2、5 测得的压力高于规管 1、4，而规管 3 测得的压力低于规管 1、4，规管 2 和规管 3 的测量结果可相差约两倍。

在 $P<10^{-1}$ Pa 时，由于器壁放气的影响，靠近器壁处的压力会高于中心位置的压力，应按图中 1 所示那样将导管深入系统内部（一般伸入长度为 $L=10$ mm）；在 $P>10^{-1}$ Pa 时，由于气流速度较大，对规管有抽气现象，因此一般采用图中 4 的安装方法。

综上所述，要根据不同被测系统的具体运行工艺条件，选择合适的真空规管安装位置及方法。

9.3.5.4 规管吸放气作用对真空测量的影响

规管中气体再释放对真空测量的影响主要有两种形式：气体热解吸对真空测量的影响和气体电解吸及光解对真空测量的影响。

9.3.5.5 热表面和气体相互作用对真空测量的影响

规管中热丝与气体的作用有氧化、分解和生成新的气体。前两种作用造成化学清除，后一种作用将引起被测系统的气体成分发生变化。例如，炽热的钨丝与气体（氢气）作用可分解成原子氢，它很容易被吸附在不同的表面上，并且在表面与其他气体或物质合成碳氢化合物，从而大大改变了被测系统中的气体组成。另外，二氧化碳与热丝作用可生成氧和一氧化碳；甲烷与热丝作用会被分解。

9.3.5.6 管规和裸规的差异

如果用管规和裸规同时测量油扩散泵的极限压力，可发现裸规读数比管规高 10 倍。其原因是管规的连接导管对油蒸汽有吸附作用，它相当于一个挡油阱，使规管只测出永久气体的分压；而裸规测出的则是永久气体分压和油蒸汽分压之和。

实验证明，管规的连接导管对油蒸汽的流导很小，仅为对空气的万分之一。

只有在规管连接导管内表面吸附油蒸汽达到饱和时，管规和裸规的读数才趋于一致。但达到饱和一般需要 3～4 周时间。在没有油蒸汽或可凝性气体的系统中，由于连接管和规管壁放气以及电极放气，管规的压力读数将高于裸规。

分析表明，在测量静态平衡系统的气体压力时，裸规的读数比管规更能真实地反映出被测系统的压力；但是在测量非静态平衡系统的气体压力时，即测量有定向气流、不等温等非均匀状态系统的气体压力，用管规可测出反应方向性的“有效压力”，用裸规则不能，而且裸规读数没有明确含义。

9.4 真空检漏

9.4.1 真空检漏目的及基本概念

9.4.1.1 基本概念

一个理想的真空系统或真空容器，应当是不存在任何漏孔，不产生任何漏气现象。但是，就任何真空系统或真空容器来说，绝对不漏的规象是不可能的。特别是在压力极低的情况下，随着漏气现象的影响不断加剧，真空度达不到预定的工艺要求，是一个相当普遍的问题。为此，检测真空系统或真空容器存在的漏气部位、确定漏孔的大小、堵塞漏孔从而消除漏气现象，就成为真空技术工作者的一项重要工作。

所谓漏气或称实漏，它是指气体通过真空系统上的漏孔或间隙，从高压侧流向低压侧的一种现象。真空检漏技术中的些常用基本概念主要有如下各点。

（1）虚漏：虚漏是相对于实漏而言的一种物理现象。这种现象大都是由于材料的放气、解吸、凝解气体的再蒸发或系统内存在的死空间中气体的流出等原因而引起真空系统或容器中压力升高的一种现象。真空检漏作业时需要排除虚漏的影响。

（2）气密性：它是表征真空系统或容器的壁，对空气不可渗透程度的一种性能。

（3）漏孔：漏孔是指真空器壁匕存在的形状不定、极其微小的孔洞或间隙。大气通过这种小孔或间隙进入真空系统或容器中。

（4）漏率：漏率即漏气速率，它是指单位时间内通过漏孔或间隙流入到真空系统或容器内的气体量。

（5）最小可检漏率：它是指采用某种检漏方法或仪器可能检测出来的最小漏率。

（6）检漏灵敏度：或称有效灵敏度，即检漏仪器在最佳工作状态下能检测出的最小漏率。

（7）反应时间：又称响应时间，它是指从检漏方法开始实施（如开始喷射示漏气体）到指示方法或仪器指示值上升到其最大值的63%时所需要的时间。

（8）消除时间：它是指从检漏方法停止（如停止喷吹试漏气体）到指示方法或仪器指示值下降到停止值的37%时所需要的时间。

（9）漏孔堵塞现象：它是指由尘埃或液体所造成的漏孔堵塞，这些堵塞常常是指由于检漏作业操作不当而导致发生的一种暂时现象，检漏时似乎不漏气，但一经排气又会出现漏气的一种现象。

9.4.1.2 漏孔的判断方法

在对某一实际的真空设备，经过一段长时间的抽气过程之后，如果达不到预定的极限真空，其原因可从如下几个方面进行分析和判断，找出其原因：

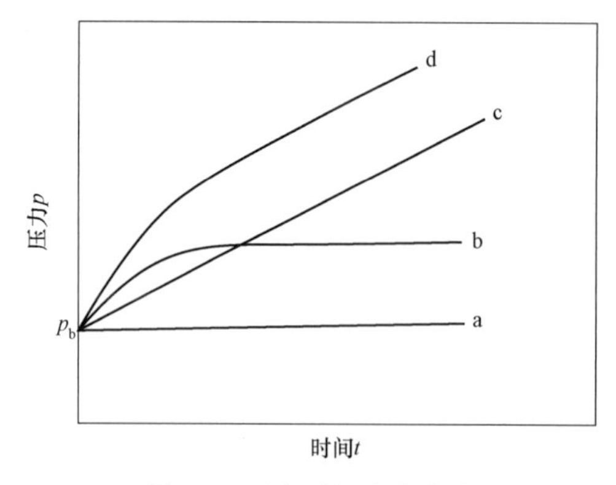

图 9-6 压力时间变化曲线

a—泵工作不良；b—放气；c—漏气；d—既放气又漏气

a. 真空泵工作是否良好；

b. 真空系统内是否存在严重放气；

c. 真空系统容器壁或间隙处是否漏气；

d. 是否漏气与放气现象共存。

查找上述几项原因的最普通方法是静态升压法。这种方法通常是把被检测的容器抽到一定的低压后，将阀门关闭，使容器与泵隔离，然后测量容器内的压力变化，作出压力随时间的变化曲线，就可以得出如图 9-6 所示的图形。若图像呈现出图 9-6 中直线 a 的情况，即压力保持不变，但其压力的恒定值如高于所要求的极限压力值，那么真空容器中真空度抽不上去的原因就是由于真空泵工作性能不良所造成的。若图形出现图 9-6 中曲线 b 的情况，即压力开始时上升较快，然后上升速度渐缓并逐渐趋于水平恒定状态，这说明主要是由于开始抽气后产生的放气而造成的，因为不论是蒸气源的放气或材料的放气，在达到一定的压力后都会呈现出饱和状态的趋势，若图像显现出斜线 c 的情况，即压力是直线上升状态，这就是漏气，其漏气率正比于内外的压力差。若图形是呈现出曲线 d 的情况，即压力开始上升很快，但逐渐变得缓慢，但并不出现饱和状态，其实质就是曲线 b 与斜线 c 的叠加，即设备同时存在着漏气与放气两种现象。

只要判断出上述四种情况后，就可以采取相应的措施加以解决。对直线 a 与曲线 b 均可以从选泵、设计时选用合适的材料及结构，并注意从真空卫生等有关方面加以解决即可，并不属于真空检漏的技术工作范围，因此在真空检漏技术中主要是解决斜线 c 与曲线 d 的问题，即判断真空系统确实存在漏气现象之后，就可以开展具体的检漏工作了。

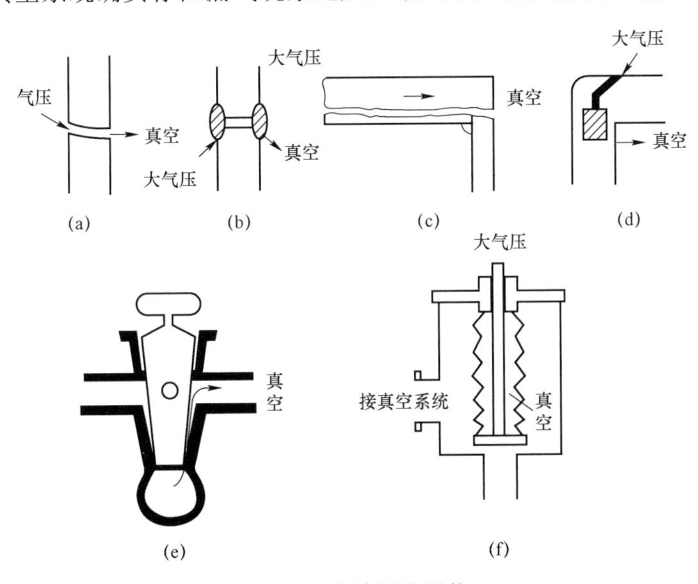

图 9-7　各种漏孔形状

9.4.1.3　漏孔、漏率、最大允许漏率

由于漏孔形状复杂，存在的形式各不相同，若想通过其几何尺寸来确定漏孔的大小是不可能的。因此，在真空检漏技术中，通常用漏气速率（简称漏率）来表征漏孔的大小。

用漏率表示漏孔大小时，如果不加特殊说明，则是指漏孔入口压力为 1.01×10^5 Pa，温度为（296±3）K 的标准条件下，单位时间内流过漏孔的露点温度低于 248 K 的空气的气体量。

漏率的单位是 Pa • m³/s，有时用 Pa • L/s。

实际真空系统存在漏气是绝对的，不漏气是相对的。如果漏孔漏率足够小，漏入的气体量不影响真空装置或系统的正常工作，那么这种漏孔的存在是允许的。真空装置或系统在正常工作情况下所允许的最大漏气率成为最大允许漏率，它是真空装置设计时必须提出的一个重要指标。

对于动态真空系统，即工作时依靠泵的持续抽气来维持系统压力的系统，只要其平衡压力能够达到所要求的真空度，这时即使存在着漏孔，也可以认为该系统的漏率是允许的。一般认为，动态系统的最大容许漏率应该低于系统抽气能力一个数量级。

对于静态真空系统，即工作时与泵隔离开的密闭容器或封闭容器，要求在一定时间内，压力应维持在容许的压力以下，这时即使存在着漏孔，同样可以认为该系统的漏率是容许的。

9.4.2 检漏方法分类及选择

9.4.2.1 压力检漏法

压力检漏法是将被检漏的真空容器充入具有一定压力的示漏物质（如水、空气等），一旦被检漏容器上有漏孔存在，示漏物质就会从漏孔中漏出。这样就可以通过一定的方法或仪器在被检容器外检测出从漏孔中漏出的示漏物质，从而判断出漏孔位置，并估计漏孔漏率的大小。表 9-7 给出了压力检漏法中各种检漏方法及其特点和它所能达到的最小可检漏率。

表 9-7 压力检漏法中各种检漏方法特点

检漏方法	工作条件	现象	设备	最小可检漏率/（Pa • L/s）	备注
水压法		漏水	人眼	$1.3 \sim 5.3 \times 10^{-4}$	
压降法	充 0.3 MPa 的空气	压力下降	压力计	1.3	
听音法	充 0.3 MPa 的空气	嘶嘶声	人耳	5.3	
超声法	充 0.3 MPa 的空气	超声波	超声波检测器	1.3	
气泡法	充 0.3 MPa 的空气	水中气泡	人眼	$10^{-2} \sim 10^{-3}$	
	充 0.3 MPa 的空气	水中气泡	人眼	10^{-6}	24 h 积累
	充 0.3 MPa 的空气	抹肥皂液发生皂泡	人眼	6.7×10^{-3}	
氨检漏法	充 0.3 MPa 的氨气	溴带麝香草酚蓝试带变色	人眼	8×10^{-5}	观察时间 20 s
	充 0.3 MPa 的氨气	溴酚蓝试纸变色	人眼	10^{8}	24 h 积累
卤素检漏仪吸嘴法		卤素检漏仪读数变化	卤素检漏仪	$10^{-3} \sim 10^{-7}$	可与空气混合充入
放射性同位素气体法			闪烁计数器	1.3×10^{-4}	
氦质谱检漏仪吸嘴法			氦质谱检漏仪	$10^{-5} \sim 10^{-7}$	可与空气混合充入

9.4.2.2　真空检漏法

真空检漏法是将被检的真空容器或真空系统与检漏仪器的敏感元件抽成真空状态，然后将示漏物质依次施加在被检容器或系统外面的可疑部位，如果被检的容器或系统存在漏孔，示漏物质（如氦气）不但会通过漏孔进入到容器或系统中去，同时也会进入到检漏仪器的敏感元件所在的空间中去，从而通过敏感元件检测出示漏物质，借以判断出漏孔存在的位置和大小。表 9-8 给出了真空检漏法中所采用的各种检漏方法及其特点和它所能达到的最小可检漏率。

表 9-8　真空检漏法类型及其最小可检漏率

<table>
<tr><th colspan="2">检漏方法</th><th>工作压力/ Pa</th><th>现象</th><th>设备</th><th>最小可检漏率/（Pa • L/s）</th></tr>
<tr><td colspan="2">静态升压法</td><td></td><td>抽真空后与真空泵隔离，压力上升</td><td>真空规</td><td>10^{-2}～10^{-3}</td></tr>
<tr><td colspan="2">放电管法</td><td></td><td>放电颜色改变</td><td>放电管</td><td>1～10^{-1}</td></tr>
<tr><td colspan="2">高频火花检漏法</td><td>10^{3}～6.7×10^{-1}</td><td>亮点、放电颜色改变</td><td>高频火花检漏器</td><td>1～10^{-1}</td></tr>
<tr><td rowspan="6">真空规检漏法</td><td>热传导真空规法</td><td>10^{-3}～10^{-1}</td><td rowspan="6">真空规读书变化</td><td>热偶或电阻真空规</td><td>10^{-3}</td></tr>
<tr><td>电离真空规法</td><td>10^{-2}～10^{-6}</td><td>电离真空规</td><td>10^{-6}</td></tr>
<tr><td>差动热传导真空规法</td><td>10^{3}～10^{-1}</td><td>热传导真空规差动组合</td><td>10^{-4}</td></tr>
<tr><td>差动电离真空规法</td><td>10^{-2}～10^{-6}</td><td>电离真空规差动组合</td><td>10^{-7}</td></tr>
<tr><td>具有吸附阱的热传导真空规法</td><td>10^{3}～6.7×10^{-3}</td><td>热传导规、液氮冷却活性炭阱</td><td>10^{-4}</td></tr>
<tr><td>具有吸附阱的电离真空规法</td><td></td><td>冷阴极电离规、液氮冷硅胶阱</td><td>10^{-8}～10^{-10}</td></tr>
<tr><td colspan="2">氢-钯法</td><td>6.7～10^{-5}</td><td>氢气通过钯管进入真空规，引起读数变化</td><td>钯管、电离规</td><td>10^{-4}～10^{-8}</td></tr>
<tr><td colspan="2">卤素检漏仪内探头法</td><td>10～10^{-1}</td><td>输出仪表读数变化</td><td>卤素检漏仪</td><td>10^{-4}～4×10^{-6}</td></tr>
<tr><td colspan="2">离子泵检漏法</td><td>10^{-4}～10^{-7}</td><td>离子流变化</td><td>离子泵</td><td>10^{-6}～10^{-9}</td></tr>
<tr><td colspan="2">氦质谱检漏法</td><td>10^{-2}</td><td>输出仪表读数及声响频率变化</td><td>氦质谱检漏仪</td><td>10^{-9}～10^{-11}</td></tr>
</table>

9.4.2.3　背压检漏法

背压检漏法是一种充压检漏与真空检漏相结合的方法，多用于封离后的电子器件、半导体器件等密封件的无损检漏技术中。其检漏过程基本上可分为充压、净化和检漏三个步骤。

（1）充压过程是将被检件在充有高压示漏气体的容器内存放（或称浸泡）一定时间，如被检件有漏孔，示漏气体就可以通过漏孔进入被检件的内部，并且将随浸泡时间的增加和充气压力的增高，被检件内部示漏气体的分压力也必然会逐渐升高。

（2）净化过程是采用干燥氮气流或干燥空气流在充压容器外部或在其内部喷吹被检件。如不具备气源时也可使被检件静置，以便去除吸附在被检件外表面上的示漏气体。在净化过程中，因为有一部分气体必然会从被检件内部经漏孔流失，从而导致被检件内部示漏气体的分压力逐渐下降，而且净化时间越长则示漏气体的分压降就越大。

检漏过程则是将净化后的被检件放入真空室内，将检漏仪与真空室相接后进行检漏，抽真空后由于压差作用，示漏气体即可通过漏孔从被检件内部流出，然后再经过真空室进入检漏仪，按检漏仪的输出指示判定漏孔的存在及其漏率的大小。

9.4.2.4 检漏方法的要求与选择

理想的检漏方法应满足以下几点要求：

（1）检漏灵敏度高，反应时间短，稳定性好；

（2）易于判定漏孔的位置及大小；

（3）示漏物质在空气中的含量低，并易于得到，不腐蚀零件，不堵塞漏孔，不污染环境，不影响人身安全；

（4）检漏范围宽，从大漏到小漏均易于找到漏孔；

（5）应达到无损检漏，无油检漏以免油污染被检件；

（6）结构简单，使用方便，对被检件应有苛刻要求。

满足上述所有条件的要求往往是相互矛盾的，因此要求只选用一种检漏方法就能同时满足所有要求是不大可能的。往往在实际的检漏工作中只能针对不同的检漏对象，选择较为合适的方法，达到能解决主要矛盾的目的即可。因此，检漏方法的选择主要应根据真空系统（或容器）的容许漏率再结合被检件的具体情况来选择相应的方法，但是应当注意的问题是，总的容许漏气量应是几个或多个单独漏隙的漏量之总和。要想找到每个单独漏隙，则必须选用灵敏度比允许漏率值低 1～2 个数量级（即相当于 10～100 个缝隙）。

此外，满足被检件的要求，简便易行，并根据现有条件考虑设备和工作特点的情况，也是在选择检漏方法中应当注意的问题。

9.4.3 氦质谱检漏仪结构及工作原理

氦质谱检漏仪是一种以氦气作为示漏气体专门用于真空检漏的质谱分析仪器。这种仪器在真空以及其他相关行业的检漏技术中使用范围最广、性能最好、灵敏度最高。

9.4.3.1 氦质谱检漏仪结构

氦质谱检漏仪由真空系统（低真空部分、高真空部分）、质谱室和电器系统三大块组成。

（1）真空系统由粗抽泵、前级泵、主泵、电磁阀组、规管及管道组成。

（2）质谱室由离子原、分析器和收集器组成。

（3）电器部分由质谱室的供电与测量、真空系统的电源与控制部分、操纵面板及输出仪表等组成。

9.4.3.2 氦质谱检漏仪质谱室的工作原理

氦质谱检漏仪的基本工作原理是采集被检件中的气体样品并将其电离，根据不同种类气体离子质荷比不同的特点，利用磁偏转分离原理将其区分开来，仪器只对其示漏气体氦气有响应信号，而对其他气体没有响应，属于唯一性检漏仪器，一旦出现信号响应，说明有氦气通过漏孔进入被检件中，从而指示漏孔的位置与大小。氦质谱检漏仪是一种磁偏转型质谱分析仪器，目前主要有单级磁偏转型和双级串联磁偏转型两种结构形式。

（1）单级磁偏转型氦质谱检漏仪的工作原理

180° 单级磁偏转型氦质谱检漏仪的质谱室结构工作原理如图 9-8 所示。在质谱室内，由灯丝、离化室和加速极组成离子源；由外加均匀磁场构成分析器；由出门缝隙、抑制栅和收集极构成收集器。

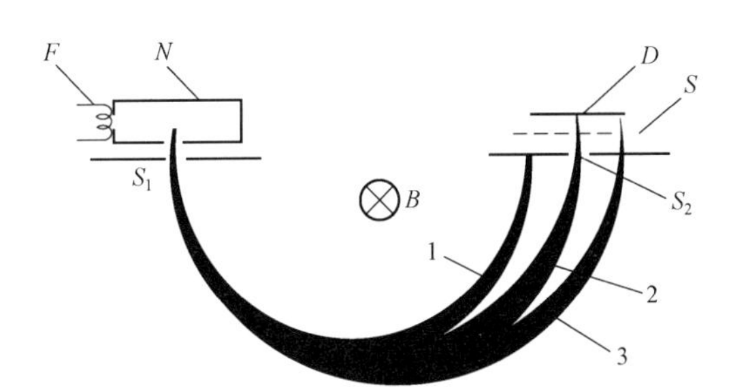

图 9-8　180° 单级磁偏转型质谱室结构原理图

N—离化室；F—灯丝；S_1—离子加速极；B—均匀磁场；S_2—出口缝隙；
S—抑制栅；D—收集极；2—氦离子束；1，3—其他离子束

在离子源内，气体分子被由灯丝发射的并具备一定能量的电子电离成离子，在电场作用下离子聚焦成束，并在加速电压作用下，以特定的速度经过离子加速极的缝隙进入分析器。在分析器中，在与离子运动方向相垂直的均匀磁场作用下，具有一宙速度的离子将按圆形轨道运动。

当磁感应强度和离子加速电压为定值时，不同的荷质比的离子有不同偏转半径，只有离子的偏转半径与分析器的几何半径相等的离子束才能通过出口缝隙 S_2，到达收集极 D 形成离子流。而其他荷质比的离子束则以不同于分析器几何半径的偏转半径而被分离掉。

为了使离子流信号有一定的量值，质谱室中的离子出口缝隙 S_2 有一定宽度。离子加速电压有一个调节范围，调加速电压使检漏仪输出信号最大，此时的加速电压称为“氦峰”。

（2）双级串联磁偏转型检漏仪工作原理

对于单级磁偏转型的质谱室，无论何种气体离子，只要从入口缝隙进入分析室的动量与氦离子的动量相同，就会最终进入出口缝隙成为响应信号，从而造成较高的本底噪声。为克服这种现象，出现了双级串联磁偏转型检漏仪。其工作原理如图 9-9 所示。在两个分

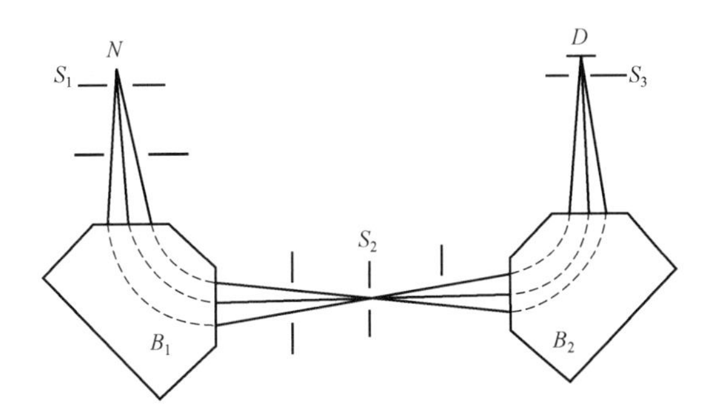

图 9-9　双级串联磁偏转型质谱室结构原理图

N—离化室；S_1—离子加速极；B_1—第一级分析器；B_2—第二级分析器；S_2—中间缝隙；S_3—出口缝隙；D—收集极

析器中间，即在中间缝隙 S_2 与邻近的挡板间设置加速电场，使离子在进入第二级分析器之前再次加速。因此，那些具有氦离子动量相同的其他气体离子，虽然可以通过第一级分析器，但经过第二次加速进人第二级分析器时，由于其动量与氦离子动量不同而被分离。这样一来，使得仪器本底信号及噪声显著减小，从而提高了仪器灵敏度。

通常，单级磁偏转型氦质谱检漏仪的灵敏度为 10^{-9}～10^{-12} Pa・m³/s，而双级串联磁偏转型氦质谱检漏仪的灵敏度可达 10^{-14}～10^{-15} Pa・m³/s。

9.4.4 真空检漏工作注意事项

为了保证真空设备或系统具有良好的密封性能，仅仅在设备安装完毕后去寻求漏孔的位置，堵塞漏孔的通道是远远不够的。作为一名优秀的真空技术人员，有必要在真空设备或系统的设计、制造、调试、使用各个有关环节中随时进行真空检漏工作。现仅就这些环节所应从事的真空检漏工作内容及其应考虑的问题介绍如下。

9.4.4.1 真空设备设计中的注意事项

（1）根据设备的工艺要求，确定真空设备的总的最大允许漏率，并依据这一总漏率确定各组成部件的最大允许漏率。

（2）根据设备的最大允许漏率等指标，在设计阶段就初步确定将要采用的检漏方法。并作为指导设备设计、加工、调试、验收的基本原则之一。

（3）根据设备或部件的最大允许漏率指标，决定设备的密封、连接方式和总体加工精度以及何种动密封形式能够满足要求。如法兰采用金属密封或橡胶密封。

（4）容器结构强度设计时，考虑如果采用加压法检漏时要求被检件所应具有的耐压能力和结构强度。

（5）选择零部件结构材料时，考虑是否使用了可能被工作介质和示漏气体腐蚀而导致损坏的材料。

（6）结构设计时，在容器或系统上要留有必要的检漏仪器备用接口，以便在设备组装、调试过程中检漏使用。尤其是大型、复杂的管路系统，通常需要采用分段检漏方法，因此在管路上要设置分段隔离的阀门，并在每一隔离段上预留检漏仪器接口。

（7）零件结构设计时，尽量避免采用可能干扰检漏工作的设计方案。例如在真空室内螺钉孔不能采用盲孔形式，因为安装螺钉后螺孔内部剩余空间的气体只能通过螺纹间隙逸出，形成虚漏，从而延长系统抽气时间，干扰检漏正常进行。

（8）与此类似，结构设计中不允许存在连续双面焊缝和多层密封圈结构，因为这会在中间形成“寄生容积”。当只有内侧焊缝或密封圈有漏孔时，“寄生容积”内的气体会形成虚漏；而当内、外双侧焊缝或密封圈同时泄漏时，“寄生容积”使示漏气体穿越双层焊缝的响应时间过长，无法正常检漏。

（9）焊接结构设计时，尽量减少总装后无法检漏的焊缝。

9.4.4.2 真空设备制造过程中的检漏工作

在设备的加工阶段，有必要跟随加工工艺（尤其是焊接工艺）及时地对半成品零部件进行检漏。对于制造完毕后无法接触、检漏或修补的部件，焊缝质量要严格检漏，不合格的及时重焊、补焊并重新检漏，符合要求后才可以进行下一道工序。特别是对于大容器的组焊、加工，中间过程的检漏十分关键，必要时应该设计、制造专门的检漏工具（如探漏盒、盲板等）。对于采用双层室壁水冷夹套的真空室体，最好首先组焊完内层室壁并检漏，确认没有漏孔后再组焊外层室壁。同样道理，对于室壁外侧有保温层等不易拆卸结构的情况，必须首先对室壁做严格检漏，然后才能包覆外层结构。

在条件允许情况下，所有真空法兰与其接管（包括真空室体法兰与室体壁）均应采用焊后加工法兰表面的工艺。不经焊后加工的法兰，即便在安装调试阶段可能满足了密封要求，但在设备使用过程中，受热、振动等内素也可能诱发焊接应力的释放，从面导致法兰变形和密封性能下降。

加工制造过程中，严格执行真空作业卫生和作业规范，对于提高真空设备和系统的气密性也是很有帮助的，焊接坡口打磨成型后，需经去油清洗并及时保护防止再次受到污染，将有利于提高焊缝的气密性。已经加工完成的零部件动、静密封面，应该具有保护措施，严防在存放、搬运、装配过程中发生磕碰、划伤。使用焊接波纹管、金属与陶瓷或玻璃封接件、玻璃器件等易损件时，更应精心作业，尤其避免已经通过预检漏后被损坏面产生漏孔。

9.4.4.3　真空设备安装调试过程中的检漏步骤

安装调试阶段是真空设备或系统检漏工作的主体。若设备焊缝的气密性已经通过加工阶段的检漏得以保证，那么在设备安装、调试过程中，检查、保证连接部位的密封性，是检漏工作的重点。包括各个管道、部件间的法兰连接和动密封件等重点可疑部位。若同时对焊缝和连接部位检漏，则检漏的工作量和难度都加大。大型、复杂真空设备最好是采用分段检漏，每装上一个部件，便对其连接部位和焊缝进行一次检漏，达到要求后再装下一个部件。因为将所有部件全装配完后再检漏，不仅怀疑部位太多，还可能多个漏孔同时漏气，给总体检漏带来极大困难。真空设备安装调试过程中的检漏步骤如下：

（1）了解待检设备的结构组成和装配过程。掌握设备的要求，查明需要进行检漏的重点可疑部位。

（2）根据所规定的最大允许漏率以及是否需要找出漏孔的具体位置等要求，并从经济、快速、可靠等原则出发。正确选择好检漏方法或仪器，准备好检漏时所需的辅助设备后。拟定切实可行的检漏程序。

（3）应对被检件进行好清洁工作，取出焊渣、油垢后再按真空卫生条件进行清洁处理，并予以烘干。对要求高的小型器件。清洁处理后可通过真空烘干箱进行烘烤，进行清洁处理后不但可以避免漏孔不被污物、油、有机溶液等堵塞，而且也保护了检漏仪器。

（4）对所选用的检漏方法和检漏设备进行检漏灵敏度的校准，并确定检漏系统的检漏时间。

（5）若采用真空检漏法时，为了提高仪器的灵敏度，应尽可能将被检件抽到较高真空。

（6）在允许的前提下，应尽可能优先应用较为经济和现场具备条件的检漏方法。

（7）采用氦质谱检漏设备检漏时，对于要求检漏不高的或有大漏产生的被检件时，在检漏初期应尽量用浓度较低的氦气进行检漏，然后再进行小漏孔的检漏，以节约氦气。

（8）对已检出的大漏孔及时进行修补堵塞后再进行小漏孔的检漏。

（9）对检出并修补的漏孔进行一次复查以确保检漏结果达到要求。

9.4.4.4 真空设备使用过程中的注意事项

在真空设备使用运行阶段，时常出现设备气密性下降，总体漏率上升的情况，并且是影响真空设备正常工作的主要原因。造成这种现象的原因包括：机械振动造成连接部位松动；经常拆卸部位的密封圈可能损坏或安装不正确；由于冷、热冲击而发生变形和疲劳破坏；某些部件或材料因受工作介质的腐蚀而破坏；某些原本被水、油或其他脏物堵塞的漏孔重新疏通；以及应力集中而造成裂纹等。

正确使用真空设备，应该将检漏工作纳入真空设备日常维护、管理规范之中，例如定期做静态升压检测实验。操作人员发现设备气密性下降应及时解决，根据其设备使用情况和故障现象来分析泄漏原因，并采取适当的检漏手段，检出漏孔位置，及时修补。不要等到设备出现多种、多处泄漏，已经无法正常工作时再去检漏维修。另外，平时准备充足的密封备件，定期（而不是出现问题后）更换易损件，也是做好真空检漏工作、保证设备正常运行的主要措施。

9.5 真空系统中常用材料

9.5.1 真空材料的要求和分类

9.5.1.1 材料的真空性能要求

在真空工程领域中，不仅要对材料的物理、化学和力学性能有所要求，而且对这些材料的真空性能也有特殊要求。

（1）气体渗透率。由于在真空容器器壁两侧的气体总存在压力差，所以任何种类的器壁材料总要或多或少地渗透一些气体。气体从密度大的一侧向密度小的一侧渗入、扩散、通过和逸出固体阻挡层的过程渗透。该情况的稳态流率称为渗透率。渗透率与气体和材料的种类有关，在真空工程领域中所用的金属、玻璃、橡胶及塑料等，对于气体来说或多或少都可以渗透。其渗透量随不同气体和材料而异，而且差异较大。

对于金属来说，有些金属（如不锈钢、铜、铝、钼等），氢气对他们都具有较好的渗透率，氢气对钢的渗透率随含碳量的增加而增加，所以选择低碳钢作为真空室材料为好；另外有些金属对气体的渗透具有选择性，如氢气就极容易渗透过钯，氧气易透过银等。可以利用这个性质对气体进行提纯和真空检漏。

气体对玻璃、陶瓷等的渗透，一般是以分子态的形式进行的。渗透过程和气体分子的直径及材料内部微孔大小有关。含纯二氧化硅的石英玻璃的微孔孔径约为 0.4 mm，其他玻璃因碱金属离子（钾、钠、钡等）填充于微孔之中，使其有效孔径变小，所以各种气体对石英玻璃的渗透性大，而对其他玻璃的渗透性就小。由于氦分子的直径在各种气体分子中最小，所以氦对石英玻璃的渗透在气体-固体配偶中是最大的。

气体对有机材料（如橡胶、塑料）的渗透过程一般是以分子态进行的。由于有机材料的微孔比较大，因此气体对有机材料的渗透能力比玻璃、金属要大得多。

（2）材料的放气性能。任何固体材料在制造过程中，及在大气环境下存放都能溶解、吸附一些气体。当材料置于真空中时。原有的动态平衡被破坏，材料就会溶解、解吸而放气。常用的放气速率单位为 Pa·L/（s·cm^2）。放气速率通常与材料中的气体含量和温度成正比。所以有时（如电真空器件）也用于高温下材料的放气总量作为选材依据。出气总量的单位：考虑体积含量为主时可用 Pa·L/g；考虑表面含量为主时则可用 Pa·L/cm^2。

1）常温放气。大多数有机材料放气的主要成分是水汽，是放气速率较高，随时间的衰减较慢。因此这类材料一般不宜作为真空容器的内部零件使用。金属、玻璃、陶瓷的放气速率较低，随时间的衰减也较快。玻璃和陶瓷的常温放气主要来自表层，主要放气成分为水汽，其次为 CO 和 CO_2。玻璃经烘烤加热后，表层的水分可以完全去除。金属的常温放气源主要来自表面氧化膜所吸收的水汽，经烘烤加热后，其表面氧化膜中的水汽可以基本除净，使其放气的成分有 H_2、N_2、C_nH_m、CO、CO_2、O_2，以 H_2 居多。

2）高温放气。某些结构材料如电极、靶材、蒸发源、加热装置等器件。在真空系统的工艺过程中常处于高温状态。一般认为，材料的高温放气主要由体内的扩散过程所决定，表面脱附的气体量仅占放气量的一小部分。玻璃、陶瓷、云母的高温放气，除了扩散过程加快外，与常温放气没有本质差别。而金属的高温体扩散出气则不同，由于在金属内部溶解的气体呈原子态，所以，在真空中放出的分子态气体往往是经过表面反应才形成的。一般，金属放气的种类是 CO、H_2、CO_2、H_2O 和 N_2、O_2，以前四种居多。其中 N_2、O_2 先以原子态扩散逸出。再在表面上结合成分子态。CO、CO_2 是由扩散到表面的 C 与表面上的金属氧化物或气相中的 O_2、H_2O 反应生成的。也有一些金属（如 Ni、Fe）主要受氧在体内扩散和控制，因此，对金属进行脱碳处理可降低 CO、CO_2 的出气。H_2O 有的直接来自氧化层，有的则由体内扩散的氢与表面氧化物反应合成。

玻璃、金属的表面层也是高温放气的重要来源。为此采用各种表面处理工艺，如化学清洗、有机蒸汽去脂、抛光、服饰、大气烘烤氧化等，都能大大降低材料的放气。

另外，材料的放气率不仅和所经历的放气时间有关，而且与材料的表面预处理方法、表面状况有很大关系。例如：对于清洁的表面来说，表面的光洁度越高，吸附的水汽就越少；例如，当用有机溶剂对表面清洗去脂时，表面的单分子层污染是无法去除掉的，只能靠在真空下烘烤来除掉。例如，温度在 200 ℃以上的真空环境下的烘烤可有效地除掉水汽，但要有效地除掉氢。则必须在 400 ℃以上的温度下进行真空烘烤。

对真空系统设计来说，仅有材料的放弃速率的数据是不够的，因为有许多真空泵的抽气能力是有选择性的，所以如果能进一步指导材料放气中的各种气体成分的比例，就能有针对性地选配合适的真空泵，得到更合理的设计。

（3）材料的蒸汽压与蒸发（升华）速率。在一定温度下，在封闭的真空空间中，由于液体（或固体）汽化的结果，使空间的蒸汽密度逐渐增加，当达到一定的蒸汽压力之后，单位时间内脱离液体（或固体）表面的分子数与从空间返回液体（或固体）表面的再凝结分子数相等，即蒸发（或升华）速率与凝结熟虑达到动态平衡，这是可认为汽化停止，此时的蒸汽压力称为该温度下，该液体（或固体）的饱和蒸汽压。

在真空技术中，材料的蒸汽压力和蒸发（升华）速率都是需要重视的参数。如：真空油脂、真空规管的热灯丝的饱和蒸汽压均能成为影响极限真空度的气源；真空镀膜用材和吸气剂的升华速率是设计真空镀膜设备及吸气剂泵时所需考虑的参量；低温液化气体的饱和蒸汽压则是低温冷凝泵极限压力的有关参量。

显然，不能采用在真空系统的工作温度范围内蒸汽压力很高的材料。在工作温度的范围内，所有面对真空的材料的饱和蒸汽压都应该足够低，不应因为其本身的蒸汽压或放气特性而使真空系统达不到所需要求的真空度（或真空度过度降低）。尽管室温下某些材料的蒸汽压很低，甚至有时察觉不出。但随着温度的升高，蒸汽压力最终可以上升到测得出来的值。例如，某些难熔金属需要升高到 1 500 ℃以上才能测出其蒸汽压力值。但是某些金属（如锌、镉、铅等）在 300～500 ℃时的蒸汽压力值就很高，超过了高真空系统所要求的压力。例如镉在 300 ℃时的蒸汽压力值为 10 Pa，所以这些金属（或合金）不能在带烘烤的高真空系统或超高真空系统中使用。其他一些材料，如某些塑料或橡胶，由于其不能加温烘烤及蒸汽压过高，则根本不能在超高真空下使用。

9.5.1.2 真空材料的其他性能要求

（1）机械强度。真空系统的器壁必须承受得住大气的压力。因此它必须满足最低机械强度和刚度要求，应考虑相应尺寸的结构所能承受的总压力。

（2）热学性能。许多真空系统要承受温度的变化，如加热和冷却或二者兼备。因而必须对所用的材料热学性能十分熟悉。不仅要考虑到熔点，还要考虑到强度随温度的变化。例如，铜的力学性能远在低于熔点温度之前就开始下降，因而不宜用铜制作真空容器的承压器壁。另外，真空系统的材料除了受到温度缓慢变化的影响外，还会受到温度突变的影响。因此，还要考虑材料的抗热冲击的特性。

（3）电磁性能。许多真空系统中的部件必须具备能完成或工序所要求的电性能，同时这些性能又不能与真空系统的要求相矛盾。例如，元件在真空室中工作，是靠辐射放热冷却的，因此元件的工作温度将会很高，使得元件的电性能可能会受到影响，因此在选材及结构设计上要考虑工作部件的耐高温及冷却问题。

（4）其他性能。光学性能（如观察窗）、硬度、抗腐蚀性、热导率和热膨胀等性能在真空系统中也常常起着十分重要的作用。

9.5.1.3 真空材料的分类

真空工程的用材范围包括：真空设备的壳体，真空规管，放置于真空容器内的各种固定、活动、可拆卸机构及部件，各类密封材料，各类真空获得手段的工作物质等等。真空系统中用的材料大致分为两类：

（1）结构材料。是构成真空系统主体的材料，它将真空系统与大气隔开，承受着大气压力。这类材料主要是各种金属和非金属材料，包括可拆卸连接处的密封垫圈材料。

（2）辅助材料。系统中某些零件连接处或系统漏气处的辅助密封用的真空封脂、真空封蜡、装配时用的粘接剂、焊剂、真空泵及系统中用的真空油、吸气剂、工作气体及系统中所用的加热元件材料等。

随着真空科学技术的发展，新工艺、新材料肯定将不断出现。真空系统中常用的材料见表 9-9。

表 9-9 真空系统中的常用材料

零部件名称	低真空及高真空	超高真空
壳体、管路、阀、内部零件	普通碳素钢、不锈钢	不锈钢、钛、高纯铝

续表

零部件名称	低真空及高真空	超高真空
密封垫圈	丁基橡胶、氟塑料	氟橡胶、氟塑料、铜、金、银、铟
导电体	铜、不锈钢、铝	铜、不锈钢
绝缘体	酚醛、氟塑料、玻璃、陶瓷	玻璃、致密高铝陶瓷等
视窗	玻璃	硼硅玻璃、透明石英玻璃
润滑剂	低蒸汽压的油及脂	二硫化钼、镀银或金
加热元件	镍铬铁合金、钨、钼、钽、碳布	钨、钼、钽、钨-铼合金、石墨碳纤维

9.5.1.4　真空材料的选材原则

（1）对真空容器及内部零件材料的要求

1）有足够的机械强度和刚度来保证壳体能承受住室温和烘烤温度下的大气压力，并且在加热烘烤（特别是对超高真空系统）时不发生变形。

2）气密性好。要保持一个完好的真空环境，器壁材料不应存在多孔结构。裂纹或形成渗漏的其他缺陷。有较低的渗透速率和出气速率。

3）在工作温度和烘烤温度下的饱和蒸汽压要足够低（对超高真空系统来说尤其重要）。

4）化学稳定性好。不易氧化和腐蚀，不予真空系统中的工作介质及工艺过程中的放气发生化学反应。

5）热稳定性好。在系统的工作温度（高温与低温）范围内，保持良好的真空性能和力学性能。

6）在工作真空度及工作温度下，真空容器内部器件应保持良好的工作性能，满足作业工艺的要求。

7）有较好的延展性、机械加工性能和焊接性能，容易加工成复杂形状的壳体。

（2）对密封材料的要求

1）有足够低的饱和蒸汽压。一般低真空时，其室温下的饱和蒸汽压力应小于 $1.3\times10^{-1}\sim1.3\times10^{-2}$ Pa；高真空时，应小于 $1.3\times10^{-3}\sim1.3\times10^{-5}$ Pa。

2）化学及热稳定性好。在密封部件，不因合理的温升而发生软化，发生化学反应或挥发，甚至被大气冲破。

3）有一定的力学及物理性能。冷却后硬化的固态密封材料、可塑密封材料或干燥后硬化的封蜡等，要能够平滑地紧贴密封表面，无气泡，无皱纹。当温度变化时，不应变脆或裂开。液态或胶态密封材料应保持原有粘性。

4）某些密封材料应能溶于某些溶剂中，以便更换时易于清洗掉。

对真空中应用的材料除上述要求外，在某些情况下还必须考虑其电学性能、绝缘性能、光学性能、磁性能和导热性能等等。当然，除了材料的以上性能外，还要考虑材料的成本、利用率及选购的可能性等。

9.5.2　金属及其合金材料

在真空系统设计与制造中常用的金属及其合金材料主要有：低碳钢、不锈钢、铜、铝、镍、金、银、钨、钼、钽、铌、钛、铟、镓、可伐合金，镍铬（铁）合金、铜合金。铸铁、铸铜、铸铝等。

9.5.2.1 铸件

金属铸件由于表面粗糙，微孔较多，很少用于制造高真空系统零件。高级铸铁及有色金属铸件大多用于制造各种机械真空泵。要求铸件具有较高的致密性，通常采用的铸铁牌号有 HT200、HT250、HT300 等。铸造铝合金牌号有 ZL109（Al，Si，Cu，Mg，Ni）、ZL203（Al，Cu）、Zl301（Al，Mg）等。当工作温度较高时，不应选用含磷、锌、镉等元素的铜合金铸件。

9.5.2.2 碳钢及不锈钢

（1）碳钢。碳钢一般应用于低真空工作范围内。通常根据工艺要求，碳钢制造的真空室内表面需要镀层涂覆或裸露抛光。除了镀层表面以外，碳钢表面放气速率比不锈钢大得多，尤其是锈蚀表面的放气量更大，表面状态的好坏，是影响碳钢真空性能的主要因素。所以，应尽量使其内表面光滑，无锈，一般情况下工作真空度越高，则对内表面也越严格。实践表明：室温时有大气渗透到真空中去的气体是很少的。然而，随着温度的升高，这种渗透量将急剧增加。在室温常压下氢气渗透过低碳钢板的速率要比低碳钢的表面放气率小几个数量级。在室温下氮渗透过低碳钢的速率远低于氢，但是在高温下则相反，故在设计热态工作真空系统时必须注意。

在真空系统设计中，从材质的综合性能（真空、物理力学性能）考虑，大多采用低碳钢（软钢）为宜。特别是真空容器的壳体、阀、管道及蒸汽流泵的泵体或导流管等往往采用 10 号、15 号、20 号钢及普通炭素结构钢（Q235A）。其特点是韧性良好，机械强度适中，具有极好的机械加工性能和焊接性能。Q235A 属于低碳钢（含碳量低于 0.22%），价格便宜，品种规格齐全，容易选购。其主要缺点是：不能用普通热处理的方法提高硬度及改善力学性能；抗腐蚀性较差。45 号钢则主要用于制造轴类、杆件、螺纹类零件以及重负荷的传动机件等。另外，低碳钢（特别是 Q235A）具有良好的导磁性，在避免磁效应干扰的场合，如在离子泵。磁质谱计或含有此分析器的任何系统结构中都不适用。但特别适用于需要良好导磁性的结构中，例如磁控溅射靶的磁极靴等。

（2）不锈钢。不锈钢是含 Cr10%～25%的低碳钢，在真空工程中常用的不锈钢主要有奥式体型不锈钢和铁素体型不锈钢两种类型。奥式体型不锈钢以 Cr 和 Ni 作为主要合金成分，铁素体型不锈钢以 Cr 为主要合金成分。奥式体型不锈钢中应用最多的牌号主要有 0Cr18Ni9（304）、1Cr18Ni9、1Cr18Ni9Ti 等，它们属于耐热、耐蚀、无磁不锈钢，大量应用于真空室壳体、管路、阀体等。常用的铁素体性不锈钢主要有 0Cr13、1Cr13、2Cr13、3Cr13 等，主要用于具有较高韧性及受冲击负荷的零件，如耐蚀真空泵叶片、轴类、喷嘴、阀座等需要一定硬度及耐腐蚀的场合。

真空度在 1.3×10^{-4} Pa 以上的高真空和超高真空系统中，应该选用奥式体型不锈钢（如 1Cr18Ni9Ti、0Gr18Ni9 等）制造真空容器的壳体、管道或其他零部件。这种不锈钢具有优良的抗腐蚀性、放气率低、无磁性、焊接性好，其导电率及导热率较低，能够在 -270～900 ℃范围内工作，并具有较高的强度、塑性及韧性。这些性质使得奥式体型不锈钢成为目前金属超高真空系统中应用的主要结构材料，例如，超高速真空室、工作架、支架、法兰、螺栓螺母及超高真空泵（离子泵，低温泵，吸附泵等）等。

不锈钢就其磁性而言，分为有磁性和无磁性的。应注意的是，不锈钢并非绝对非磁性的，而使导磁率很小。而且，冷加工能够增加不锈钢的导磁性。

常用的无磁性不锈钢的主要缺点是抗晶界间腐蚀不稳定，尤其是在焊接时，受热在450～750 ℃的地方，易在晶界上形成铬的碳化物而降低材料应有的气密性。实验证明：含铬 18%～20%，含镍 10%以下，含碳低于 0.2%的不锈钢，经过 1 050～1 150 ℃的高温处理，可消除上述晶界间不稳定的缺点。

当需要耐高温、抗腐蚀或需要热处理（淬火或调质等）时，如轴、阀盖、封口等，则采用 2Cr13、3Cr13、4Cr13 等马氏体不锈钢为宜。但此类不锈钢的防锈性能不如奥氏体不锈钢好。

（3）有色金属。

1）镍（Ni）。镍是真空技术中广泛应用的一种金属。在许多真空应用中常可以见到电真空器件中的阴极、栅极、阳极、吸气剂和热屏蔽罩以及许多其他机械构件中的基体材料。镍本身可用作基体材料；或其他材料的镀层；或许多镍合金中的一种组份。镍币其他普通有色金属的熔点高，蒸汽压低，抗拉强度很高，机械加工性很好，容易成形，除气和点焊，而且价格相对便宜。

镍常与铬合金化形成镍铬合金，其熔点比较低，在真空中容易蒸发，沉积薄膜的附着力好，附着力较差的金属材料可用镍镉合金做衬底层来增强与基片的附着力。镍镉合金也可用作薄膜电阻材料。

镍的真空蒸发建议采用较粗糙的钨螺旋丝电阻加热源。在 1 500 ℃以上，镍会处在任何浓度下的钨形成部分液相，对钨丝迅速产生腐蚀。因此，为了限制蒸镀时镍对钨丝的腐蚀，镍的重量不应超过钨丝的 30%。蒸镀镍时，可以采用氧化铍和氧化铝坩埚，也可以采用电子束轰击加热方法进行蒸发。

2）铜（Cu）。铜具有很高的塑性，良好的导电和导热性能，常用于导电材料，常用的铜类材料有紫铜（纯铜）及铜合金。

紫铜是真空技术中应用较多的材料，由于普通的紫铜放气困难，普通铜中溶解的氧气在低于钢的软化点温度下不能释放出来，所以在高真空及超高真空中最常见的是无氧铜，如用作蒸汽流泵的喷嘴，障板、冷阱、密封、电极等。

由于无氧铜具有良好的真空气密性，对气体的溶解度低，在室温下不渗透氢和氦，而且对氧气和水蒸气的敏感性差，塑性又好，因此被广泛地用作金属超高真空系统中的可拆卸密封的密封垫片。通常，Cu 的使用温度不应过高，在 200 ℃以上时 Cu 的抗拉强度陡降，从而限制了铜在高温结构中的应用。当温度超过 500 ℃时，Cu 的蒸汽压比 Ni 的蒸汽压大约高一个数量级。无氧铜会被氧腐蚀，并在 200 ℃以上时产生锈斑。它也会被含氧的酸腐蚀。另外，汞和汞蒸气对 Cu 也有很强的作用，因此铜一般不应用在用水银作为工作介质的场合。

对铜进行蒸镀时，建议采用螺旋状钨丝或钨、钼、钽蒸发舟作为电阻加热蒸发源。电子书加热虽能使用，但是由于铜的导热性很好，因此很难维持蒸发温度的恒定。铜对陶瓷和玻璃的附着力较差，因此需要在陶瓷和玻璃基片上镀制铜时，最好先在基片上沉积一薄层铬或钛膜作为底膜。

3）铝（Al）。铝是一种重量轻、延展性相当好的金属。由于铝易于压制成形，且其导电导热性能好（稍次于铜），又是非磁性材料，故常用作真空室内的轻型支架，放电电极，扩散泵的喷嘴、导流管、挡油障板、分子泵中的叶片及耐腐蚀镀层等。由于铝本身很软，抗拉强度低，易于被压轧和弯曲，因而可用作密封垫片材料。铝是一种低熔点金属，他的机械强度在 200 ℃左右时迅速下降，而且铝的蒸汽压相对较高，因此只能用在 300 ℃以下的烘烤真空系统中。但是铝在该温度范围内，对 H_2 的溶解度很低。铝难以进行普通熔焊和钎焊，一般焊接铝要求特殊的条件（如真空钎焊）。

在蒸发温度时，铝为一种高度流动的液体。它对于难熔材料极易相润湿，同时可扩散渗入到难容材料的微孔中，并能与难熔金属形成低熔点合金。熔化的铝在真空中的化学活泼性仍然很强，在高温时与陶瓷材料也能产生化学反应，目前蒸镀铝时多采用钨丝或钼丝加热式蒸发源，蒸发大量的铝时可采用连续式送丝机构或感应加热式蒸发源。

4）钛（Ti）。钛的强度高、重量轻，耐腐蚀，是真空工程中特别有用的金属。钛可以加工成形，而且没有磁性，因而是真空应用中理想的结构材料，适合用作镀膜设备中的磁控溅射靶材、溅射离子泵的阴极等。

钛对活性气体（如 CO、CO_2、N_2、O_2 以及 650 ℃以上的水蒸气）的吸附性很强，蒸发在汞壁上的新鲜 Ti 膜形成一个高吸附能力的表面，有着优异的吸气性能，几乎能和除惰性气体以外的所有气体发生化学反应。这一性质使得 Ti 在超高真空抽气系统中作为吸气剂而得到广泛的应用，如用在钛升华泵、溅射离子泵中等。

同铬一样，钛膜的附着力很好，对于陶瓷和玻璃基片也具有非常好的附着力，所以钛可用于附着力很好，对于陶瓷和玻璃基片也具有非常好的附着力，所以钛可用于附着力较差膜材的底膜材料。钛也可用作薄膜电阻或薄膜电容器的制作材料。蒸发钛可以采用钨螺旋丝篮式电阻加热源。此外也可以用石墨蒸发舟或电子束轰击加热对钛进行蒸镀。

5）锆（Zr）。纯锆是一种特别活泼的金属，可以用来作吸气剂，吸收氢气、氮气和氧气的能力较强，他特别对氢气及氢的同位素氘、氚等有较强的吸附能力。Zr 的中子截面很小，因而可用作中子窗。Zr 的二次电子发射产额低，可以将它镀在其他的基体材料上来利用 Zr 的这一特性。因为 Zr 的表面上有一层氧化膜，故有良好的抗腐蚀性。Zr 对 HC_1、HNO_3、H_3PO_4 以及碱都具有稳定性，但能被热的浓 H_2SO_4 和王水腐蚀。

Zr 的氧化物 ZrH_2 也可用作吸气剂。它具有不宜氧化的优点，并且在真空中加热会分解，留下清洁的活性 Zr 表面。ZrH_2 还可以用在陶瓷-金属封接中。

6）铬（Cr）。铬在 1 900 ℃时溶化，但在 1 397 ℃下其蒸气即可达到 1 Pa，因此铬不用溶解即可蒸发。由于铬对于各种材料的附着力都很好，特别是铬对于玻璃或陶瓷等基片的附着力比其他金属镀膜材料都好（与钛相似），所以铬可以作为附着力较差的其他镀膜材料的附着剂。

镀制铬膜可采用真空蒸发和真空溅射方法。溅射所用的铬靶材料多采用粉末冶金方法制成，一般面积较小。如需要大面积的溅射靶材（如大型矩形平面磁控溅射靶），则需要多块较小面积的铬靶镶拼而成。蒸镀所用的铬材形状多为片状或颗粒状，故可采用加热舟或篮式加热丝进行蒸发。由于铬的蒸发温度较高，所用蒸发加热源材料多选用钨。也可将铬事先电镀在钨螺旋加热丝上，这一方法可提高加热接触面积，扩大蒸发面积，但应注意，钨丝在电镀之前应彻底地去气。

（4）贵重金属

1）铂（Pt）。铂在高温时不与氧反应，当 T>500 ℃时，铂表面上所有的氧化物均会分解。在 700 ℃以上时，氢能渗入铂中，但其他常见气体则不能。铂不受汞的腐蚀，但在高温下能与碱、卤素、硫、磷反应。除热王水以外，铂可耐一般的酸腐蚀。

铂的化合物可用在一些高温钎焊合金、高温热电偶、坩埚和灯丝中，尤其可用在有腐蚀性气体的地方。镀 Pt 的 Mo 栅极具有寿命长、二次电子发射率低的特性。铂的膨胀性能是指很适合用作玻璃-金属密封或陶瓷-金属密封中的封接材料。铂细丝还可以封接在玻璃中用作高电导率的电极引线。在铂中加入 Ir 或 Ni 可以提高铂的硬度。由于铂的价格昂贵，所以一般只用于特殊场合。

2）钯（Pd）。钯是一种价格相对便宜的贵重金属，其硬度和强度类似于铂，但加工比铂稍难一点。钯和铂之间可以实现电阻焊或钎焊。与铂不同的是，钯在空气中加热会被氧化，但在 870 ℃时钯的氧化物便分解了。钯对 H_2 表现出很高的溶解度（约体积的 1 000 倍）。钯对 H_2 的渗透率特别高（尤其在 400 ℃左右时），因此可在 H_2 过滤器和检漏仪中应用钯（H-Pd 法检漏）。

钯对于玻璃和陶瓷基片的附着力很差，在这两种材料的基片上镀制钯膜时，应用铬或钛镀底膜以提高其附着力。蒸镀钯可采用钨螺旋丝电阻加热源，钨能与钨合金化，使钨丝腐蚀。也可使用氧化铍和氧化铝坩埚，用电子束轰击法蒸镀钯。

3）金（Au）。金是一种延展性和可锻性都特别好的金属，而且还是极好的导电体。他对气体（尤其是氧气）的化学吸附性或溶解度很弱。但金能与汞齐并溶解于汞。金很容易焊接，并且很容易用银进行自身焊接。金可用作玻璃-金属封接的镀层和玻璃表面用于电接触的镀层，也可用作某些钎焊合金的成分。可以很容易地通过蒸发金的方法给玻璃镀膜或获得金薄膜。金有时也用作超高真空烘烤系统的密封垫片材料。

与钯类似，金对于玻璃和陶瓷基片的附着力很差，在这两种材料上镀制金膜时，常采用铬或钛做底膜。蒸镀金可采用钨或钼的螺旋丝或篮式电阻加热器，金能润温钨、钼和钽，但是他对钽的腐蚀比前两者为强。与铜一样，用电子束轰击法蒸镀时，其蒸发温度难以保持。可采用溅射方法镀制金膜。

4）银（Ag）。银与金一样，常用作可烘烤超高真空系统的阀座或阀口上的密封垫片或镀层。与金不同的是，银对 O_2 的溶解度很高，因此应避免在含氧的气氛中对银加热或退火。另外，氧在加热的银中扩散得快，因此如同纯净的氢气通过钯的方式一样，利用这一性质可以用银作为氧的选择性过滤器。银还可用作钎焊料和硬焊料以及铜电极、金属化玻璃和电触点的镀层。有时为了增加强度，也可采用银合金，如触电银（Ag/Cu，91/9）或货币银（Ag/Cu，95/5）。

（5）软金属

1）铟（In）。铟是一种特别软，低熔点的金属，它的蒸汽压很低。铟不能进行硬加工，只能在低于其熔点（156 ℃）下使用（如用作密封垫片）。铟在熔点温度以上时，虽不氧化，但会受到大多数酸的腐蚀。

铟可与汞很快形成汞齐，还能与很多金属形成合金。这些合金广泛用于低电阻率接触点、导电薄膜（如用 In-Sn 合金制造的 ITO 薄膜）、焊料、传感器触电、玻璃-金属封接（1:1 的 In-Sn 能够与玻璃和云母形成很好的浸润性）以及密封垫片材料。

2）镓（Ga）。镓的熔点很低，在 30 ℃时溶化，但是镓的蒸汽压相当低，因此可用作液体密封材料。而且由于镓在 2 400 ℃时仍为液体，所以可在高温温度计中应用。镓可用作大多数金属之间的密封，而且稍一加热此密封便很容易拆掉。因为镓可与很多金属形成合金，所以常用来与其他低蒸汽压金属形成合金。如 In-Ga 和 In-Ga-Sn 低共熔合金在室温下就能溶化，它们是很多金属和玻璃的优良润湿剂，而且不会造成腐蚀，因此可用在阀门、动密封、液体密封（应加防尘罩）和热偶计的连接（低接触电阻、良导热触点）上，在使用中应注意的是，镓的传热和导电的各相异性相当突出。

（6）难熔金属

1）钨（W）。钨在常用的难溶材料中熔点最高，而相应的蒸汽压最低。同所有难熔金属一样，钨是有粉末压实烧结、成形和退火制成的。钨是一种很硬、很稳定的元素，但比较脆。钨没有磁性，化学性质很稳定。大多数的酸和碱对钨只有轻微的作用，而氢气、水火烯酸对钨根本没有作用。钨只能被热的王水和 1:1 的 HF 与 HNO_3 的混合液所腐蚀。

钨在 900 ℃以下的空气中氧化甚微，但是在高温下，在含有氧气或其他氧化气体的大气中，钨会迅速氧化并形成 WO_3，因此钨在真空中的应用温度为 2 300 ℃为宜。钨在氢气中的使用温度可达 2 500 ℃，而在惰性气体中的应用温度为不大于 2 600 ℃。当应用温度过高时，将使钨产生再结晶现象，从而形成大晶粒而产生脆化，使钨的机械强度减弱。

由于钨的硬度和熔点高，因而加工与成形较困难，但片状或丝状钨的焊接很容易。钨可用作 X 射线管的阴极、弹簧元件、高温热电偶、炉子的蒸发皿以及焊接电极。这些都利用了钨的稳定性和高熔点。钨的真空中还被大量用作蒸发加速器、灯照加热器和电子发射灯丝的材料。钨的电子发射率虽然相对较低（逸出功相对较高），但是其具有的使用简便（只需去气）、抗热冲击及离子轰击能力强、熔点高及蒸汽压低等特点弥补了电子发射率低的缺点。

当钨用作热阴极灯丝时，可在钨中加入低蒸汽压的氧化物来延缓再结晶现象发生。实验结构表明，敷钍钨丝的电子发射能力比钨高得多，尤其是在较低温度下的电子发射率较高，但是敷钍钨丝的加热温度不能过高，当温度高于 2 500 ℃时，敷钍钨丝即开始变软变形。

2）钼（Mo）。钼是一种硬度高、无磁性、化学性质稳定的难熔金属。它只是在高温时表现出氧化性。钼在真空中的使用温度不大于 1 600 ℃，在氢气中可达 200 ℃，但在空气中，当 $T>600$ ℃时将很快形成 Mo_2O_3 而升华。钼只受热的稀 HCl 溶液和 1:1 的 HF 与 HNO_3 混合液的腐蚀。在室温下，H_2 或干燥的 O_2 对钼没有影响。

钼尽管有一点脆性，但比钨易于加工。可用热处理的方法或加入 Nb（3%）形成合金的方法来提高钼的抗拉强度。选用适当的焊料可以实现 Mo 与 Mo 或 Mo 与 W 之间的钎焊，在很清洁的条件下甚至可以实现点焊。钼没有磁性，在 2 670 ℃下才能彻底去气。他可以做成杆，圆筒、螺栓、螺母及加热线圈，还可以用于硬玻璃与金属的封接、真空电炉中的蒸发皿以及各种真空器件的电极。

3）钽（Ta）。钽是一种重量轻、强度高的难熔金属。它的熔点很高（2 900 ℃）、蒸汽压很低、对多有的活泼气体（包括氢在内）都具有较明显的吸气性能，特别是能够从残余气体中吸收氧。

钽对王水（甚至沸腾的王水）、铬酸、硝酸、硫酸和盐酸都具有非常好的抗腐蚀性，但是钽溶于 HF、氟化物溶液和草酸中。Ta 与 Nb、Ti、Zr 一样，和氢结合能生成氢化物，这种氢化物破坏了它的金属性质。甚至在低温（100 ℃）下所形成的氢化物也会使钽产生严重的脆性。将钽在真空中加热到 760 ℃以上时，钽中的氢气则可以放出。钽能够吸收真空系统中除惰性气体外的大多数残留气体，特别是在高温（700～1 200 ℃）下更是如此。因此，在工作之前，对吸气表明在高真空下进行去气处理是很重要的。

钽是一种好的电子发射体。在 HCD 离子镀膜设备中常用钽制作空心热阴极枪来产生电子束。用机械方法或电方法增加表面粗糙度可大幅度地提高钽的电子发射率。钽还可用作吸气剂、坩埚和高真空、高温条件下的蒸发器。与铬相仿，钽对陶瓷或玻璃基片的附着强度良好。

4）铌（Nb）。铌是一种强度相当大而比重小的难熔金属，可用作真空结构方面的材料。目前，Nb 主要用作其他难熔金属的钎焊材料或用作吸气剂。

铌无磁性，在 1 070 ℃下真空退火后壁 Ta 更容易加工。Nb 的熔点低于 Ta，蒸汽压却高于 Ta。因此，尽管它的逸出功在所有难熔金属中最小，却很少用作热电子发射体。铌常被做成片状，以便于点焊或电子束焊接。铌也可以少量地添加到某些不锈钢中，以阻止不锈钢中的碳造成晶粒间的腐蚀。

铌对氧的亲和力很强。在较高温度下，除惰性气体外，铌几乎对所有气体的亲和力都很强，因此它可以被用作吸气剂，尤其是作为高温吸气剂应用，铌等难熔金属也可用作真空设备中加热装置的电热体和隔热屏。

（7）汞（Hg）

汞是一种重金属，在室温下呈液态。汞的导电性能很好，膨胀系数变化很小，表面张力大，但蒸汽压比较高，可用作多种开关、温度计、压力机（如麦式计）和液态密封材料。

汞在空气中的蒸发速率很高（室温下为 10^{-4} g • cm^{-2} • s^{-1}）能轻微地氧化，而且汞蒸汽又有毒，因此汞应在密闭的环境中使用。汞不受干燥无硫空气的影响，化学性质十分类似于贵重金属。汞能与多数金属形成汞齐，因此除不锈钢和其他钢外的金属都不能做盛汞的容器。

（8）合金材料

1）可伐合金。可伐（Kovar）是一种铁镍钴合金，它是在玻璃-金属密封封接中最常用的合金。它的膨胀系数与几种硬质玻璃、陶瓷相匹配。可伐玻璃密封可以烘烤到 460 ℃，典型可伐合金含有 53%Fe、29%Ni、17%Co、小于 0.5%Mn、0.2%Si 和总量小于 0.25%Al、Mg、Zr 和 Ti。

可伐中的钴在合金加热时能形成宜溶化的氧化物，有利于在金属上涂覆玻璃或陶瓷。可伐可以用软焊料或硬焊料进行钎焊和熔焊，经过退火后亦可进行模压成形或切削加工。在真空技术中常用的焊接方法是在 H_2 炉中用铜钎焊。

可伐虽然有很好的抗腐蚀性，但仍不如不锈钢，因此应放在干燥的地方储存。可伐与汞及汞蒸气都不发生反应。可伐合金在 453 ℃（其居里点）一下具有铁磁性，其磁化率是磁场的函数，当磁场增至 7 000 G 时，磁化率达到最大值，然后又降下来。

2）青铜。青铜（92%～93.5%Cu，其余为 Sn）和磷青铜（含有微量的 P）中的 Cu 和 Sn 蒸汽压低、真空气密性好，某些情况下可以用于真空设备的铸造结构中。由于青铜的机械强度较大，因此多用不含锡和锌的铝青铜或铍青铜制造真空设备中所用的弹性元件、波纹管、电触点和涡轮等。然而，对于含 Zn 的青铜，不能用于需要加工的真空设备和系统中。

3）黄铜。黄铜含 66%～95%Cu，其余为 Zn。黄铜具有较高的塑性，在机械加工和压力加工上下可制成形状复杂的零件。但由于含锌量高，而 Zn 的蒸汽压高，在加热时会放气影响真空，污染真空设备，因此其使用温度一般不超过 150 ℃，所以黄铜不能用于烘烤的真空系统和超高真空系统中。一般，黄铜仅用在不需要去气的可拆卸的低真空系统中做机构件。

9.5.3 非金属材料

真空系统中常用的非金属材料主要有密封材料和绝缘材料两类。

9.5.3.1 玻璃

玻璃主要用于制造玻璃真空系统（玻璃扩散泵、阀、管道等）、金属系统的观察窗，容器及规管外壳、高压电极绝缘体等。

（1）真空技术中用玻璃的特点。用玻璃制作真空容器的优点很多，如成本低、便于制作、透明、化学稳定性和绝缘性都好，以及透气率低等。普通玻璃不仅比可用于高真空的多数其他材料便宜，而且制造，还省去了金属系统所必须的焊接、机械加工或卷曲等加工工序。对多数小型玻璃真空系统，都可容易的通过简单的吹玻璃工艺制成。

玻璃因其具有良好的电绝缘性，因而可用于高电压的电引线。玻璃对多数辐照的透明性，使人们可以方便地观察真空系统中的实验。由于玻璃的透明性及绝缘性而得到的另一个优点是，很容易用高频火花检漏仪对玻璃系统检漏。

玻璃用作真空系统的主要缺点是：其抗冲击强度低，抗拉强度低。因此，玻璃真空系统的体积一般比较小。

（2）玻璃的分类。大体上可把玻璃分为两类：一类是软玻璃，其线（膨）胀系数在 70×10^{-7} ℃$^{-1}$；一类是硬玻璃。一般可根据软玻璃的工作温度比硬玻璃的低来区分它们。

另外不同氧化物与二氧化硅的融合，可以制成不同特性的玻璃，分类如下：

1）铅玻璃；2）钠钙玻璃；3）硼硅玻璃；4）石英玻璃。

（3）真空系统对玻璃物理性能的要求。在制造和使用玻璃真空系统及部件时，应注意的物理性能主要有：黏度、线膨胀系数与抗热冲击性能、热导率、电阻率、电击穿强度、玻璃的渗透率。

（4）玻璃的渗透率与放气

1）玻璃的渗透率。在室温下，基本上可以忽略气体对玻璃的渗透，除了 H_2 和 He 之外，实际上玻璃对其余所有的气体都不渗透。这也是考虑选用玻璃做真空系统，尤其是形状复杂的系统的器壁材料的因素之一。

气体分子的直径对渗透量的影响很大，He 分子直径最小，因而渗透量最大，而 Ar、N_2 和 O_2 的分子直径较大，对玻璃基本上不能渗透。

实验证明：由于 He 分子极小，故在室温下 He 能渗入玻璃，其渗透率的值随着温度升高按指数规律增大。

氢对玻璃的渗透率远小于氦，因而氦气是超高真空系统内主要的残留。玻璃的成分组成对氦的渗透影响非常大，不同种类的玻璃，其氦的渗透系数会有很大差别。氦对石英玻璃的渗透率最大，对硼硅硬玻璃的渗透较少，而对钠钙软玻璃的渗透最少，因而铝硅软玻璃最适于用来制作超高玻璃真空系统，只有用某些特殊玻璃（如铝硅酸盐玻璃），才能获得高于 10^{-10} Pa 的真空度。

2）玻璃的放气与除气。虽然玻璃本身富有的蒸汽压极低（10^{-13}～10^{-23} Pa）但在制备玻璃过程中，气体被捕获于玻璃内部称为合成产物。这些气体大多由 H_2O、CO、CO_2 和 O_2 组成。玻璃的放气气源除了溶解于玻璃内的气体外，还被吸附在玻璃的表面上，吸附的主要成分也是水气。玻璃有一特殊的表面层，水气的扩散系数在表层比内部大得多。玻璃的常温放气主要来自表层，如用 HF 酸腐蚀掉该表层，放气量可大大减少。当玻璃表面生成水化物时，会破坏玻璃边界的密封性能。尤其是玻璃处于蒸汽中时，其硅胶表面呈海绵状，大量的水蒸气吸附在其中。

溶解和吸附的气体是高真空玻璃系统的放气来源，未经烘烤的硼硅玻璃系统的放气流量可达 10^{-5} Pa • m^3/s。经真空烘烤除气后可以大大减少常温放气量，因而在高真空中使用的玻璃至少在其最高温度湿度下彻底地去气。

9.5.3.2　陶瓷

陶瓷广泛的用在真空技术领域中，如用在电气绝缘体，小型支撑结构等，尤其是用在很高的工作温度下。多数陶瓷硬而脆、强度高、抗热震性好，能承受高温（软化温度约为 1 900 ℃）和高场强。陶瓷的组织结构稳定，不宜氧化，对酸、碱、盐的腐蚀也有很好的抗力。另外，陶瓷警惕中没有自由电子，一般具有很好的绝缘性。某些陶瓷具有特殊的光学性能，如用作固体激光材料、光导纤维、光贮存材料等。

在真空工程中，陶瓷能与可伐合金封接成强度高，达到超高真空密封的真空零件。由于大多数的陶瓷都是在粉末烧结状态模制成形，然后在焙烧除去结晶水。普通陶瓷在烧好以后，硬度极高，除了采用昂贵的研磨方法（或金刚石和超声波的加工方法）以外，几乎不能进行机械加工。但新近出现了一种可进行机械加工的新型玻璃-陶瓷，在真空领域中得到广泛的应用。

真空工程中所用的陶瓷基本上有三类：硅酸盐陶瓷、氧化物陶瓷及特殊品种的氮化物、硼化物、可加工陶瓷等。真空技术中最常用的机组硅酸陶瓷是：硬瓷、镁-铝硅酸盐、无碱铝陶瓷和锆石陶瓷。而可加工陶瓷一般有麦考（Macor，一种新型的可机械加工的玻璃陶瓷）、拉瓦（Lavas）、氮化硼（BN）。

9.5.3.3　塑料

（1）聚四氟乙烯。聚四氟乙烯是四氟乙烯的聚合物，为白色或灰白色的物质。它是在高压下由三氯甲烷与氢氟酸聚合制成四氟乙烯（粉末），在 370 ℃时，将得到的聚四氟乙烯粉末装模、烧结，产生一种坚韧的、非热塑性的树脂。聚四氟乙烯虽大多是结晶体，但却没有熔点。它的塑形随温度升高而增加，而力学性能则急剧变坏。在温度高于 327 ℃时，转变为非流动无定形的胶状物，在高于 400 ℃时，聚四氟乙烯分解，放出有毒的挥发性氟化物气体。它的低温性能也很好，温度低于 –80 ℃时仍能保持其韧性。

聚四氟乙烯具有优良的真空性能。它的渗透率很低，它在室温下的蒸汽压和放气率都很低，比橡胶和其他塑料都要好。其 25 ℃时的蒸汽压为 10^{-4} Pa，350 ℃时为 4×10^{-3} Pa。

与其本身或钢之间的摩擦系数很低，对钢的摩擦系数为 0.02～0.1，可用作无油轴承材料，也可用于真空动密封。其弹性和压缩性不如橡胶，而且在高负荷时趋于流动，甚至破裂。当加载高于 3 MPa 时，产生残余变形，加载到 20 MPa 左右时，会被压碎。因此它一般用作带槽法兰的垫片材料，而且负荷不超过 3.5 MPa。

聚四氟乙烯具有良好的电绝缘性能。它的电阻率极高，电介质损耗很低。由于聚四氟乙烯不吸附和不吸收水蒸气（不吸水也不被水浸润），因此即使在 100%的相对湿度下，表面电阻率仍很高。

聚四氟乙烯的化学性质十分稳定，这一点优于其他的额弹性塑料材料。聚四氟乙烯不会受潮，不可燃、无毒，只有当加热温度高于 400 ℃时，才能放出有毒气体。

聚四氟乙烯能用普通的刀具进行高速切削加工。在其烧结成型阶段加入不同的添料（如石墨、玻璃纤维等），可得到改性后的聚四氟乙烯，可改变其力学性能和热血性能。

在真空技术中，聚四氟乙烯可用作密封垫片，永久或移动的引入装置的密封。绝缘元件和低摩擦的运动元件等。聚四氟乙烯的应用温度范围为 –80～200 ℃，其最高工作温度可达到 250 ℃

（2）聚乙烯和聚丙烯。聚乙烯和聚丙烯分别是乙稀和丙烯的热塑高分子聚合物。它们的特点是：性能稳定。在室温下几乎不受化学腐蚀。只是在温度较高时，才会受到气体或酸的氧化。但是在紫外线的照射下会增加这种氧化效应。卤素或有机酸能够扩散透过这些热塑性材料或者被它们吸收，而且一些碳氢化合物能够引起它们鼓胀。所以，尽管聚乙烯和聚丙烯的蒸汽压在 10^{-7} Pa 范围内，但是由于它们的强度和工作温度的限制，使得这些材料在真空技术中的应用受到很大的限制。

9.5.3.4 碳（石墨）及碳纤维制品

（1）炭（石墨）。真空技术中常用的炭是人工石墨。石墨的熔点高、蒸汽压低、热导率高、导电性好、电子发射的溢出功高、热发射率高、化学性质稳定、刚度大、吸气性好和价格便宜。因而石墨可用作真空炉的加热器、镀膜机熔炼用的坩埚（缺点是熔融物会产生炭污染）、金属镀膜中的热屏蔽罩，以及电弧焊（炉）中的电极。炭还可以用于提高热发射率，同时抑制了二次电子的发射，如镍涂覆炭。炭的主要缺点是强度低、含气量大、去气困难、机械加工性差、焊接困难。

（2）炭（石墨）纤维。炭纤维在真空技术中，主要用于加热装置的电热体，绝热层和防腐耐热的环境中。它有着优异的电学、热学和力学性质。其纤维是一种比蜘蛛丝还细，比铝还轻，比不锈钢还耐腐蚀，比耐热钢还耐高温，又能像铜那样导电的新材料。

炭纤维的工作温度可达 –180～3 300 ℃，即使从 3 000 ℃冷却到室温也不炸裂。其织品是真空电炉中颇具优势的好材料。若将炭纤维加热到 2 000～3 000 ℃，并让其受张力作用，即可成为含碳量大于 99%的石墨纤维。其性能比炭纤维更佳。根据需要可织成布、带、管、绳等，与钨、钼、碳棒相比，辐射率高，发射率为钨的 2 倍，辐射面积大，热惯性小，导电率高，密度小，在高温下不变形、熔点极高，易成形。其另一特点是受热时，在轴向是热胀冷缩，而且其线膨胀系数很低，比普通钢小几十倍，实际上近乎为零。

9.5.3.5　橡胶制品

橡胶大体可分为以下两类：由天然乳胶制成的硫化橡胶、合成橡胶（包括丁基、氯丁、丁晴橡胶）以及硅酮橡胶、氟橡胶等

（1）天然橡胶。软橡胶是由天然橡胶制成的。通常是在橡胶中加入填料和添加剂并使之硬化和硫化而成。这种橡胶表面呈多孔状，放气量大（通常是氢气、碳氢化合物以及易挥发的气体）。它在室温下的蒸汽压很高，它对大多数的气体（特别是 H_2 和 CO_2）的渗透率也很高。天然橡胶的力学性能和电性能在很大程度上取决于制备过程。

在真空技术中，软橡胶只限用于工作在室温或接近室温的连续抽空的粗、低真空系统。常用作垫片和胶管。

（2）合成橡胶。按性能可分为普通、耐油、耐热等几种。其放气率和透气率显著低于普通软橡胶。通常使用的有氯丁橡胶、氟橡胶、硅酮橡胶、硅橡胶等。

1）在低、高真空中广泛采用丁基、氯丁、丁腈等橡胶。丁腈、氯丁橡胶呈黑色，它的许多性质与天然橡胶类似，但性质比天然橡胶要好，而且对油、油脂、阳光、臭氧及温度变化等都有很好的耐性。它的工作温度范围在 -20～80 ℃，在 90～100 ℃时出现永久变形，在低于 -20 ℃时弹性减弱。

氯丁橡胶在真空中易挥发，适用于低真空。丁基橡胶可用于 1.3×10^{-5} Pa 的真空中，当真空度高于 1.3×10^{-6} Pa 时，会出现升华，其重量损失可达 30%。丁腈橡胶的耐油性及其他各项性能均较完善，但在真空中的放气量和透气性比丁基橡胶大，适用于 1.3×10^{-4} Pa 以下的真空密封。

2）氟橡胶（Viton-A）是一种耐热耐油性好、放气量小、透气性低的真空材料。适用于高真空和超高真空中。其工作温度为 -10～200 ℃，甚至可以短时间在 270 ℃的温度下工作。氟橡胶在高温、高真空下具有较小的出气率和极小的升华损失，因而它的真空性能好。氟橡胶与丁基橡胶相比较，在保持相同弹性条件下，氟橡胶中放出的碳氢化合物气体（主要是丁烷）少得多，而且工作温度更高。在 1.3×10^{-7} Pa 压力下氟橡胶因升华只减少重量的 2%左右，并不影响密封。所以氟橡胶可用于 1.3×10^{-7}～1.3×10^{-8} Pa 的超高真空密封。

3）硅酮橡胶的蒸汽压在室温时约为 1×10^{-4} Pa。与其他橡胶相比，硅橡胶具有以下优点：它的耐热耐低温性均好，它的工作温度范围从 -80～320 ℃（很短时间）以上，而且它能持续承受 180 ℃以上的高温，硅酮橡胶的电绝缘性、抗氧化性、抗紫外线辐射性都优于其他橡胶。特别是有些类型的硅橡胶在整个工作温度范围内不产生永久变形，这种性质使得由硅橡胶制成的垫片和“O”形圈具有极好的重复使用性。

当然，硅橡胶也有不及其他橡胶之处。尤其是在室温下，硅橡胶的抗撕裂和耐磨损能力相当差。在使用硅橡胶时，要求真空系统的极限真空度不高于 1×10^{-3} Pa。尽管其具有良好的耐油性（尤其是矿物质油），但他不耐酸碱，也不能用任何溶剂来清洗。清洗时，职能用中性洗涤剂进行并需要彻底冲洗。

（3）真空橡胶的选择。解决真空橡胶密封，除了要有正确的密封结构设计之外，合理选择密封材料也是关键。橡胶的耐热性、压缩变形性、漏气率、气透性、出气率及升华损失等方面是影响真空密封的几个重要因素。

1）耐热性。在真空系统中，常常要对系统或元件进行除气，往往是通过烘烤来完成。这样对橡胶密封件要求有一定的耐热性，以保证烘烤除气顺利进行。一般烘烤温度在120 ℃以下和 10^{-5} Pa 的真空度下，可以采用丁基或丁腈橡胶；如果要求更高的烘烤温度，并且在超高真空环境中工作，则需采用氟橡胶。

2）耐压缩变形性。在真空系统中，大量的真空密封件，都处于压缩状态下工作。为了使密封件具备密封的可靠性和保证有一定的密封寿命，真空密封橡胶应具有较小的压缩变形值（最好小于 35%），同时要求具有比较缓慢的压缩力松弛速度（即压缩应力松弛系数大），这样才能保证真空密封件具有较高的工作寿命。

3）漏气率。根据计算和经验，真空系统中，当真空泵的抽气速率为 8 000 L/s 时，要维持 5×10^{-7} Pa 的真空度，橡胶漏率不得大于 5.25×10^{-3} Pa • m^3/s。

4）气透性。不同橡胶在不同温度下对空气的气透性不同，这是由其内部结构决定的。丁基橡胶气透性低，丁腈橡胶对非极性气体透气性低。在同一气体中，气透性大小顺序为：天然橡胶＞丁苯橡胶＞丁腈橡胶＞氯丁橡胶＞丁基橡胶。

5）出气率。橡胶出气率的定义为：在一定温度下，单位时间内橡胶单位面积上的出气量。真空密封中一般要求在 10^{-4}～10^{-5} Pa • L/s。根据实验数据，按照出气率大小，可对各类橡胶作出如下排列：氯醇橡胶＞乙烯基硅橡胶＞天然橡胶＞丁腈橡胶＞氯丁橡胶＞氟橡胶。

6）橡胶的升华。橡胶在一定的温度及真空度下的失重叫升华。在真空密封中，要求密封材料升华值要小，一般要求在 10%以下。按照升华值的大小，可对各类橡胶作出如下排列：天然橡胶＞丁腈橡胶＞氯丁橡胶＞氯醇橡胶＞乙烯基硅橡胶＞氟橡胶。

在高真空系统中，橡胶密封元件对真空系统极限压力的主要影响是材料的漏气率和出气率。

9.5.3.6 辅助密封材料。

真空辅助密封材料主要依据密封的部位和真空度不同分为封腊、封脂、封泥和封漆等。

（1）真空封蜡。是由沥青、虫胶、蜂胶等有机物制成的，用于可拆卸但不可动处的接头处密封或填封小漏孔等。真空封蜡的软化温度为 50～100 ℃，使用时加热软化涂于漏处，其饱和蒸汽压在 1.3×10^{-4} Pa 以下。商品封蜡有 20 号、50 号、80 号几种，标号越大其黏度越大

（2）真空封脂。主要用于真空系统的磨口、活栓及活动连接处的密封盒润滑，是一种脂膏状物质。一般真空脂的工作温度较低，真空脂的使用温度范围是由其黏度决定的。黏度也是真空脂的一个很重要的参数。油脂的黏度一般不应太大，以保持密封件能自由运动。但如果黏度过低，又会造成油脂在外界大气压力的作用下而漏进真空系统中，所以真空脂的选用应依照使用场合。工作温度等情况综合考虑。在使用时油脂应涂得少而匀，以免污染系统

（3）真空封泥。是由高黏度低蒸汽压的石蜡与高岭土为主要原料混合而成的一种油

泥。其可塑性好，易成形。其饱和蒸汽压不大于 6.6×10^{-2} Pa，使用温度在 35 ℃以下。适用于低真空系统略有真空且经常拆卸的部件，或临时密封用。真空封泥对金属盒非金属均有很好的附着力。

（4）真空漆。其饱和蒸汽压较低（约 1×10^{-4} Pa），在干燥和硬化后能承受 200 ℃以下的温度，同时还具有良好的抗腐蚀能力。真空漆可刷涂或喷涂于零件表面及焊缝的微小漏风处，用来堵漏或防止 H_2 渗入金属器壁中。使用中应注意的是，不能在系统处于真空状态时进行漆的涂刷，以免被大气压入系统中。

9.5.3.7　吸入剂与吸附剂

（1）吸气剂

吸气剂大量应用于真空电子器件中，它对器件的性能及使用寿命有重要的影响：

1）在器件的排气封离后和老炼过程中消除残余的和重新释放的气体；

2）在器件的储存和工作期间维持一定的真空度；

3）吸收器件在工作中所释放的气体。由于吸气剂在电真空器件放气、漏气时吸收气体，为器件创造了良好的工作环境，因而大大延长了器件的寿命，稳定了器件的特性参量。

另外，吸气剂的用途在不断扩大，如用于太阳能集热管等真空器件和制成各类吸气剂泵，应用到科研及工业中。在真空中使用的吸气剂一般分蒸散型和非蒸散型两类，后者又发展制成吸气剂泵（如锆铝吸气泵等）。

1）蒸散型吸气剂。蒸散型吸气剂也称为扩散型或闪烧型，主要用于电真空器件和微小真空容器的真空保持。蒸散型吸气剂主要由钙、镁、锶、钡等 IIA 族元素及其合金组成，其中以钡类吸气剂用的最多。目前常用的主要由钡铝合金吸气剂，用于显像管等器件中的吸气剂。

蒸散型吸气剂又可分为：吸热型吸气剂和放热型吸气剂。

吸热型吸气剂对温度的依存性强，蒸散温度较高（一般需加热到 1 040 ℃以上）需要吸收大量热才能蒸散，蒸散重复性差，因而现在已不大使用了。

放热型吸气剂克服了吸热型吸气剂的缺点，在钡铝合金或钡化合物中加入各种添加剂，如镍、铁、钛、等粉末。这样，在吸气剂激活蒸散时放出大量的热，降低了蒸散吸气剂的温度，蒸散重复性好。目前主要包括：钡钍吸气剂、钡钛吸气剂、钡铝镍吸气剂

2）非蒸散型吸气剂。非蒸散型吸气剂是体积型的吸气剂（图层型），主要由 IVB 族过渡元素锆、钛、钍、钽等及合金组成。它们又分为单质体积型、合金体积型、大比表面积型 3 种。适于应用在不能使用蒸散型钡膜吸气剂的场合

单质型包括锆、钛、钽等物质，把它们做成线。挑粪状放于器件的栅、阳极等处高温吸气（一般工作温度为 600 ℃）但是在低温下它们不吸气。合金型包括锆铝、锆硅、锆镍、锆石墨、锆钛等吸气剂，它们具有体效应吸气特性。

（2）吸附剂

吸附剂与吸气剂相反，它是在低温下具有良好的吸气性能，温度升高时要解吸放气。这类吸附剂常用于冷吸附泵、阱用物理吸附剂。常用的有：活性炭、活性氧化铝、硅胶、分子筛等。

1）分子筛。分子筛是一种人工合成的吸附剂，其原粉一般为白色晶体粉末。其粒度

范围为 1～10 um。分子筛内部含有大量的水分。当加热到一定温度脱出水分后，其晶体结构保持不变，同时形成许多与外部相通的均匀的微孔。当气体分子直径比此微孔孔径小时，可以进入孔的内部，从而使某些分子大小不同的物质分开，起到筛分的作用，所以称之为分子筛。

2）硅胶。是一种无毒、无臭、无腐蚀性的多孔结晶体物质，不溶于水，可用于苛性钠溶液。硅胶的孔隙率可达到 70%，平均孔径为 4×10^{-7} cm，平均密度约为 650 kg/m^3，吸湿能力可达其质量的 30%，硅胶又有原色硅胶和变色硅胶之分。变色硅胶吸湿后其颜色将变成红色，由于价格比原色硅胶高，因此用它作原色硅胶吸湿指示剂，当其颜色变红以后，说明吸湿已饱和，即可拿去再生。可以通过再生处理后再重复使用，它们的吸气过程是物理作业。再生是用 150～180 ℃的热空气加热。再生后的硅胶仍能继续使用，但其吸气能力有所下降，所以，使用时间长了，应更换新硅胶。

9.5.4　真空泵油

9.5.4.1　机械泵油

机械泵油主要用于油封式机械真空泵的密封和润滑（对于油浸式机械泵还兼有冷却散热作用），油封式机械真空泵的极限真空度、消耗功率等参数与泵油的性质直接有关。因此在选择机械真空泵油时，必须符合以下基本要求：

（1）为了获得较低的极限压力，油的饱和蒸气压要低，易挥发成分要少。

（2）为了使真空泵获得良好的密封性能，油必须有一定的运动黏度指数，而且随温度的变化要小。黏度过小，密封性能不好（油膜强度不足）；黏度过大，转子旋转困难，油会过热，耗功大。一般在 50 ℃以下，运动黏度应在（47～57）$\times10^{-6}$ m^{2}s^{-1}。

（3）闪点高，抗腐蚀、抗乳化性能好，化学性能稳定和耐热抗氧化性好。

9.5.4.2　扩散泵油

扩散泵油的性质对抽气性能影响特别大，因而对泵油的要求是：

（1）泵油的分子量要大；

（2）为了降低泵的极限压力，要求泵油在常温下的饱和蒸气压要低；

（3）为了使泵能在较高的出口压力下工作，要求泵油在沸腾温度下的饱和蒸气压应尽可能大；

（4）泵油的热稳定性（高温下不易分解）和抗氧化性能（与大气接触时不会因氧化改变泵油的性能）要好；凝固点和低温粘度要低；而且还要无毒、耐腐蚀、成本低。

常用扩散泵油一般分两类：

（1）石油类。石油产品经过高真空多级分馏得到的，如国产的 1#、2#、3#扩散泵油。该类泵油的特点是价格低，饱和蒸气压较高，热稳定性和抗氧化性一般，容易分解。

（2）有机硅树脂类（硅油）。为人工合成得到的，国产有 274#、275#、276#等品种。该类泵油的特点为蒸气压低、抗氧化性和耐高温性能好。可在大气压力及 250 ℃下长期工作。

泵油的种类和成分对泵的极限压力影响很大，在结构相同的扩散泵中，如果使用 3#扩散泵油，极限压力只能达到 10^{-5} Pa；而改用 275#硅油后，泵的极限压力能达到 10^{-7} Pa，可降低两个数量级。

第10章

工艺系统管道安装和真空试验

10.1 工艺系统管道的预制加工

工艺系统管道指与主工艺系统连接或为主工艺系统服务的管道，主要包括：级联系统管道，机组间管道，抽空系统管道，供取料系统管道，冷却水系统管道等。

10.1.1 工艺系统管道的选材及要求

工艺系统管道常用的材质有不锈钢、碳素钢、铜等。

碳素钢简称碳钢，是指含碳量小于 2.11%的铁碳合金。工业上应用的碳素钢含碳量一般不超过 1.4%，碳素钢按照其质量不同可分为普通碳素结构钢和优质碳素结构钢，由于优质碳素结构钢的硫、磷含量比普通碳素钢低，所以综合机械性能比普通碳素钢好。工艺系统管道大部分都是碳素结构钢制成的。

不锈钢是不锈耐酸钢的简称，耐空气、水、蒸汽等腐蚀介质或具有不锈性的钢种称为不锈钢，而将耐化学腐蚀介质腐蚀的钢种称为耐酸钢，两者在化学成分上的差异使其耐腐蚀性不同，普通不锈钢一般不耐化学介质腐蚀，而耐酸钢则一般具有不锈性。

纯铜是柔软的金属，表面成红橙色带金属光泽，铜具有良好的延展性、导热性，铜一般是以合金形式出现的，根据其合金元素的不同铜有分为黄铜和紫铜两大类，黄铜硬度高，机械加工性能好，常用于零部件的加工；紫铜质软，延展性好，常被加工成管道。

管道是指由管道组成件和管道支承件组成，用以输送、分配、混合、排放、计量、控制或制止流体流动的管子、管件、法兰、螺栓连接、垫片、阀门和其他组成件或受压部件的装配总成。

10.1.2 工艺系统管道及组件的预制加工要求

10.1.2.1 工艺装配管的预制加工

（1）工艺装配管加工时应按设计文件中的编号进行标记，标记应清晰、可见。

（2）工艺装配管加工尺寸的允许偏差

长度偏差：$L<1\ 000$ mm 时，不大于±2 mm；$L\geqslant 1\ 000$ mm 时，不大于±3 mm。

角度偏差不大于±1 度。

（3）设计文件未作规定时，碳素钢、不锈钢装配管焊接凸、凹法兰或凸环的焊接，其端面与管子的垂直度偏差见 GB/T 1184—1996《形位公差未注公差值》中垂直度未注公差值 H 级公差等级。

10.1.2.2 紫铜管装配管

（1）用于制作紫铜管装配管的管子在加工前应进行退火处理。

（2）紫铜管一般采用翻边法兰联接形式，其管口翻边后不得有裂纹、豁口及褶皱等缺陷，并应有良好的密封面。

（3）翻边端面应与管中心线垂直，允许偏差小于或等于 1 mm，厚度减薄率小于或等于 10%。

（4）管口翻边后的外径及转角半径应能保证螺栓及法兰自由装卸，法兰与翻边平面的接触应均匀、良好。

（5）紫铜管管口翻边加热温度为 300～350 ℃。

10.1.2.3 非装配管形式的管道预制

（1）管道预制应按设计文件规定的数量、规格、材质选配管组或件，并应按设计文件标明管道系统和按预制顺序标明各组成件的顺序号。

（2）自由管段和封闭管段的选择应合理，封闭管段应按现场实测后的安装长度加工。

（3）自由管段和封闭管段的加工尺寸允许偏差应符合表 10-1 的规定：

（4）管道预制应考虑化学清洗设备清洗的可能性及运输和安装的方便，预制管道组成件应具有足够的刚性，不得产生永久变形。

（5）预制完毕的管段应将内部清洗干净，并按设计文件的要求对内部表面进行化学清洗，并尽快安装。

表 10-1 自由管段和封闭管段加工尺寸允许偏差/mm

项目		允许偏差	
		自由管段	封闭管段
长度		±10	±1.5
法兰面与管子中心垂直度	DN＜100	0.5	0.5
	100≤DN≤300	1.0	1.0
法兰螺栓孔对称水平度		±1.6	±1.6

10.2 工艺系统预制管道的检验及合格标准

10.2.1 工艺系统预制管道检验的方法

10.2.1.1 管道预制好后，需进行压力和密封性试验。

（1）将预制好的工艺管道两端用盲板进行封堵，一端盲板上预留充气软管，通过充气软管向管道内部充入（0.35±0.05）MPa（表压）的压缩空气或氮气，然后将其放入水槽中进行试验，时间不少于 5 min，试验时间内不应有气泡出现。

（2）允许用中性肥皂水涂抹来代替把装配管放入水槽的方法进行试验。

10.2.1.2　装配管的真空密封性试验，可采用以下三种方法

（1）氦质谱检漏仪罩下吹气法，试验时装配管内部的压力不大于 267 Pa（2.00 mmHg）。

（2）静态升压法：将装配管或数个联合试验的装配管抽空至压力不大于 7 Pa（0.05 mmHg），在试验的最近 12 小时内，室温波动不超过 5 ℃的条件下，经过 24 小时，若压力升高量不超过 5 Pa（0.04 mmHg），则认为合格。

（3）冷冻测量法：试验时，抽空管道至压力不大于 11 Pa，冷冻测量压力不大于 7 Pa，每小时测量一次，测量 6 小时，每小时压力升高量不超过 0.133 Pa，则认为合格。

10.2.1.3　带波纹管的装配管的试验

（1）在自由状态下压缩、拉伸 10 mm，各进行 5 次，试验后不应出现泄露及异常变形。

（2）在水槽中用 0.25～0.30 MPa（表压）的氮气或压缩空气进行试验，试验时间不少于 5 分钟，试验期间不应有气泡出现。

不锈钢软管除按技术条件进行制造、试验、验收外，还必须进行真空密封性试验，试验按设计文件要求进行。装配管经过试验和吹干后，应密封管口，并对其进行抽空充氮，氮气压力应为 0.05～0.1 MPa，并做好标记。

10.2.2　工艺系统管道真空试验技术要求

工艺系统管道预制完成后，应用氦质谱检漏仪进行真空密封性试验。氦质谱检漏仪的灵敏度应不低于 1.33×10^{-8} Pa·L/s，管道试验的合格标准为：

单一焊缝的最大允许漏率为 1.33×10^{-6} Pa·L/s；

单一法兰软密封连接的最大允许漏率为 1.33×10^{-5} Pa·L/s。

10.3　安装工艺系统管道的工艺过程和技术要求

10.3.1　工艺系统管道对于现场环境的要求

管道安装区域应定期清洁，地面和通道采用湿法清洁，应确保管道安装位置 5 m 半径区域以内空气粉尘含量应不超过 0.15 mg/m^3。工作场所距地面 0.7 m 高度水平上的温度应在 16～20 ℃范围内，相对湿度不超过 60%，工作地点的照明度应不小于 75 lnx。

10.3.2　工艺系统管道安装前的检查与清洁

10.3.2.1　工艺系统管道安装前的检查

（1）管道运到安装区后，检查核对管道编号与图纸一致。

（2）检查管道两端盲板密封良好，管道无明显变形、磕碰、凹坑，管道表面漆面完整，管道抽空用软管完好。

10.3.2.2　工艺系统管道安装前的清洁

（1）采用湿法对管道表面进行清洁。

（2）用丙酮或无水乙醇对管道表面的污痕和油迹进行清洁。

（3）管道、储气罐和阀门内有余压存在。

10.3.3 工艺系统管道的安装及技术要求

10.3.3.1 一般规定

（1）管道安装应具备的条件：

1）设计图纸及其他技术文件完整齐全，确认具备施工条件；

2）施工方案已经批准，技术交底和必要的技术培训工作已经完成；

3）厂房满足清洁安装条件，并已办理交接手续，安装区符合要求；

4）管道组成件及管道支撑件等已检验合格；

5）装配管、管件、阀门及衬垫等已按设计要求核对无误，处于清洁、干燥状态；

6）密封衬垫的清洗采用白棉布蘸无水乙醇擦拭的方法。

工艺气体管道安装采用预制装配管的形式进行。管道组成件和管道支承件必须符合设计文件的规定，且必须具有制造厂的质量证明书，其质量不得低于国家现行标准规定。管道安装时法兰、焊缝及其他连接件的设置应便于检修，并不得紧贴墙壁、楼板或管架。管道穿墙时应加套管，管道焊缝不得置于套管中，穿墙套管长度不应小于墙体厚度。

（2）管道安装要求

1）施工现场不允许使用气动工具工作；

2）不允许进行焊接工作（只有在不进行打开设备内腔相关工作时，才能进行焊接工作。在距离打开设备内腔地点不小于 25 m 的条件下，进行单纯的焊接工作；在内腔打开时，允许进行氩弧焊接工作）。

3）允许在距离设备内腔打开地点不小于 25 m 的地方进行已安装设备的涂漆工作；（利用刷子、滚子）手刷而不用喷涂时，距离设备内腔打开地点应不小于 12 m。

4）配合位置、凹槽和其他密封面在安放垫片前应当清除杂质，肉眼检查无压痕、毛刺和划痕，并用浸有丙酮的方块布擦净；发现的压痕、毛刺和划痕要清理至基本表面，用浸过丙酮的方块布擦拭干净。

5）所采用的工具和器具表面清洁度，应满足对设备表面清洁度提出的要求。必要时，要用浸过丙酮或无水乙醇的方块布擦拭工器具的工作配合面。

10.3.3.2 管道安装

管道安装根据安装图纸用单个的装配件完成。允许用拼装件安装，而直线段的安装——用分段和长度不超过 12 米的长段进行，条件是可同时使用两台起重机将其吊起。拼装在专门为此目的划定的区域内在地面上进行，地面应清洁，必要时可在安装区域地面铺设橡胶垫，并定期湿法清洁，不宜在安装区内拖拽管道，已完成拼装和还未进行拼装的管道应分开放置，且各自摆放整齐，拆卸、安装用的螺栓、螺母应分开集中放置，并以工作日为单位进行整理、清理。

（1）装运、卸货、转移及安装管道时，应该保证它们的完好性，必须可靠的系吊，只有在管道可靠的固定或把它们安放到固定位置后才能解除系吊工具。

（2）在将管道、阀门可靠固定并防止倾覆及损坏的情况下，可以用专门的蓄电池电动车或手推车将设备运送到安装地点。不允许用在地上拖拽及悬垂的方式运输。

（3）管道安装过程中可以将准备安装的装配管、阀门和其他部件放在专门的地点临时存放。

（4）只有可靠固定在支撑结构上后，才允许将管道与设备相连接，预紧紧固件不应有变形和破坏安装尺寸。

（5）用于焊接的管道坡口加工时，应对其进行有效遮挡，避免灰尘和金属铁屑进入管道内部。

（6）制作基础、管道支撑应当根据安装图纸及金属结构图纸进行；允许根据运行要求，对管道进行补充加固。

（7）应当在对接法兰连接件前直接将运输盲板从设备上卸下来；在安装工作间隙，必须用盲板封闭已打开的管道及配件的端头。

（8）对接安装所有装配管时，在保证安装尺寸的前提下，允许使用带榫舌（突出部位）或凹槽的定位环。

（9）管道法兰连接时，管道应同心，法兰螺栓孔的数量、直径等应相同，应能保证螺栓自由穿入；两块法兰应保持平行，其间距不得大于 2 mm；不得用强紧螺栓的方法消除歪斜。

（10）用浸丙酮的方块布擦对接前法兰连接的配合处应用浸拭干净。

（11）管道拆封时拆卸下的紧固件，经检查，完好的，允许在后续安装时使用。管道安装时使用的紧固件应符合下列要求：

1）紧固件上的扳手表面应当保证能使用标准工具。

2）对螺纹表面情况进行目测，螺纹结合表面的质量应当保证能用标准工具拧松紧固。

3）螺栓预紧后，螺栓从螺母突出来的部分不应小于 1.5 个螺纹扣。

4）允许在紧固件上存在不影响正常拧合的涂漆。

5）在未穿透的孔螺栓安装处，螺栓应拧合至法兰（设备）本体上，且深度不得小于螺栓直径。

在安装过程中，未拆解过的连接件也需要检查紧固件的状态。

（12）阀门安装时，根据运行人员要求，为方便操作，在不影响后续系统安装和密封的前提下，允许将阀门按照阀门轴线旋转角度安装。

（13）肉眼检查管道外表面的清洁状况，表面应干净，不允许有灰尘、污迹和其他污物；通过从管道封存节点真空管去除管塞后听到的氮气气流咝咝声，来确定管道内氮气余压的存在；当发现设备不能满足清洁要求时，应对该设备进行再次清洁（擦拭）；没有氮气余压的管道，应当通知真空人员重新进行密封性检查。

（14）将运输盲板从安装的管道上拆下，使用手电筒用目测检查管道内表面的清洁情况，确认无异物；用浸有丙酮的方块布擦拭管道止口法兰，方块布上不允许有油污、灰尘及其他污迹，如有异物，除去异物，用浸有丙酮的方块布擦拭并清除污物。

（15）根据相关系统的安装图将管道吊装到设计高度，依次安放到支架上并用管卡固定，根据设计文件要求吊装管道并将其彼此相连接，紧固法兰连接的螺栓。补偿器螺栓可先不用紧固。

（16）法兰连接应使用统一规格的螺栓，同一个法兰上的安装方向应一致；螺栓拧紧时要依次交叉进行，法兰之间的间隙在均匀拧紧螺栓的情况下不得小于 0.3 mm，应控制在 1～2 mm 内。

（17）安装停歇时，管道端头必须及时用金属盲板封闭并进行抽空或充氮。

（18）管道上仪表取样部分的开孔和焊接应在管道安装前进行，开孔应使用机械开孔。

（19）一般情况下，管道在无运输盲板的敞口状态下放置时间要求在 10 h 以内；如果管道内腔处在压力不大于 267 Pa（2 mmHg）或充氮气至压力 0.05～0.1 MPa 的状态下，则在安装区放置时间不受限制。

（20）管道连接时必须更换密封圈，并用方块布蘸无水乙醇对密封圈进行擦洗；法兰连接螺栓应按十字交叉方式依次紧固，紧接着转圈检查紧固情况；所有法兰连接紧固后，最终紧固填料补偿器。在补偿器零件没有变形的前提下，允许补偿器偏斜。利用填料补偿器对管道进行补偿时，补偿器的突出部分应当符合设计文件的要求。

（21）对于有安装余量的装配管，考虑管道的切割余量，要采取下列程序保证尺寸：

1）现场测量要切割的偏差值，然后卸下装配管，切除需要去除的管道部分；

2）调整法兰与管道的相互位置时，在 4 个均匀分布的点上将法兰定位焊接到管道上，此后再卸下装配管，进行焊接工作；

3）允许在距离安装管道不小于 25 m 的安装区内直接进行管道切割和法兰焊接工作，此时已安装的管道应用金属盲板盲死；

4）法兰沿整个周边焊接后，清理双面或单面焊缝表面的熔渣及氧化皮。从技术上不能进行双面焊缝焊接的地方，允许法兰焊接的焊缝为单面焊，但必须用氩弧焊打底。

焊接工作应按照《现场设备、工业管道焊接工程施工及验收规范》GBJ 236—82 进行焊接作业；装配管的安装顺序不作限定；允许用单独的段来进行安装，这些段可以用金属盲板截断并与抽空系统连接进行抽空，端头需用金属盲板封堵，通径相同补偿器允许互换。

（22）在设计文件标明的位置安装 DN3、DN10 和 DN25 阀门。

（23）管道、阀门的安装应横平竖直，法兰连接时应保持平行，其偏差不大于法兰外径的 1.5‰，且不大于 2 mm；法兰连接应保持同轴，其螺栓孔中心偏差一般不超过孔径的 5%；管子对口时应检查平直度，在距离接口中心 200 mm 处测量，允许偏差 1 mm/m，全长允许最大偏差不超过 10 mm，并应符合表 10-2 要求。

表 10-2　管道安装允许偏差/mm

项目		允许偏差
坐标	室内	15
	室外	25
标高	室内	±15
	室外	±20
水平弯曲	DN≤100	2 L‰，最大 50
	DN＞100	3 L‰，最大 80
立管铅垂度		5 L‰，最大 30
成排管道间距		15
交叉管外壁或保温层间距		20

10.3.3.3　补偿装置安装

（1）波纹管补偿器安装应按设计文件要求进行，波纹管应与管道保持同轴、不得歪斜。

（2）密封补偿器安装需按以下步骤进行：

1）补偿器的最终拧紧要在法兰所有连接螺栓拧紧后进行。

2）补偿器应与管道保持同心，允许补偿器有一定偏斜，但其零件不得变形。

3）当借助补偿器调校管道的线性尺寸时，补偿器的伸距应符合设计文件的要求。

10.4　工艺系统管道检漏、消漏程序

10.4.1　工艺系统管道检漏方法

真空检漏是检测真空系统、设备、容器等的漏气部位及其大小的过程，是用一定的方法把示踪气体加到被检系统器壁的某一侧，用特殊的仪器（氦质谱检漏仪）或某种方法在另一侧检测到通过漏孔逸出的示踪气体，从而达到检漏的目的。常见的检漏方法有正压检漏法和负压检漏法。

10.4.1.1　正压检漏法

正压检漏是指将混有示踪气体（氦气）的压缩空气充入到被检系统、设备、容器内，使其内部压力高于环境大气压力，再通过气泡的方式或使用吸枪等类似收集氦气气体的工具，把从被检系统中漏出的示踪气体（氦气）收集至氦质谱室中，来判断漏点的具体位置及漏率的大小方法。

10.4.1.2　真空（负压）检漏

真空检漏法是指将被检系统、设备、容器抽空至一定的负压状态后，通过对系统的可疑漏点位置喷示踪气体（氦气），当有漏时，示踪气体（氦气）会被吸入到被检系统中，并会被氦质谱检漏仪捕集到，从而判断漏点的具体位置及漏率的大小的方法。

10.4.2　工艺系统管道消漏程序

（1）采用移动真空泵或临时抽空系统对管线（连接离心机装架前）进行抽空。

（2）首先将被测容积抽空到压力≤67 kPa（500 mmHg）时停止抽空，然后巡回检查，判断并消除大漏，重点检查连接处法兰之间的间隙是否均匀，连接螺栓是否紧固，是否按照要求安装了密封垫，并对发现的问题进行处理。

（3）大漏排除后继续抽空，当压力≤13.3 Pa（0.1 mmHg）后，利用核质谱检漏仪采用真空检漏法进行检漏，重点检查管道法兰连接和焊缝处。

（4）法兰连接处有漏若通过紧固法兰螺栓不能够消除漏点，则需要对安装的管道进行重新安装，重新安装时应进行破空，破空时利用系统阀门将系统截断，尽量减少破空容积，破空时利用系统上的自由阀进行破空，若使用大气破空，则必须用三层白布对空气进行过滤，完成后对泄漏处的管道进行拆除，拆除前检查管道应可靠固定，拆除后检查密封圈，法兰止口是否存在损伤、划痕，处理后重新安装。

（5）若发现焊缝有漏，则需采用补焊的方法消除。

（6）对于检查焊缝有漏的管道，应拆下的装配管，通过补焊或重新焊接来消除焊缝处的漏点，除应按照（6）中的要求进行破空后还应符合一下要求。

DN100 及以下的管道上焊接处的漏点，在底焊长度小于 50 mm 时，允许在不拆下装配件及不拆解焊缝，而仅需要清理的情况下消除漏点，在用湿棉布认真封堵相邻设备的条件下进行打底焊。在进行底焊前，用湿润的棉布将进行消漏的管道缠绕 10 分钟，底焊完成后，要迅速使用浸湿的棉布将焊缝冷却至相邻设备的温度。

10.5 工艺系统管道真空密封试验

10.5.1 工艺系统管道真空密封试验

10.5.1.1 管道系统真空密封试验

（1）密封性试验前，管道及与管道相连设备上的自由阀门应该用标准盲板封堵且阀门应打开；试验时在自由阀上连接满足测量量程及精度要求的压力检测仪表，并连接抽空线路，在测量被检容积的漏量时，要将压力检测仪表设在距抽空系统最远处。

（2）机组间管道安装完成后，对整个系统的设备、管道、阀门进行密封性试验，密封性试验时用阀门将系统分成单独部分，调节器与机组间管道一同进行密封性试验。

（3）管道系统安装完毕，检验、吹扫合格后，应进行压力和真空密封性试验，以检查管道系统及其连接部件的工程质量。

（4）压缩空气管道的干管、支干管系统。

1）干管、支管系统应分别进行压力和密封性试验。

2）不锈钢软管除按制造厂的技术条件进行制造、试验、验收外，还必须进行真空密封性试验，试验按设计文件要求进行。

10.5.1.2 管道系统试验前应具备的条件

（1）试验范围内的管道安装工程除涂漆、绝热外，已按设计文件全部完成，安装质量符合有关规定。

（2）压力试验用压力表已经检定，精度不低于 1.5 级，压力表不少于 2 块；试验时，压力表的满刻度值为最大被测压力的 1.5～2 倍。

（3）试验用设备、气体符合要求。

（4）管道系统试验方案已经审批，试验时用到的临时加固措施需安全可靠。

（5）试验前应将不参与试验的系统、设备、仪表及管道附件加以隔离；加装盲板的部位应有明显的标记和记录；试验完毕后应及时拆除所有临时设施。

（6）试验过程中如遇泄露，不得带压修理，缺陷消除后，应重新试验。

（7）压力试验时，管道内的压力应逐步升高，首先升压至试验压力的 50%进行观察，如无泄漏及异常现象，继续按试验压力的 10%逐级升压，每级稳压 3 分钟，直至试验压力。达到试验压力后稳压 10 分钟，再将压力降至设计压力进行密封性试验。

（8）各工艺真空管道应按系统分别进行真空密封性试验。

10.5.1.3　真空试验方法

（1）静态升压法。将装配管或数个联合试验的装配管抽空至压力不大于 7 Pa（0.05 mmHg），在试验的最近 12 小时内，室温波动不超过 5 ℃的条件下，经过 24 小时，若压力升高量不超过 5 Pa（0.04 mmHg），则认为合格。

（2）冷冻测量法。试验时，抽空管道至压力不大于 11 Pa，冷冻测量压力不大于 7 Pa，每小时测量一次，测量 6 小时，每小时压力升高量不超过 0.133 Pa，则认为合格。

10.5.2　真空试验合格标准

10.5.2.1　试验合格标准

泄漏部位的判定用氦质谱检漏仪进行检漏，氦质谱检漏仪的灵敏度应不低于 1.33×10^{-8} Pa • L/s；检漏的合格标准为：

（1）单一焊缝的最大允许漏率为 1.33×10^{-6} Pa • L/s；

（2）单一法兰软密封连接的最大允许漏率为 1.33×10^{-5} Pa • L/s。

（3）非装配管形式的真空工艺管道系统除进行真空密封性试验外，还必须用压缩空气或氮气进行压力和严密性试验；试验压力为 0.2 MPa（表压）；严密性试验的压力为 0.1 MPa（表压）；严密性试验用涂抹中性肥皂水（对不锈钢无腐蚀）的方法检查，如无泄漏，稳压半小时，压力不降为合格。

10.5.2.2　试验气体要求

真空工艺系统管道试验用的压缩空气或氮气质量应符合要求：

（1）压缩空气质量要求：含水量不大于 1 g/m^3，含油量不大于 50 μg/m^3。

（2）氮气质量要求：纯度不低于 99%（体积比），含水量小于 10 ppm。

真空工艺管道在真空密封性试验合格后，如果在投入运行时间间隔不超过三个月，只要能保持压力不超过 267 Pa（2 mmHg）的真空状态即可；如果超过三个月时，则必须用无油的干燥氮气充压至 0.05～0.1 MPa 进行封存。

第 11 章

离心机装架的安装、调试及启动

11.1 离心机装架安装简介

离心机属于铀浓缩中的关键设备，运行时处于高速运转状态。前期安装中，各项工作如果处理不当，容易导致离心机达不到运行条件要求，因此离心机装架安装过程中的质量需要严格控制。

离心机装架安装主要包括以下内容：装架集装箱开箱和装架检查、装架清洁、装架转运、装架安装、调平和固定、料管连接、水管连接、隔膜阀注油、真空试验、真空干燥、阻尼器的安装调试等工作。

11.2 离心机装架集装箱开箱和装架检查

11.2.1 离心机装架集装箱开箱环境要求

（1）厂房要求

厂房宽敞，使用面积不低于 800 m^2，且配备 2 t 及以上行车。

（2）温湿度

室内环境要求温度在（14～20 ℃），相对湿度要求≤60%。

（3）清洁度

厂房用湿法清洁，确保厂房内无垃圾及杂物，作业时无飞尘。

（4）人员要求

操作人员应经过培训，熟悉工作内容。特种作业操作需有专业资格人员进行。

（5）记录要求

主机装架开箱检查、转运和氦压检测过程中按附表进行记录。

（6）其他要求

主机转运若有室外运输过程，则需在非雨雪、冰雹天气方可进行。主机转运时，需对装架进行防护。

11.2.2 装箱开箱方法及注意事项

运到开箱库房的离心机装架集装箱应以一层形式排列在干净的地面上，利用叉车或起重设备调整集装箱相互之间的距离以便于开箱。

（1）开箱作业前，对起重设备或叉车进行安全性检查。

（2）集装箱外部应完好无损、铅封完整，如发现问题应及时报告。

（3）拧下箱盖上四个 M12 的螺栓，取下四根拉杆。

（4）利用起重设备吊下箱盖。

（5）用 $S=17\times19$ 的扳手将 M12 螺帽拧下，用撬杠取下集装箱两侧箱板。

（6）用扳手拧下四个 M16 螺栓，取下两侧端板。

（7）用 $S=24\times27$ 的扳手将 12 个 M16 螺帽拧下。

（8）剪断装架包装纸上的捆绑线绳，取下包装纸。

（9）利用挂有专用吊具的起重机将装架吊到已事先清理干净的地面上。

（10）将装架从集装箱内吊出后，将空集装箱回装，统一转出开箱厂房。

11.2.3　离心机装架外观检查

（1）采用目测方法进行外观检查

1）装架上离心机应排列整齐，外表面清洁。

2）拧紧螺钉的高度应基本一致。

3）外表漆层无剥落，无磕碰痕迹。

（2）装架的检查为抽查，所抽查装架中相应数量的下校正器以及运输阻尼器和小轴组件等零部件也一同进行检查。

11.2.4　氮压检测方法及验收标准

检查装架的氮压，装架氮气封存剩余压力应不低于 0.05 MPa。对所发现氮气封存剩余压力不合格的装架，应对其中 2～3 台离心机的阻尼器和小轴组件进行抽查。当被抽查件上无锈蚀时，则该装架可以使用；当发现被抽查件上有锈蚀时，则应对该装架所有的阻尼器和小轴组件进行检查、更换。

11.3　装架清洁

11.3.1　装架清洁方法及注意事项

装架的清洗一般分为两个阶段。

11.3.1.1　第一阶段

用压缩空气吹洗。用压缩空气一般是吹洗抹布擦拭难以达到的地方，吹洗装架的工作现场应设有排风装置或吸尘装置。吹洗装架的零部件时，空气流应从下向上并逐渐向排风装置或吸尘装置处移动。

11.3.1.2　第二阶段

用已洗净、拧干的抹布对装架表面进行擦洗，擦洗的部位如下：

（1）装架干管、离心机与装架干管相连的管道表面。

（2）离心机的连接管、分配器、异径管和上盖表面。擦拭上盖时应特别小心，防止损坏信号系统的端子。

（3）离心机外壳和定子冷却系统管子的表面。

（4）装架横向拉紧槽钢表面。

（5）能擦洗到的离心机的外壳表面。

11.3.2 装架清洁验收标准

（1）装架清洁完成后，用白色方巾擦拭装架、离心机、连接管等部位，以白色方巾未粘上灰尘为合格。

（2）当清洁度不符合要求时，要重新对装架进行清洗。

11.4 装架转运

11.4.1 装架转运操作

（1）将电动车开至清洁合格的装架附近。

（2）利用起重设备将清洁合格的装架转移至电动车上。

（3）装架上加盖防尘布罩后，按预定路线转移至安装厂房。

11.4.2 装架转运注意事项

（1）电动车辆使用前进行检查和清洁。

（2）在电动车上设置防滑、防倾装置，防止装架滑动、倾覆。

（3）应预先制定运输路线。

（4）装架短途转运用电动车运输，应符合以下要求：

1）转运道路应平坦。

2）在直道上速度不应超过 5 km/h，在弯道上速度不应超过 2 km/h。

3）运输和装卸装架时应平稳地进行，避免剧烈振动、冲击、敲打和倾斜，不得对装架上离心机的零部件（如集流管、隔膜阀等）施加作用力，不得对离心机的信号线、电源连接点及其他部件的连接部位造成损坏。

11.5 装架安装

11.5.1 装架安装操作

（1）用吊装工装起吊离心机装架：将装架升到 1.5 m 高时，拧下 M10×14 螺栓并取下运输角钢。继续提升装架，将其靠近支承支臂平板。为防止与金属结构和钢筋混凝土框架撞击，必须在框架上系上麻绳稳住装架，并且用手扶住，直至装架完全放到支承平板上。

（2）落位时应确保隔膜阀注油孔朝向框架内侧。

（3）将支承垫圈放到平板上。将装架落到支承垫圈上，借助于调平垫（U 型）消除装架的晃动，调平垫只能放到支承垫圈上。

（4）允许装架安装到平板上后再取下支承角钢。

（5）用 M18×70 螺栓和垫圈（包括上垫圈、下垫圈）将平板和主机装架进行连接预紧，螺栓自下向上穿装，用手拧紧 M18 螺母 3～5 圈，脱开装架挂钩。

11.5.2 装架安装要求

（1）安装过程中，离心机装架不能倾斜。

（2）离心机装架安装要求：

1）装架的安装由底层向高层进行。

2）安装时，将安装撬杠的尖头插入支臂和装架的孔中推移装架，保证同一层毗邻装架干管之间的尺寸为（545±12）mm。

（3）离心机装架安装应做记录。

11.6 装架调平、固定

11.6.1 装架调平技术要求

装架端部离心机上端盖水平度不大于 1 mm/m。

11.6.2 装架调平、固定工器具及材料

序号	名称	规格型号	用途	备注
1	框式水平尺	200 mm	装架调平	精度：0.02
2	专用调平架		装架调平	
3	移动式登高平台		装架调平、紧固	
4	液压升降车	7.5 m	装架调平、紧固	
5	撬杠	450×15	装架调平	
6	梅花扳手	24×27	装架调平、紧固	
7	电动扳手		装架紧固	
8	U 形垫片	0.1、0.2、0.5、1 mm	装架调平	

11.6.3 装架调平、固定方法

离心机装架调平前，装架应自由、紧贴地落在 4 个固定点上。调平装架按下列先后顺序进行：

（1）测量离心机装架纵向和横向倾斜值

1）将调平架放到装架最端头离心机盖子上（1#、10#、11#、20#）。

2）规定装架从 11#向 1#离心机倾斜为装架横向正倾斜（+）。

3）规定装架从 1#向 10#离心机倾斜为装架纵向正倾斜（+）。

（2）装架水平度调整

1）用撬杠稍稍撬起装架，将适量的调平垫片放在各支承点上，以调整装架水平度。

2）每个平板上用 2 个 M18×70 螺栓将调平的离心机固定在平板上。

11.7 料管连接

1. 装架与工艺系统管道连接前应关闭所有的隔膜阀，使机器与系统管道隔开。

2. 装架与工艺系统管道连接时，仔细用白棉布蘸无水乙醇擦洗连接处，以保证连接处的清洁度。

3. 供、精、贫集流管与工艺系统管道连接时，不允许移动集流管的位置，以免影响隔膜阀控制杆与托板搭接的搭接尺寸。

4. 装架与工艺系统管道连接时，补偿器的伸距应符合设计文件的要求。

11.8 装架冷却水管预制、连接、安装

11.8.1 装架冷却水管

离心机装架冷却水管用$\phi 8\times 1$ 的钢管制作而成，每个装架共用八根$\phi 8\times 1$ 的钢管与离心机门形架内冷却系统中的冷却水干管相连，即：四根进水和四根回水。

八根$\phi 8\times 1$ 的钢管的连接方式是：其中四根分别供№1-№10 离心机外壳冷却水套（一根进水、一根回水）及电机定子冷却腔（一进一回）；另四根供№11-№20 离心机外壳冷却水套及电机定子冷却腔。

11.8.2 安装要求及验收标准

11.8.2.1 装架冷却水管外观检查

（1）外观检查包括对管道组成件、管道支撑件的检验以及在管道施工过程中的检验。

（2）外观检查应看是否有可见的损伤和破坏装配性、强度及密封性的缺陷，以及油漆、防锈层与专用涂层的完好性、铅封的完好性、表面的清洁度等。

（3）内表面的清洁度用白棉布擦拭进行，不允许有污垢痕迹、锈蚀痕迹，杂物颗粒的检查通过手电筒光亮目视进行。

（4）焊接后应除去渣皮、飞溅、并应将焊缝表面清理干净。

（5）连接主机装架的冷却水管加工和折弯后，在安装前应用直径为水管内径 3/4 倍的钢珠碾压过，并仔细检查弯曲处是否有纵向裂纹。

（6）改正缺陷时，应通过切除缺陷部位并用重新焊接的方法进行修复。

11.8.2.2 装架冷却水管的安装及要求

（1）冷却水管安装时，应对法兰密封面及密封软垫片进行外观检查，不得有影响密封性能的划痕，斑点等缺陷存在。

（2）管子连接时，不得用强力对口、加偏衬垫或多加衬垫等方法来消除接口端面的空

隙、偏斜、错口或不同心等缺陷。

（3）以下列次序安装离心机装架$\phi 8\times 1$冷却水管：

1）将离心机装架$\phi 8\times 1$冷却水管用电瓶车运到安装地点。

2）安装前用直径为 4 毫米的钢球对$\phi 8\times 1$冷却水管进行通球试验，并仔细检查弯曲处有无裂纹。

3）安装$\phi 8\times 1$冷却水管前，展开聚四氟乙烯薄膜，安放橡胶衬垫。

4）取下离心机装架№1-№10、№11-№20 台外壳冷却水套及电机定子冷却腔处的塞子，将八根$\phi 8\times 1$冷却进、回水管分别与相对应离心机的外壳冷却水套、电机定子冷却腔及门形架内的冷却水干管相连。

11.8.2.3　装架冷却水管水压试验

（1）装架冷却水管安装完毕后，应对所安装的冷却水管进行水压试验，试验压力为冷却系统设计压力或最大工作压力的 1.5 倍。

（2）试验时应缓慢升压，待达到试验压力后，稳压 10 分钟，检查冷却水管的各连接部位是否渗漏，如有漏，则应消除漏点。

（3）消除漏点后，再将压力降至工作压力，在此压力下检查冷却水管的各连接部位是否渗漏，在无漏状态下稳压 30 分钟，以压力不下降为合格。

11.9　通用隔膜阀注油

11.9.1　技术要求

（1）工作场地必须清洁干净，厂房内的空气湿度应≤60%。

（2）工作人员必须穿戴干净的白色的工作服、工作帽、手套和工作鞋。

（3）应清洁集流管及全部隔膜阀的外表面，做到无灰尘，同时检查隔膜阀的四个固定螺母应无松动，必要时拧紧。

（4）应仔细检查所用工器具的配套性、完整性和安全性；检查注油装置各部件外表面是否有损伤、腐蚀及沾污的痕迹；检查电源、连接线路及接地装置的绝缘状态是否安全完好。

（5）储油容器内倒入隔膜阀专用油，油量不超过容器的三分之二。

（6）用专用注油器对每个隔膜阀孔注入的油量为 0.9～1 mL。

（7）注油工作可从装架的一端开始从上往下，从左往右或从右往左逐个排列进行。

（8）做好装架编号及注油日期记录。

11.9.2　通用隔膜阀油检测要求

检查油料的合格证，并委托第三方对每批次油料进行抽检。

11.9.3　注油装置及注油方法

11.9.3.1　注油装置

离心机通用隔膜阀注油装置是一种移动式加油装置，它的作用是将装置中已加热的隔膜阀专用油定量的加注到离心机通用隔膜阀的橡胶隔膜的外表面上。该装置主要由加热调温器、增压注油器等部分组成。

（1）加热调温器

通过加热调温器使隔膜阀专用油加热并使温度保持在 60～80 ℃，以便在增压器加油前降低油的粘度。

（2）增压器

是一种类似风镐由一人双手握持扣动扳机后，压缩空气推动活塞将定量的油通过头部加长的端头管加到隔膜阀上的机构。

11.9.3.2 注油方法

（1）在第一次注油前，必须目视检查注油装置注油器内表面的清洁度，当有水渍、油残渣、灰尘和其他污物存在时，必须用干净的白棉布蘸酒精或丙酮擦净表面，直至将污物完全清除。

（2）打开装有隔膜阀油的油桶之前，仔细清除油桶表面的粘污，并检查油桶标牌和铅封的完好性。

（3）打开油桶后，目视检查油和包装桶内表面的清洁度。油中不允许有机械杂质、绒毛和其他污物，当发现油中有污物时，必须将油进行过滤。

（4）将隔膜阀油注入到注油装置的加热器内，油注到规定要求油位。

（5）将温度调节器调到规定的工况，并确认刻度盘指示在规定的标度之间。

（6）将温度调节器转换开关调到“接通”的位置，此时，确认电路接通的信号灯闪亮、低温信号灯闪亮，表明加热器的电加温正在进行。

（7）油加热时要周期性地进行搅拌，油温达到规定后，在温度调节器的控制下，加热器的电加热断开，低温信号灯熄灭，高温信号灯闪亮。搅拌油时，用带热绝缘手柄的ϕ6～10 的不锈钢棒进行，钢棒在使用前须用干净的白棉布蘸石油溶剂或丙酮进行擦洗。

（8）利用增压注油器进行注油，注油时调整增压注油器，确保油内无气泡，并检查油的定量精度，确保倒入油的体积应符合要求。

（9）将增压器的端头插入隔膜阀外壳的孔中，借助端头头部的垫圈使接触处密封，按压增压器的扳机，压缩空气的通道被接通，推动活塞前移，直至压缩空气从汽缸的排气孔排出时，增压器已完成对隔膜阀橡胶隔膜的定量注油。

（10）松开扳机，从隔膜阀的孔中取出端头，准备对下一个隔膜阀注油。

11.9.4 注油验收标准

（1）对已注油的装架隔膜阀进行抽检，抽检比例为 0.5%。

（2）检查前需将主机装架用氮气破空至大气压，然后关闭需要检查的隔膜阀。

（3）成对拧松对角相对点上固定阀门的四个螺母，用手托住阀门，防止弹簧的剧烈撞击。

（4）缓慢取下隔膜阀，防止隔膜阀油流出。

（5）用目测法检查加油质量，隔膜阀油应均匀覆盖密封皮碗的环形槽；当发现有未加或加油量不够时，应加倍抽检。当重复发现这种缺陷时，进行 100%检查。

（6）将隔膜阀重新装入集流管时，集流管与隔膜阀的配合部位严禁有隔膜阀油流出。

11.10　区段工艺管道设备真空试验

11.10.1　真空试验技术要求

真空试验的最终验收方法采用静态冷冻升压〈冷冻测量〉法，冷冻测量应在氦质谱探漏合格后进行。冷冻测量时，系统的初始压力应＜10 Pa，冷冻测量的总时间为 6 h，每一小时为一周期，每周期内用液氮进行冷冻后，系统内腔压力升高＜1.3×10^{-1} Pa 为合格。

11.10.2　离心机装架真空试验操作方法

11.10.2.1　对装架进行破空、抽空

（1）安装过程中装架的破空、抽空必须通过供料管线进行。

（2）装架破空应采用液氮破空，破空时的压力升高速度应＜1.3×10^{4} Pa/min。

（3）装架破空后到开始抽空前时间不大于 36 h，如果阻尼器已充除气阻尼油则应不大于 2 h。

11.10.2.2　对离心机装架进行检漏的方法和要求

（1）使用氦质谱检漏仪进行单点漏率定量检查，检查时采用真空喷氦法。

（2）离心机需要检漏部位有：电机、分子泵与外套筒连接处、取料器连接处、外料管端部与内料管连接处、隔膜阀连接处、转速信号线连接处、阻尼器连接处、电机定子电源引线处等。

（3）各被检处最大允许漏率应＜1.3×10^{-7} Pa • L/S。

（4）在探漏中不合格漏点，应用液氮破空后进行消漏，并重复探漏直至合格。

11.10.3　离心机装架真空试验验收标准

（1）离心机装架真空检漏合格后，离心机装架与相连接的工艺管道一起进行真空试验。将管道系统抽真空至压力＜7 Pa（0.05 mmHg），在试验的最近 12 小时内室温波动不超过 5 ℃的条件下，经过 24 小时，若压力升高量≯5 Pa（0.04 mmHg），则达合格标准。

（2）也可以采用冷冻测量法进行试验。试验时，应将管道系统抽真空至压力＜11 Pa，冷冻测量压力＜7 Pa，每小时测量一次，测量 2 小时，每小时压力升高量≯0.133 Pa（0.001 mmHg），则达合格标准。

11.11　离心机真空干燥

11.11.1　真空干燥技术要求

（1）为进行真空干燥，应将抽空系统、离心机冷却系统和加热系统投入运行。

（2）离心机机组已按要求进行密封性检查，真空测量合格。

（3）为保证离心机机组真空干燥所需的规定温度工况，必须给离心机机组安装保温罩。

（4）在机组的精料干管或贫料干管的自由阀上安装真空计。

（5）真空干燥时，只能通过供料干管连续抽空，此时离心机装架上所有隔膜阀均应处于打开状态。

（6）离心机机组上的所有 DN3、DN10、DN25 阀门必须装上盲板或堵头，并处于打开状态。

（7）在装架的第一层和最高层安装量程 0～100 ℃的工业温度计。

（8）提高离心机加热系统水温度，水温升高速度不应超过 3～5 ℃/h，离心机通过供料干管连续抽空。

11.11.2　真空干燥操作

（1）提高离心机加热系统水温，要求区段离心机循环水系统回水管水温，加热系统进水管中水温应符合规定。

（2）在区段离心机循环系统回水管里水温达到要求，预热系统进水管里的温度不高于规定值时，监测离心机下阻尼器温度。若下阻尼温度达到规定值时，真空干燥进入计时工况。

（3）当真空干燥进入计时工况后，将离心机抽空转换到备用抽空装置。

（4）真空干燥计时工况的参数控制：

1）持续时间：不少于规定时间。

2）离心机循环系统回水管中的水温达到要求。

3）区段精料干管中的压力，不允许高于 267 Pa（0.20 mmHg）。

4）真空干燥升温期间，区段精料干管压力升高至 333 Pa（0.25 mmHg）时，需要降温增加预抽空时间，必要时对系统进行找漏。

（5）在真空干燥计时工况过程中，每 24 小时对抽空装置转换一次，对冷阱所排出冷凝水进行称重，并计算单台离心机冷凝水排出量。

（6）在真空干燥进入计时工况后，在计时工况前期、中期及真空干燥结束前不早于 8 小时内，断开区段抽空，对区段共进行三次密封测量，每次封闭测量周期为 2 小时，每小时压力增长不大于 1.3×10 Pa。并根据测量结果对区段进行找漏、消漏。

（7）在真空干燥计时工况不少于规定时间且单机排水量小于标准值后停止真空干燥。降低离心机循环水系统水温，离心机循环系统水温的下降速度不应超过 3～5 ℃/h，当水温降至规定值后，将离心机转至冷却水。

（8）在离心机达到室温后，应检查、紧固定子引出线及信号系统的引出线，然后对完成了真空干燥的区段再次进行密封性检查。

11.11.3　真空干燥验收标准

（1）从离心机下阻尼器温度达到规定值开始计时，不少于规定时间。

（2）对冷阱排出冷凝水进行称重，计算单台离心机排水量不大于标准值。

第12章

级联和供取料系统设备安装调试

12.1 级联和供取料设备安装要求

主工艺设备及管道安装和检修前必须对工作厂房、场所的安装环境及各种设备、各种工器具、运输车辆、工作人员的穿戴等进行严格的清洁度检查。

在安装和检修主工艺设备及管道时，如果清洁度不合要求，就有可能使尘土、砂粒、油污、水分或其他杂质带入工艺设备内腔，这将直接影响到主工艺回路的安全、稳定运行，使工艺回路中的分解物或杂质增多，从而直接影响到主产品的质量和数量，还严重影响到主设备的运行寿命，使设备的检修数量或检修次数增多，造成检修费用的增加及备品备件的浪费。安装主工艺设备及管道时对清洁度和安装环境的要求：

（1）保持主工艺厂房的高度清洁及良好的通排风，安装和检修前，必须对所安装和检修设备的外表面及其所在区域进行彻底清扫，厂房内温、湿度也要符合设计要求（温度为14～20 ℃，夏季可稍高一些；湿度≯60%）。

（2）安装和检修所用的工、夹、量具及吊具等工器具的表面应经镀铬、镀镍、镀锌或经表面处理，安装和检修前必须对所用的各种工器具进行擦拭，并保持其清洁。

（3）接触主工艺设备内腔表面的工作人员应戴清洁的医用手套及白布手套，擦拭主设备内腔表面应用缝边的编号方块白布。

（4）对主工艺设备或主工艺管道破空时，为防止灰尘进入其内腔，应在破空点蒙2层干净的白布过滤。

（5）主工艺设备、部件在连接前应用白布蘸精馏酒精擦拭内腔表面、各连接止口及衬垫，严防将白布、手套等棉织物遗忘在设备、管道、阀门等主工艺设备的内腔。

（6）严禁用浸有丙酮的白布擦拭橡皮衬垫，严禁将沾有酒精、丙酮的白布、手套等棉织物放在喷涂油漆的机器、管道、阀门等主工艺设备上。

（7）安装前，待安装的新设备、部件不应敞口存放，应盖上盲板或白布罩。

（8）运输主工艺设备、部件的车辆必须保持清洁，所运输的机器设备应清洁干净、表面无尘、无油污等。

12.2 级联和供取料系统专用设备的安装调试

离心机级联大厅内的主工艺设备主要有真空阀门、补压机、调节器等专用设备。

12.2.1 真空阀门安装调试

12.2.1.1 安装真空阀门的技术要求

（1）阀门安装前，应核对其规格、型号，进行外观检查，并逐个进行真空密封性试验。阀门的真空密封性试验采用氦质谱检漏仪，氦质谱检漏仪的灵敏度不得低于 1.33×10^{-8} Pa·L/s，阀门检漏标准应执行 GB 11796—89《核用真空阀门技术条件》中Ⅰ类真空阀门漏率标准，见表 12-1。

表 12-1 Ⅰ类真空阀门漏率标准

阀门通径 DN/mm	3、10	25、50、80	40、65、100	125、150	210
开启状态漏率 Pa·L/s≤	1.33×10^{-6}	6.65×10^{-6}	6.65×10^{-5}	1.33×10^{-5}	6.65×10^{-5}
关闭状态漏率 Pa·L/s≤	1.33×10^{-5}	6.65×10^{-5}	6.65×10^{-4}	1.33×10^{-4}	6.65×10^{-4}

（2）在进行安装时，真空阀门的内腔从破空处于大气压力状态到抽空开始的时间，不允许超过 300 小时。

（3）阀门的安装方向要按设计要求或介质的流向确定。

（4）法兰或螺纹连接的阀门应在关闭状态下安装。

（5）当阀门与管道以焊接方式连接时，阀门不得关闭；焊缝底层宜采用氩弧焊。

（6）水平管道上的阀门，其阀杆及传动装置应按设计规定安装，动作应灵活。阀门手轮安装的位置，若设计文件未注明时，应方便操作。

（7）阀门的操作机构和传动装置应进行必要的调整，使之动作灵活，指示准确。电动阀门的行程开关必须经过严格的检查和调整，合格后才能安装，调试合格后的电动阀门的传动部分应进行铅封。

12.2.1.2 安装真空阀门的工艺过程

（1）把真空阀门运到安装区。

（2）待安装的真空阀门真空密封性试验已合格。

（3）仔细核对待安装真空阀门的规格、型号，是否与设计图纸相符。

（4）肉眼检查真空阀门的清洁度和完整性，在真空阀门外表面上不应有灰尘、污迹和其他脏物。

（5）通过听封头的氮气气流声来检查真空阀门的封存情况。

（6）从真空阀门的两端取下运输盲板，肉眼检查真空阀门通道内表面的清洁度。

（7）当真空阀门通道内表面无油迹、灰尘和其他脏物时，可以安装真空阀门。

（8）把合格的真空阀门安装在设计位置。

（9）安装前，检查真空阀门的操作机构和传动装置应动作灵活，指示准确，必要时应进行调整。电动阀门的行程开关必须经过严格的检查和调整，合格后才能安装。

（10）真空阀门应在关闭状态下进行安装，安装过程中不得有磕碰、拖拉、敲打等误操作。

（11）安装时，应注意阀门的方向，阀门的安装方向要按设计要求或介质的流向来确定。

（12）将真空阀门法兰与工艺管道法兰进行连接，依次交叉拧紧法兰连接螺栓，然后转圈进行检查拧紧情况。螺栓拧紧时法兰间隙应该不小于 0.3 mm，管道的水平度误差不大于 5 mm/1 000 mm。

（13）把安装好的真空阀门和管道交付真空试验。

12.2.2　补压机安装调试

12.2.2.1　补压机安装技术要求

（1）待安装的补压机，新机器必须要有出厂合格证；检修机器必须要有检修合格证。

（2）安装破空前，应仔细核对补压机的型号，并对设备的清洁度和完整性进行外观检查：补压机的外表面不应有灰尘、污迹和其他污物。补压机的集油器、油管、端子盖和其他零部件不允许有损坏。

（3）对补压机破空时，应在破空点蒙上 2 层干净白布过滤，且应在补压机前、后加油孔处破空，以检查其油道是否畅通，如发现油道阻塞或破空前已呈大气状态，严禁将补压机装入工艺回路，必须重新更换补压机，并将更换下来的补压机退回待返修。

（4）安装前，拆下补压机吸入口和压出口处盲板，戴上白布手套用手轻轻拨动导向轮，转子应转动灵活，无卡阻现象。用肉眼对补压机内能看到的内表面清洁状况进行检查。为检查内表面，允许使用手电筒。

（5）吊装补压机时，要求起重机平稳行使，且无剧烈跳动、冲击、撞击、倾斜和晃动。

（6）安装过程中，应谨慎操作，不得有磕碰、擦卡、拖拉、倒置、敲打等误操作，在用撬杆找正机器时要避免机器受到强烈振动。

（7）调平找正时，补压机转子轴心线对基座水平面的偏差应≯2°。必要时，允许在补压机底座支撑面下垫厚度≯5 mm 的钢垫对补压机进行水平调整，但每个支撑面下垫片的总数不得超过 3 块。

（8）在补压机的增压线或进气线上安装波纹管补偿器前，必须测量补压机与波纹管补偿器连接的装配件之间的距离，如果实际尺寸不符合图纸尺寸，则需重新调整后再进行安装，安装时波纹管应与管道保持同轴，不得歪斜。

（9）安装时不允许将管道放到补压机上。在设备进行最终密封试验前，应将加油器安装到补压机上。

（10）补压机应在当班装复，并应及时抽空捡漏和消漏，不允许机器内腔在大气状态下暴露时间超过规定的要求。

（11）补压机安装后与管线一同进行真空密封性试验。

（12）在补压机安装并进行真空密封性试验后，对补压机进行短时间的启动“冲击”试验，以确定补压机安装后的工作能力。

12.2.2.2　安装补压机的工艺过程

（1）把补压机运到安装区。

（2）肉眼检查补压机外部零件的清洁度和完整性。

（3）在补压机外表面上不应有灰尘、污迹和其他脏物，不允许集油器、油管、端子盖和其他零部件有损坏，压力指示器的按钮不应该埋在顶盖内。

（4）通过听封头的氮气气流声来检查补压机的封存情况。

（5）从补压机的吸入口和压出口上取下盲板，在可看见的地方用肉眼检查补压机内表面的清洁度。

（6）用手检查工作轮的旋转情况，工作轮应该自由旋转、无阻滞，工作轮上无油迹、灰尘和其他脏物时，可以安装补压机。

（7）把合格的补压机安装在基础上的设计位置。

（8）检查补压机的纵轴与补压机基础水平的偏差，其偏差应≯2°，必要时调平补压机，为此在补压机支撑表面下放置厚度不大于 5 mm 的钢垫片，一个支撑上的垫片不应多于 3 个，调平后焊上垫片。

（9）连接管子装配件与补压机的短管，并沿工艺管线进行下一步安装，安装时不允许补压机上有管道的负荷。

（10）在补压机的增压线和进气线上安装波纹管补偿器前，必须测量补压机与波纹管补偿器连接的装配件之间的距离，如果实际尺寸不符合图纸尺寸，则禁止安装波纹管补偿器。

（11）把安装好的补压机、其他设备和管道交付真空试验。

12.2.3 调节器安装调试

12.2.3.1 安装调节器的工艺过程

（1）把调节器运到安装区。

（2）肉眼检查调节器外部零件的清洁度和完整性。

（3）在调节器外表面上不应有灰尘、污迹和其他脏物。

（4）通过听封头的氮气气流声来检查调节器的封存情况。

（5）把调节前安放到设计位置，调节器与工艺管道的连接在该段管道抽空前或与管道同时进行，前提是调节器内腔在大气压下暴露时间不大于 300 小时。

（6）从调节器的两端取下运输盲板，通过调节器通道用肉眼检查调节器内腔的清洁度。

（7）当检查调节器内腔无油迹、灰尘和其他脏物时，可以安装调节器。

（8）按施工图对调节器进行安装，把调节器与工艺管道进行连接，并拧紧法兰连接的螺栓，法兰连接应依次交叉拧紧，并转圈检查拧紧情况。

（9）螺栓均匀拧紧时，法兰的间隙应不小于 0.3 mm，管道的水平度误差不大于 5 mm/1 000 mm。

（10）装配调节器连接管道，并通过调节支架来保证与调节器支管的同轴度。

（11）把安装好的调节器和管道交付真空试验。

12.2.3.2 安装调节器的技术要求

（1）调节器的安装与旁通阀配套进行。

（2）安装破空前，应仔细核对调节器的型号，并对设备的完整性和完好性进行外观检查。

（3）为检查调节器经长途运输后其特性是否在要求的范围内，应对所待装的调节器做静特性试验，试验结果应满足检测的评判标准。

（4）调节器的连接可与管道安装同步进行或直接在该段管道抽空前进行。

（5）进行安装时，调节器的内腔从破空处于大气压力状态到抽空开始的时间，不允许超过 300 小时。

（6）安装在工艺系统上的调节器应符合下列要求：

1）电机电路和线圈相互之间及其相对于电机外壳的绝缘电阻应不小于 100 MΩ；控制电路和电机外壳间、信号线路和电机外壳间以及某些绝缘线路间的绝缘电阻应不小于 1 MΩ；

2）调节器与外界，以及调节器零位腔和工作腔相互之间均应密封，不得有漏。

3）调节器的密封性试验用氦质谱检漏仪进行。当检查调节器与外界的密封性时，零位腔和工作腔应相互连通。当检查调节器工作腔向零位腔的漏气时，在工作腔三次破空后进行。当检查调节器零位腔向工作腔的漏气时，在零位腔三次破空后进行。

（7）调节器安装后与管线一同进行系统的真空密封性试验。

12.3　级联和供取料系统辅助设备的安装调试

12.3.1　压热罐安装调试

（1）在试验台上对电机进行空负荷试车，并测量其空载电流是否符合要求。

（2）试车时间 1 小时应达到：

1）运转平稳无杂音。

2）对电机温升的要求。三相异步电动机的最高允许温升（环境温度 40 ℃），按电机绝缘等级其定子铁芯部位为 F 级 100 ℃、H 级 125 ℃。

（3）测量三相空载电流，三相电流不平衡度不大于 10%。

（4）测量空载电流值应在电机额定电流的：高速 45%～60%、低速 50%～70%。

（5）点动试车，检查电机的旋转方向正确。

（6）试车 24 小时，期间测量运行电流不应超过电机额定电流，且三相电流平衡。

（7）风机运行平稳，无异常噪声。

12.3.2　冷风箱安装调试

（1）安装环境，安装现场对环境要求如表 12-2。

表 12-2　环境条件

序号	内容	要求
1	温度范围	5～35 ℃；
2	湿度范围	≤85%RH；
3	大气压力	86～106 kPa；
4	空气质量	无高浓度粉尘和腐蚀性气体
5	地面要求	平整、通风良好

（2）调试技术指标

工作室尺寸：3 600 mm×2 100 mm×2 500 mm（蒸发器室后置，400 mm）（D×W×H）；

外型尺寸：4 200 mm×4 500 mm×2 700 mm（D×W×H）（不包括制冷机组及控制柜）；

最低温度；≤–30 ℃（静态负载时）；

工作温度：–25 ℃±3 ℃（动态负载时）；

降温时间；从+30 ℃下降至–25 ℃≤6Hr（平均速率，带静态负载）；

除霜周期：≮24Hr；

除霜时间：≤30 min；

除霜功率：约 5 kW；

温度恢复时间：空气温度恢复至–20 ℃±2 ℃≤30 min；

以上指标均在环境温度≤30 ℃，常压条件下测得。

12.3.3 制冷柜安装调试

（1）压力、压缩机电流、温度不超过额定值

（2）系统接口部位无漏油现象

（3）压缩机运行声音正常

（4）电气元件及系统工作正常

（5）机组外观整洁、完好；各紧固件无松动

12.3.4 深冷柜安装调试

（1）环境条件：温度：5～30 ℃、相对湿度：20%RH～80%RH。

（2）深冷柜安装

由于散热需要，箱体正面及背面与墙面或者周围遮挡面之间必须留有足够的空间（建议1 m以上）。在选择安装位置时，要根据产品型号选择1.5～2倍以上总体积以上的安置空间。安装过程中，必须确保箱体背部和侧面距离墙壁或其他密闭面1 m以上，并不得有覆盖物。否则，可能影响箱体散热，减损其性能。将产品推放至安置地点之后，应先准备四块厚度为10 mm以上直径大于100 mm的减振橡胶或者类似物品，垫放在设备四个脚轮下面，然后将脚轮支撑脚落下并使箱体整体处于水平状态。必要时，应使用水平尺等器具。产品安装位置周围3 m内应保证有符合要求的专用电源。如需要中间延长电源线，必须有专业电工进行施工。

（3）深冷柜调试

产品安置完成后，必须静置30 分钟以上，以保证制冷系统中的制冷剂稳定。安装后对设备进行首次通电。插上电源后，首先确认电源工作正常，然后启动设备，机器进入自检状态，数秒之后，机器前面板上的控制屏幕点亮，并给出相应提示。

12.3.5 加热箱安装

（1）环境条件

设备应放置在满足一下条件的环境中：温度：0～40 ℃；湿度：≤85%R.H；气压：86～

106 kPa；无阳关或热源直接辐射，无强烈震动，无强烈气流，无腐蚀性气体和高浓度粉尘。设备应放置在平整的地面上，四周应留出足够的空间以便检修和空气流动通风。

（2）技术指标

工作室尺寸：2 800 × 600 × 1 600；温度范围：RT10～80 ℃；功率：6 kW；电源：380 V±38 V，50 Hz。

12.3.6　物料小车的安装

12.3.6.1　停放电动物料运输车的地点，应保证地面结实，并要使桥架放平，避免产生变形。

12.3.6.2　物料运输车架设前应对起重机进行测量，测量其跨度及误差、标高及误差、接头间隙及偏差等。如超过国家相关规范，则应通知使用单位对轨道进行调整，使其达到国家规范要求，否则轨道安装问题也可导致物料运输车不能正常使用。公差的国家标准如下：

（1）轨道跨度公差±3 mm

（2）轨道标高公差±5 mm（两轨道平行度）

（3）轨道接头公差 1～2 mm（接头距离）

（4）轨道弯曲公差：±3 mm

（5）轨道倾斜度：1/1 000 L～1/2 000 *L*mm（*L* 为轨道长度）

12.3.6.3　按图 12-1 所示将主、端梁用高强度螺栓副连接起来，每个螺栓副包括 1 条螺栓、1 个螺母、2 个平垫。应注意此处螺栓为专用螺栓，必须用力矩扳手达到规定的力矩（M24 螺栓 831 N · m）。连接面在组装前应清理毛刺、油污及锈蚀，物料运输车大车部分放在轨道上后再把小车部分放在主梁的轨道上待小车部分调整完毕后才能把物料支架放置在小车上面。

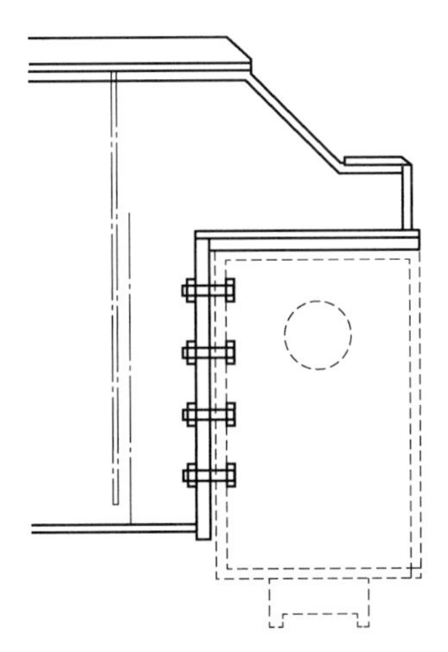

图 12-1　端梁连接示意

12.3.6.4　液压站以及控制柜的安装

液压站放在由槽钢焊接而成的支架上，它与主梁上盖板间的距离应≥100 mm，压力表背向主梁的方向。液压油管用安装接头安装在液压站上，用安装夹在大车上固定好，油管中间不能有打结现象。控制柜安装在液压站对侧的支架上，用螺栓固定好。

12.3.6.5 操作台的安装

操作平台用螺栓与主梁和液压站支架连接在一起，保证其稳定性。

12.3.6.6 拖链的安装

拖链的一端固定在主梁上，另一端固定在小车上，液压油管、小车电源线及部分控制电缆装在拖链里，安装完以后要确保拖链在小车运行过程中不会与小车有干涉，能顺利进出料仓并放下容器。

12.3.6.7 物料小车运行电动机为交流笼式电动机，采用电磁制动，其制动器采用由加速线圈 BS 和保持线圈 TS 组成的双线圈系统，当电动机接通电源时，加速线圈在高起动电流下接通，随后保持线圈接通。这样当制动器释放时，响应时间相当短，制动盘动作相当迅速，电机几乎是在没有任何制动摩擦下起动的。

第13章

级联和供取料系统专用设备检修

13.1　阀门的检修

13.1.1　针型真空阀门的一般故障及检修

针形阀主要有DN3、DN10、DN25等规格，主要由阀体、阀针、波纹管、阀杆、手柄、压盖、导向螺钉、紧定螺钉、衬垫等零部件组成。

针型阀常见故障类型有：阀门通道漏、焊接处泄露、弹簧箱有漏、螺纹损坏等，其常见故障的判断和处理方法如表13-1所示。检修完毕后，阀门通道合格漏率为 2×10^{-5} Pa • L/s，阀体与焊缝合格漏率为 2×10^{-6} Pa • L/s。

表13-1　针形阀常见故障的判断和处理方法

故障现象	产生原因	处理方法
阀门通道漏	① 阀针与密封面之间为金属接触，开关频繁后密封效果变差。	拆卸阀门，对阀针及密封面进行清洁处理。
	② 工作物质腐蚀性较强，腐蚀密封面。	
	③ 工作物质的粉末吸附在阀针或密封面上。	
焊接处有漏	① 金属材料焊接时，未将脏物清除干净，熔在焊缝中形成夹渣、气孔，使焊缝强度不够，焊层减薄。	重新更换、焊接波纹管或对焊缝进行补焊。
	② 弹簧箱被工作气体腐蚀产生泄漏。	
弹簧箱有漏	① 弹簧箱制造过程中自身厚薄不均，薄的部位产生泄漏。	重新更换、焊接波纹管。
	② 操作阀门时用力过大，使弹簧箱变形发生泄漏。	规范操作，按要求开关阀门。
螺纹损坏	① 螺母、螺杆材质不同，热胀系数不匹配，相对运动时造成螺纹、螺口咬死或撕裂。	拆卸阀门，用板牙或丝锥处理有损伤的螺纹后装配。
	② 人为损坏。	

13.1.2　鱼雷型真空阀门的一般故障及检修

鱼雷阀有DN65、DN100、DN150等规格，由于它们的阀芯酷似鱼雷而得名。鱼雷阀主要由阀体、鱼雷形阀芯、波纹管、阀芯密封圈、螺杆、螺母、滑块、手轮等零部件组成。

13.1.2.1 检修技术要求

（1）环境要求

检修设备应外观清洁，表面无灰尘、油垢。工作环境整洁，检修现场无粉尘及悬浮颗粒物，具备较好通风条件。

（2）清洗

1）零部件表面，在总装前应进行清洗，处于工作腔内的表面不得有污物、锈迹、油剂、纤维等杂物，处于工作腔外的表面不得有油脂、氧化皮、尘土、铁屑等杂物。

2）清洗金属零件应采用航空汽油或洗涤用轻汽油，干燥前的最终清洗应用无水乙醇（GB 394—64），必要时，可采用一级工业丙酮（HG—320—66）。

3）材质为橡胶和塑料的零件只能用无水乙醇清洗。

4）用漂白布局部擦拭法检查工作腔表面的清洗质量，白布上不留污迹为合格。

5）经过清洗的金属零部件，需在温度 80～90 ℃的烘箱内进行干燥，零部件烘干到总装抽真空为止，暴露在大气中的时间不得超过 48 小时。

（3）拆卸

1）拆卸时必须在专用工作台上进行，拆卸下的零部件必须分类存放。

2）拆卸后应收集粉尘、橡胶衬垫和报废的零部件，并放入专用容器内。

3）与零件工作表面接触的工夹具表面应镀镍或铬，或用铝、不锈钢制造。工夹具的清洁度与工作腔零件的清洁度要求相同。

4）阀门上的所有橡胶类零部件必须进行更换，应将旧密封垫存放在指定区域，避免混淆。

5）对拆下的金属零部件应进行外观检查，有缺陷的零部件应通过抛光、研磨等方法进行处理，处理后的零部件应符合图纸要求，对不能处理或处理后不能满足图纸要求的零部件应进行更换。

（4）镀镍

1）根据设计图纸要求，对需要进行化学镀镍的零部件进行检查。

2）对零部件的镀层进行检查，镀层必须结合牢靠，具有致密的组织和均匀的外观，不得有未镀上、起皮、起泡、裂纹、剥落、粗糙、毛刺、锈点、划伤、未洗净的镍盐、指纹和其他破坏防腐能力的缺陷。

3）镀层质量不符合要求时，需进行再次镀镍。

4）缺陷总面积不超过镀层总面积的 10%时，在再次镀镍前将缺陷的镀层取掉，平滑磨光至坚实镀层边缘。

5）缺陷总面积超过镀层总面积的 10%时，或不允许镀层加厚时，应将镀层全部清除再重新进行镀镍。

6）每件允许补镀的总面积（以磨后的面积计算），对抛光件不大于 0.5 dm^2，对不抛光件不大于 1 dm^2。

7）对零部件镀层的检查应逐个进行。

8）镀层外表、厚度、硬度、结合强度的检验方法按 SJ43-64《电镀和化学涂复质量检验》的规定进行。

（5）装配

1）零部件必须检查合格方可使用。新更换的零部件应提交合格证明文件、质量证明文件等，并经检查合格后进行使用。

2）清洗好的零部件不得再用砂布、锉刀等工具进行加工，如需加工，则应重新清洗合格后方可装配。

3）阀门总装时，只能用无水乙醇进行擦拭或润湿工件，吹干用纯度不低于 96.5%的氮气。

4）阀门工作腔外的变速箱用 SY1412-75“锂基润滑脂”进行润滑，图纸有改动者除外。

5）阀门工作腔内，外螺纹端部 1/4 螺纹长度上、模板摩擦面上只准用 3#专用润滑油进行润滑。

6）阀门装配后，运动部分必须灵活、可靠、动作准确、无卡阻现象。

7）阀门装配好后，应经全开、全闭各 5～10 次。

检修合格的阀门进行真空密封性试验时应满足 GB 11796—89《核用真空阀门技术条件》中“Ⅰ类”真空阀门漏率标准，如表 13-2 所示。

表 13-2　Ⅰ类真空阀门漏率标准

阀门通径 DN/mm	3、10	25、50、80	40、65、100	125、150	210、250、300
开启状态漏率 Pa·L/s≤	1.33×10^{-6}	6.65×10^{-6}	6.65×10^{-5}	1.33×10^{-5}	6.65×10^{-5}
关闭状态漏率 Pa·L/s≤	1.33×10^{-5}	6.65×10^{-5}	6.65×10^{-4}	1.33×10^{-4}	6.65×10^{-4}

13.1.3　转筒式真空阀门的一般故障及检修

转筒阀有 DN125、DN150、DN210 等规格，分手动和电动两种类型，以 DN210 手动转筒阀为例，其主要由：阀体、圆筒、圆筒支架、闸板、杠杆、滑轮、碟形弹簧组、手轮、蜗杆、蜗轮、中心轴、垫片、膜片、装配盖、密封圈等零部件组成。

转筒阀的常见故障主要有：阀门通道密封处泄漏、阀体泄漏、膜片处泄漏、转动中心轴时阻滞等，其常见故障产生原因和处理方法见表 13-3。

表 13-3　电动转筒阀常见故障和处理方法

故障现象	产生原因	处理方法
阀门通道泄漏	压紧环未将密封圈压紧。	拧紧压力环与圆盘连接螺钉，压紧密封圈。
	密封圈有损伤、划痕。	更换密封环。
	压紧环或圆盘密封面处有损伤、划痕。	用刮刀修复损伤处。
	阀体的锥形密封面有损伤。	用刮刀修复损伤处。
	闸板与阀体的锥形密封面间的环形间隙不均匀，使密封圈被压偏。	调整支架下调整螺钉与止动栓（关），使其环形间隙均匀。
阀体连接处有漏	阀体连接螺栓未拧紧或未按要求校准，造成连接法兰偏斜。	按装配要求均匀拧紧连接螺栓。
	阀体连接法兰止口有碰伤或划伤。	用刮刀修复损伤处。

续表

故障现象	产生原因	处理方法
阀体连接处有漏	阀体连接处密封垫有损伤、划痕。	更换密封垫。
	盲板止口有碰伤或划伤。	用刮刀修复损伤处。
	阀体连接处配合面有污物。	用蘸酒精的白布擦拭配合表面。
膜片处泄漏	膜片破损或焊缝被腐蚀而渗漏。	重新更换、焊接膜片或对焊缝进行补焊。
	膜片组件处衬垫压偏或未压紧。	重新装正衬垫或压紧衬垫。
	膜片组件处衬垫破损。	更换衬垫。
转动中心轴时，有阻滞现象	中心轴与装配盖或密封圈间的配合过紧。	重新安装装配与密封圈，在配合处加点特殊润滑油，摇动手轮往复转动中心轴。
	与中心轴间的配合面呈干摩擦。	给相对运动表面加特殊润滑油。
阀门全开时，圆筒与通道不对中或歪斜	杠杆上的滑轮轴与模板接触不好。	调整滑轮轴与模板接触到位。
	圆筒中心线与阀体通道中心线不重合。	调整支架下调整螺钉与止动栓（开），使其中心线重合。

由于 DN125 阀门与 DN200 阀门结构大致相同，其余阀门虽结构有所不同，但拆装步骤基本相同，以下以 DN200 阀门检修为例介绍其拆装步骤。

（1）拆除操纵机构

1）拆除指针上的 M5×20 螺栓，取下指针，拆除装配盖上的螺栓，取下装配盖。

2）拆除螺母，取下止推螺钉。

3）拆除螺钉，取下支撑。

4）拆除双头螺栓，取下操纵机构。

5）拆除螺母，取下手轮。

6）拆除螺栓，取下端盖。

7）依次取下单列向心球轴承、齿轮、单列向心球轴承，并取新的备用。

8）拆除螺栓，取下各端盖。

9）取下蜗杆。

（2）拆除阀门阀体及阀座部分

1）拆除大螺母，取下轴圈弹簧、垫圈、橡皮碗，领取新的轴圈弹簧、垫圈、橡皮碗备用。

2）取下螺母、垫圈、碟形弹簧、套筒、橡皮碗，领取新的垫圈、蝶形弹簧、橡皮碗备用。

3）取下螺母、带薄膜的壳体。

4）将带薄膜的壳体上的专用轴套拆除，取下密封环、专用螺母、圆螺母、膜，更换带薄膜的壳体上膜及聚四氟乙烯密封环。

5）取下衬垫，领取新的衬垫备用。

6）从阀门通道内侧将凸轮上的螺栓取下，拆除调整螺钉。

7）从上侧将装配轴抽出，并将轴上的键取下。

8）拆除螺栓，将装配盖取下连通模板一同从上册取出。

9）取下螺栓，将模板从装配盖上取下。

10）从装配盖上拆除螺栓、弹簧垫圈，取下密封衬垫、轴套、压环。领取新的弹簧垫圈及聚四氟乙烯衬垫备用。

11）将凸轮从杠杆上取下。

12）拆除螺栓，取下颈盘。

13）取下装配撑架下方的螺钉，装配止推座上的螺栓，取下装配止推座。

14）将装配撑架连同装配封闭盘一起从阀门通道取出。

15）取下装配封闭盘上的圆螺母、轴套、垫片、垫片、支撑、支撑。

16）拆除限制杆装配止推座，将装配封闭盘与装配撑架脱离。

17）拆除装配封闭盘上的螺栓，、垫圈，取下压力环及密封环，并领取新的密封环备用。

（3）电动阀门的检修

1）电动阀门除操纵部分与手动阀门不同外，其他均与手动阀门相同，可按手动阀门相同的顺序进行拆除、检修。

2）电动阀门在检修前应先对阀门进行电机检查与真空密封性试验检查。

3）电动阀门操纵部分的检修

4）拆除阀门的电机线、信号线，并将电机与阀门脱离。

5）检查电机轴的传动问题，涂抹适当的润滑油，并更换办联轴器、轴承等部件。

6）拆除齿轮箱的外壳，检查齿轮箱内齿轮的磨损情况，并更换有磨损的齿轮，涂抹适当的润滑脂。

7）将传动蜗杆的外罩取下，更换蜗杆上的弹簧组件。

8）检查蜗轮与蜗杆的配合，必要时更换蜗轮或蜗杆。

9）其他部分与手动真空阀门相同。

（4）恢复

1）按检修拆除时的逆顺序，将阀门的各个零配件装配至阀门的相应位置上。

2）安装时，需将备用的新的密封衬垫、橡皮碗、碟形弹簧等安装至阀门的相应位置上，发生损坏的金属部件同样需要更换新的部件。

3）恢复完成后，按设计图纸，调整各个装配尺寸，使其符合使用要求。

（5）检查

阀门修复完成后，需进行真空密封性试验，真空密封性试验主要包括阀门通道检查以及阀体的检查，电动阀门还应有机电试验检查。

1）真空密封性试验

① 将阀门通道两侧用盲板，远离密封面一侧盲板需带有橡胶软管以连接设备，通过金属软管将阀门与氦质谱检漏仪、真空泵连接在一起。

② 打开真空泵及氦质谱检漏仪，通过真空泵对阀门进行抽空，此时阀门应处于开状态，氦质谱检漏仪前的节流阀处于关闭状态。

③ 通过真空计检测阀门内的压力，当阀门内压力接近 10 Pa 时，缓慢打开氦质谱检漏

仪前的节流阀。

④ 节流阀全开后且氦质谱检漏显示漏率小于 1×10^{-9} Pa·m^3/s 时，再进行检漏工作，检漏时对各连接点逐一喷氦气进行检漏，并采取从上往下的检漏原则进行。如有漏孔，需进行消除工作，必要时需重新进行拆除、组装程序。

⑤ 阀体检漏合格后，进行阀门通道漏率的检查。

⑥ 通过阀门盲板上的橡胶抽嘴将阀门破空，将阀门密封面一侧的盲板拆除，并将阀门关闭，电动真空阀门的关闭应通过阀门控制柜进行。

⑦ 进行阀门通道密封面的检查。

⑧ 在进行通道检查时，应适当调整阀门止推螺钉的位置，使阀门的漏率满足标准要求。如通过调整螺钉无法消除通道漏时，需重新更换密封环，并重新进行真空试验。

2）机电试验

① 电动真空阀门电动头部分改造完成后应进行机电试验，机电试验在进行真空密封性试验前进行。

② 将电动真空阀门的航空插头与阀门控制柜的插头进行对接。

③ 对阀门控制柜进行通电，通过阀门控制柜上的开、关按钮对阀门进行开关试验，接线出现错误时应核对线路并重新接线。

④ 试验时，阀门的动作应平滑，无剧烈震动，开关时间应控制在设计范围内，小于1.5 秒。

⑤ 阀门在机电试验后进行真空密封性试验时，如发生通道漏的情况，应通过调整阀门止推螺钉来调整电动真空阀门的行程，仍无法消除时，重新更换通道密封环。

（6）封存

1）阀门在经过拆除、检修、更换组件、恢复、真空试验等程序后，如合格，需要进行封存。

2）封存时，需将阀门两侧用盲板进行封闭，一侧盲板带有可抽气的抽嘴。

3）通过真空泵，将阀门内压力抽至 267 Pa 以下。

4）阀门内压力在 267 Pa 以下后，对阀门进行充氮，充氮后表压应在 0.05～0.1 MPa 之间。

13.1.4 高真空耐压角阀的一般故障及检修

高真空耐压角阀的常见故障主要有：阀门通道密封处泄漏、阀体泄漏、波纹管泄漏、阀杆与阀盖咬死、阀芯脱落等几种情况，其常见故障和处理方法见表 13-4。

表 13-4 手动高真空耐压阀的常见故障和处理方法

故障现象	产生原因	处理方法
阀门阀盖与阀体的连接处泄漏	① 阀体与阀盖的连接螺钉未拧紧。	拧紧连接螺钉。
	② 连接螺钉未按要求对称均匀拧紧，造成阀盖偏斜。	重新安装阀盖，对称均匀拧紧连接螺钉，使装配间隙的不均匀度不大于 0.1 mm。
	③ 阀体、阀盖、阀芯组件与密封垫之间的配合面有污物。	用蘸酒精的白布擦洗其配合表面。

续表

故障现象	产生原因	处理方法
阀门阀盖与阀体的连接处泄漏	④ 阀体、阀盖或阀芯上接套止口处有磕伤或伐伤。	用刮刀修整止口。
	⑤ 密封圈或“O”型圈损坏。	更换密封圈或“O”型圈。
阀门通道密封处泄漏	① 阀门未关紧。	按力矩要求重新关闭阀门。
	② 通道密封处的配合面有污物。	用蘸酒精的白布擦洗其配合表面。
	③ 阀门通道密封处或阀瓣的密封处有毛刺或损伤。	用金相砂纸修整密封处。
	④ 通道处密封板损坏。	用刮刀修整或更换密封板。
	⑤ 挡圈未放入阀体的槽内，关闭时阀瓣压在挡圈上，造成通道不密封。	重新安装挡圈。
波纹管泄漏	波纹破损或焊缝被腐蚀而渗漏。	重新更换、焊接波纹管或对焊缝进行补焊。
转动阀杆时，有阻滞现象	① 阀杆与阀盖的螺纹配合过紧。	在螺纹配合处加特殊润滑油，往复转动阀杆。
	② 阀杆与阀瓣间的配合面干摩擦。	给相对运动表面加特殊润滑油。
阀杆与阀盖相互咬死	① 未按规定的关闭力矩要求操作。	1. 在车床上将阀杆螺纹周围的金属屑缓缓车除，然后顺着阀杆螺纹牙型，将螺纹挑出。 2. 加工一个与阀盖相配合的内螺纹套筒并焊接。车平焊缝。 3. 修整丝杆烂牙，装配阀杆与阀盖并在配合螺纹处涂耐氟润滑油，使阀杆转动自如。
	② 润滑不好，使其干摩擦。	
	③ 阀杆和阀盖的材质有差别，工作环境温度高，两者热胀系数不同，造成相互咬死。	
阀芯脱落	① 阀杆、阀芯、对开环长时间相互摩擦，易磨损对开环，使其碎裂。	1. 先用车刀使波纹管与阀芯分离，然后车下对开环上压板，取出已磨碎的对开环。 2. 用车刀修复阀芯内表面的形状。 3. 把对开环及压板制作成一个整体。 4. 在阀芯的球窝里加入钢球，并涂上润滑油，将对开环锯成两半并进行修磨，然后与阀芯焊接。 5. 焊接波纹管，修磨打平焊缝，探漏合格。
	② 对开环过薄，在焊接压板时，受热变形，造成局部磨损。	
	③ 相互摩擦表面未加润滑油，使其干摩擦，易磨碎对开环。	

由于 DN16、DN20、DN25、DN40 手动高真空耐压角阀的抽芯程序、装配程序相同，DN65 与 DN100 手动高真空耐压角阀的抽芯程序、装配程序相同。以 DN25、DN65 手动高真空耐压角阀为例介绍该类阀门的抽芯程序与装配程序。

（1）阀门抽芯程序

1）DN25 手动高真空耐压角阀，见图 13-2 的抽芯程序

① 用扳手缓慢地打开阀门，使固定在阀芯组件上的密封板完全脱离阀体。

② 用内六角扳手松开并取下螺钉。

③ 缓慢平稳得拿出阀门阀芯组件，在取阀芯时防止碰伤阀体止口，仔细检查各密封件及波纹管有无损伤。

④ 填写阀门抽芯及装配工艺卡。

2）DN65 手动高真空耐压角阀的抽芯程序

① 用扳手缓慢地打开阀门，使阀门阀芯完全脱离密封板。

② 用扳手松开并取下螺钉。

③ 缓慢平稳地拿出阀门阀芯组件，再取出阀芯时防止碰伤阀体止口，仔细检查各密

封件及波纹管有无损伤。

④ 用挡圈钳将阀体内的挡圈取出。在取挡圈时，防止挡圈钳碰伤或划伤阀体止口和密封板，取出密封板。

⑤ 填写阀门抽芯及装配工艺卡。

（2）阀门装配程序

1）DN25 手动高真空耐压角阀的装配程序

① 沾污阀门先用浓度为 5%的$(NH_4)_2CO_3$溶液清洗，再用浓度为 1%～2%的双氧水清洗，最后用清水冲洗并吹干。

② 检查阀门阀体内表面的密封面及阀芯组件的密封面，波纹管有无损伤。

③ 用蘸酒精的白布擦洗阀门阀体、阀芯组件以及密封圈和密封板。

④ 给阀芯组件阀杆的螺纹表面及紧固螺钉的螺纹表面涂润滑油。

⑤ 检查“O”型圈是否在压盖的槽内，密封圈是否在接套上。

⑥ 轻轻地将阀芯组件放入阀体内，在装阀芯时，防止碰伤阀体止口和密封板，均匀的拧紧螺钉。

⑦ 用塞尺检查阀门阀体与压盖之间的装配间隙，其值不大于 0.1 mm。

2）DN65 手动高真空耐压角阀装配程序

① 沾污阀门先用浓度为 5%的$(NH_4)_2CO_3$溶液清洗，再用浓度为 1%～2%的双氧水清洗，最后用清水冲洗并吹干。

② 检查阀门阀体内表面的密封面及阀芯组件的密封面、密封板、波纹管有无损伤。

③ 用蘸酒精的白布擦洗阀门阀体、阀芯组件以及密封圈和密封板。

④ 给阀芯组件阀杆 21 的螺纹表面及紧固螺钉的螺纹表面涂润滑油。

⑤ 检查“O”型圈是否在压盖的槽内，密封圈是否在接套上。

⑥ 将密封板放入阀体内，再用挡圈钳将挡圈放入阀体内卡住密封板，再放挡圈时，防止碰伤阀体止口和划伤密封板。

⑦ 轻轻地将阀芯组件放入阀体内，在装阀芯时，防止碰伤阀体止口，均匀拧紧螺钉。

⑧ 用塞尺检查阀门阀体与压盖之间的装配间隙，其值不大于 0.1 mm。

13.1.5　气动调节阀的一般故障检修

气动调节阀的常见故障主要有：阀门通道有漏、阀体连接处有漏、阀门开关时，阀杆处有阻滞现象、执行打开阀门的操作时，阀门不动作、阀门调节位置不稳定、阀门调节位置不准确等。气动调节阀常见故障产生原因及处理方法，见表 13-5。

表 13-5　气动调节阀常见故障的判断和处理方法

故障现象	产生原因	处理方法
阀门通道有漏	① 阀门定位器零点位置调整不到位，阀门未关紧造成通道漏。	检查定位器输入信号，仔细调整零点位置。
	② 阀座密封圈损坏。	更换阀座密封圈。

续表

故障现象	产生原因	处理方法
阀体连接处有漏	① 阀体连接螺钉未上紧或未按要求校准，造成连接法兰偏斜。	安装配要求均匀拧紧连接螺栓。
	② 阀体连接处的配合面有污物。	用蘸酒精的白布擦拭配合表面。
	③ 阀体密封圈损坏。	更换阀体密封圈。
阀门开关时，阀杆处有阻滞现象	① 阀杆与夹紧环之间的配合面有摩擦或夹紧环松动。	拧紧夹紧环，在配合表面加少许特殊润滑油。
	② 阀杆处的拆卸垫圈损坏。	按要求拆卸、更换拆卸垫圈。
执行打开阀门的操作时，阀门不动作	① 没有输入设定的电流信号。	检查并输入设定的电流信号。
	② 没有输入设定的压缩空气信号。	检查并输入设定的压缩空气信号。
	③ 电-气定位器损坏。	更换电-气定位器。
	④ 执行器（气动头）内的薄膜损坏，漏气造成压缩空气压力达不到要求，阀门无法开启。	按拆卸及装配要求拆卸、更换气动头。
阀门调节位置不稳定	① 输入的电流信号不稳定。	检查并输入设定的电流。
	② 定位器上压缩空气管路处密封圈损坏造成漏气，使阀门调节位置不稳定。	更换定位器上压缩空气管路处密封圈。
	③ 定位器压缩空气橡胶管有漏。	更换定位器压缩空气橡胶管。
阀门调节位置不准确	① 输入的电流信号与实际要求的电流信号不相符。	检查并消除电路故障。
	② 定位器上两作用力矩不平衡。	按要求调整力矩。
	③ 反馈杠杆位置与阀位不相符。	调整反馈杠杆位置，使其与阀位相符。

13.1.6　电磁气动调节阀的一般故障检修

电磁气动调节阀常见故障主要有：阀门通道密封处泄漏、阀体泄漏、波纹管泄漏、操作时不动作、阀门动作但无信号等情况。电磁气动调节阀的常见故障产生原因及处理方法，见表 13-6。

表 13-6　电磁气动调节阀的常见故障及处理方法

故障现象	产生原因	处理方法
阀体有漏	① 阀体与阀盖的连接螺钉未拧紧。	拧紧阀体与阀盖的连接螺钉。
	② 阀体与阀盖的连接螺钉未按要求对称均匀拧紧，造成阀盖偏斜。	重新安装阀盖，使阀盖与阀体时的间隙保持对称均匀，不均匀度小于 0.1。
	③ 阀体、阀盖、阀芯组件与密封环之间的配合面有污物。	用蘸酒精的缝边白布擦洗其配合面。
	④ 阀体、阀盖、或阀芯上接套止口处有碰伤或伐伤。	用刮刀修复止口。
	⑤ 密封环或“O”型圈损坏。	更换密封环或“O”型圈。
阀门通道有漏	① 装配时，挡圈未卡入槽内。	重新安装，使挡圈卡入槽内。
	② 通道密封环损坏。	更换通道密封环。
	③ 通道密封止口处有损伤。	用刮刀修复止口。

续表

故障现象	产生原因	处理方法
波纹管有漏	波纹管损坏或焊缝被腐蚀而渗漏。	重新更换、焊接波纹管或对焊缝进行补焊。
操作时阀门不动作	① 电气线路故障。	检查电气线路，排除故障。
	② 汽缸漏气。	更换汽缸“O”型圈。
	③ 先导阀故障。	对先导阀进行检修或更换。
	④ 压缩空气供气线路堵塞、漏气。	仔细检查供气线路，消除堵塞、漏气点。
	⑤ 压缩空气供气压力不够。	调整其压力使之符合要求。
阀门有动作无信号	① 电气线路故障。	检查电气线路，排除故障。
	② 控制盒故障。	1. 检查处理控制盒内线路故障。
		2. 调整锥形螺母行程。

13.2　真空泵的检修

13.2.1　滑阀式真空泵的检查维护及故障检修

13.2.1.1　滑阀式真空泵的检查维护

滑阀式真空泵在检查维护时通常需做好以下项目。

（1）清除真空泵的灰尘和脏物。

（2）检查真空泵油质及油位，一般油位在游标一半左右，必要时更换泵油或加油。

（3）检查气镇阀工作是否正常，必要时进行清洗处理。

（4）检查皮带松紧程度，必要时进行调整。

（5）检查油窗清洁情况，必要时清洁油窗。

（6）检查、紧固各部件连接螺栓是否齐全、紧固。

（7）电机检修按相应规程进行。

（8）测试泵的抽空压强，并填写检修记录。

13.2.1.2　滑阀式真空泵的启动及停车

（1）启动前的准备工作

泵在启动前需按照 13.2.1.1 逐步进行检查。冬季若室温过低，则需将泵加热后再启动，因低温时真空油粘度大，如突然启动，会使电机超过负载或损坏泵零件。

（2）滑阀泵的启动

1）接通电源，启动电机。

2）检查冷却及润滑是否正常。

3）泵运转约 5 分钟且各方面均正常后，再慢慢打开进气阀，以免泵的负荷急剧增加。

（3）滑阀泵的停车

1）关闭进气管路上的进气阀。

2）打开充气阀破坏泵内真空。

3）待半分钟左右，切断电源。

停车操作极为重要，必须严格按以上程序操作，否则当停泵后由于泵腔中还是真空，油箱中的油就会源源不断地流入泵腔，使泵腔内充满真空油。在重新启动时就会出现问题，即在泵腔充满真空油的状态下启动，转子在转过第一圈时几乎将全部油排出排气口。另一方面，由于泵油几乎不能被压缩，而且粘性较大，会突然从真空泵排气孔挤出来，所受阻力非常大，因此不但电机要求非常大的启动力矩，而且在瞬间使轴及偏心轮增加巨大冲击力，对泵及电动机都是非常危险的，尤其是在环境温度较低时更加如此。

13.2.1.3　滑阀式真空泵常见故障分析及排除方法

滑阀式真空泵常见故障分析及排除方法如表 13-7 所示。

表 13-7　滑阀式真空泵常见故障分析及排除方法

故障类型	产生原因	消除方法
真空度下降	泵油被污染	开气镇 1～2 h，或换油
	泵动密封装置漏气	维修或更换密封装置
	油管接头漏气	旋紧或更换接头
	排气阀片损坏	更换阀片
	排气阀弹簧断裂	更换弹簧
	静密封面漏气	拧紧螺栓或更换密封圈
	泵内有异物	拆泵并清洗维修泵内零件
	油路堵塞	清洗滤油器滤网及油路
	被抽气体温度过高	增强冷却措施
	泵油量不足	增添泵油
	泵油牌号不对或混油	更换符合要求的泵油
	气镇阀损坏，密封失效	更换气镇阀密封零件
	装配间隙过大	重新检查及装配
泵电机过载	泵各部位润滑不良	清洗零件，疏通油路
	泵腔内进入异物	拆泵清洗并修复
	泵油粘度太大	加热泵油或更换泵油
	泵装配不当，间隙处产生接触摩擦	重新进行装配
泵运行有异常噪声	泵腔内进入异物	拆泵清洗并修复
	泵零件松动或损坏	检查调整或更换零件
	泵润滑不良	疏通油路，调整油量
泵某些部位过热	泵轴承过热	疏通清洗润滑油路，如皮带太紧，可稍放松皮带
	排气阀和油箱发热	增强冷却

13.2.1.4　滑阀式真空泵的拆装步骤

（1）拆装要求

1）检修前应准备好拆卸工具及吊装工具。

2）拆卸机件时，不得硬敲、硬打，敲打时应垫木块或软金属物。

3）拆卸下的零部件，必须按拆卸顺序摆放整齐，不得磕碰划伤，同时要妥善保管好个零部件并检查，必要时更换。

4）金属零部件可用超声波清洗机或丙酮、石油溶剂进行清洗并烘干。

5）轴封、"○"型圈等橡胶件，必须用酒精清洗，不得用丙酮、石油溶剂清洗。

6）零部件的装配，按拆卸的相反顺序进行装配。

7）装配过程中，零部件结合表面、摩擦表面应涂上稀薄的真空泵油，连接螺栓松紧要均匀。

8）泵装好后密封处不得漏气、漏油。

9）泵修目完应进行全性能的试验，如其他条件不具备，至少应试验极限真空度。

（2）拆卸步骤

1）放出冷却水和泵油。

2）拆下皮带防护罩，卸下三角带和皮带轮。

3）拆卸油箱组件，拆卸分离器组件，拆卸滤油器组件。

4）拆除排气管，拆卸排气阀组件，拆除进气管。

5）拆除油管、油泵和油泵轴。

6）拆卸密封装置和轴承盖，拆下左右两端盖及轴承，拆卸滑阀组件及导轨组件。

7）拆下偏心轮、平键及轴。

（3）装配步骤

滑阀泵的装泵程序装泵程序与拆泵程序相反。

（4）试车

1）手动盘车，应无摩擦、卡死现象，皮带松紧适宜。

2）启动泵后，应立即检查泵有无摩擦、振动及异常声音。如发现有异常声音或严重震动时，应立即停车处理。

3）连接真空测试仪表，测试泵组的抽空深度应无明显波动，深度值逐渐上升或稳定。在不带负载的情况下泵组的抽空压强小于 5 Pa。

4）打开气镇阀，测试泵温度不得高于 85 ℃。

13.2.2 直联旋片式真空泵的检查维护及故障检修

13.2.2.1 一般检查

（1）检查真空泵油质及油位，必要时更换泵油或加油。

（2）检查气镇阀工作是否正常。

（3）检查轴封、油窗、排气孔、端盖处密封情况。

（4）检查、紧固各部件部分连接螺栓、紧固件。

（5）真空泵表面清除油污。

（6）电机检修按相应的电机检修规程进行。

（7）测试泵的抽空能力并填写检修记录。

13.2.2.2　解体检修

（1）解体真空泵并清洗各零部件。

（2）检查进出口密封垫是否完好。

（3）检查高、低真空抽气腔旋片是否完好，必要时进行修理或更换。

（4）检查高、低真空抽气腔弹簧是否完好，必要时进行更换。

（5）检查高、低真空抽气腔内表面及转子是否完好。

（6）检查排气阀组件是否完好。

（7）检查前端板、中隔板及后端板的轴封是否完好。

（8）检查止回阀是否完好。

（9）检查油窗组件是否完好。

（10）电机检修按规程进行。

（11）测试泵温、抽空压强，并好检修记录。

13.2.2.3　检修方法

（1）检修前应准备好拆卸工具及吊装工具。

（2）拆卸机件时，不得硬敲、硬打，敲打时应垫木块或软金属物。

（3）拆卸下的零部件，必须按拆卸顺序摆放整齐，不得磕碰划伤，同时要妥善保管好个零部件。

（4）金属零部件可用超声波清洗机或丙酮、石油溶剂进行清洗。

（5）轴封、“○”型圈等橡胶件，必须用酒精清洗，不得用丙酮、石油溶剂清洗。

（6）零部件的装配，按拆卸的相反顺序进行装配。

（7）装配过程中，零部件结合表面、摩擦表面应涂上稀薄的真空泵油，连接螺栓松紧要均匀。

13.2.2.4　试车

（1）启动泵后，应立即检查泵有无摩擦、振动及异常声音。如发现有异常声音或严重震动时，应立即停车处理。

（2）连接真空测试仪表，测试泵的抽空压强小于 1 Pa。

（3）打开气镇阀，测试泵温度不得高于 90 ℃。

13.2.3　油扩散真空泵的检查维护及故障检修

油扩散泵是用来获得高真空或超高真空的重要设备，广泛应用于真空冶炼、真空热处理、真空镀膜、电子工业、航空航天、原子能等工业领域。

油扩散泵在长时间使用后，如果泵的性能逐渐变坏（极限压力升高，抽速降低），而其他情况正常，则主要是泵油氧化，质量变坏，此时应更换泵油。

如果泵接入系统后，真空度达不到要求，则应检查① 泵所在系统的漏气率是否超过允许值；② 泵的加热器供电是否正常；③ 泵的冷却是否正常；④ 泵芯装配是否正确；⑤ 泵油油量、质量是否完好；⑥ 电炉丝是否完好；⑦ 前级泵工作不正常或容量不够等方面。

常见故障及消除方法见表 13-8。

表 13-8 油扩散泵常见故障及消除方法

故障现象	原因	消除方法
扩散泵不起作用	1. 系统漏气 2. 电炉不起作用 3. 油温不足 4. 泵出口压力过高 5. 泵本身漏气 6. 泵底烧穿	1. 关闭泵上部阀门、检漏 2. 检查电炉电源是否接触良好和电炉丝是否烧断 3. 检查加热电压和功率是否符合 4. 检查前级管道有无漏气，前级泵抽速是否符合要求，工作是否正常 5. 查前级管道与泵体焊接处，泵底与泵体焊接处有否漏气，应对此二处细加检漏 6. 此时应更换
极限真空度低	1. 系统漏气，泵本身微漏 2. 泵芯安装不正确 3. 系统和泵内不清洁 4. 泵油变质 5. 泵冷却不好 6. 泵油不足 7. 泵过热	1. 查漏气，消除 2. 检查各级喷口位置和间隙是否正确 3. 检查、检查、烘干 4. 泵清洗后换油 5. 检查水流量和进出水温度，保持水路畅通、环境通风 6. 加油至规定数量 7. 降低加热功率并检查冷却水流量
抽速过低	1. 泵油加热不足 2. 泵芯安装不正确	1. 检查电源电压及电炉功率是否符合规定 2. 检查各级喷口有无倾斜及间隙是否 正确
返油率过大	顶喷嘴螺帽松动、泵芯内结构不合理、加热功率不对	消除通孔螺帽，加挡油帽改进结构，加挡油装置重调加热功率，加防爆沸挡板，泵口加冷阱等。

13.2.4 分子泵的检查维护及故障检修

13.2.4.1 分子泵检修项目及内容

（1）一般检修

1）清除真空泵的灰尘和脏物。

2）检查前级泵、分子泵油质及油位，必要时更换泵油或加油。

3）检查气镇阀工作是否正常，必要时进行清洗处理。

4）检查皮带松紧程度，必要时进行调整。

5）检查电磁阀工作情况，必要时进行清洁。

6）检查、紧固各部件连接螺栓是否齐全、紧固。

7）电机检修按规程进行。

8）测试前级泵的抽空压强小于 1 Pa，并填写检修记录。

（2）解体检修

1）解体前级泵，清洗各零部件。疏通循环油路及水循环系统。

2）检查进、出口密封垫，必要时更换新油。

3）检查清洗气镇阀组件，必要时进行更换易损件。

4）检查泵旋片的磨损情况，必要时进行更换。

5）检查泵轴磨损、弯曲情况并进行校正。

6）检查、清洗排气阀组件，必要时进行清洗。

7）检查其他紧固件是否齐全、紧固。

8）组装泵组。

9）电机的检修按相应的规程进行。

10）测试泵温、抽空压强，并填写检修记录。

13.2.4.2　检修方法

（1）检修前应准备好拆卸工具及吊装工具。

（2）拆卸机件时，不得硬敲、硬打，敲打时应垫木块或软金属物。

（3）拆卸下的零部件按拆卸顺序摆放整齐，不得磕碰划伤，同时要妥善保管好各零部件。

（4）金属零部件可用超声波清洗机或丙酮、石油溶剂进行清洗。

（5）轴封、“O”型圈等橡胶件，必须用酒精清洗，不得用丙酮、石油溶剂清洗。

（6）零部件的装配，按拆卸的相反顺序进行装配。

（7）装配过程中，零部件结合表面、摩擦表面应涂上稀薄的真空泵油，连接螺栓松紧要均匀。

13.2.4.3　试车

（1）手动盘车，应无摩擦、卡死、皮带松紧适宜。

（2）启动泵后，应立即检查泵有无摩擦、振动及异常声音。如发现有异常声音或严重震动时，应立即停车处理。

（3）连接真空测试仪表，测试前级泵的抽空深度应无明显波动，深度值逐渐上升或稳定。在不带负载的情况下泵组的抽空压强小于 1 Pa。

13.2.4.4　常见故障，见表 13-9

表 13-9　常见故障的判断及处理方法

故障现象	故障原因	处理方法
插上电源插头有报警声	冷却水不通	接通冷却水
	水压不足	保证水压不小于 0.2 MPa
机械泵不转	电机插头接触不良	检查处理
	机械泵反转	更换电源相序
	保险丝烧坏	更换保险
前级泵进口压强高于 2 Pa	前级管线漏气；系统漏气	消除漏点
	规管电流没调好	调整规管电流
	泵油脏	换油
分子泵微机报警	被抽系统压力过高	将被抽系统预抽到 5 Pa
	微机失控	由专业人员检修

13.2.5　罗茨泵组的检查维护及故障检修

13.2.5.1　罗茨泵组的检修

（1）一般检查

1）泵组的前极泵按规程进行检修。

2）检查罗茨泵齿轮箱油位，油质是否正常。

3）检查泵组电机温度、泵温度是否正常。

4）检查罗茨泵轴封处是否漏油。

5）检查罗茨泵的转速及声音是否正常。

6）检查电磁牵引阀动作是否灵活，必要时进行检修。

7）检查前级泵、罗茨泵油窗是否清洁、密封，必要时进行更换。

8）检查泵组排油口及密封处是否漏油，必要时进行处理。

9）检查泵组轮子并更换已磨损的轮子。

（2）解体检查

1）前级泵的检查按相应泵的检查方法进行。

2）清洗罗茨泵内腔及管道。

3）罗茨泵间隙见设备说明书的规定。检查罗茨泵转子对转子、固定端、膨胀端的间隙是否符合技术要求，具体数据见表 13-10。

表 13-10 间隙表（单位：mm）

型号	转子对泵体	转子与转子	固定端	膨胀端
ZJ-30	0.075～0.10	0.14～0.22	0.05～0.07	0.13～0.15
ZJ-70	0.075～0.10	0.14～0.22	0.05～0.07	0.15～0.18
ZJ-150A	0.12～0.14	0.14～0.22	0.09～0.11	0.15～0.18
ZJ-300	0.19～0.22	0.24～0.32	0.12～0.15	0.24～0.28
ZJ-600	0.19～0.22	0.24～0.32	0.12～0.15	0.24～0.28
ZJ-1200A	0.20～0.25	0.60～0.70	0.17～0.20	0.35～0.38

4）检查电磁牵引阀密封性是否完好，必要时进行找漏或更换。

5）对泵组的电气部分进行检查。

6）检修并更换泵壳上损坏的螺栓、螺母、衬垫等。

7）组装泵组并检测抽空能力。

13.2.5.2 罗茨泵组检修合格标准

1）转子表面无麻点、划伤和污物。磨损零部件应更换。

2）“○”型橡胶密封圈表面应光滑、平整，挤压时无裂纹、断裂等老化现象。

3）泵的外壳应完好无裂纹。

4）泵的运转方向检查：将手置于泵进起口上，接通电源，泵开始运转，如手感有吸力，则泵运转方向正确。否则，应调整电源接线，使泵运转方向正确。

5）泵组抽空压强小于 1 Pa。

13.2.5.3 罗茨泵组检修后的试车

1）试车前，检查各部件连接螺栓是否齐全、紧固。

2）启动泵后，应立即检查有无摩擦、振动及异常声音。如发现异常声音与严重振动时，应立即停车处理。

3）在正常运转情况下，泵的最高温升不得超过 40 ℃。

4）测试泵组抽空深度，测试过程中抽空深度应无明显波动，深度值是逐渐上升或稳定。连续抽空 1 小时压力小于 0.1 Pa。

13.2.5.4　罗茨泵组常见故障及处理

罗茨泵组常见故障的判断及处理方法见表 13-11。

表 13-11　常见故障的判断及处理方法

故障现象	原因	处理方法
极限压力不高	管道系统漏气	系统检漏
	泵密封部分漏气	对泵检漏
	前级泵极限压力下降	修理或更换前级泵
	润滑油太脏或油牌号不对	更换润滑油
	油封磨损	更换油封
抽速不足	管道通导能力不够	增大管道通导能力
	前级泵抽速下降	修理或更换前级泵
电机过载	入口压力过高	调整、控制入口压力
	转子端面与端盖面接触	调整转子端面间隙
	前级泵返油进入罗茨泵腔	安装防返油装置
泵过热	选择前级泵抽速不够，造成压缩比过大	重新选用前级泵
	入口压力过高	调整、控制入口压力
	齿轮箱润滑油过高	调整油量
	转子与泵壳接触	调整间隙
	齿轮、轴承、油封润滑不良	保证油量适当，润滑良好
声音异常	装配不良	重装
	导向齿轮与转子位置偏移，使转子相碰	调整位置，保证间隙
	入口压力过高	调整、控制入口压力
	过载或润滑不良造成对齿轮的磨损	调整齿轮
	轴承磨损	更换轴承
轴承、齿轮早期磨损严重	润滑不良	更换润滑油
	润滑油不足	补充润滑油

13.3　补压机的检修

13.3.1　补压机的检查维护及一般故障处理

补压机在运行过程中一般的机械故障有：轴承发热、轴承有异常噪音、加油器有缺陷、输油管有漏等，现将这些故障原因及处理方法分别介绍如下：

13.3.1.1 补压机轴承发热

（1）发热原因

1）冷却水管堵塞，使运行机器轴承处热量没及时被冷却水带走。

2）轴承保持架间积累的分解物（粉末）过多，阻力增大，造成轴承发热。

3）轴承内外圈与滚珠间缺少润滑油，造成轴承内外圈与滚珠间产生干摩擦，从而发热。

4）机器承载的负荷偏大，功率增加而使轴承发热。

（2）处理方法

1）手摸冷却水管，感觉温度有差异之处，即为水管堵塞点，排除空气塞或清除堵塞物，恢复冷却系统中的水循环。

2）对发热机器的前后轴承注润滑油，稀释或冲走粉末，如果经多次注油都不奏效，而且温度有继续升高的趋势，则应更换补压机。

3）对缺油补压机加注润滑油，改善润滑条件，使机器正常运行。

4）调整运行工况，减小补压机承载负荷，改善运行条件。

13.3.1.2 补压机轴承运行时异常噪音

（1）异常噪音的现象

补压机正常运行时，发出的声音很有规律，不刺耳。如果发出的声音刺耳且有撞击声、磨齿声、振鸣声等现象，则属异常噪音。

（2）处理方法

如果出现上述异常噪音，则必须向这些补压机轴承组件注润滑油直到噪音偏差消失为止，但注油量应不大于油槽的一个容量。

13.3.1.3 加油器缺陷

加油器的缺陷一般是：加油器油杯渗油、闭锁阀打不开或关不紧、输油管处渗漏等。

（1）加油器油杯渗油

渗油原因是油杯破裂、密封垫损坏。现场无法处理，必须更换加油器，更换加油器时不必破空补压机，只要关闭与输油管相连接处的小闭锁阀，并遵守如下规定。

1）外观检查确认备用加油器符合要求。

2）在补压机的输油管处放干冰，大约占油管长度的 1/4。

3）打开大、小闭锁阀，过 4～5 分钟后注不少于 3 份的润滑油，直到油管中形成油封（旋转活塞螺栓时手感阻力有所增大）。

4）关闭大、小闭锁阀，用扳手拆下加油器与小闭锁阀的连接螺栓，拆下故障加油器。

5）将备用的新加油器与补压机上原加油器的小闭锁阀连接。

6）检漏合格后办理交接手续。

（2）闭锁阀打不开或关不紧

其原因是闭锁阀的丝扣损坏，处理方法：

1）如果是大闭锁阀损坏，小闭锁阀完好，只需要关闭与输油管相连接处的小闭锁阀，并更换加油器。

2）如果是小闭锁阀损坏，则必须从工艺系统上断开补压机，抽空工作气体，用液氮蒸汽或干燥氮气对补压机破空，更换整个加油器。

（3）输油管处渗漏

渗漏的原因是密封垫可能损坏、输油管裂缝，其处理方法：

1）用扳手拧紧输油管两端腰子法兰处螺栓上的螺母，消除漏点。

2）如果上述方法不奏效，则应关闭加油器大、小闭锁阀，从工艺系统上断开补压机，用液氮蒸汽或干燥氮气对补压机破空。

3）拆下输油管。

4）检查新输油管两端衬垫合格后，安装新输油管，拧紧油管两端腰子法兰处螺栓上的螺母。

5）检查油管连接部位的密封性。

6）打开大、小闭锁阀，按规定向轴承组件注润滑油，关闭大、小闭锁阀。

13.3.2　加油器的更换

加油器的检修周期一般为 7 年，由于其检修周期长，一般采用故障检修方式，待拆下来的故障加油器积累到一定数量时，才批量检修这批加油器。

13.3.2.1　拆卸步骤及要求

（1）用专用扳手转动活塞螺杆，压净油杯内的剩油，剩油放入专用容器。

（2）拆下大闭锁阀与小闭锁阀连接螺钉，断开大小闭锁阀。

（3）拆下大闭锁阀与壳体连接螺钉，断开闭锁阀与壳体。

（4）用木舌板刮下活塞和油杯表面上的残油，注意不要损伤活塞和油杯表面，残油放入专用容器。

（5）拆开大、小闭锁阀装配件。

（6）拆开壳体装配件。

（7）未沾污、干净的连接螺栓用酒精擦洗后放入专用磁盘。

（8）废旧衬垫、皮碗放入专用废物桶内。

13.3.2.2　零部件的清洗和烘干

（1）用 F-113 溶液对接触过补压机油的零部件进行擦洗除油。

（2）将上述零部件放入含 2%的双氧水、5%的碳酸胺、93%的清水配成的溶液中，用压缩空气搅拌溶液清洗 30 分钟。

（3）用清水冲洗零部件。

（4）用压缩空气吹干零部件。

（5）然后将零部件放入酒精里清洗干净。

（6）将零部件沿烘箱铁丝网架四周放置烘干（橡胶衬垫除外），温度为 100 ℃，恒温 30 分钟。

13.3.2.3　零部件的检查及更换

对所有零部件进行检查：应无机械损伤、油渍，缺陷较大而又无法修复的零件，必须更换。

13.3.2.4　加油器装配步骤及技术要求

（1）装配加油器的操作步骤

1）将阀针与阀盖组装在大、小闭锁阀及阀体上。

注意安放在阀针上用来压橡胶衬垫的垫圈的方向（圆弧的一面朝橡胶衬垫），阀针头部涂少许润滑油，调整阀针的开度，当阀针关闭时，阀针顶部与调整螺钉间距为1毫米。

2）小闭锁阀装配合格后，单独找漏。

3）连接大、小闭锁阀。

4）将活塞用蘸酒精的绸布擦干净，并沿活塞周边涂特殊润滑油，套上密封皮碗后，再安装压紧环和压紧盖，用螺钉紧固压紧盖与活塞。

5）在活塞螺杆上涂少许润滑油，将垫圈、壳体依次套入螺杆后，再将装备好的活塞装入壳体，并将壳体上的导向槽对准活塞压紧盖的螺钉孔，然后装上导向螺钉，旋入活塞螺杆，将活塞拉到底，检查活塞螺杆转动是否灵活。

6）在壳体底部安装顶盖和弹簧钩，用螺钉紧固顶盖和壳体。

7）在大闭锁阀上安装衬垫和油杯，再与带活塞的壳体连接。注意油杯的刻度线应对准观察孔并与闭锁阀阀针轴线垂直，刻度数字不得装倒。

8）小闭锁阀、导向螺钉与油杯刻度线应安装在同一侧面。

9）对装备好的加油器进行找漏，此时两个闭锁阀应全开，漏率应≤5×10^{-6} Pa·L/s。

（2）装配加油器的技术要求

装配加油器的技术要求详见表13-12。

表13-12 装配加油器的技术要求

序号	名称	技术要求
1	阀盖与壳体间隙	不均度≯0.05
2	大、小闭锁阀阀针	开关灵活，开度：270°～360°
3	大、小闭锁阀小法兰的配合间隙	不均度≯0.05
4	大闭锁阀与壳体间隙	不均度≯0.05
5	小闭锁阀、导向螺钉与油杯刻度线	应在同一侧面
6	内腔零部件	无可见斑点、杂质等
7	活塞螺杆与活塞	转动、推移灵活顺畅，手感无阻滞
8	小闭锁阀装配后真空检查	漏率≤5×10^{-6} Pa·L/s
9	加油器装配后真空检查	漏率≤5×10^{-6} Pa·L/s
10	装配时所有螺纹表面及配合表面	应涂特殊润滑油

13.4 调节器的检修

13.4.1 压空调节器的检修维护

压空调节器一般在运行期内一年进行一次检修，运行中出现故障，在不拆卸调节器的情况下只进行临时处理。如故障未排除，根据具体情况进行检修。

（1）检修内容

1）外观检查。检查压空调节器的两个调节螺钉，铅封的完整性以及紧固螺钉的完好性。

2）除去调节器头部内各零部件上的锈和灰尘。

3）检查并更换已损坏的零部件。

4）给针轴的摩擦表面和它的支承，杠杆的支承和支承螺钉涂润滑油。

5）检查安全阀的工作状态。

（2）检修方法及主要步骤

1）准备好检修时所需的工具及工作平台。

2）确定调节器出、入口截止阀的完好性。如阀门出现故障，应首先排除阀门的故障后，方可进行调节器的检修工作。

3）在调节器完全脱离工作状态、并获准检修后，应检查调节器的两个调节螺钉铅封的完整性以及紧固螺钉的完好性。

4）拆下排气阀上的堵头，打开排气阀，排掉储气罐内的气体。

5）拆下调节器头部与储气罐的连接螺栓，取下调节器头部放在检修平台上（弹簧箱装配件可不用拆出）。

6）清除调节器头部内各零部件表面上的锈迹和灰尘。

7）检查每一个零件，确定它的可用性，必要时可更换、调整。应注意锥形阀门的支承和针轴的支承螺钉不应有缝隙、裂缝。

① 两个闭锁弹簧不应有永久变形。

② 支承螺钉不应松动。在松动情况下可调整锁紧螺母予以拉紧。

③ 杠杆与桥架插片不应有摩擦，其之间的间隙每面都不小于 1 mm。

④ 针轴的轴向间隙应为 0.1～0.2 mm。如间隙过大或过小时，可调整支承螺钉，但调整不得大于半转。

⑤ 制动块应压紧，不得松动，压紧后的弹簧长度应等于 16.5 mm。

8）给各零件的摩擦表面、轴窝、支承涂润滑油。

9）更换已损坏的密封件。

10）装配调节器头部，均匀拧紧与储气罐的连接螺钉。

11）关闭排气阀并装上堵头进行密封检查。给调节器送压力为 0.3 MPa 的空气，保持 5 分钟，空气压力应无变化。

12）检查安全阀的工作状态。

13）对调节螺钉进行铅封。

（3）试车

1）试车前检查各连接螺栓是否齐全紧固，排气阀应关闭。

2）试车应以工艺人员为主，检修人员做好配合工作。

3）移交运行人员进行试车运行。运行 30 分钟后无异常可正式移交。如发现异常应立即停车处理。

（4）压空调节器一般故障检修

压空调节器一般故障检修如表 13-13 所示。

表 13-13 压空调节器一般故障判断及处理方法

故障现象	产生原因	处理方法
调节器 有漏气声	进、出口截至阀阀杆处漏气	修理密封装置
		更换
	排气阀漏气	更换
	调节器头部与储气罐间的连接出漏气	均匀拧紧连接螺栓
		更换密封圈
	调节器的入口处漏气	均匀拧紧连接螺栓
		更换密封圈
安全 阀漏气	弹簧作用力过小	调整调节螺钉
		更换弹簧
	安全阀阀座与滚珠间不密封	检修或更换
调节器出口压力过高或过低	压缩空气系统外回路压力过高或过低	调整外回路压力，使其达到要求值
	调节器主工作弹簧的作用力过大或过小	调整调节螺钉
安全阀动作时的空气压力值不符合工艺要求	安全阀主工作弹簧的作用力过大或过小	调整调节螺钉
调节器失去了调节作用	压缩空气系统外回路压力过高或过低	调整外回路压力，使其达到要求值
	弹簧箱装配件损坏	更换弹簧箱
调节器运行不稳	针轴的轴向间隙偏大	进行调整
	制动块松动	压紧制动块

13.4.2 压力/流量调节器的检修维护

为了确保级联压力/流量调节器的正常工作，必须定期对调节器进行维护。每运行 2 000 小时后应进行以下维护工作：

（1）调节器的维护操作必须在工艺运行人员的监护下进行，工艺系统上的操作应由工艺运行人员完成。

（2）检修人员确认待维护调节器的编号与维修卡上设备的编号是否一致。

（3）检修人员确认待维护的调节器已脱离工作，且压缩空气阀门已关闭后，方可进行工作。

（4）工作前应检查调节器的外壳有无损伤、铅封是否完好。

（5）打开调节器的外壳，对所有零部件进行外观检查。主要检查射流管与压缩空气管的固定情况、顶针的位置是否正确，杠杆、波纹管、橡胶保护罩的完好状况。

（6）用刷子将调节器机械外部表面的灰尘和赃物清扫干净。

（7）拆下压缩空气管、节流孔板及小球，将节流孔板、小球放置在干净的白布上。

（8）用干净白布检查压缩空气铜管的出气口，并用压缩空气进行吹洗，直至白布上没有油渍和其他脏物的痕迹为止。

（9）用蘸酒精的白布盖住伺服机构顶部的射流管的孔，从伺服机构底部的压缩空气进气孔处用压缩空气对伺服机构内腔进行吹洗，直至白布上没有油渍和其他脏物的痕迹为止。

（10）用酒精清洗节流孔板、小球，并用专用工具检查孔板的小孔是否符合规格及通畅。

（11）将节流孔板、压缩空气管及小球装回原位。

（12）清洗调节器内部的灰尘及污渍。

（13）对蜗轮、蜗杆及凸轮的摩擦表面、差动杠杆、Π形杠杆和顶针的支承面、弹簧的支承面等支点加注润滑油。

（14）在进行上述维护工作时，每一年检查一次远程传动装置的试转情况：

1）电线端头焊接状况和微动开关的固定状况；

2）不转动电机的轴，轮流闭合微动开关的接触头，微动开关反馈信号应准确无误；

3）电机运转应正常无阻滞（4 r/min），蜗轮、蜗杆及凸轮转动应无阻滞；

4）对各传动副及摩擦副加注润滑油。

（15）维护工作结束后，通知运行人员进行试转检查，合格后，装好调节器外壳并铅封。

（16）在维护的过程中注意不要轻易松动主杠杆两端的调节螺钉及伺服机构底部的定位螺钉。

压力/流量调节器常见故障及其处理方法见表13-14。

表13-14　压力/流量调节器常见故障及其处理方法

故障现象	原因分析	处理方法
调节器不在自动工况下工作： 在流量调节器上，调节器前压力持续上升，调节器后压力下降。（流量孔板前）	司服机构的射流管排气孔堵塞，小滚球被卡住。	把工作转到旁通阀，将调节器旁联； 取下调节器盖，用浸了石油溶剂的白布擦干净射流管排气孔和小滚球； 检查小球与差动杆之间间隙应在 0.3～0.6 mm。
流量调节器后压力不能保持稳定，调节器前压力变化时，流量孔板前压力剧烈变化。	调节器零位线管上有漏； 调节器零位线中压力高； Π形杠杆处波纹管破裂或波纹管保险套断裂。	把工作转到旁通阀，将调节器旁联； 取下调节器盖，查明原因：更换零位线管或波纹管装配件，或更换保险套。
在压力调节器上，调节器前压力持续上升。	司服机构波纹管破裂； 压缩空气中断； 差动杠杆从其支承上脱落。	把工作转到旁通阀，将调节器旁联； 取下调节器盖，查明原因并消除故障，必要时更换司服机构或调节器。
作用到远程调整机构时，调节器压力既不升高也不降低，这时远程调整机构的凸轮不旋转	从控制台上没供电； 保险器烧坏； 电线断裂； 电机故障； 电容器被击穿。	查明原因，把电供到调节器上； 更换保险器； 消除或更换断线； 更换电机； 更换电容器。
调节器的旁通阀不能打开，这时： 接通电机时，凸轮不旋转； 检查故障表明，保险器和电机正常，电线没断、减速器电机上有供电。	电容器被击坏。	更换电容器。
调节器远程机构不能保证最大和最小压力，这时调节器阀门终端信号等亮。	调节器前的压力没在规定的范围内； 远程调整弹簧张力发生变化。	把压力恢复到规定的压力范围； 调整远程调整弹簧张力； 更换调节器。

13.4.3 调节器的静态特性试验

调节器静特性试验使用的试验装置见图 13-1。

试验装置主要由三个缓冲容器（工作罐、零位罐和压空罐）、真空泵、OM 表、真空计、压力表、空压机、减压阀、DN10 和 DN3 真空阀及各种连接管线组成。

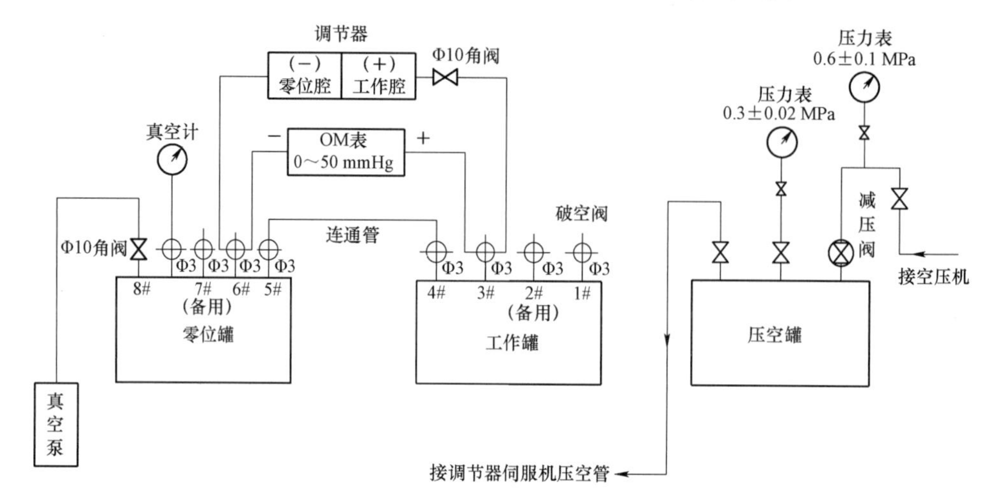

图 13-1 调节器静特性试验装置示意图

13.4.3.1 试验前的准备工作

（1）按图 13-1“调节器静特性试验装置示意图”所示准备好试验台架，并对其进行真空试验，测量四小时，漏率应不大于 0.133 Pa/h。

（2）将待试调节器与试验台架连接，在所有真空阀门都关闭的情况下，启动真空泵，打开 8#阀，然后逐步打开 4#、5#连通阀及 3#、6#阀门，使调节器及 OM 表的工作腔与零位腔连通，对整个试验台架再进行找漏；测量其真空度应不低于 6.65 Pa（50 μmHg）。

（3）接通压空罐与调节器伺服机间的管线，检查伺服机构压空管孔板前的压缩空气压力，应为（0.3±0.02）MPa；检查孔板直径，应为：ϕ1.2 mm。

（4）将装置上所有真空阀门关闭。

（5）连接操纵机构的可逆电机电源。

13.4.3.2 试验项目

按图 13-2“*P-H* 曲线图”所示的 *P-H* 座标测试绘制 1、2、3 曲线。

（1）当调节器操纵机构的凸轮转到最低位置时（信号灯亮），测绘曲线 1。

（2）当调节器操纵机构的凸轮转到中间位置时，测绘曲线 2。

（3）当调节器操纵机构的凸轮转到最高位置时（信号灯亮），测绘曲线 3。

13.4.3.3 试验方法

（1）按图 13-1“静特性试验装置”所示，关闭 1#破空阀，启动真空泵，打开 8#抽空阀，然后依次逐步打开 4#、5#连通阀及 3#阀和 6#阀，对试验台架进行抽空，用真空计检测其真空度应不低于 6.65 Pa（50 μmHg）；然后关闭 8#抽空阀及 4#、5#连通阀；操作 1#破空阀，按调节器工作腔压力的增减进行特性试验。

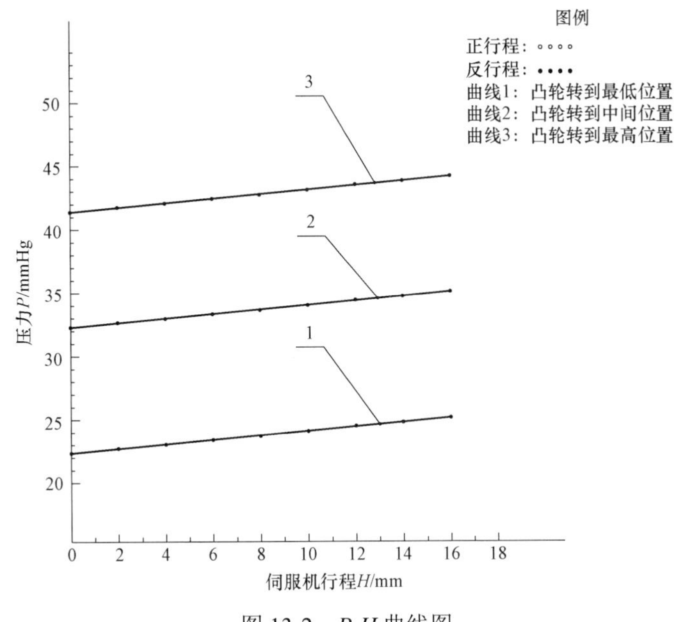

图 13-2　*P-H* 曲线图

注：1）抽空点一般应放在靠近调节器的零位腔这边，以利于保持零位腔的压力。

2）调节器工作腔压力 *P* 值与伺服机构行程 *H* 值，取决于调节器的规格、型号。

（2）测绘曲线 1 的正行程：（当调节器操纵机构凸轮转到最低位置时，信号灯亮）。

1）零位腔压力应保持不变（在 50～100 μmHg 范围内），此时 3#、4#、5#阀处关闭状态，6#阀处打开状态；

2）在 4#、5#、6#阀处关闭状态，3#阀处打开状态下，稍稍打开 1#破空阀（破空口包二层细白布），对调节器工作腔充气，当司服机构行程 H=0、2、4、6、8、10、12、14、16 mm 时，即ΔH=2 mm，分别关闭一次 1#破空阀，再并分别检测 OM 表相对应的压力 *P* 值（mmHg）；

3）按图 13-2“*P-H* 曲线图”所示，在 *P-H* 座标图上分别绘出各自相对应的点，然后将各对应点用光滑曲线连接，即得到曲线 1 的正行程。

（3）绘制曲线 1 的反行程：

1）保持调节器零位腔压力在（50～100 μmHg）范围内，关闭 1#破空阀及 6#阀，打开 3#、4#、5#阀；

2）启动真空泵，缓缓打开 8#抽空阀，对调节器的工作腔进行抽空，当司服机构行程 H=16、14、12、10、8、6、4、2、0 mm 时，即$|\Delta H|$=2 mm，分别关闭一次 8# 抽空阀，再并分别检测 OM 表相对应的压力 *P* 值，在 *P-H* 座标图上分别绘出各自相对应的点，然后将各对应点用线型绘出，即为曲线 1 的反行程（正、反行程应基本吻合）。

（4）将调节器操纵机构凸轮转到中间位置，用（2）（3）中测绘曲线 1 的方法测绘曲线 2；

（5）将调节器操纵机构凸轮转到最高位置（信号灯亮），用（2）（3）中测绘曲线 1 的方法测绘曲线 3；

上述所测得的 1、2、3 条线条是三条曲线的直线部分，这是对静特性试验有用的部分，当 H=18 以后，与 H 相对应的 P 值将会迅速增长，不再成线性关系，而是成弧形的曲线。

（6）试验完毕，将调节器各管线恢复原状，且零位腔与工作腔必须连通，对所试调节器充氮（0.05～0.1 MPa）或真空封存。

（7）对所绘制的 P-H 曲线 1、2、3 进行评判，作出所检测的调节器是否合格的结论。评判标准如下：

1）所绘制的 P-H 曲线应光滑平整，其正反行程应基本吻合：即当ΔH=2 mm 时，同一点的正反行程压力 P 值之差应不大于 0.3 mmHg（5 mm 油柱）；

2）各曲线与行程 H 相对应的压力 P 值应在静特性曲线压力范围内；

3）试验过程中无影响绘制 P-H 曲线的异常现象。

图 13-3 是将图 13-2 中的 P 值为毫米汞柱（mmHg）换算成毫米油柱（mm 油柱）后。所绘制的 P-H 曲线图。

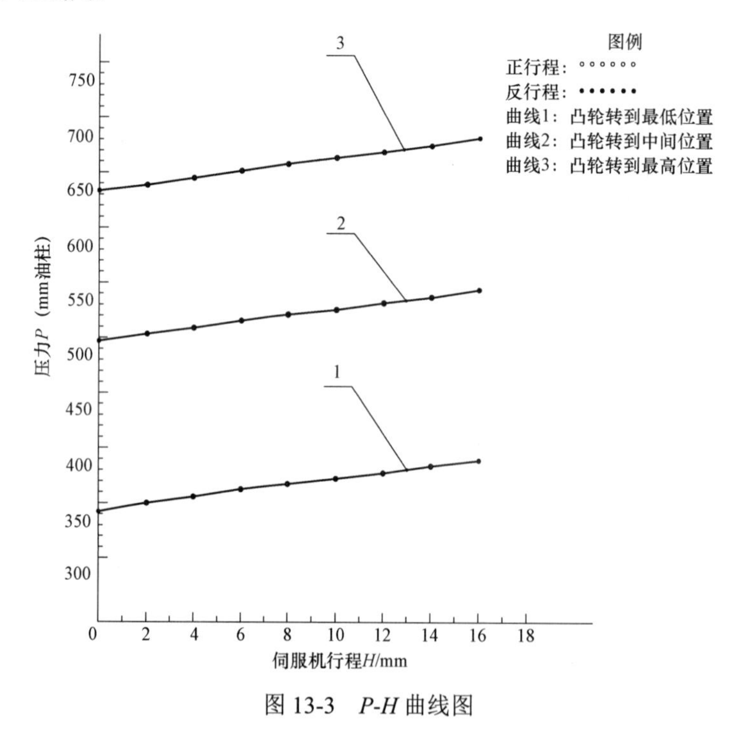

图 13-3　P-H 曲线图

13.5　液氮容器的检修

13.5.1　液氮容器故障检修

CYDZ-100 型 100 升液氮容器技术性能见表 13-15。

表 13-15　CYDZ-100 型液氮容器技术性能

容器几何容积	110 升
容器有效容积	100 升
液氮静态日蒸发量	≤1.2%
标准工作压力	0.05 MPa
最高工作压力	0.09 MPa
一次安全阀整定压力	0.09 MPa
二次安全阀整定压力	0.13 MPa

13.5.1.1　一般检查

（1）检查各阀门、压力表和入口螺栓是否完好，必要时检修或更换。

（2）检查轮子并更换已磨损的轮子。

（3）检查输液阀和升压阀使用情况，必要时进行更换。

（4）检查容器外部连接处是否有结霜，并消除存在的漏点。

13.5.1.2　解体检修

（1）解体液氮容器：

拧下螺塞→拆下升压阀外接管→拆下分配头→将外上封头与法兰的连接切割开→锯下法兰→锯下颈管→切割开外下封头→取出下支撑→锯下升压管→取出内筒。

（2）检查或更换已损坏的零部件。

（3）容器的组装。

（4）对容器内筒及增压管进行检漏。

（5）将颈管的一端与内筒焊接，另一端与法兰焊接。

（6）对颈管处的两条焊缝及容器内筒进行找漏。

（7）将容器内腔用中性洗涤剂清洗后，再用干燥空气吹干内腔，也可自然干燥。

（8）将干燥剂 Al_2O_3 放入真空干燥箱内加热至 120～180 ℃，保温 4 小时。装入一用薄铝皮做成的袋子中。再将此袋子放在内筒的上部。

（9）内筒缠绕多层绝热层。

（10）内筒真空干燥。将内筒放在真空干燥向内保温，温度控制在 90 ℃左右，保温时间 20 小时。

（11）将内筒装入外筒中，焊接增压管。

（12）装好下支撑。

（13）将外筒体与外上封头对正、合好。

（14）焊接外筒体与外上封头。

（15）将外上封头与法兰焊接。对增压管及上封头法兰检漏；焊接外筒体与下封头，并检漏。

（16）装上分配头。

（17）装上升压阀外接管。

（18）焊接真空抽气阀座，安装抽空阀。

（19）更换磨损的轮子。

（20）容器组装后真空试验。

（21）对容器上的焊缝及各连接处进行找漏，漏率＜1×10^{-8} Pa·L/s。若有漏及时消除。

（22）容器组装好后，进行真空干燥。真空干燥的温度控制在 80 ℃，对夹层连续抽空，抽至 1×10^{-3} Pa，保持 24 小时，真空度应不低于 1×10^{-2} Pa。

13.5.1.3 检修合格标准

（1）容器上的焊缝及连接处找漏，漏率不大于 1×10^{-8} Pa·L/s。

（2）容器真空干燥后的最终压力：连续抽空 1×10^{-3} Pa，保持 24 小时，真空度应不低于 1×10^{-2} Pa。

（3）检修后的容器充液、输液顺利。

（4）容器的日蒸发量应小于或等于 1.2%。

（5）容器自增压标准：当容器内液氮储量约 100 升时，升压至 0.05 MPa 所需时间约半分钟；容器内液氮为有效容器的 3/4 时，升压至 0.05 MPa 所需时间约 1 分钟；随着液氮的减少，升压至 0.05 MPa 所需时间约 6 分钟。

（6）安全阀达到整定压力后可自动开启。

13.5.1.4 常见故障见表 13-16

表 13-16 常见故障的判断及处理方法

故障现象	产生原因	处理方法
螺塞和阀座上的螺纹损坏	螺塞的螺纹损坏	进行处理
	螺塞损坏	更换螺塞
颈管变形或断裂	由于运输中剧烈碰撞或冲击造成	更换颈管
脚轮与外壳连接处漏	频繁使用和移动	消除漏点
	受冲击或碰撞	
容器上阀门连接漏	阀门的阀杆与阀体连接部位漏气或密封材料损坏	更换连接部位的聚四氟密封垫
下支撑断裂	由于运输中剧烈碰撞或冲击造成	更换下支撑
升压管有漏	由于运输中剧烈碰撞或冲击造成	消除漏点
真空抽气嘴无法使用	没有与此抽气嘴相连的抽空装置	重新安装
轮子磨损	地面不平	更换轮子
	长期使用、频繁移动	
容器上阀门手柄损坏	使用时手柄旋的太紧太猛	更换手柄
压力表表蒙破碎或压力表无指示	压力表受到冲击或碰撞	检修或更换压力表
	压力表指针损坏	

13.5.2 液氮蒸发器故障检修

液氮蒸发器同液氮容器的检修方法类似，其常见故障原因分析及处理方法见表 13-17。

表 13-17　液氮蒸发器常见故障原因分析及处理方法

故障现象	原因	处理方法
内筒压力异常升高	压力表失灵，指示不准。	压力表校验；更换压力表。
	增压阀未关紧。	关闭增压阀。
	增压调节阀失灵。	检查及修理调节阀；将此阀调至要求范围。
	绝热层真空度恶化。	抽真空。
内筒压力低	压力表失灵，指示不准。	压力表校验；更换压力表。
	增压阀未启动。	开启增压阀。
	排液量过多，增压能力不足。	减少使用量。
	增压调节阀失灵。	检查及修理调节阀。
	容器中液量不足。	补充液体。
安全阀起跳压力不准	安全阀调节不正确。	拆下安全阀，重新调整起跳压力。
外筒防爆装置动作	内筒或内管路泄漏至夹层。	停止使用，排除液体。
液面计指示不灵	浮动杆卡死。	拆下修复。
手动阀门泄漏	手轮处泄漏。	拧紧密封压紧螺母。
	阀门座处泄漏。	拆下检查及修理。

13.6　冷风箱检修

13.6.1　冷风箱定期保养维护规定

冷风箱定期点检周期为 3 个月。按照点检周期及点检内容对设备进行性能检查，并对点检过程中发现的问题及时进行处理并做好记录，点检内容见表 13-18。

表 13-18　冷风箱定期点检项目表

序号	项目	部位	方法	标准
1	查看记录	运行记录	查阅	符合记录规定
2	环境温度	厂房	温度计	实际数值
3	压缩机情况	压缩机	耳听、手摸	无异常
4	电磁阀情况	电磁阀	目视、耳听	工作正常
5	系统泄漏情况	管道、阀门	目视	无渗油现象
6	蒸发压力		目视、测量	0.25～0.55 MPa
7	冷凝压力		目视、测量	1.2～1.8 MPa
8	冷却水压	压力表	目视	0.1～0.50 MPa
9	风扇运行	风扇	耳听、目视	无异常
10	箱体密封	箱体	目视，手摸	无结露现象
11	检查空开	空开	目视	空开接线无明显发热现象

续表

序号	项目	部位	方法	标准
12	检查接线端子	接线端子	目视	接线端子无松动，脱落现象
13	检查接触器	接触器	耳听	接触器无异常声音，接线无松动
14	检查继电器	继电器	目视 耳听	继电器无异常声音，线圈无烧坏现象

13.6.2 冷风箱的一般故障处理

13.6.2.1 系统压力试验

（1）空调系统正压试验：用干燥氮气对系统进行压力试验，试验压力 1.8 MPa，24 小时在环境温度变化不明显的情况下，目测压力表无变化。在环境温度变化的情况下，用下列公式进行检查。

$$P = P_1 \frac{273.15 + t_2}{273.15 + t_1}$$

式中：P_1、P_2——分别为试验开始、结束时的压力，MPa；

t_1、t_2——分别为试验开始、结束时的温度，℃。

（2）空调系统真空试验：系统抽真空试验应在气密性试验合格后进行，试验时应将系统内绝对压力抽至 0.066 5 kPa，保压 24 小时，压力上升不大于 0.022 6 kPa。

13.6.2.2 制冷剂充注

按照设备名牌上标注的量进行加注制冷剂，充注过程中压力、压缩机电流不超过额定值。

13.6.2.3 调试要求

（1）压力、压缩机电流、温度不超过额定值；

（2）系统接口部位无漏油现象；

（3）压缩机运行声音正常；

（4）电气原件及系统工作正常。

13.6.2.4 冷风箱的常见故障及处理方法，见表 13-19

表 13-19 常见故障及处理方法

故障现象	原因分析	处理方法
仪表无数字显示	未插上电源插头	插上电源插头
	电源仪表插座无电或缺相	检查插座
	仪表供电端子接线脱落	检查连线并重新固定
	仪表故障	检修仪表
按动运行设备不能运行	电源缺相	检查供电电源
	报警	检查报警原因并排除

续表

故障现象	原因分析	处理方法
仪表显示不正常	连线松动	检查接线
	铂电阻损坏	更换铂电阻
	电源干扰大	排除干扰，使用稳定电源
	仪表故障	检修仪表
不加热	超温保护动作，此时蜂鸣器鸣响	重新设置超温报警动作温度值
	设定温度低于实际测量温度	重新设置温度
	固态继电器损坏	更换固态继电器
	加热器损坏	更换加热器
	铂电阻开路	检查铂电阻及其接线
	仪表故障	检修仪表
机壳带电	保护接地不良 其他负载线路脱落 加热器绝缘性能不良	结好保护接地线 检查线路 检查或更换加热器
不除霜	超温保护动作	重新设置
	设定温度低于实际测量值	重新设置
	固态继电器损坏	更换固态继电器
	加热器损坏	更换加热器损坏
	铂电阻开路	检查铂电阻及线路
	仪表故障	检修仪表
超温保护	设定值过高	重新设置
	固态继电器损坏	更换固态继电器
	铂电阻短路	检查铂电阻及线路
	仪表故障	检修仪表
不制冷	压缩机未启动	仪表设置问题；压缩机损坏；
	系统泄漏	对系统找漏，消漏、加注工质。
		电磁阀故障，检修或更换。
制冷效果差	系统泄漏	对系统找漏，消漏、加注工质。
	冷凝效果差	检查冷却水，必要时清洗冷凝器。
超压报警	冷凝效果差	检查冷却水，必要时清洗冷凝器。
	电磁阀故障	检修或更换
	系统堵塞	查找原因并处理
过载报警	热继电器损坏	检查更换
	电源缺项	检查电源并处理
	压缩机损坏	更换压缩机

13.7 加热箱的检修

13.7.1 加热箱的检查维护及常见故障处理

13.7.1.1 加热箱机械部分检查维护

（1）检查加热箱各部件是否紧固牢靠，有无松动及变形，必要时进行紧固或调整。

（2）检查加热箱大门开关是否灵活，必要时进行调整。

（3）检查加热箱大门密封情况，必要时进行填料粘贴或更换。

（4）检查箱内各阀门开关是否灵活到位，必要时进行检修。

13.7.1.2 加热箱制热部分检查维护

（1）检查加热箱风道内加热器工作情况。

（2）检查箱内风机

1）风机工作情况应满足装置使用要求。

2）风机应无机械损伤，机座端盖等表面完好，转轴等无弯曲变形。

3）风叶等部件完好。

4）风机转动灵活，运行中无异常声音。

5）风机电机外观清洁，旋转方向正确。

（3）加热箱仪表显示部分

1）检查加热箱各仪表线路连接是否完好，必要时进行试验、紧固。

2）检查加热箱各仪表显示是否正常，必要时进行检修或更换。

13.7.2 加热箱的常见故障处理

加热箱常见故障及处理方法，见表 13-20。

表 13-20 加热箱常见故障及处理方法

常见故障	原因分析	处理方法
加热箱大门密封性不满足要求	高温变形，产生裂纹	大门裂纹处进行填料粘贴
	门锁损坏，门关闭不严	修理门锁
仪表无数字显示	电源仪表插座无电或缺相	检查插座
	仪表供电端子接线脱落	检查连线并重新固定
	仪表故障	检修仪表或联系厂家
设备不能运行	电源缺相	检查供电电源
	报警	检查报警原因并排除
仪表显示不正常、数字乱跳	连线松动	检查连线
	铂电阻损坏	更换铂电阻
	电源干扰大	排除干扰，使用稳定电源
	仪表故障	检修仪表或联系厂家

续表

常见故障	原因分析	处理方法
加热失控（超温保护）	设定温度过高	重新设置到所需温度
	固态继电器损坏	更换固态继电器
	铂电阻开路	更换铂电阻
	仪表故障	检修仪表或联系厂家
机壳带电	保护接地不良	接好保护线路
	其他负载线路脱落	检查线路
	加热器绝缘性能不良	检修或更换加热器

13.8　制冷柜的检修

13.8.1　制冷柜的定期保养维护规定

制冷柜的定期点检周期为 3 个月，按照点检周期及点检内容对设备进行性能检查，并对点检过程中发现的问题及时进行处理并做好记录，点检内容见表 13-21。

表 13-21　制冷柜定期点检项目表

序号	项目	部位	方法
1	查看记录	运行记录	查阅
2	环境温度	厂房	温度计
3	压缩机情况	压缩机	耳听、手摸
4	电磁阀情况	电磁阀	目视、耳听
5	系统泄漏情况	管道、阀门	目视
6	蒸发压力	R404 系统	目视、测量
7	蒸发压力	R23 系统	目视、测量
8	冷凝压力	R404 系统	目视、测量
9	冷凝压力	R23 系统	目视、测量
10	冷凝器		目视
11	风扇运行	风扇	耳听、目视
12	检查空开	空开	目视
13	检查接线端子	接线端子	目视
14	检查接触器	接触器	耳听
15	检查继电器	继电器	目视、耳听

13.8.2 空调系统正压试验

用干燥氮气对系统进行压力试验，试验压力 1.8 MPa，24 小时在环境温度变化不明显的情况下，目测压力表无变化。在环境温度变化的情况下，用下列公式进行检查.

$$P_2 = P_1 \frac{273.15 + t_2}{273.15 + t_1}$$

式中：P_1、P_2——分别为试验开始、结束时的压力，MPa；

t_1、t_2——分别为试验开始、结束时的温度，℃。

13.8.3 空调系统真空试验

系统抽真空试验应在气密性试验合格后进行，试验时应将系统内绝对压力抽至 0.066 5 kPa，保压 24 小时，压力上升不大于 0.022 6 kPa。

在按照制冷柜压缩机铭牌要求加注制冷剂后，需对制冷柜进行调试，确保其压力、压缩机电流、温度能够达到额定值，系统接口部位无漏油现象，压缩机运行声音正常，电气原件及系统工作正常。

13.8.4 制冷柜的常见故障处理

制冷柜的常见故障及处理方法，见表 13-22。

表 13-22 制冷柜的常见故障及处理方法

故障现象	原因	处理方法
压缩机不启动	电源没电、断线、保险丝	送电、接通电源、更换保险
	温度开关未调好	调整温度开关
	压力控制器未调好	调整压力控制器
	冷凝器积尘	清除积尘
	压缩机排气阀未打开	开启排气阀
	压缩机机械故障	更换压缩机
压缩机正常运转突然停车	吸气压力过低，压力控制器保护	系统添加制冷剂或清除系统堵塞
	排气压力过高，压力控制器保护	清除系统空气或多余的制冷剂
排气压力过高	系统有空气	排除系统空气
	冷凝器风机故障	检修或更换风机
	冷凝器积尘	清除积尘
	制冷剂多	排掉多余制冷剂
	排气管路不畅	疏通管路
	制冷剂不纯	更换制冷剂
排气压力过低	制冷剂不足	添加制冷剂
	系统有漏	消除漏点
	压缩机故障	更换压缩机

续表

故障现象	原因	处理方法
吸气压力过高	膨胀阀开启过大	调整膨胀阀开度
	系统中有空气	在高压端排除空气
	制冷剂加注过多	排除多余制冷剂
	膨胀阀干温饱未扎紧	扎紧干温饱
吸气压力过低	膨胀阀关的太小、堵塞、冰堵	调节膨胀阀、消除堵塞
	膨胀阀感温饱损坏	更换膨胀阀
	电磁阀故障	更换电磁阀
	过滤器堵塞	更换过滤器
	制冷剂不足	添加制冷剂
	蒸发器结霜厚	除霜
膨胀阀进口管路结霜	进口管路堵塞	疏通管路
	进口管处过滤器堵塞	更换过滤器
膨胀阀嗞嗞声	制冷剂不足	检漏并添加制冷剂
	制冷剂进阀前有闪气	改善冷却条件，减小管路阻力
机壳带电	保护接地不良 其他负载线路脱落 加热器绝缘性能不良	结好保护接地线 检查线路 检查或更换加热器
不除霜	超温保护动作	重新设置
	设定温度低于实际测量值	重新设置
	固态继电器损坏	更换固态继电器
	加热器损坏	更换加热器损坏
	铂电阻开路	检查铂电阻及线路
	仪表故障	检修仪表
超温保护	设定值过高	重新设置
	固态继电器损坏	更换固态继电器
	铂电阻短路	检查铂电阻及线路
	仪表故障	检修仪表
不制冷	压缩机未启动	仪表设置问题；压缩机损坏；
	系统泄漏	对系统找漏，消漏、加注工质。
		电磁阀故障，检修或更换。
	冷凝效果差	清洗冷凝器。
	温度开关未调好	调整温度开关
	压力控制器未调好	调整压力控制器
	冷凝器积尘	清除积尘
	压缩机排气阀未打开	开启排气阀
	压缩机机械故障	更换压缩机

续表

故障现象	原因	处理方法
可制冷，但降温慢	氟利昂泄露	方法同上
	工作室水份过多	用干棉纱抹干，并烘干工作室。
超压报警	冷凝器风机停转或冷却水为打开及水压过低	检查内机及其线路或打开冷却水及调整水压
过载报警	热继电器坏	更换热继电器
	电源缺相	检查电源
	压缩机坏	更换压缩机

13.9 压热罐的检修

13.9.1 压热罐的检查维护及常见故障处理

13.9.1.1 压热罐的检查维护

压热罐检修周期一般规定小修为 3 个月，中修为 12 个月。

（1）小修

1）机械部分

——外观检查压热罐机械的紧固状况；

——检查罐盖（大门）开关的灵活性，必要时予以调整。

2）风机及电机部分

——检查风机及电机零部件有无损坏，并进行必要的外部清洁；

——解体电机，清洗并检查电机前后轴承，必要时进行更换；

——清洗轴承，更换 7016 润滑脂；

——检查定子槽楔及外壳，必要时进行修理；

——检查定、转子有无摩擦，铜鼻子焊接及引出线接线端子是否良好，必要时进行修理；

——装配风机，紧固各部螺钉，清除灰尘；

——检查定子绕组线圈有无接地、短路、断路等异常现象，并测量绕组绝缘情况，要求电机绕组绝缘大于 0.5 MΩ，并做好记录。

（2）中修

1）包括小修内容；

2）检查压热罐大门密封是否完好，必要时予以更换；

3）检查拖车行使是否灵活，导轨有无变形状况，必要时予以检修；

4）检查挡板位置是否正确，有无损坏、变形状况，必要时予以检修；

5）检查压热罐内破空阀，吹洗阀的开关灵活性，必要时予以调整或更换阀芯；

6）检查温度探头位置是否正确，必要时予以调整或更换。

（3）试车

1）在试验台上对电机进行空负荷试车，并测量其空载电流是否符合要求，试车时间，

1 小时应达到：

——运转平稳无杂音。

——对电机升温的要求按电机绝缘等级应符合相关规定

2）测量三相空载电流，三相空载电流不平衡度不大于 10%；

3）测量空载电流值应在电机额定电流的：

高速：15%～60%；低速：50%～70%。

4）负荷试车

——点动试车，检查电机的旋转方向是否正确；

——试车 24 小时，期间测量运行电流不应超过电机额定电流，且三相电流平衡；

——风机运行平稳，无异常噪音。

（4）合格标准

1）压热罐机械部分

——各部件紧固牢靠，无松动、变形状况；

——罐盖（大门）开关灵活，密封圈完好；

——拖车行驶灵活，导轨无变形状况；

——挡板位置正确，无损坏、变形状况；

——温度探头位置正确，无损坏状况。

2）压热罐风机及电机

——风机无机械损伤，机座端盖无裂纹，转轴无裂痕、弯曲变形；

——风叶等部件完好；

——风机转动灵活，运行中无异常声音；

——风机出力满足工况使用要求。

13.9.2　压热罐常见故障及处理

压热罐的常见故障及处理，见表 13-23。

表 13-23　压热罐的常见故障及处理方法

故障现象	故障原因	处理方法
不能启动	1. 定子或转子绕组短路。 2. 定子绕组相间短路，通地或接线错误。	1. 将电机解体检查。 2. 打开电机找出故障点并处理。
电机带载时转速低于额定转速	鼠笼转子断条。	更换电机。
电机运行时声音不正常	1. 定子与转子互相摩擦。 2. 电动机缺相运行。 3. 转子风叶碰壳体。 4. 轴承严重缺油。 5. 轴承损坏。	1. 锉去定转子矽钢片突出部分。 2. 检查熔丝和开关接触点。 3. 校正风叶，拧紧螺钉。 4. 清洗轴承，加润滑脂。 5. 更换轴承。
电机轴承过热	1. 润滑脂过多、过少或油质不好。 2. 电动机两侧端盖或转子盖未装平。	1. 加油或换油。 2. 重新装配。
电机温升过高。	1. 电源电压过高或过低。 2. 两相运行。	1. 用万用表测量输入端电压并调整。 2. 检查开关触点，排除故障。
绝缘电阻降低。	线圈过热后绝缘老化。	重新浸漆处理。

13.10　物料运输车常见故障及检修

为保证电动物料运输车长期安全可靠运行，需对其进行定期检查并能及时发现各部位是否有异常现象。电动物料运输车的常见故障主要有：液压系统故障、压力控制回路故障、方向控制回路故障。

13.10.1　液压系统常见故障及消除方法

表 13-24　液压系统常见故障及消除方法

现象	原因分析		消除方法
泵未工作	1. 电机未启动	① 电气线路故障	检查电气故障原因并排除
		② 电气件故障	
	2. 电机发热跳闸	① 溢流阀调压过高	合理调节溢流阀压力
		② 溢流阀阀芯卡主或阻尼孔堵塞	检修阀芯，使其动作灵活
		③ 泵出口单向阀卡死而闷油	检修重新安装
	3. 泵轴与电机轴脱节		检修联轴器
	4. 泵内滑动零件卡住	① 配合间隙小	拆开检修至合理要求选配间隙
		② 油液太脏	检查过滤网或更换油液
泵不吸油	1. 吸油滤油器堵塞		清洗滤芯或更换
	2. 吸油管堵塞		清洗吸油管或更换，检查油质，过滤或更换油液
	3. 泵或吸油管密封不严		检查接头，紧固泵体螺栓
吸空现象	1. 吸油滤油器部分堵塞		清洗滤芯或更换
	2. 吸油管局部堵塞		清洗管路
	3. 泵或吸油管密封不严		检查接头，紧固泵体螺栓
	4. 油的粘度过高		检查油质，按要求更换
	5. 泵轴封损坏		更换轴封
泵运转不良	1. 轴承磨损严重或破坏		拆开清洗或更换
	2. 泵内运动零件磨损		检修
油液质量差	1. 油液的粘温型差		按规定选择液压油
	2. 油液中含水分使润滑不良		更换油液，清洗系统
	3. 油液污染严重		检修滤油器
内部泄漏大，容积效率低	1. 泵内零件磨损严重	① 叶片泵配油端面磨损	研磨配油盘端面
		② 柱塞泵柱塞与缸体磨损	更换柱塞并配研到要求间隙，清洗后重新装配
		③ 柱塞泵配油盘与缸体磨损	研磨两端面
	2. 油液粘度过低		更换油液

13.10.2　压力控制回路常见故障及消除方法

表 13-25　压力控制回路常见故障及消除方法

现象	原因分析	消除方法
压力跳不上去或突然下降	1. 溢流阀的调压弹簧折断或弯曲使阀芯不能复位	更换弹簧
	2. 溢流阀阻尼孔堵塞	拆开清洗阻尼孔
	3. 阀芯与阀座关不严	拆开检修清洗，重新安装
	4. 阀芯被毛刺或其他污物卡死正在开启位置	拆开检修清洗，重新安装
压力振摆大	1. 油液中混入空气	排除空气
	2. 阀芯与阀座接触不良	检修或更换零件
	3. 阻尼孔直径过大	更换阻尼孔
	4. 共振	消除共振源
	5. 阀芯在阀体内运动不灵活	修配使之配合良好

13.10.3　方向控制回路常见故障及消除方法

表 13-26　方向控制回路常见故障及消除方法

现象	原因分析		消除方法
换向阀不换向	1. 电磁铁故障	① 电磁铁吸力不足，不能推动阀芯运动	检查原因，修理或更换
		② 电磁阀芯卡主	检查或更换零件
		③ 电气线路出现故障	检查线路，消除故障
	2. 主阀芯故障	① 阀芯在阀体内运动不灵活	检查原因，修理或更换
		② 阀开口量不足	检查弹簧，进行修复
电磁铁过热	1. 电磁铁故障	① 检查原因，修理或更换	检查原因，修理或更换
		② 检查或更换零件	检查或更换零件
		③ 检查线路，消除故障	检查线路，消除故障
	2. 负荷变化	① 换向压力超过规定值	降低压力
		② 回油背压过高	调整压力使其为规定值

13.11　通用检修方法

13.11.1　主工艺设备零部件的拆卸和组装

机械产品一般是由许多零件和部件组成。零件是机器制造的最小单元。部件是两个或两个以上零件结合成为机器的一部分。按技术要求，将若干零件结合成部件或若干零件和部件结合成机器的过程称为装配。前者称为部件装配，后者称为总装配。

13.11.1.1 装配工艺过程

产品的装配工艺包括以下三个阶段。

（1）装配前的准备阶段

1）熟悉产品装配图，工艺文件和技术要求，深刻了解产品的结构，零件的作用以及装配的联结关系。

2）确定装配的方法，顺序和准备所需要的工具。

3）对装配的零、部件进行清洗，去掉零件上的毛刺、铁锈、切屑、油污。

4）按零件的重量和尺寸分组，对某些零件还需进行刮削等修配工作，有些特殊要求的零件还要进行平衡试验、密封性试验等。

（2）装配工作阶段

结构比较复杂的产品，其装配工作常分为部件装配和总装配。

1）部件装配：指产品进入总装以前的装配工作。凡是将两个以上的零件组合在一起或将零件与几个组件结合在一起，成为一个装配单元的工作，均称为部件装配。

2）总装配：指将零件和部件结合成一台完整产品的过程。

（3）装配后的调整、检验和试车阶段

1）调整工作是指调节零件或机构的相互位置、配合间隙、结合程度等，目的是使机构或机器工作协调，如轴承间隙、镶条位置等。

2）检验是检验部件和机器的尺寸精度。

3）试车是试验机构或机器运转的灵活性、振动、温升、噪声、转速、功率等性能是否符合要求。

4）喷漆、涂油、装箱阶段。

机器装配好试车合格之后，为了使其美观、防锈和便于运输，还要对机器的某些外表面进行喷漆、涂油，并装箱等工作。

13.11.1.2 装配工作组织形式

装配组织的形式随着生产类型和产品复杂程度而不同，可分三类。

（1）单个的制造不同机构的产品，并很少重复，甚至完全不重复这种生产方式称为单件生产。单件生产的装配工作多固定的地点，由一个或一组工人，从开始到结束进行全部的装配工作。这一种组织形式的装配周期长、占地面积大，需要大量的工具进行装配，并要求工人具有全面的技能。

（2）在一定的时期内，成批的制造相同的产品，这种生产方式称为小批量生产。

（3）产品制造数量很庞大，每个工作地点经常重复的完成某一工序，并有严格的节奏性，这种生产方式称为大批量生产。

13.11.1.3 装配工序及装配工步划分

通常将整台机器或部件的装配工作分成按装配工序和装配工步顺序进行。由一个工人或一组工人在不更换设备或地点的情况下完成的装配工作，叫做装配工序。用同一工具，不改变工作方法，并在固定的位置上连续完成的装配工作，叫做装配工序。

13.11.1.4　装配前的准备工作

在装配过程中，零件的清理和清洗工作对提高装配质量，延长产品使用寿命具有重要意义。特别是对于轴承，精密配合件、液压元件、密封件以及有特殊情况要求的零件更为重要。清理和清洗工作做得不好，会使轴承发热和过早失去精度，也会因为污物和毛刺划伤配合表面，使相对滑动的工作面出现研伤，甚至发生咬合等严重事故。由于油路堵塞，相互运动的零件之间得不到良好的润滑，使零件磨损加快。为此，装配过程中必须认真做好零件的清理和清洗工作。

（1）零件的清理

它包括：清除零件上残存的型砂、铁锈、切屑、研磨剂等，特别是要仔细清除小孔、沟槽等易存杂物的角落。对箱体、机体内部，清理后涂淡色油漆。

清理后，再用毛刷、皮风刷或压缩空气清理干净，重要的配合面清理时要注意保持其精度。

（2）零件的清洗

零件清洗方法，在单件和小批生产中，零件放在洗涤槽内用棉纱或泡沫塑料擦洗或进行冲洗。在成批大量生产中，则用洗涤机清洗零件，常用洗涤机有固定清洗装置和超声波清洗装置等。常用清洗液有汽油、煤油、柴油和化学清洗液。

1）工业汽油，主要用于清洗油脂、污垢和一般粘附的机械杂质，用于清洗较精密的零部件。

2）煤油和柴油的用途与汽油相似，但清洗能力不及汽油，清洗后干燥较慢，但比汽油安全。

3）化学清洗液，又称乳化剂清洗液，对油脂、水溶性污垢具有良好的清洗能力。

（3）清洗时注意事项

1）对于橡胶制品，如密封圈零件，严禁用汽油及丙酮清洗，以防发涨变形，而应使用酒精或清洗液进行清洗。

2）清洗零件时，可根据不同精度的零件，选用棉纱或泡沫塑料擦拭。滚动轴承不能使用棉纱清洗，防止棉纱头进入轴承内，影响轴承装配质量。

3）清洗后的零件，应待零件上的油滴干后，再进行装配，以防污油影响装配质量。

4）零件的清洗工作，可分为一次性清洗和二次清洗。零件在第一次清洗后，应检查配合表面有无碰损和划伤，经检查修复后的零件应再进行一次性清洗。

13.11.1.5　固定连接的装配

（1）螺纹连接的基本知识

螺纹连接是一种可拆的固定连接，它具有结构简单，连接可靠，装拆方便等优点，在机械中应用广泛。螺纹连接分普通螺纹和特殊螺纹连接两大类，由螺栓、双头螺柱或螺钉构成的连接称为普通螺纹连接；除此以外的螺纹连接称为特殊螺纹连接。

（2）螺纹连接装配技术要求

1）保证有一定的拧紧力矩。为达到连接可靠和紧固的目的，要求螺纹牙间有一定的摩擦力矩，所以螺纹连接装配时应有一定的拧紧力矩，使螺纹牙间产生足够的预紧力。拧紧力矩或预紧力的大小是根据装配要求确定的，一般紧固螺纹连接，无预紧力要求，采用普通扳手，风动或电动扳手拧紧。对有规定预紧力要求的螺纹连接，常用控制扭矩法、控制扭角法、控制螺纹伸长法来保证准确的预紧力。

2）有可靠的防松装置。螺纹连接一般都具有自锁性，在静载荷下，不会自行松脱。但在冲击、振动或交变载荷下，会使螺纹牙之间正压力突然减小，使摩擦力矩减小，螺母回转，使螺纹连接松动。为此，螺纹连接应有可靠的防松装置，以防止摩擦力矩减小和螺母回转。常用螺纹防松装置有两类：

用附加摩擦力防松的装置：锁紧螺母（双螺母）防松；弹簧垫圈防松。

用机械方法防松的装置：开口销与带槽螺母防松；止动垫圈防松；串联钢丝防松。

（3）螺纹连接的装拆工具

1）螺丝刀。它用于旋紧或松开头部带沟槽的螺钉，一般起子的工作部分用碳素工具钢制成，并经淬火硬化。常用的起子有标准起子、弯头起子、十字起子、快速起子等。

2）扳手。扳手是用来旋紧六角形、正方形螺钉及其各种螺母的。常用工具钢、合金钢或可锻铸铁制成的。它的开口处要求完整、耐磨。扳手分为通用、专用和特殊扳手三类。通用扳手也叫活络扳手；专用扳手只能扳一个尺寸的螺母或螺钉，根据用途的不同可分为：

开口扳手：用于装拆六角形或方头的螺母或螺钉，有单头和双头之分，它的开口尺寸是与螺母或螺钉的对边间距的尺寸相适应的，并根据标准做成一套。

整体扳手，可分为正方形、六角形、十二角形（梅花扳手）等。

成套套筒扳手，它由一套尺寸不等的梅花套筒组成的，使用时，将扳手柄插入梅花套筒大方孔内。弓形手柄能连续的转动，使用方便，工作效率较高。

锁紧扳手，专门用来锁紧各种结构的圆螺母用，其结构多种多样，常见的有沟头锁紧扳手、U 形锁紧扳手、冕形锁紧扳手、锁头锁紧扳手等。

内六角扳手，用于装拆内六角螺钉，成套的内六角扳手，可供装拆 M4～M30 的内六角螺钉使用。

特种扳手是根据某些特殊要求而制成的（如力矩扳手等）。

（4）螺纹连接装配工艺

1）双头螺柱的装配要点

应保证双头螺柱与机体螺纹的配合有足够的紧固性，保证在装拆螺母的过程中，无任何松动现象。通常，螺柱的紧固端应采用有足够过盈的配合，也可以台阶形式紧固在机体上。

双头螺柱的轴心线必须与机体表面垂直，装配时，可用直尺进行检验。

装入双头螺柱时，必须用油润滑，以免旋入时产生咬住现象，以便以后的拆卸。

2）拧紧双头螺柱的方法

用两个螺母拧紧　将两个螺母相互锁紧在双头螺柱上，然后扳动上面一个螺母，把双头螺柱拧入螺孔中。用长螺母拧紧；用专用工具拧紧。

3）螺母和螺钉的装配要点

螺母和螺钉除了要按一定的拧紧力矩来拧紧以外，还应注意以下几点：

螺杆不产生弯曲变形；螺钉头部、螺母底面应与被连接件接触良好。

被连接件应均匀受压，互相紧密贴合，连接牢固。

成组螺栓或螺母拧紧时，应根据被连接的形状，螺栓的分布情况，按一定的顺序逐次拧紧螺母。

连接件在工作中有振动或冲击时，为了防止螺母或螺母松动，必须有可靠的防松装置。

4）带传动机构的装配

带传动是将挠性带紧紧地套在两个带轮上，利用传动带与带轮之间的摩擦力来传递运动和动力。常用的带传动有三角带传动和平型带传动两种。

5）带传动机构的技术要求：

带轮的安装要正确，通常要求其径向圆跳动量小于（0.002 5～0.005）D，端面圆跳动量为（0.000 5～0.000 1）D，D 为带轮直径；带轮的中间平面应重合，其倾斜角和轴向偏移量不应过大。一般倾斜角不应超过 1°，否则会使带易脱落或加快带侧面磨损；带轮工作表面粗糙度要适当，一般为 Ra1.6 um。过粗糙，工作发热大而加剧带的磨损，过于光滑，则带易打滑；带的张紧力要适当，并且调整方便。

6）带轮的装配：

一般带轮孔与轴为过渡配合（H7/k6），此类配合有少量过盈，同轴度较高。为传递较大扭矩，还需要用紧固件保证周向固定和轴向固定。

装配时，按轴和轮毂孔键槽修配键，然后清除安装面上污物，并涂上润滑油，用手锤将带轮轻轻打入。带轮装在轴上后，要检查带轮的径向圆跳动量和端面圆跳动量。一般情况用划线盘检查，要求较高时也可以用百分表检查，以保证带轮在轴上安装的正确性。同时还要保证两带轮相互位置的正确性，防止由于两带轮错位或倾斜而引起带张紧不均匀而过快磨损。检查方法是：中心距较大的用拉线法，中心距不大的可用直尺测量。

7）三角带的安装：

安装三角带时，先将其套在小带轮轮槽中，然后套在大轮上，边转动大轮，边用起子将带拨入带轮槽中。

13.11.1.6　滚动轴承的装配

滚动轴承是滚动摩擦性质的轴承，一般由外圈、内圈、滚动体和保持架组成。在内、外圈上有光滑的凹槽滚道，滚动体可沿着滚道滚动，以形成滚动摩擦。它具有摩擦小、效率高、轴向尺寸小、装拆方便等优点，是机器中的重要部件之一。

（1）滚动轴承的配合

滚动轴承是专业厂大量生产的标准部件，其内径和外径出厂时均以确定。因此，轴承的内圈与轴的配合应为基孔制，外圈与轴承孔的配合为基轴制。配合的松紧程度由轴和轴承孔的尺寸公差来保证。

选择轴承配合时，一般要考虑负荷的大小、方向和性质，转速的大小、旋转精度和装拆是否频繁等一系列因素。一般情况下是内圈随轴一起转动，外圈固定不动；而转动套圈应比固定套圈的配合紧一些。所以内圈与轴常取有过盈的配合，如 n6，m6，k6 等，而外圈常取较松的配合，如 K7，J7、H7 和 G7 等。

轴和轴承座孔的公差等级则根据轴承精度选择，如 C、D 级轴承用 IT5 级轴和 IT6 级孔；E、G 级轴承用 IT6 级轴和 IT7 级孔等。

（2）滚动轴承的装配和拆卸

1）装配前的准备工作

滚动轴承是一种精密部件，认真做好装配前的准备工作，对保证装配质量和提高装配工作效率是十分重要的。

按所要装配的轴承准备好所需工具和量具。

按图纸要求检查与轴承相配的零件，如轴颈、箱体孔、端盖等表面的尺寸是否符合图样要求，是否有凹陷、毛刺、锈蚀和固体微粒等。并用汽油或煤油清洗，仔细擦净，然后薄薄地涂上一层油。

检查轴承型号，并清洗轴承。对于两面带防尘盖、密封圈或涂有防锈和润滑两用油脂的轴承，则不需要进行清洗。

2）滚动轴承的装配方法

滚动轴承的装配方法应根据轴承结构、尺寸大小及轴承部件的配合性质来确定。

座圈的安装顺序，按轴承类型不同，轴承内、外圈有不同的安装顺序。

不可分离型轴承（如向心球轴承等），应按座圈配合松紧程度决定其安装顺序。当内圈与轴颈配合较紧，外圈与壳体孔配合较松时，应先将轴承装在轴上。压装时，以铜或软钢做的套筒垫在轴承内圈上。然后同轴一起装入壳体中。当轴承外圈与壳体孔为紧配合，内圈与轴颈为较松配合时，应将轴承先压入壳体中。当轴承内圈与轴、外圈与壳体孔都是紧配合时，应把轴承同时压在轴与壳体孔中。这时，套筒的端面应做成能同时压紧轴承内外圈端面的圆环。总之，装配时决不能通过滚动体传递压力。

分离型轴承（如圆锥滚子轴承）由于外圈可以自由脱开，装配时内圈和滚动体一起装在轴上，外圈装在壳体孔内，然后再调整它们之间的游隙。

3）座圈压入方法选择

当配合过盈量较小时，可直接压入；当配合过盈量较大时，可用压力机压入；当配合过盈量很大时，可用温差法装配。

圆锥孔轴承的装配　过盈量较小时，可直接装在有锥度的轴颈上；过盈量较大时，可用液压法装入。

推力球轴承的装配　推力球轴承有松环和紧环之分，装配时要注意区分。松环的内孔比紧环内孔大，与轴配合有间隙，能与轴相对转动。紧环与轴配合较紧，相对静止。紧配时，紧环靠在转动零件平面上，松环靠在静止零件的平面上。否则会使滚动体丧失作用，同时也会加快紧环与零件接触面间磨损。

13.11.2　主工艺设备零部件的清洗和润滑

13.11.2.1　润滑的重要性

设备中任何可动的零部件在其做相对运动过程中，相接触的表面都存在着摩擦现象，因而造成零部件的磨损，其后果是导致设备寿命的降低，甚至报废。

为了减少摩擦阻力、降低零部件的磨损速度，延长修理周期，提高机器设备的使用寿命，保持应有的精度性能，十分重要的途径之一就是正确合理的润滑。

13.11.2.2　润滑油的主要作用和基本要求

润滑油具有润滑、冷却、冲洗、密封、保护、传递动力、减震及卸荷等作用。而润滑、冷却是其基本作用。

（1）润滑油的主要作用

1）润滑作用：润滑油可用于全液体润滑、边界润滑及半液体润滑的任何一种的润滑方法。但在每一种润滑方法中控制摩擦、磨损的情况也不同。

在液体润滑中润滑油只要有一定的黏度就能形成较厚的油膜以润滑摩擦面，达到减少动力消耗，减少机件的摩擦和磨损的目的。

在半液体润滑范围内摩擦系数必然高于全液体的润滑，而产生的热量较高，故摩擦损失较大。

在边缘润滑时，油的黏度作用不大，全靠油的油性在摩擦面形成一层极薄的牢固吸附的油膜，达到减少摩擦磨损。

2）冷却作用：冷却是润滑油基本作用之一，润滑油应用得当，对温度的控制极为有利。

3）冲洗作用：润滑油在一般润滑系统中，均存在冲洗作用，它能将机件磨损下来的磨屑冲洗带走。

4）密封作用：在润滑系统中，将油通过狭窄间隙，高速循环，就能防止杂质的渗入，起到密封作用。

5）保护作用：润滑油在防锈方面起着双重作用，在运转的机械设备中润滑油润湿摩擦表面，形成保护油膜。在机器停车时，润滑油能保护摩擦件及加工件表面。

6）传递动力：液压传动就是用泵将油或液体加速，在迅速运动的液体冲击工作机构时，就又转变为能量。

（2）对润滑油的基本要求

1）较低的摩擦系数，使之减少摩擦副之间的运动阻力和设备的动力消耗，从而降低磨损速度，提高设备使用寿命。

2）足够的油性，润滑油能牢固地吸附在金属表面而形成一层油膜的性能叫做油性。油吸附在金属表面不是靠油的黏度，而是靠油分子与金属分子的吸引力和静电吸附作用，当吸附力大于油分子内聚力时，就在金属表面形成牢固的吸附膜。

3）适当的黏度：黏度表示油在流动时油分子间的内聚力所引起的阻力，这一阻力使油不易流失，而在金属表面保持较厚的油。黏度大能保持的油层就厚，能承受的负荷就大，由于黏度大，内摩擦阻力也就大、易发热，所以黏度要适当。

4）无腐蚀性：对摩擦副无腐蚀作用。

5）一定的安定性，要求润滑油在长期的工作中不发生变化，能保持应有的化学性能。

6）必须的纯洁性：润滑油不干净，含有杂质和水分，会破坏油膜，加速磨损。

7）可靠的适应性：润滑油应能适应高低温度，高低负荷、高低转速。

13.11.2.3　润滑脂

润滑脂习惯上称为黄油或干油，是介于固体与液体之间的一种凝胶状润滑材料。润滑脂不仅能用于机械润滑，而且还广泛适用于防水、防锈、防腐和其他防护性用途。常用的润滑脂主要有：

（1）钙基润滑脂：广泛用于各种机械设备上的低中速和轻负荷的滚动和滑动轴承及其他润滑部件上。

（2）石墨钙基润滑脂：适用于工作温度在 60 ℃以下负荷较重、摩擦面较粗糙的机械。

（3）合成复合钙基润滑脂：适用于小型电机、水泵等设备轴承的润滑。

（4）钙钠基润滑脂：广泛适用于各类型的电动机、发电机、汽车、拖拉机和其他机械设备轴承的润滑。

（5）二硫化钼润滑脂：是以各种润滑脂为基础脂，加入不同比例的二硫化钼粉制成的。添加 3%的二硫化钼粉，一般用于轻负荷；添加 5%用于重负荷。

13.11.2.4 固体润滑剂

固体润滑剂就是应用具有润滑性能好的固体粉末或组合材料形成的薄膜来代替润滑油（脂）隔离金属摩擦面达到减小摩擦和磨损的目的。常用的固体抗摩润滑材料有二硫化钼、石墨、酚醛、聚四氟乙烯等。

13.11.2.5 主工艺部分设备清洗与润滑

离心机级联大厅内的主工艺设备有：离心机、补压机、调节器、真空阀门等专用设备，离心机属免修设备，而补压机、调节器、真空阀门等专用设备在运行一定时间后，需要对某些设备的轴承定期进行注油润滑（如补压机）；而有的设备将会出现某些无法排除的故障，为了保障工艺系统的安全稳定运行，必须要将这些故障设备进行检修，检修时就要将这些故障设备进行大拆大卸，并应将所拆下的零部件进行清洗，清洗后要对某些零部件进行检损修理，再将所拆下的零部件装配成整机，然后进行各项调整试验工作，合格后库存备用。现将补压机、调节器、真空阀门等专用设备检修时，对有关零部件清洗和润滑的事项介绍如下：

（1）待检修设备零部件的清洗

1）清洗前的准备工作

对已与工艺系统断开的待修设备进行吹洗，合格后拆下待修设备，然后将待修设备运往检修厂房进行检修；

参加清洗的工作人员必须穿戴白工作服、工作帽、防护眼镜、塑料袖套、塑料围裙、高统雨鞋、医用手套等防护用品；

排害：接通排害管线，排除待修设备内腔积存或气化的有害气体；

拆卸未沾污的外部零件，并放入专用瓷盘或铝制框内；

拆卸被沾污的内部零件，并放入专用瓷盘或铝制框内；

废旧衬垫、皮碗等废弃物放入专用废物桶内；

配制清洗溶液，一般是用 5%的$(NH_4)_2CO_3$溶液；

将待清洗的零部件运往清洗现场。

2）零部件的清洗

对非沾污零部件的清洗，喷涂有油漆的零部件表面可先用湿抹布擦洗，再用干白布擦拭干净，不准用汽油或丙酮擦洗；其他零部件可用白布蘸酒精擦洗干净。

对被沾污零部件的清洗，对被沾污零部件必须用专用溶液进行清洗（5%的 Na_2CO_3 溶液），将沾污件放入盛有清洗溶液的槽中，浸泡后用抹布对各零部件及密封面进行反复擦洗，直至无肉眼可见的粉末和其他脏物。

将擦洗合格后的零部件用清水进行冲洗，直至其表面剂量检查合格，再用白布蘸酒精擦洗干净。

对大型零部件，如补压机的蜗壳、底盘等大件，因不便放入清洗槽，只能进行擦洗，擦洗时应内外有别，非沾污的外表面与被沾污的内表面不能混用同一块擦布，对被沾污的内表面应用白布蘸酒精擦洗干净。

3）对真空阀门操纵机构的清洗（如转筒阀）

操纵机构的定位销、蜗杆、蜗轮及内腔用汽油擦洗干净；

滚珠轴承在安装前需在汽油中清洗。

4）对真空阀门带膜片的膜片组件的清洗

用丙酮或酒精仔细擦洗膜片组件，要特别注意保护膜片不受损伤。

（2）检修完成后设备的润滑

1）调节器的润滑

在工艺系统中由于调节器的传动零部件运行方式是间歇式的，而且运行速度并不高，所以仅在装配或定期维护时对蜗轮、蜗杆及凸轮的摩擦表面、差动杠杆、Π 形杠杆和顶针的支承面、弹簧的支承面等传动副及摩擦副加注润滑油。

2）真空阀门的润滑

真空阀门只在检修后，在装配过程中对下列零部件进行润滑（以转筒阀为例）：

操纵机构装配好后，应对定位销、蜗杆、蜗轮、轴承涂一薄层锂基润滑脂。对其内腔也应涂上同样的润滑脂。

装配凸轮、滑轮、滑轮轴；聚四氟乙烯密封圈；支架的转轴与止推座；杠杆与杠杆轴等零部件时应对其接触的摩擦表面薄薄涂一层特殊润滑油。

3）补压机的润滑

为了确保补压机能安全持久地有效运行，除了装配时必须对补压机的前、后轴承加注特殊润滑油外，投入运行后也必须对补压机的前、后轴承定期进行润滑，注以一定量的特殊润滑油，这种油就是乌比油，由于补压机的前、后轴承都是在机器内腔，要将这种特殊润滑油注入机器的前、后轴承，还必须将特殊润滑油装入特制的密闭容器中，它就是加油器。

加油器是给补压机前、后轴承加注润滑油的加油装置，每台补压机前、后轴承处各装有一台加油器，简称前、后加油器，它通过输油管与补压机前、后轴承处的油道连通，按加油规程（或规定）定期向运行补压机的前、后轴承加油，每台补压机的前、后轴承处还各装有一个废油瓶，以收集溢出的废油。

13.11.3　沾污主工艺设备零部件表面净化的基本方法

在工业生产和社会生活过程中，将会产生大量的热、湿、尘埃、有害气体和蒸汽等等。这些有害物质都会对由于处理和存放不当的真空材料表面造成污染。清洁材料表面最常见的有害污染物是尘埃、碳氢化合物、氯化物、硫化物。表面污染就其物理状态来看可以是气体，也可以是固体，它们以膜或散粒形式存在。吸附现象、化学反应、浸析和干燥过程、机械处理以及扩散和离析过程都会使各种成分的表面污染物增加。

比较常见的真空材料表面污染物具体有以下几种类型：环境空气中的尘埃和抛光残渣及其他有机物；水基类：操作时的手汗、吹气时的水汽、唾液；表面氧化物：材料长期放置在空气中或放置在潮湿空气中形成的表面氧化物；酸、碱、盐类物质：清洗时的残余物质、手汗、水中的矿物质等；油脂：加工、装配、操作时沾染上的润滑剂、切削液、真空油脂等。

表面净化定义为在真空工艺进行前，先从工件或系统材料表面清除所不期望的物质的过程。净化处理的目的是为了改进真空系统中所有器壁和其他组件表面在各工作条件下的工作稳定性。这些工作条件包括高温、低温以及电子、离子、光子、或重粒子的发射和轰击。

净化处理后要求得到的表面，可分为原子级清洁表面和工艺技术上的清洁表面两类。

原子级清洁表面仅能在超高真空下实现。他需要在严格控制的环境条件下进行，一般通过较长的时间过程，采用如加热、粒子轰击、溅射、气体反应等技术手段在特定的表面区域获得原子级清洁表面。通常的实际应用一般并不要获得原子级清洁表面，仅要求工艺技术上的清洁或较好的表面质量，即保证所有的表面尽可能没有微观结构物质，并且使净化处理后表面的各种分子约束得更紧密，在基体相上没有明显的化学物质。

一般情况下，在一切需要使用溶剂的清洁净化工作都不能再真空中进行。如果在真空中进行净化处理（通常采用加热、轰击等手段），那么净化处理通常是在真空工艺系统内部进行的（如镀膜室、分析室等）。

13.11.3.1 表面净化处理的基本方法

（1）金属材料的清洗

1）溶剂清洗

用溶剂清洗是一种应用最普通的方法。该方法中使用的各种清洗液可分为：

软化水或含水系统：如含洗涤剂的水、稀酸或碱。

无水有机溶剂：如乙醇、乙二醇、异丙醇、甲酮、丙酮等。

石油分馏物、氯化或氟化碳氢化物。

乳状液或溶剂蒸汽。

金属清洗剂：清洗剂分为酸性、碱性和中性偏碱三类。酸性多用于清洗氧化物、锈和腐蚀物；碱性用于含有表面活性剂，用于清除轻质油污；中性偏碱可避免酸碱对表面的损失。所采用的溶剂类型取决于污染物的本质。

2）超声波清洗

它提供了一种清除较强粘附污染的技术方法，这种清洗工艺可产生很强的物理清洗作用，因而是振松与表面强粘合污染物的非常有效的技术。在超声清洗工艺中，可以根据污染物种类的不同，选择纯水、有机溶剂清洗液或无机酸性、碱性和中性清洗液作为清洗介质。为了强化清洗效果，有时还在清洗液中加入金刚砂研磨剂。清洗液可按以下原则选取：

表面张力小。

对声波的衰减小。

对油脂的溶解能力大。

无毒、无害物质。

3）蒸汽脱脂清洗

主要适用于清除基片表面油脂膜和类脂膜等碳氢化物，对于带有牢固附着污染物和污染得很严重的基片，当用擦洗和浸洗或超声波清洗方法清洗以后，再用蒸汽清洗会得到很好的清洗效果。这种方法经常用于玻璃的清洗工序的最后一步。蒸汽脱脂工艺的清洗液可以是异丙基乙醇、三氯乙烯或某周氟化的碳水化合物。溶剂被加热蒸发，形成熟的高密度蒸汽。

蒸汽脱脂清洗操作方法简单。可大批量清洗，是得到高质量清洁表面的好方法。其清洗效率可用测定摩擦系数的方法来检验。另外还有暗场检验、接触角和薄膜附着力测量等方法，这些值越高，表面清洁得越好。

4）电解侵蚀清洗处理

采用电解侵蚀方法可以缩短侵蚀时间及减少溶液的消耗，并可以得到化学侵蚀所不易得到的侵蚀效果。

电解侵蚀非为阳极侵蚀和阴极侵蚀。阳极侵蚀是将被清洗的金属零件放在某种溶液中，并将零件接在电源的正极，阴极板材料可用铅、钢或铁。电解时在阳极产生氧气，由于受氧气气泡的机械冲击作用从而将氧化物剥离。阴极侵蚀是把工件接至阴极，用铅、铅锑合金或硅铁作阳极。侵蚀时在阴极上产生氢气将氧化物还原并消除氧化层。同时也由于氢气逸出时的机械力量使氧化层脱落。

5）加热和辐照清洗

将工件放置于常压或真空中加热，促使其表面上的挥发杂质蒸发来达到清洗的目的。这种方法的清洗效果与工件的环境压力，在真空中保留时间的长短、加热温度、污染物的类型及工件材料有关。其原理是加工工件，促使其表面吸附的水分子和各种碳氢化合物分子的解析作用增强。解吸增强的程度与温度有关。在超高真空下，为了得到原子级清洁表面，加热温度必须高于 450 ℃。对在较高温度的衬底上淀积膜的情况，加热清洗方法特别有效。

6）放电清洗

一种的清洁表面的技术，是利用紫外辐照来分解表面上的碳氢化合物。这种清洗方法在高真空、超高真空系统的清洗除气中应用非常广泛，尤其是真空镀膜设备中用的最多。

利用热丝或电极作为电子源，在其上相对于待清洗的表面加负偏压可以实现电子轰击的气体解吸及某些碳氢化合物的去处。清洗效果取决于电极材料、几何形状及其与表面的关系，即取决于单位表面积上的电子数和电子能量，从而取决于有效电功率。

在真空室中充入适当分压力的惰性气体，利用两个适当的电极间的低压下的辉光放电产生的离子轰击来达到清洗的目的。该方法中，惰性气体被离化并轰击真空室内壁、真空室内的其他结构件及被镀基片，他可以使某些真空系统免除被高温烘烤。如果在充入的气体中加入 10%的氧气，对某些碳氢化合物可以获得更好的清洗效果，因为氧气可以是某些碳氢化合物氧化生成易挥发性气体而容易被真空系统排除。

不锈钢高真空和超高真空容器表面上杂质的主要成分是碳和碳氢化合物。一般情况下，其中的碳不能单独挥发，经化学清洗后，需要引入 Ar 或 Ar+O_2 混合气体进行辉光放电清洗，使表面上的杂质和由于化学作用被束缚在表面上的气体得到清除。

7）气体（氮气）冲洗

氮气在材料表面吸附时，由于吸附热小，因而吸留表面时间极短，即便吸附在器壁上，也很容易被抽走。利用氮气的这种性质冲洗真空系统，可以大大缩减系统的抽气时间。如真空镀膜机在放入大气之前，先用干燥氮气充入真空室冲刷一下再充入大气，则下一抽气循环的抽气时间可缩短近一半。其原因为氮分子的吸附能远比水分子小，在真空下充入氮气后，氮分子先被真空壁吸附了。由于吸附位是一定的，先被氮分子占满了，其吸附的水分子就很少了，因而使抽气时间缩短了。

如果系统被扩散泵有喷嘴污染了，还可以利用氮气冲洗法来清洗被污染的系统。一般是一边对系统进行烘烤加热，一边用氮气冲洗系统，可将油污染消除。

（2）非金属材料的清洗

1）玻璃陶瓷的清洗

玻璃陶瓷部件的预清洗，通常由在清洗液中浸泡清洗开始，并辅以刷洗、擦拭或超声波搅动，然后用去离子水或无水乙醇冲洗。重要的是，当清洗后的部件干燥时，不允许溶液沉淀物留在部件表面上，因为去除沉淀物常常是困难的。对于表面清洁度要求很高的玻璃陶瓷部件，最后要在真空环境中进行烘烤加热处理、等离子辉光放电处理等方法。

2）有机玻璃及塑料的清洗

它们的清洗需要特殊的技术处理，因为他们的热稳定和机械稳定性都低。低分子量碎粒、表面油脂、手汗指纹等，都可覆盖有机玻璃表面。

大多数污染物可用含有水的洗涤剂洗掉，或用其他的溶剂清除。应注意的是，用洗涤剂或溶剂清洗的时间不能过长，以免它们被吸附到聚合物结构中，促使其膨胀，并可能在干燥时开裂。因此，在清洗中应尽可能伴以软性液体浸泡和冲洗。

另外，恰当的辉光放电轰击及辐射处理对塑料和有机玻璃的表面有好处，这种处理除了使表面产生微观粗糙外，还可以引起表面的化学活化作用和交联。特别是交联作用对表面有利，它增加了聚合物的表面强度，减少有害的低分子量成分的量。

3）橡胶材料的清洗

真空橡胶不受稀酸溶液，碱溶液和酒精的腐蚀，但会受到硝酸、盐酸、丙酮以及电子轰击的严重损害。所以真空橡胶件一般可用无水乙醇清洗，然后放在干净处自然干燥。如果油污染较重或部件体积较大，则可在 20%的氢氧化钠溶液中煮 30～60 min，取出后用自来水冲洗，然后再用去离子水冲洗，最后用洁净的空气吹干或烘干。

（3）清洗的基本程序

1）污染物的确定

清洗前了解和确定悲情戏基体表面污染物的性质是清洗工艺的第一步。根据污染物和基体的性质，确定采用哪种清洗方法，或采用多种方法进行多级清洗，以达到最佳的清洗效果。

2）清洗方法的确定

材料表面清洗可以用各种方法完成，每一种方法都有其适用范围，其中溶剂清洗的适用范围较大。对于某种真空工艺来说，当溶剂本身就是污染物时，就不使用了。

3）清洗剂的选择

在溶剂清洗方法中，可根据被清洗材料及污染物的性质来选择合适的、有效的清洗剂和溶剂时溶剂清洗方法中的一个关键。

（4）清洗程序及注意事项

不管用何种清洗方法，清洗时必须按一定的顺序进行操作。但是同一种清洗方法的清洗程度也并不一定相同。要根据达到的清洁等级程度来确定具体的清洗程序。对批量处理，可建立流程图。

必须注意一些特殊步骤的处理。例如：当清洗中，由酸性溶液改为碱性溶液，其间需要用纯水冲洗，由含水溶液换成有机液时，总是需要用一种溶混的助溶剂（如无水乙醇等脱水剂）进行中间处理。清洗程序的最后一步必须小心完成，最后所用的冲洗液必须尽可能的纯，通常它应该是易挥发的。最后需注意的是，已清洁的表面不要放置在无保护处，如果清洗后的零件再次受到污染，清洗就失去了意义。

（5）清洁零件的存放

已净化的零部件必须妥善存放，否则有重新污染的危险。清洁的零件经过在大气中很短时间的放置，表面便会形成及纳米厚的氧化膜。

用机械真空泵抽气的真空贮存柜，常受到泵油蒸汽的严重污染。在泵口装置带旁通管道的吸附阱，并定期更换吸附剂，可使污染大大降低。

已净化的零部件严禁用手触摸，否则会造成严重污染使出气量大大增加。因为任何金属表层微观上都是凹凸不平的，氧化作用使它变得疏松。当手触摸时，手上的油腻汗液等便以毛细凝缩方式吸附在孔穴中，使吸附能显著增大。在高温中，这些污染物又逸出孔穴在表面分解，从而产生大量气体和有机物。

第三篇　铀浓缩分析技术

第14章

概　述

14.1　铀浓缩中分析的作用

铀浓缩中经常提到的“分析”一词，有安全分析、可行性分析和成分分析等多种含义。成分分析包括定性分析和定量分析，本书中所指的“分析”指成分分析，主要是定量分析技术，也涉及定性分析技术。

分析在核燃料循环中的作用主要体现在以下4个方面。

14.1.1　控制原材料或产品的质量

在铀浓缩生产过程中，为确保核设施安全、有效地运行，必须保证产品或原料的质量都符合相关技术规范。只有在有浓缩生产的各个环节配备必要的分析资源，及时地进行原材料和产品的定量分析，才能确知其主要元素的含量、杂质含量和同位素组成，进而确定其是否符合上述相应的技术规范要求。

14.1.2　为工艺控制提供依据

在铀浓缩生产过程中，为了确保主产品质量的合格，必须在生产过程中对铀同位素组成进行分析，工艺操作人员只有及时获取相关数据，才能判断工艺状况是否达到了预定的生产目标，才能决定是否需要改变温度、流量、压力、反应时间等工艺条件，才能决定主产品是否可以进入下一道工序还是需要重新处理。由此可知，分析可以为铀浓缩工艺控制提供依据，是“工艺的眼睛”。

14.1.3　进行核材料衡算

核设施的运营、管理和监督机构，都希望掌握核材料在核设施中的流动、分配和累积情况。为此，需要对核燃料循环中的某些特定区域（称为“衡算区”）定期进行核材料衡算或盘点。根据衡算的结果，核设施的运营者可以评价设施的运行情况；而管理和监督机构可以判定所关心的核材料是否处于受控状态。衡算的基础是各衡算区内关键测量点物料中核材料的浓度以及该物料的总体积或质量。显然，这里的浓度值是靠各种分析手段获得的。用于衡算的定量分析数据，可以来自控制分析和产品分析，也可以来自专设的分析项目。

14.1.4　确保核资源及环境安全

核资源应该包括核材料、核设施（软件、硬件）和核设施运行人员。保障核资源及环境安全是安全和辐射防护部门的职责，分析部门及时准确地提供各种物料的数据，有利于进行分析和环境保护方面的监督和控制。

14.2　铀浓缩中分析的特点

铀浓缩工厂分析检测与一般工业生产中的成分分析有很多共同之处，很多常规的分析方法、分析设备都能够应用于铀浓缩分析。然而，由于铀浓缩工艺的特殊性，其分析技术还具有以下特点。

14.2.1　分析操作的危险性

铀浓缩工厂的大多数样品含有放射性元素，不仅具有化学毒性，还有辐照危险。为保护分析人员，使其不受伤害，根据样品的α、β或γ比放射性活度的高低，分析操作一般要通风柜中进行。分析人员必须穿戴工作服、防护口罩和手套，有时还要借助机械手等远距离工具完成分析操作，这就增加了操作的难度。本来在非放射性样品分析中极易完成的动作，如取样、稀释、沉淀、过滤等，在铀浓缩样品分析中可能很困难。这些困难会使得分析周期加长，分析结果的不确定度变大。

14.2.2　分析系统的非标性

市场现有的分析仪器或分析系统，大多是按照非放射性或低放射性样品设计的，是为了满足广阔的市场需要而大量生产的标准化样品。为了适应放射性分析的要求，很多商用仪器都要进行改造。例如。ICP-AES 法分析六氟化铀中多种杂质元素时，需要安装耐氟的进样系统；重量法分析六氟化铀纯度时，同样需安装符合耐六氟化铀腐蚀的马弗炉内衬。这些改造有些可以由分析实验室自行完成，有些必须由相关厂家协助改造完成。

14.2.3　分析废物处理的复杂性

铀浓缩生产的分析操作可产生液体和固体废物。其固体废物主要为放射性核材料，必须专门处理和回收，以满足环境保护和物料衡算的要求。对于液体废物，除含有放射性核材料外，还含有分析试剂，如显色剂、缓冲剂、氧化还原剂等，所以对核材料的回收和放射性物质的去除过程比较复杂，应回收至专用容器中，并视情况分析处理。

14.2.4　分析成本的昂贵性

由于核材料样品价格较高，且六氟化铀专用分析系统的价格昂贵等原因，铀浓缩生产中分析成本相对较高。此外，由于分析操作的难度较高、过程较长，从而消耗的人力资源较多。而分析人员的劳动保护，特别是辐射防护方面的消耗，也会使分析成本提高。因此，较一般的工业分析，铀浓缩分析具有成本昂贵的特点。

14.3　铀浓缩中分析方法的选择

为了完成某一项具体的分析任务，铀浓缩分析操作人员经常会遇到如何选择分析方法的问题，其分析方法的选择原则有以下几点。

14.3.1　方法的准确性

准确性是分析结果报出的第一前提，没有准确性的分析方法是没有应用价值的，因此在选择分析方法时，首先要考虑方法的准确性是否满足分析要求。当然，对于具体的分析项目而言，准确性也不是越高越好，而是应该选择满足准确度要求的分析方法即可。目前，分析实验室一般采用不确定来评价分析结果的可靠程度。

14.3.2　操作的便捷性

在设计分析方法时，应尽量选择步骤简单、操作易行且耗时较短的方法。过于冗长和复杂的方法，必然会导致分析成本的提高和人员受辐照计量的增加，也难以确保分析结果的及时性。

14.3.3　人员的安全性

安全性也是分析方法选择非常重要的前提，除系统的安全性外，也应考虑分析人员所受辐照剂量的控制，应该遵循可合理达到的尽量低原则，确保分析人员的累计辐照计量不超出标准要求。

14.3.4　成本的低廉性

在满足准确性、便捷性和安全性的前提性，应尽量采用哪些设备、试剂价格低廉、材料取样量少、废物产生少的分析方法。

值得注意的是，在选择分析方法时，要综合兼顾以上四个原则，不可强调某一原则而偏废其他原则。同时，要根据样品中被测物含量范围、样品委托者对分析数据准确度和分析速度的要求、分析成本等因素作出合理决策。

14.4　铀浓缩中分析实验室的管理

实验室管理包括人员、工作、仪器设备、其他物品、技术资料、安全和三废的管理。

14.4.1　实验室部门设置

实验室分析检验工作是铀浓缩工厂生产控制及环境保护工作的重要环节。主要包括以下几部分。

14.4.1.1　标准样品间实验室

负责根据国家有关规定制备或保管各种标准物质及分析化验溶液，供分析操作人员进行分析检验使用。

14.4.1.2 计量实验室

负责对企业内部的各种分析测试仪器设备（酸度计，分光光度计，电导率仪，原子吸收光谱仪和离子色谱仪等仪器）进行管理、量值传递及计量装置的维修等工作。

14.4.1.3 技术室

负责企业内各检验科室的综合技术管理，化验室技术进步等方面研究的技术性工作。

14.4.1.4 数据处理实验室

负责对化验数据进行必要的校验、处理、复核等工作，从而提高化验结果的可靠性。

在生产过程中，企业可以根据自身工作的需要，在保证实验室安全和分析检测项目的情况，增加或减少各种职能工作室。

14.4.2 实验室人员配备

实验室各类人员应该忠于职守，遵守各项规章制度，作风正派，秉公办事，严格按分析检验技术标准进行分析工作。

14.4.2.1 技术负责人、质量负责人、质量管理人员

作为实验室负责人应熟悉国家、部门、地方关于产品质量检验方面的政策、法规；熟悉企业分析技术标准、相关标准、参考标准；熟悉抽样理论，熟悉掌握 1～2 项分析测量技术，具备编制审定检测实施细则、熟悉掌握分析检验质量控制理论，具有对检测工作进行质量判断的能力；熟悉国内外分析检测方法、分析检测技术的现状及发展趋势，掌握国内外实验室分析仪器、设备的信息；不断进行知识更新。

14.4.2.2 计量检定人员

凡从事实验室计量检定工作的人员必须具备中专及以上文化程度，具备从事计量检验的知识和技能，并经上级计量行政部门考核且取得检定员证；应了解国内外本领域计量技术的现状及检测仪器的信息。

14.4.2.3 实验室分析检测人员

实验室分析检测人员必须经考核合格并取得实验室分析检验员证；必须熟悉该分析测量仪器的性能及相关知识，经过考核合格并取得操作证书才能操作使用大型、精密、贵重设备；应掌握所从事分析项目的有关标准，了解本领域国内外分析测量技术、分析检测仪器的现状和发展方向，具备制定分析测量大纲、采用国内外最新技术进行分析测量工作的能力；应具备独立进行数据处理的工作能力；应对检验工作持严肃的态度，不受外界各方面的影响与干扰。

14.4.3 实验室工作要求

实验室人员应努力钻研业务，掌握正确、熟练的操作技能，培养细致观察能力，能够准确进行分析操作实验，准确、及时、如实地记录实验分析数据，养成良好的工作习惯。

（1）工作要有计划，进行分析实验前要有充分准备，使工作能有条不紊地进行。

（2）实验情况及数据要记在专用的记录本上。记录要及时、真实、齐全、清楚、整洁、规格化。

(3) 要注意培养良好的工作习惯，养成严谨细致的科学作风 实验中所用的分析仪器、化学试剂放置要合理、有序，实验台面要清洁、整齐，实验告一段落后要及时整理。实验结束，一切仪器、化学试剂、工具等都要放回原处。

(4) 注意卫生，进行分析测量工作时要穿实验服，实验服不要在非工作时穿用，以免有害物质扩散。

(5) 保持实验室整洁，实验室要定期打扫，保持清洁。

14.4.4 实验室的管理方法

14.4.4.1 精密仪器的管理

安放仪器的房间应符合该仪器的要求，以确保仪器的精度及使用寿命。做好仪器室的防震、防尘、防腐蚀工作。大型仪器的使用、维修应由专人负责，使用维修人员经考核合格方可独立操作。

14.4.4.2 化学试剂的管理

实验室所需的化学试剂溶液品种很多，化学试剂大多具有一定的毒性及危险性，对其加强管理不仅是保证分析数据质量的需要，也是确保安全的需要。

实验室只宜存放少量短期内需要的试剂。化学试剂存放时要分类，无机物可按酸、碱、盐分类，盐类中可按周期表金属元素的顺序排列如钾盐、钠盐等，有机物可按官能团分类，如烃、醇、酚、醛、酮、酸等。另外也可按应用分类如基准物、指示剂、色谱固定液等。

14.4.4.3 标准物质及样品管理

标准物质是工作基准，也是一种计量标准器；样品保管必须有专人负责；样品到达后由该人会同有关专业室共同开封检查，确认样本完好后编号并办理登记手续，然后入样品保管室保存；样品上应有明显的区分标志，确保不同种类分析测量不致混淆，确保样品与已检样品不致混淆；样品保管室的环境条件应符合样品所需的要求，不致使样品变质、丧失或降低其功能；样品保管必须账、物、卡三者相符；样品分析检验时由专业人员填单领取并办理相关手续；检验工作结束，检验结果经核实无误后将剩余样品送回保管室。

14.4.4.4 危险物品、贵重物品的管理

易燃、易爆、腐蚀性物品、剧毒品、放射性物品均属危险品，由企业专业部门专人专库专账保管。贵重物品由单位设专人专库建专账保管；领用贵重物品须分室领导签字批准后方可领用；领取后的贵重物品由领取人妥善保管，在使用过程中丢失，按责任事故处理；领用后未用或用后剩余的贵重物品应及早退回仓库，注明数量入库入账。

14.4.4.5 其他物品的管理

除精密仪器外可以把其他实验物品分为三类：低值品、易耗品和材料。在仪器柜和实验室柜中分门别类存放，有腐蚀性蒸气的酸应注意盖严，定时通风，勿与精密仪器处于一室中。

14.5 铀浓缩分析实验室的“三废”处置

铀浓缩工厂分析实验室在分析放射性样品的过程中必然会产生放射性废物，按其物理

状态分类，放射性废物可分为气载（气体）废物、液体废物和固体废物三类，俗称“三废”。对放射性废物进行有效管理，确保环境安全十分重要。

14.5.1 “三废”处理的一般原则

铀浓缩工厂分析实验室应该按要求对放射性“三废”进行收集、处理和处置，并对相关情况进行记录。实验室必须严格管理好“三废”，禁止乱排、乱扔、乱倒、乱放放射性物质，严禁将放射性废物当做一般垃圾处理，严禁将不同种类的放射性废物混淆处理。

14.5.2 放射性废气排放要求

对工作场所放射性废气和气溶胶的排放系统，要经常检查其净化过滤装置的有效性。由放射性气体或气溶胶的排放造成的公众生活环境中的气载放射性核素的年平均溶度不应超过 GB 18871 规定的剂量限制要求。凡预计会产生大量放射性废气或气溶胶而可能污染环境的一次性操作，亦应采取有效的安全措施和监测手段，并选择在良好的气象条件下进行。

14.5.3 放射性废液的处理要求

放射性废液应妥善收集在密闭的容器内。盛装废液的容器，除了其材质应不易吸附放射性物质外，还应采取适当措施保证在容器破损时其中的废液仍能收集处理。放射性废液中，不准掺有固体杂质。放射性废液向环境排放时，必须符合有关规定的要求，其放射性活度浓度及总活度必须低于相应的限值。不准向一切生活污水下水系统排放任何放射性废液；不准利用生活污水下水系统洗涤任何被放射性物质污染的物品。

14.5.4 放射性固体废物的处理要求

放射性工作场所所产生的放射性固体废物，应按标准要求进行分类，并收集于专用容器中。盛放易挥发的放射性物质的容器应保持密封不泄露，对易燃易爆的放射性废物还应采取可靠的防燃防爆措施。各工作场所，应及时送废物暂存间妥善存放，该暂存间应有足够的通风换气能力和辐射屏蔽能力。

第15章

铀化学分离技术

15.1 铀的化学分离

15.1.1 采用分离技术的必要性

一般来说，应用ICP光源进行光谱分析的灵敏度较高，元素间干扰效应较低，许多试样可在溶样后直接进行光谱测定，不必采用预富集方法。但近几年来，随着ICP光谱法应用范围的扩大，人们发现，有许多试样，如不采用预分离技术就无法满足分析要求，这主要有下述四种情况。

1）含盐量较高的试液，会造成雾化器的堵塞并危及进样装置工作的稳定性。一般情况下，气动雾化器允许含盐量约在10 mg/mL左右。虽然采取载气用水预饱和及蠕动泵进样的办法，可允许试液含盐量稍高一些，但有时仍不能满足要求。采用预先化学分离手段是解决问题的途径之一。另一途径是，采用高盐量雾化器，如巴宾顿（Babington）雾化器及马克（MAK）雾化器等，但这样要增加设备。

2）基体为多谱线及易电离的元素时，易造成光谱干扰及很深的光谱背景，从而影响试样中微量元素的测定，如基体为镧系元素或锕系元素等试样，就往往需要分离基体。

3）铝，镁和钙等碱土元素含量高时，能产生很强的散射光、在很宽的波长范围内使光谱背景增强。虽然采用干涉滤光片滤光的办法可以降低一些杂散光，但最彻底的办法是分离掉这些元素。

4）对于某些试样，用ICP光源直接测定时，灵敏度不能满足要求。例如：纯度一般为99.9%或99.99%的稀有金属与有色金属，其杂质总含量可低至$1\ 000\times10^{-6}$或100×10^{-6}，而单个元素含量仅为10×10^{-6}以下，如1 g试样溶解后，稀释到100 mL，即基体量为10 mg/mL，则此时杂质浓度仅0.1 mg/mL，即在不去溶时ICP光谱法的测定下限附近，实际上不能准确测定。例如1#电解镍的纯度为99.9%，0#解镍的纯度为99.99%，这类纯金属目前仍广泛应用传统的电弧光源进行分析，一般ICP光谱法分析这类金属的灵敏度尚不能满足要求；地质试样中的主要成分及少量成分，用ICP光谱法分析，可以获得准确的数据。但其微量成分的分析灵敏度不能满足要求。对于这类样品中的微量元素测定，ICP光谱法的灵敏度有时可能不如经典的分光光度法和石墨炉原子吸收法；天然水，海水中的主要成份钠、镁、钙、钾、硼、锶等，可以用ICP光谱法直接测定，而海水中的微量元素如钼、镍、铅、硒、锡、钒、钴等则因含量远低于ICP光源的检测限，无法直接测定。

由上述可知，由于ICP光源的检测限仍不理想，不少种类的样品，由于灵敏度不够，而限制了ICP光谱法的应用范围。为了克服上述困难，近几年来发展了几种用于ICP光谱法的分离技术。

15.1.2 ICP光谱法对分离技术的要求

1）要有较高的浓缩倍数，一般要求富集10～500倍才能满足灵敏度要求。

2）要采用组试剂进行分离，而不能采用仅能富集单个元素的特效试剂。因为ICP光谱分析法是多元素同时测定技术，只有采用组试剂，把一组元素同时分离出来并进行测定，其多元素同时测定的优点才能发挥出来。

3）ICP光谱法中允许部分分离基体元素，也可以完全分离基体元素。

4）要求分离产物的酸度较低，以利于光谱测定。

5）对分离过程中引入的有机试剂，应设法除掉，否则将影响测定过程。

15.2 萃取法提取铀

离子交换树脂吸附铀和溶剂萃取法吸附铀是常用的提取分离铀的方法，本实验室主要是采取溶液萃取分离铀的办法去除铀，然后测定杂质元素，所以此处主要讲述萃取提取铀的机理。

15.2.1 萃取和反萃取

与水不混溶的有机溶剂与水溶液接触混合后，逐渐分成两层，在体系中有着明显分隔开来的界面，且保持各自均匀的部分，这均匀部分就是所谓的“相”。比水溶液轻，浮在上层的部分有机溶剂叫有机相，而水溶液部分就叫水相。

金属离子从水相转移到有机相的操作过程为有机溶剂萃取，简称萃取。其原理是利用有机相与水相接触混合后，金属离子由于其物理、化学的特性，在两相中分配的不同，将金属离子从水相转移到有机相中来。例如，用磷酸三丁酯有机溶剂与硝酸铀酰水溶液接触，结果将硝酸铀酰选择性地提取到有机相，与水相中的杂质分开，达到浓缩、分离、纯化的目的。

对金属离子具有萃取能力的有机化学物质称为萃取剂。如磷酸三丁酯等。萃取时通常不用纯萃取剂，而用一种廉价的不溶于水的有机溶剂来稀释，而改善萃取剂的物性，如粘度等，这种只起稀释作用的有机溶剂称为稀释剂。这种有机溶剂实际上是由萃取剂和稀释剂组成的有机溶剂。

萃取后，含金属离子的有机相与某一种适当的水相接触，有机相中的金属离子又重新转移到水相，这一过程，称为反萃取。这种具有从有机相中反萃取金属离子的能力的水相称为反萃取剂。例如，萃取铀以后的磷酸三丁酯有机相与碳酸铵溶液接触后，铀便以三碳酸铀酰铵的形式从有机相重新转移到水溶液中来。

在铀分离中，通常使用的中性磷类萃取剂有三辛基氧化膦（TOPO）和磷酸三丁酯

（TBP）。

15.2.2　溶剂萃取分离法的基本概念

15.2.2.1　萃取平衡和分配定律

在萃取过程中当被萃取物在单位时间内从水相转入有机相的量与由有机相转入水相的量相等时，在该条件下萃取体系处于暂时的相对的平衡。Nernst 于 1891 年提出溶剂萃取的分配定律：“在一定温度下，当某一溶质在两种互不混溶的溶剂中分配达到平衡时，则该溶质在两相中的浓度之比为一常数。”

〔M〕$_{(有)}$〔M〕：被萃取物 M 在有机相和水相中的平衡浓度。

$$\text{则}\quad M \rightleftharpoons M_{(有)} \qquad K=\frac{[M]_{(有)}}{[M]} \tag{15-1}$$

K：分配平衡常数，（K 为一个近似常数）

分配定律只有当被萃取物在低浓度时才是正确的，而且它仅适用于接近理想的萃取体系，即被萃取物与溶剂不发生化学作用。

大多数无机物的萃取过程都伴随着化学反应，被萃取物与萃取剂之间常发生络合作用。但在放射化学中研究示踪量放射性核素的萃取分配时，由于被萃取物的浓度很低，接近与理想溶液行为，因此，上述条件大多能适用。

15.2.2.2　分配常数和分配比

分配比 D：被萃取物在有机相的总浓度与水相中的总浓度值比。

$$D=\frac{[M]_{(有)总}}{[M]_{总}} \tag{2-2}$$

分配常数 K 表示某一种特定的被萃取物在两相之间的浓度比值。而分配比则表示萃取体系达到平衡后，不管被萃取物以何种形式存在，它们在两相中实际分配的情况。

分配比 D 与被萃取物的初始浓度、水相的酸度、萃取剂浓度、稀释剂性质、溶液中其他添加剂的存在（盐析剂、掩蔽剂等）以及温度等对分配比都有明显的影响。

15.2.2.3　分配比和萃取百分率

萃取百分率：$(E\%)=\dfrac{[M]_{(有)}\cdot V_{(有)}}{[M]_{(有)}\cdot V_{(有)}+[M]\cdot V_{(水)}}\times 100\%$

则
$$E\%=\frac{D}{D+\dfrac{V_{(水)}}{V_{(有)}}}\times 100\%$$

式中，$\dfrac{V_{(有)}}{V_{(水)}}$称为相比 R。

则：$E\%=\dfrac{D}{D+\dfrac{1}{R}}\times 100\%$

在放射化学分离中，一般常用与水相 2 倍体积的有机溶剂进行萃取，即

$V_{(有)}=2V_{(水)}$。

则：

$$E\%=\frac{D}{D+\frac{1}{2}}\times 100\%=\frac{2D}{2D+1}\times 100\% \tag{2-3}$$

例 1：在 3.0 mol/L HNO_3 介质中，经过化学处理的含 0.300 0 g U 样品定容 3.0 mL，以 20%TBP-二甲苯为萃取剂，每样每次加入萃取剂 6.0 mL，采用错流萃取 3 次，UO_2^{2+}离子分配比 D 为 10^2，则有：

$$E_1\%=\frac{2D}{2D+1}\times 100=\frac{2\times 10^2}{2\times 10^2+1}\times 100\%=99.502\ 487\ 6\%$$

$$E_2\%=(1-E_1)\times\frac{2D}{2D+1}\times 100\%=0.495\ 037\ 3\%$$

$$E_3\%=(1-E_1-E_2)\times\frac{2D}{2D+1}\times 100\%=0.002\ 462\ 9\%$$

水相中残留铀量为：$(1-E_1-E_2-E_3)=1.23\times 10^{-7}$

例 2：在 4.0 mol/L HCl 介质中，经过化学处理的含 0.300 0 g U 样品定容 3.0 mL，以 50%TBP-二甲苯为萃取剂，每样每次加入萃取剂 6.0 mL，采用错流萃取 4 次，UO_2^{2+}离子分配比 D 为 $\sqrt{10^3}$，则有：

$$E_1\%=\frac{2D}{2D+1}\times 100=\frac{2\times\sqrt{10^3}}{2\times\sqrt{10^3}+1}\times 100\%=98.443\ 472\ 0\%$$

$$E_2\%=(1-E_1)\times\frac{2D}{2D+1}\times 100\%=1.532\ 300\ 2\%$$

$$E_3\%=(1-E_1-E_2)\times\frac{2D}{2D+1}\times 100\%=0.023\ 850\ 7\%$$

$$E_4\%=(1-E_1-E_2-E_3)\times\frac{2D}{2D+1}\times 100\%=0.000\ 371\ 2\%$$

水相中残留铀量为：$(1-E_1-E_2-E_3-E_4)=5.9\times 10^{-8}$

15.2.2.4 分配比与分离因子

分离因子：$\alpha{A}/{B}=\frac{D_A}{D_B}=\frac{[M_A]_{(有)}/[M_A]}{[M_B]_{(有)}/[M_B]}=\frac{[M_A]_{(有)}[M_B]}{[M_A][M_B]_{(有)}}$

分离因子反映了两种被分离元素 A 和 B 自水相转移到有机相的难易程度的差别。通常 D_A 大一些，D_B 小一些。

15.2.2.5 协同萃取

协同效应：两种或两种以上萃取剂的混合物萃取某些金属离子时，其分配比（$D_{协同}$）显著大于每一种萃取剂单独使用时的分配比之和（$D_{加和}$），即 $D_{协同}>D_{加和}$，这种萃取方式通常称为协同萃取；相反，若 $D_{协同}<D_{加和}$，则称为反协同效应。

协萃系数：$S=\frac{D_{协同}}{D_{加和}}$，通常用来衡量协同效应大小的。

15.2.2.6　多级萃取分离

错流萃取：使有机相与水相多次重复平衡，当单级萃取完成后，两相得到分离，在水相中继续加入新鲜的有机相，重复操作，每加入一次新鲜有机相就称为一个萃取级，萃取次数愈多，萃取率也愈高。

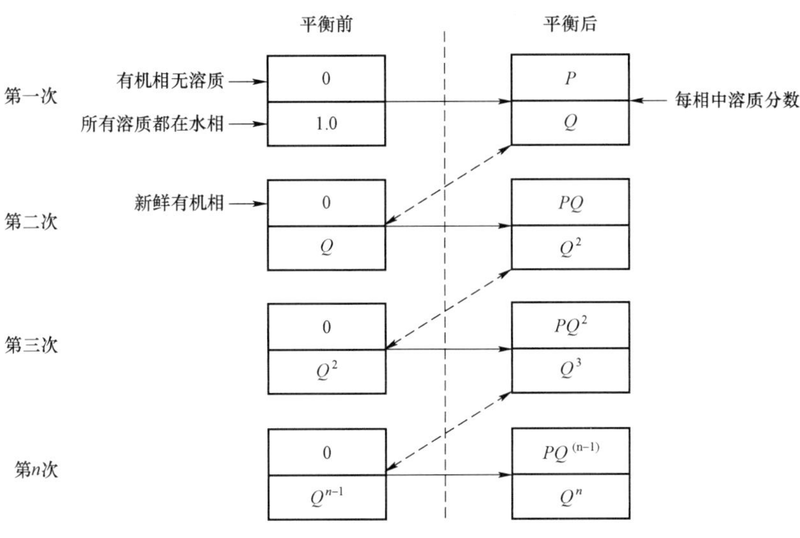

图 15-1　错流萃取示意图

对第 n 级萃取，可以求出各相中溶质的总量是：

有机相：$PQ^{n-1}[M_0]V_{(有)}$　　M_0：平衡前水相中溶质的初始摩尔浓度。

水　相：$Q^n[M_0]V_{(水)}$

各相中溶质的浓度是：

有机相：$\dfrac{PQ^{n-1}[M_0]V_{(有)}}{V_{(水)}}=\dfrac{PQ^{n-1}[M_0]}{R}$　　$R=\dfrac{V_{(有)}}{V_{(水)}}$　　R 为相比

水　相：$\dfrac{Q^n[M_0]V_{(水)}}{V_{(水)}}=Q^n[M_0]$

有机相中溶质总量：$(P+PQ+PQ^2+\cdots+PQ^{n-1})[M_0]V_{(有)}=(1-Q^n)[M_0]V_{(水)}$

$$P=\frac{DR}{DR+1}\qquad Q=\frac{1}{DR+1}$$

D 为分配比，R 为相比。

错流萃取方法简单，在所用的有机溶剂总量恒定的情况下，错流萃取级数愈多，萃取效率愈高，一般适用于实验室操作。

15.2.3　磷酸三丁酯萃取铀

磷酸三丁酯简称 TBP，是正磷酸中三个氢原子为丁基（C_4H_9）取代的中性磷酸酯，分子式为$(C_4H_9O)_3PO$，其结构式为：

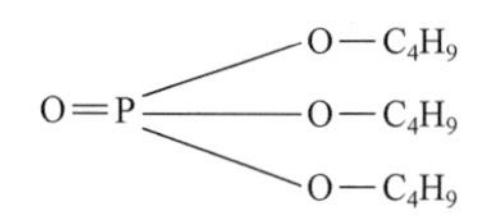

图 15-2　磷酸三丁酯结构式

15.2.3.1　TBP 的特性

TBP 能与 $UO_2(NO_3)_2$ 形成溶剂化合物—〔$UO_2(NO_3)_2$ · 2TBP〕将铀萃取到有机相中，TBP 只能用于 HNO_3 溶液体系（如化学浓缩物的 HNO_3 溶解液，HNO_3 或 HNO_3—NH_4NO_3 淋洗液）。它不适用于硫酸和碳酸盐溶液体系，也不适用含 PO_4^{3-}较高的溶液体系（如磷酸盐矿的酸浸液），因为 PO_4^{3-}能与 UO_2^{2-}络合而大大降低 TBP 的萃取效率。

15.2.3.2　萃取机理

在 TBP—煤油溶液与 HNO_3—$UO_2(NO_3)_2$ 水溶液体系中，TBP 与 $UO_2(NO_3)_2$ 生成溶剂化合物，从而把铀萃取到有机相中。

$$UO_2^{2+} + UO_2(NO_3)_2 + 2TBP \rightarrow UO_2(NO_3)_2 \cdot 2TBP$$

水相　　　　有机相　　　　有机相

该反应结果是通过两步反应实现的。

$$[UO_2(H_2O)_6](NO_3)_2 + 2TBP \rightarrow [UO_2(H_2O)_4 \cdot 2TBP](NO_3)_2 + 2H_2O$$

$$UO_2(H_2O)_4 \cdot 2TBP](NO_3)_2 \rightarrow UO_2(NO_3)_2 \cdot 2TBP + 4H_2O$$

硝酸铀酰与 TBP 所形成的中性萃合物，具有如下的分子结构：

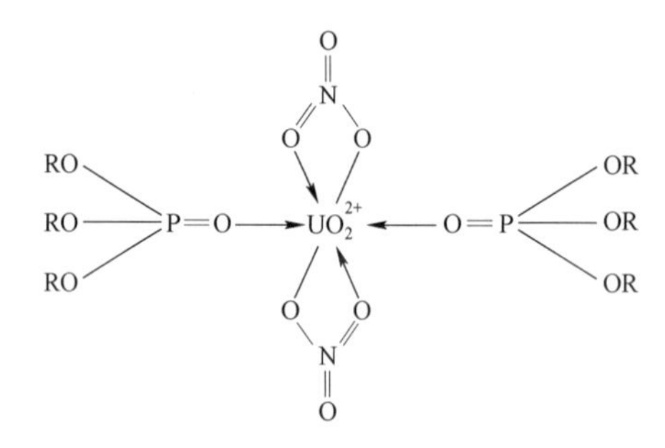

图 15-3　硝酸铀酰与 TBP 所形成的中性萃合物结构式

式中，$R = C_4H_9$，在该萃合物的结构中，其正负电荷相等，整个萃合物显中性，被萃取物铀酰离子的最大配位数（饱和配位数）得到了满足，因而该萃合物是稳定的，配位饱和是中性络合萃取所要求的一个基本条件。

TBP 从盐酸介质中对大多少金属元素的萃取分配比要大于硝酸介质，因此盐酸体系在无机和放射化学分析中的应用更为广泛。

15.2.4　三辛基氧化膦（TOPO）萃取铀

TOPO 是应用最广泛的一种萃取剂，它比 TBP 的萃取能力约高 10^5 倍，它不仅能从硝酸，盐酸溶液中萃取金属离子，而且也能从硫酸，磷酸溶液中萃取金属离子，它是萃取铀，钍等元素的优良萃取剂，应用比较广泛。

TOPO 是一种白色低熔点晶体，分子量为 386.65；熔点 51～52 ℃，易溶于有机溶剂，甲苯，CCL_4，环己烷等都是常用的稀释剂。

TOPO 的缺点是价格昂贵，萃取率高，但是反萃比 TBP 困难。

15.3　反萃取

凡能与 UO_2^{2+}络合，而且其络合物比 $UO_2(NO_3)_2$ 稳定的各种酸及其相应的盐都可以从 TBP 中反萃取铀，也可以采用强化不利于 TBP 萃取铀的因素，来进行反萃取。在浓度相等时，各种酸的盐反萃取能力比相应的酸强，各种酸的铵盐，又比钠盐反萃取能力强，随着各种盐的浓度增高，反萃取能力增强，各种酸和它的盐类反萃取能力强弱顺序是：

$$CO_2O_4^{2-} > CO_3^{2-} > SO_4^{2-} > AC^-$$

草酸根　碳酸根　硫酸根　醋酸根

常用的反萃取剂有：5%（重量）的稀硫酸，20%（重量）的硫酸铵。200 g/L 左右的碳酸铵，此外，用含 0.02 mol/L 硝酸（温度为 60 ℃）的热溶液也很有效，其化学反应如下：

$$UO_2(NO_3)_2 \cdot 2TBP + nSO_4^{2-} = UO_2(SO_4)_n^{2(n-1)-} + 2NO_3^- + 2TBP$$

式中：$n=2\sim3$。

$$UO_2(NO_3)_2 \cdot 2TBP \xrightarrow{\text{热稀硝酸溶液}} UO_2(NO_3)_2 + 2TBP$$

$$UO_2(NO_3)_2 \cdot 2TBP + 3(NH_4)_2CO_3 = (NH_4)_2UO_2(CO_3)_2 + 2NH_4NO_3 + 2TBP$$

第 16 章

六氟化铀的取样

分析结果必须代表被测物总体的某一或某些特性，因此分析结果是否准确、可靠、不仅取决于分析方法和仪器设备，还与所取样品的代表性及其预处理（例如溶解、净化、贮存等）有直接关系。取样工作本身虽不属于分析方法的范畴，但对分析结果有很大的影响，尤其是样品的代表性是一非常重要的因素。取有代表性的样品需要考虑六氟化铀的取样数量、物理性质、化学反应活性和危害性，需要使用特别设计的装置，按照严格的程序谨慎操作。

在铀浓缩生产过程中必须取能表征产品或级联中物料成分的六氟化铀样品，所取样品必须能代表一定量的六氟化铀的化学组成和同位素组成。铀浓缩生产工艺中六氟化铀取样的方法有两种。一种是取液态样品，经过分析，可以得到总铀的百分含量，同位素丰度值以及像氟化氢、耐氟润滑油裂解产物或溶解状态的其他物质。二是取气态样品可以测得同位素丰度值，该数值应等于液态样品测定同位素丰度值，该方法多用于工艺生产过程监测的在线取样。

16.1 取样与分样

16.1.1 液态取样

根据六氟化铀的性质和实践经验表明，最有代表性的样品是从加热的装料容器中，以液态取出的六氟化铀样品。每个待取样的容器内的六氟化铀必须完全混合均匀。虽然使同位素组成达到均匀并不困难，因为装料容器内的六氟化铀在加热时发生了对流作用，但是当不溶解的微粒和挥发性杂质的含量太多，或者当液体六氟化铀的总量与装料容器的总容积之比值较小，或者这两种因素同时存在，则要使化学组成也达到均匀是比较困难的。

浓缩后的六氟化铀在大型装料容器中加热，液化并使其均质，通过一根专用的取样管，借助重力作用和液态六氟化铀低粘度性质，使用取样瓶（2S）取一定量的六氟化铀，低温收集后送至实验室，由实验室根据理化检测和客户需求对该样品进行二次抽样，分取在适合于化学、质谱、光谱、和放射化学分析的小型取样器中。二次抽样时采用液化分样的方法。

16.1.2 液化分样方法

将装料的取样瓶（2S）放入水浴中，保证取样瓶不直接触碰加热器，取样瓶（2S）的阀门在水面外。加热使取样瓶内的六氟化铀液化，在对流的作用下，六氟化铀的黏度低、易流动促进了均匀化的过程。取出取样瓶摇匀使内部样品进一步均匀化。将取样瓶呈倒置状态连接于分样系统，通过分样系统上的取样管（或称计量管），借助重力作用，使液体六氟化铀流进已经抽空的小型容器中，这些容器是适合于化学、质谱、光谱、核和放射化学分析的专用容器（例如聚四氟乙烯或聚三氟氯乙烯取样管、U 型取样器等）。用液氮冷冻这些小型容器，待六氟化铀和残留的组分冷凝后，从取样系统上拆卸取样器，需要水解的样品水解后送实验室分析，其他的样品密封好后送实验室。

从取样瓶（2S）中分取出的子样品的数量和种类取决于取样的要求，一般有同位素丰度样品、用于纯度、杂质分析的样品、交付用户的样品及卤代烃分析样品等。

16.1.3　液化分样装置

因为六氟化铀具有很强的反应活性和腐蚀性。它易于和大气中水蒸气、有机物反应，为了安全和避免污染，必须采取预防措施避免与这些物质接触。因此，所制作的液化分样装置和二次抽样管都要有适当高标准的真空整体性。要为每个液化分样装置确定和建立物理条件，一般是将保持液态六氟化铀所需的最短时间和最低温度综合起来考虑。

液化分样装置如图所示，与液态六氟化铀直接接触的设备材料一般是镍、高镍合金，或耐六氟化铀腐蚀效果好的材料。阀门采用满足耐压要求的隔膜阀。二次抽样管选用特殊规格的聚三氟氯乙烯制成。能够耐受 $-195\sim+150$ ℃的温度变化，密封的垫圈一般选用聚四氟乙烯制成。为防止六氟化铀在管路中和阀门内凝结，取样系统上热箱外的各阀门和管道上缠有加热带，保持系统温度在 80 ℃左右。在工厂中一般使用六氟化铀作为氟化剂在使用前对液化分样装置进行“钝化”处理。

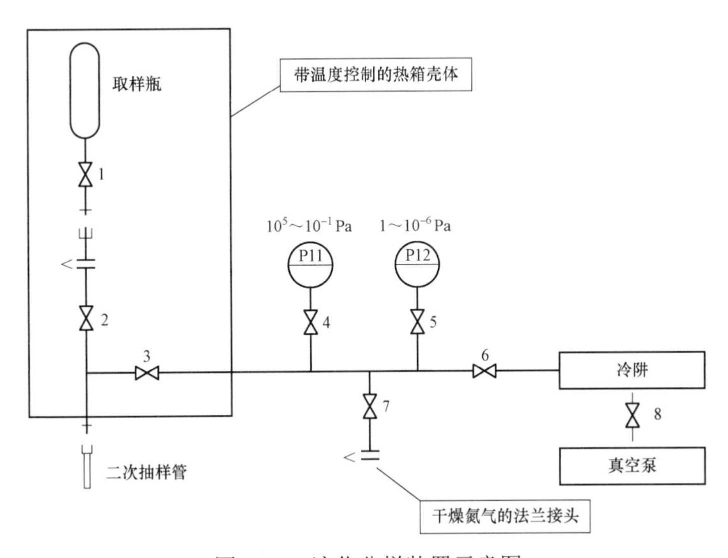

图 16-1　液化分样装置示意图

16.1.4　液化分样程序

（1）为液化分样装置创造合格的内部真空环境。

（2）把 2S 样品容器放置在沸水水浴中加热。

（3）待六氟化铀完全液化后，从水浴中取出容器，摇动使样品均匀，之后将 2S 容器倒置，连接在液化分样装置顶部接口处。

（4）将聚三氟氯乙烯制成的二次抽样管连接在装置底部接头上。将已称重的同位素丰度取样器以及卤代烃取样器连接在对应取样接头上。

（5）在真空合格条件下，操作对应阀门转移样品到二次抽样管中。

（6）将二次抽样管浸没在液氮中，断开二次抽样管的连接。

（7）需要进行杂质元素分析时直接对六氟化铀进行水解。需要移交客户或者需进行纯度检测时，使用二次抽样管的堵头对容器进行密封。

（8）操作液化分样装置阀门，分取同位素丰度检测样品与卤代烃检测样品。

（9）系统抽空后进行关闭。

16.2 六氟化铀在线取样

在铀浓缩工厂的生产线中设置有在线取样与分析的系统，取样的目的是为了监测产品丰度是否符合生产要求。铀浓缩工厂中经常涉及六氟化铀的气态取样，用于六氟化铀的丰度、杂质含量测定等，日常的在线气态取样分析主要是工艺级联的精料和贫料。

16.2.1 气态取样

在线取样使用气态取样方法。为保证取样的代表性，气态六氟化铀在取样前必须保证工艺运行是稳定的。气态取样即六氟化铀在不加热液化的情况下，利用六氟化铀的饱和蒸气压随温度变化的物理特性，利用液氮、冷冻设备等，通过六氟化铀的相变，使六氟化铀在取样容器内冷凝为固态进行取样、收集。

16.2.2 取样方式

气态六氟化铀取样的方式有两种。

（1）将质谱计与工艺取样线路连通，使用质谱计进样系统上的储样弯管进行六氟化铀的冷凝收集。

（2）使用 U 型或者杯形的取样容器连接在质谱计进样系统上，将工艺取样线路中的六氟化铀收集至取样容器。

16.2.3 取样的线路

铀浓缩日常生产中进行在线取样主要是工艺级联精料与贫料，从补压机后端取样，进入质谱间后通过质谱间的料流转换台连接至质谱计的进样系统。

精料经调节器补压后进入转换台，在转换台进行分流后进入质谱计取样通道，在取样时操作人员首先关闭质谱计上取样通道的出口阀门，然后利用 −80 ℃冷冻液进行收样（取样时间与取样量取决于标准样品弯管内的压力），待取样完成后再关闭质谱计取样通道入口阀门，将样品封存于质谱计的取样弯管中从而进行在线同位素丰度分析。

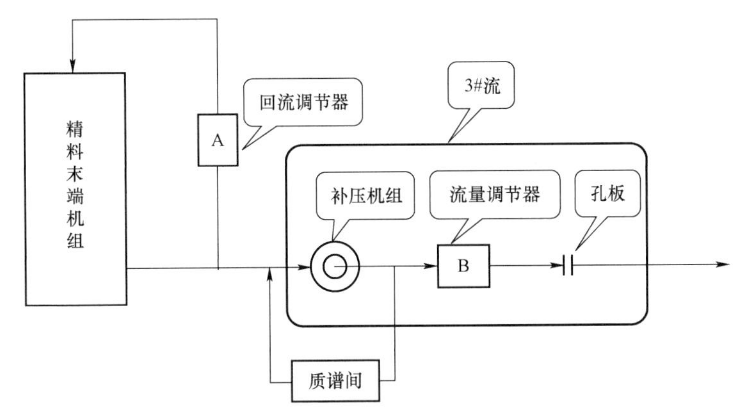

图 16-2　工艺精料在线取样线路

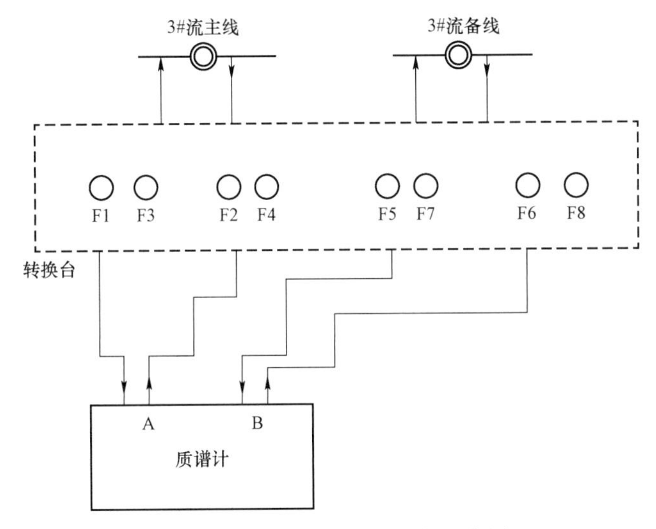

图 16-3　质谱间样品转换台示意图

16.2.4　气态取样的程序

（1）使用质谱计配备的真空泵为质谱计进样系统创造合格的内部真空环境。

（2）检查样品转换台阀门状态是否正确。

（3）取离线分析样品时，将取样器挂接到质谱计进样系统的挂接口上。用于直接在线分析样品取样时可以直接使用质谱计取样弯管。

（4）使用冷冻液（–80 ℃）冷冻取样器或取样弯管下端 1/2 处。

（5）操作质谱计进样系统或样品转换台上的阀门，将工艺管道中气态六氟化铀转移到质谱计进样系统中。

（6）以压力、温度、流量为参考，根据取样量要求控制取样时间。

（7）当取样结束，关闭取样阀门，抽空取样器接口至真空达标。

（8）将取样器与质谱计进样系统分离。

（9）移走取样器，密封、称重并做好取样记录。

第 17 章

六氟化铀中铀同位素的标准物质

质谱学方法的独特的无可比拟的功能就是同位素丰度的分析。同位素质谱分析法的主要特征，就是它的极高的分析精密度。在铀同位素分离环节，需要采用高精密度同位素质谱分析方法对原料，各种不同丰度的产品进行同位素分析，同时需要采用质谱法对分离装置的分离系数进行测定，从而对其分离性能进行评价。此外，还可以采用质谱法对工作介质六氟化铀中卤代烃的含量进行测定。

17.1 基于标准物质的测量系统

铀浓缩厂的实验室必须建立准确一致的丰度测量系统进行量值传递（如图 17-1），通

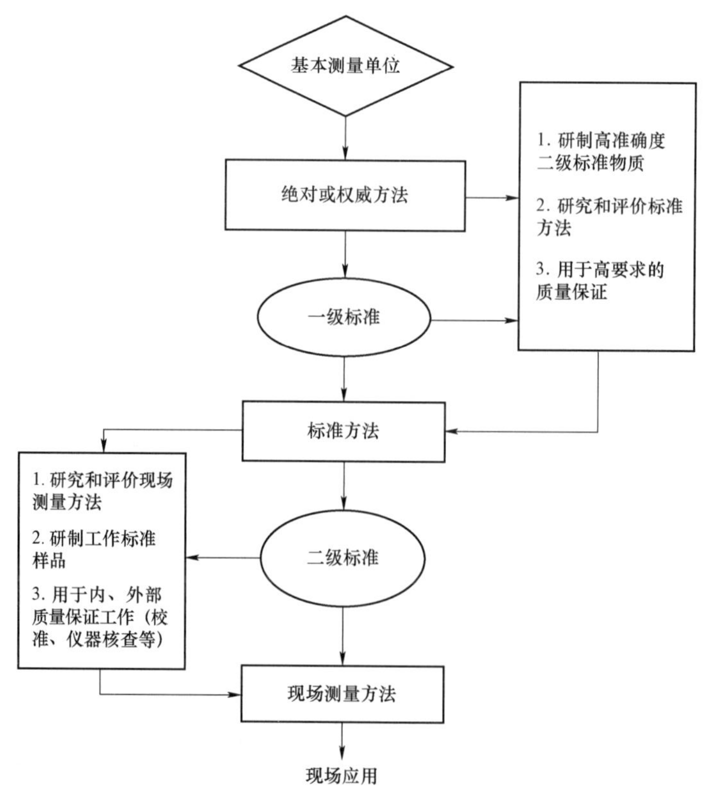

图 17-1 准确一致的测量系统

过不同等级的标准物质和测量方法，将国际单位制基本测量单位的量值传递到实际测量的现场，以保证 ^{235}U 的丰度测量结果的精准。

在六氟化铀同位素质谱分析工作中，一般采用比较测量方法。这种方法不需要测量增益比，只须引进标准样品，与待测样品进行比较测量，就可得到待测样品的同位素丰度比，能够准确、快速地给出测量结果。与测量的时刻无关，因此离子峰随时间的涨落对测量结果影响不大，大大降低了对仪器的稳定性的要求。多束法相对测量是同位素分析的常用方法，在生产分析中具有很高的实用价值。目前国内铀浓缩厂均采用多束法相对测量法进行专料检验和级联控制的样品分析。该方法的特点是必须采用标准物质进行比对测量，以最大程度降低随机误差、记忆效应对测量结果的影响。因此标准物质是测量系统的基础，也是建立现场测量方法的关键。

17.2　六氟化铀中铀同位素一级标准物质

从 20 世纪 60 年代以来，各国相继建立了同位素标准物质，专门用来校准质谱仪器。把高精密度质谱分析的准确度水平，建立在借助于同位素标准物质的校准基础上。我国于 20 世纪 90 年代相继研制了 12 种六氟化铀中铀同位素组分标准物质，定值采用的测量方法有：气体质谱法、固体质谱法及同位素稀释质谱法，经国家技术监督局批准颁布为国家一级标准物质。制备的工作程序主要包括：六氟化铀原料的提取与纯化；根据拟定值配制同位素组分合适的六氟化铀；液化混合及均质；纯度及杂质含量的分析；同位素均匀性检验；分取定值样品。

17.3　工作标准物质

伴随各铀浓缩工厂产能的提升，在线分析需要的六氟化铀标准物质显著增多。同时核电站对六氟化铀产品中 ^{235}U 丰度规格种类的需求越来越多。核材料运输管控愈加严格。为了降低一级标准物质的消耗，部分铀浓缩厂为了节约一级标准物质，参考一级标准物质制备程序，制备了内部使用的工作标准物质，用于级联在线分析样品的同位素丰度质谱测量。

参照 ASTM C996 与 ASTM C787 标准要求，用于标准样品定值的六氟化铀需要纯度、均匀性、稳定性好，杂质含量低，制备的程序是：

（1）级联生产的物料经冷凝收集后进行均质处理，均质后的六氟化铀使用 2S 容器进行取样。

（2）将 2S 容器浸入沸水中煮沸，一段时间后取出保温，放置于康氏振荡器上进行振荡混合，再煮沸并人工振动混合，然后再将容器使用液氮冷却，使六氟化铀全部变成固体，再人工振动混合。

（3）在混合均匀化后多次从 2S 容器中取样，将所取样品分别使用质谱法进行六氟化铀同位素丰度比 $^{235}U/^{238}U$ 的测量，进行均匀性检验。均匀性检验采用方差分析法统计。

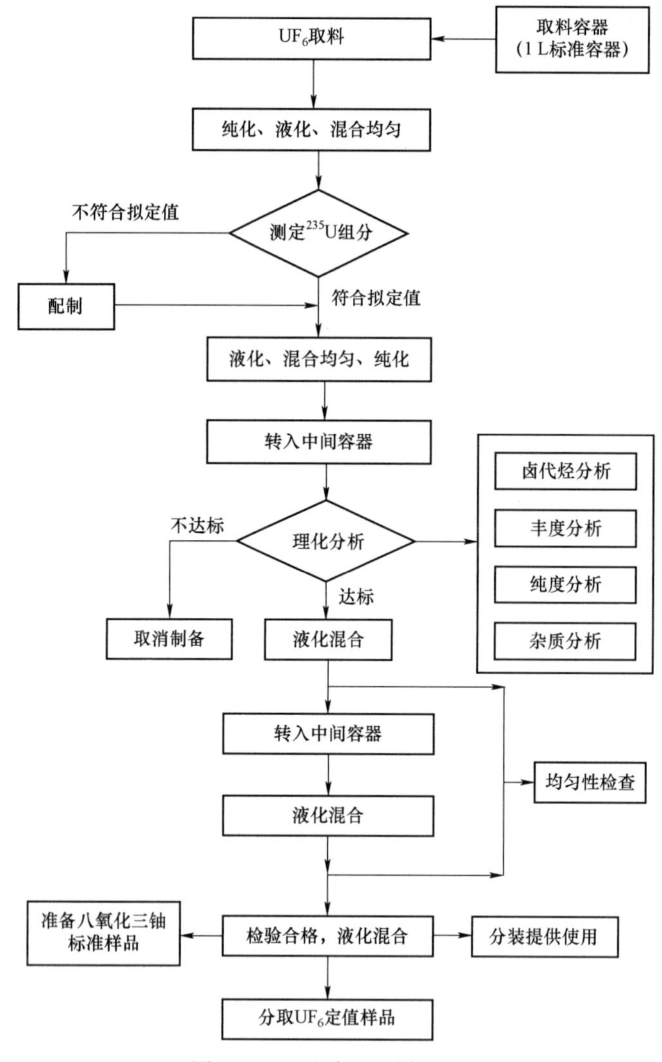

图 17-2 一级标准制备流程

（4）再次将 2S 容器浸入沸水中加热使六氟化铀充分液化后连接至液化分样系统，通过操作分样装置，按照正确的程序将 2S 容器中的六氟化铀依次分取到适合于化学、质谱、光谱、核和放射化学分析的小型取样器中，其中用于同位素丰度分析的六氟化铀样品尽量按照容器允许的最大装样量取样，以便制作为工作标准物质。

（5）纯度、杂质含量合格后，进行标准物质的定值。定值使用 MAT-281 质谱计，在 MAT-281 质谱计进样系统上连接一个未使用过的紫铜储样弯管（Φ8），装有六氟化铀的取样器与储样弯管密封连接。抽空合格后使用 −80 ℃冷冻液浸没取样器下部，操作取样器阀门，对六氟化铀进行抽气纯化（样品净化），去除挥发性杂质。

（6）定值测量采用单标准气体源多收集器质谱法，即单标准相对测量法。使用国家一级标准物质作为测量的标准物质，测量达到 ASTM C1428 测试水平。

（7）进行标准物质定值计算与不确定度评定。

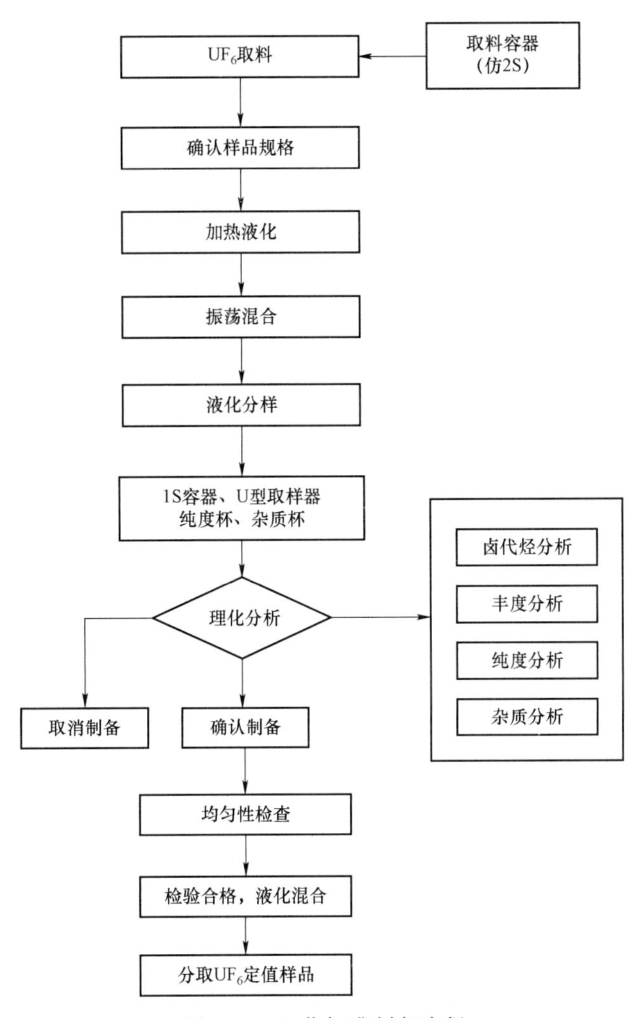

图 17-3　工作标准制备流程

第 18 章

分析技术

18.1 光谱分析

18.1.1 概况

原子发射光谱法是一种成分分析方法，可对约 70 种元素（金属元素及磷、硅、砷、硼等非金属元素）进行分析。这种方法常用于定性、半定量和定量分析。在一般情况下，用于 1%以下含量的组份测定，检出限可达 10^{-6}，精密度为±10%左右，线性范围约 2 个数量级。采用电感耦合高频等离子体（Inductively Coupled Plasma，简称 ICP）作为光源，则可使某些元素检出限降低至 10^{-9}，精密度达到±1%以下，线性范围可延长至 7 个数量级。

原子发射光谱分析是利用火焰或其他光源所提供的能量来激发原子，使原子发射出元素的特征光谱，通过识别元素的特征光谱来进行元素的定性分析，通过测量谱线的强度来进行定量分析。其特征光谱大部分都集中在近紫外、可见区和近红外区。原子发射光谱分为：火焰发射光谱、电弧发射光谱、火花发射光谱、等离子体发射光谱。

等离子体是一种电离度大于 0.1%的电离气体，由电子、离子、原子和分子所组成，其中电子数目和离子数目基本相等，整体呈现中性。

电感耦合高频等离子体是 20 世纪 70 年代出现的一种新型发射光谱分析用的光源。因为它采用频率 7～50 MHz 的高频电源来产生等离子体，所以有人称之为“高频等离子体光源”或“高频感应等离子体光源”。

18.1.2 基本原理

一般情况下，原子处于基态，通过电致、热致或光致激发等激发光源作用下，原子获得能量，外层电子从基态跃迁到较高能级变为激发态，约经 10^{-8} 秒，外层电子就从高能级向较低能级或基态跃迁，多余的能量的发射可得到一条光谱线。

原子发射光谱是线状光谱。原子中某一外层电子由基态激发到高能级所需要的能量称为激发电位。原子光谱中每一条谱线的产生各有其相应的激发电位。由激发态向基态跃迁所发射的谱线称为共振线。共振线具有最小的激发电位，因此最容易被激发，为该元素最强的谱线。

离子也可能被激发，其外层电子跃迁也发射光谱。由于离子和原子具有不同的能级，所以离子发射的光谱与原子发射的光谱不一样。每一条离子线都有其激发电位。这些离子线的激发电位大小与电离电位高低无关。

18.1.3　光源

光源具有使试样蒸发、解离、原子化、激发、跃迁产生光辐射的作用。光源与光谱分析的检出限、精密度和准确度直接相关。

表 18-1　几种光源特点比较

光　源	蒸发温度/K	激发温度/K	稳定性	热性质	分析样品性质
直流电弧	800～3 800（高）	4 000～7 000	较差	LTE	定性、难熔样品及元素定量、导体、矿物纯物质
交流电弧	中	4 000～7 000	较好	LTE	矿物、低含量金属定量分析
火　花	低	10 000	好	LTE	难激发元素、高含量金属定量分析
ICP	10 000	6 000～8 000	很好	非 LTE	溶液、难激发元素、大多数元素
火　焰	2 000～3 000	2 000～3 000	很好	LTE	溶液、碱金属、碱土金属
激　光	10 000	10 000	很好	LTE	固体、液体

目前最常用的等离子体光源是电感耦合高频等离子炬（ICP），其装置由高频发生器、进样系统（包括供气系统）和等离子炬管三部分组成。

在有气体的石英管外套装一个高频感应线圈，感应线圈与高频发生器连接。当高频电流通过线圈时，在管的内外形成强烈的振荡磁场。管内磁力线沿轴线方向，管外磁力线成椭圆闭合回路。一旦管内气体开始电离（如用点火器），电子和离子则受到高频磁场所加速，产生碰撞电离，电子和离子急剧增加，此时在气体中感应产生涡流。这个高频感应电流，产生大量的热能，又促进气体电离，维持气体的高温，从而形成等离子炬。为了使所形成的等离子炬稳定，通常采用三层同轴炬管，等离子气沿着外管内壁的切线方向引入，迫使等离子体收缩（离开管壁大约 1 mm），并在其中心形成低气压区。这样一来，不仅能提高等离子体的温度（电流密度增大），而且能冷却炬管内壁，从而保证等离子炬具有良好的稳定性。

等离子炬管分为三层。最外层通 Ar 气作为冷却气，沿切线方向引入，并螺旋上升，其作用：第一，将等离子体吹离外层石英管的内壁，可保护石英管不被烧毁；第二，是利用离心作用，在炬管中心产生低气压通道，以利于进样；第三，这部分 Ar 气流同时也参与放电过程。中层管通入辅助气体 Ar 气，用于点燃等离子体。内层石英管内径为 1～2 mm 左右，以 Ar 为载气，把经过雾化器的试样溶液以气溶胶形式引入等离子体中。用 Ar 做工作气体的优点：Ar 为单原子惰性气体，不与试样组份形成难离解的稳定化合物，也不像分子那样因离解而消耗能量，有良好的激发性能，本身光谱简单。

在高频（27.13 MHz 或 40.68 MHz）时形成的等离子炬，其形状似圆环，试样微粒可以沿着等离子炬，轴心通过，对试样的蒸发激发极为有利。这种具有中心通道的等离子炬，正是发射光谱分析的优良的激发光源。

电感耦合高频等离子炬具有许多与常规光源不同的特性，使它成为发射光谱分析中具有竞争能力的激发光源。

18.1.3.1　环状结构

电感耦合高频等离子炬的外观与火焰相似，但它的结构与火焰绝然不同。由于等离子气和辅助气都从切线方向引入，因此高温气体形成旋转的环流。同时，由于高频感应电流的趋肤效应，涡流在圆形回路的外周流动。这样，感耦高频等离子炬就必然具有环状的结构。这种环状的结构造成一个电学屏蔽的中心通道。这个通道具有较低的气压、较低的温度、较小的阻力，使试样容易进入炬焰，并有利于蒸发、解离、激发、电离以至观测。

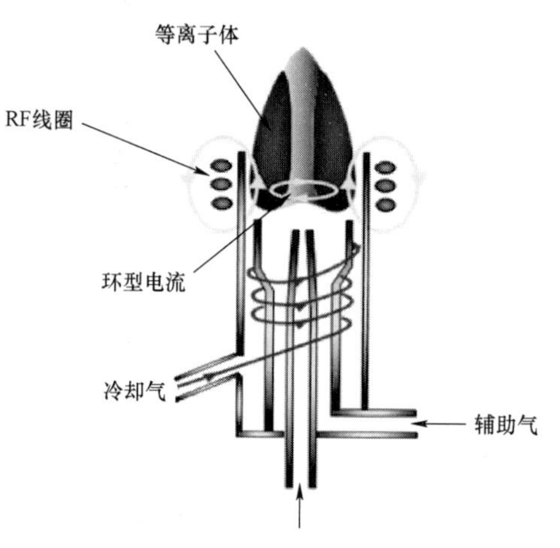

图 18-1　等离子炬示意图

环状结构可以分为若干区，各区的温度不同，性状不同，辐射也不同。在感应圈上 10～20 mm 左右处，淡蓝色半透明的炬焰，温度约为 6 000～8 000 K。试样在此原子化、激发，然后发射很强的原子线和离子线。这是光谱分析所利用的区域，称为测光区。测光时在感应线圈上的高度称为观测区。

18.1.3.2　ICP 光源的特点

ICP 光源的广泛应用已经证明，这种新技术确有一些引人注目的特点：

（1）对周期表中多数元素有较好的检出限

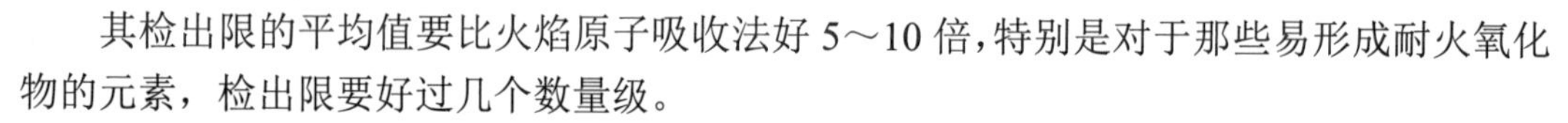

其检出限的平均值要比火焰原子吸收法好 5～10 倍，特别是对于那些易形成耐火氧化物的元素，检出限要好过几个数量级。

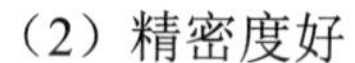

（2）精密度好

当光电测光的积分时间为 10～30 秒，分析浓度为检出限的 50～100 倍时，净谱线信号的相对标准偏差可达到优于 1%。在检出限的 5～10 倍浓度的精密度为 4%～8%，可用 ICP 光源分析试样的主要成分。

（3）基体干扰少

在 ICP 光源中，试样气溶胶通过光源的中心通道而受热蒸发，分解和激发。这类似于一种管式炉的间接加热方式，加热温度高达 5 000～7 000 K。因此 ICP 光源中的化学干扰和电离干扰均较低，在许多场合，可用纯水配制标准溶液，或者几种基体不同的试样用同一套标准试样溶液来分析。

（4）动态范围宽

工作曲线的线性范围可达 5～6 个数量级。

（5）可进行多元素同时测定，并可同时测定试样的主量、少量及微量成分。

当然，ICP 光源也有一些不足之处：

（1）雾化进样装置效率低，一般气功雾化进样法的效率只有 10%以下。且雾化器易堵塞，并造成工作不稳定。

（2）氩气消耗量大，只有进行多元素分析时才是经济合算的。

（3）要求操作者经过较严格的技术训练并且有一定理论水平。

18.1.3.3　ICP 的形成

ICP 的形成过程就是气体的电离过程。为了形成稳定的 ICP 火焰必须要有三个条件：高频电磁场、工作气体及能维持气体稳定放电的石英炬管。

ICP 的环状结构是其具有良好的分析性能的关键，一般认为环状结构的形成有两个原因，一是高频电流的趋肤效应，另外是内管载气的气体动力学作用。

每一种分析技术的主要过程都是：分析物转化成为辐射信号。ICP 放电中发生的过程主要包括蒸发、原子化、激发和电离机理。

（1）蒸发过程：分析物挥发为气态的过程；

（2）离解或原子化过程：气态分子或自由基离解为自由原子的过程；

（3）激发过程：气态自由原子或离子、分子，由低能态过渡到高能态的过程；

（4）电离过程：气态自由原子失去电子变成自由离子的过程；

（5）迁移扩散过程：气态原子、离子或分子的迁移扩散而离开等离子体的过程；

（6）辐射跃迁过程：激发态或基态原子、离子、分子发射辐射能或吸收辐射能由一种能态转化到另外一种能态的过程；

（7）自吸收过程：发射的信号在通过辐射区时，由自身的分子、原子和离子所吸收时信号减弱的过程。

18.1.3.4　ICP 作为激发源灵敏度高的原因

（1）ICP 的环状结构；

（2）亚稳态氩原子的电离作用；

（3）较高的粒子密度；

（4）分析物在加热区较长的滞留时间；

（5）较高的温度。

18.1.3.5　ICP 火焰的结构

形成稳定的 ICP 炬焰后，透过滤色片可以看出炬焰明显地分为三个区域，在感应圈附近，有一个明亮的焰心，呈白色而不透明，这是高频电流形成的涡流区，其温度高达 10 000 K，是 ICP 火焰温度最高的区域，电子密度也很高，能发射很强的连续光谱背景辐射，光谱分析应该避开这一区域，再往上是等离子焰，又称为第二区，是被感应电流加热的气体所形成的炬焰，这一区域温度仍然较高，发出炫目的光辉，但比焰心要弱一些，呈半透明状，略带浅兰色，光谱分析的取光区（或测光区）就在这里。再往上是无色透明的尾焰，当试液中含有碱金属时，这一区域会发出碱金属美丽的特征焰色。如试液中含有大量钠，尾焰将呈现明亮的黄色。尾焰的温度很低，只能激发低能级谱线。

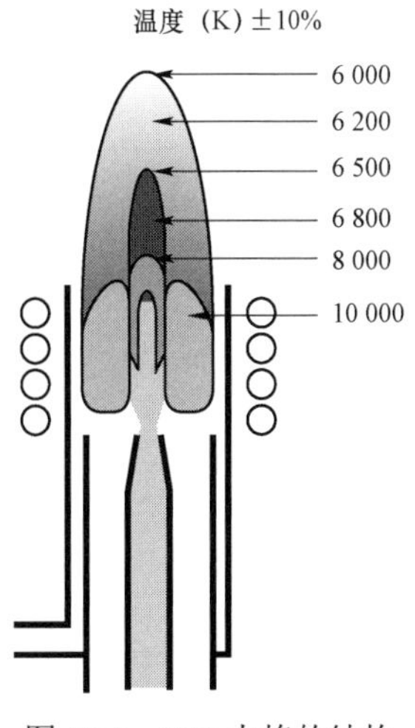

图 18-2　ICP 火焰的结构

18.1.3.6 ICP 光源的分析特性

（1）ICP 光源是一个高温原子化器

ICP 炬焰的温度远高于普通化学火焰。通用的高温化学火焰氧化亚氮—乙炔火焰的最高温度为 3 080 ℃，而 ICP 光源中观测高度 10～15 mm 处为 5 500～8 000 K。由于温度高，某些难离解的化合物很容易分解，因此各类元素都有很好的灵敏度，而不像火焰原子吸收那样，仅对部分易挥发易离解的化合物有较理想的检测限。

（2）ICP 是一个环形加热器

ICP 的环形加热器特性是由高频电流的趋肤效应所决定。众所周知，高频感应电流由于其磁力线相互作用，使电流在导体中分布是不均匀的，绝大部分电流流经导体外围。在 ICP 中也是这样，其趋肤深度是与电流频率的平方根成反比。所谓“趋肤深度”就是电流值下降到其表面电流值的 1/e（36.8%）时，离开表面层的深度。

光谱分析的 ICP 光源一般采用 27.12 MHz 频率，等离子体最高温度达 10 000 K。此时趋肤层厚度约为 0.2 cm。频率增高，趋肤层厚度值降低，容易形成进样的中心通道。目前商品仪器中低于 27 MHz 的等离子体发生器已不多见。

ICP 光源中的涡流趋肤效应对光谱分析极为有利：由于趋肤效应，所形成的等离子体呈环形状的“炸面圈”形。它比泪滴形等离子体更有利于从中心通道进样。也易于维持 ICP 火焰的稳定性；由中心通道进样，试样气溶胶处于 ICP 的高温区，谱线强度增加；从中心通道进样是一种间接加热方式，即 ICP 火焰像一个密封的管式电炉一样，周围是加热区，中心是受热区和被加热物。这样的间接加热方式，使试样组份的改变对 ICP 影响较小；试样从中心通道进样，不会扩散到 ICP 火焰周围而形成产生自吸的冷蒸气层。这也是 ICP 光源的光谱分析工作曲线动态范围宽的原因。

18.1.4 光谱仪

光谱仪的作用是将光源发射的电磁辐射经色散后，得到按波长顺序排列的光谱，并对不同波长的辐射进行检测与记录。

原子发射光谱仪器现已进入 ICP-OES 时代，即电感耦合高频等离子体全谱直读原子发射光谱仪，其结构组成如下。

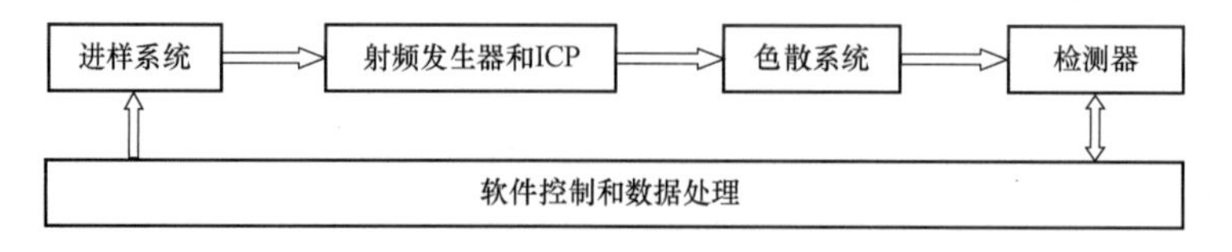

图 18-3 ICP-OES 系统组成

18.1.5 进样装置

进样装置是 ICP 仪器中极为重要的一个部件，也是 ICP 光谱技术研究中最活跃的领域之一。ICP 仪器用的进样装置，试样状态一般为液体。工作气体氩气经减压阀，过滤器和电磁阀，分成三路，其中两路供给炬管用于产生等离子体，第三路供给气动雾化器作载气用，各路均有流量计控制流量。载气在进入雾化器之前，可以用加湿器增加氩气的湿度，以防止试样堵塞雾化器进气孔。试液雾化后，经喷雾室进入 ICP 火焰中心通道。

18.1.5.1　玻璃同心雾化器

同心雾化器与光谱分析有关的主要参数是载气流量、雾滴直径和提升量。雾化用的载气流量不仅同喷口截面有关，而且和进口气体的压力有关，所以在选择光谱分析条件时，经常用改变进口载气压力的办法，选择合适的载气流星和提升量。衡量雾化器质量的另一个重要参数是雾滴直径，光谱分析要求细小而均匀的雾滴。第三个重要参数是试液的提升量。当载气压力增加时，载气流量也随之增加，但当载气流速达到临界流速时，再增加载气压力对气流流速影响不大。

18.1.5.2　交叉雾化器

在 ICP 光谱仪器中，另一种广泛应用的雾化器为交叉雾化器，又称直角雾化器，因为它是由互成直角的进气管和进液毛细管组成。交叉雾化器是由两根互相垂直的毛细管和一个用于固定毛细管的基座组成，水平放置的为进气管，垂直放置的为进样管，两管的相对位置对雾化效果极为重要。

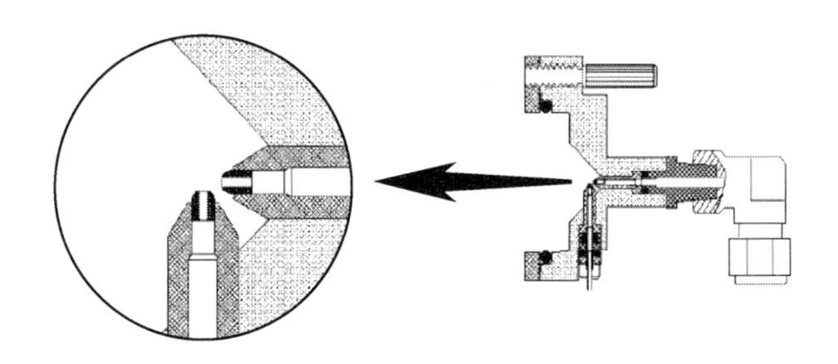

图 18-4　交叉雾化器

18.1.5.3　雾室

在 ICP 光谱装置中雾室的作用主要有三方面。

（1）把气溶胶导入石英炬管，防止气溶胶逸散；

（2）减少气动雾化器喷雾过程的波动，使气溶胶平稳地进入 ICP；

（3）除去大颗粒雾滴，如雾室内安装一撞击球还可以进一步细化雾滴。

1CP 光源对雾室设计的要求是：雾滴损失小；进样速度快；记忆效应小；排放废液时不产生气流的波动。雾室种类很多，应用较广的是四种类型：双管雾室；圆桶形雾室；圆锥形雾室及加热雾室。

双管形雾室（图 18-5）是应用较广的一类非去溶雾室。它是由两个同心的玻璃管组成，试液在内管被雾化后，经外管反向流向出口进入炬管，大颗粒的雾滴在反向过程中沉降下来，可以得到稳定性较高的分析信号。双管形雾室是由斯科特

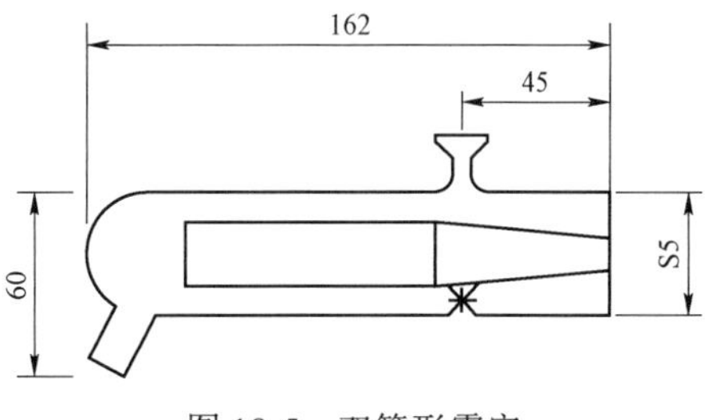

图 18-5　双管形雾室

（Scott）设计的，所以又称为斯科特雾室。

18.1.5.4　进样装置效率的测量

（1）提升量：是指雾化器单位时间内雾化的试液量。雾化后的试液分为两部分，一部分细颗粒的气溶胶进入等离子体，被原子化和激发发光；一部分凝聚成大液珠从雾室的废液管中排走。提升量有时又称为提升率或进样量，单位是 mL/min。

（2）进样速率：表示被雾化器雾化的试液中实际进入 ICP 火焰的试液量。它可以由提升量减去废液量及雾室表面粘附试液量之差而计算出。这一参数直接与谱线强度有关，单位是 mL/min。

（3）进样效率：有些作者把它叫做雾化效率或雾化器效率，这是不确切的。因为单独一个雾化器是无法计算其效率的，雾化器总是把被提升的试液全部变为雾滴，不过雾滴大小不同而已。大雾滴很快地凝聚下来，小雾滴才能经过雾室及管路进入 ICP 火焰，所以提到效率值总是和雾室及管路有关系。称“进样效率”或“进样装置的效率”较为合适。进样效率以百分数表示，它在数值上等于进样速率和试液提升量的比值。

18.1.6　分光测光装置

由于 ICP 光源具有高灵敏度、高稳定性及多元素同时测定的能力，这使 ICP 光谱仪的分光装置既不同于经典的电弧火花光源发射光谱仪器、也不同于火焰光度计。ICP 光源对分光测光装置有某些特殊的要求，可归纳为六方面：

1）要求分光测光装置的工作波长范围从远紫外到近红外波段。因为 ICP 光源可同时激发 70 多种元素，它们的灵敏线分布范围很宽，从 170～800 nm。

2）标准曲线动态范围，一般应为 10^5～10^6，ICP 光源要求光电元件的光谱响应要宽，量子效率要高。主流 ICP 仪器的测光元件是阵列电荷耦合器件（CCD）。随着 CCD 的一系列改进，尤其是与中阶梯光栅联合使用，获得了传统光电倍增管无法获得的许多特点和性能。

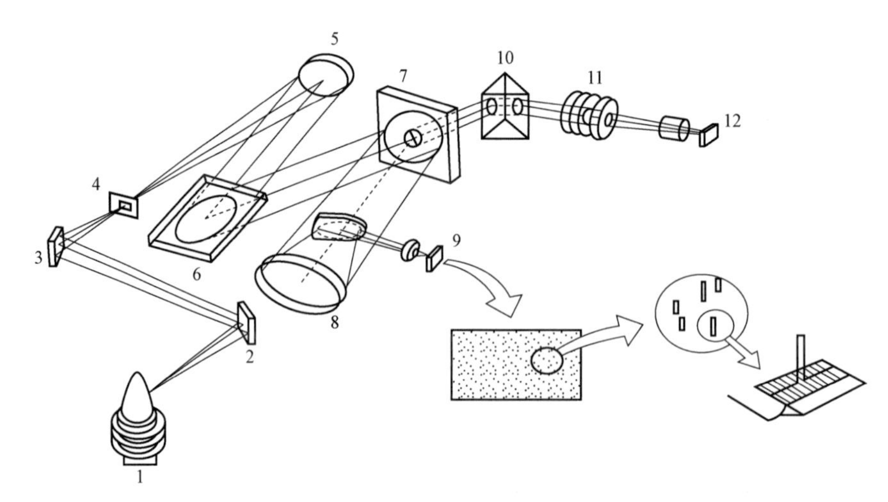

图 18-6　OPTIMA 7 300 V 光路原理

1—ICP 光源；2，3—曲面反光镜；4—狭缝；5—准直镜；6—中阶梯光栅；7—Schmidt 光栅；8—紫外区照相物镜；9—紫外 SCD；10—可见区棱镜；11—组合聚光镜；12—可见光区 SCD

3）由于谱线干扰是 ICP 光源的突出问题，为了减少或避免谱线干扰，应有色散率大的分光系统，以便有较高的分辨能力。

4）由于 ICP 光源检测限低，杂散光的影响就很明显。减少杂散光可采用全息光栅、复式单色器等。

5）测光装置要有很高的稳定性及很宽的动态范围。

6）快速给出测光结果，同经典光源相比，ICP 光源主要采用液体进样方式，一般不用复杂的样品预处理手续。样品处理过程也较简单，这就要求测光过程也能很快地给出分析数据，以保证整个分析过程的快速性。另一个原因是由于氩 ICP 工作时，每分钟大约要消耗 15～20 L 氩气，从节约工作气体出发，也要求分析过程的快速性。

18.1.7　分析方法

18.1.7.1　光谱定性分析

由于各种元素的原子结构不同，在光源的激发作用下，试样中每种元素都发射自己的特征光谱。每种元素发射的特征谱线有多有少（多的可达几千条）。当进行定性分析时，只须检出几条谱线即可。进行分析时所使用的谱线称为分析线。如果只见到某元素的一条谱线，不可断定该元素确实存在于试样中，因为有可能是其他元素谱线的干扰。检出某元素是否存在必须有两条以上不受干扰的最后线与灵敏线。灵敏线是元素激发电位低、强度较大的谱线，多是共振线。最后线是指当样品中某元素的含量逐渐减少时，最后仍能观察到的几条谱线。它也是该元素的最灵敏线。

18.1.7.2　光谱定量分析

（1）光谱定量分析的关系式

光谱定量分析主要是根据谱线强度与被测元素浓度的关系来进行的。当温度一定时谱线强度 I 与被测元素浓度 c 成正比，即

$$I=ac \tag{18-1}$$

当考虑到谱线自吸时，有如下关系式

$$I=ac^b \tag{18-2}$$

此式为光谱定量分析的基本关系式。式中 b 为自吸系数。b 随浓度 c 增加而减小，当浓度很小无自吸时，$b=1$，因此，在定量分析中，选择合适的分析线是十分重要的。

a 值受试样组成、形态及放电条件等的影响，在实验中很难保持为常数，故通常不采用谱线的绝对强度来进行光谱定量分析，而是采用“内标法”。

（2）定量分析方法

1）校准曲线法

在确定的分析条件下，用三个或三个以上含有不同浓度被测元素的标准样品与试样在相同的条件下激发光谱，以分线强度 I 或内标分析线对强度比 R 或 lg$R$ 对浓度 c 或 lg$c$ 做校准曲线。再由校准曲线求得试样被测元素含量。

2）光电直读法

ICP 光源稳定性好，一般可以不用内标法，但由于有时试液粘度等有差异而引起试样导入不稳定，也采用内标法。ICP 光电直读光谱仪商品仪器上带有内标通道，可自动进行

内标法测定。

光电直读法中，在相同条件下激发试样与标样的光谱，测量标准样品的电压值 U 和 U_r，U 和 U_r 分别为分析线和内标线的电压值；再绘制 $\lg U-\lg c$ 或 $\lg(U/U_r)-\lg c$ 校准曲线；最后，求出试样中被测元素的含量。

3）标准加入法

当测定低含量元素时，找不到合适的基体来配制标准试样时，一般采用标准加入法。设试样中被测元素含量为 C_x，在几份试样中分别加入不同浓度 C_1、C_2、C_3…的被测元素；在同一实验条件下，激发光谱，然后测量试样与不同加入量样品分析线对的强度比 R。在被测元素浓度低时，自吸系数 $b=1$，分析线对强度 $R \propto c$，$R-c$ 图为一直线，将直线外推，与横坐标相交截距的绝对值即为试样中待测元素含量 C_x。

（3）背景的扣除

光谱背景是指在线状光谱上，叠加着由于连续光谱和分子带状光谱等所造成的谱线强度。由于光电直读光谱仪检测器将谱线强度积分的同时也将背景积分，因此需要扣除背景。ICP 光电直读光谱仪中都带有自动校正背景的装置。

18.1.8 光谱分析技术

为将 ICP 光谱仪器用于实际样品分析并得到可靠的分析数据，除应掌握仪器的原理及使用方法外，还要进行所谓“条件试验”，即通过试验来选择最佳工作参数、检查干扰、确定分析精密度及检测限等。

18.1.8.1 灵敏度和检测限

ICP 光谱法由于通常采用液体进样和光电测量技术，很容易求出检测限和灵敏度的准确数值。所以在 ICP 光谱分析报告中，均可提供检测限的准确数据。

国际纯化学与应用化学联合会（IUPAC）曾规定过检测限和灵敏度的定义。由法塞尔（Fassel）、博曼斯（Boumans）等人所组成的“ICP 检测限委员会”更具体地提出了 ICP 光谱分析检测限大纲，规定了试验方法及应该注明的测定条件。

在 IUPAC 的命名规则中，灵敏度被定义为标准曲线的斜率，并用大写拉丁字母 S 表示：

$$S=\Delta I/\Delta C \tag{18-3}$$

式中：C——试液浓度，mol/L；

I——分析线强度。

在浓度较低时，S 通常是常数。显然，S 值较大，则表明检测信号对浓度变化的响应很灵敏。即当浓度变化很小时，检测信号变化很大。灵敏度高的元素，检测限也较好。

ICP 检测限委员会编辑的检测限大纲中指出：“检测限的经典定义是与背景信号（X_b）标准偏差（sb）的 n 倍相对应的分析元素浓度”。分析方法的检测限是根据在适当的可信度时，所能测出的最低信号强度 X_L 来确定的：

$$X_L=X_b+n\sigma_b \tag{18-4}$$

式中：X_L——在一定条件下测出的最低信号强度；

X_b——空白信号强度的平均值；

σ_b——空白信号强度值的标准偏差，

n——可信度因子。

由所能测出的最低信号强度 X_L，如可信度因子 $n=3$，则按下式确定分析方法的检测限（C_L）：

$$C_L=(X_L-X_b)/S=3\sigma_b/S \tag{18-5}$$

其中：S——标准曲线的斜率。

因为测得的信号强度，可通过标准曲线换算成浓度，所以实际上求检测限的程序即为多次测量空白试验液浓度，并计算其标准偏差。将空白试液浓度的标准偏差乘以3，即得出检测限数值。一般空白试液测量的次数为10～15次，平行测定的次数过少，求出的标准偏差值则偏低。

在ICP资料中检测限也用D.L表示，它是Detection Limit或Limit of Detection的缩写，单位是ng/mL/或者μg/mL/。

应该注意，在ICP光谱分析中，检测限分为两类，一类称仪器的检测限，表征仪器的检测能力。它是用不含有基体元素而仅含有少量无机酸及分析元素的溶液作为试浓。另一类为分析方法的检测限，是指在某种试样基体中分析元素的检测能力。在一般情况下，分析方法的检测限，要劣于仪器的检测限。其原因如下：

1）基体元素的强烈发射会增强杂散光，提高某一波段内的光谱背景，如高浓度的钙、镁会使邻近区域的光谱背景加深，从而降低了信号—背景比。

2）过渡族元素产生复杂的多谱线光谱。

3）所用化学试剂及溶剂的空白值会影响某些元素的检测限。

4）分子谱带产生干扰。

5）真实试样的大量盐分能降低进样效率，从而影响谱续强度。

18.1.8.2　精密度

对分析方法评价的主要指标之一是准确度。准确度是指测量值与真实值的符合程度。然而，真实值通常是无法直接得到的，只能用其他标准方法多次测定的平均值来代表真实值。由同一实验条件和同一或不同分析人员得到的多次测量数据，只能看出其精密度。精密度代表同一实验条件下重复测量数据的离散程度。

显然，由每个测量数据都可以得出一个偏差，对于多次重复测量可得到多个偏差值。这些偏差值如果绘成坐标图形，会显现正态分布，即偏离平均值较小的测量数据出现的概率大，而偏差较大的数据出现的概率小。符合正态分布的测量偏差，其离散程度可用标准偏差 s 表示。

当 n 为有限次数时：

$$s=\sqrt{\sum_{i=1}^{n}\frac{(x_i-\overline{X})^2}{n-1}} \tag{18-6}$$

当 $n\to\infty$时，标准偏差用σ表示：

$$\sigma=\sqrt{\sum_{i=1}^{n}\frac{(x_i-\overline{X})^2}{n}} \tag{18-7}$$

相对标准偏差（RSD）为：

$$RSD = \frac{s}{\overline{X}} \times 100\% \tag{18-8}$$

由上述可知，标准偏差也反映了某一偏差值在多次测量中出现的几率。根据误差理论，偏差在$\pm\sigma$范围内的测量数据出现的几率为 68.27%，而在$\pm 2\sigma$或$\pm 3\sigma$范围内的测量数据出现概率则为 95.45%或 99.73%。即如果进行了 1 000 次重复测量，只有 45 次或 3 次测量数据的偏差值有可能超过$\pm 2\sigma$或$\pm 3\sigma$。

18.1.8.3 干扰问题

干扰问题是评价一种分析方法的重要指标之一。它决定了某一方法是否要采用校正干扰程序或分离手续，因而也决定了该方法的分析速度和分析质量。

一般来说，ICP 光源的干扰是比较少的，高达 6 000 K 的高温会阻止耐热化合物的形成，从而降低了化学干扰，但仍然有一定的干扰存在，而且必须在制定分析方法时，逐项检查。ICP 光源中的干扰效应可分三类。

（1）物理干扰

它是由试液的物理特性不同而引起的干扰，所以为“物性干扰”，在 ICP 仪器中，主要用气动雾化器使试液雾化为气溶胶，气动雾化器的雾化率，及气溶胶质点的大小与试液的物理性质直接有关。试液的提升量和其黏度成反比，而雾化后的气溶放雾滴直径大小和试液黏度、表面张力及密度等多项物理因素有关。

物理干扰的另一种具体表现是所谓“酸液效应”，即溶液的酸度值及酸的种类影响谱线强度，这种影响的主要原因，是由于物理性质改变而引起的。当然也还有由于酸在 ICP 中分解所消耗的能量不同，从而影响到激发条件变化等因素。

可以明显地看出：

1）酸溶液的提升率及其中元素的谱线强度均低于水溶液；

2）随着酸的浓度增加，谱线强度显著降低；

3）各种无机酸的影响按以下顺序递增：$HCl - HNO_3 - HClO_4 - H_3PO_4 - H_2SO_4$；

4）谱线强度的变化与提升率的变化成比例。

（2）电离干扰

易电离元素进入 ICP 后，使电子密度增加，从而使电离平衡向中性原子移动，于是离子浓度降低，而原子浓度升高。谱线强度也相应地受到影响。

拉森（Larson）等总结了电离干扰有下述规律：

1）离子线受易电离元素的影响，与中性原子线不同，前者是发射强度减弱，而后者是发射强度增强。因为碱金属产生的电子，抑制了钙原子的电离反应，相对地增加了中性原子浓度而降低了离子浓度。

2）在观测高度为 15 mm 时，Na 原子浓度高达约 7 000 μg/mL，对 Ca I 422.7 毫微米的发射仍无影响，而对 CaII 393.4 毫微米已有显著影响。

3）观测高度增加，电离干扰现象更加显著，这可能与炬焰温度随观测高度的增加而降低有关。

当载气压力较高（实际上也是载气流量较大）时，钠盐的影响较为显著。这是由于随着载气流量的增加，等离子体中心通道的气体温度显著降低，亚稳态氩原子及电子浓度也相应地降低，等离子体中抑制电离干扰的因素减弱了，钠盐的影响变得更为明显。这也表明载气流量对 ICP 光源激发条件影响的严重性。

消除电离干扰的途径有三条：

1）选择合适的分析条件，如增加高频功率，降低载气压力，采用较低的观测高度等。

2）在标准和分析样品中加入易电离元素。

3）样品和标准完全匹配。

（3）光谱干扰

在 ICP 光源中光谱干扰比化学火焰光源中要严重。光谱干扰分四种类型：

1）简单背景漂移，在分析线两侧背景强度一样。

2）斜坡背景漂移，在分析线两侧背景强度不一致。

3）直接谱线重叠，干扰线和分析线完全重合。

4）复杂谱线重叠，分析线和两条或两条以上的干扰线重叠。

检查谱线干扰最有效的方法是对分析线附近波段内进行扫描，单独检查每个共存元素在该波段内的发射情况，以确定是否要另选分析线或者进行干扰校正。

干扰校正的方式，因所用仪器种类及造成光谱干扰类型不同而异：

1）谱线干扰可以用干扰等效浓度法校正（IEC）。所谓干扰等效浓度，即干扰元素所达成的分析元素浓度与干扰元素浓度的比值。如地质样品中用 Cr 202.55 毫微米作分析线进行测定时，大量铁会有干扰。当铁浓度为 1 000 mg/L 时，造成铬浓度增加 0.2 mg/L，此时铁的干扰等效浓度即为 0.2 mg/L，干扰因子则为：0.2/1 000＝0.000 2。求出干扰因子后，可从分析结果中扣除由于干扰造成的浓度增加，因而得到无干扰的分析数据。但这种方法必须同时测出干扰元素的浓度。

2）多组分谱图拟合校正（MSF）。多元光谱拟合是一种通过使用存储的数学模型将分析物光谱从干扰光谱中区分出来的校正处理技术。MSF 依据现代计量学原理，利用计算机数学回归模式，将样品的实测谱图实时在线解析为空白、分析物、干扰物的元素谱图，与仪器标准谱图进行比较，实时扣除谱线干扰，同时进行背景校正；它使用多元线性回归法校准确定分析物的浓度，使创建的模型适合未知光谱；只需保持谱峰形状恒定，该模型通常与浓度、等离子体状况以及基体影响无关；在分析物和干扰物非完全重叠的情况下可以将干扰、背景、噪音三种组分的信号从分析物中分离出来。

消除谱线干扰的其他途径是通过化学分离方法或另选无干扰谱线。

18.1.8.4　分析条件

ICP 光谱分析中，主要分析条件有三个：高频输出功率（通常简称输出功率）、载气流量及观测高度。用来评价分析条件的主要技术指标是，分析线强度、谱线—背景比、背景等效浓度及分析精密度等。

分析条件的选择和逐个元素分析参数的最佳化，曾是 ICP 光谱分析方法研究中的重要内容。然而，随着研究工作的深入和多元素分析技术的广泛应用，对每个元素的分析条件最佳化已无必要。有人认为，现在还逐个地选择最佳参数的做法，甚至是一种倒退。一般来说，选择一个对多数元素都较好的折衷条件是既方便又适用的办法。

18.1.8.5 标准溶液的制备

ICP 光谱分析中，必须重视标准溶液的制备，原因有四：

1）不正确的配制方法，将导致系统偏差的产生。

2）介质和酸度不合适，会产生沉淀和浑浊，易堵塞雾化器并引起进样量的波动。

3）元素分组不当，会引起元素间谱线互相干扰。

4）试剂和溶剂纯度不够，会引起空白值增加，检测限变差和误差增大。

标准储备液可以从商业渠道获得 ICP-OES 专用的多元素混合标准物质，如中国国家标准物质研制中心等，亦可采用国家二级单元素标准溶液、国家实物标准溶液等。

混合标准溶液的制备已从传统的手工直接法稀释制备升级为全自动智能液体样品处理平台制备，解决了不同人员之间制备值重复性较差，严重依赖制备人员的专业水准，制备效率低的问题。如采用 ALSP-02 全自动智能液体样品处理平台可以进行标准溶液配制、样品转移、样品分配、稀释定容、多种试剂添加等多种实用功能，满足实验室多方位的应用需求。

18.1.9 ICP-OES 应用实例

应用“ICP-OES 法测定 GBW04205 标准物质中 Al 等 15 种杂质元素”。

18.1.9.1 方法原理

方法采用 TBP 作萃取剂，利用萃取分离技术，将 GBW04205（U_3O_8）转化成 UO_2^{2+} 离子溶液，使 UO_2^{2+}与 Al、Cr、Fe、K、Mn、Mo、Pb、Ti、V、W 等 10 种杂质元素在 3.0 mol/L HNO_3 介质中定量分离，使 UO_2^{2+}与 Cu、Mg、Ni、Th、Ca 等 5 种杂质元素在 4.0 mol/L HCl 介质中定量分离，水相稀释一倍后，用最优型全谱直读光谱仪同时测定水相中 Al 等 15 种杂质元素。分析结果与标准值吻合。

标准溶液：选用经过验证的国家二级标准溶液 15 种，制备系列可共存的多元素标准溶液。具体有关配制详见表 18-2、表 18-3。

表 18-2 经过验证的国家二级标准溶液

序号	元素	标准物质编号	标准值/（μg/mL）	介质
1	Al	GBW（E）080308	1 000	2%HNO_3
2	Cr	GBW（E）080313	1 000	H_2O
3	Cu	GBW（E）080314	1 000	2%HNO_3
4	Fe	GBW（E）080315	1 000	2%HCl
5	Mg	GBW（E）080316	1 000	2%HCl
6	Mn	GBW（E）080317	1 000	2%HNO_3
7	Ni	GBW（E）080318	1 000	2%HNO_3
8	Pb	GBW（E）080319	1 000	2%HNO_3
9	V	GBW（E）080330	1 000	H_2O
10	Ca	GBW（E）080349	1 000	2%HCl
11	Mo	GBW（E）080350	1 000	0.5%NaOH

续表

序号	元素	标准物质编号	标准值/（μg/mL）	介质
12	Ti	GBW（E）080357	1 000	5%H_2SO_4
13	W	GBW（E）080358	1 000	0.5%NaOH
14	Th	GBW（E）080174	100	5%HNO_3
15	K	GBW（E）080184	100	H_2O

表 18-3　标准系列混合溶液的配制

元　素	混合标准系列浓度/（μg/mL）		介　质	备　注
	N 低	N 高		
Pb、Cr、Al	0.20	6.40	1.5 mol/L HNO_3	“Al”组
Mn、W、Mo、Fe	0.10	3.20		
V、Ti	0.05	1.60		
K	0.20	6.40	1.5 mol/L HNO_3	“K”组
Ca	0.40	12.80	2.0 mol/L HCl	“Th”组
Mg	0.20	6.40		
Th、Ni	0.10	3.20		
Cu	0.05	1.60		

18.1.9.2　最优型光谱仪测定

对分析 Al 等 15 种杂质元素的最佳功率、观测高度、载气流量等进行考察。

由此确定仪器的实验条件与工作参数，光谱仪测定参数条件见表 18-4。

表 18-4　最优型光谱仪测定参数条件

项　　目	工作参数值	项　　目	工作参数值
射频功率/W	1 300	积分时间/s	5～20
载气流速/（L/min）	0.8	重复测量次数（次）	3
冷却气流速/（L/min）	15	测量点峰（点）	5
等离子气/（L/min）	0.5	观测方式	径向观测
样品提升量/（mL/min）	1.0	观测高度	线圈上 15 mm 处

18.1.9.3　结果与讨论

（1）分析线、检出限与测定下限

以 SCD 为检测器的最优型高频等离子体发射光谱仪具有全谱直读功能，每个元素同时都有多条谱线可供选择，通过选择适当的测定波长和背景校正点，基本消除了相互间的光谱干扰及背景影响。采用经过处理的空白溶液重复测量 10 次，在所选定的各杂质元素分析线处，统计求出各谱线强度的标准偏差σ，由此得到方法的检出限，并根据取样量等计算方法测定下限（见表 18-5）。

表 18-5 分析线、检出限与测定下限

序号	元素	分析线/nm	BGC1/nm	BGC2/nm	检出限 3σ/（μg/mL）	测定下限/（μg/g·U）
1	Al	I 396.153	−0.033	0.028	0.000 6	0.1
2	Cr	I 357.869	−0.029	0.023	0.008 0	0.4
3	Fe	II 259.939	−0.021	0.017	0.006 2	0.6
4	K	I 766.490	−0.122	0.117	0.000 6	0.1
5	Mn	II 257.610	−0.020	0.016	0.000 2	0.1
6	Mo	II 202.031	−0.017	0.021	0.003 0	0.3
7	Pb	II 220.353	−0.015	0.014	0.014 0	0.5
8	Ti	II 334.940	−0.020	0.026	0.000 2	0.1
9	V	II 292.402	−0.019	0.026	0.002 1	0.2
10	W	II 224.876	−0.007	0.015	0.007 0	0.7
11	Ca	II 317.933	−0.030	0.029	0.005 0	0.5
12	Mg	II 280.270	−0.028	0.025	0.000 3	0.1
13	Th	II 401.913	−0.024	0.026	0.000 9	0.1
14	Ni	I 232.003	−0.008	0.015	0.001 3	0.2
15	Cu	I 324.754	−0.024	0.030	0.000 6	0.1

（2）残留铀对待测元素的影响

铀价电子为 $7s^25f^36d^1$，激发电位低，参与光谱跃迁的 7s、5f、6d 电子组态复杂，能级密集，因而原子线和离子线密集重叠，形成近乎连续的光谱，造成严重的谱线重叠干扰和连续背景干扰，故必须分离铀。实际操作中水相残留铀量经测量一般控制在 1.0 μg/mL 以下，残留铀对待测元素不构成影响。当含铀量为 10.0 μg/mL 时，Al 等 15 种杂质的光谱测定无明显影响，残留铀对待测元素的影响实验见表 18-6。

表 18-6 残留铀对待测元素的影响实验

序号	元素	波长/nm	加入量/（μg/mL）	基体（U：5 μg/mL）		基体（U：10 μg/mL）	
				测量值/（μg/mL）	回收率/%	测量值/（μg/mL）	回收率/%
1	Al	396.153	0.80	0.799	99.9	0.823	102.9
2	K	766.490	0.80	0.783	97.9	0.788	98.5
3	V	292.402	0.20	0.193	96.5	0.185	92.5
4	W	224.876	0.40	0.399	99.7	0.377	94.2
5	Cr	267.716	0.80	0.781	97.6	0.804	100.5
6	Fe	259.939	0.40	0.385	96.2	0.388	97.0
7	Mn	257.610	0.40	0.382	95.5	0.396	99.0
8	Mo	202.031	0.40	0.390	97.5	0.407	101.7

续表

序号	元素	波长/nm	加入量/（μg/mL）	基体（U：5 μg/mL）		基体（U：10 μg/mL）	
				测量值/（μg/mL）	回收率/%	测量值/（μg/mL）	回收率/%
9	Pb	220.353	0.80	0.784	98.0	0.775	96.9
10	Ti	334.940	0.20	0.194	97.0	0.186	93.0
11	Ca	317.933	3.20	3.19	99.7	3.19	99.7
12	Mg	280.270	1.60	1.64	102.5	1.66	103.7
13	Th	401.913	0.80	0.830	103.7	0.850	106.2
14	Ni	232.003	0.80	0.819	102.4	0.831	103.9
15	Cu	324.754	0.40	0.411	102.7	0.415	103.7

18.1.9.4　GBW04205 标准物质的分析结果

GBW04205 是 U_3O_8 形式的铀和杂质元素成份分析国家一级标准物质，给出了 Al 等 17 种元素的标准值与置信区间。用该方法测定标准物质中相关元素，测试数据处于标准值置信区间，RSD≤10.6%。证明该方法测量准确可靠。（见表 18-7）

表 18-7　GBW04205 分析结果　　单位：μg/gU

元素	标准值	置信限	测量值						RSD/%
			1	2	3	4	5	6	
Al	16.0	14.4～20.9	16.3	17.6	18.1	16.9	17.4	16.7	3.9
Cr	6.5	5.9～7.6	6.3	6.9	6.4	6.3	6.6	6.5	3.6
Fe	78.5	70.0～85.2	71.5	75.6	73.9	73.3	72.0	73.6	2.0
K	16.8	14.7～19.1	17.2	18.1	15.8	16.0	17.6	16.8	5.4
Mn	1.1	1.0～1.3	1.2	1.1	1.1	1.2	1.1	1.1	4.6
Mo	29.1	25.4～31.0	29.9	29.8	27.0	30.0	28.7	28.9	4.0
Pb	0.7	0.6～0.9	0.8	0.7	0.6	0.8	0.7	0.7	10.6
Ti	7.7	6.3～9.8	7.2	7.7	6.9	7.6	6.6	7.4	5.9
V	1.5	1.1～2.0	1.5	1.3	1.2	1.4	1.4	1.5	8.5
W	1.5	1.2～1.9	1.5	1.7	1.4	1.6	1.4	1.5	7.8
Ca	94.0	87.5～107.7	97.2	96.2	95.0	101.2	93.6	96.6	2.7
Mg	5.1	4.2～7.4	5.3	4.9	4.5	5.1	4.7	5.0	5.9
Th	1.2	1.0～1.3	1.1	1.2	1.1	1.2	1.1	1.1	4.6
Ni	3.9	3.4～4.3	4.1	4.2	3.8	4.1	3.7	4.0	4.9
Cu	3.3	2.9～4.0	3.1	3.2	3.3	3.5	3.0	3.4	5.8

分析数据均落在标准值的置信区间内，与标准值吻合，证明该方法准确可靠。

18.1.10 分光光度分析技术

18.1.10.1 分光光度计

分光光度计是由光源、单色器、样品室、检测器、放大线路和显示或记录系统组成，可根据使用的波长范围、光路的构造、单色器的结构、扫描的机构分为不同的类型。

18.1.10.2 理论基础

分光光度法的基本原理是测定样品溶液或加一定试剂显色的样品溶液的吸光度。分光光度法的理论基础是朗伯-比尔定律。具体表述为：透过光强度与有色溶液中吸收物质的分子数量 c 以及透过溶液的厚度 L 有关。其数学表达式如下：

$$A=\log\frac{I_t}{I_0}=kcL \tag{18-9}$$

式中：I_0——入射光的强度；

I_t——透过光的强度。

其中 k 为比例系数，其数值只取决于吸光物质的特性，而与吸收层厚度及浓度无关。式中 $\log\frac{I_t}{I_0}$ 又称为吸光度 A，上式又可写为 $A=kcL$。

分光光度法是鉴于对光的选择性吸收而建立的分析方法，它遵循朗伯-比尔定律。分光光度法具有灵敏度高，准确度高，应用范围广，操作简单迅速，仪器设备也不复杂的特点。

18.1.10.3 分光光度法测量条件的选择：

1）入射光波长的选择，吸收最大，干扰最小。

2）控制适当的吸光度。

3）选择适当的参比液。

18.1.10.4 六氟化铀中硅的分析

（1）方法概要

在一定酸度范围内，钼酸铵与硅酸盐形成硅钼杂多酸，用 1-氨基-2-萘酚-4-磺酸、Na_2SO_3 和偏重亚硫酸钠混合还原液还原硅钼杂多酸为硅钼蓝络合物，在波长 710 nm 处进行分光光度测定。

（2）显色反应原理

在一定酸度下，钼酸铵与硅酸盐形成硅钼杂多酸，用 1-氨基-2-萘酚-4-磺酸，亚硫酸钠和偏重亚硫酸钠混合还原液还原硅钼杂多酸为硅钼蓝络合物，主要反应如下：

硅钼黄杂多酸的形成：

$$SiO_3^{2-}+12MoO_4^{2-}+22H^+=[Si(Mo_3O_{10})_4]^{4-}+11H_2O$$

硅钼黄杂多酸的还原：

$$[Si(Mo_3O_{10})_4]^{4-}+2e+6H^+=H_4[Si(Mo_2O_5)(Mo_2O_6)_5]+H_2O$$

18.1.10.5 六氟化铀中磷的分析

（1）方法概要

在一定酸度范围内，五价磷与钼酸铵作用，生成磷钼黄杂多酸，用 1-氨基-2-萘酚-4-

磺酸、亚硫酸钠和偏重亚硫酸钠混合还原液还原磷钼黄为磷钼蓝络合物，在波长 710 nm 处进行分光光度测定。

（2）显色反应原理

在一定酸度范围内，磷酸盐与钼酸铵反应，生成磷钼杂多酸，用 1-氨基-2-萘酚-4-磺酸，亚硫酸钠和偏重亚硫酸钠混合液还原磷钼酸为磷钼蓝络合物，其主要反应如下：

磷钼杂多酸（磷钼黄）的形成：

$$Mo_7O_{24}^{6-}+4H_2O=7MoO_4^{2-}+8H^+$$

$$PO_4^{3-}+12MoO_4^{2-}+27H^+\rightarrow H_3PO_4\cdot 12MoO_{3+}12H_2O$$

根据实验测定和配合物结构理论，把磷钼黄写为 $H_3[P(Mo_3O_{10})_4]$，其中 P 是形成体，$Mo_3O_{10}^{2-}$是配位体，Mo 在其中为+6 价。

（3）磷钼蓝的形成：

磷钼酸比原来的钼酸更容易还原。在合适的条件（如酸度）下，使用适当的还原剂，磷钼酸能被还原为一种可溶的蓝色化合物，称为磷钼蓝，而过量的钼酸不被还原。

磷钼蓝的生成反应如下：

$$[P(Mo_3O_{10})_4]^{3-}+2e+5H^+\rightarrow H_3PO_4\cdot 10MoO_3\cdot Mo_2O_5\text{（磷钼蓝）}+H_2O$$

其中有两个 Mo 原子从+6 价被还原为+5 价。

18.1.10.6　六氟化铀中氯的分析

（1）方法概要

亚硝酸钠还原六氟化铀水解液中可能存在的高价氯化物为氯离子，与硝酸银生成沉淀，根据对氯化银浊度的测定，确定氯化物的含量。测定波长采用 540 nm，可消除铀酰离子黄色的影响，用乙二醇作为氯化银浊度的稳定剂。

（2）浊度分析法

使待测组分与试剂形成微细固体，悬浮在溶液中，测量和比较浑浊介质所散射的光强度来确定待测组分含量的方法，称为浊度分析法，所使用的仪器称为浊度计。在没有浊度计的情况下，也可使用一般光度计来进行浊度分析。光线通过浑浊介质后，由于悬浮介质对光线的吸收和散射，使光线的强度减弱。测量透过光线的吸光度，用标准曲线法绘制吸光度-浊度曲线，借以进行分析。如果悬浮体是有色的，则应选用某个固定波长，以得到最高灵敏度。一般而言，由于悬浊液是一种不均匀体系，所以浊度分析法的误差较大。

（3）氯的比浊分析原理

在酸性介质中，用亚硝酸钠作为还原剂，将溶液中可能存在的高价氯的化合物还原为 Cl^-离子，Cl^-离子与 $AgNO_3$ 反应，生成 AgCl 沉淀，通过使用乙二醇，使 AgCl 均匀分散于溶液中形成 AgCl 悬浊液，以此进行比浊测定。其主要过程如下：

$$3NO_2^-+ClO_3^-=Cl^-+3NO_3^-\text{（以氯酸根为例）}$$

$$Cl^-+Ag^+=AgCl\downarrow$$

18.1.10.7　六氟化铀中溴的分析

（1）方法概要

以亚硝酸钠为还原剂，将六氟化铀水解液中可能存在的溴酸盐还原为溴化物，在一定酸度下，用氯胺 T 氧化溴化物，产生的单质溴与荧光素钠盐反应，生成红色的四溴荧光素，显色后用甲酸钠为还原剂消除过量的氯胺 T，在波长 516 nm 处进行分光光度测定。

（2）显色反应原理

在弱酸性介质中，氯胺 T［$CH_3 \cdot C_6H_4 \cdot SO_2 \cdot NClNa \cdot 3H_2O$］能把 Br^-离子氧化为 Br_2 所生成的 Br_2 能与黄绿色的萤光素（又称萤光黄）起溴化作用而生成红色的四溴萤光素（也称曙红）。其反应过程表示如下：

$$2Br^- \xrightarrow{\text{氯胺T氯化}} Br_2$$

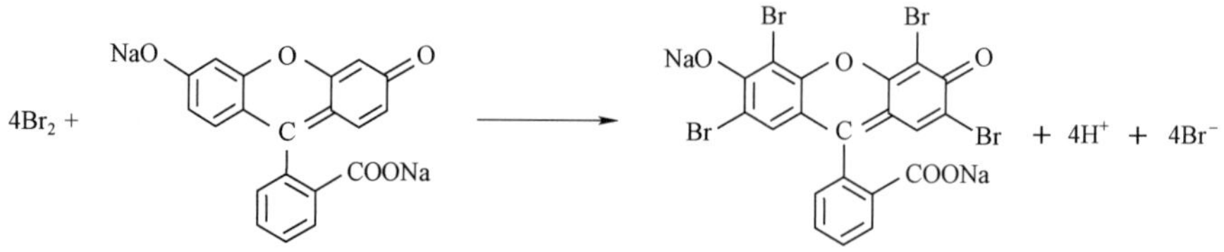

$$4Br_2 + \text{萤光素钠盐} \longrightarrow \text{四溴萤光素钠（曙红）} + 4H^+ + 4Br^-$$

萤光素钠盐　　　　四溴萤光素钠（曙红）

18.2　质谱分析

质谱分析法（Mass Spectrometry，MS）是在高真空系统中测定样品的分子离子及碎片离子质量，以确定样品相对分子质量及分子结构的方法。

18.2.1　质谱分析原理及特点

18.2.1.1　质谱分析原理

使试样中各组分电离生成不同荷质比的离子，经加速电场的作用，形成离子束，进入质量分析器，利用电场和磁场使发生相反的速度色散——离子束中速度较慢的离子通过电场后偏转大，速度快的偏转小；在磁场中离子发生角速度矢量相反的偏转，即速度慢的离子依然偏转大，速度快的偏转小；当两个场的偏转作用彼此补偿时，它们的轨道便相交于一点。与此同时，在磁场中还能发生质量的分离，这样就使具有同一质荷比而速度不同的离子聚焦在同一点上，不同质荷比的离子聚焦在不同的点上，将它们分别聚焦而得到质谱图，从而确定其质量。

18.2.1.2　质谱分析特点

质谱分析法独特的无可比拟的功能就是同位素丰度的分析。在众多的同位素分析方法中，质谱分析法是最经典，最通用的一种方法，所以在整个核科学技术应用领域中，广泛使用着各种类型的同位素质谱分析方法。下面就介绍一下同位素质谱分析法的一系列显著特征。

1）同位素质谱分析法的首要特征，就是它的极高的分析精密度。在许多同位素应用研究中，往往需要知道的只是同位素丰度的变化，这包括自然界或实验室条件下发生的变化。由于这种需要促进了高精密质谱仪器的进展，并产生了双接收乃至多接收测量技术，以及相应的高稳定电子测量技术和控制技术。目前，同位素质谱分析的精密度已达到 10^{-5}～10^{-6}。

2）高丰度灵敏度是同位素质谱分析的另一特征。这种要求首先是从寻找各种天然元素的低丰度同位素开始的，后来在研究中子俘获截面以及高纯同位素分析中，也获得了应用。同时，高丰度灵敏度也是达到高精密度测定的一个必需条件。为了达到满足某些研究工作的需要，曾研制了各种串列质谱计及其他高丰度灵敏度质谱仪器。

3）在实际应用中，对超微量样品的同位素质谱分析也提出了要求。譬如，经辐照后的核燃料中的铀、钚同位素以及各种裂变产物等，由于其强放射性，对样品的使用量有很严格的限制。某些特殊来源的样品，例如月岩样品分析、文物鉴定等。这方面工作的要求促进了质谱仪器的高灵敏度离子源、高传输质量分析器和高灵敏度检测器的发展，其中包括一系列特殊的离子源电离技术的发展。

4）同位素质谱分析的准确度问题，涉及到一系列系统误差的影响，情况非常复杂。相对于测量精密度的大幅度提高，显然这是质谱分析中的一个弱点。然而，由于科学技术的发展，首先是同位素生产的建立和发展，作为商品，对计量的准确度提出了严格要求。除此之外，周期表中元素原子量和同位素丰度值的准确度也要求不断提高。日益增进的国际间交流，也需要统一的尺度。

在铀同位素分离环节，需要采用高精密度同位素质谱分析方法对原料，各种不同丰度的产品进行同位素分析，同时需要采用质谱法对分离装置的分离系数进行测定，从而对其分离性能进行评价。此外，还可以采用质谱法对工作介质六氟化铀中的轻杂质，重金属挥发性杂质以及卤代烃的含量进行测定。

18.2.2　质谱仪构成

六氟化铀同位素分析质谱仪器通常由进样系统、离子源、质量分析器、接收检测系统、电子部件单元和真空系统等部分组成，如图 18-7 所示。

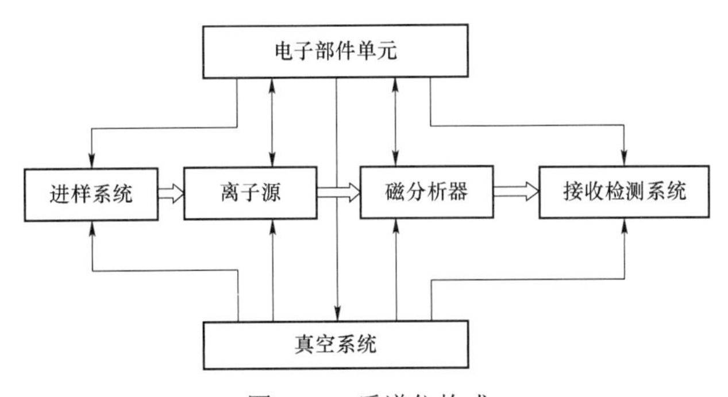

图 18-7　质谱仪构成

18.2.2.1　进样系统

进样系统的作用是将各种不同形态，具有不同物理和化学性质的样品按分析的要求，以一定的方式引入离子源。由于样品形态和物理化学性质的不同，因此不存在普遍适用的进样系统，而是分为气体进样系统，固体进样系统，特殊的联用进样系统，包括色谱-质谱联用进样系统等。这里重点介绍铀浓缩质谱分析中专用的气体进样系统

由于六氟化铀是一种化学活性很强的化合物，它能与大多数金属、有机物发生反应，

所以对进样系统的结构材料有很严格的要求。一般采用耐蚀金属，整个系统要求尽可能紧凑，尽可能减少容积，并且管道内表面要有较高的光洁度。六氟化铀气体专用三路进样系统结构如图 18-8 所示。

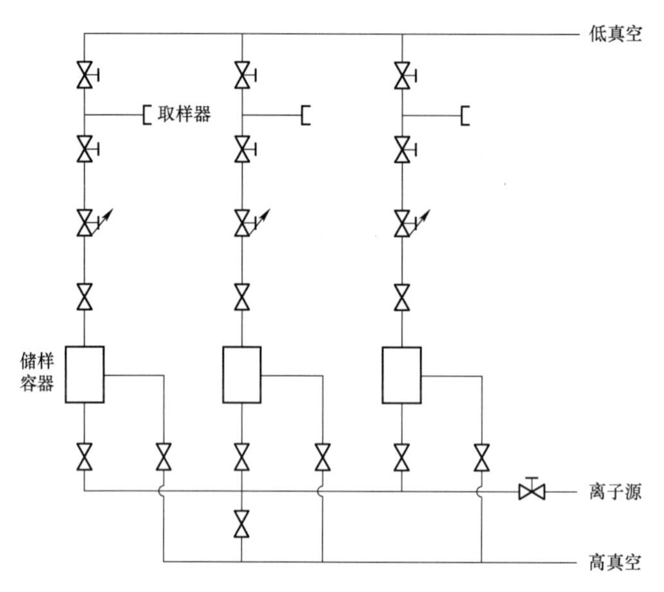

图 18-8 质谱仪专用气体进样系统构成

18.2.2.2 离子源

离子源是质谱仪器的一个重要组成部分，它的作用是将被分析的中性原子或分子电离成离子，然后拉出、聚焦、加速后，形成一定能量的均匀、稳定的离子束，通过离子源出口狭缝进入质量分析器。离子源和质谱计的灵敏度、分辨本领等主要指标有很大关系，因此有人把离子源称为质谱计的心脏。

质谱计的离子源按其电离方法的不同有以下几种：电子轰击型，表面电离型，高频火花电离，离子轰击型，光致电离，场致电离，化学电离，激光电离等。一般来说，离子源的选用视样品的性质、形态和分析要求而定。

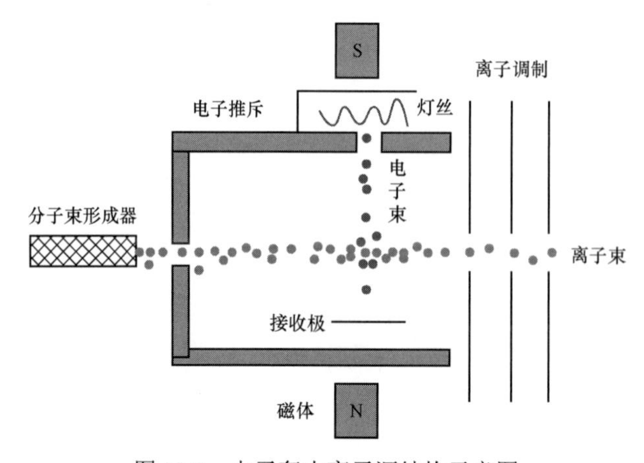

图 18-9 电子轰击离子源结构示意图

六氟化铀同位素质谱分析采用电子轰击型离子源。由于六氟化铀进入离子源后，将与离子源内壁表面作用，生成气态反应产物，从而影响离子束的聚焦能力，并造成严重的“记忆效应”。为了避免这种情况的发生，用于六氟化铀同位素分析的质谱仪，采用的都是多道分子束离子源结构，效果很好，并在商品仪器中得到了广泛的应用。

18.2.2.3 质量分析器

近年来比较新型的六氟化铀同位素质谱仪器一般都采用共点聚焦型磁分析系统。如专用的 MAT-281 型六氟化铀同位素分析质谱仪中就是采用的这种磁分析系统。由于实现了双向聚焦，这类仪器的磁分析器的离子传输效率接近 100%，而且其质量色散和分辨本领与同样磁场半径的垂直入射的一级方向聚焦仪器相比，均增加了一倍，或者说相当于磁场半径增大了一倍。除磁分析器外，专用的六氟化铀同位素分析质谱仪器也可以采用四极场质量分析器。

18.2.2.4 接收检测系统

离子流接收和检测系统的主要功能是接收离子流并测定其强度。离子的接收和检测方法大致有直接电测法、二次效应电测法、光学方法等。

在高精密度六氟化铀同位素质谱分析工作中，广泛采用多接收系统，这种系统配合多进样系统以及相应的测量路线，可以缩短测量时间，减轻离子源的污染，降低样品消耗，给出高精密度的测量结果。四个法拉第杯离子接收器同时接收质量数分别为 333，331，330，329（相应于 ^{238}U，^{236}U，^{235}U，^{234}U）的 UF_5^+离子。二次电子倍增器的增益可通过倍增器的高压（1～3 kV）进行调整，增益调整范围为 10^5～10^7，可以检测 10^{-18} A 的离子流。离子流放大用的静电计采用热隔离和恒温的措施并密封于低真空状态，以降低噪音，提高信噪比和输出信号的稳定性。

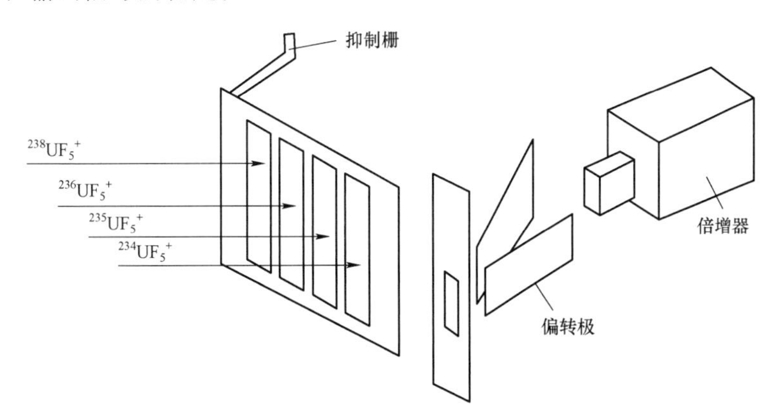

图 18-10 接收检测系统结构示意图

18.2.2.5 真空系统

用于建立和维持进样系统、离子源、质量分析器和离子流接收所需的真空条件。良好的真空条件可以减少剩余气体对质谱图的干扰，同时提高离子源灯丝寿命，提高质谱仪丰度灵敏度指标。

质谱仪真空系统一般由机械真空泵、涡轮分子泵、离子泵和相应的真空管件组成。机械真空泵仅能达到 10^{-2} Pa 量级真空，为质谱仪进样系统及离子源暴露大气后提供预真空环境。涡轮分子泵和机械真空泵联用，为进样系统提供 10^{-4}～10^{-5} Pa 量级高真空。离子泵作为超高真空抽气设备，具有真空度高，无油，无噪音，无振动，工作寿命长，抽速平稳等特点，泵本身也可作真空计（测量范围 10^{-2}～10^{-6} Pa），为离子源和质量分析器区域高真空环境，可有效减少离子飞行管道中残余气体分子的数量，为样品的准确测定提供保障。

18.2.2.6 电子部件单元

电子部件单元主要实现质谱计所需的磁场电流、离子源的各极片电压、离子流检测、电压/频率转换、计算机数据采集和计算机实时监测控制等硬件功能。电子部件单元工作的稳定性直接影响质谱计的正常工作和分析测量。

18.2.3 分析方法

18.2.3.1 气体源质谱法测定六氟化铀中铀同位素丰度

采用单标准相对测量法分析六氟化铀中铀同位素丰度，其测量原理为选择一个与待测样品同位素丰度接近的标准样品，按特定顺序将待测样品和标准样品依次引入离子源，经质量分析器分离后在离子检测系统中对 UF_5^+离子强度进行测量，根据各同位素离子流强度的比值得到各同位素的丰度比，进而根据以上丰度比和标准样品的已知丰度比计算待测样品中各同位素的丰度及放射性核素含量。

一般分析步骤：

（1）标准样品准备

根据气体同位素丰度分析原理，对 ^{235}U 任何丰度样品的分析均都需要一个标准样品，样品和标样之间同位素丰度比应尽量接近，最大不超过 10%。标准样品可采用六氟化铀中铀同位素国家一级标准样品（GBW 系列），也可采用铀同位素工作标准。铀同位素工作标准样品要由国家一级标准样品进行标定。

GBW 系列标准物质作为国家一级标准物质，用绝对测量法或两种以上不同原理的准确可靠的测量方法进行定值，也可由多个实验室用准确可靠的方法协作定值。其制备主要经过配制、液化混合均匀、铀同位素均匀检验、同位素丰度检验、样品分取、样品储存等。

（2）样品处理

取足够量的待测样品，将取样器连接到质谱计进样系统上。如待测样品为工艺在线样品，取适量样品于储样弯管即可。打开进样系统阀门抽真空并进行密封性检查。配制–80～–60 ℃的冷冻液，套在取样器上充分冷冻后打开阀门，抽去空气和其他挥发杂质，然后关闭阀门。移去冷冻液，待恢复至室温后，进样检查净化效果。如净化效果不理想，可多次重复操作至满足仪器分析要求为止。标准样品净化程序与待测样品相同。

（3）仪器准备

质谱计在工作状态下预热 30 分钟以上。操作相应的阀门使样品进入离子源，调节加速电压或磁场电流找到 $^{238}UF_5^+$离子峰。在一定进样量下，调节离子源参数，以获取较高灵敏度和较好峰形。

（4）测量

根据测量需要完成测量顺序表设定：X-S-X-S-X…，其中 X 和 S 分别表示待测样品通道和标准样品通道。按质谱计配套程序设置进行六氟化铀中铀同位素丰度的自动测量。

（5）计算

根据计算机程序读出样品同位素质量丰度 C_{4w}、C_{5w}、C_{6w}。

放射性核素 ^{234}U 的含量按公式（18-10）计算；

放射性核素 ^{236}U 的含量按公式（18-11）计算。

$$R_{45w} = \frac{C_{4w}}{C_{5w}} \times 10^6 \qquad (18\text{-}10)$$

$$R_{65w} = \frac{C_{6w}}{C_{5w}} \times 10^6 \qquad (18\text{-}11)$$

式（18-10）式（18-11）中：

R_{45w}——^{234}U 放射性核素，单位为：μg/g^{235}U；

R_{65w}—— ^{236}U 放射性核素，单位为：μg/g^{235}U；

C_{4w}——^{234}U 同位素质量丰度；

C_{5w}—— ^{235}U 同位素质量丰度；

C_{6w}——^{236}U 同位素质量丰度。

指标：贫化铀和浓缩铀的同位素 ^{235}U 测量相对标准偏差（RSD）为 0.02%～0.3%。

18.2.3.2　质谱法测定六氟化铀中卤代烃含量

通过气体进样装置，将六氟化铀导入质谱计并扫描记录质谱图。从质谱图上测量卤代烃的八个特征峰相对于 UF_5^+峰的强度，扣除同样条件下测量的六氟化铀标准的相应本底峰强度，求得各特征峰的净强度。如果每个特征峰的相对净强度都小于 2 ppm，则报出待测样品卤代烃的含量不大于 0.01% mol。本方法是一种半定量的方法。

一般分析步骤：

（1）标准样品准备

标准样品采用国家一级标准样品（GBW 系列）。

（2）样品处理

待测样品盛装容器为 2S 取样器，容器本底检测合格后，采取液化分样的方法进行卤代烃样品分取，样品量应控制在 0.6～1.2 g 之间并具有代表性。样品量合格后将取样器连接到质谱计进样系统上。将适量的标准样品放入储样弯管后，用–40 ℃低温冷冻液净化。

（3）仪器准备

质谱计需配置倍增器装置，计算机软件无法完成低质量数扫描显示的质谱计还需配置记录仪。在工作状态下预热 30 分钟以上。将质谱计主通道选择为倍增器测量通道。

（4）测量

仪器本底测量；在计算机软件或者记录仪上连续扫描出质荷比在 12～70 范围内的质谱图，记录质谱图上质荷比为 15、26、27、31、43、47、49、69 八个特征峰的峰强，以 mV 为单位记为 Im*j*（$j=1$，2，…，8）。

容器本底测量：将容器内部与离子源连接通道打开后在计算机软件或者记录仪上连续扫描出质荷比在 12～70 范围内的质谱图，记录质谱图上质荷比为 15、26、27、31、43、47、49、69 八个特征峰的峰强，以 mV 为单位记为 Ic*j*（$j=1$，2，…，8）。

标准样品测量：将标准样品挂接弯管与离子源连接通道打开后在计算机软件或者记录仪上连续扫描出质荷比在 12～70 范围内的质谱图，记录质谱图上质荷比为 15、26、27、31、43、47、49、69 八个特征峰的峰强，以 mV 为单位记为 Isj（$j=1$，2，…，8）。

待测样品测量：将待测样品挂接弯管与离子源连接通道打开，进与标准样品测量时等同压力样品后在计算机软件或者记录仪上连续扫描出质荷比在 12～70 范围内的质谱图，记录质谱图上质荷比为 15、26、27、31、43、47、49、69 八个特征峰的峰强，以 mV 为单位记为 Ixj（$j=1$，2，…，8）。

（5）计算

容器本底的卤代烃含量按公式（18-12）计算

$$\mathrm{I}j=\mathrm{Ic}j-\mathrm{Im}j \tag{18-12}$$

式中：

Ij——容器本底第 j 个特征峰的相对强度，以 mV 为单位；

Icj——容器本底第 j 个特征峰的峰强，以 mV 为单位；

Imj——仪器本底第 j 个特征峰的峰强，以 mV 为单位。

若 Ij 相对于 M333 的峰强均小于 2 ppm，则可报出容器本底的卤代烃含量合格。

待测样品的卤代烃含量按公式（18-13）计算

$$\mathrm{I}i=\mathrm{Ix}i-\mathrm{Is}i \tag{18-13}$$

式中：

Ii——待测样品第 i 个特征峰的相对强度，以 mV 为单位；

Ixi——待测样品第 i 个特征峰的峰强，以 mV 为单位；

Isi——标准样品第 i 个特征峰的峰强，以 mV 为单位。

若 Ii 相对于 M333 的峰强均小于 2 ppm，则可报出待测样品的卤代烃含量小于 0.01%（mol）。

18.2.3.3 热电离质谱法测定六氟化铀中铀同位素丰度

在核燃料循环过程中，也可采用热电离质谱法分析六氟化铀中铀同位素丰度。其测量原理是将铀物流样品溶解、稀释后，将一定浓度的硝酸铀酰溶液装载在徕灯丝上。通过热电离质谱仪（TIMS）在分析条件下采用接收器采集按质荷比分离的铀离子，计算处理后得出铀同位素丰度。

一般分析步骤：

（1）样品溶液准备

称取约 5 mg 试样，加入一定量硝酸，加热溶解完全后蒸干，加入适量硝酸溶液配制成 2 μgU/μL 的硝酸铀酰溶液。分取 1 μL 溶液涂在预烧过的灯丝上完成加热。

（2）测量

将样品带和电离带装入质谱计。按照 TIMS 标准操作操作步骤进行样品分析。在离子源真空小于 2×10^{-4} Pa 时，完成相应仪器操作及质谱仪参数调节，使离子流信号强度最大。根据计算机设定程序自动采集数据，打印分析结果。

（3）计算

计算机直接得出样品中 $^{234}U/^{238}U$、$^{235}U/^{238}U$ 和 $^{236}U/^{238}U$ 的测量值，分别用 r_{48}、r_{58} 和 r_{68} 表示。每次测量是需带一个标准样品，用标准样品中的测量值 R_x 及标准值 R_s 对样品的

测量值 r 进行校正，按公式计算。

$$R_{48}=r_{48}\times\frac{R_{s48}}{R_{x48}} \tag{18-14}$$

$$R_{58}=r_{58}\times\frac{R_{s58}}{R_{x58}} \tag{18-15}$$

$$R_{68}=r_{68}\times\frac{R_{s68}}{R_{x68}} \tag{18-16}$$

$$C^{235}{}_{U}=\frac{R_{58}}{1+R_{48}+R_{58}+R_{68}} \tag{18-17}$$

指标：根据铀同位素丰度比的差异，测量相对标准偏差（RSD）为 0.02%～1%。

18.3　重量分析

重量分析法即称量分析法，是通过称量物质的质量或质量的变化来确定被测组分含量的一种经典的定量分析方法。一般是将被测组分从试样中分离出来，转化为一定的称量形式后进行称量，由称得的物质的质量计算被测组分的含量。因核纯级产品杂质含量较低，不需要分离杂质，可通过加热或其他方法直接将溶液蒸干，将被测组分转化为一定的称量形式，也可达到测定的目的，称之为直接重量法。

18.3.1　方法分类

根据被测组分分离方法的不同，重量分析法可分为下列三种方法。

（1）沉淀法

将被测组分以微溶化合物的形式沉淀出来，再将沉淀过滤、洗涤、烘干或灼烧，最后称重计算其含量。例如用 SiO_2 重量法测定矿石中的 Si，用丁二酮肟镍重量法测定合金中的 Ni 等。

（2）气化法

一般先通过加热（或其他方法）使试样中的被测组分挥发逸出，然后根据该组分逸出前后试样质量之差来计算被测组分的含量；或者当该组分逸出时，选择一吸收剂将它吸收，根据吸收剂质量的增加来计算被测组分的含量。例如土壤和食品中水分的测定。

（3）电解法

利用电解原理，先使金属离子在电极上析出，然后称重，求其含量。例如用此法可进行铜及铜合金中铜的测定，银及银合金中银的测定等。

18.3.2　方法特点

重量法作为测定铀的经典方法，因为所测结果较准确，精密度亦较高（一般优于±0.5%），适用于分析铀含量较高的样品，常用平测定铀产品或中间产物。例如重铀酸铵、二氧化铀、四氟化铀或化学计量的八氧化三铀等样品中的铀含量。重量法也用于纯化合物溶液的分析，借助于加热等方法，将待测溶液蒸干后称量计算；也可以高温灼烧至稳定的称量形式（如六氟化铀水解为氟化铀酰溶液，加热蒸干后高温灼烧成八氧化三铀），根据称量质量计算化合物中被测组分的铀含量。

18.3.3 六氟化铀中铀含量的测定

18.3.3.1 方法原理

将液化分样取得的六氟化铀样品，用液氮冷冻后，水解，蒸干水解液（氟化铀酰溶液），然后高温水解转化为八氧化三铀。由获得的六氟化铀质量与八氧化三铀质量，结合各种铀同位素的质量分数得到的铀的平均原子量，计算出六氟化铀中铀的含量。

18.3.3.2 操作步骤

（1）铂金舟的准备

将铂金舟放入硝酸溶液中煮沸，然后用去离子水冲洗干净。将铂金舟放入高温水解炉中灼烧后在干燥器中冷却至室温后称量。

（2）试样的水解、蒸干和灼烧

将装有六氟化铀试样的样品管置于干燥器中平衡后记录称量值。样品管在液氮中冷冻，向铂金舟注入去离子水，使其能够覆没样品管。样品管在水中静置，直至六氟化铀水解完全。在红外灯下用电炉把铂金舟中的氟化铀酰溶液蒸干后放入高温水解炉中灼烧，使氟化铀酰转化为八氧化三铀。取出铂金舟，放入干燥器中冷却至室温后称量，取得铂金舟及八氧化三铀的质量。

18.3.3.3 结果计算

（1）六氟化铀中铀的含量 w_U 按公式（18-18）计算。

$$w_U = \frac{(m_4 - m_1)}{(m_2 - m_3)} \times A \times 100\% \tag{18-18}$$

式中：w_U——六氟化铀中铀的质量分数，数值以百分数表示；

A——质量因子，其值随同位素组成变化而变化。其化学计量值的计算见公式（18-19）；

m_4——铂金舟及八氧化三铀的质量的数值，单位为克（g）；

m_1——铂金舟的质量的数值，单位为克（g）；

m_2——样品管及六氟化铀试样的质量的数值，单位为克（g）；

m_3——样品管的质量的数值，单位为克（g）。

（2）质量因子 A 按公式（18-15）计算。

$$A = \frac{3M_U}{3M_U + 8M_O} \tag{18-19}$$

式中：M_O——氧的相对原子质量；

M_U——铀的平均相对原子质量，由公式（18-16）计算。

$$M_U = 238.0508 \times (1 - M_{234} - M_{235} - M_{236}) + 234.0409 \times M_{234} + 235.0439 \times M_{235} + 236.0456 \times M_{236} \tag{18-20}$$

式中：

M_{234}、M_{235}、M_{236} 分别为各种铀同位素的原子分数。

18.4　电化学分析

18.4.1　库仑滴定法

库仑滴定法又称恒电流库仑滴定法，是建立在控制电流电解过程基础上的库仑分析方法。库仑滴定法系在被测定物质的试液中加入另一种物质，这种物质以 100%的电流效率以恒电流在电极上起电解反应，电解反应的产物再与测定物质起定量反应，一旦电解反应的产物与测定物质发生指示，立即停止电解，则根据电解过程中相应的电量，被测定物质的量即可由电解定律算出。因此看出这种分析方法与容量分析方法差不多，所不同的不过是容量分析法的滴定剂是由滴定管中加入，而库仑滴定法的滴定剂是恒电流电解下产生，因此恒电流库仑滴定法也称为库仑滴定法。

18.4.1.1　库仑滴定法的仪器装置及测定原理

用强度一定的恒电流通过电解池，同时用电钟记录时间。由于电极反应，在工作电极附近不断产生一种物质，它与溶液中被测物质发生反应。当被测定物质被“滴定”（反应）完了以后，由指示反应终点的仪器发出讯号，立即停止电解，关掉电钟。按照法拉第电解定律，可由电解时间 t 和电流强度 i 计算溶液中被测物质的质量 W：

$$W = Q\frac{M}{nF} \tag{18-21}$$

式中：Q——电极反应所消耗的电量（$Q=I \cdot t$）；

M——被测物质的摩尔质量；

n——电极反应的电子转移数；

F——法拉第常数（其值为 96 485 C/mol）。

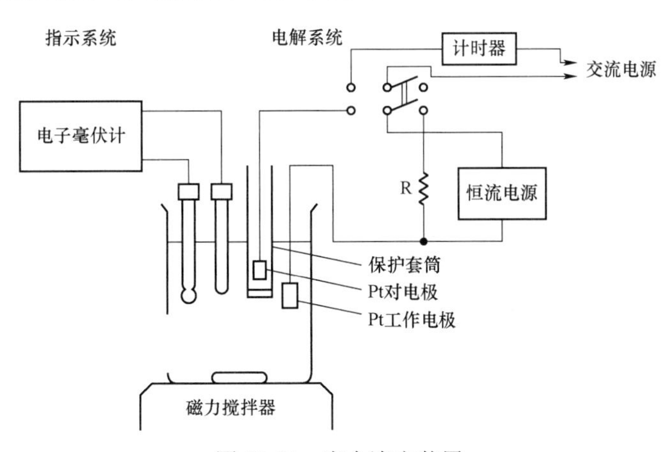

图 18-11　库仑滴定装置

库仑滴定装置是一种恒电流电解装置。通过电解池的电流可由精密检流计显示，也可由精密电位计测量标准电阻上的电压而求得。电解池有两对电极，一对是指示终点的电极；另一对为进行库仑测定的电极，其中与被测定物质起反应的电极称工作电极，另一个称辅助电极。为了防止两个电极之间相互干扰，通常把辅助电极装在玻璃套内，套管底部镶上一块微孔底板，上面放一层琼脂或硅胶；或利用离子交换膜封闭套管，阻止离子出入。凡能指示一般电滴定法者，都可用来指示库仑的滴定终点。

18.4.1.2 库仑滴定法的终点确定方法

指示终点的方法有指示剂法、电位法、电流法等，常用的是电位法和电流法。电流法又称死停终点法，通常是在两个铂指示电极上加一适当的恒电压，当终点到达时，由于试液中存在的一对可逆电对或原来一对可逆电对消失，此时铂指示电极的电流迅速发生变化或静止，则表示到达终点。

电位法指示终点的原理与普通电位滴定法相似。在滴定过程中每隔一定时间记下电位数值和电解时间，以电位值为纵坐标，电解时间为横坐标作图。所得曲线的形状与一般电位滴定曲线相似。滴定到达终点时，电位发生突跃，如图 18-12 所示。若终点电位变化不够明显，可采用一级微商或二级微商滴定技术，终点时可由电子线路自动记下完成滴定所消耗的时间。

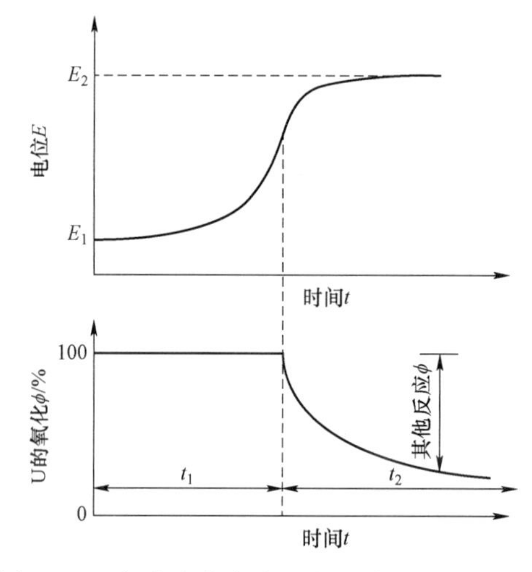

图 18-12 恒电流库仑滴定电位法终点指示曲线

18.4.1.3 电流效率

在恒电流库仑滴定中，通常要求电解产生滴定剂的电流效率（η）达到 100%。在实际工作中常用下述方法测定滴定剂的电流效率：在含有支持电解质和发生电解质的溶液中，加入某一已知量被测物质之前，先用恒电流电解产生一定量的库仑滴定剂，其数量相当于将要加入的被测物质所需量的 95%，然后加入被测物质与滴定剂反应。剩余的被测物质以电解产生滴定剂继续滴定至终点。将电解产生滴定剂的总时间与加入被测物质按法拉第定律计算的理论时间相比较，如果电解产生滴定剂实际消耗的时间与理论时间是一致的，表明该电解产生滴定剂的电流效率为 100%。

18.4.1.4 六氟化铀纯度的测定

将液化分样取得的六氟化铀样品，用液氮冷冻后，水解，蒸干水解液（氟化铀酰溶液），然后高温水解转化为八氧化三铀。称取一定量的 U_3O_8 和相当于 99% U_3O_8 重量的 V_2O_5，经过化学处理后，定容到固定体积，移取一定体积，在恒电流下用铂网阳极电生钒（V）

库仑滴定剩余U（IV）。由获得的八氧化三铀质量和库仑滴定法测得的质量因子，计算六氟化铀的百分含量（纯度）。

18.4.2 电位滴定分析技术

电位滴定法是在滴定过程中通过测量电位变化以确定滴定终点的方法，和直接电位法相比，电位滴定法不需要准确的测量电极电位值，因此，温度、液体接界电位的影响并不重要，其准确度优于直接电位法。普通滴定法是依靠指示剂颜色变化来指示滴定终点，如果待测溶液有颜色或浑浊时，终点的指示就比较困难，或者根本找不到合适的指示剂。电位滴定法是靠电极电位的突跃来指示滴定终点。在滴定到达终点前后，溶液中的待测离子浓度往往连续变化 n 个数量级，引起电位的突跃，被测成分的含量仍然通过消耗滴定剂的量来计算。

使用不同的指示电极，电位滴定法可以进行酸碱滴定，氧化还原滴定，配位滴定和沉淀滴定。酸碱滴定时使用pH玻璃电极为指示电极，在氧化还原滴定中，可以铂电极作指示电极。在配位滴定中，若用EDTA作滴定剂，可以用汞电极作指示电极，在沉淀滴定中，若用硝酸银滴定卤素离子，可以用银电极作指示电极。在滴定过程中，随着滴定剂的不断加入，电极电位 E 不断发生变化，电极电位发生突跃时，说明滴定到达终点。

18.4.2.1 电位滴定法的仪器装置及测定原理

电位滴定法的装置由四部分组成，即电池、搅拌器、测量仪表、滴定装置，如图18-13所示。

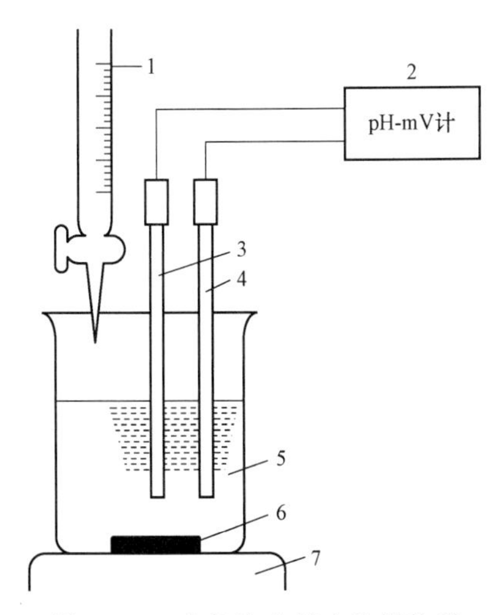

图18-13 电位滴定基本仪器装置

1—滴定管；2—pH-mV计；3—指示电极；4—参比电极；5—试液；6—搅拌子；7—电磁搅拌器

18.4.2.2 电位滴定法的终点确定方法

（1）作图法

1）$E \sim V$ 曲线（即一般的滴定曲线）：以测得的电位 E 对滴定的体积作图得到图18-14（a）的曲线，曲线的突跃点（拐点）所对应的体积为终点的滴定体积 V_e。

2）作 $\Delta E/\Delta V \sim V$ 曲线（即一级微分曲线）：对于滴定突跃较小或计量点前后滴定曲线

是不对称的，可以用$\Delta E/\Delta V$或$\Delta E/\Delta V$对ΔV相应的两体积的平均值作图，得到图18-14（b）的曲线，曲线极大值所对应的体积为V_e。

3）作$\Delta^2E/\Delta V^2$曲线（即二级微商曲线），以$\Delta^2E/\Delta V^2$对二次体积的平均值作图，得到图18-14（c）曲线，曲线的切线与V轴交点即$\Delta^2E/\Delta V^2=0$所对应的体积为V_e。

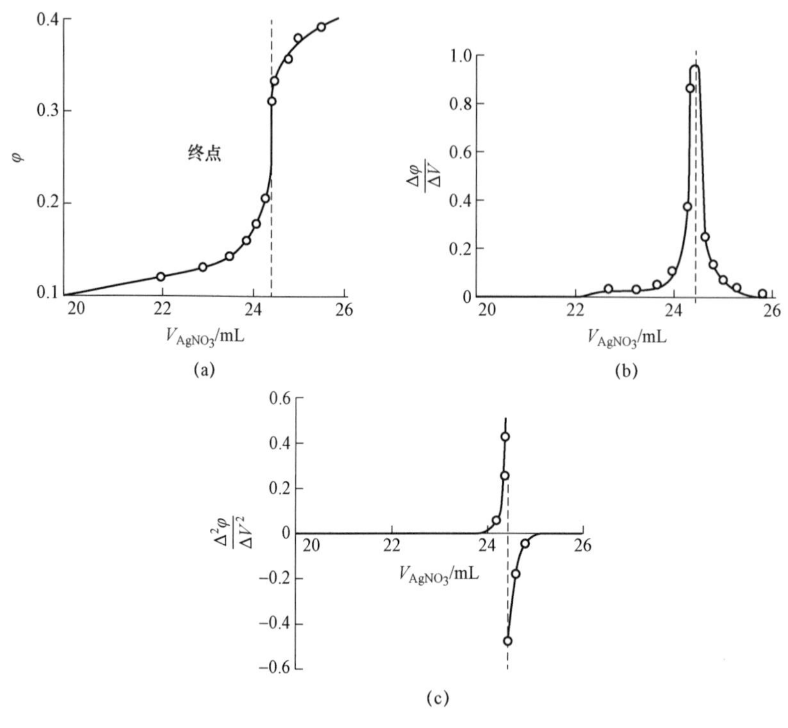

图18-14　电位滴定法的滴定曲线

（2）二级微商计算法

从图18-14（c）二级微商曲线可见，当$\Delta^2E/\Delta V^2$的两个相邻值出现相反符号时，两个滴定体积V_1，V_2之间，必有$\Delta^2E/\Delta V^2=0$的一点，该点对应的体积为V_e。用线性内插法求得E_e、V_e。

18.4.2.3　六氟化铀中铀的测定

将六氟化铀试样水解，取六氟化铀水解液，在磷酸介质中用硫酸亚铁将铀（VI）还原至铀（IV），在合适的温度下以钼（VI）作催化剂，用硝酸氧化过量的铁（II），用氨基酸消除氧化过程中产生的氮氧化物，在硫酸氧钒存在下，用称量略少于化学计量的固体重铬酸钾氧化大部分铀（IV），再用重铬酸钾溶液滴定至终点。

18.5　放射测量分析

18.5.1　概述

放射测量分析技术主要包括样品的预处理、放射源的制备、测量条件的选择、测量系统的标定、样品源的测量和数据处理等。

样品的预处理是放射测量分析的第一步，其目的是使样品达到后续步骤（制源、测量）对浓度和状态的要求。预处理包括分解、稀释、浓缩、转型和分离。样品成分的分离往往是最为复杂的预处理过程，包括溶剂萃取、离子交换、沉淀、色层、蒸馏等手段。

用放射测量分析方法既可以得出样品的各种放射性比活度（或放射性活度浓度），也可以据此算出各种核素的含量。测得的比活度或浓度结果的不确定度与数据获取时间有关，时间越长，不确定度绝对值越小。因此，在保证测量本底较低的前提下，可以通过加长测量时间来优化不确定度，降低检测限，这是很多化学分析方法所没有的优点，也是放射测量分析往往具有较高灵敏度的原因。

18.5.1.1　放射性测量

放射性同位素发出的射线与物质相互作用，会直接或间接地产生电离和激发等效应，利用这些效应，可以探测放射性的存在、放射性同位素的性质和强度。用来记录各种射线的数目，测量射线强度，分析射线能量的仪器统称为探测器（probe）。测量射线有各种不同的仪器和方法，正如麦凯在 1953 年所说："每当物理学家观察到一种由原子粒子引起的新效应，他都试图利用这种新效应制成一种探测器"。一般将探测器分为两大类，一是"径迹型"探测器，如照相乳胶、云室、气泡室、火花室、电介质粒子探测器和光色探测器等，它们主要用于高能粒子物理研究领域。二是"信号型"探测器，包括电离计数器，正比计数器，盖革计数管，闪烁计数器，半导体计数器和契伦科夫计数器等，这些信号型探测器在低能核物理、辐射化学、生物学、生物化学和分子生物学以及地质学等领域越来越得到广泛地应用，尤其是闪烁计数器是生物化学和分子生物学研究中的必备仪器之一。

18.5.1.2　活度测量方法

活度测量的方法大体可分两类：绝对测量和相对测量。

绝对测量：测量中不需要另外的标准源，或者说测量结果与另外的标准源无关时，这种测定样品活度的方法就称为绝对测量，又称为直接测量法。绝对测量装置可直接测量样品的计数率，而无须与标准样品作比较，为达到这一目的，常常需要对影响探测效率的许多因素作出精确的修正，才能得到正确的量值。其中不少修正还要通过附加的实验或计算才能得到。这就势必使测量手续变得繁复。所以一般例行分析中不采用绝对测量，只是在标准样品的标定或标准源的制备过程中才采用它。用它所能获得的测量精度通常都比较高。

所谓相对测量法，就是用一个活度已知的某核素标准源与同种核素的待测样品在相同条件下测量，根据它们的计数率比值和标准源活度值确定样品活度的方法。相对测量法又称作比较测量法或比较法。

18.5.2　核辐射探测器介绍

18.5.2.1　核辐射探测器简介

各种射线或中子与物质（被照射物质）作用都会有能量的转移，并伴随电离、发光、产生电子一空穴对等效应。利用这些效应可以制造出形形色色的核辐射探测器。探测器与处理信号的电子学装置组合成核辐射测量系统，可以应用于医疗、环保、辐射防护和成分分析等领域。各种核辐射测量系统的特性或差别主要在探测器，它们的电子学装置（电源、放大器、分析器、模数转换器以及计算机硬件）有很多共同之处。放射测量分析技术中使用的探测器主要有四类，即闪烁探测器、半导体探测器、气体电离探测器和中子探测器。

18.5.2.2 闪烁型探测器

（1）探测原理

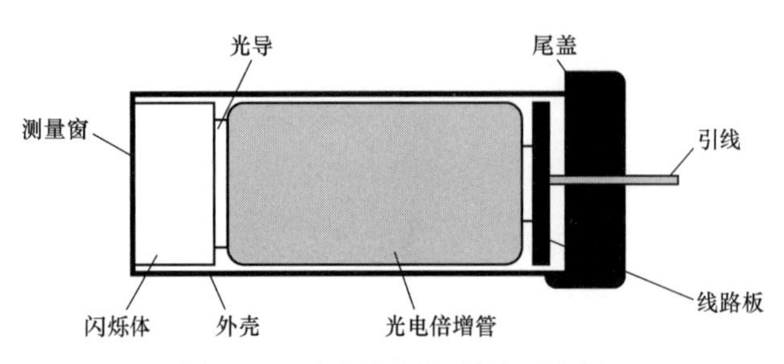

图 18-15 闪烁探测器结构示意图

闪烁型探测器由闪烁体，光电倍增管，电源和放大器—分析器—定标器系统组成，现代闪烁探测器往往配备有计算机系统来处理测量结果。当射线通过闪烁体时，闪烁体被射线电离、激发，并发出一定波长的光，这些光子射到光电倍增管的光阴极上发生光电效应而释放出电子，电子流经电倍增管多级阴极线路逐级放大后或为电脉冲，输入电子线路部分，而后由定标器记录下来。光阴极产生的电子数量与照射到它上面的光子数量成正比例，即放射性同位素的量越多，在闪烁体上引起闪光次数就越多，从而仪器记录的脉冲次数就越多。测量的结果可用计数率，即射线每分钟的计数次数（简写为 cpm）表示，现代计数装置通常可以同时给出衰变率，即射线每分钟的衰变次数（简写 dpm）、计数效率（E）、测量误差等数据，闪烁探测器是近几年来发展较快，应用最广泛的核探测器，它的核心结构之一是闪烁体。闪烁体在很大程度上决定了一台计数器的质量。

（2）闪烁体

闪烁体是一类能吸收能量，并能在大约一微秒或更短的时间内把所吸收的一部分能量以光的形式再发射出来的物质。闪烁体分为无机闪烁体和有机闪烁体两大类，闪烁体必需具备的性能是：对自身发射的光子应是高度透明的。闪烁体吸收它自己发射的一部分光子所占的比例随闪烁材料而变化。无机闪烁体［如 NaI（Tl），ZnS（Ag）］几乎是 100%透明的，有机闪烁体（如蒽，塑料闪烁体，液体闪烁体）一般来说透明性较差。现在常使用的几种闪烁体是：⑴无机晶体，主要是含杂质或不含杂质的碱金属碘化物；⑵有机晶体，在都是未取代的或取代的芳香碳氢化合物；⑶液态的有机溶液，即液体闪烁体；⑷塑料溶液中的有机溶液，即固溶闪烁体。

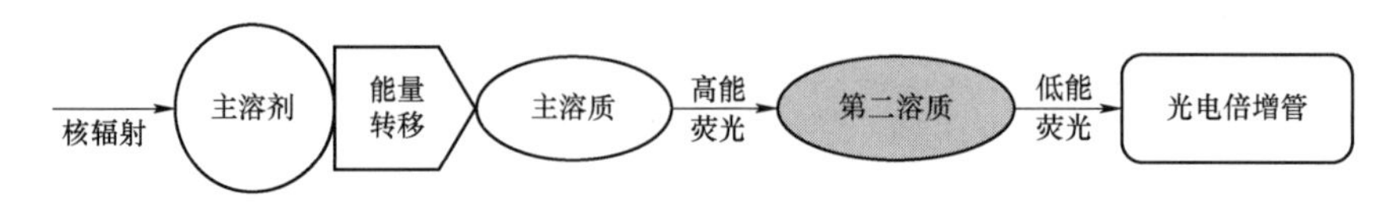

图 18-16 液体闪烁过程

（3）光电倍增管

它是闪烁探测器的最重要部件之一。其组成成分是光阴极和倍增电极，光阴极的作用是将闪烁体的光信号转换成电信号，倍增电极则充当一个放大倍数大于 10^6 的放大器，光阴极上产生的电子经加速作用飞到倍增电极上，每个倍增电极上均发生电子的倍增现象，倍增极的培增系数与所加电压成正比例，所以光电倍增管的供电电源必须非常稳定，保证倍增系数的变化最小，在没有入射的射线时，光电倍增管自身由于热发射而产生的电子倍增称为暗电流。用光电倍增管探测低能核辐射时，必须减小暗电流。保持测量空间环境内较低的室温，是减小光电倍培管暗电流的有效方法。

18.5.2.3 半导体探测器

电磁辐射和具有动能的带电粒子可以在某些半导体材料灵敏区内产生电子-空穴对，从而使该灵敏区的电阻率降低并有电流通过。利用这种效应制成的核辐射探测器就是半导体探测器。半导体探测器包括结型、锂漂移型、高纯锗型、化合物型和一些特殊形式的探测器。其中结型探测器和高纯锗型探测器在核燃料放射测量分析中较为常用。半导体探测器的能量分辨本领较高，常用来进行能谱测量。

18.5.2.4 气体电离探测器

气体电离探测器，包括电离室、正比计数管和盖革-弥勒计数管（G-M 计数管），是开发和应用最早的核辐射探测器。这 3 种气体电离探测器的原理都是基于核辐射引起的气体电离，产生的正离子和电子在电场中移动并被正负电极收集。所用的气体通常为惰性气体或简单的有机化合物气体。电离室是最简单的气体电离探测器，要求的电压最低，结构最为简单。正比计数管工作电压比电离室高，收集的离子对数与原电离产生的离子对数成正比。G-M 计数管中的电场很强，产生的离子对数与原电离无关。虽然气体电离探测器在分析中偶有应用，但有逐渐被闪烁探测器和半导体探测器取代的趋势。

18.5.2.5 中子探测器

① 气体中子探测器

气体中子探测器主要有硼电离室、裂变室和三氟化硼（BF_3）正比计数管

② 闪烁中子探测器

所有的有机闪烁体都可用于直接探测中子，这里闪烁体本身就是中子到带电粒子的转换体。将 ZnS（Ag）粉与有机玻璃（大量含氢）粉均匀混合，热压而成薄圆柱状闪烁体，称快中子屏，将 ZnS（Ag）和浓缩硼酸混合压制成薄片，称慢中子屏。以上两种中子屏配以光电倍增管就构成了分别对快慢中子灵敏的闪烁探测器。此外，$Li_2O.2SiO_2$（Ce）锂玻璃和 Li（Eu）单晶都是良好的中子闪烁体。

18.5.3 α、β、γ、X 射线测量方法

18.5.3.1 α 射线分析法

在核燃料循环中，锕系元素是最常见的元素，锕系的多种核素具有α 放射性。因此，基于α 射线测量的定量分析方法应用十分普遍。这些方法主要包括固体闪烁计数法、α 能谱法和液体闪烁计数法，常用于分析钚、镎和镅，偶尔用来测定铀和其他α 放射性元素。

18.5.3.2 β 射线分析法

核燃料循环中存在着多种β 放射性核素，其中的大多数在β 衰变后立即放出γ 射线，有的只发射β 射线，人们把后者称为“纯β 核素”。为了定性和定量分析那些放出γ 射线的β 核素（如 ^{137}Cs、^{134}Cs、^{106}Ru/^{106}Rh、^{95}Zr/^{95}Nb、^{144}Ce、^{154}Eu、^{155}Eu、^{125}Sb、^{85}Kr 等）常常是测量其γ 射线而不是测量其β 射线，因为β 射线能量在一定范围内连续分布，很难根据其能量差异来分辨不同的核数。然而，γ 射线为一些单能光子，γ 检测系统可以根据其能量进行定性分析。此外，γ 射线具有较高的穿透能力，便于探测和分析。基于β 射线测量的分析方法，一般用于纯β 核素（如 ^{3}H、^{90}Sr/^{90}Y、^{99}Tc、^{147}Pm 等）的测定或物料总β 放射性活度的测定。

18.5.3.3 γ、X 射线分析法

γ 射线和 X 射线都是波长很短的电磁波，两者没有本质差别，只是产生的方式不同。

在核燃料循环中，很多物料放出γ 或 X 射线。因此，可广泛利用γ 射线和 X 射线测量来进行成分分析。因为γ 射线和 X 射线不具有电荷和质量，在物质中的穿透的能力很强，所以物料可密封于分析装置中，为分析的实施提供了有利条件。

核燃料分析中涉及的γ 射线和 X 射线测量，常采用固体闪烁探测器（主要是碘化钠、碘化铯闪烁探测器）和半导体探测器（主要是高纯锗探测器）。主要方法有γ 射线闪烁计数法、γ 射线吸收法、γ 射线能谱法、X 射线闪烁计数法、X 射线荧光法和 X 射线衍射法等。

18.5.4 六氟化铀的放射性活度及测量 ^{99}Tc 意义

六氟化铀中的放射性，主要来自裂变产物和超铀同位素。因为有些裂变产物会在设备表面沉积，当其相当大量地进入级联时，会大大提高贯穿辐射水平，使维修和运行时就需要附加屏蔽和进行遥控。但由于同位素分离设备尺寸大、结构又复杂，就很难这样做，所以必须限制六氟化铀中裂变产物的放射性活度。存在于六氟化铀中的超铀同位素也令人担心，因它们是α 放射性的主要来源，因此，操作人员在拆卸级联设备或检修时会受到辐射，危害健康。总之，必须控制和降低α、β、γ 的放射性活度，即降低六氟化铀的辐射危害。

^{99}Tc 是具有重要工艺意义的裂变产物之一，在 ASTM 颁布的第一个浓缩用六氟化铀技术规范（C787-76）中，规定了 ^{99}Tc 的含量不得超过 4 μg/gU，并指明该限制值仅适用于再循环铀。后来，到了 1987 年，DOE 和 ASTM 颁布的浓缩用六氟化铀技术规范中，对商用天然 UF_6 和后处理 UF_6，给 ^{99}Tc 的限制值分别规定为 0.005 μg/gU 和 0.500 μg/gU。而在 1991 年 7 月正式颁布 ASTMC787-90 技术规范中，将商用天然 UF_6 中 ^{99}Tc 的限制值降低至原来的 1/5，即修改为 0.001 μg/gU；但在 1991 年 2 月正式颁布的 ASTM C996-90 技术规范中，却将浓缩的商用级 UF_6 中 ^{99}Tc 限制值修改为 0.2 μg/gU ^{235}U（若以 ^{235}U 浓缩度为 3.6%的浓缩 UF_6 为例，经换算后，^{99}Tc 的限制值相当于约为 0.007 2 μg/gU，与商用天然 UF_6 中 ^{99}Tc 的限制值 0.001 μg/gU 相比较，允许扩大了约 7 倍），将浓缩的后处理 UF_6 中 ^{99}Tc 的限制值规定为 5.00 μg/gU（与浓缩用后处理 UF_6 中 ^{99}Tc 的限制值 0.500 μg/gU 相比较，可允许扩大 10 倍）。

由于 ^{99}Tc 的比活度很高，在使用后处理铀的生产厂中，它是废物流具有放射性的原

因之一，所以需规定其限制值。

18.5.5　测量 ^{99}Tc 仪器—低本底β 测量仪

图 18-17　低本底β 测量仪

低本底β 测量仪由主探测器、反符合探测器、铅室和电子线路组成。可给出被测样品中的总β 活度浓度。它具有灵敏度高、本底低、结构简单、操作方便、稳定可靠等特点。可用于辐射防护，环境样品，食用水，医药卫生，农业科学，核电站，反应堆，同位素生产，地质勘探等领域中β 的总活度的测量。

18.5.6　六氟化铀中 ^{99}Tc 的测定

在加有非放射性 Re 载体的六氟化铀水解溶液中，样品溶液在碳酸钾碱性介质中用 30%过氧化氢将锝氧化成 Tc（VII），用丁酮萃取，将丁酮蒸干。高铼酸盐和高锝酸盐余渣溶于水。用氯化四苯砷（TPA）沉淀锝和铼，然后在已知重量的不锈钢样品盘中烘干，平衡后称重并进行β 测量。

第 19 章

分析数据的处理

19.1 分析数据计算与结果表示规则

19.1.1 有效数字及数字修约规则

19.1.1.1 有效数字

具体来说，有效数字就是实际上能测到的数字，在科学试验中，对于任一物理量，其准确度都有是有一定限度的。有效数字中，只最后一位数字是不甚确定的，其他各数字都是确定的。

在有些数据中，“0”起的作用是不同的。它可以是有效数字，也可以不是有效数字，例如在 1.000 8 中，“0”是有效数字，在 0.038 2 中，“0”只起定位作用，不是有效数字，因为这些“0”只与所取的单位有关，而与测量精密度无关。

分析化学中经常遇到 pH、PM、$\log_c$ 等对数值，如 pH = 11.20，其有效数字的位数仅取决于小数部分（尾数）数字的位数，因整数部分（首数）只与相应的真数的 10 的多少次方有关。pH = 11.20，换算为 H^+浓度时，应为$[H^+] = 6.3 \times 10^{-12}$ mol/L，有效数字的位数为两位，不是四位。

19.1.1.2 数字修约规则

现在通用“四舍六入五成双”规则。“四舍六入五成双”规则规定，当测量值中被修约的那个数字等于或小于 4 时，该数字舍去；等于或大于 6 时，进位；等于 5 时，如进位后测量值末位数为偶数则进位，舍去后末位数为偶数则舍去。

当测量值中被修约的那个数字等于 5 时，如果其后还有数字，由于这些数字均系测量所得，故可以看出，该数字总是比 5 大，在这种情况下，该数字以进位为宜。

修约数字时，只允许对原测量值一次修约到所需要的位数，不能分次修约。

19.1.1.3 计算规则

几个数据相加或相减时，它们的和或差只能保留一位可疑数字，即有效数字位数的保留，应以小数点后位数最少的数字为根据。

在乘除法中，计算所得结果的相对极值误差等于各测量数值的相对误差的总和，因此有效数字的保留，应根据这一原则进行判断。

在乘除法的运算过程中，经常会遇到 9 以上的大数，如 9.00，9.93 等。对于 9.00 和

9.83 而言，其相对误差约 1‰，与 10.08 和 12.10 这些四位有效数字的数值的相对误差相近，所以通常将它们当作四位有效数字的数值处理，处理结果多加一位。

在分析化学中，常涉及到大量的数据处理及计算工作，下面是分析化学中记录数据及计算分析结果的基本规则。

记录测定结果时，只应保留一位可疑数字。

有效数字位数确定以后，按“四舍六入五成双”规则，弃去各数中多余的数字。几个数相加减时，以绝对误差最大的数为标准，使所得数只有一位可疑数字。几个数相乘除时，一般以有效数字位数最少的数为标准，弃去过多的数字，然后进行乘除。对于高含量组分（如＞10%）的测定，一般要求分析结果有四位有效数字；对于中含量组分（如 1%～10%），一般要求三位有效数字；对于微量组分（＜1%），一般只要求二位有效数字。在分析化学的计算中，当涉及到各种常数时，一般视为是准确的，不考虑其有效数字的位数。对于各种误差的计算，一般只要求两位有效数字。

19.1.2　准确度和精密度

分析结果和真实值之间的差值叫误差。误差越小，分析结果的准确度越高，就是说，准确度表示分析结果与真实值接近的程度。在实际工作中，分析人员在同一条件下平行测定几次，如果几次分析结果的数值比较接近，表示分析结果的精密度高。精密度表示各次分析结果相互接近的程度。

19.1.3　误差的传递及统计检验

19.1.3.1　误差和偏差

（1）误差

测定结果（X）与真实值（X_T）之间的差值称为误差（E），即：

$$E = X - X_T \tag{19-1}$$

误差越小，表示测定结果与真实值越接近，准确度越高；反之，误差越大，准确度越低。当测定结果大于真实值时，误差为正值，表示测定结果偏高；反之误差为负值，表示测定结果偏低。

误差可用绝对误差和相对误差表示。绝对误差表示测定值与真实值之差，相对误差是指误差在真实结果中所占的百分率。相对误差能反映误差在真实结果中所占的比例，这对于比较在各种情况下测定结果的准确度更为方便。

$$\text{相对误差} = \frac{E}{X_T} \times 100\% \tag{19-2}$$

（2）偏差

在实际工作中，对于待分析试样，一般要进行多次平行分析，以求得分析结果的算术平均值。在这种情况下，通常用偏差来衡量所得分析结果的精密度，偏差（d）与误差在概念上是不相同的，它表示测定结果（X）与平均结果（$\bar{X}$）之间的差值：

$$d = X - \bar{X} \tag{19-3}$$

设一组测量数据 X_1，X_2……X_n，其算术平均值为 $\bar{X}$，则：

$$\bar{X}=\frac{1}{n}\sum_{i=1}^{n}X_i \quad (19\text{-}4)$$

将各单次测量值的偏差相加，得到：

$$\sum_{i=1}^{n}d_i=\sum_{i=1}^{n}(x_i-\bar{x})=\sum_{i=1}^{n}x_i-n\bar{x}=n\bar{x}-n\bar{x}=0 \quad (19\text{-}5)$$

可见单次测量结果的偏差之和等于零，即不能用偏差之和来表示一组分析结果的精密度。为了说明分析结果的精密度，通常以单次测量偏差的绝对值的平均值即平均偏差 $\bar{d}$ 表示其精密度（平均偏差没有正负号）：

$$\bar{d}=\frac{|d_1|+|d_2|+\cdots+|d_n|}{n} \quad (19\text{-}6)$$

单次测量结果的相对平均偏差为：

$$\text{相对平均偏差}=\frac{d}{x}\times 100\% \quad (19\text{-}7)$$

在统计学中，对于所考察的对象的全体，称为总体，自总体中随机抽出的一组测量值，称为样本，样本中所含测量值的数目，称为样本大小或样本容量。设样本容量为 n，则其平均值 $\bar{X}$ 为：

$$\bar{X}=\frac{1}{n}\sum X \quad (19\text{-}8)$$

当测定次数无限增多时，所得平均值即为总体平均值 μ：

$$\mu=\lim_{n\to\infty}\frac{1}{n}\sum X \quad (19\text{-}9)$$

若没有系统误差，则总体平均值 μ 就是真值 X_T，此时，单次测量的平均偏差 δ 为：

$$\delta=\frac{\sum|x-\mu|}{n} \quad (19\text{-}10)$$

在分析化学中，测量值一般较少（例如<20），故涉及到的是测量值较少时的平均偏差 $\bar{d}$。用统计方法处理数据时，广泛采用标准偏差来衡量数据的分散程度，标准偏差的数学表示式为：

$$\sigma=\sqrt{\frac{\sum(x-\mu)^2}{n}} \quad (19\text{-}11)$$

计算标准偏差时，对单次测量偏差加以平方，这样做的好处，不仅是避免单次测量偏差相加时正负抵消，更重要的是大偏差能更显著地反映出来，故能更好地说明数据的分散程度。在分析化学中，测量值一般不多，而总体平均值一般未知，故用样本的标准偏差 S 来衡量该组数据的分散程度。样本标准偏差：

$$S=\sqrt{\frac{\sum(x-\bar{x})^2}{n-1}} \quad (19\text{-}12)$$

式中（$n-1$）称为自由度，以 f 表示。自由度通常是指独立变数的个数。单次测量结果的相对标准偏差（又称变异系数）为：

$$相对标准偏差 = \frac{s}{\bar{x}} \times 100\% \tag{19-13}$$

标准偏差分子中 $\sum(x-\bar{x})^2$ 原为“偏差平方和”，经适当变换：

$$\begin{aligned}\sum(x-\bar{x})^2 &= \sum(x^2-2x\bar{x}+\bar{x}^2) = \sum x^2 - 2(\sum x)\bar{x} + n\bar{x}^2 \\ &= \sum x^2 - 2(\sum x)\left(\frac{\sum x}{n}\right) + n\left(\frac{\sum x}{n}\right)^2 \\ &= \sum x^2 - (\sum x)^2 / n \end{aligned} \tag{19-14}$$

变为“测量值的平方和，减去测量值的和平方的 1/*n*”，可直接利用测量值来计算标准偏差。

$$S = \sqrt{\frac{\sum x^2 - (\sum x)^2 / n}{n-1}} \tag{19-15}$$

19.1.3.2　误差的分类

在定量分析中，对于各种原因导致的误差，根据其性质的不同，可以区分为系统误差和偶然误差两大类。

（1）系统误差

系统误差是由某种固定的原因所造成的，使测定结果系统偏高或偏低。当重复进行测量时，它会重复出现，系统误差的大小，正负是可以测定的，至少在理论上说是可以测定的，所以又称可测误差，系统误差的最重要的特征，是误差具有“单向性”。根据系统误差的性质和产生的原因，可将其分为以下几种。

1）方法误差

这种误差是由分析方法本身所造成的。例如，在滴定分析中，反应进行不完全，干扰离子的影响，等当点和滴定终点不符合及副反应的发生等，系统地导致测定结果偏高或偏低。

2）仪器和试剂误差

仪器误差来源于仪器本身不够精确，如砝码重量，容量器皿刻度和仪表刻度不准确等，试剂误差不源于试剂不纯。例如，试剂和蒸馏水中含有被测物质或干扰物质，使分析结果系统偏高或偏低。

3）操作误差

操作误差是由分析人员所掌握的分析操作与正确的分析操作有差别所引起的。例如，分析人员在称取试样时未注意防止试样吸湿，洗涤沉淀时洗涤过分或不充分，灼烧沉淀时温度过高或过低，称量沉淀时坩埚及沉淀未完全冷却等。

4）主观误差

主观误差又称个人误差，这种误差是由分析人员本身的一些主观因素造成的。例如，在判定滴定终点的颜色时，有的人偏深，有的人偏浅；在读取刻度时，有的人偏高，有的人偏低等。

（2）偶然误差

偶然误差又称随机误差，它是由一些随机的偶然的原因造成的，例如，测量时的环境温度，湿度和气压的微小波动，仪器的微小变化等，这些不可避免的偶然原因，都将使分析结果在一定范围内波动，引起偶然误差。由于偶然误差是由一些不确定的偶然原因造成的，因而是可变的，有时大，有时小，有时正，有时负，所以偶然误差又称不定误差。偶然误差在分析操作中是无法避免的。

19.1.3.3 误差的传递

（1）加减法

若分析结果 R 是 A、B、C 三个测量数值相加减的结果，例如：$R=A+B-C$。如果测量 A、B、C 的绝对误差相应为 $\mathrm{d}A$、$\mathrm{d}B$、$\mathrm{d}C$，设 R 的绝对误差为 $\mathrm{d}R$，则：

$$\mathrm{d}R=\frac{\alpha R}{\alpha A}\mathrm{d}A+\frac{\alpha R}{\alpha B}\mathrm{d}B+\frac{\alpha R}{\alpha C}\mathrm{d}C=\mathrm{d}A+\mathrm{d}B-\mathrm{d}C \tag{19-16}$$

通常以 E 表示相应的测量误差，得到：$E_{\mathrm{R}}=E_{\mathrm{A}}+E_{\mathrm{B}}-E_{\mathrm{C}}$。可见分析结果的绝对偏差是各测量步骤绝对偏差的代数和。

如果有关项有系数，例如：$R=A+mB-C$。同样可推得：$ER=EA+m\,EB-EC$。

（2）乘除法

若分析结果 R 是 A、B、C 三个测量数值相乘除的结果，例如：$R=AB/C$，测量 A、B、C 时的绝对误差为 $\mathrm{d}A$、$\mathrm{d}B$、$\mathrm{d}C$，引起 R 的绝对误差为 $\mathrm{d}R$，则：

$$\ln R=\ln A+\ln B-\ln C \tag{19-17}$$

$$\frac{\mathrm{d}R}{R}=\frac{\alpha\ln R}{\alpha A}\mathrm{d}A+\frac{\alpha\ln R}{\alpha B}-\frac{\alpha\ln R}{\alpha C}\mathrm{d}C$$

$$=\frac{\mathrm{d}A}{A}+\frac{\mathrm{d}B}{B}-\frac{\mathrm{d}C}{C} \tag{19-18}$$

即：

$$\frac{E_R}{R}=\frac{E_A}{A}+\frac{E_B}{B}-\frac{E_C}{C} \tag{19-19}$$

可见分析结果的相对偏差是各测量步骤相对偏差的代数和。如果有关项有系数，例如：$R=m\frac{AB}{C}$，则同样可推得：

$$\frac{E_R}{R}=\frac{E_A}{A}+\frac{E_B}{B}-\frac{E_C}{C} \tag{19-20}$$

19.1.3.4 少量实验数据的统计处理

（1）t 分布曲线

在实际工作中，通常涉及的测量数据数目不多，σ 也不知道。在这种情况下，只好改用样本标准偏差 S 来估计测量数据的分散情况。用 S 代替 σ 时，测量值或其偏差不符合正态分布，这时可用 t 分布来处理。

标准正态分布曲线 N（0，1）图的纵坐标为概率密度，横坐标为 u，则：

$$u=\frac{x-\mu}{\sigma} \tag{19-21}$$

t 分布纵坐标仍为概率密度，但横坐标则为统计量 t。对于少量测量数据，采用 S 代替σ，故此时：

$$t=\frac{x-\mu}{S} \tag{19-22}$$

t分布曲线与正态分布曲线相似，只是t分布曲线随自由度f而改变。当f趋近∞时，t分布就趋近正态分布。

置信度通常用P表示，表示在某一t值时，测定值落在（$\mu \pm ts$）范围内的概率。显然，落在此范围之外的概率为（$1-P$），称为显著性水准，用d表示。由于t值与自由度及置信度有关。

平均值的置信区间

在一定的置信度时，以测定结果为中心的包括总体平均值在内的可靠性范围，称为置信区间（置信界限），具体表示为：

$$\mu=X \pm u\sigma \tag{19-23}$$

u值根据所要求的置信度，查表。

在实际工作中，通常对试样进行多次分析，求得样本平均值，故常用样本平均值来估计总体平均值的范围。样本平均值的精密度比单次测定结果的精密度高，其关系为：

$$\sigma_{\bar{x}}=\frac{\sigma}{\sqrt{n}} \tag{19-24}$$

故以样本平均值来表示的置区间的计算式为：

$$\mu=\bar{x} \pm \frac{u\sigma}{\sqrt{n}} \tag{19-25}$$

样本平均值的置信区间一般就称为平均值的置信区间。

在分析化学中，通常只涉及到少量实验数据，必须根据t分布进行处理。因此，当由一组数目不多的实验数据中求得$\bar{x}$及S后，再根据所要求的置信度及自由度，由表中查得t_{d}，f值，然后按下式计算平均值的置信区间：

$$\mu=\bar{x} \pm \frac{t_{\mathrm{d}} fs}{\sqrt{n}} \tag{19-26}$$

例：钢中铬的百分含量5次测定结果是：1.12，1.15，1.11，1.16和1.12。求置信度为95%时平均结果的置信区间。

解：$\bar{x}=1.13\%$，$S=0.022\%$，$f=n-1=5-1=4$

查表，当$P=0.95$，$f=4$时，t（0.05，4）$=2.78$

平均值的置信区间为：

$$\mu=\bar{x} \pm \frac{t_{\alpha} fs}{\sqrt{n}}=1.13 \pm \frac{2.78 \times 0.022}{\sqrt{5}}=1.13 \pm 0.027(\%)$$

在实验中，得到一组数据之后，往往有个别数据与其他数据相差较远，这一数据称为可疑值，又称异常值或极端值。可疑值是保留还是舍去，应按一定的统计学方法进行处理。统计学处理可疑值的方法有好几种，下面重点介绍处理方法较简单的$4\bar{d}$法及效果较好的格鲁布斯（Grubbs）法。

（2）$4\overline{d}$ 法

根据正态分布规律，偏差超过 3σ 的个别测定值的概率小于 0.3%，故当测定次数不多时，这一测定值通常可以舍去，已知 $\delta=0.80\sigma$，$3\sigma\approx4\delta$，即偏差超过 4δ 的个别测定值可以舍去。

对于少量实验数据，只能用 S 代替 σ，用 $\overline{d}$ 代替 δ，故粗略地可以舍去，偏差大于 $4\overline{d}$ 的个别测定值可以舍去，很明显，这样处理问题是存在较大误差的。但是，由于这种方法比较简单，不必查表，故至今仍为人们所采用。显然，这种方法只能应用于处理一些要求不高的实验数据。

用 $4\overline{d}$ 法判断可疑值的取舍时，首先求出可疑值除外的其余数据的平均值 $\overline{x}$ 和平均偏差 $\overline{d}$，然后将可疑值与平均值进行比较，如绝对误差大于 $4\overline{d}$，则可疑值舍去，否则保留。

例：测定某药物中钴的含量（10^{-6}），得结果如下：1.25，1.27，1.40。试问 1.40 这个数据应否保留？

解：首先不计可疑值 1.40，求得其余数据的平均值 $\overline{x}$ 和平均偏差 $\overline{d}$ 为：

$$\overline{x}=1.28 \qquad \overline{d}=0.023$$

可疑值与平均值的差的绝对值为：$|1.40-1.28|=0.12>4\overline{d}$（0.092），故 1.40 这一数据应舍去。

（3）格鲁布斯（Grubbs）法

有一组数据，从小到大排列为：X_1，X_2，…，X_{n-1}，X_n。其中 X_1 或 X_n 可能是可疑值，需要首先进行判断，决定其取舍。用格鲁布斯法判断可疑值时，首先计算出该组数据的平均值及标准偏差，再根据统计量 T 进行判断。统计量 T 与可疑值、平均值及标准偏差有关。

设 X_1 是可疑的，则 $$T=\frac{\overline{x}-x_1}{S} \tag{19-27}$$

设 X_n 是可疑的，则 $$T=\frac{x_n-\overline{x}}{S} \tag{19-28}$$

如果 T 值很大，说明可疑值与平均值相差很大，有可能要舍去。T 值要多大才能确定该可疑值应舍去呢？这要看我们对置信度的要求如何，统计学家们为我们制订了临界 T_{α}，n 表，可供查阅。如果 $T\geqslant T_{\alpha,n}$，则可疑值应舍去；否则应保留。α 为显著性水准，n 为实验数据数目。

格鲁布斯法最大的优点，是在判断可疑值的过程中，将正态分布中的两个最重要的样本参数 $\overline{x}$ 及 S 引入进来，故方法的准确性较好。这种方法的缺点是需要计算 $\overline{x}$ 和 S，步骤稍麻烦。

例：前一例中的实验数据，用格鲁布斯法判断时，1.40 这个数据应否保留（置信度 95%）？

解：$\overline{x}=1.31$，$S=0.066$

$$T=\frac{x_n-\overline{x}}{S}=\frac{1.40-1.31}{0.066}=1.36$$

查表，$T_{0.05,4}=1.46$，$T<T_{0.05,4}$，故 1.40 这个数据应该保留。此结论与上题中用 $4\overline{d}$ 法

判断所得结论不同，在这种情况下，一般取格鲁布斯法结论，提高分析结果的准确性较高。

19.2　不确定度的评定方式

19.2.1　测量不确定度

19.2.1.1　正确表达不确定度的意义

测量是科学技术、工农业生产、国内外贸易以至日常生活各个领域中不可缺少的一项工作。测量的目的是确定被测量的值或获取测量结果。测量结果的质量往往会直接影响国家和企业的经济利益。测量结果和由测量结果得出的结论，还可能成为执法和决策的重要依据。因此，当报告测量结果时，必须对其质量给出定量的说明，以确定测量结果的可信程度。测量不确定度就是对测量结果质量的定量表征，测量结果的可用性很大程度上取决于其不确定度的大小。所以，测量结果必须附有不确定度说明才是完整并有意义的。

测量不确定度的概念在测量历史上相对较新，其应用具有广泛性和实用性。无论哪个领域进行的测量，在给出完整的测量结果时也普遍采用了测量不确定度。尤其是在市场竞争激烈、经济全球化的今天，测量不确定度评定与表示方法的统一，乃是科技交流和国际贸易的迫切要求，它使各国进行的测量及其所得到的结果可以进行相互比对，取得相互承认或共识。因此，统一测量不确定度的表示方法并推广应用公认的规则，受到了国际组织和各国计量部门的高度重视。

目前，在我国推行的 ISO 17025《校准和检测实验室能力的通用要求》和 ISO 9001《质量体系设计、开发、生产、安装和服务的质量保证模式》中，对测量结果的不确定度均有明确的要求。例如 ISO 17025 规定，校准实验室出具的每份证书或报告都应包括有关测量结果不确定度评定的说明；在检测实验室出具的检测报告中，必要时也应予以说明。ISO 9001 要求，所使用的测量设备应保证其测量不确定度为已知。

显然，我国要取得国际经济和市场竞争中的优势地位，就必须在各方面与国际接轨，例如，在科学技术和生产中，进行着大量的测量工作，测量结果的质量如何，要用不确定度来说明。不确定度越小，测量结果的质量越高；不确定度越大，测量结果的质量越低。

19.2.1.2　测量的基本术语及概念

（1）量

现象、物体或物质的一种属性，对它们可以做定性区别和定量确定。

量是表征自然界运动规律的基本概念，如轻重、大小、长短等等。量所表述的对象是现象、物体或物质是不依人的主观意识而客观存在的。定性区别是指量在特性上的差别，一类量不同于其他类量，它们之间不能相互比较。定量确定是指确定具体的量，又称特定量。

（2）量值

一个数乘以测量单位所表示的特定量的大小。量值是量的表示形式。

（3）真值

与给定的特定量定义一致的值。当对某量的测量不完善时，通常不能获得真值。一个量的真值，是在被观测时本身所具有的真实大小，它是一个理想的概念。

（4）约定真值

对于给定目的，具有适当不确定度的、赋予特定量的值。有时该值是约定采用的。约定真值在实际中有时称为指定值、最佳估计值、约定值或参考值。在给定地点，取由参考标准复现而赋予该定真值。

（5）被测量

作为测量对象的特定量。例如给定水样品在 20 ℃时的蒸汽压力。被测量可以是待测量，也可以是已测量。被测量的定义应依据所需准确度的要求，并考虑有关影响量。否则，由于定义的不完善会带来测量不确定度。

（6）测量结果

由测量所得到的赋予被测量的值。测量结果仅仅是被测量的最佳估计值，并非真值，完整表述测量结果时，必须附带其测量不确定度。必要时，应说明测量所处的条件，或影响量的取值范围。

测量结果是由测量所得到的值，必要时，应表明它是示值、未修正测量结果或是已修正测量结果，还应表明是否已对若干个值进行了平均，也即它是由单次测量所得，还是由多次测量所得。若是单次测量，则测得值就是测量结果；若是对同一量的多次测量，则测得值的算术平均值才是测量结果。在很多情况下，测量结果是根据重复观测确定的。

（7）重复性

在相同测量条件下，对同一被测量进行连续多次测量所得结果之间的一致性。这里相同测量条件是指：相同的测量程序、相同的观测者、使用相同的测量仪器、相同地点、在短时间内进行重复测量。这些条件也称为“重复性条件”。

测量重复性可以用测量结果的分散性来定量表示。由重复性引入的不确定度是诸多不确定度来源之一。

（8）复现性

在改变了的测量条件下，同一被测量的测量结果之间的一致性。这里变化了的测量条件包括：测量原理、测量方法、观测者、测量仪器、地点、时间、使用条件。这些条件可以改变其中一项、多项或全部，它们会影响复现性的数值。因此，在复现性的有效表述中，应说明变化的条件。复现性可以用测量结果的分散性来定量地表示。

（9）不确定度

表征合理赋予被测量之值的分散性，与测量结果相联系的参数。在测量结果的完整表述中，应包括测量不确定度。

不确定度可以是标准差或其倍数，或是说明了置信水准的区间的半宽。以标准差表示的不确定度称为标准不确定度，以 u 表示。以标准差的倍数表示的不确定度称为扩展不确定度，以 U 表示。扩展不确定度表明了具有较大置信概率的区间的半宽度。不确定度通常由多个分量组成，对每一分量均要评定其标准不确定度。评定方法分为 A，B 两类。A 类评定是用对观测列进行统计分析的方法，以实验标准差表征；B 类评定则用不同于 A 类的其他方法，以估计的标准差表征。各标准不确定度分量的合成称为合成标准不确定度，以 u_c 表示，不确定度的表示形式有绝对、相对两种，绝对形式表示的不确定度与被测量的量纲相同，相对形式无量纲。

（10）包含因子

为获得扩展不确定度，而对合成标准不确定度所乘的数字因子。包含因子一般以 k 表示，置信概率为 p 时的包含因子用 k_p 表示。

（11）自由度

在方差计算中，自由度为和的项数减去对和的限制数，记为 v_0。

（12）置信概率

与置信区间或统计包含区间有关的概率值（$1-\alpha$），α 为显著性水平。当测量值服从某分布时，落于某区间的概率 p 即为置信概率。置信概率是介于（0，1）之间的数，常用百分数表示。在不确定度评定中置信概率又称置信水准或置信水平。

（13）不确定度的 A 类评定

由观测列统计分析所作的不确定度评定。

（14）不确定度的 B 类评定

由不同于观测列统计分析所作的不确定度评定。

19.2.1.3　测量不确定度评定步骤

（1）找出测量不确定度来源

对影响测量结果的标准不确定度分量分清是按 A 类评定还是按 B 类评定，并给出其数值和自由度。

（2）评定分量不确定度的相关性

（3）将各分量标准不确定度考虑相关性后，予以合成得测量结果的合成标准不确定度及其自由度。

（4）按合成不确定度及其包含因子算出结果的扩展不确定度。

（5）给出不确定度的最后报告。

当仅算得合成标准不确定度时，应报告合成标准不确定度及其自由度。自由度无法求得时，仅报告合成标准不确定度。

当算至扩展不确定度时，除报告扩展不确定度外，还应说明它据以计算的合成标准不确定度，t 分布临界值的自由度，置信水平和包含因子。自由度无法获得时，则应说明它据以计算的合成标准不确定度及包含因子。

不确定度也可以相对形式报告。

最后结论的合成标准不确定度或扩展不确定度的有效数字一般为两位（中间计算的不确定度可以多取一位）。

19.2.1.4　标准不确定度的 *A* 类评定

不确定度的 *A* 类评定是由观测列统计分析所作的不确定度评定。对被测量 x_i 在重复性条件或复现性条件下进行 n 次独立重复观测，观测值为 x_i（$i=1$，2，…，n）。算术平均值 $\bar{x}$ 为

$$\bar{x}=\frac{1}{n}\sum_{i=1}^{n}x_i \tag{19-29}$$

单次测量的实验标准偏差，由下式计算得到

$$s(x_i)=\sqrt{\frac{1}{n-1}\sum_{i=1}^{n}(x_i-\overline{x})^2} \tag{19-30}$$

平均值的实验标准偏差，其值为

$$s(\overline{x})=\frac{s(x_i)}{\sqrt{n}} \tag{19-31}$$

某物理量的观测值，若已消除了系统误差，只存在随机误差，则观测值散布在其期望值附近。当取若干组观测值，它们各自的平均值也散布在期望值附近，但比单个观测值更靠近期望值。也就是说，多次测量的平均值比一次测量值更准确，随着测量次数的增多，平均值收敛于期望值。因此，通常以样本的算术平均值 $\overline{x}$ 作为被测量值的估计（即测量结果），以平均值的实验标准偏差 $s(\overline{x})$ 作为测量结果的标准不确定度，即 A 类标准不确定度。

所以，当测量结果取观测列的任一次 x_i 时所对应的 A 类不确定度为

$$u(x)=s(x_i) \tag{19-32}$$

当测量结果取 n 次的算术平均值时 $\overline{x}$ 所对应的 A 类不确定度为

$$u(\overline{x})=s(x_i)/\sqrt{n} \tag{19-33}$$

$u(x)$ 和 $u(\overline{x})$ 的自由度是相同的，都是由下式计算。

$$v=n-1 \tag{19-34}$$

19.2.1.5 标准不确定度的 B 类评定

不确定度的 B 类评定由不同于观测列统计分析所作的不确定度评定。

如果实验室拥有足够多的时间和资源，我们就可以对不确定度的每个了解到的原因进行详尽的统计研究。例如，采用各种不同类型的仪器、不同的测量方法、方法的不同应用以及测量理论模型的不同近似等。于是，所有这些不确定度分量就可用观测列的统计标准差来表征。换言之，所有不确定度分量可以用 A 类评定得到。然而，这样的研究并非经济可行，很多不确定度分量实际上还必须用别的方法来评定。

当被测量 X 的估计值 x_i 不是由重复观测得到，其标准不确定度 u（x_i）可用 x_i 的可能变化的有关信息或资料来评定。

B 类评定的信息来源

（1）以前的观测数据；

（2）对有关技术资料和测量仪器特性的了解和经验；

（3）生产部门提供的技术说明文件；

（4）校准证书、检定证书或其他文件提供的数据、准确度的等别或级别，包括目前暂在使用的极限误差等；

（5）手册或某些资料给出的参考数据及其不确定度；

（6）规定实验方法国家标准或类似文件中给出的重复性限 r 或复现性限 R。

19.2.1.6 B 类不确定度的评定方法

（1）已知置信区间和包含因子

根据经验和有关信息或资料，先分析或判断被测量值落人的区间［$\overline{x}-a,\overline{x}+a$］，并

估计区间内被测量值的概率分布，再按置信水准 p 来估计包含因子 k，则 B 类标准不确定度 $u(x)$为：

$$u(x)=\frac{a}{k} \tag{19-35}$$

式中：a——置信区间半宽；

k——对应于置信水准的包含因子。

下表给出了几种常见分布的 k 值

表 19-1　常见分布与 k, $u(x_i)$的关系

分布类型	p（%）	k	$u(x_i)$
正态分布	99.73	3	$a/3$
三角分布	100	$\sqrt{6}$	$a/\sqrt{6}$
梯形分布	100	2	$a/2$
均应分布	100	$\sqrt{3}$	$a/\sqrt{3}$

（2）已知扩展不确定度 U 和包含因子 k

如估计值 x_i 来源于制造部门的说明书、校准证书、手册或其他资料，其中同时还明确给出了其扩展不确定度 $U(x_i)$是标准偏差 $s(x_i)$的 k 倍，指明了包含因子 k 的大小，则标准不确定度 $u(x_i)$可取

$$u(x_i)=U(x_i)/k$$

（3）已知扩展不确定度 U_p 和置信水准 p 的正态分布

如 x_i 的扩展不确定度不是按标准偏差 $s(x_i)$的 k 倍给出，而是给出了置信水准 p 和置信区间的半宽 U_p，除非另有说明，一般按正态分布考虑评定其标准不确定度 $u(x_i)$。

$$u(x_i)=\frac{U_p}{k_p} \tag{19-36}$$

式中：k_p 为置信水准 p 对应的包含因子。

（4）已知扩展不确定度 U_p 和置信水准 p 与有效自由度 v_{eff} 的 t 分布

如 x_i 的扩展不确定度不仅给出了扩展不确定度 U_p 和置信水准 p，而且给出了有效自由度 v_{eff} 或包含因子 k_p，这时应按 t 分布来处理。

$$u(x_i)=\frac{U_p}{t_p(\nu_{\text{eff}})} \tag{19-37}$$

这种情况提供给不确定度评定的信息比较齐全，常出现在标准仪器的校准证书上。

（5）由重复性限或复现性限求不确定度

在规定实验方法的国家标准或类似技术文件中，按规定的测量条件，当明确指出两次测量结果之差的重复性限 r 或复现性限 R 时，测量结果标准不确定度为

$$u(x_i)=\frac{r}{2.83} \text{ 或 } u(x_i)=\frac{R}{2.83}$$

这里，重复性限 r 或复现性限 R 的置信水准为95%，并作为正态分布处理。

（6）以“等”使用的仪器的不确定度计算

当测量仪器检定证书上给出准确度等别时，可按检定系统或检定规程所规定的该等别的测量不确定度的大小，按本节第（2）或第（3）的方法计算标准不确定度分量。当检定证书既给出扩展不确定度，又给出有效自由度时，按第（4）方法计算。以“等”使用仪器的不确定度计算一般采用正态分布或 t 分布。

（7）以“级”使用仪器的不确定度计算

当测量仪器检定证书上给出准确度级别时，可按检定系统或检定规程所规定的该级别的最大允许误差进行评定。假定最大允许误差为 $\pm a$，一般采用均匀分布，得到示值允差引起的标准不确定度分量

$$u(x_i)=\frac{a}{\sqrt{3}} \tag{19-38}$$

以“级”使用的仪器，上面计算所得到的不确定度分量并没有包含上一个级别仪器对所使用级别仪器进行检定带来的不确定度，因此，当上一级别检定的不确定度不可忽略时，还要考虑这一项不确定度分量。

19.3　六氟化铀中硅含量测量结果的不确定度评定实例

19.3.1　实验操作

（1）主要仪器

分光光度计：北京瑞利 UV-2601；

容量瓶：50 mL，A 级，最大允许误差是±0.05 mL；

取样器：5.00 mL，最大允许误差是±0.7%。

（2）测定方法

用取样器移取六氟化铀水解液 3 mL，按照操作规程进行前处理后，在容量瓶中定容至 50 mL，在分光光度计上测定吸光度，从标准曲线查出硅质量浓度，再按照公式计算出报出硅含量结果。

19.3.2　数学模型

$$c=\frac{\rho_0\times V_{\mathrm{L}}\times 1000}{c_1\times V_{\mathrm{U}}}\times f_{\mathrm{R}} \tag{19-39}$$

式中：c ——六氟化铀样品中硅的含量，单位为微克每克铀，μg/gU；

ρ_0——硅的质量浓度，单位为微克每毫升，μg/mL；

V_{L} ——六氟化铀水解液经化学处理后的定容体积，单位为毫升，mL；

c_1 ——六氟化铀水解液中铀的浓度，单位为毫克每毫升，mg/mL；

V_{U} ——所取六氟化铀水解液的体积，单位为毫升，mL；

f_R——由于测定重复性所引入的修正因子。

19.3.3　测量不确定的来源

六氟化铀中硅含量测量结果的不确定度主要来源包括：

（1）测定重复性引入的不确定度 u_{rel}（f_R）；

（2）移取六氟化铀水解液体积引入的不确定度 u_{rel}（V_U）；

（3）硅的质量浓度引入的不确定度 u_{rel}（ρ_0）；

（4）六氟化铀水解液经化学处理后定容引入的不确定度 u_{rel}（V_L）；

（5）铀含量引入的不确定度 u_{rel}（c_1）。

19.3.4　测量不确定的分析及评定

（1）测定重复性引入的不确定度 u_{rel}（f_R）

对含硅 5.0μg 的样品进行 15 次独立测量，取两次测量结果的平均值作为测量结果的最佳估计值，结果列于表 19-2。

表 19-2　含硅样品测量结果

测量次数 n	测量结果 x_k/μg	标准偏差 s_i/μg
1	4.6	0.249
2	5.1	
3	4.8	
4	5.3	
5	4.9	
6	5.1	
7	4.7	
8	5.4	
9	5.0	
10	4.8	
11	4.6	
12	5.0	
13	5.1	
14	4.9	
15	5.3	

根据不确定度评定方法和相关知识，15 次测量结果平均值为：4.97 μg，标准偏差为：

$$s(x_k)=\sqrt{\frac{\sum_{k=1}^{n}(x_k-\overline{x})^2}{(n-1)}}=0.249\ \mu g \qquad (19\text{-}40)$$

在实际测量中，平行测量 2 次取平均值作为测量结果，可得测定重复性对测量结果的影响为：

$$\frac{s(x_k)}{\sqrt{N}\times\bar{x}}=\frac{0.249}{\sqrt{2}\times4.97}=3.54\times10^{-2} \tag{19-41}$$

由于 f_R 的数学期望为 1，假定为矩形分布，于是可得 f_R 的相对标准不确定度为

$$u_{rel}(f_R)=\frac{u(f_R)}{f_R}=u(f_R)=\frac{3.54\times10^{-2}}{\sqrt{3}}=2.04\times10^{-2} \tag{19-42}$$

（2）移取六氟化铀水解液体积引入的不确定度 $u_{rel}(V_U)$

1）取样器容积引入的相对标准不确定度 $u_{1rel}(V_U)$

在分析测量过程中，用 5 mL 取样器移取六氟化铀水解液，根据厂家提供的信息，在（2～5）mL 范围内，其准确度为±0.7%，因未提供置信水平或有关分布情况，按照均匀分布计算，则其相对标准不确定度为：

$$u_{1rel}(V_U)=\frac{0.007}{\sqrt{3}}=4.04\times10^{-3} \tag{19-43}$$

2）温度变化引入的相对标准不确定度 $u_{2rel}(V_U)$

取样器的标称容量是在校准温度为20℃条件下得到的，实验室温度变化为15～30 ℃，温度变动对体积测量的影响可以通过体积膨胀系数来进行计算。由于水的膨胀系数为 2.1×10^{-4} ℃$^{-1}$，远大于取样器的容积膨胀系数，因此可以忽略温度对取样器容积的影响。按均匀分布考虑，则温度对水解液体积的影响为：

$$u_{2rel}(V_U)=\frac{10\times2.1\times10^{-4}}{\sqrt{3}}=1.21\times10^{-3} \tag{19-44}$$

移取六氟化铀水解液体积引入的相对标准不确定度为：

$$u_{rel}(V_U)=\sqrt{u_{1rel}^2(V_U)+u_{2rel}^2(V_U)}=4.22\times10^{-3} \tag{19-45}$$

（3）硅的质量浓度引入的不确定度 $u_{rel}(\rho_0)$

在分光光度计上测得六氟化铀水解液的吸光度，然后由标准曲线计算硅的质量浓度 ρ_0。

在制作标准曲线时，采用浓度分别为 0.050、0.10、0.15、0.20、0.25μg·mL^{-1} 的五个标准溶液，对五个标准溶液各测量 3 次，共计 15 次，测量到的吸光度 A 见表 19-3。

表 19-3 标准溶液的吸光度测量结果

标准溶液质量浓度 ρ_i/（μg·mL^{-1}）		0.050	0.10	0.15	0.20	0.25
吸光度	A_1	0.070	0.146	0.221	0.288	0.364
	A_2	0.070	0.148	0.219	0.288	0.365
	A_3	0.071	0.149	0.220	0.286	0.362

拟合标准曲线的方程为：

$$y=ax+b \tag{19-46}$$

经拟合，$a=1.452\,7$，$b=-0.000\,1$，$S_{xx}=0.075$，$\bar{\rho}=0.15$ μg·mL^{-1}。

吸光度测量的实验标准差为

$$s(A)=\sqrt{\frac{\sum_{i=1}^{15}(A_i-b-a\rho_i)^2}{15-2}}=2.67\times10^{-3} \tag{19-47}$$

对六氟化铀水解液共测量两次，即 $p=2$，测得溶液硅浓度为 $\rho_0=0.043\ 1\ \mu g \cdot mL^{-1}$，其标准不确定度 $u(\rho_0)$为

$$u(\rho_0)=\frac{s(A)}{a}\sqrt{\frac{1}{p}+\frac{1}{n}+\frac{(\rho_0-\bar{\rho})^2}{S_{xx}}}$$

$$=\frac{2.67\times10^{-3}}{1.4527}\sqrt{\frac{1}{2}+\frac{1}{15}+\frac{(0.0431-0.15)^2}{0.075}}$$

$$=1.56\times10^{-3}\ \mu g \cdot mL^{-1} \tag{19-48}$$

其相对标准不确定度为

$$u_{rel}(\rho_0)=\frac{u(\rho_0)}{\rho_0}=\frac{1.56\times10^{-3}\ \mu g \cdot mL^{-1}}{0.0431\ \mu g \cdot mL^{-1}}=3.62\times10^{-2} \tag{19-49}$$

（4）六氟化铀水解液经化学处理后定容引入的不确定度 u_{rel}（V_L）

1）确定容量瓶容积的标准不确定度

规格为 50 mL 容量瓶 A 级的最大允许误差为±0.05 mL，其引入的标准不确定度，按三角分布考虑，则：

$$u_1(V_L)=\frac{0.05}{\sqrt{6}}=2.04\times10^{-2}\ mL \tag{19-50}$$

2）稀释溶液时定容到容量瓶刻度时的标准不确定度

将溶液体积稀释到所需标准体积的重复性可以通过实验测得。对 50 mL 容量瓶反复充满 10 次并进行称量，得到实验标准差为 0.02 mL，于是所引入的标准不确定度分量为：

$$u_2(V_L)=2.00\times10^{-2}\ mL \tag{19-51}$$

3）温度变化引入的标准不确定度

实验室容量瓶的标称容量是在校准温度为 20 ℃条件下得到的，温度变动对体积测量的影响可以通过体积膨胀系数来进行计算。水的膨胀系数为 2.1×10^{-4} ℃$^{-1}$，实验室温度变化为 15～30 ℃，按均匀分布考虑，则：

$$u_3(V_L)=\frac{50\times10\times2.1\times10^{-4}}{\sqrt{3}}=0.061\ mL \tag{19-52}$$

将上述 3 种情况的标准不确定度分量合成得：

$$u(V_L)=\sqrt{u_1(V_L)^2+u_2(V_L)^2+u_3(V_L)^2}=6.74\times10^{-2}\ mL \tag{19-53}$$

则六氟化铀水解液经化学处理后定容引入的相对标准不确定度 $u_{rel}(V_L)$为

$$u_{rel}(V_L)=\frac{u(V_L)}{V_L}=\frac{6.74\times10^{-2}}{50}=1.35\times10^{-3} \tag{19-54}$$

（5）铀含量引入的不确定度 $u_{rel}(c_1)$

根据铀含量不确定度评定结果，其相对扩展不确定度为 $U_{rel}(c_1)=4.8\times10^{-2}$，包含因子

$k=2$，则其相对标准不确定度为 $u_{rel}(c_1)=2.4\times10^{-2}$。

19.3.5 不确定度分量汇总表

表 19-4 六氟化铀硅含量测定不确定度分量汇总表

序号	量 X_i	来源	数值	标准不确定度	相对标准不确定度
1	$u_{rel}(\rho_0)$	硅质量浓度	0.043 1 μg·mL⁻¹	1.56×10^{-3} μg·mL⁻¹	3.62×10^{-2}
2	$u_{rel}(c_1)$	铀含量	179.6 mg/mL	4.31 mg/mL	2.4×10^{-2}
3	$u_{rel}(f_R)$	测定重复性	1	2.04×10^{-2}	2.04×10^{-2}
4	$u_{rel}(V_U)$	水解液体积	3 mL	1.27×10^{-2} mL	4.22×10^{-3}
5	$u_{rel}(V_L)$	水解液定容	50 mL	6.74×10^{-2} mL	1.35×10^{-3}
合成标准不确定度：$u_{crel}(c)=0.048\ 2$					

19.3.6 合成标准不确定度 $U_{crel}(c)$

综合考虑上述分析过程产生的所有的不确定度因素，则合成相对标准不确定度为：

$$u_{crel}(c)=\sqrt{u_{rel}(f_R)^2+u_{rel}(V_U)^2+u_{rel}(\rho_0)^2+u_{rel}(V_L)^2+u_{rel}(c_1)^2}$$
$$=\sqrt{0.020\ 4^2+0.004\ 22^2+0.036\ 2^2+0.001\ 35^2+0.024^2}$$
$$=0.048\ 2$$

实验室分析测量的硅含量为

$$c=\frac{\rho_0\times V_L\times1\ 000}{c_1\times V_U}\times f_R$$
$$=\frac{0.043\ 1\times50\times1\ 000}{179.6\times3}\times1$$
$$=4.0\ \mu g/gU$$

19.3.7 扩展不确定度

取包含因子 $k=2$，则扩展不确定度 $U_{rel}(c)$为：

$$U_{rel}(c)=k\times u_{crel}(c)=2\times0.048\ 2=0.096\ 4\approx10\%$$

19.3.8 不确定度报告

按照六氟化铀中硅的测定程序，被测六氟化铀中硅含量为 4.0 μg/gU，其扩展不确定度为 $U_{rel}(c)=10\%$，它是由合成标准不确定度 0.048 2 乘以包含因子 $k=2$ 得到的，对于正态分布，它对应于 95%的置信概率。

参考文献

［1］栗万仁，魏刚. 核燃料工艺技术丛书——铀转化工艺学［M］. 北京：中国原子能出版社，2012.
［2］许贺卿，王怀安. 铀化合物转换工艺学［M］. 北京：原子能出版社，1994.
［3］唐任寰，张青莲，等. 无机化学丛书（第十卷）——锕系及锕系后元素［M］. 北京：科学出版社，2018.
［4］钟兴厚，萧文锦，袁启华，等. 无机化学丛书（第六卷）——卤素［M］. 北京：科学出版社，2018.
［5］美国能源部橡树岭工厂. UF_6 实用操作手册［M］. 程宝壁，樊保柱，译. 北京：原子能出版社，1995.
［6］王铁军. 供取料系统工艺手册——基础知识分册［R］. 中核陕西铀浓缩有限公司，2004.
［7］美国铀浓缩公司. USEC-651［S/OL］.
［8］杨超，刘利. 电动调节阀开度控制的研究与实现［J］. 机电工程，2007，24（2）：55-58.
［9］吕培文，孙晓霞，杨炯良. 阀门选用手册［M］. 北京：机械工业出版社，2009.
［10］^{235}U 丰度低于 5%的浓缩六氟化铀技术条件：GB/T 13696—2015［S］.
［11］专业物料包装贮存和运输安全防护细则［R］. Q/IH.G-OH-03-01-02.
［12］现场设备、工业管道焊接工程施工及验收规范：GBJ 236—82［S］.
［13］秦启宗　毛家骏，等. 化学分离法［M］. 北京：原子能出版社，1984.
［14］董灵英. 铀的分析化学［M］. 北京：原子能出版社，1982.
［15］李廷钧. 发射光谱分析［M］. 北京：原子能出版社，1983.
［16］陈新坤. 原子发射光谱分析原理［M］. 天津：天津科学技术出版社，1991.
［17］寿曼立. 仪器分析（二）发射光谱分析［M］. 北京：北京地质出版社，1980.
［18］王俊峰，贾瑞和，于戈龙. 核燃料循环分析技术［M］. 北京：中国原子能出版社，2013：102，228-230.
［19］王俊峰，胡晓丹. ASTM 核材料分析标准汇编［M］. 北京：中国原子能出版社，2014.
［20］唐泉、尹显和. 放射化学［M］. 北京：中国原子能出版社，2014.
［21］张光炎. 六氟化铀质量标准和分析方法［M］. 北京：中国原子能出版社.
［22］田馨华，桂祖沛，刘永福. 标准物质的研制与发展［M］. 北京：中国原子能出版社.
［23］周心如，杨俊佼，柯以侃. 化验员读本 化学分析上册［M］. 5 版. 北京：化学工业出版社，2016.
［24］于世林，杜振霞. 化验员读本　仪器分析 下册［M］. 5 版. 北京：化学工业出版社，2017：37-40.
［25］中国国家标准化管理委员会. 六氟化铀分析方法　第 6 部分：铀的测定：GB/T

14501.6—2008［S］. 北京：中国标准出版社，2009.
［26］六氟化铀的液化分样：EJ/T 895—2015［S］. 国防科学技术委员会，2015.
［27］中国核工业集团有限公司人力资源部，中国原子能工业有限公司. 核燃料元件性能测试工（化学成分分析中级技能 高级技能 技师技能 高级技师技能）［M］. 北京：中国原子能出版社，2019.
［28］陈友宁，杨树青. 六氟化铀中 ^{235}U 丰度的准确测量［J］. 质谱学报，2008，10：10-11.
［29］沈守成，赵墨田. 六氟化铀中铀同位素标准物质［M］. 北京：原子能出版社，2001.